中国科学院华南植物园

广东省龙眼洞林场（广东莲花顶森林公园管理处）

广东省龙眼洞林场植物

Plants in Longyandong Forest Farm of Guangdong Province

王发国　洪　维　陈富强　主编

中国林业出版社
China Forestry Publishing House

图书在版编目（CIP）数据

广东省龙眼洞林场植物 / 王发国, 洪维, 陈富强主编. -- 北京：中国林业出版社, 2021.12
ISBN 978-7-5219-1453-5

Ⅰ. ①广… Ⅱ. ①王… ②洪… ③陈… Ⅲ. ①林场—植物—介绍—广州 Ⅳ. ①Q948.526.51

中国版本图书馆CIP数据核字(2021)第258643号

内容简介

本书收录了广东省龙眼洞林场（广东莲花顶森林公园管理处）内野生和栽培植物共783种（包括种下等级，其中野生植物736种、栽培植物47种），对每种植物提供了简要识别特征、分布或用途，部分植物附彩色照片。本书可为从事植物资源调查、保护和管理的人员提供本区域植物多样性的基础信息，也可为教师、学生、群众和植物爱好者认识、了解本区植物状况提供参考。

广东省龙眼洞林场植物

王发国　洪　维　陈富强　主编

出版发行：中国林业出版社
地　　址：北京西城区德胜门内大街刘海胡同7号

策划编辑：王　斌
责任编辑：刘开运　郑雨馨　吴文静　　　　　　　装帧设计：百彤文化传播公司

印　　刷：北京雅昌艺术印刷有限公司
开　　本：889 mm × 1194 mm　1/16
印　　张：20
字　　数：810千字
版　　次：2022年3月第1版　第1次印刷
定　　价：268.00元

编 委 会

主　任：邢福武　谢礼祥

副主任：叶华谷　陈富强　朱小玲　罗俊芳

主　编：王发国　洪　维　陈富强

副主编：廖宇杰　付　琳　程欣欣　徐　蕾　王爱华　熊秉红

编　委：（按姓氏笔画顺序排列）

马钰琦　王发国　王爱华　邓双文　卢淑馨　叶华谷　叶育石
叶秋慧　付　琳　冯　蔚　邢福武　朱小玲　朱细俭　庄晓纯
刘　文　刘　茜　刘东明　刘有成　刘彩秀　江堂龙　李仕裕
李志宏　吴锦妹　邱旭滨　何际伟　何春梅　汪巧玲　沈　悦
宋志强　张干荣　张辉新　陆　婷　陈红锋　陈富强　陈道强
邵宇威　林　祥　易绮斐　罗俊芳　罗蓉霞　周新菊　柳明礼
钟兆峰　段　磊　洪　维　聂丽云　徐　蕾　郭　勇　郭惠斌
黄玉林　黄明东　黄明智　黄党清　曹建球　程欣欣　谢礼祥
廖宇杰　熊秉红　魏雪莹

拍　摄：王发国　何春梅　叶育石　洪　维　郑希龙　邓双文　邢福武
　　　　张　聪　袁　俊

序

　　自2019年起，历时两年多的广东省龙眼洞林场植物本底调查圆满结束，共调查记录到野生维管束植物736种（包括种下等级），与历史资料相比增加了302种；主要栽培植物47种。调查成果可喜可贺。《广东省龙眼洞林场植物》付梓问世，是献给龙眼洞林场60诞辰的一份礼物！

　　龙眼洞林场成立于1962年，风雨兼程一甲子，从连绵荒山到林海绵延，绿水青山见证着林业人的初心使命。自20世纪90年代末龙眼洞林场就停止商业性采伐，调整树种和林分结构，大力营造针阔混交林和阔叶林，在森林资源培育、提高森林质量和生物多样性保护上下苦功。功夫不负有心人，如今，两万多亩林地焕发着勃勃生机，郁郁葱葱的森林孕育着丰富的野生动植物资源，是广州生态屏障的重要组成部分，为推动粤港澳大湾区的生态建设作出了贡献。

　　作为龙眼洞林场的负责人，在保护绿水青山的使命中，我备感责任重大，使命光荣。在林场的生态实践中，我对习近平总书记"绿水青山就是金山银山"和"山水林田湖草沙是生命共同体"的科学论断有了更深刻的认识。

　　两年多来，调查队员不畏艰难，爬山涉水，披荆斩棘，走遍了林场的每一座山、每一条沟，观察对比，拍照登记，采集样本，务求完整记录林场内每一种植物，并准确描述。带回样本后还要加班加点压制标本、鉴定比对、制作插图，工作量非常大。难能可贵的是调查队在莲花顶森林公园"无人区"调查时，还发现了一群有

"活化石"之称的国家二级重点保护野生植物桫椤，这是广州"老七区"首次发现桫椤群落，《中国科学报》、广东省林业局网站以及其他新闻媒体均作报道。

本书详细记录了龙眼洞林场野生维管束植物及主要栽培植物的形态特征、地理分布和用途等，内容丰富，图文并茂，是我场建场以来的第一部植物专著，对龙眼洞林场植物物种多样性健康发展、生态资源保护与利用、科学研究、林业生产和科普宣教必将发挥重要的作用，对推动龙眼洞林场的改革与发展具有重要意义。

广东省龙眼洞林场党委书记、场长 谢腾芳

2021年7月

前　言

广东省龙眼洞林场（广东莲花顶森林公园管理处）成立于1962年5月，是广东省林业局直属公益一类事业单位，地处广州市东北郊。林场总面积为1622.15 hm^2，其中林业用地面积1560.02 hm^2，非林业用地面积62.12 hm^2。林业用地中被列入为省级、国家级生态公益林的林地面积1172.10 hm^2。林地呈块状分布，分别处于广州市天河区的龙洞街、凤凰街，以及白云区的太和镇、大源街辖区，属丘陵地区，由帽峰山脉向西南延伸构成，整个地势东北较高，西南较低。林场主要山峰有帽峰山、猪头石、太和章、金鸡楼、公鱼岭、大山尾顶等，其中帽峰山为广州市老七区最高峰，海拔534.9 m。林场周边水库较多，主要有水口水库（天鹿湖）、和龙水库、大源水库、龙洞水库和铜锣湾水库等。

龙眼洞林场地处南亚热带海洋性季风气候带，高温多雨，干湿季节明显，水热条件优越。夏热冬暖，雨量充沛，年降水量约1694 mm。本区优越的自然条件孕育着丰富的野生动植物资源，是广州"市肺"的重要组成部分，在保护广州生物多样性、涵养水源、调节气候和保持生态平衡等方面起到了极其重要的作用。本区的主要植被类型包括常绿阔叶林、针阔混交林和人工植被。林中占优势的科主要有大戟科、蝶形花科、茜草科、樟科、桑科、壳斗科、山茶科等。其中，樟科植物龙眼润楠（*Machilus oculodracontis*）在广东分布点极少，据《广州植物志》记载，在广州仅见于龙眼洞附近。随着林业建设、生态旅游的发展和其他人类活动的干扰，本区植物物种多样性变化很大，而目前本区的系统性本底植物多样性编目空缺，

一些入侵种如金钟藤（*Merremia boisiana*）、薇甘菊（*Mikania micrantha*）、五爪金龙（*Ipomoea cairica*）、簕仔树（*Mimosa sepiaria*）等影响了当地的植物多样性与生态安全。

龙眼洞林场建场60年来，走过了一条从造林绿化荒山、生产木材、发展二三产业到生态建设的发展道路，历届领导和干部职工非常重视森林资源培育和生物多样性保护，林木蓄积量逐年增长，森林质量不断提升，生物多样性不断丰富。为了详细掌握龙眼洞林场植物资源的本底状况，促进林场的保护、管理和科研、科普事业的发展，广东省龙眼洞林场（广东莲花顶森林公园管理处）立项，由中国科学院华南植物园实施本调查项目。

项目组成员联合龙眼洞林场技术人员，于2019年至2021年对龙眼洞林场进行了全域性的调查，采集植物标本，拍摄植物照片，并进行标本和照片的鉴定、整理。根据本次野外实地调查、标本采集与鉴定结果，参考前人的考察资料，共统计出龙眼洞林场共野生维管束植物736种（包括种下等级）及主要栽培植物47种（文中以"*"表示），隶属151科473属，包含蕨类植物25科41属70种、裸子植物3科6属8种、被子植物123科426属705种。其中国家重点保护野生植物种类有金毛狗（*Cibotium barometz*）、桫椤（*Alsophila spinulosa*）、水蕨（*Ceratopteris thalictroides*）、樟（*Cinnamomum camphora*）、巴戟天（*Morinda officinalis*）、土沉香（*Aquilaria sinensis*）、花榈木（*Ormosia henryi*）等。龙眼润楠被列入世界自然保护联盟（IUCN）编制的《世界自然保护联盟濒危物种红色名录》中，保护级别为濒危（EN），并被列入《中国生物多样性红色名录—高等植物卷》（2013年）。

本书中科的系统排列依次为：石松类和蕨类植物按秦仁昌系统（1978年），并参考《中国蕨类植物科属志》所作的修订；裸子植物按郑万钧系统（1979年）；被子植物按哈钦松（Hutchinson）系统（1973年）。科内属种则按拉丁名字母顺序排列。书中文字部分包括科、属、种的描述，其中种的描述包括形态特征、地理分布和用途等，部分物种收录1~3张照片。植物学名后面，中括号内的斜体拉丁名表示异名；植物分布地点后面，括号内的数字表示标本采集号。

本书在编写和出版过程中，得到中国科学院华南植物园标本馆、广东省龙眼洞林场各管护站等的合作与支持。在此谨向为本书编辑和出版工作做出贡献的单位和个人表示衷心的感谢！

由于编者水平有限，疏漏甚至错误之处在所难免，恳请各位读者不吝批评指正！

编者
2021年7月

目录

序
前言

石松类和蕨类植物 Lycophytes and Ferns

P3. 石松科 Lycopodiaceae ········· 2
P4. 卷柏科 Selaginellaceae ········· 2
P5. 木贼科 Equisetaceae ········· 3
P9. 瓶尔小草科 Ophioglossaceae ········· 4
P11. 观音座莲科 Angiopteridaceae ········· 4
P13. 紫萁科 Osmundaceae ········· 4
P15. 里白科 Gleicheniaceae ········· 5
P17. 海金沙科 Lygodiaceae ········· 6
P18. 膜蕨科 Hymenophyllaceae ········· 7
P19. 蚌壳蕨科 Dicksoniaceae ········· 7
P20. 桫椤科 Cyatheaceae ········· 8
P22. 碗蕨科 Dennstaedtiaceae ········· 9
P23. 鳞始蕨科 Lindsaeaceae ········· 10
P27. 凤尾蕨科 Pteridaceae ········· 11
P31. 铁线蕨科 Adiantaceae ········· 14
P32. 水蕨科 Parkeriaceae ········· 16
P33. 裸子蕨科 Hemionitidaceae ········· 16
P36. 蹄盖蕨科 Athyriaceae ········· 16
P38. 金星蕨科 Thelypteridaceae ········· 19
P39. 铁角蕨科 Aspleniaceae ········· 22
P42. 乌毛蕨科 Blechnaceae ········· 23
P45. 鳞毛蕨科 Dryopteridaceae ········· 24
P46. 叉蕨科 Aspidiaceae ········· 26
P50. 肾蕨科 Nephrolepidaceae ········· 27
P56. 水龙骨科 Polypodiaceae ········· 27

裸子植物 Gymnosperms

G4. 松科 Pinaceae ········· 30
G5. 杉科 Taxodiaceae ········· 31
G11. 买麻藤科 Gnetaceae ········· 32

被子植物 Angiosperms

1. 木兰科 Magnoliaceae ········· 34
8. 番荔枝科 Annonaceae ········· 34
11. 樟科 Lauraceae ········· 35
15. 毛茛科 Ranunculaceae ········· 40
23. 防己科 Menispermaceae ········· 41
24. 马兜铃科 Aristolochiaceae ········· 44
28. 胡椒科 Piperaceae ········· 45
29. 三白草科 Saururaceae ········· 46
30. 金粟兰科 Chloranthaceae ········· 47
36. 白花菜科 Capparidaceae ········· 48
39. 十字花科 Brassicaceae ········· 48
40. 堇菜科 Violaceae ········· 49
42. 远志科 Polygalaceae ········· 50
53. 石竹科 Caryophyllaceae ········· 50
56. 马齿苋科 Portulacaceae ········· 51

57. 蓼科 Polygonaceae ……… 52	128A. 杜英科 Elaeocarpaceae ……… 85
59. 商陆科 Phytolaccaceae ……… 55	130. 梧桐科 Sterculiaceae ……… 86
61. 藜科 Chenopodiaceae ……… 56	132. 锦葵科 Malvaceae ……… 87
63. 苋科 Amaranthaceae ……… 56	136. 大戟科 Euphorbiaceae ……… 90
64. 落葵科 Basellaceae ……… 60	136A. 交让木科 Daphniphyllaceae ……… 103
69. 酢浆草科 Oxalidaceae ……… 60	139. 鼠刺科 Escalloniaceae ……… 104
72. 千屈菜科 Lythraceae ……… 61	142. 绣球科 Hydrangeaceae ……… 105
77. 柳叶菜科 Onagraceae ……… 62	143. 蔷薇科 Rosaceae ……… 106
81. 瑞香科 Thymelaeaceae ……… 63	146. 含羞草科 Mimosaceae ……… 110
83. 紫茉莉科 Nyctaginaceae ……… 64	147. 苏木科 Caesalpiniaceae ……… 114
85. 第伦桃科 Dilleniaceae ……… 64	148. 蝶形花科 Papilionaceae ……… 117
93. 大风子科 Flacourtiaceae ……… 65	151. 金缕梅科 Hamamelidaceae ……… 131
94. 天料木科 Samydaceae ……… 66	159. 杨梅科 Myricaceae ……… 133
98. 柽柳科 Tamaricaceae ……… 66	163. 壳斗科 Fagaceae ……… 133
101. 西番莲科 Passifloraceae ……… 67	165. 榆科 Ulmaceae ……… 137
103. 葫芦科 Cucurbitaceae ……… 67	167. 桑科 Moraceae ……… 140
108. 山茶科 Theaceae ……… 70	169. 荨麻科 Urticaceae ……… 146
112. 猕猴桃科 Actinidiaceae ……… 73	171. 冬青科 Aquifoliaceae ……… 149
113. 水东哥科 Saurauiaceae ……… 74	173. 卫矛科 Celastraceae ……… 151
118. 桃金娘科 Myrtaceae ……… 74	179. 茶茱萸科 Icacinaceae ……… 152
120. 野牡丹科 Melastomataceae ……… 77	185. 桑寄生科 Loranthaceae ……… 153
121. 使君子科 Combretaceae ……… 80	186. 檀香科 Santalaceae ……… 154
122. 红树科 Rhizophoraceae ……… 81	190. 鼠李科 Rhamnaceae ……… 154
123. 金丝桃科 Hypericaceae ……… 81	191. 胡颓子科 Elaeagnaceae ……… 155
126. 藤黄科 Guttiferae ……… 82	193. 葡萄科 Vitaceae ……… 156
128. 椴树科 Tiliaceae ……… 83	194. 芸香科 Rutaceae ……… 159

195. 苦木科 Simaroubaceae … 162	252. 玄参科 Scrophulariaceae … 218
196. 橄榄科 Burseraceae … 162	254. 狸藻科 Lentibulariaceae … 222
197. 楝科 Meliaceae … 163	257. 紫葳科 Bignoniaceae … 222
198. 无患子科 Sapindaceae … 164	259. 爵床科 Acanthaceae … 223
201. 清风藤科 Sabiaceae … 164	263. 马鞭草科 Verbenaceae … 226
204. 省沽油科 Staphyleaceae … 166	264. 唇形科 Labiatae … 231
205. 漆树科 Anacardiaceae … 166	266. 水鳖科 Hydrocharitaceae … 236
206. 牛栓藤科 Connaraceae … 167	274. 水蕹科 Aponogetonaceae … 236
207. 胡桃科 Juglandaceae … 168	280. 鸭跖草科 Commelinaceae … 237
210. 八角枫科 Alangiaceae … 168	286. 凤梨科 Bromeliaceae … 239
212. 五加科 Araliaceae … 169	287. 芭蕉科 Musaceae … 239
213. 伞形科 Umbelliferae … 171	290. 姜科 Zingiberaceae … 240
221. 柿树科 Ebenaceae … 172	291. 美人蕉科 Cannaceae … 243
222. 山榄科 Sapotaceae … 173	292. 竹芋科 Marantaceae … 244
223. 紫金牛科 Myrsinaceae … 173	293. 百合科 Liliaceae … 244
224. 安息香科 Styracaceae … 177	296. 雨久花科 Pontederiaceae … 246
225. 山矾科 Symplocaceae … 178	297. 菝葜科 Smilacaceae … 247
228. 马钱科 Loganiaceae … 179	302. 天南星科 Araceae … 250
229. 木犀科 Oleaceae … 181	305. 香蒲科 Typhaceae … 252
230. 夹竹桃科 Apocynaceae … 183	311. 薯蓣科 Dioscoreaceae … 253
231. 萝藦科 Asclepiadaceae … 187	314. 棕榈科 Palmaceae … 254
232. 茜草科 Rubiaceae … 187	315. 露兜树科 Pandanaceae … 254
233. 忍冬科 Caprifoliaceae … 197	326. 兰科 Orchidaceae … 255
238. 菊科 Compositae … 198	331. 莎草科 Cyperaceae … 257
241. 白花丹科 Plumbaginaceae … 211	332A. 竹亚科 Bambusoideae … 265
242. 车前草科 Plantaginaceae … 211	332B. 禾亚科 Agrostidoideae … 268
244. 半边莲科 Lobeliaceae … 211	参考文献 … 290
249. 紫草科 Boraginaceae … 212	中文名索引 … 291
250. 茄科 Solanaceae … 212	学名索引 … 299
251. 旋花科 Convolvulaceae … 214	

石松类和蕨类植物

Lycophytes and Ferns

P3. 石松科 Lycopodiaceae

小型至大型多年生草本，土生。主茎长，匍匐状或攀缘状，或短而直立，侧枝常为二叉分枝。叶为单叶，仅具中脉，二型或三型，螺旋状排列，钻形、线形至披针形。孢子囊穗圆柱形或柔荑花序状，常生于顶端或侧生。孢子叶的形状与大小不同于营养叶，一型，边缘有锯齿；孢子囊肾形，无柄，腋生。孢子球状四面形。

龙眼洞林场有1属，1种。

石松属 Lycopodium L.

中小型土生草本，多年生。主茎伸长蔓生，或主茎直立而具地下横走根状茎；侧枝直立，一至多回二叉分枝；小枝密，直立或斜展。叶螺旋状排列，线形钻形或狭披针形，基部楔形，下延，无柄，先端渐尖，边缘全缘或具齿。孢子囊穗单生或聚生于孢子枝顶端，圆柱形；孢子叶较营养叶宽，卵形或阔披针形，先端急尖，边缘膜质而具齿，纸质；孢子囊生于孢子叶腋，圆肾形。

龙眼洞林场有1种。

灯笼石松（铺地蜈蚣、过山龙、灯笼草）
Lycopodium cernum L.

土生植物，高达60 cm。主茎上的叶螺旋状排列，稀疏，钻形至线形，长2~4 mm，宽约0.3 mm，通直或略内弯，基部下延，无柄，先端渐尖，边缘全缘，中脉不明显。侧枝多回不等位二叉分枝，有毛或光滑无毛；侧枝及小枝上的叶螺旋状排列，密集，长3~5 mm，表面有纵沟，光滑。孢子囊穗单生于小枝顶端，短圆柱形，长3~10 mm，淡黄色，无柄；孢子叶卵状菱形，覆瓦状排列，长约0.6 mm，宽约0.8 mm，先端急尖，尾状。

龙眼洞荔枝园至太和章附近（王发国等5781），生于阳光充足的林缘及灌丛下阴处。分布于中国长江以南地区。亚洲其他热带地区及亚热带地区、大洋洲、中南美洲也有分布。全草可药用，治风湿麻木、肝炎、痢疾、风疹、赤目、跌打损伤、烫伤等。

P4. 卷柏科 Selaginellaceae

多年生草本植物，土生或石生，常绿或夏绿。茎单一或二叉分枝；根托生分枝的腋部，沿茎和枝遍体通生，或只生茎下部或基部。主茎伸长，直立或匍匐，多次分枝，或具明显的不分枝的主茎，有时攀缘生长。叶螺旋排列或排成4行，单叶，主茎上的叶通常排列稀疏，一型或二型，在分枝上通常成4行排列。孢子叶穗生茎或枝的先端，或侧生于小枝上，四棱形或压扁；孢子叶4行排列，一型或二型。孢子囊近轴面生于叶腋内叶舌的上方，二型。

龙眼洞林场有1属，3种。

卷柏属 Selaginella P. Beauv.

特征同科；龙眼洞林场有3种。

1. 薄叶卷柏
Selaginella delicatula (Desv.) Alston

土生，直立或近直立，基部横卧，高35~50 cm，基部有游走茎。根托只生于主茎的中下部，根少分叉，被毛。主茎节部常生出明显的支撑根。主茎自中下部羽状分枝，禾秆色，主茎下部直径1.8~3 mm，茎圆柱状，具沟槽，茎的顶部干后变黄棕色或淡黄色，侧枝5~8对，一回羽状分枝，或基部二回。直立主茎下部的茎生叶两侧不对称，或多少为二型；叶二型：中叶不对称，分枝上的中叶斜，窄椭圆形或镰形，排列紧密；侧叶不对称，主茎上的较侧枝上的大。孢子叶穗紧密，四棱柱形，单生于小枝末端；孢子叶一型，宽卵形，全缘，具白边。

龙眼洞后山至火炉山（王发国等5700），龙眼洞筲箕窝至火烧天（筲箕窝林班）（王发国等5939）。生于山地林下潮湿处。分布于中国华南、华中、华东、西南地区。南亚、东南亚也有分布。

2. 深绿卷柏
Selaginella doederleinii Hieron.

土生，近直立，基部横卧，高25~45 cm，无匍匐根状茎或游走茎。根托达植株中部，长4~22 cm。主茎自下部开始羽状分枝，禾秆色；侧枝3~6对，二至三回羽状分枝，分枝稀疏。叶全部交互排列，二型，纸质，表面光滑。主茎上的腋叶较分枝上的大，卵状三角形，基部钝，分枝上的腋叶对称，狭卵圆形到三角形，边缘有细齿。中叶不对称或多少对称，边缘有细齿，先端具芒或尖头，分枝上的中叶长圆状卵形或卵状椭圆形或窄卵形，长1.1~2.7 mm，覆瓦状排列。侧叶不对称。孢子叶穗紧密，四棱柱形，单个或成对生于小枝末端；孢子叶一型，卵状三角形。大孢子白色，小孢子橘黄色。

龙眼洞筲箕窝至火烧天（筲箕窝—6林班，王发国等5950）。生于山地林下湿润处。中国华南、华东及西南地区。日本、印度、越南、泰国、马来西亚也有分布。全草供药用，也是观赏地被植物。

3. 兖州卷柏
Selaginella involvens (Sw.) Spring

主茎直立，高15~45 cm，具一横走的地下根状茎和游走茎，其上生鳞片状淡黄色的叶。根托生于匍匐的根状茎和游走茎。主茎自中部向上羽状分枝，禾秆色，不分枝的主茎高5~25 cm，茎从中部开始分枝，侧枝7~12对，二至三回羽状分枝。叶（除不分枝的主茎上的外）交互排列，二型，纸质或多少较厚，表面光滑，在主茎基部与横走根状茎上的叶为黄色。分枝上的腋叶对称，卵圆形到三角形，长1.1~1.6 mm。中叶多少对称。侧叶不对称。孢子叶穗四棱柱形，单生于小枝末端。

龙眼洞筲箕窝至火烧天（筲箕窝林班，王发国等5938）。生于山地林下石上或湿处。中国华南、华东、西南地区至秦岭南坡。日本及东南亚至南亚也有分布。

P5. 木贼科 Equisetaceae

小型或中型蕨类，土生，湿生或浅水生。根茎长而横行，黑色，分枝，有节，节上生根，被茸毛。地上枝直立，圆柱形，绿色，有节，中空有腔，表皮常有硅质小瘤，单生或在节上有轮生的分枝；节间有纵行的脊和沟。叶鳞片状，轮生，在每个节上合生成筒状的叶鞘（鞘筒）包围在节间基部，前段分裂呈齿状（鞘齿）。孢子囊穗顶生。

龙眼洞林场有1属，1种。

木贼属 Equisetum L.
特征同科；龙眼洞林场有1种。

笔管草
Equisetum ramosissimum Desf. subsp. **debile** (Roxb. ex Vaucher) Hauke

多年生草本，高达2 m。根状茎黑棕色。枝一型，主枝多在下部分枝，常成簇生状；幼枝的轮生分枝明显或不明显；主枝有脊5~14条，脊的背部弧形，有一行小瘤或有浅色小横纹；鞘筒狭长达1 cm，下部灰绿色，上部灰棕色。侧枝较硬，圆柱状，有脊5~8条，脊上平滑或有一行小瘤或有浅色小横纹。孢子囊穗生于枝顶，短棒状或椭圆形，长1~2.5 cm，顶端有小尖突，无柄。

龙眼洞荔枝园至太和章附近（王发国等5797）。分布于中国各个地区。海拔100~3300 m。亚洲其他地区、非洲、欧洲、北美洲也有分布。

P9. 瓶尔小草科 Ophioglossaceae

陆生植物，少为附生，植物一般为小型，直立或少为悬垂。根状茎短而直立，有肉质粗根，叶有营养叶与孢子叶之分，出自总柄，营养叶单一，全缘，1～2片，少有更多的，披针形或卵形，叶脉网状，中脉不明显；孢子叶有柄，自总柄或营养叶的基部生出。孢子囊形大，无柄，下陷，沿囊托两侧排列，形成狭穗状，横裂；孢子四面形。

龙眼洞林场有1属，1种。

瓶尔小草属 Ophioglossum L.

陆生小型植物，直立。根状茎短，营养叶1～2片，少有更多的，有柄，常为单叶，全缘，披针形或卵形，叶脉网状，网眼内无内藏小脉，中脉不明显。孢子囊穗自营养叶的基部生出，有长柄。

龙眼洞林场有1种。

瓶尔小草
Ophioglossum vulgatum L.

根状茎短而直立，具一簇肉质粗根，如匍匐茎一样向四面横走，生出新植物。叶通常单生，总叶柄长6～9 cm，深埋土中。营养叶长4～6 cm，宽1.5～2.4 cm，先端钝圆或急尖，基部急剧变狭并稍下延，无柄，微肉质到草质，全缘，网状脉明显。孢子叶自营养叶基部生出，远高于营养叶，孢子穗长2.5～3.5 cm，宽约2 mm，先端尖。

龙眼洞。分布于中国长江下游各地及西藏。欧洲、亚洲、美洲等地广泛分布。可供药用。

P11. 观音座莲科 Angiopteridaceae

根状茎短而直立，肥大肉质，头状。叶柄粗大，基部有肉质托叶状附属物，或长而近于直立，叶柄基部有薄肉质长圆形的托叶；叶片为一至二回羽状，末回小羽片概为披针形，有短小柄或无柄；叶脉分离，二叉分枝，或单一。孢子囊船形，质厚，顶端有不发育的环带，分离，沿叶脉两行排列，形成线形或长形（有时圆形）的孢囊群，腹面有纵缝开裂；孢子圆球形，透明，表面光滑或粗糙。

龙眼洞林场有1属，1种。

观音座莲属 Angiopteris Hoffm.

大型陆生植物，高1～2 m或更高。根状茎肥大，肉质圆球形，辐射对称。叶大，二回羽状（偶为一回羽状），有粗长柄，基部有肉质托叶状的附属物；末回小羽片概为披针形，有短小柄或几无柄；叶脉分离，二叉分枝或单一，自叶边往往生出倒行假脉，长短不一。孢子囊群靠近叶边，以两列生于叶脉上，通常由7～30个孢子囊组成。

龙眼洞林场有1种。

福建观音座莲
Angiopteris fokiensis Hieron

高1.5～3 m。根状茎块状，直立。二回羽状复叶从根状茎顶端伸出，宽卵形，大而开展，叶色浓绿，叶面光滑；羽片5～7对，互生，长50～60 cm，宽14～18 cm，奇数羽状；小羽片35～40对，对生或互生，平展，上部的稍斜向上，具短柄，长7～9 cm，宽1～1.7 cm，下部小羽片较短，近基部的小羽片长仅3 cm或过之，顶生小羽片分离，有柄，和下面的同形，叶缘全部具有规则的浅三角形锯齿。叶脉开展，叶背明显。孢子囊群长圆形，熟后呈棕色。

帽峰山帽峰工区焦头窝。生于林下溪沟边。产于中国广东、广西、香港、福建、湖北、贵州。块茎可取淀粉，曾为山区一种食粮的来源。

P13. 紫萁科 Osmundaceae

无鳞片，幼时叶片上被有棕色黏质腺状长茸毛，老则脱落，几变为光滑。叶柄长而坚实，基部膨大，两侧有狭翅如托叶状的附属物，不以关节着生；叶片大，一至二回羽状，二型或一型，或往往同叶上的羽片为二型。叶脉分离，二叉分歧。孢子囊大，球圆形，大都有柄，裸露，着生于强度收缩变质的孢子叶（能育叶）的羽片边缘，其顶端具有几个增厚的细胞。孢子同型。

龙眼洞林场有1属1种。

紫萁属 Osmunda L.

陆生植物。根状茎粗健，直立或斜升，往往形成树干状的主轴，有叶柄的宿存基部密覆。叶柄基部膨大，彼此呈覆瓦状。叶大，簇生，二型或同一叶的羽片为二型，一至二回羽状，幼时被棕色棉绒状的毛；能育叶或羽片紧缩，不具叶绿质。孢子囊球圆形，有柄，边缘着生，自顶端纵裂。孢子为球圆四面形。

龙眼洞林场有1种。

华南紫萁

Osmunda vachellii Hook.

多年生大中型陆生蕨类，高可达1 m。根状茎圆柱形，顶端有叶簇生，似苏铁，故又名"假苏铁"。叶片长圆形，长40～90 cm，宽20～30 cm，一型，但羽片为二型，一回羽状；羽片15～20对，近对生，斜向上，相距2 cm，有短柄，以关节着生于叶轴上，长15～20 cm，宽1～1.5 cm，披针形或线状披针形，向两端渐变狭，长渐尖头，基部为狭楔形，下部的较长，向顶部稍短，顶生小羽片有柄，边缘遍体为全缘，或向顶部略为浅波状。下部3～4对羽片常能育，生孢子囊，紧缩为线形。

龙眼洞筲箕窝。生草坡上和溪边阴处酸性土上，最耐火烧。分布于中国亚热带地区。印度、缅甸、越南也有分布。为美丽的庭园观赏植物，终冬不凋。

P15. 里白科 Gleicheniaceae

陆生植物，根状茎长而横走，被鳞片或节状毛。叶远生，一型，有长柄，一回羽状或一至多回二叉分枝或假二叉分枝，每一分枝处的腋间有休眠芽；顶生羽片为一至二回羽状；末回裂片（或小羽片）为线形。叶为纸质或近革质，叶背往往为灰白或灰绿色；叶轴及叶叶背幼时被星状毛或有睫毛的鳞片或二者混生，老则大都脱落。孢子囊群小而圆，无盖，由2～6个无柄孢子囊组成，生于叶背小脉的背上，排列于主脉和叶边之间。

龙眼洞林场有2属，2种。

1. 芒萁属 Dicranopteris Bernh.

根状茎细长而横走，分枝，密被红棕色长毛。叶远生，直立或常多少蔓生，主轴常多回二叉或假二叉分枝；每回主轴分叉处（末回分叉除外）通常有一对篦齿状托叶；每回叶轴分叉处有一个处于休眠状态的小腋芽；末回一对羽片二叉状，披针形或宽披针形，羽状深裂，无柄；叶纸质到近革质，叶背通常为灰白色，幼时多少被星状毛。孢子囊群生于叶背小脉的背上，圆形。

龙眼洞林场有1种。

芒萁

Dicranopteris pedata (Houtt.) Nakaike [*D. dichotoma* Bernh.]

高45～90 cm。根状茎横走，粗约2 mm，密被暗锈色长毛。叶远生，柄长24～56 cm，棕禾秆色，光滑，基部以上无毛；叶轴一至二（三）回二叉分枝，一回羽轴长约9 cm，被暗锈色毛，渐变光滑，有时顶芽萌发，生出的一回羽轴长6.5～17.5 cm；腋芽小，密被锈黄色毛；芽苞长5～7 mm，卵形，边缘具不规则裂片或粗牙齿，偶为全缘；各回分叉处两侧均各有一对托叶状的羽片。叶为纸质，沿羽轴被锈色毛，后变无毛，叶背灰白色，沿中脉及侧脉疏被锈色毛。孢子囊群在主脉两侧各排成1行。

龙眼洞林场各地常见。生强酸性土的荒坡或林缘，在森林砍伐后或放荒后的坡地上常成优势种。分布于中国华南、华中、华东、西南地区。日本、印度、越南也有分布。

2. 里白属 Diplopterygium (Diels) Nakai

根状茎横走，密被红棕色鳞片。叶远生，有长柄，主轴粗壮，单一，不为二叉分枝，仅由其顶芽一次或多次地生出一对二叉的、长大的二回羽状的羽片；分叉点的腋间生有一个大的休眠芽。顶生一对羽片往往长过1 m以上，宽20～40 cm，开展或下悬，二回羽状；小羽片多数，披针形，渐尖头，深裂达小羽轴；叶脉分离，每组有小脉2条；叶为厚纸质，叶背为灰白或灰绿色，少有绿色。孢子囊群小，圆形，无盖。

龙眼洞林场有1种。

中华里白

Diplopterygium chinensis (Ros.) DeVol

高约3 m。根状茎横走，粗约5 mm，密被棕色鳞片。叶片巨大，二回羽状；羽片长圆形，长约1 m，宽约20cm；小羽片互生，多数，相距2.2～3.2cm，具极短柄，长14～18cm，宽2.4cm，披针形，顶端渐尖，基部不变狭，羽状深裂；裂片稍向上斜，互生，50～60对，长1～1.4mm，宽2mm，披针形或狭披针形，顶圆，常微凹；叶坚纸质，叶面绿色，叶背灰绿色。孢子囊群圆形，一列，位于中脉和叶缘之间，稍近中脉。

帽峰山帽峰工区山顶管理处向下路两侧。生于山谷溪边或林中，有时成片生长。分布于中国福建、广东、广西、贵州、四川。越南北部也有分布。

P17. 海金沙科 Lygodiaceae

根状茎长而横走，被毛。叶远生或近生，叶轴无限生长，细长，缠绕攀缘。羽片为一至二回二叉掌状或为一至二回羽状复叶，近二型；不育羽片通常生于叶轴下部。能育羽片位于上部；末回小羽片或裂片一为披针形，或为长圆形、三角状卵形，基部常为心脏形、戟形或圆耳形；不育小羽片边缘为全缘或有细锯齿；叶脉通常分离，少为疏网状，不具内藏小脉，分离小脉直达加厚的叶边；各小羽柄两侧通常有狭翅。能育羽片边缘生有流苏状的孢子囊穗。

龙眼洞林场有1属，3种。

海金沙属 Lygodium Sw.

特征同科，龙眼洞林场有3种。

1. 曲轴海金沙

Lygodium flexuosum (L.) Sw.

高达7m。叶轴细长，不育羽片与能育羽片一型；羽片长圆三角形，长16～25cm，宽15～20cm，羽柄长约2.5cm；一回小羽片3～5对，基部一对最大，长三角状披针形或戟形，长尾头，长9～10.5cm，宽5～9.5cm，有长3～7cm的小柄；末回裂片1～3对，无关节。叶缘有细锯齿；中脉明显，侧脉纤细，明显，自中脉斜上，三回二叉分歧，达于小锯齿。叶草质，干后暗绿褐色，叶背光滑，小羽轴两侧有狭翅和棕色短毛，叶面沿中脉及小脉略被刚毛。孢子囊穗长3～9mm，线形，棕褐色，无毛，小羽片顶部通常不育。

龙眼洞荔枝园至太和章附近（王发国等5284）；帽峰山帽峰工区山顶管理处，沿山谷周边。分布于中国华南、贵州、云南等地南部。越南、泰国、印度、马来西亚、菲律宾、澳大利亚东北部也有分布。

2. 海金沙

Lygodium japonicum (Thunb.) Sw.

高攀达1～5m。叶轴上面有二条狭边。叶略呈二型；不育羽片尖三角形，长宽各10～12cm，二回羽状；一回羽片2～4对，互生；二回小羽片2～3对，卵状三角形，互生，掌状三裂；末回裂片短阔。主脉明显，侧脉纤细，从主脉斜上，一至二回二叉分歧，直达锯齿。叶纸质，两面沿中肋及脉上略有短毛；能育羽片卵状三角形，长宽几相等，约12～20cm，二回羽状；一回小羽片4～5对，互生，长圆披针形；二回小羽片3～4对，卵状三角形，羽状深裂。孢子囊穗排列稀疏。

龙眼洞后山至火炉山防火线附近（王发国等5670）。生于林缘或灌丛中。分布于中国华南、华中、华北和西南地区。日本、琉球群岛、斯里兰卡、爪哇岛、菲律宾、印度及澳大利亚热带地区也有分布。可供药用。

3. 小叶海金沙
Lygodium microphyllum R. Br. [*L. scandens* (L.) Sw.]

植株蔓攀，高达 5～7 m。叶轴纤细如铜丝，二回羽状；羽片多数，对生于叶轴的距上。不育羽片生于叶轴下部，长圆形，长 7～8 cm，宽 4～7 cm，柄长 1～1.2 cm，奇数羽状，或顶生小羽片有时两叉，小羽片 4 对，互生，有 2～4 mm 长的小柄，柄端有关节，各片相距约 8 mm，卵状三角形、阔披针形或长圆形，先端钝，基部较阔，心脏形、近平截或圆形，边缘有矮钝齿，或锯齿不甚明显，叶脉清晰，三出，叶薄草质，能育叶与不育叶同形。叶缘生有条形的孢子囊穗；孢子呈黑褐色，极似沙粒。

龙眼洞后山至火炉山防火线附近（王发国等5669），帽峰山帽峰工区焦头窝。生于灌丛中。分布于中国华南、西南、福建及台湾。印度、缅甸和马来西亚也有分布。

P18. 膜蕨科 Hymenophyllaceae

附生，少为陆生。叶通常很小，有多种形式，由全缘的单叶至扇形分裂，或为多回两歧分叉至多回羽裂，直立或有时下垂，叶片膜质，几乎都是只由一层细胞组成，不具气孔；叶脉分离，二叉分枝或羽状分枝，每个末回裂片有一条小脉，有时沿叶缘有连续不断的近边生的假脉，叶肉内有时也有断续的假脉。囊苞管状或两唇状；孢子囊着生孢托周围；孢子近圆形或钝三角形。

龙眼洞林场有1属，1种。

团扇蕨属 Gonocormus van den Bosch

小型附生蕨类。根状茎丝状，横走。叶小型，羽状分裂，半透明，细胞壁不加厚，边缘有小锯齿或尖齿牙，叶轴上面通常疏生红棕色的细长毛，少为无毛。囊苞深裂或几达基部为两唇瓣状，瓣顶也有锯齿；囊群托内藏或稍突出；孢子囊大，无柄。

龙眼洞林场有1种。

团扇蕨
Gonocormus minutus (Blume) v. d. Bosch

高 1.5～2 cm。根状茎黑褐色，丝状，交织成毡状，密被暗褐色片状短毛。叶远生，相距 3～6 mm；叶柄纤细，长 6～10 mm，暗黑褐色至暗绿色，光滑无毛；叶片团扇形，长宽不及1 cm，扇状分裂达1/2，基部心脏形；裂片线形，钝头，常有浅裂，全缘；叶脉多回叉状分枝，两面明显，暗绿褐色，末回裂片有小脉1～2条；叶为薄膜质，半透明，干后呈暗绿色，两面光滑无毛。孢子囊着生于短裂片的顶部。

龙眼洞筲箕窝。生长在林下阴湿的岩石上。产于中国华南、华中、华东、东北和西南地区。日本、朝鲜、越南、柬埔寨、印度尼西亚、波利尼西亚、非洲等地也有分布。

P19. 蚌壳蕨科 Dicksoniaceae

树状蕨类。叶片大，长宽能达数米，三至四回羽状复叶，常有一部分为二型，或一型，革质；叶脉分离，孢子囊群边缘生，顶生于叶脉顶端，囊群盖成自内外两瓣，形如蚌壳，内凹，革质，外瓣为叶边锯齿变成，较大，内瓣自叶背生出，同形而较小。孢子囊梨形，有柄，环带稍斜生，完整，侧裂，孢子四面形，不具周壁，每囊 48～64 枚。

龙眼洞林场有1属，1种。

金毛狗属 Cibotium Kaulf.

根状茎粗壮，木质，平卧或有时转为升，密被柔软锈黄色长茸毛，形如金毛狗头。叶同型，有粗长的柄，叶片大，广卵形，多回羽状分裂；末回裂片线形，有锯齿，叶脉分离。孢子囊群着生叶边，顶生于小脉上，囊群盖两瓣状，革质，分内外两瓣，内瓣较小，形如蚌壳。孢子囊梨形，有长柄，侧裂；孢子为三角状的四面形，透明，无周壁。

龙眼洞林场有1种。

金毛狗
Cibotium barometz (L.) J. Sm.

高达 3 m，根状茎粗大，密被金黄色长茸毛，酷似伏地的小狗。叶片大，三回羽状分裂；下部羽片为长圆形，有柄（长3～4 cm），互生，远离；一回小羽片互生，开展，接近，有小柄（长2～3 mm），线状披针形，羽状深裂几达小羽轴；末回裂片线形略呈镰刀形，尖头，开展，上部的向上斜出，边缘有浅锯齿，向先端较尖，中脉两面凸出，侧脉两面隆起，斜出，单一，但在不育羽片上分为二叉。孢子囊群生小脉顶端，囊群盖形如蚌壳。

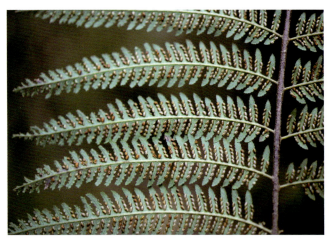

龙眼洞后山至火炉山防火线附近（王发国等5683），帽峰山莲花顶森林公园7林班，帽峰山帽峰工区焦头窝。生于沟边及林下阴处酸性土上。产于中国华南、西南、华东和华中地区。印度、缅甸、泰国、中南半岛马来西亚、琉球群岛及印度尼西亚也有分布。该种作为强壮剂，根状茎顶端的长软毛作为止血剂，又可为填充物，也可栽培为观赏植物。

P20. 桫椤科 Cyatheaceae

常为树状蕨类，茎杆粗壮，直立。叶大型，多数，簇生于茎干顶端，成对称的树冠；叶柄宿存或早落，被鳞片或有毛，两侧具有淡白色气囊体，条纹状，排成1～2行；叶片通常为二至三回羽状，或四回羽状，被多细胞的毛，或有鳞片混生。叶脉通常分离，单一或分叉。孢子囊群圆形，生于隆起的囊托上，生于小脉背上；孢子囊卵形，具有一个完整而斜生的环带（即不被囊柄隔断）；孢子四面体形。

龙眼洞林场有1属，1种。

桫椤属 Alsophila R. Br.

乔木状或灌木状，主茎短而不露出地面或稍高出地面。叶大型，叶柄平滑或有刺及疣突，其基部鳞片坚硬。叶片一回羽状至多回羽裂；羽轴上通常背柔毛，偶无毛。叶脉分离（偶有略网结），小脉单一或二至三叉。孢子囊群圆形，背生于叶脉上，囊托凸出，半圆形或圆柱形；无囊群盖，或囊群盖圆球形，仅着生于孢子囊群的靠近末回小羽片的主脉一侧，全部或部分包被着孢子囊群；孢子钝三角形。

龙眼洞林场有1种。

桫椤

Alsophila spinulosa (Wall. ex Hook.) R. Tryon

树蕨，高3～8 m。叶簇生于顶端；叶柄长30～50 cm，连同叶轴和羽轴有刺状突起，背面两侧各有一条不连续的皮孔线，向上延至叶轴；叶片大，长可达3 m，三回羽状深裂；羽片17～20对，互生，基部一对缩短，长矩圆形，二回羽状深裂；小羽片18～20对，羽状深裂；裂片

18～20对，镰状披针形，边缘有齿；叶脉在裂片上羽状分裂，基部下侧小脉出自中脉的基部；羽轴、小羽轴和中脉上面被糙硬毛，下面被灰白色小鳞片。孢子囊群生于裂片下面小脉分叉处，囊群盖近球形。

帽峰山—8林班（王发国等6195）。产于中国华南、西南地区。南亚、东南亚也有分布。

P22. 碗蕨科 Dennstaedtiaceae

土生、中型草本。根状茎横走，被灰白色针状刚毛，无鳞片。叶同型，叶片一至四回羽状细裂，叶轴上面有一纵沟，两侧为圆形，和叶之两面多少被与根状茎上同样或较短的毛，小羽片或末回裂片偏斜，基部不对称，下侧楔形，上侧截形，多少为耳形凸出；叶脉分离，羽状分枝。叶为草质或厚纸质，有粗糙感觉。孢子囊群圆形、小，囊群盖碗形或杯形。

龙眼洞林场有1属，3种。

鳞盖蕨属 Microlepia Presl

土生、中型草本。根状茎横走。叶柄被毛，上面有纵的浅沟；叶片从长圆形至长圆状卵形，一至四回羽状复叶，小羽片或裂片偏斜，基部上侧的比下侧的大，常与羽轴或叶轴并行，或多少呈三角形，少为披针形，通常被淡灰色刚毛或软毛，尤以叶轴和羽轴为多；叶脉分离，羽状分枝，小脉不达叶边。孢子囊群圆形，近边生，着生于小脉顶端；囊群盖为半杯形或肾圆形。孢子四面体形，光滑或有小疣状突起。

龙眼洞林场有3种。

1. 华南鳞盖蕨

Microlepia hancei Prantl

高达1.5 m，根状茎横走。叶远生，柄长30～40 cm。叶片卵状长圆形，长30～60 cm，三回羽状深裂；羽片10～16对，互生；一回小羽片14～18对，长约2.5 cm，宽1～1.4 cm，羽状深裂几达小羽轴；叶两面沿叶脉疏被灰白色刚毛；叶轴和羽轴略被细毛。孢子囊群圆形，生小裂片基部上侧近缺刻处；囊群盖近肾形，膜质，灰棕色，偶有毛。

龙眼洞荔枝园至太和章附近（王发国等5801），帽峰山帽峰工区焦头窝，龙眼洞林场天鹿湖站，较常见。生林中或溪边湿地。产于中国华南、福建、台湾。日本、琉球群岛、印度也有分布。

2. 边缘鳞盖蕨

Microlepia marginata (Houtt.) C. Chr.

高约60 cm。根状茎长而横走，密被锈色长柔毛。叶远生；柄长20～30 cm，近光滑；叶片长圆三角形，一回羽状；羽片20～25对，基部对生，远离，上部互生，接近，近镰刀状，边缘缺裂至浅裂，小裂片三角形。侧脉明显，在裂片上为羽状，2～3对，上先出，斜出，到达边缘以内。叶纸质，叶轴密被锈色开展的硬毛，在叶背各脉及囊群盖上较稀疏，叶面也多少有毛，少有光滑。孢子囊群圆形；囊群盖杯形，棕色。

帽峰山帽峰工区焦头窝（王发国等6062），帽峰山—

2林班，帽峰山帽峰工区山顶管理处沿山谷周边，较常见。生林下或溪边。产于中国华南、华东、华中和西南地区。日本、越南、印度及尼泊尔也有分布。

3. 粗毛鳞盖蕨

Microlepia strigosa (Thunb.) Presl

高达110 cm。根茎密被灰棕色长针状毛。叶远生；柄长50 cm，下部被灰棕色长针状毛，易脱落，有粗糙的斑痕；叶长圆形，二回羽状；羽片25～35对，近互生，相距4～5.5 cm，有柄（长2～3 mm），线状披针形；小羽片25～28对，接近，无柄，近菱形；叶脉下面隆起，上面明显，在上侧基部1～2组为羽状，其余各脉二叉分枝；叶轴及羽轴下面密被褐色短毛，上面光滑；叶片上面光滑，叶背沿各细脉疏被灰棕色短硬毛。孢子囊群小形，每小羽片上8～9枚，位于裂片基部；囊群盖杯形，棕色，被棕色短毛。

帽峰山—8林班（王发国等6135），帽峰山帽峰工区焦头窝，龙眼洞，较常见。产于中国浙江、台湾、福建、四川及云南东南部。日本、菲律宾、印度尼西亚、斯里兰卡、泰国、喜马拉雅地区和太平洋群岛也有分布。

P23. 鳞始蕨科 Lindsaeaceae

根状茎短而横走，或长而蔓生，被钻形的狭鳞片。叶同型，有柄，羽状分裂，或少为二型。叶脉常分离。孢子囊群为叶缘生的汇生囊群，生在2至多条细脉的结合线上，或单独生于脉顶，位于叶边或边内；囊群盖为两层，里层为膜质，外层即为绿色叶边，少有变化；孢子囊为水龙骨型，柄长而细，有3行细胞；孢子多为三角形。

龙眼洞林场有2属，5种。

1. 鳞始蕨属 Lindsaea Dry.

根状茎或长或短，横走，被钻状的狭鳞片，向上部变为钻状毛，有原始中柱。叶近生或远生，叶柄基部不具关节；叶为一回或二回羽状，羽片或小羽片为对开式，或扇形，不具主脉（实际主脉靠近下缘）；叶脉分离或少有稀疏联结。孢子囊群沿上缘及外缘着生，联结2至多条细脉顶端而为线形，或少有顶生1条细脉上而为圆形，囊群盖为线形，横长圆形，或圆形，向叶边开口；孢子囊有细柄。

龙眼洞林场有4种。

1. 鳞始蕨（陵齿蕨）

Lindsaea cultrata (Willd.) Sw.

高15～30 cm。根状茎密被栗红色鳞片，鳞片线状钻形。叶近生，直立，草质；叶柄长4～7 cm，有时达13 cm，仅基部有鳞片；叶片线状披针形，一回羽状；羽片17～20～30对，互生，开展，有短柄，基部楔形，先端钝，或近急尖，下缘直，近先端处上弯，长8～10 mm，内缘直，阔4～5 mm，上缘直或稍弯凸出，有缺刻，长8～9 mm；叶脉二叉分枝。孢子囊群沿羽片上缘着生，每缺刻有一个囊群，横跨于2～3条小脉顶端；囊群盖横线形，边缘啮蚀状。

龙眼洞后山至火炉山防火线附近（王发国等5664），龙眼洞笡箕窝（王发国等5732）。产于中国华南、华中和西南地区。分布于日本、越南、印度、缅甸和亚洲热带地区其他各地，南至马达加斯加及澳大利亚。

2. 剑叶鳞始蕨（双唇蕨、拟凤尾蕨）

Lindsaea ensifolia Sw.

高40 cm。根状茎密被赤褐色的钻形鳞片。叶近生，草质，两面光滑；柄长15 cm，四棱；叶长圆形，一回奇数羽状；羽片4～5对，基部近对生，上部互生，相距4 cm，斜展，有短柄或几无柄，线状披针形，长7～11.5 cm，基部广楔形，先端渐尖，全缘，或在不育羽片上有锯齿，向上的各羽片略缩短，顶生羽片分离，与侧生羽片相似。孢子囊群线形。

帽峰山帽峰工区焦头窝。产于中国华南及云南南部。亚洲热带地区、琉球群岛、波里尼西亚、澳大利亚至纳米比亚及马达加斯加都有分布。

碗蕨科Dennstaedtiaceae / 鳞始蕨科Lindsaeaceae / 凤尾蕨科Pteridaceae

羽片有尖齿牙；在二回羽状植株上，其基部一对或数对羽片伸出成线形，长可达5 cm，一回羽状，其小羽片与上部各羽片相似而较小。叶轴有四棱。孢子囊群连续不断成长线形，或偶为缺刻所中断。

龙眼洞后山至火炉山（王发国等5711），帽峰山帽峰工区焦头窝，帽峰山帽峰工区山顶管理处向下路两侧。产于中国华南和西南地区。亚洲热带地区及澳大利亚都有分布。

2. 乌蕨属Sphenomeris Maxon

陆生。根状茎短而横走，密被深褐色的钻状鳞片，维管束同鳞始蕨属，为原始中柱。叶近生，光滑，三至五回羽状，末回小羽片楔形或线形；叶脉分离。孢子囊群近叶缘着生，顶生脉端，每个囊群下有1条细脉，或有时融合2~3条细脉；囊群盖卵形，以基部及两侧的下部着生，向叶缘开口，通常不达于叶的边缘；孢子囊有细柄，环带宽，有14~18个加厚的细胞；孢子长圆形或球状长圆形，少有为球状四面形的。

龙眼洞林场有1种。

乌蕨

Sphenomeris chinensis (L.) Maxon

高达65 cm。根状茎密被赤褐色的钻状鳞片。叶近生，柄长达25 cm，光滑；叶片披针形，长20~40 cm，宽5~12 cm，四回羽状；羽片15~20对，互生，密接；一回小羽片在一回羽状的顶部下有10~15对，近菱形；二回（或末回）小羽片小，倒披针形，先端截形，有齿牙，基部楔形，下延，其下部小羽片常再分裂成具有1~2条细脉的短而同形的裂片；叶脉上面不显，下面明显，在小裂片上为二叉分枝。孢子囊群边缘着生，每裂片上一枚或二枚，顶生1~2条细脉上。

龙眼洞筲箕窝至火烧天（筲箕窝—6林班，王发国等5860），帽峰山帽峰工区焦头窝。产于中国华南、华中和西南地区。亚洲热带地区各地以及日本、菲律宾等地也有分布。在云南南部红河流域，土名"蜢蚱参"，药用，价格昂贵，据当地老百姓说有"起死回生"之效。

3. 异叶鳞始蕨（异叶双唇蕨）

Lindsaea heterophylla Dry.

高25~36 cm。根状茎密被赤褐色的钻形鳞片。叶近生；柄长12~22 cm，四棱，暗栗色，光滑；叶片阔披针形或长圆三角形，一回羽状或下部为二回羽状；羽片11对左右，基部近对生，上部互生，远离，相距约2 cm，斜展，披针形；叶脉可见，中脉显著，侧脉羽状二叉分枝；叶轴有四棱，光滑。孢子囊群线形，从顶端至基部连续不断，囊群盖线形，棕灰色，连续不断，全缘。

龙眼洞后山至火炉山防火线附近（王发国等5665），帽峰山帽峰工区焦头窝（王发国等6062），帽峰山管护站（王发国等6084）。生林下水边湿地。产于中国华南和西南地区。琉球群岛、菲律宾、马来西亚等地也有分布。

4. 团叶陵齿蕨

Lindsaea orbiculata (Lam.) Mett.

高达30 cm。根状茎先端密被红棕色的狭小鳞片。叶近生，草质；柄长5~11 cm，光滑；叶片线状披针形，一回羽状，下部往往二回羽状；羽片20~28对，下部各对羽片对生，远离，中上部的互生而接近，开展，有短柄；在着生孢子囊群的边缘有不整齐的齿牙，在不育的

P27. 凤尾蕨科Pteridaceae

陆生。根状茎长而横走，或短而直立或斜升，密被狭长而质厚的鳞片。叶一型，少为二型或近二型，疏生或簇生，有柄；叶片长圆形或卵状三角形，罕为五角形，一回羽状或二至三回羽裂，或罕为掌状，偶为单叶或三叉，从不细裂，草质、纸质或革质，光滑，罕被毛；叶脉分离或罕为网状。孢子囊群线形，沿叶缘生于连接小脉顶端的一条边脉上，有由反折变质的叶边所形成的线形、膜质的宿存假盖，不具内盖，除叶边顶端或缺刻外，连续不断。

龙眼洞林场有2属，9种。

1. 栗蕨属 Histiopteris (Agardh) J. Sm.

陆生。根状茎粗长而横走，密被披针形厚质的栗色鳞片。叶疏生，大型，无限生长；叶柄长，圆形，栗红色，有光泽，光滑；羽轴与叶柄同色；叶片三角形，二至三回羽状，羽片对生，通常无柄，且基部有托叶状的小羽片1对；小羽片也同样对生。叶脉网状，不具内藏小脉。孢子囊群沿叶边成线形分布，生于叶缘内的一条连接脉上，有由反折变质的干膜质叶边变成的狭线形的外盖（假盖），不具内盖；孢子为两面型，长圆形到肾形。

龙眼洞林场有1种。

栗蕨
Histiopteris incisa (Thunb.) J. Sm.

高约2 m。根状茎长而横走，密被栗褐色鳞片。叶大，疏生；柄长约1 m，基部具微细疣状突起而略粗糙，向上平滑；叶片三角形，二至三回羽状；裂片6～9对，对生，通常2对较大，长约1.5～4 cm，宽5～8 mm，长圆形或长圆披针形，钝头或短渐尖，基部小羽轴多少合生，两侧略膨大，下侧多少下延，全缘或羽裂达1/2；第二对距基部一对10 cm以上，和基部一对同形，向上各对羽片均略变小；叶脉网状，网眼角形或六角形，沿主脉及小羽轴两侧的1列网眼较长而整齐。

龙眼洞林场—石屋站（王发国等6278）。产于中国华南和西南地区。其他泛热带地区也有分布。

2. 凤尾蕨属 Pteris L.

陆生。根状茎直立或斜升。叶簇生，叶柄上有纵沟；叶片一回羽状或为篦齿状的二至三回羽裂，或时三叉分枝，基羽片（有时下部几对）的下侧常分叉，各叉与羽片同形但较小，从不细裂，或很少为单叶或掌状分裂而顶生羽片常与侧生羽片同形；羽轴或主脉上面有深纵沟，沟两旁有狭边；叶脉分离，或仅沿羽轴两侧联结成1列狭长的网眼。孢子囊群线形，沿叶缘连续延伸，通常仅裂片先端及缺刻不育。

龙眼洞林场有8种。

1. 狭眼凤尾蕨
Pteris biaurita L.

高70～110 cm。根状茎直立。叶簇生；柄长40～60 cm，基部粗3～5 mm，浅褐色并被鳞片，向上为禾秆色至浅绿色，稍有光泽，无毛，偶有少数鳞片；叶片长圆状卵形，长40～55 cm，宽20～30 cm，二回深羽裂（或基部三回深羽裂）；侧生羽片8～10对，斜展，对生，下部的有短柄，上部的无柄，先端具长约2～3 cm的狭披针形长尾，顶生羽片的形状、大小及分裂度与中部的侧生羽片相同；裂片20～25对，互生；叶脉稍隆起，两面均明显。孢子囊群线形，沿裂片边缘延伸，裂片最先端不育。

龙眼洞荔枝园至太和章附近（王发国等5803），帽峰山帽峰工区山顶管理处，沿山谷周边。产于中国华南和西南地区。印度、斯里兰卡、马来西亚等热带地区也有分布。

2. 刺齿半边旗
Pteris dispar Kze.

高30～80 cm。根状茎斜向上，先端及叶柄基部被黑褐色鳞片。叶簇生，近二型；柄长15～40 cm，与叶轴均为栗色；叶片卵状长圆形，二回羽状深裂；顶生羽片披针形，篦齿状深羽裂几达叶轴，裂片12～15对，对生；侧生羽片5～8对，与顶生羽片同形；羽轴下面隆起基部栗色；上部禾秆色，上面有浅栗色的纵沟，纵沟两旁有啮蚀状的浅灰色狭翅状的边，侧脉明显，斜向上，二叉，小脉直达锯齿的软骨质刺尖头；叶干后草质，绿色或暗绿色，无毛。

疏离（下部的相距5～7 cm），通常为2～3叉，中央的分叉最长，顶生羽片基部不下延，下部两对羽片有时为羽状，小羽片2～3对，向上，狭线形，先端渐尖，基部下侧下延，先端不育的叶缘有密尖齿，余均全缘主脉禾秆色，下面隆起；侧脉密接，通常分叉。

龙眼洞。产于中国华南、华中和西南地区。日本、老挝等东亚和东南亚国家也有分布。

4. 傅氏凤尾蕨
Pteris fauriei Hieron.

高达1 m。根状茎短，先端密被鳞片。叶簇生；叶片卵形至卵状三角形，二回深羽裂（或基部三回深羽裂）；侧生羽片近对生，顶端呈长尾状，基部渐狭，篦齿状深羽裂达羽轴两侧的狭翅；裂片20～30对，互生或对生，毗连或间隔宽约1 mm（通常能育裂片的间隔略较宽，达2 mm），斜展，镰刀状阔披针形，通常下侧的裂片比上侧的略长，基部一对或下部数对缩短，顶部略狭，先端钝，基部略扩大，全缘。孢子囊群线形，沿裂片边缘延伸，仅裂片先端不育。

龙眼洞筲箕窝（王发国等5728），龙眼洞荔枝园至太和章附近（王发国等5802），帽峰山—8林班（王发国等6134）。产于中国华南、华中和西南地区。越南北部及日本也有分布。

帽峰山莲花顶森林公园—7七林班（王发国等6037a）。产于中国华南、华中和西南地区。越南、马来西亚、菲律宾和日本也有分布。

3. 剑叶凤尾蕨
Pteris ensiformis Burm. f.

高30～50 cm。根状茎细长，斜升或横卧，被黑褐色鳞片。叶簇生，二型；柄长10～30 cm（不育叶的柄较短），与叶轴同为禾秆色；不育叶较短，下部羽状，三角形，具2～3对对生的无柄小羽片，密接；能育叶的羽片

5. 线羽凤尾蕨
Pteris linearis Poir.

高1～1.5 m。根状茎短而直立，先端被黑褐色鳞片。

叶簇生（6～8片）；叶片长圆状卵形，二回深羽裂（或基部三回深羽裂）；侧生羽片5～15对，对生，略斜向上，先端长尾尖；裂片25～35对，互生，镰刀状长圆形，先端钝或短尖，基部稍扩大，全缘；羽轴下面隆起，上面有狭纵沟，沟两旁有刺；侧脉两面均明显并隆起，相邻裂片基部相对的两小脉直达缺刻底部或附近，在缺刻底部开口或相交成一高尖三角形，或有时沿羽轴两侧联结成一列不连续的三角形网眼。

龙眼洞筲箕窝（王发国等5738，6077）。产于中国华南和西南地区。也广泛分布于亚洲热带地区和马达加斯加。

6. 井栏边草
Pteris multifida Poir.

高20～45 cm。根状茎短而直立。叶二型，密而簇生；不育叶卵状长圆形，一回羽状，羽片通常3对，对生，叶缘有不整齐的尖锯齿并有软骨质的边；能育叶有较长的柄，羽片4～6对，狭线形；其上部几对的羽片基部长下延，在叶轴两侧形成宽3～4 mm的翅；主脉两面均隆起，禾秆色，侧脉明显，稀疏，单一或分叉，有时在侧脉间具有或多或少的与侧脉平行的细条纹（脉状异形细胞）；叶干后草质，暗绿色，遍体无毛；叶轴禾秆色，稍有光泽。

龙眼洞凤凰山（场部—3林班；王发国等5975）。产于中国华南、西南、华中和华北地区。越南、菲律宾、日本也有分布。全草入药，味淡，性凉，能清热利湿、解毒、凉血、收敛、止血、止痢。

7. 半边旗
Pteris semipinnata L.

高35～80(120) cm。根状茎长而横走。叶簇生，近一型；叶片长圆披针形，二回半边深裂；顶生羽片阔披针形至长三角形，先端尾状，篦齿状，深羽裂几达叶轴，裂片6～12对，对生，向上渐短；侧生羽片4～7对，对生或近对生，开展，先端长尾头，基部偏斜，两侧极不对称，上侧仅有一条阔翅，宽3～6 mm，很少分裂，下侧篦齿状深羽裂几达叶轴，裂片3～6片或较多，基部向上逐渐变短。不育裂片的叶有尖锯齿，能育裂片仅顶端有一尖刺或具2～3个尖锯齿。

龙眼洞后山至火炉山（王发国等5713），帽峰山—6林班。产于中国华南、西南和华中地区。日本、菲律宾、越南等东亚和东南亚国家也有分布。

8. 蜈蚣草
Pteris vittata L.

高30～100 cm。根状茎直立，密被蓬松的黄褐色鳞片。叶簇生；叶柄坚硬；叶片倒披针状长圆形，一回羽状；顶生羽片与侧生羽片同形，侧生羽多数（可达40对），互生或有时近对生，下部羽片较疏离，向下羽片逐渐缩短，基部羽片仅为耳形，中部羽片最长，各羽片间的间隔宽约1～1.5 cm，不育的叶缘有微细而均匀的密锯齿，不为软骨质。在成熟的植株上除下部缩短的羽片不育外，几乎全部羽片均能育。

龙眼洞后山至火炉山防火线附近（王发国等5677）。广布于中国热带和亚热带地区，以秦岭南坡为其在中国分布的北方界线。在其他热带及亚热带地区也分布很广。

P31. 铁线蕨科 Adiantaceae

陆生中小型蕨类，体形变异很大。根状茎被披针形鳞片。叶一型，螺旋状簇生、二列散生或聚生；叶柄黑色或红棕色，有光泽，通常细圆，坚硬如铁丝；叶片多为一至三回以上的羽状复叶或一至三回二叉掌状分枝，极少为团扇形的单叶，草质或厚纸质，少为革质或膜质，多光滑无毛；叶轴、各回羽轴和小羽柄均与叶柄同色同形；末回小羽片的形状不一，卵形、扇形、团扇形或对开式，边缘有锯齿。孢子囊群生小脉顶端，无盖，有反折的叶缘覆盖。

龙眼洞林场有1属，4种。

铁线蕨属 Adiantum L.

属的形态特征与科同。龙眼洞林场有4种。

1. 鞭叶铁线蕨

Adiantum caudatum L.

高15～40 cm。根状茎短而直立，被深栗色、披针形、全缘的鳞片。叶簇生；叶柄栗色，密被毛；叶片披针形，一回羽状；羽片28～32对，互生，或下部的近对生，基部常反折下斜；下部的羽片逐渐缩小，中部羽片半开式，近长圆形，上缘及外缘深裂或条裂成许多狭裂片，下缘几通直而全缘，基部不对称，上侧截形；裂片线形，先端平截，边缘全缘，上部再撕裂为线形的细裂片。孢子囊群每羽片5～12枚，囊群盖圆形或长圆形。

龙眼洞。产于中国华南和西南地区。也广布于亚洲其他热带及亚热带地区。

2. 扇叶铁线蕨

Adiantum flabellulatum L.

高20～45 cm。根状茎短而直立，密被亮棕色披针形鳞片。叶簇生；叶柄亮紫黑色；叶片扇形，长10～25 cm，二至三回不对称的二叉分枝，通常中央的羽片较长；小羽片8～15对，互生，平展，具短柄，中部以下的小羽片大小几相等，对开式的半圆形（能育的），或为斜方形（不育的），能育部分具浅缺刻，裂片全缘，不育部分具细锯齿；叶脉多回二歧分叉，直达边缘。孢子囊群每羽片2～5枚，横生于裂片上缘和外缘，以缺刻分开。

龙眼洞筲箕窝（王发国等5743），帽峰山帽峰工区焦头窝，帽峰山—6林班，常见。产于中国华南、华中、华东和西南地区。日本、越南、缅甸、印度、斯里兰卡及马来群岛均有分布。本种全草入药，清热解毒、舒筋活络、利尿、化痰、消肿、止血、止痛。此外，它是酸性土的指示植物。

3. 假鞭叶铁线蕨

Adiantum malesianum Ghatak

高15～20 cm。根状茎短而直立，密被披针形、棕色、边缘具锯齿的鳞片。叶簇生；叶柄栗色，有密毛；叶片线状披针形，一回羽状；羽片约25对，无柄，平展，互生或近对生，基部一对羽片不缩小，近团扇形，多少反折向下，其中部的侧生羽片半开式，上缘和外缘深裂；裂片5～6对，长方形，顶端凹陷，下缘和内缘平直；顶部羽片近倒三角形，上缘圆形并深裂。孢子囊群每羽片5～12枚；囊群盖圆肾形，上缘平直，上面被密毛，棕色，纸质，全缘，宿存。

帽峰山。产于中国华南、华中和西南地区。东南亚许多国家也有分布。

4. 半月形铁线蕨

Adiantum philippense L.

高约15～50 cm。根状茎短而直立，被褐色披针形鳞片。叶簇生；叶柄亮栗色；叶片披针形，奇数一回羽状；羽片8～12对，互生，斜展，中部以下各对羽片大小几相等，能育叶的边缘近全缘或具2～4浅缺刻，或为微波状，不育叶的边缘具波状浅裂，裂片先端圆钝，具细锯齿，下缘全缘，上部羽片与下部羽片同形而略变小，顶生羽片扇形，略大于其下的侧生羽片；叶轴先端常延伸成鞭状。孢子囊群每羽片2～6枚，以浅缺刻分开。

龙眼洞筲箕窝。产于中国华南和西南地区。也广布于亚洲其他热带及亚热带地区。本种是酸性红黄壤的指示植物。

P32. 水蕨科 Parkeriaceae

一年生的多汁水生（或沼生）植物。根状茎短而直立，下端有一簇粗根，上部着生莲座状的叶子。叶二型，不育叶片为长圆状三角形至卵状三角形，单叶或羽状复叶，末回裂片为阔披针形或带状，全缘，尖头，主脉两侧的小脉为网状；能育叶与不育叶同形，往往较高，分裂较深而细，末回裂片边缘向下反卷达主脉，线形至角果形；在羽片基部上侧的叶腋间常有一个圆卵形棕色的小芽胞，成熟后脱落，行无性繁殖。孢子囊群沿主脉两侧生。

龙眼洞林场有1属，1种。

水蕨属 Ceratopteris Brongn.

属的形态特征与科同。龙眼洞林场有1种。

水蕨
Ceratopteris thalictroides (L.) Brongn.

高可达70 cm，绿色多汁。根状茎短而直立。叶簇生，二型。不育叶叶片直立或幼时漂浮，有时略短于能育叶，狭长圆形，先端渐尖，基部圆楔形，二至四回羽状深裂，裂片5～8对，互生，斜展，彼此远离，下部1～2对羽片较大。能育叶长圆形或卵状三角形，二至三回羽状深裂；羽片3～8对，互生，斜展，具柄，下部1～2对羽片最大。孢子囊沿能育叶的裂片主脉两侧的网眼着生，稀疏，棕色。

龙眼洞。产于中国华南、华东、华中和西南地区。也广布于世界热带及亚热带地区，日本也产。本种可供药用，茎叶入药可治胎毒，消痰积；嫩叶可作蔬菜。

P33. 裸子蕨科 Hemionitidaceae

陆生中小型蕨类。根状茎横走、斜升或直立，被鳞片或毛。叶远生、近生或簇生；叶片一至三回羽状分裂，稀单叶；叶脉分离或为网状，网眼不具内藏小脉。孢子囊群沿叶脉着生，无盖。

龙眼洞林场有1属，1种。

粉叶蕨属 Pityrogramma Link

根状茎短而直立或斜升。叶簇生，柄紫黑色，有光泽；叶片卵形至长圆形，渐尖头，二至三回羽状复叶；羽片多数，披针形，渐尖头，基部几对称，多少有柄，斜上；小羽片多数，基部不对称，上先出，往往多少下延于羽轴，边缘有锯齿；叶脉分离，单一或分叉，斜上，不明显；叶草质至近革质，两面光滑，但叶背密被白色至黄色的蜡质粉末。孢子囊群沿叶脉着生，不到顶部，无盖。

龙眼洞林场有1种。

粉叶蕨
Pityrogramma calomelanos (L.) Link

高25～90 cm。根状茎被红棕色狭披针形鳞片。叶簇生；叶柄亮紫黑色；叶片狭长圆形或长圆披针形，一至二回羽状复叶；羽片16～20对，近对生至互生；小羽片16～18对，上先出，斜向上，彼此接近或疏离，三角形、卵状披针形或披针形，尖头或渐尖头，基部不对称，上侧与羽轴并行，下侧楔形，并多少下延，下部的小羽片基部浅裂，向上有锯齿，裂片通常上侧的较大，边缘有锯齿（或两侧全缘而顶端有一二齿牙）；中部羽片向上逐渐缩短，向顶部为羽裂渐尖。

龙眼洞，火炉山。产于中国海南、台湾及云南。也广布于亚洲热带地区、非洲、南美洲。

P36. 蹄盖蕨科 Athyriaceae

中小型土生蕨类。根状茎细长横走，或粗长横卧，稍被鳞片；叶多簇生；叶片通常草质或纸质，罕为革质，单叶或一至四回羽裂；小羽片或末回裂片有锯齿或缺刻；各回羽轴有纵沟；叶脉分离或网状。孢子囊群圆形、线形、马蹄形或椭圆形，具盖。

龙眼洞林场有4属，7种。

1. 短肠蕨属 Allantodia R. Br.

中型至大型陆生植物。根状茎粗大直立，稍被鳞片；叶片多为阔卵形、矩圆形或三角形，少为阔披针形；叶常簇生；叶片一至三回羽裂；羽片常披针形，末回小羽片椭圆形或披针形；叶脉分离，罕见在羽片、小羽片中肋两侧联结形成一行网孔。叶为草纸或纸质，少有革质，一般光滑，有时叶轴、羽轴和中肋下面有少数钻形或披针形鳞片，少见有刺状突起。孢子囊群线形、矩圆形或卵形，大多单生于小脉上侧。

龙眼洞林场有2种。

1. 膨大短肠蕨（毛柄短肠蕨）
Allantodia dilatata (Blume) Ching

常绿大型林下植物，高1m左右。根状茎横走、横卧至斜升或直立，先端密被鳞片；叶疏生至簇生。能育叶长可达3m；叶柄粗壮，长可达1m，直径达1cm，基部黑褐色，密被与根状茎上相同的鳞片，并有易脱落的褐色、卷曲的短柔毛，向上绿禾秆色或绿褐色，渐变光滑；叶片三角形，顶端羽裂渐尖，向下二回羽状；羽片互生，有柄，披针形。孢子囊群线形，在小羽片的裂片上可达7对，多数单生于小脉上侧，少数双生。

龙眼洞筲箕窝至火烧天（筲箕窝—6林班；王发国等5910），龙眼洞筲箕窝（王发国等6082），帽峰山帽峰工区焦头窝。产于中国华南及西南地区。东南亚至日本南部也有分布。四川省峨眉山一带草医称该蕨种为鸡爪黄连，以叶治头晕症，根状茎治跌打。

2. 江南短肠蕨
Allantodia metteniana (Miq.) Ching

高60～70cm。根状茎长而横走。叶远生。能育叶长达70cm；叶柄长30～40cm，疏被狭披针形的褐色鳞片，向上有浅纵沟；叶片三角形或三角状阔披针形，羽裂长渐尖的顶部以下一回羽状，羽片羽状浅裂至深裂；侧生羽片约10对；侧生羽片的裂片约达15对。孢子囊群线形，大多单生于小脉上侧中部，在基部上侧1脉常为双生；囊群盖浅褐色，薄膜质，全缘，宿存。孢子近肾形。

帽峰山帽峰工区焦头窝（王发国等6083）。产于中国长江以南地区。日本、越南和泰国也有分布。

2. 假蹄盖蕨属 Athyriopsis Ching

根状茎细长横走，疏生棕色披针形或卵形鳞片；叶远生至近生，或簇生；叶片长三角形、椭圆形或披针形，二回羽状深裂；羽片披针形；叶脉分离或羽状。叶干后草质或近膜质，绿色；叶轴、羽片中脉两面通常有或密或疏、略卷曲、灰白色或浅褐色至红褐色的多细胞节状柔毛；叶轴及羽片中脉上面均有纵沟。孢子囊群线形或椭圆形，单生于小脉上侧，或在裂片基部上出一脉常双生于上下两侧。

龙眼洞林场有1种。

假蹄盖蕨
Athyriopsis japonica (Thunb.) Ching

根状茎细长横走，先端被黄褐色鳞片；叶远生至近生。能育叶长可达1m；叶柄长10～50cm；叶片矩圆形至矩圆状阔披针形，有时呈三角形，顶部羽裂长渐尖或略急缩长渐尖；侧生分离羽片4～8对，先端渐尖至尾状长渐尖，两侧羽状半裂至深裂；侧生分离羽片的裂片5～18对。叶草质，叶轴疏生浅褐色披针形小鳞片及节状柔毛，羽片上面仅沿中肋有短节毛，下面沿中肋及裂片主脉疏生节状柔毛。孢子囊群短线形；囊群盖浅褐色。

龙眼洞筲箕窝至火烧天（筲箕窝—6林班；王发国等

5908，5919）。分布于中国秦岭以南各地。韩国、日本、尼泊尔、印度、缅甸也有。

3. 菜蕨属 Callipteris Bory

常绿喜湿蕨类。根状茎粗壮，直立或斜升，被鳞片，鳞片边缘有睫毛状小齿。叶簇生；叶片椭圆形，一至二回羽状，顶部羽裂渐尖；一回羽状叶的羽片大，阔披针形；小羽片披针形，渐尖头，浅羽裂。主脉及侧脉明显，下部几对小脉斜向上，先端联结成斜长方形的网孔；叶无毛或叶轴、羽轴和主脉下面被锈黄色的节状短毛。孢子囊群椭圆形至线形，几着生于全部小脉上。

龙眼洞林场有1种。

菜蕨

Callipteris esculenta (Retz.) J. Sm. ex Moore et Houlst.

根状茎直立，密被褐色狭披针形鳞片。叶簇生；能育叶长60～120 cm；叶柄长50～60 cm，基部疏被鳞片，向上光滑；叶片三角形或阔披针形，顶部羽裂渐尖，下部一回或二回羽状；羽片12～16对，互生，下部的有柄，阔披针形，羽状分裂或一回羽状，上部的近无柄，线状披针形；小羽片8～10对，互生。孢子囊群多数，线形，几生于全部小脉上，达叶缘；囊群盖线形，膜质，黄褐色，全缘。

龙眼洞筲箕窝至火烧天（筲箕窝—6林班；王发国等5936）。分布于中国华南、华东及西南。亚洲热带和亚热带地区及波利尼西亚也有分布。嫩叶可作野菜。

4. 双盖蕨属 Diplazium Sw.

根状茎直立或斜升，先端被披针形黑色鳞片。叶通常簇生或近生；叶柄长；叶片椭圆形，奇数一回羽状或间为三出复叶或披针形的单叶，或有时同一种兼有3种形态的能育叶；羽片通常3～8对，一型，几同大；主脉明显；小脉分叉，直达叶边，叶背通常明显，叶面往往不见。叶面光滑，叶背沿叶片及羽片中肋有极稀疏的线形小鳞片及单行细胞的细小节毛。囊群盖与孢子囊群均为线性。

龙眼洞林场有3种。

1. 马鞍山双盖蕨

Diplazium maonense Ching

根状茎横走，被黑褐色边缘有细齿的厚鳞片；叶近生。能育叶长可达1 m；叶柄长约15～40 cm；叶片卵形或卵状或卵状椭圆形，奇数一回羽状；侧生羽片3～6对，同大，互生或近对生，斜展，远离，有短柄；顶生羽片与侧生羽片同形，但基部常有1～2个耳片，上部近羽状半裂。孢子囊群及囊群盖线形，多双生1脉，偶有单生，每组叶脉有3～4条，通常仅下部2对小脉能育，基部1对孢子囊群较长。

龙眼洞筲箕窝。分布于中国福建、广东及香港。

2. 单叶双盖蕨

Diplazium subsinuatum (Wall. ex Hook. et Grev.) Tagawa

根状茎细长，横走，被黑色或褐色披针形鳞片；

叶远生。能育叶长达40 cm；叶柄长8～15 cm，淡灰色，基部被褐色鳞片；叶片披针形或线状披针形，长10～25 cm，宽2～3 cm，两端渐狭，边缘全缘或稍呈波状；中脉两面均明显，小脉斜展，每组3～4条，通直，平行，直达叶边；叶干后纸质或近革质。孢子囊群线形，通常多分布于叶片上半部，沿小脉斜展。

龙眼洞林场—石屋站（王发国等6275）。产于中国华南、华中和西南地区。其他东亚和东南亚国家也有分布。

3. 羽裂双盖蕨
Diplazium tomitaroanum Masamune

根状茎细长横走，先端密被披针形鳞片。叶片披针形或狭长线状披针形，两侧自上而下羽状浅裂至深裂，基部常裂达中肋，形成1～4对基部贴生的分离裂片；裂片可达30对，中下部的最大，向两端的渐变小，少见下部的不变小，基部的与中部的等长，通常上下部裂片均为距圆形；叶脉两面明显或略可见，在裂片上羽状，小脉单一或二叉，纤细，斜向上，直达边缘，每裂片3～13对。孢子囊群短线形，褐色，沿小脉斜向上。

龙眼洞筲箕窝，帽峰山。产于中国华南、华东和西南地区。日本也有分布。

P38. 金星蕨科 Thelypteridaceae

陆生植物。根状茎粗壮，顶端被鳞片。叶簇生。叶一型，罕近二型，多为长圆披针形或倒披针形，少为卵形或卵状三角形，通常二回羽裂，少有三至四回羽裂，罕为一回羽状，各回羽片基部对称，羽轴上面凹陷成一纵沟，但不与叶轴上的沟互通，或圆形隆起，照例密生灰白色针状毛，羽片基部着生处下面常有一膨大的疣状气囊体。根据叶脉类型，本科可分为3个族。

龙眼洞林场有6属，10种。

1. 星毛蕨属 Ampelopteris Kunze

土生蔓状蕨类，高达1 m以上。根状茎长而横走，连同叶柄基部疏被深棕色、有星状分叉毛的披针形鳞片。叶簇生或近生；叶片披针形，基部略变狭，叶轴顶端常延长成鞭状，着地生根，形成新的植株，一回羽状；羽片可达30对，披针形，近对生，近无柄，羽片腋间常生有鳞芽，并由此长出一回羽状的小叶片。叶脉明显，侧脉斜展，顶端联结，并自联结点伸出一条曲折的外行小脉联结各对侧脉直达叶缘的缺刻。孢子囊群近圆形或长圆形，生于侧脉中部。

龙眼洞林场有1种。

星毛蕨
Ampelopteris prolifera (Retz.) Cop.

土生蔓状蕨类，高达1 m以上。根状茎长而横走，连同叶柄基部疏被深棕色、有星状分叉毛的披针形鳞片。叶簇生或近生，叶片披针形，基部略变狭，叶轴顶端常延长成鞭状，着地生根，形成新的植株，一回羽状；羽片可达30对，披针形，羽片腋间常生有鳞芽，并由此长出一回羽状的小叶片。叶脉明显，侧脉斜展，顶端联结，并自联结点伸出一条曲折的外行小脉联结各对侧脉直达叶缘的缺刻，在外行小脉两侧各形成一排斜方形网眼构成星毛蕨的特有脉型。

龙眼洞。产于中国华南、华中和西南地区。除美洲以外的世界其他热带和亚热带地区均有分布。嫩叶可作蔬菜。

2. 毛蕨属 Cyclosorus Link

通常为中型的陆生林下植物。叶疏生或近生，少有簇生，有柄；叶长圆形、三角状长圆披针形或倒披针形，顶端渐尖，通常突然收缩成羽裂的尾状羽片；二回羽裂，罕为一回羽状，侧生羽片通常10～30对或较少，狭披针形或线状披针形，下部羽片往往向下逐渐缩短，或变成耳形或瘤状（有时退化成气囊体），二回羽裂，从1/5到离羽轴不远处；裂片多数，呈篦齿状排列，边缘全缘，罕有少数锯齿，钝头或尖头，基部一对特别是上侧一片往往较长。

龙眼洞林场有4种。

1. 齿牙毛蕨
Cyclosorus dentatus (Forssk.) Ching

植株高40～60 cm。根状茎短而直立，先端及叶柄基部密被披针形鳞片及锈棕色短毛。叶簇生，叶片披针形，先端具一深羽裂的披针形长尾头，基部略变狭，二回羽裂；羽片11～13对，近开展，披针形，渐尖头，基部圆截形，羽裂达1/2；裂片13～15对，斜展，全缘；叶脉两面可见，侧脉斜上，每裂片5～6对（基部上侧一片有7对），基部一对出自主脉基部以上，其先端交结成钝三角形网眼，并自交结点向缺刻伸出一条外行小脉和第二对的上侧一脉联结成斜长方形网眼，第二对的下侧一脉伸达缺刻底部。

龙眼洞筲箕窝。产于中国华南、华中和西南地区。亚洲热带和亚热带地区、非洲热带地区、大西洋沿岸岛屿及美洲热带地区均有分布。

2. 异果毛蕨
Cyclosorus heterocarpus (Blume) Ching

植株高达1 m。根状茎粗壮，直立，连同叶柄基部有1~2片红棕色的披针形鳞片。叶簇生；叶片长圆状披针形，顶部渐尖，尾状并羽裂，基部突然变狭，二回羽裂；羽片40对左右，无柄，互生，下部5～10对向下缩短成耳片状，最下的为瘤状；中部羽片线状披针形，渐尖头，对称，羽状深裂达2/3；裂片20～30对，全缘；叶脉两面

19

可见，侧脉在裂片上8~9对，其顶端彼此交结成钝三角形网眼，并自交结点伸出外行小脉达于缺刻，第2对以上的侧脉伸达缺刻以上的叶边。

龙眼洞荔枝园至太和章附近（王发国等5832），龙眼洞林场—石屋站（王发国等6274）。产于中国华南、西南地区。越南、菲律宾、马来西亚及波利尼西亚均有分布。

3. 毛蕨

Cyclosorus interruptus (Willd.) H. Ito

高达130 cm。叶近生；叶片卵状披针形或长圆披针形，先端渐尖，并具羽裂尾头，二回羽裂；羽片22~25对，羽裂达1/3；裂片约30对，三角形，尖头；叶脉在叶背明显，每裂片有侧脉8~10对，基部一对斜展，其上侧一脉出自主脉基部，下侧一脉出自羽轴，二者先端交结成一个钝三角形网眼，并自交结点向缺刻下的膜质连线伸出外行小脉；第2对侧脉斜伸到膜质连线，在主脉两侧形成两个斜长方形网眼；第3对侧脉伸达缺刻以上的叶边。孢子囊群圆形，在羽轴两侧各形成一条不育带。

龙眼洞。产于中国华南、华中和西南地区。也广布于全世界热带和亚热带地区。

4. 华南毛蕨

Cyclosorus parasiticus (L.) Farwell.

植株高达70 cm。根状茎连同叶柄基部有深棕色披针形鳞片。叶近生；叶片长35 cm，长圆披针形，先端羽裂，尾状渐尖头，基部不变狭，二回羽裂；羽片12~16对，无柄，中部以下的对生，向上的互生，彼此接近，中部羽片羽裂达1/2或稍深；裂片20~25对，斜展，彼此接近，基部上侧一片特长，全缘；叶脉两面可见，侧脉斜上，基部一对出自主脉基部以上，其先端交接成一钝三角形网眼。

帽峰山帽峰工区焦头窝，龙眼洞林场—石屋站，常见。产于中国华南、华中、华东和西南地区。日本、韩国、尼泊尔、缅甸、印度、斯里兰卡、越南、泰国、印度尼西亚、菲律宾均有分布。

3. 针毛蕨属 Macrothelypteris (H. Ito) Ching

中等大的陆生植物，有时近树状，高可达4m。根状茎被棕色的披针形长鳞片。叶簇生；叶柄禾秆色或红棕色，光滑，或被与根茎相同的鳞片，脱落后常留下半月形的糙痕；叶片大，卵状三角形，三至四回羽裂；羽片和各回小羽片斜展或近平展，沿羽轴或小羽轴两侧以狭翅相连；叶脉羽状，分离，侧脉单一，有时二叉；叶草质或近纸质，两面和脉间多少被毛，罕无毛，沿叶轴往往还有厚鳞片，鳞片脱落后留下突痕。孢子囊群小，生于侧脉的近顶部。

龙眼洞林场有1种。

普通针毛蕨

Macrothelypteris torresiana (Gaud.) Ching

高60~150cm。叶簇生；叶片三角状卵形，先端渐尖并羽裂，基部不变狭，三回羽状；羽片约15对，近对生，基部一对最大，二回羽状；一回小羽片15~20对，互生，羽状分裂；裂片10~15对，彼此接近，长4~12mm，宽2~3mm，披针形，钝头或钝尖头，基部彼此以狭翅相连，边缘全缘或往往锐裂；第二对以上各对羽片和基部的同形，但基部不变狭，渐次缩短。叶脉不甚明显。孢子囊群小，圆形，每裂片2~6对，生于侧脉的近顶部。孢子囊顶部具2~3根头状短毛。孢子圆肾形。

帽峰山帽峰工区焦头窝（王发国等5724），龙眼洞林场天鹿湖站。广布于中国长江以南各地。缅甸、尼泊尔、不丹、印度、越南、日本、菲律宾、印度尼西亚、澳大利亚及美洲热带和亚热带地区也有分布。

4. 金星蕨属 Parathelypteris (H. Ito) Ching

中、小型陆生植物。根状茎细长横走或短而横卧、斜升或直立，光滑或被有鳞片或被锈黄色毛。叶远生、近生或簇生；叶柄禾秆色或栗色，多少有光泽，有时基部近黑色；叶片卵状长圆形、长圆状披针形或披针形，先端渐尖并羽裂，二回羽状深裂；侧生羽片狭披针形至线状披针形，下部羽片不缩短或一至数对羽片明显缩短，甚至退化成小耳状，羽状深裂；叶草质或纸质，两面多少被柔毛或针状毛。孢子囊群圆形，中等大，背生于侧脉中部或近顶部，位于主脉和叶边之间或稍近叶边；囊群盖较大，圆肾形，少为马蹄形。

龙眼洞林场有1种。

金星蕨

Parathelypteris glanduligera (Kze.) Ching

根状茎长而横走，粗约2mm，光滑，先端略被披针形鳞片。叶近生；叶片长18~30cm，宽7~13cm，披针形或阔披针形，先端渐尖并羽裂，向基部不变狭；二回羽状深裂；羽片约15对，平展或斜上，互生或下部的近对生，无柄，彼此相距1.5~2.5cm，长4~7cm，宽1~1.5cm，先端渐尖，基部对称，稍变宽，或基部一对向基部略变狭，截形，羽裂几达羽轴；裂片15~20对或更多，开展，彼此接近，长5~6mm，全缘，基部一对，尤其上侧一片通常较长。叶草质，光滑或疏被短毛。孢子囊群小，圆形，每裂片4~5对；囊群盖圆肾形，棕色。

帽峰山帽峰工区焦头窝。广布于中国长江以南各地。韩国南部、日本、越南、印度北部也有分布。

5. 新月蕨属 Pronephrium Presl.

土生中型蕨类植物。叶远生或近生；叶柄基部以上无鳞片，但经常被单细胞的针状毛；叶片通常为奇数一回羽状，少为单叶或三出，羽片大，通常3~10(15)对，顶生羽片分离，同侧生羽片同形，基部一对羽片不缩短或稍缩短，披针形，近无柄或有短柄，不与叶轴合生，全缘或有粗锯齿；羽轴明显，侧脉多对，斜展，并行；叶脉为新月蕨形，即小脉在侧脉之间联结成斜方形网眼，直达叶边，自对小脉交结点发出的外行小脉或为连续或为断续，顶端有1小水囊。

龙眼洞林场有2种。

1. 新月蕨

Pronephrium gymnopteridifrons (Hay.) Holtt.

高达80~120cm。根状茎密被棕色的披针形鳞片；叶远生；叶柄长28~80cm，基部被鳞片，向上密被短毛，禾秆色；叶片长40~80cm，中部宽15~30cm，奇数一回羽状；侧生羽片通常3~8对，罕有更多，无柄，基部一对较短，近对生，向上的互生；中部羽片长圆状披针形，短尾尖，基部圆楔形，上部羽片略小，顶生羽片和中部的同形，稍大，基部不对称，有长柄；叶脉叶面可见，叶背明显隆起。孢子囊群圆形，着生于小脉中部，在侧脉排成两行，不汇合。

龙眼洞筲箕窝至火烧天（筲箕窝—6林班；王发国等5912）。产于中国华南和西南地区。菲律宾也产。

2. 三羽新月蕨
Pronephrium triphyllum (Sw.) Holtt.

高20～50 cm。根状茎密被灰白色钩状短毛及棕色带毛的披针形鳞片。叶疏生，一型或近二型；叶柄基部疏被鳞片，通体密被钩状短毛；叶片卵状三角形，长尾头，基部圆形，三出，侧生羽片一对（罕有2对），斜上，对生，长圆披针形，全缘；顶生羽片远较大，披针形，边缘全缘或呈浅波状；叶脉叶背较明显。能育叶略高出于不育叶，有较长的柄，羽片较狭。孢子囊群生于小脉上，初为圆形，后变长形并成双汇合，无盖；孢子囊体上有2根钩状毛。

龙眼洞筲箕窝至火烧天（筲箕窝—6林班；王发国等5914），龙眼洞林场天鹿湖站。产于中国华南和西南地区。东亚和东南亚地区广泛分布。

6. 假毛蕨属 Pseudocyclosorus Ching

湿生中型蕨类。根状茎基部疏生披针形棕色鳞片。叶远生、近生或簇生；叶柄通常疏被短毛，禾秆色；叶片二回深羽裂，下部羽片通常逐渐缩成耳状、蝶形或突然收缩成瘤状，叶轴在羽片着生处下面通常有一个褐色的瘤状气囊体，有时不明显；叶脉分离，主脉两面隆起，小脉叶背稍隆起，相邻裂片基部一对小脉有时伸达软骨质的缺刻，罕靠合，通常是上侧一脉伸达缺刻，而下侧一脉伸达缺刻以上的叶边；叶背沿羽轴纵沟密生伏贴的刚毛。孢子囊群圆形，通常生于侧脉中部。

龙眼洞林场有1种。

溪边假毛蕨
Pseudocyclosorus ciliatus (Wall. ex Benth.) Ching

高20～40 cm。根状茎短而直立，近光滑。叶簇生；叶片披针形，二回深羽裂；羽片约15对，基部一对略缩短，对生，斜向下，其余各对斜向上，互生，无柄，披针形，羽裂深达1/4～1/3；裂片约9～12对，斜向上，以极狭的间隔分开，近三角状披针形，钝尖头，全缘；叶脉两面明显。叶轴和主脉两面均密被针状毛，侧脉两面疏被刚毛。孢子囊群圆形，着生于侧下部，靠近主脉。

龙眼洞筲箕窝至火烧天（筲箕窝—6林班；王发国等5921）。产于中国华南和西南地区。也广布于尼泊尔、印度北部、斯里兰卡、缅甸、越南、马来西亚、新加坡、泰国和苏门答腊。

P39. 铁角蕨科 Aspleniaceae

多为中型或小型的石生或附生（少有土生）草本植物，有时为攀缘。根状茎被披针形小鳞片。叶远生、近生或簇生，有柄，基部不以关节着生；叶形变异极大，单一（披针形、心脏形或圆形）、深羽裂或经常为一至三回羽状细裂，偶为四回羽状，复叶的分枝式为上先出，末回小羽片或裂片往往为斜方形或不等边四边形，基部不对称，边缘为全缘，或有钝锯齿或为撕裂；叶脉分离，一至多回二歧分枝，小脉不达叶边。孢子囊群多为线形，有时近椭圆形，沿小脉上侧着生。

龙眼洞林场有1属，3种。

铁角蕨属 Asplenium L.

形体大小不一的石生或附生（有时为土生或攀缘）草本植物。根状茎密被小鳞片。叶片单一，或经常为一至三回羽状（三回羽状叶均为细裂），偶为四回羽状；各回羽轴上面有纵沟，羽片或小羽片往往沿纵沟两侧有下延的狭翅，末回小羽片或裂片基部不对称（即上侧为耳形，下侧楔形），或有时为对开式的不等边四边形，边缘有锯齿或为撕裂；叶脉多分离；小脉通直，不达叶边。叶轴顶端或羽片着生处有时有一芽胞，在母株上萌发。孢子囊群通常线形。

龙眼洞林场有3种。

1. 毛轴铁角蕨
Asplenium crinicaule Hance

高20～40 cm。根状茎短而直立，密被鳞片。叶簇生；叶片阔披针形或线状披针形，一回羽状；羽片18～28对，各对羽片彼此接近，基部羽片略缩短并为长卵形，钝头，中部羽片较长，1.5～4 cm或较长，基部宽8～13 mm，菱状披针形，渐尖头或急尖头，基部不对称，上侧圆截形，略呈耳状突起，下侧长楔形，边缘有不整齐的粗大钝锯齿。叶脉两面均明显，小脉多为二回二叉，不达叶边；叶纸质，主脉上面疏被褐色星芒状的小鳞片，老时部分脱落；叶轴灰褐色，上面有纵沟。孢子囊群阔线形。

龙眼洞筲箕窝。产于中国华南、华中和西南地区。印度、缅甸、越南、马来西亚、菲律宾、澳大利亚等地也有分布。

2. 切边铁角蕨

Asplenium excisum Presl

植株高40～60 cm。根状茎横走，先端密被黑褐色鳞片。叶远生，相距4～10 mm；叶柄长15～32 cm，粗2～3 mm，栗褐色，有光泽，基部疏被鳞片，向上光滑，上面有浅阔纵沟；叶片披针状椭圆形，长22～40 cm，先端急变狭并成尾状，向基部稍变宽，一回羽状；羽片18～20(25)对，下部的近对生，向上互生，平展，基部1～2对有时向下反折；叶薄草质，干后暗绿色，近透明，两面均无毛；叶轴栗褐色或乌木色。孢子囊群阔线形，长4～6 mm，棕色。

龙眼洞筲箕窝。产于中国华南、台湾、贵州西南部、云南南部及西藏。印度北部、缅甸、泰国、越南、马来西亚及菲律宾也有分布。

3. 半边铁角蕨

Asplenium unilaterale Lam.

高25～40 cm。根状茎先端密被鳞片。叶疏生或远生，叶片披针形，长15～23 cm，中部宽3～6 cm，先端渐尖，基部几不变狭，一回羽状；羽片20～25对，互生，近无柄，中部羽片同大，半开式的披针状不等边四边形，渐尖头，偶有钝尖头，基部不对称，斜楔形，上侧平截并与叶轴平行，略呈耳状，下侧斜切，呈狭楔形，内缘及下缘下部全缘，其余边缘均有尖锯齿，中部各对羽片相距5～10 mm，彼此密接，下部羽片略疏离，略向下反折；叶脉羽状，两面均明显。孢子囊群线形。

龙眼洞筲箕窝。产于中国华南、华中和西南地区。也广布于日本、菲律宾、印度尼西亚、马来西亚、越南、缅甸、印度、斯里兰卡及马达加斯加等地。

P42. 乌毛蕨科 Blechnaceae

土生，有时为亚乔木状，或有时为附生。叶一型或二型，有柄，叶柄内有多条维管束；叶片一至二回羽裂，罕为单叶，厚纸质至革质，无毛或常被小鳞片；叶脉分离或网状，如为分离则小脉单一或分叉，平行，如为网状则小脉常沿主脉两侧各形成1～3行多角形网眼，无内藏小脉，网眼外的小脉分离，直达叶缘。孢子囊群为长的汇生囊群，或为椭圆形，着生于与主脉平行的小脉上或网眼外侧的小脉上，均靠近主脉；囊群盖同形。

龙眼洞林场有2属，2种。

1. 乌毛蕨属 Blechnum L.

土生。根状茎通常粗短，直立，有复杂的网状中柱，被鳞片；鳞片狭披针形，全缘，质厚，深棕色。叶簇生，一型；叶柄粗硬，叶片通常革质，无毛，一回羽状，羽片线状披针形，两边平行，全缘或具锯齿；主脉粗壮，上面有纵沟，下面隆起，小脉分离，平行，密接，单一或二叉。孢子囊群线形，连续，少有中断，紧靠主脉并与之平行，着生于主脉两侧的不甚明显的1条纵脉上，仅羽片先端（或有时基部）不育；囊群盖与孢子囊群同形。

龙眼洞林场有1种。

乌毛蕨
Blechnum orientale L.

高0.5～2 m。根状茎先端及叶柄下部密被狭披针形鳞片。叶簇生于根状茎顶端；叶片卵状披针形，长达1 m左右，宽20～60 cm，一回羽状；羽片多数，二型，互生，无柄，下部羽片不育，极度缩小为圆耳形，向上羽片突然伸长，能育，至中上部羽片最长，斜展，线形或线状披针形，长10～30 cm，宽5～18 mm，先端长渐尖或尾状渐尖，基部圆楔形，下侧往往与叶轴合生，上部羽片向上逐渐缩短，基部与叶轴合生并沿叶轴下延，顶生羽片与其下的侧生羽片同形，但长于其下的侧生羽片。

帽峰山帽峰工区焦头窝，帽峰山—6林班，龙眼洞，常见。产于中国华南、华东、华中和西南地区。热带其他国家也有。酸性土指示植物，其生长地土壤的pH为4.5～5.0。

2. 狗脊属 Woodwardia Sm.

土生，大型草本。根状茎短而粗壮，直立或斜生，或为横卧，有网状中柱，密被棕色、厚膜质的披针形大鳞片。叶簇生，有柄；叶片椭圆形，二回深羽裂，侧生羽片多对，披针形，分离，深羽裂，裂片边缘有细锯齿；叶脉部分为网状，部分分离，即沿叶轴及主脉两侧各有1行平行于羽轴或主脉的狭长的能育网眼，其外侧还有1～2行多角形网眼，无内藏小脉，其余的小脉均为分离，直达叶边。叶纸质至近革质。孢子囊群粗线形或椭圆形。

龙眼洞林场有1种。

狗脊
Woodwardia japonica (L. f.) Sm.

高80～120 cm。根状茎粗壮，与叶柄基部密被鳞片；叶近生；叶片长卵形，二回羽裂；顶生羽片卵状披针形或长三角状披针形，大于其下的侧生羽片，其基部一对裂片往往伸长，侧生羽片(4)7～16对，下部羽片较长，线状披针形，羽状半裂；裂片11～16对，互生或近对生。叶脉明显，羽轴及主脉均为浅棕色，两面均隆起，在羽轴及主脉两侧各有1行狭长网眼，其外侧尚有若干不整齐的多角形网眼，其余小脉分离。孢子囊群线形。

帽峰山帽峰工区焦头窝，帽峰山—6林班。广布于中国长江流域以南各地。也分布于朝鲜南部和日本。

P45. 鳞毛蕨科 Dryopteridaceae

根状茎连同叶柄密被鳞片。叶簇生或散生，有柄；叶片一至五回羽状，极少单叶，如为二回以上的羽状复叶，则小羽片或为上先出（如在复叶耳蕨属Arachniodes）或除基部1对羽片的一回小羽片为上先出外，其余各回小羽片为下先出（如在鳞毛蕨属Dryopteris）；各回小羽轴和主脉下面圆而隆起，光滑无毛（偶有淡灰白色的单细胞柔毛）；羽片和各回小羽片基部对称或不对称（即上侧多少呈耳状凸起，下侧斜切楔形），叶边通常有锯齿或芒刺。

龙眼洞林场有2属，4种。

1. 复叶耳蕨属 Arachniodes Blume

陆生，中型草本植物。根状茎连同叶轴基部被鳞片；叶远生或近生，叶片三角形、五角形、卵形或长圆形，大都为三回至四回羽状，少有二回或五回羽状，顶部急狭缩呈尾状或略狭缩呈三角形，或者顶部渐尖；羽片有柄，通常斜展，接近或密接，基部一对羽片较大，通常为三角形或长圆形，基部一片小羽片照例伸长，偶有缩短，一回至三回小羽片均为上先出，末回小羽片为菱形、斜方形、镰刀形、近披针形或长圆形，顶端常为刺尖头，边缘具芒刺状锯齿。

龙眼洞林场有2种。

1. 刺头复叶耳蕨
Arachniodes exilis (Hance) Ching

高50～70 cm。叶片五角形或卵状五角形，顶部有一片具柄的羽状羽片，与其下侧生羽片同形，基部近截形，三回羽状；侧生羽片4～6对，下部1～2对对生，向上的互生，有柄，基部一对特别大，长三角形；小羽片16～20对，互生，有柄；末回小羽片10～14对，基部一对对生，向上的互生，基部不对称，上侧圆截形并凸出呈耳状；第2至第6对羽片披针形，羽状；第7对羽片明显缩短，阔披针形，羽状或全裂。孢子囊群每小羽片5～8对，位于中脉与叶边中间。

龙眼洞筲箕窝（王发国等6081）。产于中国华南、华东、华中、华北和西南地区。

2. 斜方复叶耳蕨
Arachniodes rhomboidea (Wall. ex Mett.) Ching

高40～80 cm。叶片长卵形，长25～45 cm，宽16～32 cm，顶生羽状羽片长尾状，二回羽状；往往基部三回羽状；侧生羽片(3)4～6对，互生，基部一对最大，三角状披针形，羽状或二回羽状；小羽片16～22对，互生，有短柄；末回小羽片7～12对，菱状椭圆形；第2对羽片线状披针形，羽状；小羽片14～20对，斜方形或菱状长圆形；第3对羽片起，向上的逐渐缩小，同形。孢子囊群生小脉顶端，近叶边，通常上侧边1行，下侧边上部3行，耳片有时3～6枚；囊群盖棕色，膜质，边缘有睫毛，脱落。

帽峰山帽峰工区焦头窝。产于中国华南、华东、华中和西南地区。喜马拉雅、日本也有分布。

2. 鳞毛蕨属 Dryopteris Adanson

陆生中型植物。根状茎顶端密被鳞片。叶簇生，有柄；叶片阔披针形、长圆形、三角状卵形、有时五角形，一回羽状或二至四回羽状或四回羽裂，顶部羽裂，罕为一回奇数羽状；各回小羽轴或（或主脉）以锐角斜出，基部以狭翅下沿于下一回的小羽轴，下面圆形隆起，上面具纵沟，两侧具隆起的边，光滑无毛，且与下一回的小羽轴上面的纵沟互通；叶脉分离，羽状，不达叶边，先端往往有明显的膨大水囊。孢子囊群圆形，生于叶脉背部。

龙眼洞林场有2种。

1. 阔鳞鳞毛蕨
Dryopteris championii (Benth.) C. Chr.

高50～80 cm。根状茎横卧或斜升，顶端及叶柄基部密被披针形、棕色、全缘的鳞片。叶簇生；叶柄禾秆色，密被鳞片；叶片卵状披针形，二回羽状，小羽片羽状浅裂或深裂；羽片10～15对，基部的近对生，上部互生，小羽片10～13对，披针形，顶端钝圆并具细尖齿，边缘羽状浅裂至羽状深裂，基部一对裂片明显最大而使小羽片基部最宽。孢子囊群大，在小羽片中脉两侧或裂片两侧各一行。

帽峰山莲花顶森林公园—7林班（王发国等6032a），帽峰山帽峰工区山顶管理处，沿山谷周边。产于中国各地。日本、朝鲜也有分布。

2. 变异鳞毛蕨
Dryopteris varia (L.) O. Kuntze

高50～70 cm。根状茎顶端密被褐棕色狭披针形鳞片。叶簇生；叶片五角状卵形，三回羽状或二回羽状基部小羽片羽状深裂,基部下侧小羽片向后伸长呈燕尾状;羽片10～12对,披针形,基部一对最大,顶端羽裂渐尖;小羽片6～10对,披针形,基部羽片的小羽片上先出,下侧羽片较大,下侧第一片小羽片最大。孢子囊群较大,靠近小羽片或裂片边缘着生。

龙眼洞笪箕窝。产于中国华南、华中和西南地区。日本、朝鲜、菲律宾和印度等地也有分布。

P46. 叉蕨科 Aspidiaceae

大中型土生植物,少为小型。根状茎被棕色披针形鳞片。叶簇生;叶柄基部无关节;叶为一型或二型,通常一回羽状至多回羽裂,少为单叶。叶脉多型:或为分离,小脉单一或分叉,或小脉沿小羽轴及主脉两侧联结成无内藏小脉的狭长网眼,或在侧脉间联结为多数方形或近六角形的网眼;主脉两面均隆起,上面被有关节的淡棕色毛或有时光滑。孢子囊群圆形,着生于分离小脉的顶端或近顶端或中部,或生于形成网眼的小脉上或交结处。

龙眼洞林场有2属,2种。

1. 沙皮蕨属 Hemigramma Christ

小中型土生植物。根状茎顶部与叶柄基部均密被披针形鳞片。叶簇生,二型:不育叶幼时为莲座状,卵状披针形,全缘,近无柄或有短柄,在发育过程中叶形变化很大,由分裂至深羽裂至一回羽状,成熟的叶通常为三角形并有较长的柄;能育叶具长柄,幼时为线形,成熟后为一回羽状,基部一对羽片通常分叉;叶脉联结成方形或近六角形网眼,有分叉的内藏小脉,能育叶往往无内藏小脉。孢子囊群沿叶脉着生而不中断,成熟时满布能育叶背,囊群盖缺。

龙眼洞林场有1种。

沙皮蕨

Hemigramma decurrens (Hook.) Copel.

高30～70 cm。根状茎顶部及叶柄基部均密被线状披针形鳞片。叶簇生;不育叶叶柄长10～25 cm,顶部两侧有狭翅,能育叶叶柄长达40 cm;叶二型:不育叶卵形,奇数一回羽状或为三叉或有时为披针形的单叶;顶生羽片较大,阔披针形;侧生羽片1～3对,对生,先端长渐尖,基部楔形,其下侧通常下延于叶轴形成狭翅,全缘;能育叶与不育叶同形但较小,能育羽片长8～10 cm,宽约2 cm;叶脉联结成近六角形网眼,两面均稍隆起,光滑无毛。孢子囊群沿叶脉网眼着生,成熟时满布于能育叶背。

龙眼洞凤凰山(场部—3林班;王发国等5976),龙眼洞笪箕窝(王发国等6080),帽峰山帽峰工区焦头窝,帽峰山—6林班。产于中国华南和西南地区。琉球群岛和越南也产之。

2. 叉蕨属 Tectaria Cav.

大中型土生植物。根状茎顶部被褐棕色披针形鳞片。叶簇生,叶片通常为三角形,一回羽状至三回羽裂,很少为单叶,从不为细裂;羽片或裂片通常全缘,从不具齿。叶脉联结为多数网眼,有单一或分叉的内藏小脉或无内藏小脉,侧脉明显或不明显;叶草质或近膜质,叶表面通常光滑或在叶面疏被有关节的毛;叶轴及羽轴上面被有关节的短毛或光滑。孢子囊群通常圆形,生于网眼联结处或内藏小脉的顶部或中部,在侧脉之间有2列或多列,或于裂片主脉两侧各有1列。

龙眼洞林场有1种。

三叉蕨

Tectaria subtriphylla (Hook. et Arn.) Cop.

高50～70 cm。根状茎长而横走,顶部及叶柄基部均密被线状披针形鳞片。叶近生,二型:不育叶三角状五角形,先端长渐尖,基部近心形,一回羽状,能育叶与不育叶形状相似但各部均缩狭;顶生羽片三角形,基部楔形而下延,两侧羽裂,基部一对裂片最长;侧生羽片1～2对,对生;基部一对羽片最大,三角披针形至三角形;第二对羽片椭圆披针形;叶脉联结成近六角形网眼,有分叉的内藏小脉,两面均明显而稍隆起。孢子囊群圆形。

龙眼洞水库旁。产于中国华南和西南地区。印度、斯里兰卡、缅甸、越南、印度尼西亚、波利尼西亚亦产。

P50. 肾蕨科 Nephrolepidaceae

中型草本，土生或附生，少有攀缘。根状茎长而横走，有腹背之分，或短而直立，辐射状，并发出极细瘦的匍匐枝，生有小块茎，二者均被鳞片；鳞片部盾状着生，往往有睫毛。叶一型，簇生而叶柄不以关节着生于根状茎上，或为远生，二列而叶柄以关节着生于明显的叶足上或蔓生茎上；叶片一回羽状，羽片多数，基部不对称，无柄，以关节着生于叶轴，全缘或多少具缺刻。叶脉分离。

龙眼洞林场有1属，1种。

肾蕨属 Nephrolepis Schott

土生或附生。根状茎通常短而直立，有网状中柱，有簇生的叶丛，并生出铁丝状的细长侧生枝（匍匐枝），匍匐枝生有许多须状小根和侧枝或块茎，能发育成新的植株。根状茎及叶柄有鳞片，鳞片腹部着生，边缘较薄且颜色较浅，常有纤细睫毛。叶长而狭，有柄，不以关节着生于根状茎；叶片一回羽状；羽片多数（通常40～80对），无柄，披针形或镰刀形，渐尖头，基部阔，通常不对称，上侧多少为耳形突起或有1个小耳片。孢子囊群圆形，生于每组叶脉的上侧一小脉顶端。

龙眼洞林场有1种。

肾蕨

Nephrolepis auriculata (L.) Trimen

附生或土生。根状茎直立，被淡棕色长钻形鳞片，下部有棕褐色粗铁丝状的匍匐茎；匍匐茎上生有近圆形的块茎。叶簇生；叶片长30～70 cm，宽3～5 cm，一回羽状，羽片约45～120对，互生，常密集而呈覆瓦状排列，披针形，先端钝圆或有时为急尖头，基部心脏形，通常不对称，下侧为圆楔形或圆形，上侧为三角状耳形，几无柄。孢子囊群成1行位于主脉两侧，肾形；囊群盖肾形。

龙眼洞荔枝园至太和章附近（王发国等5833）。产于中国华南、华东和西南地区。广布于全世界的热带及亚热带地区。本种为世界各地普遍栽培的观赏蕨类。块茎富含淀粉，可食，亦可供药用。

P56. 水龙骨科 Polypodiaceae

中型或小型蕨类，通常附生，少为土生。根状茎长而横走，有网状中柱，通常有厚壁组织，被鳞片；鳞片盾状着生，通常具粗筛孔，全缘或有锯齿，少具刚毛或柔毛。叶一型或二型，以关节着生于根状茎上，单叶，全缘，或分裂，或羽状，草质或纸质，无毛或被星状毛。叶脉网状，少为分离的，网眼内通常有分叉的内藏小脉，小脉顶端具水囊。孢子囊群通常为圆形或近圆形，或为椭圆形，或为线形，或有时布满能育叶背部分或全部，无盖而有隔丝。孢子囊具长柄，有12～18个增厚的细胞构成的纵行环带。孢子椭圆形，单裂缝，两侧对称。

龙眼洞林场有3属，3种。

1. 瓦韦属 Lepisorus (J. Sm.) Ching

附生蕨类。根状茎粗壮，横走，密被鳞片；鳞片黑褐色，不透明或粗筛孔状透明，全缘或具长短不一的锯齿。单叶，远生或近生，一型；叶柄通常较短，基部略被鳞片，向上光滑；叶片多为披针形。主脉明显，侧脉经常不见，小脉连接成网，网眼内有顶端呈棒状不分叉或分叉的内藏小脉。孢子囊群大，圆形或椭圆形，通常彼此远离，少为密接。孢子囊近梨形，有长柄，纵行环带，有14个增厚的细胞组成；少数孢子囊近圆形，无明显增厚的细胞组成的环带。

龙眼洞林场有1种。

瓦韦

Lepisorus thunbergianus (Kaulf.) Ching

植株高约8～20 cm。根状茎横走，密被披针形鳞片；鳞片褐棕色，大部分不透明，仅叶边1～2行网眼透明，具锯齿。叶柄长1·3 cm，禾秆色，叶片线状披针形，或狭披针形，中部最宽0.5～1.3 cm，渐尖头，基部渐变狭并下延，干后黄绿色至淡黄绿色，或淡绿色至褐色，纸质。主脉上下均隆起，小脉不见。孢子囊群圆形或椭圆形，彼此相距较近，成熟后扩展几密接，幼时被圆形褐棕色的隔丝覆盖。

帽峰山帽峰工区焦头窝。产于中国华南、华中和西南地区。朝鲜、日本（模式产地）和菲律宾也产。

2. 星蕨属 Microsorium Link

中型或大型附生植物，稀为土生。根状茎粗壮，横走，肉质，有网状中柱，被鳞片；鳞片棕褐色，阔卵形至披针形。叶远生或近生；叶柄基部有关节；单叶，披针形，少数为戟形或羽状深裂；叶脉网状，小脉连接成不整齐的网眼，内藏小脉分叉，顶端有一个水囊；叶草质至革质，无毛或很少被毛，不被鳞片。孢子囊群圆形，着生于网脉连接处，通常在中脉与叶边间不规则散生；孢子囊的环带由14～16个增厚细胞组成。孢子豆形，两侧对称。

龙眼洞林场有1种。

江南星蕨

Microsorium fortunei (T. Moore) Ching

附生，植株高30～100 cm。根状茎长而横走，顶部被鳞片；鳞片棕褐色，卵状三角形。叶远生，相距1.5 cm；叶柄长5～20 cm，禾秆色，上面有浅沟，基部疏被鳞片，向上近光滑；叶片线状披针形至披针形，顶端长渐尖，基部渐狭，下延于叶柄并形成狭翅，全缘，有软骨质的边；中脉两面明显隆起，侧脉不明显，小脉网状，略可见，内藏小脉分叉；叶厚纸质，叶背淡绿色或灰绿色，两面无毛，幼时叶背沿中脉两侧偶有极少数鳞片。孢子囊群大，圆形，沿中脉两侧排列成较整齐的1行或有时为不规则的2行。

帽峰山帽峰工区焦头窝。产于中国长江流域及以南各地。马来西亚、不丹、缅甸、越南也有分布。全草供药用，能清热解毒、利尿、祛风除湿、凉血止血、消肿止痛。

3. 石韦属 Pyrrosia Mirbel

中型附生蕨类。根状茎长而横走，或短而横卧，有网状中柱和黑色厚壁组织束散生，密被鳞片；鳞片盾状着生，通常呈棕色。叶一型或二型；通常有柄，基部以关节与根状茎连接，下部疏被鳞片，向上通常被疏毛；叶片线形至披针形，或长卵形，全缘，或罕为戟形或掌状分裂；主脉明显，侧脉斜展，明显或隐没于叶肉中，小脉不显，连结成各式网眼，有内藏小脉，小脉顶端有膨大的水囊，在叶面通常形成注点。孢子囊群近圆形，着生于内藏小脉顶端。

龙眼洞林场有1种。

贴生石韦

Pyrrosia adnascens (Sw.) Ching

植株高约5～12 cm。根状茎细长，攀缘附生于树干和岩石上，密生鳞片。鳞片披针形，长渐尖头，边缘具睫毛。叶远生，二型，肉质，以关节与根状茎相连；不育叶柄长1～1.5 cm，淡黄色，关节连接处被鳞片，向上被星状毛；叶片小，叶面疏被星状毛，叶背密被星状毛，干后厚革质，黄色；能育叶条状至狭被针形，全缘；主脉下面隆起，上面下凹，小脉网状，网眼内有单一内藏小脉。孢子囊群着生于内藏小脉顶端，无囊群盖，成熟时汇合，砖红色。

龙眼洞筲箕窝。产于中国华南和西南地区。亚洲热带其他地区也有分布。全草有清热解毒作用，治腮腺炎、瘰疬。

裸子植物

Gymnosperms

G4. 松科 Pinaceae

常绿或落叶乔木，稀为灌木。大枝近轮生，幼树树冠通常为尖塔形，大树树冠尖塔形、圆锥形、广圆形或伞形。叶螺旋状排列，或在短枝上端成簇生状，线形、锥形或针形。雌雄同株；雄球花具多数螺旋状排列的雄蕊，每雄蕊具2花药；雌球花具多数螺旋状排列的珠鳞和苞鳞。球果成熟时种鳞张开，稀不张开，发育的种鳞具2种子。种子上端具一膜质的翅，稀无翅。

龙眼洞林场有2属，3种。

1. 松属 Pinus L.

常绿乔木，稀灌木；大枝轮生，每年生1轮或2轮，稀多轮。冬芽显著，芽鳞多数，覆瓦状排列。叶二型：鳞叶(原生叶)单生，螺旋状排列；针叶(次生叶)(1)2～5(7)针一束，生于鳞叶腋部不发育短枝的顶端，每束针叶基部由8～12片芽鳞组成的叶鞘所包。雌雄同株，雄球花生于新枝下部的苞腋，多数集生，无梗。发育的种鳞具2种子，种子上部具长翅短翅或无翅，种翅有关节、易脱落，或种翅与种子结合而生，无关节。

龙眼洞林场有2种。

1. *湿地松

Pinus elliottii Engelm.

乔木，在原产地高达40 m，胸径近1 m；树皮灰褐或暗红褐色，纵裂成鳞状大块片剥落。枝条每年生长3～4轮；1年生枝粗壮，橙褐色，后变为褐或灰褐色，鳞叶上部披针形，淡褐色，边缘有睫毛，干枯后宿存枝上数年不落。冬芽红褐色，圆柱形，无树脂。针叶2针、3针一束并存，长15～25(30) cm。球果卵圆形或卵状圆柱形，有柄，熟后第2年夏季脱落；鳞盾近斜方形，肥厚。种子卵圆形，黑色，有灰色斑点，长约6 mm，翅长0.8～3.3 cm。

龙眼洞林场—天鹿湖站。栽培。中国广东、广西、福建、台湾、江西、云南、河南、山东、安徽、江苏、浙江、湖北、湖南等地引种栽培。原产美国东南部。

2. 马尾松

Pinus massoniana Lamb.

乔木；树皮红褐色，下部灰褐色，裂成不规则的鳞状块片。1年生枝淡黄褐色，无白粉。冬芽褐色，圆柱形。针叶2针一束，极稀3针一束，长12～30 cm，宽约1 mm，细柔，下垂或微下垂。球果卵圆形或圆锥状卵圆形，长4～7 cm，径2.5～4 cm，有短柄，熟时栗褐色，种鳞张开；鳞盾菱形，微隆起或平，无刺，稀生于干燥环境时有极短的刺。种子卵圆形，长4～6 mm，连翅长2～2.7 cm。花期4～5月，球果翌年10～12月成熟。

龙眼洞林场各地均有。分布于中国河南、陕西及长江流域以南各地。耐干旱、瘠薄的喜光树种，为荒山恢复森林的造林树种；树干可割取松脂，为医药、化工原料。

2. 罗汉松属 Podocarpus L'Her. ex Pers.

乔木，稀灌木。叶螺旋状排列或近对生，线形、披针形或窄椭圆形，具明显中脉，下面有气孔线，树脂道多数。雌雄异株；雄球花单生或簇生，花粉具2枚气囊；雌球花腋生，常单个、稀多个生于梗端或顶部，基部有数枚苞片，苞腋有1～2枚胚珠，稀多个，包在肉质鳞被中。种子坚果状或核果状，成熟时通常绿色，为肉质假种皮所包，生于红色肉质种托上。

龙眼洞林场有1种。

*罗汉松

Podocarpus macrophyllus (Thunb.) Sweet

乔木，高达20 m，树皮浅裂，成薄片状脱落。枝条开展或斜展，小枝密被黑色软毛或无。顶芽卵圆形，芽鳞先端长渐尖。叶螺旋状着生，革质，线状披针形，微弯，长7～12 cm，宽0.7～1 cm，上部微渐窄或渐窄，先端尖，基部楔形，上面深绿色，中脉显著隆起，下面灰绿色，被白粉；雄球花穗状，常2～5簇生，长3～5 cm。

雌球花单生稀成对，有梗。种子卵圆形或近球形，径约1 cm，成熟时假种皮紫黑色，被白粉，肉质种托柱状椭圆形，红或紫红色。

帽峰山—6林班。栽培。中国浙江、福建、台湾、江西、湖北、湖南、广西、云南及贵州野生和栽培，山东、河南、安徽、江苏、广东及四川有栽培。日本有分布。

G5. 杉科 Taxodiaceae

常绿或落叶乔木，树干端直，大枝轮生或近轮生。叶螺旋状排列，散生，很少交叉对生（水杉属），披针形、钻形、鳞状或条形，同一树上枝叶同型或二型。球化单性，雌雄同株，球花的雄蕊和珠鳞均螺旋状着生，很少交叉对生；雄球花小，单生或簇生于枝顶，或排成圆锥花序状，或生于叶腋；雌球花顶生或生于去年生枝近枝顶。球果当年成熟，熟时张开，螺旋状着生或交叉对生；种子扁平或三棱形。

龙眼洞林场有3属，3种。

1. 柳杉属 Cryptomeria D. Don

常绿乔木，树皮红褐色，裂成长条片脱落；枝近轮生，平展或斜上伸展，树冠尖塔形或卵圆形；冬芽形小。叶螺旋状排列略成五行列，腹背隆起呈钻形，两侧略扁，先端尖，直伸或向内弯曲，有气孔线，基部下延。雌雄同株；雄球花单生小枝上部叶腋，常密集成短穗状花序状，矩圆形，基部有一短小的苞叶，无梗，具多数螺旋状排列的雄蕊。球果近球形，种鳞不脱落，木质、盾形，上部肥大，上部边缘有3～7裂齿，背面中部或中下部有一个三角状分离的苞鳞尖头，球果顶端的种鳞形小，无

种子；种子不规则扁椭圆形或扁三角状椭圆形，边缘有极窄的翅；子叶2～3枚，发芽时出土。

龙眼洞林场有1种。

* 日本柳杉
Cryptomeria japonica (L. f.) D. Don

乔木，树皮红褐色，纤维状，裂成条片状落脱；大枝常轮状着生，水平开展或微下垂，树冠尖塔形；小枝下垂，当年生枝绿色。叶钻形，直伸，先端通常不内曲，锐尖或尖，长0.4～2 cm，基部背腹宽约2 mm。雄球花长椭圆形或圆柱形，长约7 mm，径2.5 mm；雌球花圆球形。球果近球形，稀微扁；种子棕褐色，椭圆形或不规则多角形，长5～6 mm，径2～3 mm，边缘有窄翅。花期4月，球果10月成熟。

龙眼洞林场—天鹿湖站。栽培。原产于日本，为日本的重要造林树种。中国山东、上海、江苏、浙江、江西、湖南、湖北等地引种栽培。心材淡红色，边材近白色，供建筑、桥梁、造船、家具等用材。

2. 杉木属 Cunninghamia R. Br.

常绿乔木。冬芽圆卵形。叶螺旋状排列，侧枝之叶基部扭转排成2列，基部下延，披针形或线状披针形，边缘有细锯齿，两面中脉两侧均有气孔线，上面气孔线较少，下面组成较宽的气孔带。雄球花多数，簇生枝顶，花药3枚，下垂，药隔三角状；雌球花1～3生于枝顶，苞鳞与珠鳞合生，螺旋状排列，苞鳞大，边缘有锯齿，珠鳞小，3浅裂，腹面基部有3枚倒生胚珠。球果近球形或卵圆形；苞鳞革质，扁平，边缘有细锯齿，宿存；种鳞小，3浅裂，裂片有细缺齿。种子扁平，两侧边缘有窄翅；子叶2枚，发芽时出土。

龙眼洞林场有1种。

^ 杉木
Cunninghamia lanceolata (Lamb.) Hook.

乔木。高达30 m，胸径可达2.5～3 m；幼树树冠尖塔形，大树树冠圆锥形，树皮灰褐色；大枝平展，小枝近对生或轮生，常成二列状。叶在主枝上辐射伸展，侧枝之叶基部扭转成二列状，披针形或条状披针形，通常微弯，呈镰状，革质、坚硬。雄球花圆锥状，长0.5～1.5 cm，有短梗，通常40余个簇生枝顶；种鳞很小，先端3裂，侧裂较大，裂片分离，先端有不规则细锯齿，腹面着生3颗种子；种子扁平，遮盖着种鳞，长卵形或矩圆形，暗褐色，有光泽，两侧边缘有窄翅，长7～8 mm，宽5 mm；子叶2枚，发芽时出土。花期4月，球果10月下旬成熟。

帽峰山—6林班。栽培。主产于中国秦岭、长江流域以南温暖山区及台湾山区。越南及老挝有分布。木材纹理直，材质轻软，有香气，为中国重要用材、造林和营

林树种。

3. 落羽杉属 Taxodium Rich.

落叶或半常绿乔木。小枝有两种类型：主枝及脱落性侧生短枝；冬芽形小，球形。叶螺旋状排列，基部下延，二型：锥形叶在主枝上宿存，前伸；线形叶在侧生短枝上排成羽状，或排列紧密，列成2列，冬季与侧生短枝一同脱落。雄球花排成总状或圆锥状球花序，生于枝顶；雌球花单生于去年生枝顶，珠鳞螺旋状排列。球果球形或卵状球形；种鳞木质，盾形。种子呈不规则三角形，具锐脊状厚翅。

龙眼洞林场有1种。

*落羽杉
Taxodium distichum (L.) Rich.

落叶乔木，树干基部通常膨大，具膝状呼吸根；树皮棕色，裂成长条片。一年生小枝褐色，侧生短枝2列。叶线形，长1～1.5 cm，排成羽状2列。球果径约2.5 cm，具短柄，熟时淡褐黄色，被白粉。种子长1.2～1.8 cm，褐色。花期3月，球果10月成熟。

帽峰山帽峰工区山顶管理处向下路两侧。栽培。原产于北美东南部，生于亚热带排水不良的沼泽地区。中国广东、广西、云南、四川、山东、江苏、安徽、浙江、福建、江西、河南、湖北引种栽培作庭院树。

G11. 买麻藤科 Gnetaceae

常绿木质藤本，稀为直立灌木或乔木；枝节膨大呈关节状。单叶对生，有叶柄，叶片革质或近革质，羽状脉，全缘。雌雄异株，稀同株，球花伸长成穗状，具多轮合生环状总苞；雄球花穗单生或数穗组成顶生及腋生聚伞花序，各轮环状总苞排列紧密，每轮具雄花20～80枚，紧密排列成2～4轮，花穗上端常有1轮不育雌花，雄花具杯状肉质假花被。种子核果状，包于红或橘红色肉质假种皮中。

龙眼洞林场有1属，2种。

买麻藤属 Gnetum L.

常绿木质藤本，稀为直立灌木或乔木；枝节膨大呈关节状。单叶对生，有叶柄，叶片革质或近革质，羽状脉，全缘。雌雄异株，稀同株，球花伸长成穗状，具多轮合生环状总苞；雄球花穗单生或数穗组成顶生及腋生聚伞花序，各轮环状总苞排列紧密，雌花的假花被囊状，紧包胚珠，胚珠具两层珠被，内珠被的顶端延伸成珠被管，自假花被顶端开口伸出，外珠被分化为肉质外层和骨质内层，肉质外层与假花被合生并发育为假种皮。种子核果状，包于红或橘红色肉质假种皮中，胚乳丰富，肉质。

龙眼洞林场有2种。

1. 罗浮买麻藤
Gnetum luofuense C. Y. Cheng

叶片薄或稍带革质，矩圆形或矩圆状卵形，长10～18 cm，宽5～8 cm，先端短渐尖，基部近圆形或宽楔形，侧脉9～11对，明显，由中脉近平展伸出，小脉网状，在叶背较明显，叶柄长8～10 mm。雌雄花均未见。成熟种子矩圆状椭圆形，长约2.5 cm，径约1.5 cm，顶端微呈急尖状，基部宽圆，无柄，种脐宽扁，宽3～5 mm。

龙眼洞荔枝园至太和章附近（王发国等5773），帽峰山—2林班。叶色青翠，为良好的垂直绿化植物，可配植于花架、走廊、墙栏等地。

2. 小叶买麻藤
Gnetum parvifolium (Warb.) C. Y. Cheng ex Chun

藤本，长4～12 m，常较细弱，茎皮土棕色或灰褐色，皮孔较明显。叶椭圆形、窄长椭圆形或长倒卵形，长4～10 cm，宽约2.5 cm，先端尖或渐尖而钝，稀钝圆，基部宽楔形或微圆，侧脉细，在叶面不甚明显，在叶背则隆起，长短不等，不达叶缘即上弯，叶背细脉亦明显；叶柄长5～8(10) mm。雄球花穗长1.2～2 cm，有5～10轮环状总苞。种子长椭圆形或窄长圆状倒卵形，长(1.3)1.6～2.2 cm，径(0.4)0.5～0.9(1.2) cm，假种皮红色，干后表面常有细纵皱纹，无种子柄或近无柄。

帽峰山—2林班。产于中国华南、福建、江西、湖南。

被子植物

Angiosperms

1. 木兰科 Magnoliaceae

落叶或常绿，乔木或灌木。芽为盔帽状托叶包被。单叶互生，有时集生枝顶，全缘，稀分裂，羽状脉；托叶贴生叶柄或与叶柄离生，早落，托叶痕环状，如贴生于叶柄则叶柄具托叶痕。花大，单生枝顶或叶腋，稀2~3朵组成聚伞花序；常两性，稀杂性（雄花两性花异株）或单性异株。种子1~12颗，外种皮红色肉质，内种皮硬骨质；稀果呈翅果状。种子胚细小，含油质。

龙眼洞林场有2属，2种。

1. 木兰属 Magnolia L.

乔木或灌木，树皮通常灰色，光滑，或有时粗糙具深沟，通常落叶，少数常绿；小枝具环状的托叶痕；芽有2型；营养芽（枝、叶芽）腋生或顶生，具芽鳞，膜质，镊合状合成盔状托叶。叶膜质或厚纸质，互生，有时密集成假轮生，全缘，稀先端2浅裂。聚合果成熟时通常为长圆状圆柱形，或长圆状卵圆形。种子1~2颗，外种皮橙红色或鲜红色，肉质，悬挂种子于外。

龙眼洞林场有1种。

*玉兰（木兰、玉堂春、白玉兰）
Magnolia denudata Desr.

落叶乔木，高达25 m。冬芽及花梗密被淡灰色长绢毛。叶倒卵形、宽倒卵形或倒卵状长圆形，长10~16 cm，先端宽圆、平截或稍凹，具短突尖，中部以下渐窄成楔形或宽楔形；托叶痕为叶柄长1/4~1/3。花凋谢后发叶，直立，芳香，径10~16 cm；花梗膨大，密被淡黄色长绢毛；花被片9枚，白色，基部常粉红色，近似，长圆状倒卵形，内、外轮近等长。聚合果圆柱形，长12~15 cm，径3.5~5 cm；蓇葖厚木质，褐色，皮孔白色。种子心形，两侧扁，宽约1 cm。花期2~3月或7~9月再开花，果期8~9月。

龙眼洞林场—天鹿湖站。栽培。产于中国江西、浙江、湖南、贵州。为驰名中外的庭园观赏树种；材质优良，供家具、细木工用等；花蕾入药与辛夷同效；花可提取香精或制浸膏；种子榨油供工业用。

2. 含笑属 Michelia L.

常绿乔木或灌木。小枝具环状托叶痕。叶全缘；托叶膜质，盔帽状，两瓣裂，与叶柄贴生或离生，如贴生则叶柄具托叶痕；幼叶在芽内对折。花单生叶腋，稀2~3朵成聚伞花序，佛焰苞状苞片2~4枚；花两性，常芳香。花被片6~21枚，3或6片一轮，近似，稀外轮较小。聚合果常因部分心皮不发育成疏散穗状；蓇葖革质或木质，宿存于果轴，无柄或具短柄，背缝开裂或腹背缝2瓣裂。种子2至数颗，红色或褐色。

龙眼洞林场有1种。

*醉香含笑（火力楠）
Michelia macclurei Dandy

乔木，高达30 m，胸径1 m左右，树皮灰白色，光滑；芽、嫩枝、叶柄、托叶及花梗均被紧贴而有光泽的红褐色短茸毛。叶革质，倒卵形、椭圆状倒卵形或长圆状椭圆形，长7~14 cm，宽5~7 cm；叶柄长2.5~4 cm，无托叶痕。聚伞花序具2~3朵花，花被片白色，通常9片，匙状倒卵形或倒披针形，长3~5 cm。聚合果长3~7 cm；蓇葖长圆体形、倒卵状长圆体形或倒卵圆形，长1~3 cm；种子1~3颗，扁卵圆形。花期3~4月，果期9~11月。

帽峰山莲花顶森林公园—7林班，帽峰山帽峰工区山顶管理处向下路两侧。栽培。产于中国广东东南部、海南、广西北部。越南北部也有分布。为建筑、家具优质用材；花可提取香精油；也是美丽庭园及行道树种。

8. 番荔枝科 Annonaceae

乔木、灌木或攀缘灌木。木质部常芳香。单叶，互生，全缘，羽状脉；具柄，无托叶。花两性，稀单性，辐射对称，单生或簇生，或组成团伞、圆锥花序或聚伞花序；常具苞片或小苞片；萼片(2)3枚，离生或基部合生，裂片覆瓦状或镊合状排列，宿存或脱落；花瓣6枚，2轮，稀3或4片，1轮。聚合浆果，果不裂，稀蓇葖状开裂。种子通常有假种皮。

龙眼洞林场有2属，2种。

1. 假鹰爪属 Desmos Lour.

攀缘或直立灌木，稀小乔木。叶互生，羽状脉；具柄。花单朵腋生或与叶对生，或2~4簇生。花萼裂片3，镊合状排列；花瓣6或3枚，排成2轮或1轮，镊合状排列；雄蕊多数，药室外向；心皮多数。果多数，常在种子间缢缩成念珠状，具1~8节，每节1种子。

龙眼洞林场有1种。

假鹰爪
Desmos chinensis Lour.

直立或攀缘灌木。枝条具纵纹及灰白色皮孔。除花外，余无毛。叶互生，薄纸质，长圆形或椭圆形，稀宽卵形，长4~14 cm，先端钝尖或短尾尖，基部圆或稍偏斜，叶背粉绿色，侧脉7~12枚；叶柄长2~4 cm。花黄白色，单朵与叶对生或互生。花梗长2~5.5 cm，无毛；萼片卵形，长3~5 mm，被微柔毛；花瓣6枚，2轮，外轮花瓣长圆形或长圆状披针形，长达9 cm，内轮花瓣长圆状披针形，长达7 cm，均被微毛。果念珠状，长2~5 cm。种子1~7枚。花期4~10月，果期6~12月。

龙眼洞后山至火炉山防火线附近（王发国等5690），帽峰山—2林班。产于中国福建、广西、广东、海南、贵州及云南。印度及东南亚地区有分布。根叶药用，主治风湿骨痛、产后腹痛、跌打、皮癣，等茎皮纤维可作人造棉及造纸原料；海南民间用叶制酒饼；也可供观赏。

4~5 mm；内外轮花瓣等大，宽卵形，长1.2~2 cm。果球形或卵圆形，长1~3 cm，径1~1.5 cm，暗紫褐色，顶端具短尖头。种子球形，径6.5~7.5 mm。花期3~8月，果期7月至翌年3月。

帽峰山管护站—6林班（王发国等6087），龙眼洞筲箕窝至火烧天（筲箕窝—6林班）（王发国等5928）。产于中国华南、云南及台湾。越南、斯里兰卡、菲律宾及老挝也有分布。茎皮纤维坚韧，可编制绳索及麻袋；根药用，可治风湿、跌打，叶可止痛、消肿；花大，色艳，供观赏。

2. 紫玉盘属 Uvaria L.

木质藤本或攀缘灌木，稀小乔木；各部常被星状毛。叶互生，羽状脉；叶柄粗。花两性，单生或多朵组成密伞或短总状花序，花序与叶对生、腋生、顶生或腋外生，稀生于老枝；萼片3枚，基部常合生，镊合状排列；花瓣6枚，2轮，覆瓦状排列，开展，有时基部合生；心皮多数，稀少数，线状长圆形，每心皮具多枚胚珠。果浆果状，长圆形、卵圆形或近球形，常具柄。种子多颗，稀单粒，有或无假种皮。

龙眼洞林场有1种。

紫玉盘

Uvaria macrophylla Roxb.

直立或攀缘灌木，长达18 m；全株被星状毛，老渐无毛。叶革质，长倒卵形或长椭圆形，长9~30 cm，宽3~15 cm，基部近圆或浅心形，侧脉9~14(22)对，在叶面凹下。花1~2枚与叶对生，暗紫红或淡红褐色，径2~3.8 cm；花梗长0.5~4 cm；萼片宽卵形，长

11. 樟科 Lauraceae

常绿或落叶，乔木或灌木，仅无根藤属（Cassytha）为缠绕寄生草本；植物体具油细胞，常芳香。单叶，常革质，互生、稀对生、近对生或轮生，全缘、稀分裂，羽状脉、三出脉或离基三出脉。花序为圆锥状、穗状、总状或小头状，末端分枝为聚伞花序或伞状聚伞花序，苞

片宿存；花小，两性或单性，雌雄异株或同株，辐射对称。核果或浆果，着生于果托上，或为增大宿存花被筒所包被。

龙眼洞林场有6属，15种，1变种，1变型。

1. 无根藤属 Cassytha L.

寄生缠绕草本，多黏质，具盘状吸根攀附寄主植物。茎线形，分枝，绿色或绿褐色。叶退化为鳞片。花序穗状、总状或头状。花两性，稀雌雄异株，花生于鳞状苞片之间，每花具2枚小苞片；花被筒陀螺状或卵球状，花后顶端缢缩，裂片6片，2轮，外轮3枚小；能育雄蕊9枚，花药2室。果包于花被筒内，花被筒顶端开口，花被片宿存。

龙眼洞林场有1种。

无根藤
Cassytha filiformis L.

寄生缠绕草本，借盘状吸根攀附于寄主植物上。茎线形，绿色或绿褐色，稍木质，幼嫩部分被锈色短柔毛，老时毛被稀疏或变无毛。叶退化为微小的鳞片。穗状花序长2～5 cm，密被锈色短柔毛；苞片和小苞片微小，宽卵圆形，长约1 mm，褐色，被缘毛。花小，白色，长不及2 mm，无梗；花被裂片6枚，排成2轮，外轮3枚小，圆形，有缘毛，内轮3枚较大，卵形，外面有短柔毛，内面几无毛。果小，卵球形，包藏于花后增大的肉质果托内，但彼此分离，顶端有宿存的花被片。花果期5～12月。

龙眼洞后山至火炉山（王发国等5712）。产于中国华南、云南、贵州、湖南、江西、浙江、福建及台湾等地。亚洲热带地区、非洲和澳大利亚也有。本植物对寄主有害，但全草可供药用，可治肾炎水肿、尿路结石、尿路感染、跌打疖肿及湿疹，又可作造纸用的糊料。

2. 樟属 Cinnamomum Trew

常绿乔木或灌木；树皮、小枝和叶极芳香。芽裸露或具鳞片，具鳞片时鳞片明显或不明显，覆瓦状排列。叶互生、近对生或对生，有时聚生于枝顶，革质，离基三出脉或三出脉，亦有羽状脉。花小或中等大，黄色或白色，两性，稀为杂性，组成腋生或近顶生、顶生的圆锥花序，由1朵至多朵花的聚伞花序所组成。花被筒短，杯状或钟状，花被裂片6枚，近等大，花后完全脱落。果肉质，有果托。

龙眼洞林场有3种，1变型。

1. 阴香
Cinnamomum burmannii (C. G. et Th. Nees) Blume

乔木，高达14 m，胸径达30 cm；树皮光滑，灰褐色至黑褐色，内皮红色，味似肉桂。枝条纤细，绿色或褐绿色，具纵向细条纹，无毛。叶互生或近对生，稀对生，卵圆形、长圆形至披针形，长5.5～10.5 cm，宽2～5 cm，先端短渐尖，基部宽楔形，革质，叶面绿色，光亮，叶背粉绿色，晦暗，两面无毛，具离基三出脉，中脉及侧脉在叶面明显，叶背十分凸起。果卵球形，长约8 mm，宽5 mm。花期主要在秋、冬季，果期冬末及春季。

龙眼洞林场—天鹿湖站。产于中国广东、广西、云南及福建。印度，经缅甸和越南，至印度尼西亚和菲律宾也有分布。本种的广州商品材名为九春，别称桂木，为良好家具用材。

2. *狭叶阴香
Cinnamomum burmannii (C. G. et Th. Nees) Blume f. **heyneanum** (Nees) H. W. Li

乔木，高达14 m，胸径达30 cm；树皮光滑，灰褐色至黑褐色，内皮红色，味似肉桂。枝条纤细，绿色或褐绿色，具纵向细条纹，无毛。叶互生或近对生，稀对生叶线形至线状披针形或披针形，长4～13 cm，宽0.8～3 cm，总梗常十分纤细。果卵球形，长约8 mm，宽约5 mm；果托长约4 mm，顶端宽约3 mm，具齿裂，齿顶端截平。花期主要在秋、冬季，果期主要在冬末及春季。

龙眼洞林场—天鹿湖站（王发国等6230）。栽培。产于中国湖北西部、四川东部、贵州西南部、广西及云南东南部。印度至印度尼西亚也有分布。

3. 樟

Cinnamomum camphora (L.) Presl

常绿大乔木，高可达25m，直径可达3m，树冠广卵形；枝、叶及木材均有樟脑气味；树皮黄褐色，有不规则的纵裂。顶芽广卵形或圆球形，鳞片宽卵形或近圆形，外面略被绢状毛。枝条圆柱形，淡褐色，无毛。叶互生，卵状椭圆形，长6～12cm，宽2.5～5.5cm，先端急尖，基部宽楔形至近圆形，边缘全缘。果卵球形或近球形，直径6～8mm，紫黑色。花期4～5月，果期8～11月。

龙眼洞。产于中国南方及西南各地，常有栽培。越南、朝鲜、日本也有分布。木材及根、枝、叶可提取樟脑和樟油；果核含脂肪，含油量约40%，油供工业用。

4. 黄樟

Cinnamomum parthenoxylon (Jack) Meisn.

常绿乔木，树干通直，高10～20m，胸径达40cm以上；树皮暗灰褐色，上部为灰黄色，深纵裂，小片剥落，厚约3～5mm，内皮带红色，具有樟脑气味。枝条粗壮，圆柱形，绿褐色，小枝具棱角，灰绿色，无毛。芽卵形，鳞片近圆形，被绢状毛。叶互生，通常为椭圆状卵形或长椭圆状卵形，长6～12cm，宽3～6cm，在花枝上的稍小，先端通常急尖或短渐尖，基部楔形或阔楔形，革质。花期3～5月，果期4～10月。

帽峰山—2林班，帽峰山—6林班。产于中国广东、广西、福建、江西、湖南、贵州、四川、云南。巴基斯坦、印度经马来西亚至印度尼西亚也有分布。叶可供饲养天蚕；果核含脂肪也高，核仁含油率达60%，油可供制肥皂用。广东地区以其木材有樟脑气味可驱臭虫，用之作床板，商品材名为大叶樟、黑骨樟、油樟等名称。

3. 厚壳桂属 Cryptocarya R. Br.

常绿乔木或灌木。叶互生，稀近对生，羽状脉，稀离基三出脉。圆锥花序腋生、顶生或近顶生。花两性，花被筒陀螺形或卵球形，宿存，花后顶端缢缩，裂片6枚，近等大，早落；花药2室，外向，最内轮为退化雄蕊，具短柄，无腺体；子房无柄，为花被筒所包被，花柱近线形，柱头小，稀盾状。果核果状，球形、椭圆形或长圆形，包被于肉质或稍硬化花被筒内，顶端具小口，平滑或具多数纵棱。

龙眼洞林场有1种。

厚壳桂

Cryptocarya chinensis (Hance) Hemsl.

乔木，高达20m；树皮暗灰色，粗糙。幼枝被灰色茸毛，后渐脱落无毛。叶长椭圆形，长7～11cm，先端长或短渐尖，基部宽楔形，幼时两面被灰褐色茸毛，后渐无毛，离基三出脉；叶柄长约1cm，后无毛。花序长1.5～4cm，被黄色茸毛。花梗长约0.5mm，被黄色茸毛；花被片近倒卵形，两面被黄色茸毛，花被筒陀螺形。果球形或扁球形，长7.5～9mm，紫黑色，纵棱12～15条。花期4～5月，果期8～12月。

龙眼洞。产于中国广东、海南、广西、福建、台湾、湖南及四川。木材供房建、车辆、家具等用。

4. 木姜子属 Litsea Lam.

落叶或常绿，乔木或灌木。叶互生，稀对生或轮生，羽状脉，老叶叶背有时粉绿色。花单性，雌雄异株；伞形花序、伞形聚伞花序或圆锥花序；苞片4~6，交互对生，迟落；先叶开花或花叶同放。花被片6枚，2轮，黄色，早落；花药4室，内向瓣裂，退化雌蕊有或无；雌花具退化雄蕊9或12。浆果状核果着生于浅盘状或杯状果托，或无果托。

龙眼洞林场有4种，1变种。

1. 山苍子
Litsea cubeba (Lour.) Pers.

落叶小乔木或灌木状，高达10 m。枝、叶芳香，小枝无毛。叶互生，披针形或长圆形，长4~11 cm，先端渐尖，基部楔形，两面无毛，侧脉6~10对；叶柄长0.6~2 cm，无毛。伞形花序单生或簇生，花序梗长0.6~1 cm；雄花序具4~6花；花梗无毛；花被片宽卵形；花丝中下部被毛。果近球形，径约5 mm，无毛，黑色果柄长2~4 mm。花期2~3月，果期7~8月。

龙眼洞林场各地较常见。分布于中国华南、华中、华东和西南地区。东南亚也有分布。花、叶及果肉可提取柠檬醛，供医药制品及香精用；根、茎及叶入药，可祛风散寒、消肿止痛，果可治胃病、中暑及吸血虫病。

2. 潺槁木姜子
Litsea glutinosa (Lour.) C. B. Rob.

常绿乔木，高达15 m。幼枝被灰黄色茸毛。叶互生，倒卵状长圆形或椭圆状披针形，长6.5~10(26) cm，先端钝圆，基部楔形，或稍圆，幼叶两面被毛，老时叶面中脉稍被毛，叶背被毛或近无毛，侧脉8~12对；叶柄长1~2.6 cm，被灰黄色茸毛。伞形花序单生或几个簇生于长2~4 cm短枝上；雄花序梗长1~1.5 cm，具数朵花；花梗被灰黄色茸毛。果球形，径约7 mm；果柄长5~6 mm。花期5~6月，果期9~10月。

帽峰山—2林班，龙眼洞。产于中国福建、广东、海南、广西及云南。木材稍坚硬，耐腐，供家具用材；树皮及木材含胶质，作黏合剂；种仁含油率50.3%，供制皂等用；根皮及叶药用，可治疮痈。

3. 假柿木姜子
Litsea monopetala Pers

常绿乔木，高达18 m。小枝及叶柄密被锈色短柔毛。叶互生，宽卵形、倒卵形或卵状长圆形，长8~20 cm，先端钝或圆，基部圆或宽楔形，幼叶叶面沿中脉及叶背密被锈色短柔毛，侧脉8~12对；叶柄长1~3 cm。伞形花序簇生，花序梗短；雄花具4~6朵花或更多；花被片5~6枚，披针形；花丝被柔毛。果长卵圆形，径5 mm；果托浅盘状。花期11月至翌年5~6月，果期6~7月。

龙眼洞筲箕窝至火烧天（筲箕窝—6林班；王发国等5927），帽峰山—2林班。产于中国云南、贵州、广西、广东及海南，东南亚、印度及巴基斯坦也有分布。木材供家具等用；叶入药，外敷治关节脱臼；为紫胶虫寄主植物。

4. 豺皮樟
Litsea rotundifolia Hemsl. var. **oblongifolia** (Nees) Allen

常绿灌木或小乔木，高可达3 m，树皮灰色或灰褐色，常有褐色斑块。小枝灰褐色，纤细，无毛或近无毛。预芽卵圆形，鳞片外面被丝状黄色短柔毛。叶散生，叶片卵状长圆形，长2.5~5.5 cm，宽1~2.2 cm，先端钝或短渐尖，基部楔形或钝；薄革质，叶面绿色，光亮，无毛，叶背粉绿色，无毛。果球形，直径约6 mm，几无果梗，成熟时灰蓝黑色。花期8~9月，果期9~11月。

龙眼洞后山至火炉山防火线附近（王发国等5661），帽峰山—8林班（王发国等6192），帽峰山帽峰工区山顶管理处，沿山谷周边，常见。产于中国广东、广西、湖南、江西、福建、台湾、浙江（平阳）。越南也有分布。种子含脂肪油可供工业用；叶、果可提芳香油；根可入药。

5. 轮叶木姜子
Litsea verticillata Hance

常绿小乔木或灌木状，高达5m。小枝密被黄色长硬毛，老枝无毛。叶4～6枚轮生，披针形或倒披针状长椭圆形，长7～25cm，先端渐尖，基部稍圆，初叶面中脉被短柔毛，叶背被黄褐色柔毛，侧脉12～14对；叶柄长2～6mm，密被黄色长柔毛。伞形花序集生枝顶。雄花序具5～8朵花；花近无梗；花被片披针形；花丝伸出，被长柔毛。果卵形或椭圆形，径5～6mm；果托碟状，具残留花被片；果柄短。花期4～11月，果期11月至翌年1月。

龙眼洞。产于中国云南、广西、广东及海南。柬埔寨及越南也有分布。根、叶药用，治跌打损伤、胸痛、风湿痛及妇女经痛；叶外敷治骨折及蛇伤。

5. 润楠属 Machilus Nees

常绿乔木或灌木状。叶革质，互生，全缘，具羽状脉。圆锥花序顶生或生于新枝下部，稀为无总梗伞形花序。花两性；花被片6枚，2轮，近等大或外轮稍小，常宿存稀脱落；子房无柄，柱头盘状或头状。浆果状核果，外果皮肉质，球形、稀椭圆形或近长圆形，宿存花被片开展或反曲，不紧贴果基部果柄不增粗或稍增粗。

龙眼洞林场有5种。

1. 浙江润楠
Machilus chekiangensis S. K. Lee

乔木。枝褐色，散布纵裂的唇形皮孔，在当年生和1、2年生枝的基部遗留有顶芽鳞片数轮的疤痕，疤痕高3～4mm。叶常聚生小枝枝梢，倒披针形，长6.5～13cm，宽2～3.6cm，先端尾状渐尖，尖头常呈镰状，基部渐狭，革质或薄革质，梢头的叶干时有时呈黄绿色，叶背初时有贴伏小柔毛，中脉在叶面稍凹下，叶背突起，侧脉每边10～12条，小脉纤细。嫩果球形，绿色，直径约6mm，干时带黑色，果梗稍纤细，长约5mm。果期6月。

帽峰山管护站至帽峰山—2林班（王发国等6108），帽峰山—8林班（王发国等6163），龙眼洞林场—天鹿湖站（王发国等6238）。分布于中国广东、广西、海南、江西、湖南、福建和浙江。浙江润楠是优良的乡土常绿阔叶树种，具有良好的水源涵养功能；树干通直，是珍贵的家具木材树种；枝、叶含芳香油，入药有治支气管炎、烧烫伤及外伤止血功效，是食品或化妆品的香料来源之一。

2. 华润楠
Machilus chinensis (Champ. ex Benth.) Hemsl.

乔木，高达11m。芽无毛或被柔毛。叶倒卵状长圆形或长圆状倒披针形，长5～8(10)cm，宽2～4cm，先端钝或短渐尖，基部楔形，两面无毛，叶面中脉凹下，侧脉7～8对，不明显，细脉在两面呈密网状；叶柄长0.6～1.4cm。圆锥花序2～4个，长4～8cm，花序梗长，每花序具6朵花；花白色，长约4mm，花被片外面被柔毛，内面被柔毛或仅基部被毛，果时常脱落。果球形，径0.8～1cm。花期11月，果期翌年2月。

帽峰山帽峰工区焦头窝，帽峰山—2林班，帽峰山—6林班。产于中国湖北、广西、海南及香港。越南也有分布。

3. 芳槁润楠
Machilus gamblei King ex J. D. Hooker [*M. suaveolens* S. Lee]

乔木，高7m，直径达24cm。小枝圆柱形，稍细弱，当年生枝密被薄而纤细的黄灰色绢毛，被毛很迟脱落，1年生及更老枝条渐变无毛，渐呈黑褐色，有稀疏的近圆形而稍为凸起的叶痕，在1、2、3年生枝先端有3～5环紧密的芽鳞疤痕。顶芽细小，卵形，有棕色茸毛；腋芽微小，短圆锥形，深褐色。叶长椭圆形、倒卵形至倒披针形，长6～11cm，宽1.5～3.8cm，先端钝急尖或短渐尖，基部急短尖，薄革质。花稀疏，白色或淡黄色，香。果序长6.5～13cm，稍纤细，有绢毛；果球形，直径约7mm，黑色。

帽峰山。产于中国广东、广西。印度、尼泊尔、越南也有分布。

4. 龙眼润楠
Machilus oculodracontis Chun

乔木，高达18m。幼枝稍被微柔毛，旋脱落。叶椭圆状倒披针形或椭圆状披针形，长11～16cm，宽2～4cm，先端钝或骤短尖，中部以下渐窄，基部楔形下延，叶面无毛，叶背幼时被微柔毛，带白粉，叶面中脉凹下，侧脉10～12对，疏离，细脉密结成小网格状；叶柄长1～1.5cm，无毛。花序顶生，长4～10.5cm，被粉质微柔毛；花长5～5.5mm，花被片不等长，两面被粉质微柔毛；第3轮花丝基部腺体具柄。果球形，蓝黑色，径1.8～2cm；果柄稍粗，长约5mm。

龙眼洞。产于中国广东、江西南部。

5. 绒毛润楠
Machilus velutina Champ. ex Benth.

乔木，高达18 m。植物体除叶面及果外，余密被锈色茸毛。叶窄倒卵形、椭圆形或窄卵形，长5～16 cm，先端短渐尖，基部楔形，叶面中脉凹下，侧脉8～11对，在叶背显著，细脉不明显；叶柄长1.2～2.5 cm。花序单生或2～3序集枝顶，长约2.5 cm，近无花序梗；花长5～6 mm，外轮花被片稍小于内轮。果球形，紫红色，径约5 mm。花期10～12月，果期翌年2～3月。

广州各地常见。产于中国华南、浙江、福建、江西、湖南及贵州。中南半岛也有分布。木材坚硬、耐水浸，适作建筑、船板等用材。

6. 楠属 Phoebe Nees

常绿乔木或灌木。叶通常聚生枝顶，互生，羽状脉。花两性；聚伞状圆锥花序或近总状花序，生于当年生枝中、下部叶腋，少为顶生；花被裂片6枚，相等或外轮略小，花后变革质或木质，直立；子房多为卵珠形及球形，花柱直或弯，柱头钻状或头状。果卵珠形、椭圆形及球形，少为长圆形，基部为宿存花被片所包围；宿存花被片紧贴或松散或先端外倾，但不反卷或极少略反卷；果梗不增粗或明显增粗。

龙眼洞林场有1种。

*闽楠
Phoebe bournei (Hemsl.) Yang

乔木，高达20 m；老树皮灰白色，幼树带黄褐色。小枝被毛或近无毛。叶披针形或倒披针形，长7～15 cm，宽2～3(4) cm，先端渐尖，基部窄楔形，叶背被短柔毛，脉上被长柔毛，有时具缘毛，横脉及细脉在叶背结成网格状。圆锥花序长3～7(10) cm，常3个，最下部分枝长2～2.5 cm；花被片卵形，两面被毛。果椭圆形或长圆形，长1.1～1.5 cm。花期4月，果期10～11月。

帽峰山莲花顶森林公园—7林班，龙眼洞林场—天鹿湖站。栽培。产于中国广东、广西、浙江、福建、江西、湖北、湖南、贵州及河南。木材纹理直，结构细密，不易虫蛀，供建筑、高级家具等用。

15. 毛茛科 Ranunculaceae

多年生或一年生草本，少有灌木或木质藤本。叶通常互生或基生，少数对生，单叶或复叶，通常掌状分裂，无托叶；叶脉掌状，偶尔羽状，网状连结，少有开放的两叉状分枝。花两性，少有单性，雌雄同株或雌雄异株，辐射对称，稀为两侧对称，单生或组成各种聚伞花序或总状花序；萼片下位，4～5枚，或较多，或较少，绿色，或花瓣不存在或特化成分泌器官时常较大，呈花瓣状，有颜色。果实为蓇葖或瘦果，少数为蒴果或浆果。种子有小的胚和丰富胚乳。

龙眼洞林场有1属，2种。

毛茛属 Ranunculus L.

多年生或少数一年生草本，陆生或部分水生。须根纤维状簇生，或基部粗厚呈纺锤形，少数有根状茎。茎直立、斜升或有匍匐茎。叶大多基生并茎生，单叶或三出复叶，3浅裂至3深裂，或全缘及有齿；叶柄伸长，基部扩大成鞘状。花单生或成聚伞花序；花两性，整齐，萼片5枚，绿色，草质，大多脱落；花瓣5枚，有时6～10枚，黄色。瘦果卵球形或两侧压扁，背腹线有纵肋，或边缘有棱至宽翼，果皮有厚壁组织而较厚，无毛或有毛，或有刺及瘤突，喙较短，直伸或外弯。

龙眼洞林场有2种。

1. 禺毛茛
Ranunculus cantoniensis DC.

多年生草本。须根伸长簇生。茎直立，高25～80 cm，上部有分枝，与叶柄均密生开展的黄白色糙毛。叶为三出复叶，基生叶和下部叶有长达15 cm的叶柄；叶片宽卵形至肾圆形，长3～6 cm，宽3～9 cm；小叶卵形至宽卵形，宽2～4 cm，2～3中裂，边缘密生锯齿或齿牙，顶端稍尖，两面贴生糙毛；小叶柄长1～2 cm，侧生小叶柄较短，生开展糙毛，基部有膜质耳状宽鞘。花序顶生，具花4～10朵；花瓣5枚，倒卵形。聚合果近球形，直径约1 cm；瘦果扁平，长约3 mm，宽约2 mm，为厚的5倍以上，无毛。

龙眼洞。产于中国云南、四川、贵州、广西、广东、福建、台湾、浙江、江西、湖南、湖北、江苏、浙江等地。印度、越南、日本、朝鲜也有分布。

2. 石龙芮
Ranunculus sceleratus L.

一年生草本。须根簇生。茎直立，高10～50 cm，直径2～5 mm，有时粗达1 cm，上部多分枝，具多数节，下部节上有时生根，无毛或疏生柔毛。基生叶多数；叶片肾状圆形，长1~4 cm，宽1.5~5 cm，基部心形，3深裂不达基部，裂片倒卵状楔形，不等地2~3裂，顶端钝圆，有粗圆齿，无毛；叶柄长3~15 cm，近无毛。茎生叶多数，下部叶与基生叶相似；上部叶较小，3全裂，裂片披针形至线形，全缘，无毛。花瓣5枚，倒卵形，长2.2~4.5 mm。聚合果长圆形，长8~12 mm，为宽的2~3倍；瘦果极多数，近百枚，紧密排列，倒卵球形，稍扁，长1~1.2 mm，无毛，喙短至近无，长0.1~0.2 mm。花果期5~8月。

龙眼洞。中国各地均有分布。在亚洲、欧洲、北美洲的亚热带至温带地区广布。全草含原白头翁素，有毒，药用能消结核、截疟及治痈肿、疮毒、蛇毒和风寒湿痹使用；其根、茎可供药用，也能用来酿酒。

23. 防己科 Menispermaceae

攀缘或缠绕藤本，稀直立灌木或小乔木，木质部常有车辐射状髓线。叶螺旋状排列，无托叶，单叶，稀复叶；叶柄两端肿胀。聚伞花序，或由聚伞花序再作圆锥花序式、总状花序式或伞形花序式排列，极少退化为单花；苞片通常小，稀叶状；花通常小而不鲜艳，单性，雌雄异株，通常两被，较少单被，萼片通常轮生，每轮3片；花瓣通常2轮，较少1轮。果为核果，外果皮革质或膜质，中果皮通常肉质，内果皮骨质或有时木质。

龙眼洞林场有7属，9种。

1. 木防己属 Cocculus DC.

木质藤本，很少直立灌木或小乔木。叶非盾状，全缘或分裂，具掌状脉。聚伞花序或聚伞圆锥花序，腋生或顶生；雄花：萼片6枚，排成2轮，外轮较小，内轮较大而凹，覆瓦状排列；花瓣6枚，基部二侧内折呈小耳状，顶端2裂，裂片叉开。核果倒卵形或近圆形，稍扁，花柱残迹近基生，果核骨质，背肋二侧有小横肋状雕纹；种子马蹄形，胚乳少。

龙眼洞林场有1种。

木防己（土木香、青藤香）
Cocculus orbiculatus (L.) DC.

木质藤本；小枝被茸毛至疏柔毛，或有时近无毛，有条纹。叶片纸质至近革质，形状变异极大，自线状披针形至阔卵状近圆形、狭椭圆形至近圆形、倒披针形至倒心形。聚伞花序少花，腋生，或排成多花，狭窄聚伞圆锥花序，顶生或腋生，被柔毛。雄花：小苞片2或1枚，紧贴花萼，被柔毛；萼片6枚；花瓣6枚，下部边缘内折，抱着花丝。雌花：萼片和花瓣与雄花相同。核果近球形，红色至紫红色；果核骨质，背部有小横肋状雕纹。

龙眼洞凤凰山（场部—3林班）（王发国等5995）。中国大部分地区都有分布。广布于亚洲东南部和东部以及夏威夷群岛。该种植物在热带地区可庭院栽培，用于拱门、廊柱、山石、树干的垂直绿化，亦可作为地被植物

2. 轮环藤属 Cyclea Arn. ex Wight

藤本。叶具掌状脉，叶柄通常长而盾状着生。聚伞圆锥花序通常狭窄，很少阔大而疏松，腋生、顶生或生老茎上；苞片小。雄花：萼片通常4~5枚；花瓣4~5枚，通常合生。雌花：萼片和花瓣均1~2枚，彼此对生。核果倒卵状球形或近圆球形，常稍扁，花柱残迹近基生；果核骨质，背肋二侧各有2~3列小瘤体，具马蹄形腔室。种子有胚乳；胚马蹄形，背倚子叶半柱状。

龙眼洞林场有2种。

1. 毛叶轮环藤
Cyclea barbata Miers

草质藤本，长达5 m；主根稍肉质。叶纸质或近膜质，三角状卵形或三角状阔卵形，长4~10 cm或过之，宽2.5~8 cm或过之，顶端短渐尖或钝而具小凸尖，基部微凹或近截平。花序腋生或生于老茎上，雄花序为圆锥花序式，阔大，被长柔毛，花密集成头状，间断着生于花序分枝上。雄花：有明显的梗；萼杯状，被硬毛；花冠合瓣，杯状。雌花：无花梗；萼片2枚；花瓣2枚，与萼片对生。核果斜倒卵圆形至近圆球形，红色，被柔毛。花期秋季，果期冬季。

龙眼洞筲箕窝，帽峰山—十八排。产于中国广东、海南。分布于印度东北部、中南半岛至印度尼西亚。根入药，可解毒、止痛、散瘀。

2. 粉叶轮环藤

Cyclea hypoglauca (Schauer) Diels

藤本；老茎木质，小枝纤细，除叶腋有簇毛外无毛。叶纸质，阔卵状三角形至卵形，长2.5～7 cm，宽1.5～4.5 cm，顶端渐尖，基部截平至圆，边全缘而稍反卷。花序腋生，雄花序为间断的穗状花序状。雄花：萼片4或5枚，分离，倒卵形或倒卵状楔形；花瓣4～5枚，通常合生成杯状。雌花序较粗壮，总状花序状。雌花：萼片2枚，近圆形；花瓣2枚，不等大。核果红色，无毛；果核背部中肋二侧各有3列小瘤状凸起，或有时围绕胎座迹的一列不明显。

龙眼洞筲箕窝（王发国等5731），龙眼洞林场—石屋站，帽峰山—2林班，帽峰山帽峰工区山顶管理处，沿山谷周边。产于中国华南、华中、华东地区。越南北部也有分布。药用，可治疗咽喉肿痛、白喉、牙痛、尿路感染及结石、风湿骨痛、蛇伤肿毒。

3. 秤钩风属 Diplocisia Miers

木质藤本；枝常长而下垂。叶片革质，具掌状脉。聚伞花序腋生，或由聚伞花序组成的圆锥花序生于老枝或茎上。雄花：萼片6枚，排成2轮；花瓣6枚，两侧有内折的小耳抱着花丝。雌花：萼片和花瓣与雄花相似，但花瓣顶端常2裂。核果倒卵形或狭倒卵形而弯，花柱残迹近基生；果核骨质，基部狭，背部有棱脊，二侧有小横肋状雕纹；种子马蹄形，具少量胚乳，胚狭窄，胚根比叶状子叶短很多。

龙眼洞林场有1种。

苍白秤钩风（电藤）

Diploclisia glaucescens (Blume) Diels

木质大藤本；茎长可达20余米或更长。叶片厚革质，叶背常有白霜。圆锥花序狭而长，常几个至多个簇生于老茎和老枝上，多少下垂；花淡黄色，微香。雄花：萼片长2～2.5 mm，外轮椭圆形，内轮阔椭圆形或阔椭圆状倒卵形；花瓣倒卵形或菱形，顶端短尖或凹头。雌花：萼片和花瓣与雄花的相似，但花瓣顶端明显2裂。核果黄红色，长圆状狭倒卵圆形，下部微弯。花期4月，果期8月。

龙眼洞水库旁。产于中国华南、西南地区。广布亚洲各热带地区，南至伊里安岛。根药用，可治毒蛇咬伤。

4. 夜花藤属 Hypserpa Miers

木质藤本，小枝顶端有时延长成卷须状。叶全缘，掌状脉常3条。聚伞花序或圆锥花序腋生，通常短小；雄花：萼片7～12枚，非轮生；花瓣4～9枚，肉质，通常倒卵形或匙形，有时无花瓣；雌花：萼片和花瓣与雄花近似。核果为稍扁的倒卵形至近球形；果核骨质，外面有放射状排列的小横肋状皱纹。种子与腔室近同形，具丰富的胚乳。

龙眼洞林场有1种。

夜花藤

Hypserpa nitida Miers

木质藤本，小枝常延长，被稀疏至很密的柔毛，嫩枝上的毛为褐黄色，老枝近无毛，有条纹。叶片纸质至革质，卵形、卵状椭圆形至长椭圆形，较少椭圆形或阔椭圆形，长4~10cm或稍过之，顶端渐尖、短尖或稍钝头而具小凸尖，基部钝或圆。雄花序通常仅有花数朵，被柔毛。雄花：萼片7~11枚，自外至内渐大，最外面的微小；花瓣4~5枚，近倒卵形。雌花：萼片和花瓣与雄花的相似。核果成熟时黄色或橙红色，近球形，稍扁，果核阔倒卵圆形。花果期夏季。

广州各地常见。产于中国华南、华东地区。斯里兰卡、中南半岛、马来半岛、印度尼西亚和菲律宾也有分布。根含防己醇灵碱等多种生物碱，民间入药，有凉血、止痛、消炎、利尿等功效。

5. 细圆藤属 Pericampylus Miers

木质藤本。叶非盾状或稍呈盾状，具掌状脉。聚伞花序腋生，单生或2~3个簇生。雄花：萼片9枚，排成3轮，苞片状，中轮和内轮大而凹，覆瓦状排列；花瓣6枚，楔形或菱状倒卵形，两侧边缘内卷。雌花：萼片和花瓣与雄花相似；退化雄蕊6枚，棒状。核果扁球形，花柱残迹近基生；果核骨质，阔倒卵状近圆形，两面中部平坦；种子弯成马蹄形，有胚乳，胚狭长。

龙眼洞林场有1种。

细圆藤（广藤）

Pericampylus glaucus (Lam.) Merr.

木质藤本，长达10余米或更长，小枝通常被灰黄色茸毛，有条纹，常长而下垂，老枝无毛。叶纸质至薄革质，三角状卵形至三角状近圆形，很少卵状椭圆形，长3.5~8cm，端钝或圆，很少短尖，有小凸尖，基部近截平至心形；掌状脉5条。聚伞花序伞房状，被茸毛。雄花：萼片背面多少被毛，最外轮的狭；花瓣6枚，楔形或有时匙形。雌花萼片和花瓣与雄花相似。核果红色或紫色。花期4~6月，果期9~10月。

帽峰山帽峰工区焦头窝。广布于中国长江流域以南各地，东至台湾，尤以广东、广西和云南三省区之南部常见。广布亚洲东南部。细长的枝条在四川等地是编织藤器的重要原料。

6. 千金藤属 Stephania Lour.

草质或木质藤本，有或无块根；枝有直线纹，稍扭曲。叶片纸质，很少膜质或近革质，三角形、三角状近圆形或三角状近卵形；叶脉掌状。花序腋生或生于腋生、无叶或具小型叶的短枝上，通常为伞形聚伞花序。雄花：花被辐射对称；萼片2轮，很少1轮；花瓣1轮，3~4枚。雌花：花被辐射对称，萼片和花瓣各1轮，每轮3~4片。核果鲜时近球形，两侧稍扁，红色或橙红色，花柱残迹近基生；果核通常骨质，倒卵形至倒卵状近圆形。

龙眼洞林场有2种。

1. 金线吊乌龟

Stephania cephalantha Hayata

草质、落叶、无毛藤本，高通常1~2m或过之；小枝紫红色，纤细。叶纸质，三角状扁圆形至近圆形，长通常2~6cm，宽2.5~6.5cm，顶端具小凸尖，基部圆或近截平。雌雄花序同型，均为头状花序，具盘状花托，雄花序总梗丝状，常于腋生、具小型叶的小枝上作总状花序式排列，雌花序总梗粗壮，单个腋生。雄花：萼片6枚；花瓣3或4枚，近圆形或阔倒卵形。核果阔倒卵圆形，成熟时红色；果核背部二侧各有约10~12条小横肋状雕纹。花期4~5月，果期6~7月。

龙眼洞—石屋站（王发国等6281）。分布于中国华南、华中、华东、西南地区。块根为民间常用草药，味苦性寒，清热解毒、消肿止痛，又为兽医用药，称白药、白药子或白大药。

2. 粪箕笃（铁板膏药草、犁壁藤、飞天雷公）
Stephania longa Lour.

草质藤本，长1～4m或稍过之，除花序外全株无毛；枝纤细，有条纹。叶纸质，三角状卵形，长3～9cm，宽2～6cm，顶端钝。复伞形聚伞花序腋生，雄花序较纤细，被短硬毛。雄花：萼片8枚，偶有6枚，排成2轮；花瓣4或有时3枚，绿黄色。雌花：萼片和花瓣均4片。核果红色；果核背部有2行小横肋，每行9～10条，小横肋中段稍低平。花期春末夏初，果期秋季。

龙眼洞筲箕窝（王发国等5752、6075）。产于中国华南、华东、西南地区。药用有清热解毒、利尿消肿之效，用于肾盂肾炎、膀胱炎、肠炎、痢疾、毒蛇咬伤；外用治痈疖疮疡、化脓性中耳炎。

7. 青牛胆属 Tinospora Miers

藤本。叶具掌状脉，基部心形，有时箭形或戟形。花序腋生或生老枝上。总状花序、聚伞花序或圆锥花序，单生或几个簇生。雄花：萼片通常6枚，有时更多或较少；花瓣6枚，基部有爪，通常二侧边缘内卷。雌花：萼片与雄花相似；花瓣较小或与雄花相似；退化雄蕊6枚，比花瓣短。核果1～3个，具柄，球形或椭圆形，花柱残迹近顶生；果核近骨质，背部具棱脊，有时有小瘤体，腹面近平坦；种子新月形，有嚼烂状胚乳。

龙眼洞林场有1种。

中华青牛胆（宽筋藤）
Tinospora sinensis (Lour.) Merr.

藤本，长可达20m以上；枝稍肉质，嫩枝绿色，有条纹，被柔毛，老枝肥壮。叶纸质，阔卵状近圆形，很少阔卵形，长7～14cm，宽5～13cm，顶端骤尖，基部深心形至浅心形。总状花序先叶抽出，雄花序长1～4cm或更长，单生或有时几个簇生。雄花：萼片6枚，排成2轮；花瓣6枚，近菱形，爪长约1mm。雌花序单生；雌花：萼片和花瓣与雄花同。核果红色，近球形，果核半卵球形，背面有棱脊和许多小疣状凸起。花期4月，果期5～6月。

帽峰山—十八排（王发国等6213）。产于中国华南、西南地区。斯里兰卡、印度和中南半岛北部也有分布。茎藤为常用中草药，有舒筋活络的功效，通称宽筋藤。

24. 马兜铃科 Aristolochiaceae

草质或木质藤本、灌木或多年生草本，稀乔木；根、茎和叶常有油细胞。单叶、互生，具柄，叶片全缘或3～5裂，基部常心形，无托叶。花两性，有花梗，单生、簇生或排成总状、聚伞状或伞房花序，顶生、腋生或生于老茎上；花色通常艳丽而有腐肉臭味；花被辐射对称或两侧对称，花瓣状，1轮，稀2轮；花被管钟状、瓶状、管状、球状。蒴果膏葖果状、长角果状或为浆果状；种子多数，常藏于内果皮中。

龙眼洞林场有1属，1种。

马兜铃属 Aristolochia L.

草质或木质藤本，稀亚灌木或小乔木，常具块状根。叶互生，全缘或3～5裂，基部常心形；羽状脉或掌状3～7出脉，无托叶，具叶柄。花排成总状花序，稀单生，腋生或生于老茎上；苞片着生于总花梗和花梗基部或近中部；花被1轮；花被管基部常膨大，形状各种，中部管状，劲直或各种弯曲，檐部颜色艳丽而常有腐肉味。蒴果室间开裂或沿侧膜处开裂；种子常多颗，扁平或背面凸起，腹面凹入，常藏于内果皮中。

龙眼洞林场有1种。

广防己
Aristolochia fangchi Y. C. Wu ex L. D. Chow et S. M. Hwang

木质藤本，长达4m；块根条状，长圆柱形。叶薄革质或纸质，长圆形或卵状长圆形，稀卵状披针形，长6～16cm，宽3～5.5cm，顶端短尖或钝，基部圆形。花单生或3～4朵排成总状花序，生于老茎近基部；小苞片卵状披针形或钻形，密被长柔毛，花被管中部急遽弯曲；檐部盘状，近圆形，外面密被褐色茸毛。蒴果圆柱形，6棱；种子卵状三角形，背面平凸状，边缘稍隆起。花期3～5月，果期7～9月。

帽峰山—十八排（王发国等6219）。产于中国华南、西南地区。块根药用，有祛风、行水之功效，主治小便不利、关节肿痛、高血压、蛇咬伤等。

28. 胡椒科 Piperaceae

草本、灌木或攀缘藤本，稀为乔木，常有香气。叶互生，少有对生或轮生，单叶，两侧常不对称，具掌状脉或羽状脉；托叶多少贴生于叶柄上或否，或无托叶。花小，两性、单性雌雄异株或间有杂性，密集成穗状花序或由穗状花序再排成伞形花序，极稀有成总状花序排列；花序与叶对生或腋生，少有顶生；苞片小，通常盾状或杯状；花被无。浆果小，具肉质、薄或干燥的果皮；种子具少量的内胚乳和丰富的外胚乳。

龙眼洞林场有2属，4种。

1. 草胡椒属 Peperomia Ruiz et Pav.

一年生或多年生草本，茎通常矮小，带肉质，常附生于树上或石上。叶互生、对生或轮生，全缘，无托叶。花极小，两性，常与苞片同着生于花序轴的凹陷处，排成顶生、腋生或与叶对生的细弱穗状花序；花序单生、双生或簇生，直径几与总花梗相等；苞片圆形、近圆形或长圆形，盾状或否。浆果小，不开裂。

龙眼洞林场有1种。

草胡椒

Peperomia pellucida (L.) Kunth

一年生、肉质草本，高20～40 cm；茎直立或基部有时平卧，分枝，无毛，下部节上常生不定根。叶互生，膜质，半透明，阔卵形或卵状三角形，长和宽近相等，约1～3.5 cm，顶端短尖或钝，基部心形，两面均无毛；叶脉5～7条，基出，网状脉不明显。穗状花序顶生和与叶对生，细弱，花疏生；苞片近圆形，中央有细短柄，盾状。浆果球形，顶端尖。花期4～7月。

龙眼洞荔枝园至太和章附近（王发国等5839）。产于中国华南、华东、西南地区。原产热带美洲，现广布于各热带地区。草胡椒全草药用，有散瘀止痛之效，用于治疗烧烫伤，跌打损伤。

2. 胡椒属 Piper L.

灌木或攀缘藤本，稀有草本或小乔木；茎、枝有膨大的节，揉之有香气；维管束外面的连合成环，内面的成1或2列散生。叶互生、全缘；托叶多少贴生于叶柄上，早落。花单性，雌雄异株，或稀有两性或杂性，聚集成与叶对生或稀有顶生的穗状花序，花序通常宽于总花梗的3倍以上；苞片离生，少有与花序轴或与花合生，盾状或杯状。浆果倒卵形、卵形或球形，稀长圆形，红色或黄色，无柄或具长短不等的柄。

龙眼洞林场有3种。

1. 华南胡椒

Piper austrosinense Y. Q. Tseng

木质攀缘藤本，除苞片腹面中部、花序轴和柱头外无毛；枝有纵棱，节上生根。叶厚纸质，无明显腺点，花枝下部叶阔卵形或卵形，长8.5～11 cm，宽6～7 cm，顶端短尖，基部通常心形。雄花序圆柱形，顶端钝，白色；苞片圆形，无柄，盾状，腹面中央和花序轴同被白色密毛。雌花序白色，长1～1.5 cm，总花梗与花序近等长；苞片与雄花序的相同。浆果球形，基部嵌生于花序轴中。花期4～6月。

帽峰山—8林班（王发国等6172），帽峰山帽峰工区焦头窝，帽峰山帽峰工区山顶管理处，沿山谷周边。产于中国华南、西南地区。药用有消肿、止痛之效，主治牙痛、跌打损伤。

2. 山蒟（山蒌）
Piper hancei Maxim.

攀缘藤本，长数至10余米，除花序轴和苞片柄外，余均无毛；茎、枝具细纵纹，节上生根。叶纸质或近革质，卵状披针形或椭圆形，少有披针形，长6～12 cm，宽2.5～4.5 cm，顶端短尖或渐尖，基部渐狭或楔形。雄花序长总花梗与叶柄等长或略长，花序轴被毛；苞片近圆形，近无柄或具短柄，盾状，向轴面和柄上被柔毛。雌花序于果期延长；苞片与雄花序的相同，但柄略长。浆果球形，黄色。花期3～8月。

龙眼洞荔枝园至太和章附近（王发国等5830），帽峰山—2林班，帽峰山—8林班（王发国等6169）。产于中国华南、华中、华东、西南地区。茎、叶药用，治风湿、咳嗽、感冒等。

3. 假蒟（假蒌）
Piper sarmentosum Roxb

多年生、匍匐、逐节生根草本，长数米至10余米；小枝近直立，无毛或幼时被极细的粉状短柔毛。叶近膜质，有细腺点，长7～14 cm，宽6～13 cm，顶端短尖，基部心形或稀有截平。花单性，雌雄异株，聚集成与叶对生的穗状花序。雄花序总花梗与花序等长或略短，被极细的粉状短柔毛；花序轴被毛；苞片扁圆形，近无柄，盾状。雌花序于果期稍延长；总花梗与雄株的相同，花序轴无毛；苞片近圆形，盾状。浆果近球形，具4角棱，无毛。花期4～11月。

龙眼洞凤凰山（场部—3林班）（王发国等5989）。产于中国华南、华东、西南地区。印度、越南、马来西亚、菲律宾、印度尼西亚、巴布亚新几内亚也有。药用，根治风湿骨痛、跌打损伤、风寒咳嗽、妊娠和产后水肿；果序治牙痛、胃痛、腹胀、食欲不振等。

29. 三白草科 Saururaceae

多年生草本；茎直立或匍匐状，具明显的节。叶互生，单叶；托叶贴生于叶柄上。花两性，聚集成稠密的穗状花序或总状花序，具总苞或无总苞，苞片显著，无花被；雄蕊3、6或8枚，稀更少，离生或贴生于子房基部或完全上位，花药2室，纵裂；雌蕊由3～4心皮所组成，离生或合生。果为分果爿或蒴果顶端开裂；种子有少量的内胚乳和丰富的外胚乳及小的胚。

龙眼洞林场有1属，1种。

蕺菜属 Houttuynia Thunb.

多年生草本。叶全缘，具柄；托叶贴生于叶柄上，膜质。花小，聚集成顶生或与叶对生的穗状花序，花序基部有4片白色花瓣状的总苞片；雄蕊3枚，花丝长，下部与子房合生，子房上位，1室，侧膜胎座3个，每1侧膜胎座有胚珠6～8颗，花柱3枚，柱头侧生。蒴果近球形，顶端开裂。

龙眼洞林场有1种。

蕺菜
Houttuynia cordata Thunb.

腥臭草本，高30～60 cm；茎下部伏地，节上轮生小根，上部直立，无毛或节上被毛，有时带紫红色。叶薄纸质，有腺点，叶背尤甚，卵形或阔卵形，长4～10 cm，宽2.5～6 cm，顶端短渐尖，基部心形，两面有时除叶脉被毛外余均无毛，叶背常呈紫红色；叶脉5～7条。总花梗无毛；总苞片长圆形或倒卵形，顶端钝圆。蒴果长2～3 mm，顶端有宿存的花柱。花期4～7月。

龙眼洞林场—天鹿湖站。产于中国中部、东南至西南部各地。亚洲东部和东南部广布。全株入药，治肠炎、痢疾、肾炎水肿及乳腺炎、中耳炎等；嫩根茎可食，我国南方地区人民常作蔬菜或调味品。

30. 金粟兰科 Chloranthaceae

草本、灌木或小乔木。单叶对生，具羽状叶脉，边缘有锯齿；叶柄基部常合生；托叶小。花小，两性或单性，排成穗状花序、头状花序或圆锥花序，无花被或在雌花中有浅杯状3齿裂的花被。两性花具雄蕊1枚或3枚。单性花其雄花多数，雄蕊1枚；雌花少数，有与子房贴生的3齿萼状花被。核果卵形或球形，外果皮多少肉质，内果皮硬。种子含丰富的胚乳和微小的胚。

龙眼洞林场有2属，2种。

1. 金粟兰属 Chloranthus Sw.

多年生草本或半灌木。叶对生或呈轮生状，边缘有锯齿；叶柄基部屡相连接；托叶微小。花序穗状或分枝排成圆锥花序状，顶生或腋生。花小，两性，无花被；雄蕊通常3枚，稀为1枚，着生于子房的上部一侧；子房1室，有下垂、直生的胚珠1颗，通常无花柱。核果球形、倒卵形或梨形。

龙眼洞林场有1种。

金粟兰
Chloranthus spicatus (Thunb.) Makino

半灌木，直立或稍平卧，高30～60 cm；茎圆柱形，无毛。叶对生，厚纸质，椭圆形或倒卵状椭圆形，长5～11 cm，宽2.5～5.5 cm，顶端急尖或钝，基部楔形，边缘具圆齿状锯齿，齿端有一腺体，叶面深绿色，光亮，叶背淡黄绿色，侧脉6～8对。穗状花序排列成圆锥花序状，通常顶生，少有腋生；苞片三角形；花小，黄绿色，极芳香。花期4～7月，果期8～9月。

龙眼洞水库旁。产于中国华南、西南地区。日本有栽培。花和根状茎可提取芳香油，鲜花极香，常用于熏茶叶。全株入药，治风湿疼痛、跌打损伤。

2. 草珊瑚属 Sarcandra Gardner

半灌木，无毛，木质部无导管。叶对生，常多对，椭圆形、卵状椭圆形或椭圆状披针形，边缘具锯齿，齿尖有一腺体；叶柄短，基部合生；托叶小。穗状花序顶生，通常分枝，多少成圆锥花序状；花两性，无花被亦无花梗；苞片1枚，三角形，宿存；雄蕊1枚，肉质，棒状至背腹压扁，花药2室。核果球形或卵形；种子含丰富胚乳，胚微小。

龙眼洞林场有1种。

草珊瑚
Sarcandra glabra (Thunb.) Nakai

常绿半灌木，高50～120 cm；茎与枝均有膨大的节。叶革质，椭圆形、卵形至卵状披针形，长6～17 cm，宽2～6 cm，顶端渐尖，基部尖或楔形，边缘具粗锐锯齿，齿尖有一腺体；托叶钻形。穗状花序顶生，通常分枝，多少成圆锥花序状；苞片三角形；花黄绿色。核果球形，直径3～4 mm，熟时亮红色。花期6月，果期8～10月。

龙眼洞筲箕窝至火烧天（筲箕窝—6林班；王发国

等5846），帽峰山帽峰工区焦头窝，帽峰山—2林班。产于中国华南、华中、华东、西南地区。朝鲜、日本、马来西亚、菲律宾、越南、柬埔寨、印度、斯里兰卡也有分布。全株供药用，能清热解毒、祛风活血、消肿止痛、抗菌消炎。

36. 白花菜科 Capparidaceae

草本、灌木或乔木，有时为木质藤木。单叶或指状复叶，互生，很少对生；托叶细小或不存在，有时为刺状。花排成总状或伞房状花序，或2～10朵排成一列，顶生或腋生，常两性；苞片常早落；萼片4～8枚，常为4片，排成2轮；花瓣4～8枚，有时无花瓣；花托扁平或圆锥形。果为浆果或半裂蒴果；种子1至多数，肾形至多角形。

龙眼洞林场有1属，1种。

槌果藤属 Capparis L.

常绿灌木或小乔木，直立或攀缘。叶为单叶，具叶柄，很少无柄，螺旋状着生，有时假2列；叶片全缘；托叶刺状。花排成总状、伞房状、亚伞形或圆锥花序，或1～10朵花沿花枝向上排成一短纵列，腋上生，少有单花腋生；常有苞片；花梗常扭转；萼片4枚，2轮；花瓣4枚，覆瓦状排列；花托稍平至近圆锥形。浆果球形或伸长，成熟时或干后常具有特殊颜色。种子1至多数。

龙眼洞林场有1种。

广州槌果藤（广州山柑）
Capparis cantoniensis Lour.

攀缘灌木，茎2至数米或更长。叶近革质，长圆形或长圆状披针形，有时卵形，长5～12 cm，宽1.5～4 cm，无毛或幼时叶背与叶面中脉上疏被短柔毛，干后叶背淡绿色，叶背淡褐色。圆锥花序顶生；苞片钻形，早落，小苞片微小，有时不存在；花蕾球形；花白色，有香味；萼片外轮稍大，舟形，内面无毛，外被短柔毛；花瓣倒卵形或长圆形。果球形至椭圆形，果皮薄，革质，平滑。种子1至数个，球形或几椭圆形。花果期不明显，几乎全年都有记载。

龙眼洞筲箕窝至火烧天（筲箕窝—6林班；王发国等5925）。产于中国华南、华东、西南地区。印度东北部经中南半岛至印度尼西亚及菲律宾南部也有分布。根藤入药，有清热解毒、镇痛、疗肺止咳的功效。

39. 十字花科 Brassicaceae

一年生、二年生或多年生植物。根有时膨大成肥厚的块根。茎直立或铺散。叶有二型：基生叶呈旋叠状或莲座状；茎生叶通常互生；通常无托叶。花整齐，两性，少有退化成单性的；花多数聚集成一总状花序，顶生或腋生；萼片4枚，分离，排成2轮；花瓣4片，分离，成"十"字形排列，白色、黄色、粉红色、淡紫色、淡紫红色或紫色。果实为长角果或短角果，有翅或无翅，有刺或无刺。种子一般较小，表面光滑或具纹理。

龙眼洞林场有2属，2种。

1. 碎米荠属 Cardamine L.

一年生、二年生或多年生草本，有单毛或无毛。地下根状茎不明显，密被纤维状须根，或根状茎显著，直生或匍匐延伸，带肉质，有时多少具鳞片。茎单一、不分枝或自基部、上部分枝。叶为单叶或为各种羽裂，或为羽状复叶，具叶柄，很少无柄。总状花序通常无苞片，花初开时排列成伞房状；萼片直立或稍开展，卵形或长圆形；花瓣白色、淡紫红色或紫色，倒卵形或倒心形。长角果线形，扁平，果瓣平坦。种子每室1行，压扁状，椭圆形或长圆形。

龙眼洞林场有1种。

碎米荠
Cardamine hirsuta L.

一年生小草本，高15～35 cm。茎直立或斜升，分枝或不分枝，下部有时淡紫色，被较密柔毛，上部毛渐少。基生叶具叶柄，有小叶2～5对，顶生小叶肾形或肾圆形，长4～10 mm，宽5～13 mm，边缘有3～5圆齿；小叶柄明显，侧生小叶卵形或圆形。总状花序生于枝顶；花小；花梗纤细；萼片绿色或淡紫色，长椭圆形；花瓣白色，倒卵形，顶端钝，向基部渐狭。长角果线形，稍扁，无毛；果梗纤细，直立开展。种子椭圆形，顶端有的具明显的翅。花期2～4月，果期4～6月。

龙眼洞荔枝园至太和章附近（王发国等5842）。分布几遍全中国。亦广布于全球温带地区。全草可作野菜食用；也供药用，能清热去湿。

2. 蔊菜属 Rorippa Scop.

一年生、二年生或多年生草本，植株无毛或具单毛。茎直立或呈铺散状，多数有分枝。叶全缘、浅裂或羽状分裂。花小，多数，黄色，总状花序顶生，有时每花生于叶状苞片腋部；萼片4枚，开展，长圆形或宽披针形；

花瓣4枚或有时缺,倒卵形,基部较狭,稀具爪。长角果多数呈细圆柱形,也有短角果呈椭圆形或球形的,直立或微弯,果瓣凸出,无脉或仅基部具明显的中脉。种子细小,多数,每室1行或2行。

龙眼洞林场有1种。

蔊菜（塘葛菜、印度蔊菜）

Rorippa indica (L.) Hiern

一、二年生直立草本,高20~40cm,植株较粗壮,无毛或具疏毛。茎单一或分枝,表面具纵沟。叶互生,基生叶及茎下部叶具长柄,叶形多变化,通常大头羽状分裂,长4~10cm,宽1.5~2.5cm,顶端裂片大,卵状披针形。总状花序顶生或侧生,花小,多数,具细花梗;萼片4枚,卵状长圆形;花瓣4枚,黄色,匙形。长角果线状圆柱形,短而粗,直立或稍内弯,成熟时果瓣隆起;果梗纤细。种子每室2行,多数,细小。花期4~6月,果期6~8月。

龙眼洞筲箕窝至火烧天（筲箕窝—6林班）(王发国等5847),帽峰山帽峰工区山顶管理处,沿山谷周边,帽峰山—8林班（王发国等6131）。产于中国华南、华中、华东、西南地区。日本、朝鲜、菲律宾、印度尼西亚、印度等也有分布。全草入药,内服有解表健胃、止咳化痰、平喘、清热解毒、散热消肿等效;外用治痈肿疮毒及烫火伤。

40. 堇菜科 Violaceae

多年生草本、半灌木或小灌木,稀为一年生草本、攀缘灌木或小乔木。叶为单叶,通常互生,少数对生,全缘、有锯齿或分裂,有叶柄;托叶小或叶状。花两性或单性,少有杂性,辐射对称或两侧对称,单生或组成腋生或顶生的穗状、总状或圆锥状花序,有2枚小苞片;萼片下位,5枚,同形或异形,覆瓦状,宿存;花瓣下位,5枚,覆瓦状或旋转状。果实为沿室背弹裂的蒴果或为浆果状;种子无柄或具极短的种柄,种皮坚硬,有光泽。

龙眼洞林场有1属、2种。

堇菜属 Viola L.

多年生,少数为二年生草本,稀为半灌木,具根状茎。地上茎发达或缺少,有时具匍匐枝。叶为单叶,互生或基生,全缘、具齿或分裂;托叶小或大,呈叶状,离生或不同程度地与叶柄合生。花两性,两侧对称,单生。有两种类型的花;生于春季者有花瓣;生于夏季者无花瓣,名闭花。花梗腋生,有2枚小苞片;萼片5枚,略同形;花瓣5枚,异形。蒴果球形、长圆形或卵圆状,成熟时3瓣裂;果瓣舟状,有厚而硬的龙骨。种子倒卵状,种皮坚硬。

龙眼洞林场有2种。

1. 堇菜（如意草、小叶堇菜、阿勒泰堇菜）

Viola arcuata Blume

多年生草本。根状茎横走,粗约2mm,褐色,密生多数纤维状根,向上发出多条地上茎或匍匐枝。地上茎通常数条丛生,淡绿色,节间较长。基生叶叶片深绿色,三角状心形或卵状心形,长1.5~3cm,宽2~5.5cm,先端急尖,稀渐尖,基部通常宽心形。花淡紫色或白色,在花梗中部以上有2枚线形小苞片;萼片卵状披针形;花瓣狭倒卵形。蒴果长圆形,无毛,先端尖。种子卵状,淡黄色,基部一侧具膜质翅。花果期较长,在广东地区全年内均有开花及结实的植株。

龙眼洞筲箕窝（王发国等5722）。产于中国华南、西南地区。印度、缅甸、越南及印度尼西亚也有分布。具有清热解毒、散瘀止血之功效,常用于疮疡肿毒、乳痈、跌打损伤、开放性骨折、外伤出血、蛇伤。

2. 长萼堇菜（湖南堇菜）

Viola inconspicua Blume [*V. confusa* Champ. ex Benth.]

多年生草本,无地上茎。根状茎垂直或斜生,较粗壮。叶均基生,呈莲座状;叶片三角形、三角状卵形或戟形,长1.5~7cm,宽1~3.5cm,最宽处在叶的基部,中部向上渐变狭,先端渐尖或尖,基部宽心形。花淡紫色,有暗色条纹;花梗细弱,无毛或上部被柔毛;萼片卵状披针形或披针形,顶端渐尖;花瓣长圆状倒卵形,侧方花瓣里面基部有须毛。蒴果长圆形。种子卵球形,深绿色。花果期3~11月。

莲花顶公园公路（王发国等6243）。产于中国华南、华中、华东、西南地区。缅甸、菲律宾、马来西亚也有分布。全草入药，能清热解毒。

42. 远志科 Polygalaceae

一年生或多年生草本，灌木或乔木，稀寄生小草本。单叶互生、对生或轮生，叶全缘，具羽状脉，稀为鳞片状；无托叶，稀托叶为鳞片状或刺状。花两性，两侧对称，白色、黄色或紫红色，总状、穗状或圆锥花序，基部具苞片或小苞片。萼片5枚，分离，稀基部合生；花瓣5枚，稀全部发育，常3枚，基部合生，中间1枚内凹，呈龙骨瓣状，顶端背部常具流苏状附属物，稀无。蒴果或为翅果、坚果；种子1~2颗。

龙眼洞林场有1属，1种。

远志属 Polygala L.

一年生或多年生草本，灌木或小乔木。单叶互生，叶纸质或近革质，全缘。总状花序顶生、腋生或腋外生。花两性，左右对称，具1~3个苞片；萼片5枚，不等大，2轮，外3枚小，内2枚花瓣状；花瓣3枚，白色、黄色或紫红色，侧瓣与龙骨瓣常于中下部合生，龙骨瓣舟状、兜状或盔状，顶端背部具鸡冠状附属物，稀无附属物。蒴果，两侧扁。种子2颗，常黑色，种阜帽状或盔状或无种阜。

龙眼洞林场有1种。

金不换

Polygala glomerata Lour. [*P. chinensis* L.]

一年生草本，高达25~90 cm。茎、枝被卷曲柔毛。叶倒卵形、椭圆形或披针形，长2.6~10 cm，宽1~1.5 cm，基部楔形，疏被柔毛，侧脉少。总状花序腋上生，稀腋生。小苞片早落；萼片宿存，外3枚小，内2枚花瓣状，镰刀形；花瓣淡黄色或白色带淡红色，基部合生，侧瓣短于龙骨瓣，基部内侧具1簇柔毛。蒴果球形，具窄翅及缘毛；种子卵形，密被柔毛，种阜盔状，沿种脐侧2裂。花期4~10月，果期5~11月。

龙眼洞筲箕窝至火烧天（筲箕窝—6林班；王发国等5957）。产于中国华南、华东、西南地区。印度、越南及菲律宾也有分布。全草可清热解毒、消食、止咳、活血散瘀。

53. 石竹科 Caryophyllaceae

一年生或多年生草本，稀亚灌木。茎节通常膨大，具关节。单叶对生，稀互生或轮生，全缘，基部多少连合；托叶有，膜质，或缺。花辐射对称，两性，稀单性，排列成聚伞花序或聚伞圆锥花序；萼片5枚，草质或膜质，宿存；花瓣5枚，无爪或具爪，瓣片全缘或分裂。果实为蒴果，长椭圆形、圆柱形、卵形或圆球形；果皮壳质、膜质或纸质，顶端齿裂或瓣裂，稀为浆果状；种子弯生，多数或少数，稀1粒。

龙眼洞林场有2属，2种。

1. 荷莲豆草属 Drymaria Willd. ex Schult.

一年生或多年生草本，纤弱。茎匍匐或近直立，常二歧分枝。叶对生，叶片圆形或卵状心形，有短柄，具3~5基出脉；托叶刚毛状，常早落。花单生，或多朵形成聚伞花序；萼片5枚，草质，绿色；花瓣5枚，顶端2~6深裂；雄蕊5枚，与萼片对生；子房卵圆形，1室。蒴果卵圆形，3瓣裂，含1~2颗种子；种子卵圆形或肾形，稍扁，具疣状凸起。

荷莲豆（有米菜、青蛇子）

Drymaria cordata (L.) Willd. ex Schult. [*D. diandra* Blume]

一年生草本，长60~90 cm。根纤细；茎匍匐，丛生，纤细，无毛，基部分枝，节常生不定根。叶片卵状心形，长1~1.5 cm，宽1~1.5 cm，顶端凸尖，具3~5基出脉；托叶数片，小型，白色。聚伞花序顶生；苞片针状披针形，边缘膜质；花梗细弱，短于花萼，被白色腺毛；萼片披针状卵形，草质，边缘膜质；花瓣白色，倒卵状楔形。蒴果卵形，3瓣裂；种子近圆形，表面具小疣。花期4~10月，果期6~12月。

龙眼洞后山至火炉山（王发国等5703），帽峰山—十八排。产于中国华南、华中、华东、西南地区。日本、印度、斯里兰卡、阿富汗、非洲南部也有分布。全草入药，有消炎、清热、解毒之效。

2. 繁缕属 Stellaria L.

一年生或多年生草本。叶扁平，有各种形状，但很少针形。花小，多数组成顶生聚伞花序，稀单生叶腋；萼片5枚；花瓣5枚，白色，稀绿色，2深裂，稀微凹或多裂，有时无花瓣。雄蕊10枚或更少；子房1室，稀3室；花柱3个。蒴果圆球形或卵形，裂齿数为花柱数的2倍；种子多数，稀1～2个，近肾形，微扁，具瘤或平滑；胚环形。

龙眼洞林场有1种。

雀舌草（莩荵子、天蓬草）
Stellaria alsine Grimm [*S. uliginosa* Murray]

二年生草本，高15～35 cm，全株无毛。须根细。茎丛生，稍铺散，上升，多分枝。叶无柄，叶片披针形至长圆状披针形，长5～20 mm，宽2～4 mm，顶端渐尖，基部楔形。聚伞花序通常具3～5花，顶生或花单生叶腋；花梗细，无毛，果时稍下弯；萼片5枚，披针形；花瓣5

枚，白色，短于萼片或近等长。蒴果卵圆形，与宿存萼等长或稍长，6齿裂，含多数种子；种子肾脏形，微扁，褐色。花期5～6月，果期7～8月。

龙眼洞，帽峰山。产于中国华南、华中、华东、西南地区。北温带广布，南达印度，喜马拉雅地区，越南也有分布。全株药用，可强筋骨，治刀伤。

56. 马齿苋科 Portulacaceae

一年生或多年生草本，稀半灌木。单叶，互生或对生，全缘，常肉质；托叶干膜质或刚毛状，稀不存在。花两性，整齐或不整齐，腋生或顶生，单生或簇生，或成聚伞花序、总状花序、圆锥花序；萼片2枚，草质或干膜质；花瓣4～5枚，覆瓦状排列。蒴果近膜质，盖裂或2～3瓣裂，稀为坚果；种子肾形或球形，多数。

龙眼洞林场有1属，1种。

马齿苋属 Portulaca L.

一年生或多年生肉质草本，无毛或被疏柔毛。茎铺散，平卧或斜升。叶互生或近对生或在茎上部轮生，叶片圆柱状或扁平；托叶为膜质鳞片状或毛状的附属物。花顶生，单生或簇生；常具数片叶状总苞；萼片2枚，筒状，其分离部分脱落；花瓣4或5枚，离生或下部连合。蒴果盖裂；种子细小，多数，肾形或圆形。

龙眼洞林场有1种。

马齿苋（胖娃娃菜、猪肥菜、五行菜）
Portulaca oleracea L.

一年生草本，全株无毛。茎平卧或斜倚，伏地铺散，多分枝。叶互生，有时近对生，叶片扁平，肥厚，倒卵形，似马齿状，基部楔形；叶柄粗短。花无梗，常3～5朵簇生枝端；苞片2～6枚，叶状，膜质；萼片2枚，对生，绿色；花瓣5枚。蒴果卵球形，盖裂；种子细小，多数，黑褐色。花期5～8月，果期6～9月。

龙眼洞。中国南北各地均产。全世界温带和热带地区广布。全草供药用，可作兽药和农药；种子明目；嫩茎叶可作蔬菜，味酸，也是很好的饲料。

57. 蓼科 Polygonaceae

草本稀灌木或小乔木。茎直立、平卧、攀缘或缠绕。叶为单叶，互生，稀对生或轮生，边缘通常全缘；托叶通常连合成鞘状，膜质，褐色或白色。花序穗状、总状、头状或圆锥状；花较小，两性，稀单性，雌雄异株或雌雄同株，辐射对称；花被3～5深裂，覆瓦状或花被片6枚成2轮，宿存。瘦果卵形或椭圆形；胚直立或弯曲，通常偏于一侧，胚乳丰富，粉末状。

龙眼洞林场有3属，10种。

1. 何首乌属 Fallopia Adans.

一年生或多年生草本，稀半灌木。茎缠绕；叶互生、卵形或心形，具叶柄；托叶鞘筒状，顶端截形或偏斜。花序总状或圆锥状，顶生或腋生；花两性；花被5枚，深裂，外面3片具翅或龙骨状突起，稀无翅或无龙骨状突起。瘦果卵形，具3棱，包于宿存花被内。

龙眼洞林场有1种。

何首乌（夜交藤、紫乌藤、多花蓼）
Fallopia multiflora (Thunb.) Harald.

多年生草本。块根肥厚，长椭圆形，黑褐色。茎缠绕。叶卵形或长卵形，长3～7 cm，宽2～5 cm，顶端渐尖，基部心形或近心形，两面粗糙；托叶鞘膜质。花序圆锥状，顶生或腋生；苞片三角状卵形，每苞内具2～4花；花被5枚，深裂，白色或淡绿色，椭圆形。瘦果卵形，具3棱，黑褐色，有光泽，包于宿存花被内。花期8～9月，果期9～10月。

帽峰山—十八排。产于中国华南、西南地区。日本也有分布。块根入药，具安神、养血、活络之效。

2. 蓼属 Polygonum L.

一年生或多年生草本，稀为半灌木或小灌木。茎直立、平卧或上升。叶互生、线形、披针形，全缘；托叶鞘膜质或草质，筒状。花序穗状、总状、头状或圆锥状，顶生或腋生，稀为花簇，生于叶腋；花两性稀单性，簇生稀为单生；苞片及小苞片为膜质；花被5深裂、稀4裂，宿存。瘦果卵形，具3棱或双凸镜状。

龙眼洞林场有8种。

1. 毛蓼
Polygonum barbatum L.

多年生草本，根状茎横走；茎直立，粗壮。叶披针形或椭圆状披针形，长7～15 cm，宽1.5～4 cm，顶端渐尖，基部楔形，边缘具缘毛；托叶鞘筒状。总状花序呈穗状，紧密，直立，顶生或腋生，通常数个组成圆锥状，稀单生；苞片漏斗状，无毛，边缘具粗缘毛，每苞内具3～5花，花梗短；花被白色或淡绿色。瘦果卵形，具3棱，黑色，有光泽，包于宿存花被内。花期8～9月，果期9～10月。

帽峰山—十八排。产于中国华南、华中、西南地区。印度、缅甸、菲律宾也有分布。全草有抗菌作用，根有收敛作用，可治肠炎；种子为芳香剂，量大有催吐、泻下作用。

2. 火炭母
Polygonum chinense L.

多年生草本，基部近木质。根状茎粗壮。茎直立，高70～100 cm。叶卵形或长卵形，长4～10 cm，宽2～4 cm，顶端短渐尖，基部截形或宽心形；托叶鞘膜质，无毛。花序头状，通常数个排成圆锥状，顶生或腋生，花序梗被腺毛；苞片宽卵形，每苞内具1～3花；花被5深裂，白色或淡红色。瘦果宽卵形，具3棱，黑色，无光泽，包于宿存的花被。花期7～9月，果期8～10月。

龙眼洞筲箕窝（王发国等5755），帽峰山帽峰工区焦头窝。产于中国华南、华中、华东、西南地区。日本、菲律宾、马来西亚、印度、喜马拉雅山也有。根状茎供药用，清热解毒、散瘀消肿。

3. 长箭叶蓼
Polygonum hastatosagittatum Makino

一年生草本。茎直立或下部近平卧，高40～90 cm。叶披针形或椭圆形，长3～10 cm，宽1～3 cm，顶端急尖或近渐尖，基部箭形或近戟形；叶柄具倒生皮刺；托叶鞘筒状，膜质。总状花序呈短穗状，顶生或腋生；苞片宽椭圆形或卵形，每苞内通常具2花；花被5深裂，淡红色。瘦果卵形，具3棱，深褐色，具光泽，包于宿存花被内。花期8～9月，果期9～10月。

帽峰山十八排（王发国等6209）。产于中国华南、华东、西南地区。俄罗斯、朝鲜、日本也有分布。本种具药用价值，有祛风、除湿、清热去火之效，用于治疗内风湿关节炎，蜈蚣咬伤。

4. 水蓼（辣柳菜、辣蓼）
Polygonum hydropiper L.

一年生草本，高40～70 cm。茎直立，多分枝，无毛，节部膨大。叶披针形或椭圆状披针形，长4～8 cm，宽0.5～2.5 cm，顶端渐尖，基部楔形，边缘全缘，具缘毛，两面无毛；托叶鞘筒状，膜质，褐色。总状花序呈穗状，顶生或腋生，通常下垂；花稀疏，下部间断；苞片漏斗状，绿色，每苞内具3～5花；花被5深裂，绿色，上部白色或淡红色。瘦果卵形，密被小点，黑褐色。花期5～9月，果期6～10月。

龙眼洞筲箕窝（王发国等5745），龙眼洞荔枝园至太和章附近（王发国等5763），帽峰山—十八排（王发国等6210）。分布于中国南北各地。朝鲜、日本、印度尼西亚、印度、欧洲及北美也有分布。全草入药，消肿解毒、利尿、止痢；古代为常用调味剂。

5. 愉悦蓼（山蓼）

Polygonum jucundum Meisn.

一年生草本。茎直立，基部平卧，多分枝，无毛，高0.6～0.9 m。叶椭圆状披针形，长6～10 cm，两面疏生硬伏毛，有时近无毛，顶端渐尖，基部楔形，边缘具短缘毛；叶柄长3～6 mm；托叶鞘膜质，淡褐色，筒状，长0.5～1 cm，疏生硬伏毛，顶端截形，缘毛长0.5～1 cm。总状花序呈穗状，顶生或腋生，长3～6 cm，花排列紧密；苞片漏斗状，绿色，具缘毛，每苞内具3～5花；花梗长4～6 mm。瘦果卵形，具3棱，黑色，包于宿存花被内。花期8～9月，果期9～11月。

龙眼洞林场—石屋站。分布于中国广东、广西、浙江、江苏、安徽、江西、湖南、湖北、四川、贵州、福建、云南、陕西和甘肃。

6. 酸模叶蓼（大马蓼）

Polygonum lapathifolium L.

一年生草本，高40～90 cm。茎直立，具分枝，无毛，节部膨大。叶披针形或宽披针形，长5～15 cm，宽1～3 cm，顶端渐尖或急尖，基部楔形；托叶鞘筒状。总状花序呈穗状，顶生或腋生，近直立，花紧密，通常由数个花穗再组成圆锥状；苞片漏斗状，边缘具稀疏短缘毛；花被淡红色或白色，4～5深裂，椭圆形。瘦果宽卵形，双凹，黑褐色。花期6～8月，果期7～9月。

龙眼洞凤凰山（场部—3林班；王发国等6003）。广布于中国南北各地。朝鲜、日本、蒙古国、菲律宾、印度、巴基斯坦及欧洲也有分布。全草入蒙药，具利尿、消肿、止痛、止呕等功能。果实为利尿药，主治水肿和疮毒；用鲜茎叶混食盐后捣汁，治霍乱和热射病有效；外用可敷治疮肿和蛇毒。

7. 杠板归（贯叶蓼、刺犁头）

Polygonum perfoliatum L.

一年生草本。茎攀缘，多分枝，具纵棱，沿棱具稀疏的倒生皮刺。叶三角形，长3～7 cm，宽2～5 cm，顶端钝或微尖，基部截形或微心形，薄纸质；叶柄与叶片近等长，具倒生皮刺；托叶鞘叶状，草质，绿色。总状花序呈短穗状，不分枝顶生或腋生；苞片卵圆形，每苞片内具花2～4朵；花被5深裂，白色或淡红色，花被片椭圆形。瘦果球形，黑色。花期6～8月，果期7～10月。

龙眼洞后山至火炉山（王发国等5708），龙眼洞林场—天鹿湖站。产于中国华南、华中、华北、西南、西北地区。朝鲜、日本、印度尼西亚、菲律宾、印度及俄罗斯也有分布。杠板归集食、饲、药用于一身，是优质畜禽饲用植物，正常食用、喂饲有利于人畜健康，还具有较高的药用价值。

8. 习见蓼（小扁蓄、腋花蓼、铁马齿苋）
Polygonum plebeium R. Br.

一年生草本。茎平卧，自基部分枝，长10~40 cm，具纵棱，沿棱具小突起，通常小枝的节间比叶片短。叶狭椭圆形或倒披针形，长0.5~1.5 cm，宽2~4 mm，顶端钝或急尖，基部狭楔形。花3~6朵，簇生于叶腋，遍布于全植株；苞片膜质；花被5深裂，花被片长椭圆形，绿色。瘦果宽卵形，具3锐棱或双凸镜状，黑褐色，平滑。花期5~8月，果期6~9月。

龙眼洞火炉山（邓良10381）。除西藏外，分布几遍全国。日本、印度、大洋洲、欧洲及非洲也有分布。全草可用于治疗恶疮疥癣、淋浊、蛔虫病。

3. 酸模属 Rumex L.

一年生或多年生草本，稀为灌木。根通常粗壮，有时具根状茎。茎直立，通常具沟槽，分枝或上部分枝。叶基生和茎生，茎生叶互生，边缘全缘或波状，托叶鞘膜质。花序圆锥状，多花簇生成轮。花两性，有时杂性，稀单性，雌雄异株。花梗具关节；花被片6枚，成2轮，宿存。瘦果卵形或椭圆形，具3锐棱，包于增大的内花被片内。

龙眼洞林场有1种。

长刺酸模
Rumex trisetifer Stokes

一年生草本。根粗壮，红褐色。茎直立，高30~80 cm，褐色或红褐色，具沟槽，分枝开展。茎下部叶长圆形或披针状长圆形，长8~20 cm，宽2~5 cm，顶端急尖，基部楔形，边缘波状；托叶鞘膜质，早落。花序总状，顶生和腋生，再组成大型圆锥状花序。花两性，多花轮生，上部较紧密，下部稀疏，间断；花被片6枚，2轮，黄绿色，外花被片披针形。瘦果椭圆形，两端尖，黄褐色，有光泽。花期5~6月，果期6~7月。

龙眼洞林场—石屋站。产于中国华南、华东、华北、西南地区。越南、老挝、泰国、孟加拉国、印度也有分布。本种药用可治痈疮肿痛、疥癣、跌打肿痛。

59. 商陆科 Phytolaccaceae

草本或灌木，稀为乔木。直立，稀攀缘；植株通常不被毛。单叶互生，全缘，托叶无或细小。花小，两性或有时退化成单性（雌雄异株），辐射对称或近辐射对称，排列成总状花序或聚伞花序、圆锥花序、穗状花序，腋生或顶生；花被片分离或基部连合。果实肉质，为浆果或核果，稀蒴果；种子小，侧扁。

龙眼洞林场有1属，1种。

商陆属 Phytolacca L.

草本，常具肥大的肉质根，或为灌木，稀为乔木，直立，稀攀缘。茎、枝圆柱形，有沟槽或棱角。叶片卵形、椭圆形或披针形，顶端急尖或钝，常有大量的针晶体，有叶柄，稀无；托叶无。花通常两性，稀单性或雌雄异株，小型，有梗或无，排成总状花序、聚伞圆锥花序或穗状花序；花被片5枚，辐射对称。浆果肉质多汁，后干燥，扁球形；种子肾形，扁压。

龙眼洞林场有1种。

商陆（白母鸡、猪母耳）
Phytolacca acinosa Roxb.

多年生草本，高0.5~1.5 m，全株无毛。根肥大，肉质，倒圆锥形，外皮淡黄色或灰褐色，内面黄白色。叶片薄纸质，椭圆形、长椭圆形或披针状椭圆形，长10~30 cm，宽4.5~15 cm，顶端急尖或渐尖，基部楔形；叶柄长粗壮。总状花序顶生或与叶对生，圆柱状，直立，通常比叶短，密生多花；花被片5枚，白色、黄绿色。浆果扁球形，熟时黑色；种子肾形，黑色。花期5~8月，果期6~10月。

帽峰山—十八排（王发国等6202），龙眼洞林场—天鹿湖站（王发国等6223）。中国除东北、内蒙古、青海、新疆地区以外，均有分布。朝鲜、日本及印度也有分布。根入药，以白色肥大者为佳，红根有剧毒，仅供外用；也可作兽药及农药；果实含鞣质，可提制栲胶；嫩茎叶可供蔬食。

61. 藜科 Chenopodiaceae

一年生草本、半灌木、灌木，茎和枝有时具关节。叶互生或对生，扁平或圆柱状及半圆柱状，有柄或无柄；无托叶。花为单被花，两性，较少为杂性或单性；有苞片或无苞片；小苞片2枚，舟状至鳞片状；花被膜质、草质或肉质，覆瓦状。雌花常常无花被，子房着生于2枚特化的苞片内。果实为胞果，很少为盖果；果皮膜质、革质或肉质，与种子贴生或贴伏；种子直立、横生或斜生。

龙眼洞林场有1属，1种。

藜属 Chenopodium L.

一年生或多年生草本。叶互生，有柄；叶片通常宽阔扁平，全缘或具不整齐锯齿或浅裂片。花两性或兼有雌性，不具苞片和小苞片，通常数花聚集成团伞花序（花簇），较少为单生；花被球形，绿色，5裂。胞果卵形，双凸镜形或扁球形；果皮薄膜质或稍肉质，与种子贴生，不开裂。种子横生，较少为斜生或直立；种皮壳质，平滑或具洼点。

龙眼洞林场有1种。

土荆芥（杀虫芥、臭草、鹅脚草）
Chenopodium ambrosioides L.

一年生或多年生草本，高50～80 cm，有强烈香味。茎直立，多分枝，有色条及钝条棱。枝通常细瘦，有短柔毛并兼有具节的长柔毛。叶片矩圆状披针形至披针形，先端急尖或渐尖，边缘具稀疏不整齐的大锯齿。花两性及雌性，通常3～5个团集，生于上部叶腋；花被裂片5枚，绿色。种子横生或斜生，黑色或暗红色，平滑，有光泽。花期和果期的时间都很长。

龙眼洞。产于中国华南、华东、华中地区。原产热带美洲，现广布于世界热带及温带地区。全草入药，治蛔虫病、钩虫病、蛲虫病，外用治皮肤湿疹，并能杀蛆虫。果实含挥发油（土荆芥油），油中含驱蛔素是驱虫有效成分。

63. 苋科 Amaranthaceae

一年或多年生草本，少数攀缘藤本或灌木。叶互生或对生，全缘，少数有微齿，无托叶。花小，两性或单性同株或异株；花簇生在叶腋内，成疏散或密集的穗状花序、头状花序、总状花序或圆锥花序。苞片1枚及小苞片2枚，干膜质；花被片3～5枚，干膜质；雄蕊常和花被片等数且对生，偶较少，花丝分离；子房上位，1室。果实为胞果或小坚果，少数为浆果，果皮薄膜质，不裂、不规则开裂或顶端盖裂；种子1颗或多数，凸镜状或近肾形。

龙眼洞林场有5属，12种。

1. 牛膝属 Achyranthes L.

草本或亚灌木；茎具明显节，枝对生。叶对生，有叶柄。穗状花序顶生或腋生，在花期直立。花两性，单生在干膜质宿存苞片基部，并有2小苞片；花被片4～5枚，干膜质，顶端芒尖；雄蕊5枚，远短于花被片，花丝基部连合成一短杯；子房长椭圆形，1室，具1胚珠，花柱丝状。胞果卵状矩圆形、卵形或近球形，有1种子，和花被片及小苞片同脱落；种子矩圆形，凸镜状。

龙眼洞林场有3种。

1. 土牛膝（倒钩草、倒扣草）
Achyranthes aspera L.

多年生草本，高20～120 cm；根细长，土黄色；茎四棱形，有柔毛，节部稍膨大，分枝对生。叶片纸质，宽卵状倒卵形或椭圆状矩圆形，长1.5～7 cm，宽0.4～4 cm，顶端圆钝，具突尖，基部楔形或圆形。穗状花序顶生，直立，花期后反折；苞片披针形；小苞片刺状；花被片披针形，长渐尖，花后变硬且锐尖；退化雄蕊顶端截状或细圆齿状，有具分枝流苏状长缘毛。胞果卵形；种子卵形，不压扁，棕色。花期6～8月，果期10月。

龙眼洞筲箕窝至火烧天（筲箕窝—6林班）（王发国等5877），帽峰山帽峰工区山顶管理处，沿山谷周边。产于中国华南、华中、华东、西南地区。印度、越南、菲律宾、马来西亚等地也有分布。根药用，有清热解毒，利尿功效，主治感冒发热、扁桃体炎、白喉、流行性腮腺炎、泌尿系结石、肾炎水肿等症。

2. 牛膝（牛磕膝、倒扣草）
Achyranthes bidentata Blume

多年生草本，高70～120 cm；根圆柱形，土黄色；茎有棱角或四方形，绿色或带紫色。叶片椭圆形或椭圆披针形，少数倒披针形，长4.5～12 cm，宽2～7.5 cm，顶端尾尖，基部楔形或宽楔形。穗状花序顶生及腋生，花期后反折；花多数，密生；苞片宽卵形，顶端长渐尖；小苞片刺状，顶端弯曲；花被片披针形，光亮；退化雄蕊顶端平圆。胞果矩圆形，黄褐色，光滑；种子矩圆形，黄褐色。花期7～9月，果期9～10月。

龙眼洞筲箕窝至火烧天（筲箕窝—6林班；王发国等5961），帽峰山—8林班（王发国等6132）。除东北外全中国广布。朝鲜、俄罗斯、印度、越南、菲律宾、马来西亚、非洲也有分布。根入药，生用，活血通经；治产后腹痛、月经不调、闭经、鼻衄、虚火牙痛、脚气水肿；熟用，补肝肾、强腰膝，治腰膝酸痛、肝肾亏虚、跌打瘀痛。兽医用作治牛软脚症，跌伤断骨等。

3. 柳叶牛膝

Achyranthes longifolia (Makino) Makino

多年生草本，高70～120 cm；根圆柱形，土黄色；茎有棱角或四方形，绿色或带紫色。叶片披针形或宽披针形，长10～20 cm，宽2～5 cm，顶端尾尖。穗状花序顶生及腋生，花期后反折；花多数，密生。小苞片针状，基部有2耳状薄片；花被片披针形，光亮，顶端急尖；退化雄蕊方形，顶端有不显明牙齿。胞果近椭圆形。花果期9～11月。

龙眼洞筲箕窝（王发国等5730）。产于中国华南、华中、华东、西南地区。日本也有分布。根入药，生用，活血通经，治产后腹痛、月经不调、闭经、鼻衄、虚火牙痛、脚气水肿；熟用，补肝肾、强腰膝，治腰膝酸痛、肝肾亏虚、跌打瘀痛。兽医用作治牛软脚症，跌伤断骨等。

2. 莲子草属 Alternanthera Forssk.

匍匐或上升草本，茎多分枝。叶对生，全缘。花两性，为有或无总花梗的头状花序，单生在苞片腋部；苞片及小苞片干膜质，宿存；花被片5枚，干膜质，常不等；雄蕊2～5枚，花丝基部连合成管状或短杯状，花药1室；退化雄蕊全缘，有齿或条裂；子房球形或卵形，花柱短或长，柱头头状。胞果球形或卵形，不裂，边缘翅状；种子凸镜状。

龙眼洞林场有2种。

1. 喜旱莲子草（空心莲子草、水花生）

Alternanthera philoxeroides (Mart.) Griseb.

多年生草本；茎基部匍匐，上部上升，管状。叶片矩圆形、矩圆状倒卵形或倒卵状披针形，长2.5～5 cm，宽7～20 mm，顶端急尖或圆钝；叶柄无毛或微有柔毛。花密生，成具总花梗的头状花序，单生在叶腋，球形；苞片及小苞片白色，顶端渐尖；花被片矩圆形，白色，光亮。花期5～10月。

龙眼洞。原产巴西，中国引种于华北、华东地区，后逸为野生。全草入药，有清热利水、凉血解毒作用；可作饲料。

2. 虾蛄菜（莲子草、水牛膝、蟛蜞菊、节节花）

Alternanthera sessilis (L.) R. Br. ex DC.

多年生草本，高10～45 cm；茎上升或匍匐，绿色或稍带紫色，有条纹及纵沟。叶片形状及大小有变化，条状披针形、矩圆形，长1～8 cm，宽2～20 mm，顶端急尖、圆形或圆钝。头状花序1～4个，初为球形，后渐成圆柱形；花密生，花轴密生白色柔毛；苞片及小苞片卵形，白色，无毛；花被片卵形，白色，顶端渐尖或急尖。胞果倒心形，侧扁，翅状；种子卵球形。花期5～7月，果期7～9月。

龙眼洞。产于中国华南、华中、华东、西南地区。印度、缅甸、越南、马来西亚、菲律宾等地也有分布。全植物入药，有散瘀消毒、清火退热功效，治牙痛、痢疾、疗肠风、下血；嫩叶作为野菜食用，又可作饲料。

3. 苋属 Amaranthus L.

一年生草本，茎直立或伏卧。叶互生，全缘，有叶柄。花单性，雌雄同株或异株，或杂性，成无梗花簇，腋生，或腋生及顶生，再集合成单一或圆锥状穗状花序；每花有1枚苞片及2枚小苞片，干膜质；花被片5枚，绿色，薄膜质。胞果球形或卵形，侧扁，膜质。种子球形，凸镜状，侧扁，黑色或褐色，光亮。

龙眼洞林场有5种。

1. 尾穗苋（老枪谷、籽粒苋）
Amaranthus caudatus L.

一年生草本，高达1.5 m。叶片菱状卵形或菱状披针形，长4～15 cm，宽2～8 cm，顶端短渐尖或圆钝，具凸尖，基部宽楔形，稍不对称；叶柄绿色或粉红色，疏生柔毛。圆锥花序顶生，下垂，有多数分枝，中央分枝特长，由多数穗状花序形成；花密集成雌花和雄花混生的花簇；苞片及小苞片披针形，红色，透明；花被片红色，透明。胞果近球形，上半部红色，超出花被片；种子近球形，淡棕黄色。花期7～8月，果期9～10月。

龙眼洞荔枝园至太和章附近（王发国等5795），帽峰山帽峰工区山顶管理处，沿山谷周边，帽峰山—8林班（王发国等6178）。中国各地栽培，有时逸为野生。原产热带，全世界各地栽培。供观赏；根供药用，有滋补强壮作用；可作家畜及家禽饲料。

2. 凹头苋（野苋）
Amaranthus blitum L.

一年生草本，高10～30 cm，全体无毛；茎伏卧而上升，从基部分枝，淡绿色或紫红色。叶片卵形或菱状卵形，长1.5～4.5 cm，宽1～3 cm，顶端凹缺。花成腋生花簇，直至下部叶的腋部，生在茎端和枝端者成直立穗状花序或圆锥花序；苞片及小苞片矩圆形；花被片矩圆形或披针形，淡绿色，顶端急尖。胞果扁卵形，不裂，微皱缩而近平滑。种子环形，黑色至黑褐色。花期7～8月，果期8～9月。

龙眼洞荔枝园至太和章附近（王发国等5791），帽峰山帽峰工区山顶管理处，沿山谷周边。除内蒙古、宁夏、青海、西藏外，中国广泛分布。日本、欧洲、非洲北部及南美洲也有分布。茎叶可作猪饲料；全草入药，用作缓和止痛、收敛、利尿、解热剂；种子有明目、利大小便、去寒热的功效；鲜根有清热解毒作用。

3. 刺苋
Amaranthus spinosus L.

一年生草本，高30～100 cm。叶片菱状卵形或卵状披针形，长3～12 cm，宽1～5.5 cm，顶端圆钝，具微凸头，基部楔形。圆锥花序腋生及顶生，下部顶生花穗常全部为雄花；苞片在腋生花簇及顶生花穗的基部者变成尖锐直刺；小苞片狭披针形；花被片绿色，顶端急尖，具凸尖，边缘透明，在雄花中矩圆形，在雌花中矩圆状匙形。胞果矩圆形，包裹在宿存花被片内。种子近球形，黑色或带棕黑色。花果期7～11月。

帽峰山—十八排，龙眼洞。产于中国华南、华中、华东地区。日本、印度、中南半岛、马来西亚、菲律宾、美洲等地也有分布。嫩茎叶作野菜食用；全草供药用，有清热解毒、散血消肿的功效。

4. *苋（三色苋）
Amaranthus tricolor L.

一年生草本，高80～150 cm；茎粗壮，绿色或红色，常分枝，幼时有毛或无毛。叶片卵形、菱状卵形或披针形，长4～10 cm，宽2～7 cm，绿色或常成红色，紫色或黄色。花簇腋生，直到下部叶；花簇球形，雄花和雌花混生；苞片及小苞片卵状披针形，透明；花被片矩圆形，绿色或黄绿色。种子近圆形或倒卵形，黑色或黑棕色，边缘钝。花期5～8月，果期7～9月。

常见栽培。中国各地均有栽培，有时逸为半野生。原产印度，分布于亚洲南部、中亚、日本等地。茎叶常作为蔬菜食用；叶杂有各种颜色者供观赏；根、果实及全草入药，有明目、利大小便、去寒热的功效。

5. 皱果苋（绿苋）
Amaranthus viridis L.

一年生草本，高40～80 cm，全体无毛；茎直立，稍有分枝，绿色或带紫色。叶片卵形、卵状矩圆形或卵状椭圆形，长3～9 cm，宽2.5～6 cm，顶端尖凹或凹缺。圆锥花序顶生，有分枝，由穗状花序形成，圆柱形，细长；苞片及小苞片披针形；花被片矩圆形或宽倒披针形，内曲，顶端急尖。种子近球形，黑色或黑褐色，具薄且锐的环状边缘。花期6～8月，果期8～10月。

龙眼洞荔枝园至太和章附近（王发国等5796），帽峰山—8林班（王发国等6193）。产于中国华南、华北、华东、东北地区。原产热带非洲，广泛分布在两半球的温带、亚热带和热带地区。嫩茎叶可作野菜食用，也可作饲料；全草入药，有清热解毒、利尿止痛的功效。

遍全国。朝鲜、日本、俄罗斯、印度、越南、缅甸、泰国、菲律宾、马来西亚及非洲热带地区均有分布。种子供药用，有清热明目作用；花序宿存经久不凋，可供观赏；种子炒熟后，可加工各种糖食；嫩茎叶浸去苦味后，可作野菜食用；全植物可作饲料。

4. 青葙属 Celosia L.

一年或多年生草本、亚灌木或灌木。叶互生，卵形至条形，全缘或近此，有叶柄。花两性，成顶生或腋生、密集或间断的穗状花序，简单或排列成圆锥花序，总花梗有时扁化；每花有1苞片和2小苞片，干膜质，宿存；花被片5枚，干膜质，光亮；子房1室。胞果卵形或球形，具薄壁，盖裂；种子凸镜状肾形，黑色，光亮。

龙眼洞林场有1种。

5. 杯苋属 Cyathula Blume

草本或亚灌木；茎直立或伏卧。叶对生，全缘，有叶柄。花丛在总梗上成顶生总状花序；每花丛有1～3朵两性花，其他为不育花，变形成尖锐硬钩毛；苞片卵形，干膜质，常具锐刺；在两性花中，花被片5枚，近相等，干膜质。胞果球形、椭圆形或倒卵形，膜质，不裂，包裹在宿存花被内；种子矩圆形或椭圆形，凸镜状。

龙眼洞林场有1种。

青葙（狗尾草、百日红、鸡冠花）
Celosia argentea L.

一年生草本，高0.3～1 m，全体无毛；茎直立，有分枝，绿色或红色，具显明条纹。叶片矩圆披针形、披针形或披针状条形，少数卵状矩圆形，长5～8 cm，宽1～3 cm，绿色常带红色，顶端急尖或渐尖。花多数，密生；苞片及小苞片披针形，光亮；花被片矩圆状披针形，初为白色顶端带红色。胞果卵形，包裹在宿存花被片内；种子凸透镜状肾形。花期5～8月，果期6～10月。

帽峰山帽峰工区山顶管理处，沿山谷周边。分布几

杯苋
Cyathula prostrata (L.) Blume

多年生草本，高30～50 cm。叶片菱状倒卵形或菱状矩圆形，长1.5～6 cm，宽6～30 mm，顶端圆钝，微凸，中部以下骤然变细，基部圆形，叶面绿色，幼时带红色，叶背苍白色。总状花序由多数花丛而成；苞片顶端长渐尖，授粉后反折；两性花的花被片卵状矩圆形，淡绿色，顶端渐尖。胞果球形，无毛，带绿色；不育花的花被片及苞片黄色，花后稍延长，顶端钩状。种子卵状矩圆形，褐色，光亮。花果期6～11月。

帽峰山—6林班，帽峰山管护站（王发国等6094）。产于中国华南、西南地区。越南、印度、泰国、缅甸、马来西亚、菲律宾、非洲、大洋洲均有分布。本种具药用价值，全草治跌打、驳骨。

64. 落葵科 Basellaceae

缠绕草质藤本，全株无毛。单叶，互生，全缘，稍肉质，通常有叶柄；托叶无。花小，两性，稀单性，辐射对称，通常成穗状花序、总状花序或圆锥花序，稀单生；苞片3枚，早落；小苞片2枚，宿存；花被片5枚，离生或下部合生，通常白色或淡红色，宿存，在芽中覆瓦状排列。胞果，干燥或肉质；种子球形，种皮膜质，胚乳丰富。

龙眼洞林场有1属，1种。

落葵属 Basella L.

一年生或二年生缠绕草本。叶互生。穗状花序腋生，花序轴粗壮，伸长；花小，无梗，通常淡红色或白色；苞片极小，早落；小苞片和坛状花被合生，肉质；花被短5裂，钝圆，裂片有脊，但在果时不为翅状；雄蕊5枚，内藏，与花被片对生，着生花被筒近顶部，花丝很短；子房上位，1室，内含1胚珠。胞果球形，肉质；种子直立；胚螺旋状，有少量胚乳，子叶大而薄。

龙眼洞林场有1种。

落葵（蔏芭菜、胭脂菜、紫葵）

Basella alba L.

一年生缠绕草本。茎长可达数米，无毛，肉质，绿色或略带紫红色。叶片卵形或近圆形，长3~9 cm，宽2~8 cm，顶端渐尖，基部微心形或圆形。穗状花序腋生；苞片极小，早落；小苞片2枚，萼状；花被片淡红色或淡紫色，卵状长圆形，全缘，顶端钝圆，内折；雄蕊着生花被筒口，花丝短，基部扁宽，白色，花药淡黄色。果实球形，红色至深红色或黑色，多汁液，外包宿存小苞片及花被。花期5~9月，果期7~10月。

原产亚洲热带地区。中国南北各地多有种植，南方有逸为野生。龙眼洞逸为野生。叶含有多种维生素和钙、铁，栽培作蔬菜，也可观赏；全草供药用，为缓泻剂，有滑肠、散热、利大小便的功效；花汁有清血解毒作用，能解痘毒，外敷治痈毒及乳头破裂；果汁可作无害的食品着色剂。

69. 酢浆草科 Oxalidaceae

一年生或多年生草本，极少为灌木或乔木。根茎或鳞茎状块茎，通常肉质，或有地上茎。花两性，辐射对称，单花或组成近伞形花序或伞房花序。萼片5枚，离生或基部合生，覆瓦状排列；花瓣5枚，有时基部合生；雄蕊10枚，2轮，5长5短，外轮与花瓣对生，花丝基部通常连合；雌蕊由5枚合生心皮组成，子房上位，5室。果为开裂的蒴果或为肉质浆果；种子通常为肉质，干燥时产生弹力的外种皮，或极少具假种皮，胚乳肉质。

龙眼洞林场有1属，2种。

酢浆草属 Oxalis L.

一年生或多年生草本。根具肉质鳞茎状或块茎状地下根茎。叶互生或基生，指状复叶，通常有3小叶，小叶在闭光时闭合下垂；无托叶或托叶极小。花基生或为聚伞花序式，总花梗腋生或基生；花黄色、红色、淡紫色或白色；萼片5枚，覆瓦状排列；花瓣5枚，覆瓦状排列，有时基部微合生；雄蕊10枚；子房5室，每室具1至多数胚珠。果为室背开裂的蒴果，果瓣宿存于中轴上。种子具2瓣状的假种皮，种皮光滑。

龙眼洞林场有2种。

1. 酢浆草

Oxalis corniculata L.

草本，高10~35 cm，全株被柔毛。根茎稍肥厚。茎匍匐或斜升，匍匐茎节上生根，多分枝。叶基生或茎上互生，叶柄长1~13 cm，基部具关节，掌状复叶有3小叶，倒心形，小叶无柄，长4~16 mm，宽4~22 mm，先端凹入，基部宽楔形，两面被柔毛或表面无毛，边缘具贴伏缘毛。花单生或数朵集为伞形花序状，腋生，总花梗淡红色，与叶近等长；花梗长4～15 mm，果后延伸；花瓣5枚，黄色，长圆状倒卵形，长6～8 mm；雄蕊10枚。蒴果长圆柱形，长1～2.5 cm，具5棱；种子长卵形。花果期2～9月。

龙眼洞筲箕窝（王发国等5758）。全中国广布。亚洲温带和亚热带、欧洲、地中海和北美皆有分布。

2. 红花酢浆草
Oxalis corymbosa DC.

多年生直立草本。无地上茎，地下部分有球状鳞茎，外层鳞片膜质。叶基生；小叶3片，扁圆状倒心形，长1～4 cm，宽1.5～6 cm，顶端凹入，两侧角圆形。总花梗基生，二歧聚伞花序，通常排列成伞形花序式；花梗、苞片、萼片均被毛；萼片5枚，披针形；花瓣5枚，倒心形，淡紫色至紫红色，基部颜色较深。花果期3～12月。

龙眼洞筲箕窝至火烧天（筲箕窝—6林班；王发国等5854），帽峰山—十八排。产于中国华南、华东、西北、西南地区。原产南美洲热带地区，中国长江以北各地作为观赏植物引入，南方各地已逸为野生，日本亦然。全草入药，治跌打损伤、赤白痢，止血。

72. 千屈菜科 Lythraceae

草本、灌木或乔木；枝通常四棱形，有时具棘状短枝。叶对生，稀轮生或互生，全缘，叶背有时具黑色腺点；托叶细小或无托叶。花两性，通常辐射对称，稀左右对称，单生或簇生，或组成顶生或腋生的穗状花序、总状花序或圆锥花序；花萼筒状或钟状；花瓣与萼裂片同数或无花瓣；雄蕊通常为花瓣的倍数，着生于萼筒上；花丝长短不在芽时常内折；子房上位。蒴果革质或膜质，横裂、瓣裂或不规则开裂；种子多数，形状不一。

龙眼洞林场有1属，1种。

萼距花属 Cuphea P. Browne

草本或灌木，全株多数具有黏质的腺毛。叶对生或轮生，稀互生。花左右对称，单生或组成总状花序，生于叶柄之间；小苞片2枚；萼筒延长而呈花冠状，有颜色；花瓣6枚，不相等；雄蕊11枚，内藏或凸出，不等长，2枚较短；花药小，2裂或矩圆形；子房通常上位，无柄，基部有腺体，具不等的2室，每室有3至多数胚珠，花柱细长，柱头头状。蒴果长椭圆形，包藏于萼管内，侧裂。

龙眼洞林场有1种。

香膏萼距花（香膏菜）
Cuphea balsamona Cham. et Schltdl.

一年生草本植物，高12～60 cm；小枝纤细，幼枝被短硬毛，后变无毛而稍粗糙。叶对生，薄草质，卵状披针形或披针状矩圆形，顶端渐尖或阔渐尖，基部渐狭或有时近圆形，两面粗糙；叶柄极短，近无柄。花细小，单生于枝顶或分枝的叶腋上，成带叶的总状花序；花梗极短，顶部有苞片；在纵棱上疏被硬毛；花瓣6枚，等大，倒卵状披针形，蓝紫色或紫色；花丝基部有柔毛；子房矩圆形，花柱无毛，不突出。果为蒴果。

龙眼洞筲箕窝至火烧天（筲箕窝—6林班；王发国等5853），帽峰山—十八排。分布于中国华南地区。原产巴西、墨西哥等地。香膏萼距花适应能力强，具观赏价值，既能美化环境，又能为养蜂提供丰富的蜜源。

77. 柳叶菜科 Onagraceae

一年生或多年生草本，有时为半灌木或灌木，稀为小乔木，有的为水生草本。叶互生或对生；托叶小或不存在。花两性，稀单性，辐射对称或两侧对称，单生于叶腋或排成顶生的穗状花序、总状花序或圆锥花序。花通常4数；萼片2～5枚；花瓣在芽时常旋转或覆瓦状排列，脱落；雄蕊2～4枚，或8～10排成2轮；花药"丁"字着生；子房下位。果为蒴果，室背开裂、室间开裂或不开裂，有时为浆果或坚果；种子为倒生胚珠，无胚乳。

龙眼洞林场有1属，3种。

丁香蓼属 Ludwigia L.

直立或匍匐草本，多为水生植物。水生植物的茎常膨胀成海绵状。叶互生或对生，稀轮生；托叶存在，常早落。花单生于叶腋，或组成顶生的穗状花序或总状花序；萼片3～5枚，花后宿存；花瓣与萼片同数，稀不存在，易脱落，黄色；雄蕊与萼片同数或为萼片的2倍。蒴果室间开裂、室背开裂、不规则开裂或不裂；种子多数，与内果皮离生，或单个嵌入海绵质或木质的硬内果皮近圆锥状小盒里，近球形、长圆形，或不规则肾形。

龙眼洞林场有3种。

1. 草龙（线叶丁香蓼、细叶水丁香）

Ludwigia hyssopifolia (G. Don) Exell

一年生直立草本。叶披针形至线形，长2～10 cm，宽0.5～1.5 cm，先端渐狭或锐尖，基部狭楔形；托叶三角形。花腋生，萼片4枚，卵状披针形；花瓣4枚，黄色，倒卵形或近椭圆形。蒴果近无梗，幼时近四棱形，熟时近圆柱状，果皮薄；种子在蒴果上部每室排成多列，游离生。花果期几乎四季。

龙眼洞荔枝园至太和章附近（王发国等5819），龙眼洞林场—天鹿湖站（王发国等6225），龙眼洞林场—石屋站（王发国等6273），帽峰山帽峰工区焦头窝。产于中国华南、西南地区。分布于印度、斯里兰卡、缅甸、中南半岛经马来半岛至菲律宾、密克罗尼西亚与澳大利亚北部，西达非洲热带地区。全草入药，可治感冒、咽喉肿痛、疮疖等。

2. 毛草龙（水龙）

Ludwigia octovalvis (Jacq.) P. H. Raven

多年生粗壮直立草本，有时基部木质化，甚至亚灌木状。叶披针形至线状披针形，长4～12 cm，宽0.5～2.5 cm，先端渐尖或长渐尖，基部渐狭；托叶小，三角状卵形。萼片4枚，卵形；花瓣黄色，倒卵状楔形。蒴果圆柱状，具8条棱，绿色至紫红色，熟时迅速并不规则地室背开裂。种子每室多列，离生，近球状或倒卵状。花期6～8月，果期8～11月。

龙眼洞筲箕窝至火烧天（筲箕窝—6林班；王发国等5875），帽峰山帽峰工区山顶管理处，沿山谷周边，帽峰山—8林班（王发国等6191）。产于中国华南、华东、西南地区。亚洲、非洲、大洋洲、南美洲及太平洋岛屿热带与亚热带地区也有广泛分布。药用具有清热利湿，解毒消肿之功效。

千屈菜科Lythraceae / 柳叶菜科Onagraceae / 瑞香科Thymelaeaceae

3. 丁香蓼
Ludwigia prostrata Roxb.

一年生直立草本。叶狭椭圆形，长3～9 cm，宽1.2～2.8 cm，先端锐尖或稍钝，基部狭楔形，在下部骤变窄，侧脉每侧5～11条。萼片4枚，三角状卵形至披针形，疏被微柔毛或近无毛；花瓣黄色，匙形，先端近圆形。蒴果四棱形，淡褐色，无毛，熟时迅速不规则室背开裂；种子呈一列横卧于每室内，里生，卵状。花期6～7月，果期8～9月。

龙眼洞林场—石屋站（王发国等6272），帽峰山—6林班。产于中国华南、西南地区。东至中南半岛，西至印度东北部、尼泊尔、斯里兰卡，南至马来半岛，印度尼西亚与菲律宾也有分布。丁香蓼的全株入药，治红白痢疾、咳嗽、目翳、蛇虫咬伤、血崩、外洗疮毒。

81. 瑞香科 Thymelaeaceae

落叶或常绿灌木或小乔木，稀草本；茎通常具韧皮纤维。单叶互生或对生，革质或纸质，稀草质，边缘全缘，具短叶柄，无托叶。花辐射对称，两性或单性，雌雄同株或异株，头状、穗状、总状、圆锥或伞形花序，有时单生或簇生，顶生或腋生；花萼通常为花冠状，白色、黄色或淡绿色；花瓣缺，或鳞片状，与萼裂片同数。浆果、核果或坚果，稀为2瓣开裂的蒴果；种子下垂或倒生。

龙眼洞林场有2属，3种。

1. 沉香属 Aquilaria Lam.

乔木或小乔木；叶互生，具纤细闭锁的平行脉。花两性，腋生或顶生，通常组成无梗或具梗的伞形花序，无苞片；萼筒钟状，宿存，裂片5枚，伸张；花瓣退化成鳞片状，10枚，基部连合成环，着生于花萼喉部，密被茸毛。蒴果具梗，两侧压扁；种子卵形或椭圆形，基部具1长的尾状附属物，种皮坚脆，无胚乳，胚具厚而平凹的子叶。

龙眼洞林场有1种。

土沉香（沉香、芫香、崖香、青桂香）
Aquilaria sinensis (Lour.) Spreng.

乔木，高5～15 m，树皮暗灰色，几平滑，纤维坚韧；小枝圆柱形，具皱纹。叶革质，圆形、椭圆形至长圆形，有时近倒卵形，长5～9 cm，宽2.8～6 cm，先端锐尖或急尖而具短尖头，基部宽楔形。花芳香，黄绿色，多朵，组成伞形花序；萼筒浅钟状，两面均密被短柔毛；花瓣10枚，鳞片状。蒴果果梗短，卵球形，幼时绿色。花期春夏，果期夏秋。

龙眼洞凤凰山（场部—3林班；王发国等6020），龙眼洞林场—天鹿湖站，帽峰山帽峰工区山顶管理处，沿山谷周边。野生或栽培。产于中国华南、华东地区。老茎受伤后所积得的树脂，俗称沉香，可作香料原料，并为治胃病特效药；树皮纤维柔韧，色白而细致可作高级纸原料及人造棉。

2. 荛花属 Wikstroemia Endl.

乔木、灌木或亚灌木具木质根茎。叶对生或少有互生。花两性或单性，花序短总状、穗状或头状，顶生很少为腋生的，无苞片；萼筒管状、圆筒状或漏斗状，顶端通常4裂，很少为5裂，伸张；无花瓣。核果干燥棒状或浆果状，萼筒凋落或在基部残存包果；种子有少量胚乳或无胚乳。

龙眼洞林场有2种。

1. 了哥王（雀儿麻、桐皮子）
Wikstroemia indica (L.) C. A. Mey.

灌木，高0.5～2m或过之；小枝红褐色，无毛。叶对生，纸质至近革质，倒卵形、椭圆状长圆形或披针形，长2～5cm，宽0.5～1.5cm，先端钝或急尖，基部阔楔形或窄楔形，干时棕红色。花黄绿色，数朵组成顶生头状总状花序；花萼宽卵形至长圆形，顶端尖或钝。果椭圆形，成熟时红色至暗紫色。花果期夏秋间。

龙眼洞筲箕窝至火烧天（筲箕窝—6林班）（王发国等5903），帽峰山莲花顶森林公园—7林班（王发国等8，6040）。产于中国华南、华中、西南地区。越南、印度、菲律宾也有分布。全株有毒，外用消肿散瘀，治疮、痈、疖、跌打损伤；根叶煮汁可作杀虫剂；茎皮纤维为造高级纸及人造棉原料；成熟果实为红色，叶片较小，树冠低矮呈圆形，可供观赏。

2. 细轴荛花（山皮棉、石棉麻、狗颈树）
Wikstroemia nutans Champ. ex Benth.

灌木，高1～2m或过之，树皮暗褐色；小枝圆柱形，红褐色，无毛。叶对生，膜质至纸质，卵形、卵状椭圆形至卵状披针形，长3～8.5cm，宽1.5～4cm，先端渐尖，基部楔形或近圆形。花黄绿色，4～8朵组成顶生近头状的总状花序，花序梗纤细，俯垂；萼筒，4裂，裂片椭圆形。花期春季至初夏，果期夏秋间。

帽峰山—2林班，帽峰山管护站（王发国等6101）。产于中国华南、华中、华东地区。越南也有分布。药用可祛风、散血、止痛；纤维可制高级纸及人造棉。

83. 紫茉莉科 Nyctaginaceae

草本、灌木或乔木，有时为具刺藤状灌木。单叶，对生、互生或假轮生，全缘，具柄，无托叶。花辐射对称，两性，稀单性或杂性，单生、簇生或成聚伞花序、伞形花序；常具苞片或小苞片；花被单层，常为花冠状，圆筒形或漏斗状；子房上位，1室，内有1粒胚珠。瘦果状掺花果包在宿存花被内，常具腺；种子有胚乳。

龙眼洞林场有1属，1种。

紫茉莉属 Mirabilis L.

一年生或多年生草本。根肥粗，常呈倒圆锥形。单叶，对生，有柄或上部叶无柄。花两性，1至数朵簇生枝端或腋生；花被各色，华丽，香或不香，花被筒伸长，在子房上部稍缢缩。果球形或倒卵球形，革质、壳质或坚纸质，平滑或有疣状凸起。

龙眼洞林场有1种。

紫茉莉（晚饭花、野丁香）
Mirabilis jalapa L.

一年生草本，高可达1m。根肥粗，倒圆锥形，黑色或黑褐色。茎直立，圆柱形，多分枝，无毛或疏生细柔毛，节稍膨大。叶片卵形或卵状三角形，长3～15cm，宽2～9cm，顶端渐尖，基部截形或心形。花常数朵簇生枝端；花被紫红色、黄色、白色或杂色，高脚碟状；花午后开放，有香气，次日午前凋萎。瘦果球形，革质，黑色，表面具皱纹。花期6～10月，果期8～11月。

龙眼洞凤凰山（场部—3林班；王发国等5973）。原产美洲热带地区。中国南北各地常栽培，为观赏花卉，有时逸为野生。根、叶可供药用，有清热解毒、活血调经和滋补的功效；种子研粉可去面部癍痣粉刺。

85. 第伦桃科 Dilleniaceae

直立木本，或木质藤本，少数是草本。叶互生，偶为对生，具叶柄，全缘或有锯齿，偶为羽状裂；托叶不存在，或在叶柄上有宽广或狭窄的翅。花两性，少数是单性的，放射对称，白色或黄色，单生或排成总状花序、圆锥花序或歧伞花序；萼片多数，覆瓦状排列，宿存；花瓣2～5枚，覆瓦状排列。果实为浆果或蓇葖状；种子1至多颗，常有各种形式的假种皮。

龙眼洞林场有1属，1种。

锡叶藤属 Tetracera L.

常绿木质藤本。单叶，互生，粗糙或平滑，具羽状脉，侧脉平行且常突起，全缘或有浅钝齿，有叶柄，托叶不存在。花两性，细小，放射对称，排成顶生或侧生圆锥花序，苞片及小苞片线形；萼片4～6枚，宿存，通常不增大，薄革质；花瓣2～5枚，白色，早落。果实卵形，不规则裂开，果皮干膜质，先端有残存花柱；种子数颗或1颗，假种皮杯状或流苏状。

龙眼洞林场有1种。

锡叶藤
Tetracera sarmentosa (L.) Vahl [*T. asiatica* (Lour.) Hoogl.]

常绿木质藤本，长达20 m或更长，多分枝，枝条粗糙，幼嫩时被毛，老枝秃净。叶革质，极粗糙，矩圆形，长4～12 cm，宽2～5 cm，先端钝或圆，基部阔楔形或近圆形。圆锥花序顶生或生于侧枝顶；苞片1个，线状披针形；小苞片线形；花多数；萼片5枚，离生，宿存；花瓣通常3枚，白色，卵圆形。果实成熟时黄红色，干后果皮薄革质；种子1颗，黑色，基部有黄色流苏状的假种皮。花期4～5月。

龙眼洞后山至火炉山防火线附近（王发国等5675），帽峰山帽峰工区焦头窝，帽峰山—6林班。分布于中国广东及广西地区。同时见于中南半岛、泰国、印度、斯里兰卡、马来西亚及印度尼西亚等地。具药用价值，主治肠炎、痢疾、脱肛、跌打。

93. 大风子科Flacourtiaceae

常绿或落叶乔木或灌木，多数无刺，稀有枝刺和皮刺。单叶，互生，稀对生和轮生；叶柄常基部和顶部增粗；托叶小，通常早落或缺。花通常小，两性，或单性，雌雄异株或杂性同株；单生或簇生；花梗常在基部或中部处有关节；萼片2～7枚或更多，覆瓦状排列；花瓣2～7枚。果实为浆果和蒴果，有1至多颗种子，种子有时有假种皮。

龙眼洞林场有2属，2种。

1. 箣柊属Scolopia Schreb.

小乔木或灌木，常在树干和枝条上有刺。单叶，互生，革质；托叶小，早落。总状花序顶生或腋生；花小，两性；花萼4～6枚，覆瓦状排列；花瓣与萼片同数而相似；雄蕊多数，生于肥厚花托上，花丝比花瓣长。浆果肉质，基部有宿存萼片、花瓣和雄蕊；种子2～4颗或多数。

龙眼洞林场有1种。

广东箣柊
Scolopia saeva (Hance) Hance

常绿小乔木或灌木，高4～8 m；树皮浅灰色，不裂，树干有硬刺；幼枝无毛。叶革质，卵形、椭圆形或椭圆状披针形，长6～8 cm，宽3～5 cm，先端渐尖，基部楔形。总状花序腋生或顶生，长为叶的一半；花小；萼片5枚，卵形；花瓣5枚，倒卵状长圆形。浆果红色，卵圆形，顶端有宿存花柱；种子卵状长圆形，有棱角。花期夏秋，果期秋冬。

帽峰山—8林班（王发国等6146）。产于中国广东、福建等地。越南也有分布。材质优良，供家具、农具、器具等用材；庭园供观赏。

2. 柞木属Xylosma G. Forst.

小乔木或灌木，树干和枝上通常有刺，单叶，互生，薄革质，边缘有锯齿，稀全缘，有短柄；托叶缺。花小，单性，雌雄异株，稀杂性，排成腋生花束或短的总状花序、圆锥花序；苞片小，早落；花萼小，4～5片，覆瓦状排列；花瓣缺；退化子房缺；雌花的花盘环状，子房1室，侧膜胎座2个。浆果核果状，黑色，果皮薄革质；种子少数，倒卵形，种皮骨质，光滑，子叶宽大，绿色。

龙眼洞林场有1种。

柞木（红心刺）
Xylosma congesta (Lour.) Merr. [*X. racemosum* (Sieb. et Zucc.) Miq.]

常绿大灌木或小乔木，高4～15 m；树皮棕灰色，不规则从下面向上反卷呈小片。叶薄革质，椭圆形，近无毛，长4.5～12 cm，宽2～4 cm，两端渐尖，顶端尾状渐尖，基部楔形。花小，总状花序腋生；苞片披针形，外面有毛，内面无毛。花萼4～6片，卵形；花瓣缺。浆果黑色，球形，顶端有宿存花柱；种子2～3颗。花期6～7月，果期10～11月。

帽峰山帽峰工区山顶管理处，沿山谷周边。产于中国华南、华中、华东、西南地区。材质坚实，纹理细密，材色棕红，供家具农具等用；叶、刺供药用；种子含油；树形优美，供庭院美化和观赏等用；又为蜜源植物。

94. 天料木科 Samydaceae

落叶乔木或直立、垫状和匍匐灌木。树皮光滑或开裂粗糙，通常味苦，有顶芽或无顶芽。单叶互生，稀对生，不分裂或浅裂，全缘，锯齿缘或齿牙缘；托叶鳞片状或叶状，早落或宿存。花单性，雌雄异株；柔荑花序，直立或下垂；基部有杯状花盘或腺体；雌花子房无柄或有柄，雌蕊由2～5个心皮合成，子房1室。蒴果2～5瓣裂；种子微小，种皮薄，胚直立。

龙眼洞林场有1属，1种。

嘉赐树属 Casearia Jacq.

小乔木或灌木。单叶，互生，全缘或具齿，平行脉，通常有透明的腺点和腺条；托叶小，早落，稀宿存。花小，两性稀单性，少数或多数，形成团伞花序；花梗短，在基部以上有关节；萼片4～5枚，覆瓦状排列；花瓣缺；雄蕊6～12枚，花丝基部和退化雄蕊连合成一短管。蒴果肉质、革质至坚硬；种子少数或多数，卵形或倒卵形。

龙眼洞林场有1种。

嘉赐树
Casearia glomerata Roxb.

乔木或灌木，高4～10 m；树皮灰褐色，不裂；幼枝有棱和柔毛，老枝无毛。叶薄革质，排成2列，长椭圆形至卵状椭圆形，长5～10 cm，宽2～4.5 cm，先端短渐尖，基部钝圆。花两性，黄绿色，10～15朵或更多，形成团伞花序，腋生；萼片5枚，倒卵形或椭圆形；花瓣缺。蒴果卵形，干后有小瘤状突起；种子多数，卵形。花期8～12月，果期10月至翌年春季。

帽峰山—8林班（王发国等6160）。产于中国华南、西南等地区。印度、越南也有分布。木材供家具、农具、器具等的用材；树形优美，庭园栽培供观赏。

98. 柽柳科 Tamaricaceae

灌木或小乔木。叶小，多呈鳞片状，互生，无托叶，通常无叶柄，多具泌盐腺体。花通常集成总状花序或圆锥花序，稀单生，通常两性，整齐；花萼4～5深裂，宿存花瓣4～5枚，分离，花后脱落或有时宿存。蒴果圆锥形，室背开裂；种子多数，全面被毛或在顶端具芒柱。

龙眼洞林场有1属，1种。

柽柳属 Tamarix L.

灌木或小乔木，多分枝。枝条分为木质化的生长枝和绿色营养小枝。叶小，鳞片状，互生，无柄，抱茎或呈鞘状。花集成总状花序或圆锥花序；花瓣与花萼裂片同数，花后脱落或宿存。蒴果圆锥形，室背3瓣裂；种子多数，细小。

龙眼洞林场有1种。

柽柳（观音柳）
Tamarix chinensis Lour.

小乔木或灌木，高3～8 m；老枝直立，暗褐红色，光亮，幼枝稠密细弱，常开展而下垂，红紫色或暗紫红色。叶鲜绿色，长1.5～1.8 mm，稍开展，先端尖，基部背面有龙骨状隆起。总状花序侧生在去年生木质化的小枝上，长3～6 cm，宽5～7 mm，花大而少；花瓣5枚，粉红色，果时宿存。花期4～9月。

龙眼洞林场天河区—草塘站。分布于中国东部至西南部至辽宁、河北。日本、美国有栽培。本种为优良固沙植物；可药用；枝叶特别，可作园林观赏。

1. *鸡蛋果（百香果）
Passiflora edulis Sims

草质藤本，长约6 m；茎具细条纹，无毛。叶纸质，长6～13 cm，宽8～13 cm，基部楔形或心形，掌状3深裂。聚伞花序退化仅存1花，与卷须对生；花芳香；苞片绿色，宽卵形或菱形；萼片5枚，外面绿色，内面绿白色；花瓣5枚，与萼片等长；外副花冠裂片4～5轮；内副花冠非褶状。浆果卵球形，无毛，熟时紫色；种子多数，卵形。花期6月，果期11月。

帽峰山帽峰工区山顶管理处，沿山谷周边。栽培。栽培于中国华南、西南地区。原产大小安的列斯群岛，现广植于热带和亚热带地区。果可生食或作蔬菜、饲料；入药具有兴奋、强壮之效。果瓤多汁液，可制成芳香可口的饮料；种子榨油，可供食用和制皂、制油漆等；花大而美丽，可作庭园观赏植物。

2. 南美西番莲（三角西番莲）
Passiflora suberosa L.

一年生草质藤本，长约3～4 m；茎细弱，四棱形，有纵条纹及白色糙伏毛。叶3浅裂，长5～5.5 cm，宽5～6 cm，基部心形，边缘有少数小尖齿，叶背灰绿色，微被稀疏长柔毛；裂片卵形，先端钝圆并具小尖头。花无苞片，单生或成对生于叶腋内，苍绿色或白色；萼片5枚，有紫红色斑纹；外副花冠裂片1轮，丝状；内副花冠褶状；无花盘。浆果近球形，成熟时紫黑色。花期6～7月，果期10月。

龙眼洞逸为野生。原产南美洲北部，栽培于中国云南的西双版纳、台湾或逸生。

101. 西番莲科Passifloraceae

草质或木质藤本，稀为灌木或小乔木。腋生卷须卷曲。单叶、稀为复叶，互生或近对生，全缘或分裂，具柄，常有腺体，通常具托叶。聚伞花序腋生，有时退化仅存1～2花；通常有苞片1～3枚；花辐射对称，两性、单性、罕有杂性；萼片5枚；花瓣5枚。果为浆果或蒴果，不开裂或室背开裂；种子数颗，种皮具网状小窝点。

龙眼洞林场有1属，2种。

西番莲属 Passiflora L.

草质或木质藤本，罕有灌木或小乔木。单叶，少有复叶，互生，全缘或分裂，叶背和叶柄通常有腺体；托叶线状或叶状，稀无托叶。聚伞花序，腋生。花两性；萼片5枚，常成花瓣状；花瓣5枚；外副花冠常由1至数轮丝状、鳞片状或杯状体组成；内副花冠膜质，扁平或褶状，全缘或流苏状。果为肉质浆果、卵球形、椭圆球形至球形，含种子数颗；种子扁平，长圆形至三角状椭圆形。

龙眼洞林场有2种。

103. 葫芦科Cucurbitaceae

一年生或多年生草质或木质藤本，极稀为灌木或乔木状。叶互生，无托叶，具叶柄；叶片不分裂，或掌状浅裂至深裂，稀为鸟足状复叶。花单性，雌雄同株或异株，单生、簇生或集成总状花序、圆锥花序或近伞形花序。雄花花萼辐射状、钟状或管状；花冠插生于花萼筒的檐部。雌花花萼与花冠同雄花。果实大型至小型，常为肉质浆果状或果皮木质；种子常多数，扁压状，水平生或下垂生。

龙眼洞林场有5属，7种。

1. 金瓜属 Gymnopetalum Arn.

纤细藤本，攀缘；植株被微柔毛或糙硬毛。叶片卵状心形，厚纸质或近革质，常呈五角形或3～5裂。雌雄同株或异株；雄花生于总状花序或单生，无苞片或有苞片；花萼筒伸长，管状；花冠辐射状，白色或黄色，5深裂。果实卵状长圆形，两端急尖，不开裂；种子倒卵形或长圆形，扁平，边缘稍隆起。

龙眼洞林场有1种。

金瓜（越南裸瓣瓜）

Gymnopetalum chinense (Lour.) Merr.

草质藤本；根多年生，近木质；茎、枝纤细，开展，初时有糙硬毛及长柔毛。叶片膜质，卵状心形，长、宽均4～8 cm，中间裂片较大，窄三角形。雌雄同株；雄花单生或3～8朵生于总状花序上，总花梗稍纤细；苞片菱形；花萼筒管状；花冠白色，裂片长圆状卵形；花梗较单生的雄花短。种子长圆形，有网纹，两端钝圆。花期7～9月，果期9～12月。

龙眼洞筲箕窝东坑（陈少卿472）。产于中国华南、西南地区。越南、印度、马来西亚也有分布。金瓜果实色泽金黄，清脆爽口，可食用。

2. 绞股蓝属 Gynostemma Blume

多年生攀缘草本，无毛或被短柔毛。叶互生，鸟足状，具3～9小叶，稀单叶，小叶片卵状披针形。卷须2歧，稀单1。花雌雄异株，组成腋生或顶生圆锥花序，花梗具关节，基部具小苞片；雄花花萼筒短，5裂；花冠辐射状，淡绿色或白色；子房球形，3～2室。浆果球形，似豌豆大小，不开裂，或蒴果，具2～3颗种子；种子阔卵形、压扁、无翅。

龙眼洞林场有1种。

绞股蓝

Gynostemma pentaphyllum (Thunb.) Makino

草质攀缘植物；茎细弱，具分枝，具纵棱及槽，无毛或疏被短柔毛。叶膜质或纸质，鸟足状，具3～9小叶，通常5～7小叶；小叶片卵状长圆形或披针形。花雌雄异株；雄花圆锥花序，花序轴纤细；花萼筒极短，5裂；花冠淡绿色或白色；雌花圆锥花序远较雄花之短小，花萼及花冠似雄花。果实肉质不裂，球形，成熟后黑色，光滑无毛；种子卵状心形，灰褐色或深褐色。花期3～11月，果期4～12月。

龙眼洞筲箕窝至火烧天（筲箕窝—6林班；王发国等5942），帽峰山—8林班（王发国等6171），帽峰山帽峰工区山顶管理处，沿山谷周边。产于中国陕西南部和长江以南各地。分布于亚洲。全草入药，有清热解毒、止咳清肺祛痰、养心安神、补气生精之功效。

3. 赤瓟属 Thladiantha Bunge

多年生或稀一年生草质藤本，攀缘或匍匐生。根块状或稀须根。茎草质，具纵向棱沟。叶绝大多数为单叶，心形，边缘有锯齿，极稀掌状分裂或呈鸟趾状具3～7小叶。雌雄异株。雄花序总状或圆锥状，稀为单生，雄花花萼筒短钟状或杯状；花冠钟状，黄色；雌花单生、双生或3～4朵簇生于一短梗上，花萼和花冠同雄花；子房卵形、长圆形或纺锤形，花柱3裂。果实中等大，浆质，不开裂；种子多数，水平生。

龙眼洞林场有1种。

大苞赤瓟（球果赤瓟、越南赤瓟）

Thladiantha cordifolia (Blume) Cogn.

草质藤本，全体被长柔毛；茎多分枝，稍粗壮，具深棱沟。叶片膜质或纸质，卵状心形，长8～15 cm，宽6～11 cm，顶端渐尖或短渐尖。雌雄异株。雄花3至数朵生于总梗上端，呈密集的短总状花序；苞片覆瓦状排列；花萼筒钟形；花冠黄色，裂片卵形或椭圆形。果实长圆形，两端钝、圆，果皮粗糙，有疏长柔毛；种子宽卵形，两面稍稍隆起，有网纹。果花期5～11月。

龙眼洞—石屋站（王发国等6284），帽峰山帽峰工区山顶管理处，沿山谷周边。产于中国华南、西南地区。越南、印度、老挝也有分布。

4. 栝楼属 Trichosanthes L.

一年生或具块状根的多年生藤本；茎攀缘或匍匐，多分枝，具纵向棱及槽。单叶互生，具柄，叶片膜质、纸质或革质，叶形多变，通常卵状心形或圆心形，全缘或3~9裂，边缘具细齿。花雌雄异株或同株。雄花通常排列成总状花序；花萼筒筒状，延长；花冠白色，稀红色。雌花单生，极稀为总状花序；花萼与花冠同雄花；子房下位，1室。果实肉质，不开裂，球形；种子褐色，长圆形、椭圆形或卵形，压扁。

龙眼洞林场有2种。

1. 瓜蒌

Trichosanthes kirilowii Maxim.

攀缘藤本，长达10 m；块根圆柱状，粗大肥厚，淡黄褐色。茎较粗，多分枝，具纵棱及槽，被白色伸展柔毛。叶片纸质，轮廓近圆形，长宽均约5~20 cm。花雌雄异株。雄总状花序单生；小苞片倒卵形或阔卵形；花萼筒筒状；花冠白色，裂片倒卵形。雌花单生，被短柔毛；花萼筒圆筒形；裂片和花冠同雄花。果实椭圆形或圆形，成熟时黄褐色或橙黄色；种子卵状椭圆形，压扁，淡黄褐色。花期5~8月，果期8~10月。

龙眼洞筲箕窝至火烧天（筲箕窝—6林班；王发国等5954），龙眼洞林场—石屋站，帽峰山帽峰工区山顶管理处向下路两侧。产于中国华南、华东、华北、西北、西南地区。也分布于朝鲜、日本、越南和老挝。本种的根、果实、果皮和种子为传统的中药天花粉、栝楼、栝楼皮和栝楼子；根有清热生津、解毒消肿的功效，其根中蛋白称天花粉蛋白。

2. 趾叶栝楼

Trichosanthes pedata Merr. et Chun

草质藤本，攀缘；茎细，具纵棱及槽，无毛或仅节上被短柔毛。指状复叶具小叶3~5片；小叶片膜质或近纸质。雄总状花序总花梗及花梗被褐色短柔毛，具纵槽纹，中部以上有花8~20朵；苞片倒卵形或菱状卵形；花萼筒狭漏斗形；花冠白色，裂片倒卵形。雌花单生，萼筒圆柱形，萼齿和花冠同雄花；子房卵形，无毛。果实球形，橙黄色，光滑无毛；种子卵形，鼓胀，灰褐色。花期6~8月，果期7~12月。

莲花顶公园公路（王发国等6247）。产于中国华南、华中地区。越南也有分布。在防治疾病方面，趾叶栝楼具有消渴、抗癌、抗溃疡、治疗糖尿病的功效；经研究，趾叶栝楼还具有抗艾滋病毒和延缓衰老的功能。

5. 马㼎儿属 Zehneria Endl.

攀缘或匍匐草本，一年生或多年生。叶具明显的叶柄；叶片膜质或纸质，形状多变；卷须纤细。雌雄同株或异株。雄花序总状或近伞房状；花萼钟状；花冠钟状，黄色或黄白色。雌花单生或少数几朵呈伞房状；花萼和花冠同雄花，子房卵球形或纺锤形，3室，胚珠多数。果实圆球形或长圆形或纺锤形，不开裂；种子多数，卵形，扁平。

龙眼洞林场有2种。

1. 钮子瓜

Zehneria bodinieri (H. Lév.) W.J. de Wilde et Duyfjes [*Z. maysorensis* (Wight et Arn.) Arn.]

草质藤本；茎、枝细弱，伸长，有沟纹，多分枝，无毛或稍被长柔毛。叶片膜质，宽卵形或稀三角状卵形，长、宽均为3~10 cm，叶面深绿色，粗糙，被短糙毛。雌雄同株。雄花常3~9朵生于总梗顶端呈近头状或伞房状花序；花萼筒宽钟状，裂片狭三角形；花冠白色，裂片卵形或卵状长圆形。雌花单生；子房卵形。果梗细；果实球状或卵状，浆果状，外面光滑无毛；种子卵状长圆形。花期4~8月，果期8~11月。

龙眼洞筲箕窝（王发国等6073）。产于中国华南、华东、西南地区。印度半岛、中南半岛、苏门答腊、菲律宾和日本也有分布。药用有清热、镇痉、解毒、通淋之功效。

2. 马㼎儿（老鼠拉冬瓜、马交儿）
Zehneria japonica (Thunb.) H. Y. Liu [*Z. indica* (Lour.) Keraudren]

攀缘或平卧草本；茎、枝纤细，疏散，有棱沟，无毛。叶片膜质，多型，三角状卵形、卵状心形或戟形，长3～5 cm，宽2～4 cm。雌雄同株。雄花单生或稀2～3朵生于短的总状花序上；花萼宽钟形；花冠淡黄色。雌花在与雄花同一叶腋内单生或稀双生；花冠阔钟形。果实长圆形或狭卵形，两端钝，外面无毛，成熟后橘红色或红色；种子灰白色，卵形。花期4～7月，果期7～10月。

帽峰山帽峰工区焦头窝。分布于中国华南、华中、华东、西南地区。日本、朝鲜、越南、印度半岛、印度尼西亚等也有分布。全草药用，有清热、利尿、消肿之效。

108. 山茶科 Theaceae

乔木或灌木。叶革质，常绿或半常绿，互生，羽状脉，全缘或有锯齿，具柄，无托叶。花两性稀雌雄异株，单生或数花簇生，有柄或无柄，苞片2至多枚，宿存或脱落；萼片5至多枚，脱落或宿存；花瓣5至多枚。果为蒴果，或不分裂的核果及浆果状；种子圆形，多角形或扁平。

龙眼洞林场有4属，11种，1变种。

1. 杨桐属 Adinandra Jack

常绿乔木或灌木。枝互生，嫩枝通常被毛，顶芽常被毛。单叶互生，2列，革质，有时纸质，常具腺点，或有茸毛，全缘或具锯齿；具叶柄。花两性，单朵腋生，偶有双生，具花梗，下弯，稀直立；小苞片2枚，着生于花梗顶端；萼片5枚，覆瓦状排列；花瓣5枚，覆瓦状排列。浆果不开裂；种子多数至少数，常细小，深色，有光泽。

龙眼洞林场有1种。

杨桐（黄瑞木）
Adinandra millettii (Hook. et Arn.) Benth. et Hook. f. ex Hance

灌木或小乔木，高2～16 m，树皮灰褐色，枝圆筒形。叶互生，革质，长圆状椭圆形，长4.5～9 cm，宽2～3 cm，顶端短渐尖或近钝形；侧脉10～12对。花单朵腋生，花梗纤细，疏被短柔毛或几无毛；小苞片2枚，早落；萼片5枚，卵状披针形或卵状三角形；花瓣5枚，白色，卵状长圆形至长圆形。果圆球形，疏被短柔毛，熟时黑色；种子多数。花期5～7月，果期8～10月。

龙眼洞凤凰山（场部—3林班；王发国等5987，6013，6028），帽峰山帽峰工区焦头窝。产于中国华南、华中、华东地区。越南也有分布。具观赏价值，是南方常见庭院观赏植物。

2. 山茶属 Camellia L.

灌木或乔木。叶多为革质，羽状脉，有锯齿，具柄，少数抱茎叶近无柄。花两性，顶生或腋生，单花或2～3朵并生，有短柄；苞片2～6枚，或更多；萼片5枚，分离或基部连生；花冠白色或红色，有时黄色；花瓣5~12片，栽培种常为重瓣；子房上位，3~5室，每室有胚珠数个。果为蒴果；种子圆球形或半圆形，种皮角质，胚乳丰富。

龙眼洞林场有4种，1变种。

1. *越南油茶（高州油茶）
Camellia drupifera Lour [*C. vietnamensis* T. C. Huang ex Hu]

灌木或小乔木，高2~4 m，小枝灰褐色，无毛。叶革质，椭圆形，长5~8 cm，宽3~4.5 cm，先端尖锐，基部圆形或钝。花腋生及顶生，几无柄，白色，有芳香；苞片及萼片10~20枚，卵圆形；花瓣7~8枚，倒卵状三角形。蒴果多少梨形或卵状球形；种子每室1~4颗，褐色，富含油质。花期12月。

龙眼洞筲箕窝至火烧天（筲箕窝—6林班；王发国等5871）。栽培。产于中国广东、广西地区。本种是油料作物，富含脂肪酸种类，营养价值高。

2. 糙果茶（多瓣糙果茶）
Camellia furfuracea (Merr.) Cohen-Stuart

灌木至小乔木，高2~6 m，嫩枝无毛。叶革质，长圆形至披针形，长8~15 cm，宽2.5~4 cm，叶面干后深绿色，发亮，侧脉7~8对。花1~2朵顶生及腋生，无柄，白色；苞片及萼片7~8枚，向下2片苞片状，细小；花瓣7~8枚，最外2~3枚过渡为萼片，中部革质；子房有长丝毛，花柱3条，分离，有毛。蒴果球形，3室，每室有种子2~4颗。花期11~12月，果期9~10月。

龙眼洞筲箕窝至火烧天（筲箕窝—6林班；王发国等5917）。产于中国华南、华中、华东地区。越南、老挝也有分布。糙果茶是优良的庭院绿化树种，也是油料植物。

3. *油茶（野油茶、山油茶）
Camellia oleifera Abel

灌木或中乔木；嫩枝有粗毛。叶革质，椭圆形，长圆形或倒卵形，先端尖而有钝头，有时渐尖或钝，基部楔形，长5~7 cm，宽2~4 cm。花顶生，近于无柄，苞片与萼片约10枚，由外向内逐渐增大，阔卵形；花瓣白色，5~7片，倒卵形。蒴果球形或卵圆形，3室或1室，3片或2片裂开，每室有种子1颗或2颗。花期12月至翌年1月，果期9~10月。

常见栽培。产于中国华南、华中、华东、西南地区。老挝、缅甸、越南也有分布。其种子可榨油（茶油）供食用，茶油也可作为润滑油、防锈油用于工业；茶饼既是农药，又是肥料；果皮是提制栲胶的原料。

4. *茶（茶树、茗、大树茶）
Camellia sinensis (L.) Kuntze

灌木或中乔木；嫩枝有粗毛。叶革质，椭圆形，长圆形或倒卵形，先端尖而有钝头，有时渐尖或钝，基部楔形，长5~7 cm，宽2~4 cm。花顶生，近于无柄，苞片与萼片约10片，由外向内逐渐增大，阔卵形；花瓣白色，5~7片，倒卵形。蒴果球形或卵圆形，3室或1室，3片或2片裂开，每室有种子1颗或2颗，果片木质。花期10月至翌年2月，果期8~10月。

龙眼洞林场天河区—草塘站。栽培。产于中国华南、华中、华东、西北地区。印度东北部、日本南部、朝鲜南部、老挝、缅甸、泰国、越南也有分布。茶叶可作饮品，含有多种有益成分，并有保健功效。

5. 普洱茶（多萼茶、苦茶）
Camellia sinensis (L.) Kuntze var. **assamica** (Choisy) Kitam.

大乔木，高达16 m，嫩枝有微毛，顶芽有白柔毛。叶薄革质，椭圆形，长8~14 cm，宽3.5~7.5 cm，先端锐尖，基部楔形。花腋生；花柄被柔毛。苞片2枚，早落；萼片5枚，近圆形，外面无毛；花瓣6~7枚，倒卵形。蒴果扁三角球形，3片裂开；种子每室1颗，近圆形。

花期12月至翌年2月，果期8～10月。

龙眼洞凤凰山（场部三林班）（王发国等6007），帽峰山莲花顶森林公园7林班，帽峰山—8林班（王发国等6138，6139）。产于中国华南、西南地区。老挝、缅甸、泰国、越南也有分布。普洱茶茶汤香气高锐持久，香型独特，滋味浓醇，经久耐泡。

3. 柃木属 Eurya Thunb.

常绿灌木或小乔木，稀为大乔木；冬芽裸露。叶革质至几膜质，互生，排成2列，边缘具齿，稀全缘；通常具柄。花较小，1至数朵簇生于叶腋或生于无叶小枝的叶痕腋；单性，雌雄异株；雄花小苞片2枚，互生；萼片5枚，覆瓦状排列；花瓣5枚，膜质，基部合生。浆果圆球形至卵形；种子每室2～60颗，种皮黑褐色，具细蜂窝状网纹；胚乳肉质；胚弯曲。

龙眼洞林场有4种。

1. 米碎花
Eurya chinensis R. Br.

灌木，高1～3 m，多分枝；茎皮灰褐色或褐色，平滑。叶薄革质，倒卵形或倒卵状椭圆形，长2～5.5 cm，宽1～2 cm，顶端钝而有微凹或略尖，偶有近圆形，基部楔形。花1～4朵簇生于叶腋。雄花小苞片2枚，细小；萼片5枚，卵圆形或卵形；花瓣5枚，白色，倒卵形。雌花的小苞片和萼片与雄花同，但较小；花瓣5枚，卵形。果实圆球形，成熟时紫黑色；种子肾形，稍扁，黑褐色，有光泽。花期11～12月，果期翌年6～7月。

龙眼洞荔枝园至太和章附近（王发国等5809）。广泛分布于中国华南、华东、华中地区。具观赏价值，星星点点相映翠叶之中，非常美丽，可用于海岸防风林带、绿篱、庭园美化；可单植、列植、密植；为优良的盆栽、盆景植物。

2. 华南毛柃
Eurya ciliata Merr.

灌木或小乔木，高3～10 m；枝圆筒形，新枝黄褐色，密被黄褐色披散柔毛。叶坚纸质，披针形或长圆状披针形，长5～11 cm，宽1.2～2.4 cm，顶端渐尖，基部两侧稍偏斜。花1～3朵簇生于叶腋。雄花小苞片2枚，卵形；萼片5枚，阔卵圆形；花瓣5枚，长圆形。雌花小苞片、萼片、花瓣与雄花同，但略小。果实圆球形，具短梗，密被柔毛，萼及花柱均宿存；种子多数，圆肾形。花期10～11月，果期翌年4～5月。

龙眼洞荔枝园至太和章附近（王发国等5804），龙眼洞筲箕窝至火烧天（筲箕窝—6林班；王发国等5876），龙眼洞筲箕窝（王发国等5741），帽峰工区焦头窝，帽峰山—十八排，帽峰山莲花顶公园公路（王发国等6244），常见。产于中国华南、西南地区。

3. 岗柃
Eurya groffii Merr.

灌木或小乔木，高2～7 m。叶革质或薄革质，披针形或披针状长圆形，长4.5～10 cm，宽1.5～2.2 cm，顶端渐尖或长渐尖，基部钝或近楔形。花1～9朵簇生于叶腋，密被短柔毛。雄花小苞片2枚，卵形；萼片5枚，革质；花瓣5枚，白色，长圆形或倒卵状长圆形；花瓣5枚，长圆状披针形，无毛。果实圆球形，成熟时黑色；种子稍扁，圆肾形，深褐色。花期9～11月，果期翌年4～6月。

龙眼洞。产于中国华南、华东、华中、西南地区。具药用价值，有豁痰镇咳、消肿止痛之效，主治肺结核、咳嗽、外用治跌打肿痛。

4. 细齿叶柃（黄背叶柃）
Eurya nitida Korth.

灌木或小乔木，高2～5 m，全株无毛；树皮灰褐色或深褐色，平滑。叶薄革质，椭圆形、长圆状椭圆形或倒卵状长圆形，长4～6 cm，宽1.5～2.5 cm，顶端渐尖或短渐尖，基部楔形。花1~4朵簇生于叶腋；雄花小苞片2枚，萼片状，近圆形；萼片5枚，几膜质；花瓣5枚，白色。果实圆球形，成熟时蓝黑色；种子肾形或圆肾形。花期11月至翌年1月，果期翌年7~9月。

龙眼洞。广泛分布于中国华南、华东、华中、西南地区。越南、缅甸、斯里兰卡、印度、菲律宾及印度尼西亚等地也有分布。具药用价值，有祛风除湿、解毒敛疮、止血之效，用于治疗风湿痹痛、泄泻、无名肿毒、疮疡溃烂、外伤出血。

4. 木荷属 Schima Reinw. ex Blume

乔木，树皮有不整齐的块状裂纹。叶常绿，全缘或有锯齿，有柄。花大，两性，单生于枝顶叶腋，白色，有长柄；苞片2~7枚，早落；萼片5枚，革质，覆瓦状排列；花瓣5枚，最外1片风帽状，其余4片卵圆形。蒴果球形，木质，室背裂开；中轴宿存，顶端增大，五角形；种子扁平，肾形，周围有薄翅。

龙眼洞林场有2种。

1. 木荷（荷树、荷木）
Schima superba Gardner et Champ.

大乔木，高25 m，嫩枝通常无毛。叶革质或薄革质，椭圆形，长7~12 cm，宽4~6.5 cm，先端尖锐，基部楔形。花生于枝顶叶腋，常多朵排成总状花序，白色；苞片2枚，贴近萼片，早落；萼片半圆形，外面无毛，内面有绢毛；花瓣长1~1.5 cm，最外1片风帽状，边缘多少有毛；子房有毛。蒴果直径1.5~2 cm。花期6~8月。

龙眼洞荔枝园至太和章附近（王发国等5769），帽峰山—2林班。产于中国华南、华东、西南地区。本种是华南及东南沿海各省常见的种类，在亚热带常绿林里是建群种，在荒山灌丛是耐火的先锋树种。

2. 西南木荷
Schima wallichii Choisy

乔木，高达15 m，嫩枝有柔毛，老枝多白色皮孔。叶薄革质或纸质，椭圆形，长10~17 cm，宽5~7.5 cm，先端尖锐，基部阔楔形。花数朵生于枝顶叶腋，有柔毛，苞片2片，位于萼片下，早落；萼片半圆形，背面有柔毛，内面有长绢毛；花瓣面基部有毛；子房有毛。蒴果直径1.5~2 cm，果柄有皮孔。花期7~8月。

帽峰山—十八排（王发国等6216）。产于中国华南、西南地区。印度、尼泊尔、中南半岛及印度尼西亚等地也有分布。西南木荷属优良速生用材、防火林、土壤改良树种，生长较快，萌芽力强。木材材质优良，耐腐朽，可供家具、建筑、器具、纺织工业等用。

112. 猕猴桃科 Actinidiaceae

乔木、灌木或藤本，常绿、落叶或半落叶。叶为单叶，互生，无托叶。花序腋生，聚伞式或总状式。花两性或雌雄异株，辐射对称；萼片5枚，覆瓦状排列；花瓣5枚或更多，覆瓦状排列，分离或基部合生。果为浆果或蒴果；种子每室无数至1颗，具肉质假种皮，胚乳丰富。

龙眼洞林场有1属，1种。

猕猴桃属 Actinidia Lindl.

落叶、半落叶至常绿藤本。叶为单叶，互生，膜质、纸质或革质；托叶缺或废退。花白色、红色、黄色或绿色。雌雄异株；萼片5枚，分离或基部合生，覆瓦状排列。果为浆果，秃净，少数被毛，球形、卵形至柱状长圆形；种子多数，细小，扁卵形；种皮尽成网状洼点；胚乳肉质，丰富；胚长约为种子一半；子叶短；胚根靠近种脐。

龙眼洞林场有1种。

阔叶猕猴桃（多果猕猴桃）
Actinidia latifolia (Gardner et Champ.) Merr.

大型落叶藤本，着花小枝绿色至蓝绿色。叶坚纸质，通常为阔卵形，有时近圆形或长卵形，长8~13 cm，宽5~8.5 cm，顶端短尖至渐尖，基部浑圆或浅心形、截平形和阔楔形。花序为3~4歧多花的大型聚伞花序，雄花花序远较雌性花的为长；苞片小，条形；花有香味；萼片5片，淡绿色；花瓣5～8枚；花丝纤弱，花药卵形箭头状；子房圆球形，密被污黄色茸毛。果暗绿色，圆柱形或卵状圆柱形。

帽峰山—2林班（王发国等337），帽峰山管护站（王发国等6085）。产于中国华南、华中、华东、西南地区。越南、老挝、柬埔寨、马来西亚也有分布。猕猴桃是一种营养价值丰富的水果，具有多种功效和作用，被人们称为果中之王，本种成熟果实可食用。果实含有亮氨酸、苯丙氨酸、异亮氨酸、酪氨酸、丙氨酸等10多种氨基酸，以及丰富的矿物质，包括丰富的钙、磷、铁，还含有胡萝卜素和多种维生素，对保持人体健康具有重要的作用。

113. 水东哥科 Saurauiaceae

乔木或灌木。小枝常被爪甲状或钻状鳞片；叶为单叶、互生、无托叶，侧脉常很多。花两性，排成聚伞花序或圆锥花序，从很小到很大；萼片和花瓣均5枚，覆瓦状排列；雄蕊多数；子房上位，3～5室，每室胚珠多数，花柱3～5个，中部以下合生，稀离生。果为浆果；种子细小，褐色。

龙眼洞林场有1属，1种。

水东哥属 Saurauia Willd.

乔木或灌木；小枝常被爪甲状或钻状鳞片。叶为单叶，互生，侧脉大多繁密，叶脉上或有少量鳞片或有偃伏刺毛，叶背被茸毛或否。花序聚伞式或圆锥式，单生或簇生，常具鳞片，有茸毛或无毛；花两性；萼片5枚，不等大；花瓣5枚，白色、淡红色或紫色生；雄蕊15～130枚，花药倒三角形，背着。浆果球形或扁球形，白色、稀红色，通常具棱；种子多数，细小，褐色，具网状洼点，胚乳稍丰富。

龙眼洞林场有1种。

水东哥（水枇杷、白饭木、白饭果）
Saurauia tristyla DC.

灌木或小乔木，高3～6 m；小枝无毛或被茸毛，被爪甲状鳞片或钻状刺毛。叶纸质或薄革质，倒卵状椭圆形、倒卵形、长卵形、稀阔椭圆形，长10～28 cm，宽4～11 cm，顶端短渐尖至尾状渐尖，基部楔形。花序聚伞式；苞片卵形，花柄基部具2枚近对生小苞片；小苞片披针形或卵形；花粉红色或白色，小；萼片阔卵形或椭圆形；花瓣卵形，顶部反卷。果球形，白色、绿色或淡黄色。

龙眼洞筲箕窝（王发国等5748），帽峰山帽峰工区焦头窝，帽峰山—6林班。产于中国华南、西南地区。印度、马来西亚也有分布。根、叶入药，有清热解毒、凉血作用，治无名肿毒、眼翳；根皮煲瘦猪肉内服治遗精。

118. 桃金娘科 Myrtaceae

乔木或灌木。单叶对生或互生，具羽状脉或基出脉，全缘，有油腺点；无托叶。花两性或杂性；单生或排成花序。萼筒与子房合生，萼片4～5裂或更多，有时黏合；花瓣4～5枚，或缺，分离或连成帽状；雄蕊多数，稀定数，生于花盘边缘。蒴果、浆果、核果或坚果，有时具分核，顶端或具萼檐。种子1至多颗，种皮坚硬或薄膜质。

龙眼洞林场有4属，8种。

1. 岗松属 Baeckea L.

小乔木或灌木。叶对生，全缘，有腺点。花小，白色或红色，5数，有梗或无梗；花单生叶腋或数花排成聚伞花序；小苞片2，细小，早落。萼筒钟形或半球形，与子房合生，萼齿5，膜质，宿存；花瓣5枚，圆形。蒴果开裂为2~3瓣，每室有种子1~3颗；种子肾形，有角，胚直，无胚乳，子叶短小。

龙眼洞林场有1种。

岗松
Baeckea frutescens L.

小乔木或灌木状，多分枝，高达1.5 m；全株无毛。叶对生，无柄或有短柄，直立或斜展，线形，长0.5~1 cm，宽约1 mm，先端尖，中脉在叶面凹陷，在叶背突起，有透明腺点。花小，黄白色，单生叶腋，径2~3 mm。花梗长约1 mm，基部有2小苞片，苞片早落，花长1~1.5 mm，萼筒钟形，长约1.5 mm，萼齿5枚，膜质，细小，三角形，近宿存；花瓣5枚，近圆形，分离，长约1.5 mm，基部窄成短柄。蒴果长1~2 mm；种子扁平，有角。花期夏秋。

龙眼洞。产于中国浙江、福建、江西、广东、香港、海南及广西，生于荒山酸性红壤，经常被砍伐或火烧，常呈灌木状。印度尼西亚及马来西亚也有分布。叶含芳香油；全草药用，有清热利尿、祛风行气、解毒止痒的功效。

2. 番石榴属 Psidium L.

乔木。叶对生，羽状脉，全缘，具柄。花较大，单生或2~3排成聚伞花序；苞片2枚；萼筒钟形或壶形，花蕾时萼片联结而闭合，开花时萼片不规则裂为4~5瓣；花瓣4~5枚，白色；子房下位，与萼筒合生，4~5室。浆果多肉，球形或梨形，顶端有宿存萼裂片，胎座发达，肉质；种子多数，胚弯曲，胚轴长，子叶短。

龙眼洞林场有1种。

*番石榴
Psidium guajava L.

灌木或小乔木，高达10 m；树皮片状剥落。幼枝四棱形，被柔毛。叶长圆形或椭圆形，长6~12 cm，先端急尖，基部近圆，叶背疏被毛，侧脉12~15对，在叶面下陷，在叶背凸起，网脉明显，全缘；叶柄长5 mm，疏被柔毛。花单生或2~3朵排成聚伞花序。萼筒钟形，长6 mm，绿色，被灰色柔毛，萼帽近圆形，长7~8 mm，不规则开裂；花瓣白色，长1~1.4 cm。浆果球形、卵圆形或梨形，长3~8 cm，顶端有宿存萼片；果肉白色或淡黄色，胎座肉质，淡红色；种子多数。

常见栽培。原产于南美洲。中国广东、海南、香港、广西、台湾、福建、云南南部及四川南部有栽培或已野化。为常见的热带水果之一；叶药用有止泻、止痢、止血、健胃等功效；叶经开水泡浸后晒干，可代茶叶作饮料。

3. 桃金娘属 Rhodomyrtus (DC.) Reich.

灌木或乔木。叶对生，具离基3~5出脉。花较大，1~3朵腋生；萼筒陀螺形、卵形或球形，萼齿4~5枚，宿存；花瓣4~5枚。浆果卵状、壶状或球形；种子多数，肾形或球形，多少压扁，种皮坚硬，胚弯曲或螺旋形，胚轴长，子叶小。

龙眼洞林场有1种。

桃金娘
Rhodomyrtus tomentosa (Ait.) Hassk.

灌木，高达2 m。幼枝密被柔毛。叶对生，椭圆形或倒卵形，长3~8 cm，先端圆或钝，常微凹，基部宽楔形或楔形，叶面无毛或仅幼时被毛，叶背被灰白色茸毛，离基3(5)出脉直达叶尖，侧脉每边7~8，边脉离叶缘3~4 mm；叶柄长4~7 mm，被茸毛。花有长梗，常单生，紫红色，径2~4 cm；萼筒倒卵形，长约6 mm，萼齿5，长4~5 mm，宿存；花瓣5枚，倒卵形，长1.3~2 cm；外面被灰色茸毛。果为浆果，卵状壶形，长1.5~2 cm，熟时紫黑色；种子每室2列。花期4~5月，果实7~8月。

龙眼洞筲箕窝至火烧天（筲箕窝—6林班；王发国等5892）。产于中国华南、浙江东南部、台湾、福建、江西南部、湖南南部、贵州南部及云南东南部。越南、老挝、柬埔寨、泰国、菲律宾、日本南部、印度、斯里兰卡、马来西亚及印度尼西亚也有分布。果可食用；根、叶、花、果入药，果有补血、滋养、安胎的功能；叶有收敛止泻，根有通经活络、收敛止泻的功效。

4. 蒲桃属 Syzygium Gaertn.

常绿乔木或灌木；嫩枝通常无毛，有时有2~4棱。叶对生，少数轮生，叶片革质，有透明腺点。花3朵至多数，有梗或无梗，顶生或腋生，常排成聚伞花序式再组成圆锥花序；花瓣4~5枚，稀更多，分离或连合成帽状，早落。浆果或核果状，顶部有残存的环状萼檐；种子通常1~2颗，种皮多少与果皮黏合。

龙眼洞林场有5种。

1. 赤楠
Syzygium buxifolium Hook. et Arn.

灌木或小乔木，高达5 m。幼枝有棱。叶椭圆形、倒卵形或宽倒卵形，长1.5~3 cm，宽1~2 cm，先端圆或钝，有时具钝尖头，基部纯，侧脉多而密；叶柄长约2 mm。聚伞花序顶生，长约1 cm，有花数朵。花梗长1~2 mm；花瓣4枚，白色，离生。果球形，直径5~7 mm，成熟时紫黑色。花期6~8月。

龙眼洞后山至火炉山防火线附近（王发国等5662）。产于中国华南、浙江、安徽、台湾、福建、江西、河南、湖北、湖南及贵州，生于低山疏林或灌丛中。越南及琉球群岛也有分布。根有健脾利湿、清热消肿的功能；叶有解毒消肿之功效。

2. *海南蒲桃
Syzygium hainanense Chang et Miau

小乔木，嫩枝圆形，干后褐色，老枝灰白色。叶片革质，椭圆形，长8~11 cm，宽3.5~5 cm，先端急长尖，尖尾长1.5~2 cm，基部阔楔形，叶面干后褐色，稍有光泽，多腺点，叶背红褐色，侧脉多而密，彼此相隔1~1.5 mm，在叶面能见，在叶背突起，离边缘1 mm处结合成边脉；叶柄长1~1.5 cm。伞房花序顶生，花绿白色，常数朵聚生。果圆球状或卵形，径2.5~4 cm，淡黄绿色，内有种子1~2粒。花期3~5月，果熟期6~9月。

龙眼洞林场—天鹿湖站。栽培。分布于中国华南、西南地区。本种可广泛适用于生态公益林的营造或改造，园林绿化和速生丰产商品用材林的营造上；果实可以食用，具香甜气味。

3. 红鳞蒲桃（红车）
Syzygium hancei Merr. et Perry

灌木或乔木，高达10 m。幼枝稍扁，干后暗褐色。叶长圆形、窄椭圆形或倒卵形，长3~7 cm，宽1.5~4 cm，先端骤尖或尖，末端钝或微凹，基部楔形，边缘稍背卷，叶面有光泽，具多数细小而下陷的腺点，侧脉密，不明显。圆锥花序顶生和腋生，长1~2 cm；花白色，几无梗，通常3朵簇生于花序轴分枝的顶端。花蕾倒卵圆形，长约2 mm；萼筒倒圆锥形，长1.5 mm，有棱角。果球形或椭圆形，径5~6 mm。花期7~9月。

帽峰山管护站（王发国等6115），帽峰山—6林班，龙眼洞。产于中国华南、福建，生于低海拔林中。

桃金娘科Myrtaceae / 野牡丹科Melastomataceae

4. 蒲桃
Syzygium jambos (L.) Alston

乔木，主干短，多分枝，幼枝圆柱形。叶披针形或长圆形，长12～25 cm，先端长渐尖，基部宽楔形，两面有透明腺点，侧脉12～16对，叶背明显；叶柄长6～8 mm。聚伞花序顶生，有花数朵，花序梗长1～1.5 cm；花瓣4枚，分离，倒卵形，长约1.4 cm。果球形，径3～5 cm，果皮肉质，成熟时黄色。花期3～4月，果期5～6月。

龙眼洞筲箕窝至火烧天（筲箕窝—6林班；王发国等5844），帽峰山帽峰工区山顶管理处，沿山谷周边。产于中国华南、西南、台湾，常生于低海拔河谷湿地。东南亚有分布和栽培。果为热带水果之一；根皮、叶、果有凉血、消肿、杀虫、收敛的功能。

5. 山蒲桃（白车）
Syzygium levinei (Merr.) Merr. et Perry

乔木，高达20 m。幼枝圆柱形或稍扁，有糠秕，干后灰白色。叶椭圆形或卵状椭圆形，长4～8 cm，宽1.5～3.5 cm，先端急锐尖，基部宽楔形，两面具腺点，干后呈灰褐色。圆锥花序顶生或生于上部叶腋，长4～7 cm，具多花；花白色，有短梗或几无梗，常3朵簇生于花序分枝的顶端；花瓣4枚，离生，圆肾形，长约2～3 mm，有斑点。果近球形，径7～8 mm。花期8～9月。

龙眼洞筲箕窝（王发国等6076），帽峰山帽峰工区焦头窝。产于中国华南。越南也有分布。

120. 野牡丹科Melastomataceae

草本、灌木或小乔木，直立或攀缘，地生，有少数附生。枝条对生。单叶对生或轮生，全缘或具锯齿，基出脉3～5条，侧脉通常平行，多数，稀羽状脉。花两性，辐射对称，常排列成聚伞花序、伞形花序或伞房花序。蒴果，通常顶孔开裂，或室背开裂，与宿存花萼贴生，或为浆果而不开裂；种子极小，近马蹄形或楔形，稀倒卵形，无胚乳。

龙眼洞林场有4属，8种。

1. 柏拉木属 Blastus Lour.

灌木，常有分枝。茎通常圆柱形，被小腺毛，稀被毛。叶全缘或具细浅齿，基出脉3～5(7)。聚伞花序组成顶生圆锥花序，或腋生的伞形花序或伞状聚伞花序；苞片小，早落。花4数，稀3或5数；花萼窄漏斗形或钟状漏斗形，或圆筒形，具4棱；裂片小，先端具小尖头；花瓣卵形或长圆形，有时上部一侧偏斜，或突出1小片。蒴果椭圆形或倒卵圆形，微具4棱，纵裂，与宿存花萼贴生；种子多数，楔形。

龙眼洞林场有1种。

柏拉木

Blastus cochinchinensis Lour.

灌木，高达3 m。幼枝、叶两面、叶柄、花序梗、花梗、花萼及子房椭圆状披针形，先端渐尖。叶披针形、窄椭圆形或长6～12(18) cm，全缘或具不明显浅波状齿，基出脉3(5)条，叶面初时被疏小腺点，叶背密被小腺点。伞形聚伞花序腋生，花序梗长约2 mm或几无。花梗长约3 mm；花萼钟状漏斗形，长约4 mm；花瓣白色，稀粉红色，卵形，长约4 mm。蒴果椭圆形。花期6～8月，果期10～12月。有时茎上部开花，下部果熟。

龙眼洞林场天河区—草塘站，龙眼洞林场—天鹿湖站（王发国等6255）。产于中国广东、广西、福建、云南、台湾。印度至越南均有。全株有拔毒生肌的功效；根可止血，治产后流血不止。

2. 野牡丹属 Melastoma L.

灌木。茎四棱形或近圆，通常被毛或鳞片状糙伏毛。叶对生，被毛，全缘，基出脉5～7(9)条。花单生或组成圆锥花序顶生或生于分枝顶端；花萼坛状球形，被毛或鳞片状糙伏毛；花瓣淡红色、红色或紫红色，通常为倒卵形，常偏斜。蒴果卵圆形；宿存花萼坛状球形，顶端平截，密被毛或鳞片状糙伏毛；种子小，多数，近马蹄形。

龙眼洞林场有5种。

1. 多花野牡丹

Melastoma affine D. Don

灌木，高约1 m；茎钝四棱形或近圆柱形，分枝多，密被紧贴的鳞片状糙伏毛，毛扁平，边缘流苏状。叶片坚纸质，披针形、卵状披针形或近椭圆形，顶端渐尖，基部圆形或近楔形，长5.4～13 cm，宽1.6～4.4 cm，全缘，叶面密被糙伏毛，基出脉下凹，叶背被糙伏毛及密短柔毛，基出脉隆起。花粉红色至红色。蒴果坛状球形，顶端平截，与宿存萼贴生。花期2～5月，果期8～12月，稀翌年1月。

龙眼洞荔枝园至太和章附近（王发国等5776）。分布于中国云南、贵州、广东至台湾以南等地。缅甸、菲律宾、尼泊尔、印度、马来西亚也有分布。果可食用。

2. 野牡丹

Melastoma candidum D. Don

灌木，高约1 m；茎钝四棱形或近圆柱形，分枝多，密被紧贴的鳞片状糙伏毛，毛扁平，边缘流苏状。叶片坚纸质，披针形、卵状披针形或近椭圆形，顶端渐尖，基部圆形或近楔形，长5.4～13 cm，宽1.6～4.4 cm，全缘，基出脉5，叶面密被糙伏毛，基出脉下凹，叶背被糙伏毛及密短柔毛，基出脉隆起，侧脉微隆起，脉上糙伏毛较密；叶柄长5～10 mm或略长，密被糙伏毛。蒴果坛状球形，顶端平截，与宿存萼贴生；宿存萼密被鳞片状糙伏毛；种子镶于肉质胎座内。花期2～5月，果期8～12月，稀1月。

帽峰山—8林班（王发国等6187），龙眼洞。分布于中国华南地区。中南半岛也有分布。果可食；全草消积滞，治消化不良、肠炎腹泻、痢疾；捣烂外敷或研粉撒布，治外伤出血、刀枪伤。

3. 地稔

Melastoma dodecandrum Lour.

匍匐小灌木，长10～30 cm。茎匍匐上升，逐节生根，分枝多，披散，幼时疏被糙伏毛。叶卵形或椭圆形，先端急尖，基部宽楔形，长1～4 cm，全缘或具密浅细锯齿，基出脉3～5；叶柄长2～10 mm，被糙伏毛。聚伞花序顶生，具1~3花，叶状总苞2，常较叶小；苞片卵形，具缘毛，背面被糙伏毛；花瓣淡紫红或紫红色，菱状倒卵形。果坛状球形，近顶端略缢缩，平截，肉质，不开裂，径约7 mm；宿存花萼疏被糙伏毛。花期5~7月，果期7~9月。

龙眼洞水库旁。分布于中国华中、华南地区。越南也有分布。果可食，亦可酿酒；全株供药用，有涩肠止痢、舒筋活血、补血安胎、清热燥湿等作用；根可解木薯中毒。

4. 展毛野牡丹
Melastoma normale D. Don

灌木，高0.5~1 m，稀2~3 m。茎钝四棱形或近圆柱形，密被平展的长粗毛及短柔毛。叶卵形、椭圆形或椭圆状披针形，先端渐尖，基部圆或近心形，长4~10.5 cm，全缘，基出脉5，叶面密被糙伏毛，叶背密被糙伏毛及密短柔毛。伞房花序生枝顶，具3~7(10)花，叶状总苞片2枚；花梗长2~5 mm，密被糙伏毛。蒴果坛状球形，顶端平截，宿存花萼与果贴生，径5~7 mm，密被鳞片状糙伏毛。花期春季至夏初，稀至9~11月，果期秋季。

龙眼洞荔枝园至太和章附近（王发国等5777），帽峰山莲花顶森林公园—7林班，帽峰山帽峰工区焦头窝，帽峰山—6林班。分布于中国华南、西南地区。尼泊尔、印度、缅甸、马来西亚及菲律宾有分布。果可食；全株入药，有收敛作用，可治消化不良、腹泻、肠炎、痢疾等症，也用于利尿，对治疗慢性支气管炎有一定疗效；外敷可止血。

5. 毛稔
Melastoma sanguineum Sims

灌木，高1.5~3 m。地上部分被平展的长粗毛，毛基部膨大。叶对生；叶柄长1.5~4 cm；叶片坚纸质，卵状披针形至披针形，长8~22 cm，宽2.5~8 cm，先端长渐尖或渐尖，基部钝或圆形，全缘，两面被隐藏于表皮下的糙伏毛；基出脉5。通常顶生1花，有时3~5朵组成伞房花序；苞片戟形，膜质；花梗长约5 mm。蒴果杯状球形，胎座肉质，为宿存萼所包，宿存萼密被红色长硬毛，长1.5~2.2 cm，直径1.5~2 cm。花果期几乎全年，通常在8~10月。

龙眼洞筲箕窝至火烧天（筲箕窝—6林班；王发国等5963），帽峰山帽峰工区焦头窝，帽峰山—6林班。分布于中国广东、海南、广西等地。印度、马来西亚至印度尼西亚也有分布。全草可解毒止痛，生肌止血。

3. 金锦香属 Osbeckia L.

草本、亚灌木或灌木。茎四棱形或六棱形，常被毛。叶对生或3枚轮生，全缘，常被糙伏毛或具缘毛，基出脉3~7，侧脉多数，平行，与基出脉近垂直。头状花序或总状花序，或组成圆锥花序，顶生；萼管坛状或长坛状，通常具刺毛状突起，裂片具缘毛；花瓣具缘毛或无。蒴果顶孔先开裂，后4~5纵裂；宿存花萼坛状或长坛状，顶端平截。

龙眼洞林场有1种。

星毛金锦香
Osbeckia stellata Ham. ex D. Don

直立灌木，茎通常六棱形或四棱形，被疏平展刺毛或几无毛。叶对生或3枚轮生，叶片坚纸质，长圆状披针形至披针形，顶端渐尖，基部钝至近楔形，长8~13 cm，宽2~3.7 cm，全缘，具缘毛，基出脉5；叶柄长2~5 mm，被毛。花瓣红色或紫红色，广卵形，顶端钝，长约1.5 cm，具缘毛。蒴果长卵形，4纵裂，长约8 mm；宿存萼坛形，顶端平截。花期8~11月，果期11月至翌年1月。

龙眼洞。分布于中国华南、西南地区。印度、缅甸也有分布。

4. 蒂牡花属 Tibouchina Aubl.

灌木，稀草本。叶片常革质，边缘全缘，具5~7脉。圆锥花序或伞形花序，分枝三歧式。花大，花瓣紫色；萼片有毛；雄蕊10枚；子房5室。

龙眼洞林场有1种。

*巴西野牡丹
Tibouchina semidecandra (Mart. et Schrank ex DC.) Cogn.

常绿灌木，高0.6~1.5 m。茎四棱形，分枝多，枝条红褐色，株形紧凑美观；茎、枝几乎无毛。叶革质，披针状卵形，顶端渐尖，基部楔形，长3~7 cm，宽1.5~3 cm，全缘，具5基出脉，叶面无毛，叶背被细柔毛。伞形花序着生于分枝顶端，近头状，有花3~5朵；花瓣5枚，紫色。蒴果坛状球形。花多且密，单朵花的开花时间长达4~7天；8月始进入盛花期，可至翌年4月。

帽峰山帽峰工区山顶管理处，沿山谷周边。栽培。中国广东、海南等地有引种栽培。原产巴西。本种花大、多且密，花为紫色、娇艳美丽，株形美观，枝繁叶茂，叶片翠绿，观赏价值高。

121. 使君子科 Combretaceae

乔木、灌木，稀木质藤本。单叶对生或互生，稀轮生，全缘或稍波状，稀有锯齿。叶基、叶柄或叶下缘齿间具腺体。花常两性，有时两性花和雄花同株，辐射对称，稀两侧对称；由多花组成花序。花萼裂片4~5(8)，镊合状排列，宿存或脱落；花瓣4~5枚或缺，覆瓦状或镊合状排列。坚果、核果或翅果，常有2~5棱；种子1颗。

龙眼洞林场有2属，2种。

1. 使君子属 Quisqualis L.

木质藤本或蔓生灌木。叶对生或近对生，全缘，无毛或被毛；叶柄落叶后宿存。花较大，两性，白色或红色，组成顶生或腋生穗状花序（稀分枝）。萼筒细长，脱落，具外弯萼齿5个；花瓣5枚，大于萼齿；雄蕊10枚，2轮，插生萼筒内部或喉部，花药丁字着。果革质，长圆形，两端窄，具5条棱或5条纵翅，在翅间具深槽；种子1颗，具纵槽。

龙眼洞林场有1种。

1. *使君子
Quisqualis indica L.

攀缘状灌木，高达8 m。小枝被棕黄色柔毛。叶对生或近对生，卵形或椭圆形，长5~11 cm，先端短渐尖，基部钝圆，叶面无毛，叶背有时疏被棕色柔毛，侧脉7~8对；叶柄长5~8 mm。顶生穗状花序组成伞房状；苞片卵形或线状披针形，被毛；萼筒长5~9 cm，被黄色柔毛，先端具广展、外弯萼齿；花瓣长1.8~2.4 cm，先端钝圆，初白色，后淡红色。果卵圆形，具短尖，长2.7~4 cm，无毛，具5条锐棱，熟时外果皮脆薄，青黑色或栗色；种子圆柱状纺锤形，白色，长约2.5 cm。花期初夏，果期秋末。

龙眼洞筲箕窝至火烧天（筲箕窝—6林班；王发国等5899）。栽培。分布于中国福建、江西南部、湖南南部、广东、香港、海南、广西、贵州北部、云南南部及四川。印度、缅甸至菲律宾也有分布。种子为中药中最有效的驱蛔药之一，对小儿寄生蛔虫症疗效尤著。

2. 榄仁树属 Terminalia L.

大乔木，具板根，稀灌木。叶常互生，常成假轮状聚生枝顶，稀对生或近对生，全缘或稍有锯齿，间或具细瘤点及透明点，稀具管状黏液腔；叶柄或叶基部常具2枚以上腺体。穗状或总状花序腋生或顶生，有时成圆锥花序状；花小，(4)5数，两性，稀花序上部为雄花，下部为两性花；雄花无梗；苞片早落。萼筒杯状，延伸于子房之上；子房下位，1室，花柱长，单一，伸出，胚珠2(3~4)枚，垂悬。假核果、核果或瘦果，常肉质，有时革质或木栓质，具棱或2~5枚翅；内果皮具厚壁组织与使君子属不同；种子1颗，无胚乳。

龙眼洞林场有1种。

*小叶榄仁
Terminalia mantaly H. Perriei

落叶大乔木，株高10～15 m，主干直立，冠幅2～5 m，侧枝轮生呈水平展开，树冠层伞形，层次分明，质感轻细。叶小，长3～8 cm，宽2～3 cm，提琴状倒卵形，全缘，具4～6对羽状脉，4～7叶轮生，深绿色，冬季落叶前变红色或紫红色；穗状花序腋生，花两性，花萼5裂，无花瓣。核果纺锤形；种子1颗。

帽峰山帽峰工区山顶管理处，沿山谷周边。栽培。中国广东、福建、台湾沿海一带已有引种栽培。原产于非洲。小叶榄仁具有树形优美、抗病虫害、抗强风吹袭、耐贫瘠等优点，可用作行道树、景观树、孤植、列植或群植皆宜，是中国南方地区极具观赏价值的园林绿化树种和海岸树种。

122. 红树科 Rhizophoraceae

常绿乔木或灌木，具各种类型的根，并为合轴分枝；小枝常有膨大的节，实心而具髓或中空而无髓。单叶交互对生，具托叶，稀互生而无托叶，羽状叶脉；托叶在叶柄间，早落。花两性，稀单性或杂性同株，单生或簇生于叶腋或排成疏花或密花的聚伞花序，萼筒与子房合生或分离，裂片4～16枚，镊合状排列，宿存；花瓣与萼裂片同数，全缘，2裂。果实革质或肉质，不开裂，稀为蒴果而开裂，1室，稀2室，具1～2颗种子；种子有或无胚乳。

龙眼洞林场有1属，1种。

竹节树属 Carallia Roxb.

灌木或乔木；树干基部有时具板状根。叶交互对生，具叶柄，全缘或具锯齿，纸质或薄革质，叶背常有黑色或紫色小点；托叶披针形。聚伞花序腋生，二歧或三歧分枝，稀退化为2～3朵花；小苞片2，分离而早落，或基部合生而宿存；花两性；花萼5～8裂，裂片三角形，花瓣膜质，与花萼裂片同数，花药4室，纵裂；子房下位，每室具2或1颗胚珠，胚珠着生中轴的顶端，下垂，花柱柱状，柱头头状或盘状，具槽纹或微裂。果实肉质，近球形、椭圆形或倒卵形，有种子1至多颗；种子椭圆形或肾形；胚直或弯曲。

龙眼洞林场有1种。

竹节树
Carallia brachiata (Lour.) Merr.

乔木，高7～10 m，胸径20～25 cm，基部有时具板状支柱根；树皮光滑，很少具裂纹，灰褐色。叶形变化很大，矩圆形、椭圆形至倒披针形或近圆形，顶端短渐尖或钝尖，基部楔形，全缘，稀具锯齿；叶柄长6～8 mm，粗而扁。花序腋生，有长8～12 mm的总花梗，分枝短，每一分枝有花2～5朵，有时退化为1朵；

花小，基部有浅碟状的小苞片；花萼6～7裂，钟形，长3～4 mm，裂片三角形，短尖；花瓣白色，近圆形，连柄长1.8～2 mm，宽1.5～1.8 mm，边缘撕裂状。果实近球形，直径4～5 mm，顶端冠以短三角形萼齿。花期冬季至翌年春季，果期春夏季。

帽峰山莲花顶森林公园—7林班（王发国等6046），帽峰山帽峰工区焦头窝（王发国等6067），帽峰山—6林班。分布于中国广东、广西及沿海岛屿。马达加斯加、斯里兰卡、印度、缅甸、泰国、越南、马来西亚至澳大利亚北部也有分布。木材可作乐器、饰木、门窗、器具等。

123. 金丝桃科 Hypericaceae

单叶，对生或轮生，全缘，常具腺点，无托叶。花两性或单性，辐射对称，单生或排成聚伞花序；萼片、花萼2～6枚；雄蕊多数，合成3束或多束；中轴胎座。子房2至多室，稀1室，每室有胚珠1至多颗；花柱与心皮同数常合生。果实为蒴果或浆果；种子无胚乳，常具假种皮。

龙眼洞林场有1属，1种。

黄牛木属 Cratoxylum Blume

乔木或灌木，常绿或落叶。枝条在节上多少压扁且大多有叶柄间线痕。叶对生，无柄或具柄，全缘，下面常具白粉或蜡质，脉网间有透明的细腺点。花序聚伞状，顶生或腋生；小苞片微小，不久脱落。花白色或红色，两性，具梗；萼片5枚，不等大，革质，宿存，花后常增大；花瓣5枚，与萼片互生，脱落或近宿存，倒卵形，常具腺点或腺条，基部无或有鳞片。蒴果坚硬，室背开裂。

龙眼洞林场有1种。

黄牛木
Cratoxylum cochinchinense (Lour.) Blume

落叶灌木或乔木，高1.5～20 m，全体无毛，树干下部有簇生的长枝刺；树皮灰黄色或灰褐色，平滑或有细条纹。枝条对生，幼枝略扁，无毛，淡红色，节上叶柄间线痕连续或间有中断。叶片椭圆形至长椭圆形或披针形，长3～10.5 cm，宽1～4 cm，先端骤然锐尖或渐尖，基部钝形至楔形，坚纸质，两面无毛，叶面绿色，叶背粉绿色。花瓣粉红、深红至红黄色，倒卵形。蒴果椭圆形。

帽峰山帽峰工区焦头窝。在中国分布于广东、海南、广西、云南等地。也分布于缅甸、泰国、越南、印度、马来西亚、菲律宾、斯里兰卡等国家。材质坚硬，纹理精致，供雕刻用；幼果供作烹调香料。根、树皮、嫩叶入药，具有清热解毒、化湿消滞、祛瘀消肿的功效。

126. 藤黄科 Guttiferae

乔木或灌木，稀为草本，在裂生的空隙或小管道内含有树脂或油。叶为单叶，全缘，对生或有时轮生，一般无托叶。花序各式，聚伞状，或伞状，或为单花；小苞片通常紧接花萼下方着生，与花萼难予区分。花两性或单性，轮状排列或部分螺旋状排列，通常整齐，下位；子房上位，通常有5或3个多少合生的心皮，1～12室，具中轴或侧生或基生的胎座。果为蒴果、浆果或核果；种子1至多颗，完全被直伸的胚所充满，假种皮有或不存在。

龙眼洞林场有2属，3种。

1. 红厚壳属 Calophyllum L.

乔木或灌木。叶对生，全缘，光滑无毛，有多数平行的侧脉，侧脉几与中肋垂直。花两性或单性，组成顶生或腋生的总状花序或圆锥花序；萼片和花瓣4～12枚（国产种通常为4枚），2～3轮，覆瓦状排列。核果球形或卵球形，外果皮薄；种子具薄的假种皮，子叶厚，肉质，富含油脂。

龙眼洞林场有1种。

薄叶红厚壳
Calophyllum membranaceum Gardn. et Champ.

灌木至小乔木，高1～5 m。幼枝四棱形，具狭翅。叶薄革质，长圆形或长圆状披针形，长6～12 cm，宽1.5～3.5 cm，顶端渐尖、急尖或尾状渐尖，基部楔形，边缘反卷，两面具光泽，干时暗褐色；中脉两面隆起，侧脉纤细，密集，成规则的横行排列；叶柄长6～10 mm。聚伞花序腋生，有花1～5枚，长2.5～3 cm，被微柔毛；花两性，白色略带浅红；花梗长5～8 mm，无毛；花萼裂片4枚，外侧2枚较小；花瓣4枚，倒卵形，等大。果卵状长圆球形，长1.6～2 cm，顶端具短尖头，柄长10～14 mm，成熟时黄色。

龙眼洞。分布于中国华南地区。越南也有分布。薄叶红厚壳在中国民间以根、叶作药用，主治风湿关节痛、腰腿痛、跌打损伤、黄疸型肝炎、月经不调、痛经等；叶治外伤出血，主要用作正骨水、妇炎净等的原材料。

2. 藤黄属 Garcinia L.

乔木或灌木，通常具黄色树脂。叶革质，对生，全缘，通常无毛，侧脉少数，稀多数，疏展或密集。花杂性，稀单性或两性；同株或异株，单生或排列成顶生或腋生的聚伞花序或圆锥花序。胚珠每室1个。浆果，外果皮革质，光滑或有棱；种子具多汁瓢状的假种皮。子叶微小或缺。

龙眼洞林场有2种。

1. 多花山竹子（木竹子、山竹子）
Garcinia multiflora Champ. ex Benth.

乔木，稀灌木，高(3)5～15 m，胸径20～40 cm；树皮灰白色，粗糙；小枝绿色，具纵槽纹。叶片革质，卵形、长圆状卵形或长圆状倒卵形，长7～16(20) cm，宽3～6(8) cm，顶端急尖、渐尖或钝，基部楔形或宽楔形，边缘微反卷，干时叶背苍绿色或褐色。花瓣橙黄色，倒卵形。种子1～2颗，椭圆形，长2～2.5 cm。花期6～8月，果期11～12月。

帽峰山帽峰工区山顶管理处，沿山谷周边。分布于中国广东、广西、云南、四川、江西、福建等地。越南北部也有分布。种子榨油，供制皂和润滑油；果可食；根、果及树皮入药，能消肿收敛、止痛；木材供建筑、雕刻等。

2. 岭南山竹子（海南山竹子、岭南倒捻子）
Garcinia oblongifolia Champ. ex Benth.

乔木或灌木，高5～15 m，胸径可达30 cm；树皮深灰色。老枝通常具断环纹。叶片近革质，长圆形，倒卵状长圆形至倒披针形，长5~10cm，宽2~3.5cm，顶端急尖或钝，基部楔形。花单生或成聚伞状伞形花序，花梗长3~7mm；花瓣橙黄色或淡黄色，倒卵状长圆形。浆果近圆球形。花期4~5月，果期10~12月。

龙眼洞凤凰山（场部—3林班；王发国等6018），帽峰山帽峰工区焦头窝（王发国等6068）。分布于中国广东、广西。越南北部也有分布。树皮和果入药，治烧伤、烫伤和湿疹等。

128. 椴树科 Tiliaceae

乔木。灌木或草本。单叶互生，稀对生，具基出脉，全缘或有锯齿，有时浅裂；托叶存在或缺。花两性或单性雌雄异株，辐射对称，排成聚伞花序或再组成圆锥花序；苞片早落，有时大而宿存；萼片通常5数，有时4枚，分离或多少连生，镊合状排列。果为核果、蒴果、裂果，有时浆果状或翅果状，2~10室；种子无假种皮，胚乳存在，胚直，子叶扁平。

龙眼洞林场有4属，5种。

1. 田麻属 Corchoropsis Sieb. et Zucc.

一年生草本，茎被星状柔毛或平展柔毛。叶互生，边缘具牙齿或锯齿，被星状柔毛，基生三出脉，具叶柄；托叶细小，早落。花黄色，单生于叶腋；萼片5枚，狭窄披针形；花瓣与萼片同数，倒卵形；雄蕊20枚，其中5枚无花药，与萼片对生，匙状条形。蒴果角状圆筒形，3片裂开；种子多数。

龙眼洞林场有1种。

田麻

Corchoropsis tomentosa (Thunb.) Makino

一年生草本，高40~60cm；分枝有星状短柔毛。叶卵形或狭卵形，长2.5~6cm，宽1~3cm，边缘有钝牙齿，两面均密生星状短柔毛，基出脉3条；叶柄长0.2~2.3cm；托叶钻形，长2~4mm，脱落。花有细柄，

单生于叶腋，直径1.5~2cm。花瓣5枚，黄色，倒卵形。果角状圆筒形，长1.7~3cm，有星状柔毛。果期秋季。

帽峰山管护站（王发国等6115），帽峰山帽峰工区山顶管理处，沿山谷周边。分布于中国东北、华北、华东、中南及西南等地。朝鲜、日本也有分布。药用有清热利湿、解毒止血功效。

2. 黄麻属 Corchorus L.

草本或亚灌木。叶纸质，基生二出脉，两侧常有伸长的线状小裂片，边缘有锯齿，叶柄明显；托叶2片，线形。花两性，黄色，单生或数朵排成腋生或腋外生的聚伞花序；萼片4~5枚；花瓣与萼片同数；腺体不存在；雄蕊多数，着生于雌雄蕊柄上，离生。蒴果长筒形或球形。

龙眼洞林场有2种。

1. 甜麻（假黄麻、针筒草）

Corchorus aestuans L.

一年生草本，高约1m，茎红褐色，稍被淡黄色柔毛；枝细长，披散。叶卵形或阔卵形，长4.5~6.5cm，宽3~4cm，顶端短渐尖或急尖，基部圆形，两面均有稀疏的长粗毛，边缘有锯齿。花单独或数朵组成聚伞花序生于叶腋或腋外，花序柄或花柄均极短或近于无；花瓣5枚，与萼片近等长，倒卵形，黄色。种子多数。花期夏季。

帽峰山管护站（王发国等6128）。分布于中国长江以南各地。亚洲热带地区、中美洲及非洲也有分布。全株入药可清热利湿、消肿拔毒，用于治疗中暑发热、痢疾、咽喉疼痛。

帽峰山—8林班（王发国等6189）。中国长江以南各地广泛栽培，亦有见于荒野呈野生状态。原产亚洲热带地区，世界热带地区亦广为栽培。全株入药可清热解暑，拔毒消肿。

3. 破布叶属 Microcos L.

灌木或小乔木。叶革质，互生，卵形或长卵形，有基出脉3条，全缘或先端有浅裂，具短的叶柄。花两性，排成聚伞花序再组成顶生圆锥花序；萼片5枚，离生；花瓣与萼片同数，有时或缺，内面近基部有腺体。核果球形或梨形，表面无裂沟，不具分核。

龙眼洞林场有1种。

破布叶（布渣叶）

Microcos nervosa (Lour.) S. Y. Hu.

灌木或小乔木，高3～12 m，树皮粗糙；嫩枝有毛。叶薄革质，卵状长圆形，长8～18 cm，宽4～8 cm，先端渐尖，基部圆形；三出脉的两侧脉从基部发出，向上行超过叶片中部，边缘有细钝齿；叶柄长1～1.5 cm，被毛；托叶线状披针形，长5～7 mm。顶生圆锥花序长4～10 cm。核果近球形或倒卵形，长约1 cm；果柄短。花期6～7月。

龙眼洞水库旁。分布于中国华南地区及云南。印度、印度尼西亚也有分布。药用可清黄气，消热毒，作茶饮去食积。

2. 黄麻

Corchorus capsularis L.

直立木质草本，高1～2 m，无毛。叶纸质，卵状披针形至狭窄披针形，长5～12 cm，宽2～5 cm，先端渐尖，基部圆形，两面均无毛，三出脉的两侧脉上行不过半，中脉有侧脉6～7对，边缘有粗锯齿；叶柄长约2 cm，有柔毛。花单生或数朵排成腋生聚伞花序，有短的花序柄及花柄。蒴果球形。花期夏季，果秋后成熟。

4. 刺蒴麻属 Triumfetta L.

直立或匍匐草本或为亚灌木。叶互生，不分裂或掌状3～5裂，有基出脉，边缘有锯齿。花两性，单生或数朵排成腋生或腋外生的聚伞花序；萼片5枚，离生。花瓣与萼片同数，离生；雄蕊5枚至多数，离生。蒴果近球形，3～6片裂开，或不开裂，表面具针刺；刺的先端尖细劲直或有倒钩；种子有胚乳。

龙眼洞林场有1种。

刺蒴麻
Triumfetta rhomboidea Jacq.

亚灌木；嫩枝被灰褐色短茸毛。叶纸质，生于茎下部的阔卵圆形，长3~8 cm，宽2~6 cm，先端常3裂，基部圆形；生于上部的长圆形；叶面有疏毛，叶背有星状柔毛。聚伞花序数枝腋生，花序柄及花柄均极短；萼片狭长圆形，长5 mm，顶端有角，被长毛；花瓣比萼片略短，黄色；子房有刺毛。果球形，不开裂，被灰黄色柔毛，具长约2 mm的勾针刺，有种子2~6颗。花期夏秋季间。

龙眼洞筲箕窝（王发国等5718），帽峰山—2林班。产于中国广西、广东、云南、福建、台湾。亚洲热带地区及非洲有分布。全株供药用，辛温，消风散毒，治毒疮及肾结石。

128 A. 杜英科 Elaeocarpaceae

常绿或半落叶木本。叶为单叶，互生或对生，具柄，托叶存在或缺。花单生或排成总状或圆锥花序，两性或杂性；苞片有或无；萼片4~5枚，分离或连合，通常镊合状排列；花瓣4~5枚，镊合状或覆瓦状排列，有时不存在，先端撕裂或全缘。果为核果或蒴果，有时果皮外侧有针刺；种子椭圆形，有丰富胚乳，胚扁平。

龙眼洞林场有1属，3种。

杜英属 Elaeocarpus L.

乔木。叶通常互生，边缘有锯齿或全缘，叶背或有黑色腺点，常有长柄；托叶存在，线形，稀为叶状，或有时不存在。总状花序腋生或生于无叶的去年枝条上，两性，有时两性花与雄花并存；萼片4~6枚，分离，镊合状排列；花瓣4~6枚，白色，分离。果为核果，1~5室，内果皮硬骨质，表面常有沟纹；种子每室1颗，胚乳肉质，子叶薄。

龙眼洞林场有3种。

1. *长芒杜英
Elaeocarpus apiculatus Masters

乔木，高达30 m，胸高直径达2 m，树皮灰色；小枝粗壮，直径8~12 mm，被灰褐色柔毛，有多数圆形的叶柄遗留斑痕，干后皱缩多直条纹。叶聚生于枝顶，革质，倒卵状披针形，长11~20 cm，宽5~7.5 cm，先端钝。总状花序生于枝顶叶腋内。核果椭圆形，长3~3.5 cm，有褐色茸毛。花期8~9月，果实在冬季成熟。

龙眼洞林场—天鹿湖站。栽培。分布于中国云南南部、广东和海南。中南半岛及马来西亚也有分布。木材结构细致、质硬，适作建筑、家具和板料用材。

2. 中华杜英
Elaeocarpus chinensis (Gardn. et Champ.) Hook. f. ex Benth.

常绿小乔木，高3~7 m；嫩枝有柔毛，老枝秃净，干后黑褐色。叶薄革质，卵状披针形或披针形，长5~8 cm，宽2~3 cm，先端渐尖，基部圆形，稀为阔楔形，叶面绿色有光泽，叶背有细小黑腺点。总状花序生于无叶的去年枝条上，长3~4 cm，花序轴有微毛。核果椭圆形，长不到1 cm。花期5~6月。

龙眼洞筲箕窝（王发国等6074）。分布于中国广东、广西、浙江、福建、江西、贵州和云南。老挝、越南北部也有分布。树皮和果皮含鞣质，可提制栲胶。

3. 山杜英
Elaeocarpus sylvestris (Lour.) Poir.

小乔木，高约10 m；小枝纤细，通常秃净无毛；老枝干后暗褐色。叶纸质，倒卵形或倒披针形，长4～8 cm，宽2～4 cm，幼态叶长达15 cm，宽达6 cm，上下两面均无毛，干后黑褐色，不发亮，先端钝，或略尖，基部窄楔形。核果细小，椭圆形，长1～1.2 cm，内果皮薄骨质，有腹缝沟3条。花期4～5月。

帽峰山帽峰工区焦头窝，帽峰山帽峰工区山顶管理处，沿山谷周边。分布于中国华南地区、福建、浙江、江西、湖南、贵州、四川及云南。越南、老挝、泰国也有分布。本种对水土保持、森林防火、园林绿化有重要价值。

130. 梧桐科 Sterculiaceae

乔木或灌木，稀为草本或藤本，高达15 m。叶互生，单叶，稀为掌状复叶，全缘、具齿、3～5浅裂或深裂，叶面近无毛，叶背短柔毛，通常有托叶。萼片5枚，稀为3～4枚，或多或少合生，稀完全分离，镊合状排列；花瓣5片或无花瓣，分离或基部与雌雄蕊柄合生，排成旋转的覆瓦状排列。果通常为蒴果或蓇葖，开裂或不开裂，极少为浆果或核果；种子有胚乳或无胚乳，胚直立或弯生，胚轴短。

龙眼洞林场有4属，4种。

1. 刺果藤属 Byttneria Loefl.

草本、灌木或乔木，但多为藤本。叶的形态不一，多为圆形或卵形。聚伞花序顶生或腋生，花小；萼片5枚，基部连合；花瓣5枚，具爪，上部凹陷似盔状，顶端有长带状附属体。蒴果圆球形，有刺，成熟时分裂为5个果瓣，果瓣与中轴分离并在室背开裂；种子每室有1个，无胚乳，子叶褶合。

龙眼洞林场有1种。

果藤（刺果藤）
Byttneria aspera Colebr.

木质大藤本，小枝的幼嫩部分略被短柔毛。叶广卵形、心形或近圆形，长7～23 cm，宽5.5～16 cm，顶端钝或急尖，基部心形，叶面几无毛，叶背被白色星状短柔毛，基生脉5条；叶柄长2～8 cm，被毛。花小，淡黄白色，内面略带紫红色。果圆球形或卵状圆球形，直径3～4 cm，具短而粗的刺，被短柔毛；种子长圆形，长约12 mm，成熟时黑色。花期春夏季。

龙眼洞筲箕窝至火烧天（筲箕窝—6林班；王发国等5929），帽峰山帽峰工区焦头窝。产于中国广东、广西、云南3省区的中部和南部。印度、越南、柬埔寨、老挝、泰国等地也有分布。本种的茎皮纤维可以制绳索。

2. 山芝麻属 Helicteres L.

乔木或灌木；枝或多或少被星状柔毛。叶为单叶，全缘或具锯齿。花两性，单生或排成聚伞花序，腋生，稀顶生；小苞片细小；萼筒状，5裂，裂片常不相等而成二唇状；花瓣5枚，彼此相等或成二唇状；子房5室，有5棱，每室有胚珠多个，花柱5枚，线形，顶端略厚而成柱头状。成熟的蒴果劲直或螺旋状扭曲，通常密被毛；种子有多数瘤状突起。

龙眼洞林场有1种。

山芝麻（坡油麻、山油麻、狭叶山芝麻）
Helicteres angustifolia L.

小灌木，高达1 m，小枝被灰绿色短柔毛。叶狭矩圆形或条状披针形，长3.5～5 cm，宽1.5～2.5 cm，顶端钝或急尖，基部圆形，叶面无毛或几无毛，叶背被灰白色叶柄长5～7 mm。聚伞花序有2至数朵花；花梗通常有锥尖状的小苞片4枚；花瓣5枚，不等大，淡红色或紫红色，比萼略长，基部有2个耳状附属体。蒴果卵状矩圆形，长12～20 mm，宽7～8 mm，顶端急尖，密被星状及混生长茸毛；种子小，褐色，有椭圆形小斑点。花期几乎全年。

龙眼洞后山至火炉山防火线附近（王发国等5671），帽峰山帽峰工区焦头窝。产于中国广东、广西、湖南、江西南部、云南、福建和台湾。印度、缅甸、马来西亚、泰国、越南、老挝、柬埔寨、印度尼西亚、菲律宾等地也有分布。本种的茎皮纤维可作混纺原料；根可药用，叶捣烂敷患处可治疮疖。

杜英科Elaeocarpaceae / 梧桐科Sterculiaceae / 锦葵科Malvaceae

3. 翅子树属 Pterospermum Schreber

乔木或灌木，被星状茸毛或鳞秕。叶革质，单叶，分裂或不裂，全缘或有锯齿，通常偏斜；托叶早落。花单生或数朵排成聚伞花序，两性；小苞片通常3枚，全缘、条裂或掌状裂，稀无小苞片；萼5裂，有时裂至近基部；花瓣5枚。蒴果木质或革质，多为木质，圆筒形或卵形，有或无棱角，室背开裂为5个果瓣；种子有长翅，翅矩圆形，膜质；子叶叶状，常褶合；胚乳很薄。

龙眼洞林场有1种。

翻白叶树

Pterospermum heterophyllum Hance

乔木，高达20 m；树皮灰色或灰褐色；小枝被黄褐色短柔毛。叶二型，生于幼树或萌蘖枝上的叶盾形，直径约15 cm，掌状3～5裂，基部截形而略近半圆形，叶面几无毛，叶背密被黄褐色星状短柔毛；叶柄长12 cm，被毛；生于成长的树上的叶矩圆形至卵状矩圆形，长7～15 cm，宽3～10 cm，顶端钝、急尖或渐尖，基部钝、截形或斜心形，叶背密被黄褐色短柔毛；叶柄长1～2 cm，被毛。花单生或排成聚伞花序。蒴果木质，长卵形；种子具膜质翅。花期秋季。

龙眼洞荔枝园至太和章附近（王发国等5783）。分布于中国广东、福建、广西。适于作上等家具、文具、天花板等的原料，亦可供细木工用材；也有药用价值。

4. 苹婆属 Sterculia L.

乔木或灌木。叶为单叶，全缘、具齿或掌状深裂，稀为掌状复叶。花序通常排成圆锥花序，稀为总状花序，通常腋生；花单性或杂性，萼5浅裂或深裂，无花瓣；雄花的花药聚生于雌雄蕊柄的顶端，包围着退化雌蕊。蓇葖果革质或木质，但多为革质，成熟时始开裂，内有种子1颗或多颗；种子通常有胚乳。

龙眼洞林场有1种。

假苹婆（鸡冠木、赛苹婆）

Sterculia lanceolata Cav.

乔木，小枝幼时被毛。叶椭圆形、披针形或椭圆状披针形，长9～20 cm，宽3.5～8 cm，顶端急尖，基部钝形或近圆形，叶面无毛，叶背几无毛，侧脉每边7～9条，弯拱，在近叶缘不明显联结；叶柄长2.5～3.5 cm。花淡红色，萼片5枚，仅于基部连合，向外开展如星状。种子黑褐色，椭圆状卵形，直径约1 cm。每果有种子2～4颗。花期4～6月。

龙眼洞筲箕窝至火烧天（筲箕窝—6林班；王发国等5883），帽峰山帽峰工区焦头窝，帽峰山—2林班。分布于中国华南、云南、贵州和四川南部。缅甸、泰国、越南和老挝也有分布。本种是石山绿化、城市郊区生态风景林的好树种，亦可作为城市园林风景树和绿荫树。

132. 锦葵科 Malvaceae

草本、灌木至乔木。叶互生，单叶或分裂，叶脉通常掌状，具托叶。花腋生或顶生，单生、簇生、聚伞花序至圆锥花序；花两性，辐射对称；萼片3～5枚，分离或合生；花瓣5枚，彼此分离，但与雄蕊管的基部合生。果为蒴果，很少浆果状；种子肾形或倒卵形，被毛至光滑无毛，有胚乳。子叶扁平，折叠状或回旋状。

龙眼洞林场有4属，7种。

1. 黄葵属（秋葵属）Abelmoschus Medicus

一年生、二年生或多年生草本。叶全缘或掌状分裂。花单生于叶腋；小苞片5～15枚，线形，很少为披针形；花萼佛焰苞状，一侧开裂，先端具5齿，早落；花黄色或红色，漏斗形，花瓣5枚。蒴果长尖，室背开裂，密被长硬毛；种子肾形或球形，多数，无毛。

龙眼洞林场有1种。

黄葵（山油麻、野棉花）
Abelmoschus moschatus (L.) Medicus

一年或二年生草本，高1～2 m，被粗毛。叶通常掌状5～7深裂，直径6～15 cm，裂片披针形至三角形，边缘具不规则锯齿，偶有浅裂，基部心形，两面均疏被硬毛；叶柄长7～15 cm，疏被硬毛；托叶线形，长7～8 mm。花单生于叶腋间，花梗长2～3 cm，被倒硬毛；花黄色，内面基部暗紫色，直径7～12 cm。蒴果长圆形，长5～6 cm，顶端尖，被黄色长硬毛；种子肾形，具腺状脉纹，具香味。花期6～10月。

龙眼洞筲箕窝（王发国等5734）。中国广东、广西、江西、台湾、湖南和云南等地栽培或野生。分布于越南、老挝、柬埔寨、泰国和印度。种子具香味，用水蒸气蒸馏法可提制芳香油，是名贵的高级调香料。

2. 苘麻属 Abutilon Miller

草本、亚灌木状或灌木。叶互生，基部心形，具掌状叶脉。花顶生或腋生，单生或排列成圆锥花序状；小苞片缺失；花萼钟状，裂片5枚；花冠钟形、轮形，很少管形，花瓣5枚，基部连合，与雄蕊柱合生。蒴果近球形、陀螺状、磨盘状或灯笼状，分果爿8～20个；种子肾形。

龙眼洞林场有1种。

磨盘草
Abutilon indicum (L.) Sweet

一年生或多年生直立的亚灌木状草本，高达1～2.5 m，分枝多，全株均被灰色短柔毛。叶卵圆形或近圆形，长3～9 cm，宽2.5～7 cm，先端短尖或渐尖，基部心形，边缘具不规则锯齿，两面均密被灰色星状柔毛；叶柄长2～4 cm，被灰色短柔毛和疏丝状长毛，毛长约1 mm。花单生于叶腋，花梗长达4 cm，近顶端具节，被灰色星状柔毛；花萼盘状，绿色，直径6～10 mm，密被灰色柔毛，裂片5枚，宽卵形，先端短尖；花黄色，直径2～2.5 cm，花瓣5枚，长7～8 mm。果为倒圆形似磨盘，直径约1.5 cm，黑色。花期7～10月。

龙眼洞。分布于中国广东、广西、台湾、福建、贵州和云南等地。也分布于越南、老挝、柬埔寨、泰国、斯里兰卡、缅甸、印度和印度尼西亚等热带地区。药用可治泄泻、淋病、耳鸣耳聋、疝气、痈肿、荨麻疹。

3. 黄花稔属 Sida L.

草本或亚灌木，具星状毛。叶为单叶或稍分裂。花单生、簇生或几圆锥花序式，腋生或顶生；无小苞片；萼钟状或杯状，5裂；花瓣黄色，5枚，分离，基部合生。蒴果盘状或球形，分果爿顶端具2芒或无芒，成熟时与中轴分离。

龙眼洞林场有3种。

1. 黄花稔
Sida acuta Burm. f.

直立亚灌木状草本，高1～2 m；分枝多，小枝被柔毛至近无毛。叶披针形，长2～5 cm，宽4～10 mm，先端短尖或渐尖，基部圆或钝，具锯齿，两面均无毛或疏被星状柔毛，叶面偶被单毛；叶柄长4～6 mm，疏被柔毛；托叶线形，与叶柄近等长。花单朵或成对生于叶腋，花梗长4～12 mm，被柔毛，中部具节；萼浅杯状，无毛，长约6 mm；花黄色，直径8～10 mm，花瓣倒卵形，先端圆，基部狭长6～7 mm，被纤毛。蒴果近圆球形，长约3.5 mm，顶端具2短芒，果皮具网状皱纹。花期冬春季。

帽峰山—2林班，龙眼洞林场—天鹿湖站。分布于中国广东、海南、广西和云南等地。印度、缅甸、老挝、柬埔寨、泰国和越南也有分布。茎皮纤维供绳索料；根叶作药用，有抗菌消炎之功。

2. 白背黄花稔
Sida rhombifolia L.

直立亚灌木，高约1 m，分枝多，枝被星状绵毛。叶菱形或长圆状披针形，长25～45 mm，宽6～20 mm，先端浑圆至短尖，基部宽楔形，边缘具锯齿，叶面疏被星状柔毛至近无毛，叶背被灰白色星状柔毛；叶柄长3～5mm，被星状柔毛；托叶纤细，刺毛状，与叶柄近等长。花单生于叶腋；萼杯形，长4～5mm，被星状短绵毛，裂片5枚，三角形；花黄色，直径约1cm，花瓣倒卵形，长约8mm，先端圆，基部狭。果半球形，直径6～7mm，被星状柔毛，顶端具2短芒。花期秋冬季。

天鹿湖森林公园（王发国等6227）。产于中国广东、广西、台湾、福建、贵州、云南、四川和湖北等地。广泛分布于世界热带地区。茎皮纤维可代麻；全草入药，有疏风解热、散瘀拔毒之效。

3. 榛叶黄花稔
Sida subcordata Span.

叶柄长2～6cm，疏被星状柔毛；托叶线形，长3～4mm，疏被星状柔毛。花序排列成伞房花序至亚圆锥花序，顶生或腋生，总花梗长2～7cm，小花梗长约6～20mm，中部具节，均疏被星状柔毛；花萼长8～11mm，疏被星状柔毛，裂片5枚，三角形；花冠黄色，直径约2cm，花瓣倒卵形，长约1.2cm。蒴果近球形，直径约1cm；种子卵形，端密被褐色短柔毛。花期冬春季。

龙眼洞凤凰山（场部—3林班；王发国等5977）。分布于中国广东和广西。也分布于越南、老挝、缅甸、印度和印度尼西亚等热带地区。可观赏。

4. 梵天花属 Urena L.

多年生草本或灌木，被星状柔毛。叶互生，圆形或卵形，掌状分裂或深波状。花单生或近簇生于叶腋，或集生于小枝端；小苞片钟形，5裂；花萼穹隆状，深5裂；花瓣5枚，外面被星状柔毛；子房5室，每室具胚珠1颗，花柱分枝10，反曲，柱头盘状，顶端具睫毛。果近球形，不开裂，但与中轴分离；种子倒卵状三棱形或肾形，无毛。

龙眼洞林场有2种。

1. 地桃花
Urena lobata L.

直立亚灌木状草本，高达1m。小枝被星状茸毛。叶互生；叶柄长1～4cm，被灰白色星状柔毛；托叶线形，长约2mm，早落；茎下部的叶近圆形，先端浅3裂，基部圆形或近心形，边缘具锯齿；中部的叶卵形，长5～7cm，宽3～6.5cm；上部的叶长圆形至披针形；叶上面被柔毛，叶背被灰白色星状茸毛。花腋生，单生或稍丛生，淡红色，直径约15mm；花梗长3mm，被绵毛；小苞片5，长约6mm，基部合生；花萼杯状，裂片5枚，较小苞片略短，两者均被星状柔毛；花瓣5枚，倒卵形，长约15mm，外面被星状柔毛。果扁球形，直径约1cm。花期7～10月。

龙眼洞筲箕窝（王发国等5726），帽峰山—6林班，帽峰山莲花顶森林公园—7林班，帽峰山帽峰工区焦头窝。中国长江以南地区均有分布。药用有祛风利湿、活血消肿、清热解毒的功效。

2. 梵天花
Urena procumbens L.

小灌木，高达80 cm，枝平铺，小枝被星状茸毛。叶下部生的轮廓为掌状3～5深裂，裂口深达中部以下，圆形而狭，长1.5～6 cm，宽1～4 cm，裂片菱形或倒卵形，呈葫芦状，先端钝，基部圆形至近心形，具锯齿，两面均被星状短硬毛，叶柄长4～15 mm，被茸毛；托叶钻形，长约1.5 mm，早落。花单生或近簇生，花梗长2～3 mm；小苞片长约7 mm，基部1/3处合生，疏被星状毛；花冠淡红色，花瓣长10～15 mm。果球形，直径约6 mm，具刺和长硬毛，刺端有倒钩；种子平滑无毛。花期6～9月。

龙眼洞水库旁。分布于中国广东、广西、浙江、福建等地。梵天花茎皮含韧皮纤维，供纺织和搓绳索，常用作麻类的代用品。

136. 大戟科 Euphorbiaceae

乔木、灌木或草本，稀为木质或草质藤本，根木质，稀为肉质块根，通常无刺，常有乳状汁液，白色，稀为淡红色。叶互生，少有对生或轮生，单叶，稀为复叶，或叶退化呈鳞片状，边缘全缘或有锯齿，稀为掌状深裂；具羽状脉或掌状脉；叶柄长至极短，基部或顶端有时具有1～2枚腺体；托叶2枚，着生于叶柄的基部两侧，早落或宿存，稀托叶鞘状，脱落后具环状托叶痕。花单性，雌雄同株或异株，单花或组成各式花序，通常为聚伞或总状花序；萼片分离或在基部合生，覆瓦状或镊合状排列。种子常有显著种阜，胚乳丰富、肉质或油质，胚大而直或弯曲，子叶通常扁而宽，稀卷叠式。

龙眼洞林场有17属，34种。

1. 铁苋菜属 Acalypha L.

一年生或多年生草本，灌木或小乔木。叶互生，通常膜质或纸质，叶缘具齿或近全缘，具基出脉3～5条或为羽状脉；叶柄长或短；托叶披针形或钻状，有的很小，凋落。雌雄同株，稀异株，花序腋生或顶生，雌雄花同序或异序；花萼裂片4枚，镊合状排列。蒴果，小，果皮具毛或软刺；种子近球形或卵圆形，种皮壳质，有时具明显种脐或种阜。

龙眼洞林场有1种。

铁苋菜（蛤蜊花、海蚌含珠、蚌壳草）
Acalypha australis L.

叶膜质，长卵形、近菱状卵形或阔披针形，长3～9 cm，宽1～5 cm，顶端短渐尖，基部楔形，稀圆钝，边缘具圆锯，叶面无毛，叶背沿中脉具柔毛；基出脉3条，侧脉3对；叶柄长2～6 cm，具短柔毛；托叶披针形，长1.5～2 mm，具短柔毛。蒴果直径约4 mm，具3个分果爿，果皮具疏生毛和毛基变厚的小瘤体；种子近卵状，长1.5～2 mm，种皮平滑，假种阜细长。花果期4～12月。

龙眼洞凤凰山（场部—3林班；王发国等5992）。中国除西部高原或干燥地区外，大部分地区均产。俄罗斯远东地区、朝鲜、日本、菲律宾、越南、老挝也有分布。全草或地上部分入药，具有清热解毒、利湿消积、收敛止血的功效。

帽峰山莲花顶森林公园—7林班，帽峰山帽峰工区焦头窝，帽峰山—6林班，龙眼洞，常见。产于中国华南、福建、江西、湖南。泰国、越南、日本也有分布。可供观赏。

2. 山麻杆属 Alchornea Sw.

乔木或灌木；嫩枝无毛或被柔毛。叶互生，纸质或膜质，边缘具腺齿，基部具斑状腺体，具2枚小托叶或无；羽状脉或掌状脉；托叶2枚。花雌雄同株或异株，花序穗状或总状或圆锥状，雄花多朵簇生于苞腋，雌花1朵生于苞腋，花无花瓣；雄花：花萼花蕾时闭合的，开花时2～5裂，萼片镊合状排列。蒴果果皮平滑或具小疣或小瘤；种子无种阜，种皮壳质，胚乳肉质，子叶阔，扁平。

龙眼洞林场有1种。

红背山麻杆（红背叶、红帽顶、红背娘）

Alchornea trewioides (Benth.) Muell. Arg.

灌木，高1～2 m；小枝被灰色微柔毛，后变无毛。叶薄纸质，阔卵形，长8～15 cm，宽7～13 cm，顶端急尖或渐尖，基部浅心形或近截平，边缘疏生具腺小齿，叶面无毛，叶背浅红色，仅沿脉被微柔毛，基部具斑状腺体4个；基出脉3条；叶柄长7～12 cm；托叶钻状，长3～5 mm，具毛，凋落。雌雄异株；萼片5 (6)枚，披针形，长3～4 mm，被短柔毛，其中1枚的基部具1个腺体。蒴果球形，具3圆棱，直径8～10 mm，果皮平坦，被微柔毛；种子扁卵状，长约6 mm。花期3～5月，果期6～8月。

3. 五月茶属 Antidesma L.

乔木或灌木。单叶互生，全缘；羽状脉；叶柄短；托叶2枚，小。花小，雌雄异株，组成顶生或腋生的穗状花序或总状花序，有时圆锥花序，无花瓣；雄花：花萼杯状，3～5裂，稀8裂，裂片覆瓦状排列；花盘环状或垫状；花柱2～4，短，顶生或侧生，顶端通常2裂。核果通常卵珠状，干后有网状小窝孔，内有种子通常1颗；种子小，胚乳肉质，子叶扁而宽。

龙眼洞林场有3种。

1. 五月茶（五味子）

Antidesma bunius (L.) Spreng.

乔木，高达10 m；小枝有明显皮孔；除叶背中脉、叶柄、花萼两面和退化雌蕊被短柔毛或柔毛外，其余均无毛。叶片纸质，长椭圆形、倒卵形或长倒卵形，长8～23 cm，宽3～10 cm，顶端急尖至圆，基部宽楔形或楔形，叶面深绿色，常有光泽，叶背绿色；侧脉每边7～11条，在叶面扁平，干后凸起，在叶背稍凸起。雄花序为顶生的穗状花序，长6～17 cm；雄花：花萼杯状，顶端3～4分裂，裂片卵状三角形。核果近球形或椭圆形，长8～10 mm，直径8 mm，成熟时红色；果梗长约4 mm。

龙眼洞凤凰山（场部—3林班；王发国等5980）。分布于中国华南地区。广布于亚洲热带地区直至澳大利亚昆士兰州。药用有止咳、止泻、解毒的功效。

2. 黄毛五月茶

Antidesma fordii Hemsl.

小乔木，高达7 m；枝条圆柱形；小枝、叶柄、托叶、花序轴被黄色茸毛，其余均被长柔毛或柔毛。叶片长圆形、椭圆形或倒卵形，长7～25 cm，宽3～10.5 cm，顶端短渐尖或尾状渐尖，基部近圆或钝，侧脉每边7～11条，在叶背凸起；叶柄长1～3 mm；托叶卵状披针形，长达1 cm。花序顶生或腋生，长8～13 cm；苞片线形，长约1 mm；雄花：多朵组成分枝的穗状花序；花萼5裂；裂片宽卵形，长和宽约1 mm；花盘5裂；子房椭圆形，长3 mm，花柱3，顶生，柱头2深裂。核果纺锤形，长约7 mm，直径4 mm。花期3～7月，果期7月至翌年1月。

帽峰山帽峰工区山顶管理处，沿山谷周边，帽峰山—8林班（王发国等6153）。分布于中国广东、海南、广西、福建、云南等地。老挝、越南也有分布。可供建筑、家具、车辆、农具、器具等用材。

3. 方叶五月茶

Antidesma ghaesembilla Gaertn.

乔木，高达10～20 m；除叶面外，全株各部均被柔毛或短柔毛。叶片长圆形、卵形、倒卵形或近圆形，长3～9.5 cm，宽2～5 cm，顶端圆、钝或急尖，有时有小尖头或微凹，基部圆、钝、截形或近心形，边缘微卷；侧脉每边5～7条；叶柄长5～20 mm；托叶线形，早落。雄花：黄绿色，多朵组成分枝的穗状花序；雌花：多朵组成分枝的总状花序；花梗极短；花萼与雄花的相同；花盘环状；子房卵圆形，长约1 mm，花柱3枚，顶生。核果近圆球形，直径约4.5 mm。花期3～9月，果期6～12月。

帽峰山—十八排（王发国等6214）。分布于中国华南、云南。亚洲东部、东南部也有分布。可供药用，叶可治小儿头痛，茎有通经之效，果可通便、泻泄。

4. 银柴属 Aporosa Blume

乔木或灌木。单叶互生，全缘或具疏齿，具叶柄，叶柄顶端通常具有小腺体；托叶2枚。花单性，雌雄异株，稀同株，多朵组成腋生穗状花序；花序单生或数枝簇生；雄花序比雌花序长；具苞片；花梗短；无花瓣及花盘；雄花：萼片3～6枚，近等长，膜质，覆瓦状排列；雌花：萼片3～6枚，比子房短；子房通常2室，稀3～4室，每室有胚珠2颗，花柱通常2，稀3～4，顶端浅2裂而通常呈乳头状或流苏状。蒴果核果状，成熟时呈不规则开裂，内有种子1～2颗；种子胚乳肉质，子叶扁而宽。

龙眼洞林场有1种。

银柴

Aporosa dioica Muell. Arg.

乔木，高达9 m，在次生森林中常呈灌木状，高约2 m；小枝被稀疏粗毛，老渐无毛。叶片革质，椭圆形、长椭圆形、倒卵形或倒披针形，长6～12 cm，宽3.5～6 cm，顶端圆至急尖，基部圆或楔形，全缘或具有稀疏的浅锯齿，叶面无毛而有光泽，叶背初时仅叶脉上被稀疏短柔毛，老渐无毛；侧脉每边5～7条，未达叶缘面弯拱联结；叶柄长5～12 mm，被稀疏短柔毛；托叶卵状披针形，长4～6 mm。雄穗状花序长约3 cm；子房卵圆形，密被短柔毛，2室，每室有胚珠2颗。蒴果椭圆状，长1～1.3 cm，被短柔毛，内有种子2颗；种子近卵圆形，长约9 mm，宽约5.5 mm。花果期几乎全年。

龙眼洞荔枝园至太和章附近（王发国等5768），龙眼洞凤凰山（场部—3林班；王发国等6010，6027），帽峰山莲花顶森林公园—7林班，帽峰山帽峰工区焦头窝，常见。在中国分布于华南、云南等地。越南、马来西亚、印度、缅甸也有分布。银柴对大气污染的抗逆性较强，可作为营造景观生态林、生态公益林、城市防护林带、防火林带的优良树种。

5. 重阳木属 Bischofia Blume

大乔木，有乳管组织，汁液呈红色或淡红色。叶互生，三出复叶，稀5小叶，具长柄，小纤片边缘具有细锯齿；托叶小，早落。花单性，雌雄异株，稀同株，组成腋生圆锥花序或总状花序；花序通常下垂；无花瓣及花盘；萼片5枚，离生；雄花：萼片镊合状排列；雌花：萼片覆瓦状排列，形状和大小与雄的相同；子房上位，3室，稀4室，每室有胚珠2颗，花柱2～4枚，长而肥厚，顶端伸长，直立或外弯。果实小，浆果状，圆球形，不分裂，外果皮肉质，内果皮坚纸质；种子3～6颗，长圆形，外种皮脆壳质，胚乳肉质，胚直立，子叶宽而扁平。

龙眼洞林场有1种。

秋枫

Bischofia javanica Blume

常绿或半常绿大乔木，高达40 m，胸径可达2.3 m；树干圆满通直，但分枝低，主干较短；树皮灰褐色至棕褐色，厚约1 cm，近平滑，老树皮粗糙，内皮纤维质，稍脆；砍伤树皮后流出汁液红色，干凝后变瘀血状；木材鲜时有酸味，干后无味，表面槽棱突起；小枝无毛。三出复叶，稀5小叶。果实浆果状，圆球形或近圆球形，直径6～13 mm，淡褐色；种子长圆形，长约5 mm。花期4～5月，果期8～10月。

帽峰山帽峰工区山顶管理处，沿山谷周边，帽峰山—8林班（王发国等6156）。分布于中国秦岭以南。亚洲东南部也有分布。宜作庭园树和行道树，也可在草坪、湖畔、溪边、堤岸栽植。

6. 黑面神属 Breynia J. R. Forst. et G. Forst.

灌木或小乔木。单叶互生，二列，全缘，干时常变黑色，羽状脉，具有叶柄和托叶。花雌雄同株，单生或数朵簇生于叶腋，具有花梗；无花瓣和花盘；雄花：花萼呈陀螺状、漏斗状或半球状，顶端边缘通常6浅裂或细齿裂；雌花：花萼半球状、钟状至辐射状，6深裂或6浅裂，稀5浅裂，结果时常增大而呈盘状；子房3室，每室有胚珠2颗，花柱3枚，顶端通常2裂。蒴果常呈浆果状，不开裂，外果皮多少肉质，干后常变硬，具有宿存的花萼；种子三棱状，种皮薄，无种阜。

龙眼洞林场有1种。

黑面神（黑面叶、钟馗草）

Breynia fruticosa (L.) Hook. f.

灌木，高1～3 m；茎皮灰褐色；枝条上部常呈扁压状，紫红色；小枝绿色；全株均无毛。叶片革质，卵形、阔卵形或菱状卵形，长3～7 cm，宽1.8～3.5 cm，两端钝或急尖，叶面深绿色，叶背粉绿色，干后变黑色，具有小斑点；侧脉每边3～5条；叶柄长3～4 mm；托叶三角状披针形，长约2 mm。花小，单生或2～4朵簇生于叶腋内；雄花：花梗长2～3 mm；花萼陀螺状，长约2 mm，厚，顶端6齿裂；雌花：花梗长约2 mm；花萼钟状，6浅裂，直径约4 mm，萼片近相等，顶端近截形。蒴果圆球状，直径6～7 mm，有宿存的花萼。

龙眼洞后山至火炉山防火线附近（王发国等5679），帽峰山帽峰工区焦头窝（王发国等6058）。分布于中国华南、华东及西南。越南也有分布。根、叶供药用，可治肠胃炎、咽喉肿痛、风湿骨痛、湿疹、高血脂病等。

有分布。其叶可以治外伤出血、跌打损伤；根治感冒、神经衰弱、月经不调等。

8. 蝴蝶果属 Cleidiocarpon Airy Shaw

乔木；嫩枝被微星状毛。叶互生，全缘，羽状脉；叶柄具叶枕；托叶小。圆锥状花序，顶生，花雌雄同株，无花瓣，花盘缺，雄花多朵在苞腋排成团伞花序，稀疏地排列在花序轴上，雌花1～6朵，生于花序下部；雄花：花萼花蕾时近球形，萼裂片3～5枚，镊合状排列；雌花：萼片5～8枚，覆瓦状排列，宿存。果核果状，近球形或双球形，基部急狭呈柄状，具宿存花柱基，外果皮壳质，具微皱纹，密被微星状毛；种子近球形，胚乳丰富，子叶扁平。

龙眼洞林场有1种。

7. 土蜜树属 Bridelia Willd.

乔木或灌木，稀木质藤本。单叶互生，全缘，羽状脉，具叶柄和托叶。花小，单性同株或异株，多朵集成腋生的花束或团伞花序；花5数，有梗或无梗；萼片镊合状排列，果时仍宿存；花瓣小，鳞片状；雄花：花盘杯状或盘状；雌花：花盘圆锥状或坛状，包围着子房。核果或为具肉质外果皮的蒴果，1～2室，每室有1～2颗种子；种子具纵沟纹，胚弯曲。

龙眼洞林场有1种。

土蜜树（逼迫子）
Bridelia tomentosa Blume

直立灌木或小乔木，通常高为2～5 m，稀达12 m；树皮深灰色；枝条细长；除幼枝、叶背、叶柄、托叶和雌花的萼片外面被柔毛或短柔毛外，其余均无毛。叶片纸质，长圆形、长椭圆形或倒卵状长圆形，稀近圆形，长3～9 cm，宽1.5～4 cm，顶端锐尖至钝，基部宽楔形至近圆，叶面粗涩，叶背浅绿色；花雌雄同株或异株，簇生于叶腋；萼片三角形，长和宽约1 mm；花瓣倒卵形或匙形，顶端全缘或有齿裂，比萼片短；花盘坛状，包围子房。核果近圆球形，直径4～7 mm，2室；种子褐红色，长卵形，有纵槽，背面稍凸起，有纵条纹。

龙眼洞凤凰山（场部—3林班；王发国等5988），帽峰山帽峰工区焦头窝，帽峰山—十八排。分布于中国华南、福建、台湾和云南等地。亚洲东南部至澳大利亚也

*蝴蝶果
Cleidiocarpon cavaleriei (Levl.) Airy Shaw

乔木，高达25 m；幼嫩枝、叶疏生微星状毛，后变无毛。叶纸质，椭圆形、长圆状椭圆形或披针形，长6～22 cm，宽1.5～6 cm，顶端渐尖，稀急尖，基部楔形；小托叶2枚，钻状，长0.5 mm，上部凋萎，基部稍膨大，干后黑色；叶柄长1～4 cm，顶端枕状，基部具叶枕；托叶钻状，长1.5～2.5 mm，有时基部外侧有1个腺体。果呈偏斜的卵球形或双球形，具微毛，直径约3 cm或5 cm，基部骤狭呈柄状，长0.5～1.5 cm；种子近球形，直径约2.5 cm，种皮骨质，厚约1 mm。花果期5～11月。

龙眼洞林场—天鹿湖站。栽培。分布于中国云南东南部、广西西部、贵州。越南北部也有分布。可提取作食用油，味如芝麻油和花生油混合。

9. 巴豆属 Croton L.

乔木或灌木，稀亚灌木，通常被星状毛或鳞腺，稀近无毛。叶互生，稀对生或近轮生；羽状脉或具掌状脉；叶柄顶端或叶片近基部常有2枚腺体，有时叶缘齿端或齿间有腺体；托叶早落。花雌雄同株（或异株），花序顶生或腋生，总状或穗状；雄花：花萼通常具5裂片，覆瓦状或近镊合状排列；雌花：花萼具5裂片，宿存，有时花后增大；花瓣细小或缺；花盘环状或腺体鳞片状；种子平滑，种皮脆壳质，胚乳肉质。

龙眼洞林场有2种。

1. 毛果巴豆
Croton lachnocarpus Benth.

灌木，高1～2.5 m；一年生枝条、幼叶、花序和果均密被星状柔毛；老枝近无毛。叶纸质，长圆形、长圆状椭圆形至椭圆状卵形，稀长圆状披针形，长4～12 cm，宽1.5～4 cm，顶端钝、短尖至渐尖，基部近圆形至微心形，边缘有不明显细锯齿。总状花序1～3个，顶生，长6～12 cm，苞片钻形，长约1 mm；雄花：萼片卵状三角形，被星状毛，花瓣长圆形；雌花：萼片披针形，长约2.5 mm，被星状柔毛。蒴果稍扁球形，直径6～10 mm；被毛；种子椭圆状，暗褐色，光滑。花期4～5月。

2. 巴豆
Croton tiglium L.

叶纸质，卵形，稀椭圆形，长7～12 cm，宽3～7 cm，顶端短尖，稀渐尖，有时长渐尖，基部阔楔形至近圆形，稀微心形，边缘有细锯齿，有时近全缘，成长叶无毛或近无毛，干后淡黄色至淡褐色。总状花序，顶生，长8～20 cm，苞片钻状，长约2 mm；雄花：花蕾近球形，疏生星状毛或几无毛；雌花：萼片长圆状披针形，长约2.5 mm，几无毛；子房密被星状柔毛，花柱2深裂。蒴果椭圆状，长约2 cm，直径1.4～2 cm，被疏生短星状毛或近无毛；种子椭圆状，长约1 cm，直径6～7 mm。花期4～6月。

帽峰山—十八排（王发国等6218）。分布于中国长江以南各地。亚洲南部、东南部各国、菲律宾、日本南部也有分布。巴豆辛热，有大毒，属于热性泻药，可温肠泻积、逐水消胀。

龙眼洞凤凰山（场部—3林班；王发国等6006），帽峰山—6林班。分布于中国华南、江西、湖南、贵州。药用。

10. 黄桐属 Endospermum Benth.

乔木；枝条圆柱状，有明显髓部。叶互生，叶片基部与叶柄连接处有腺体；托叶2枚。花雌雄异株，无花瓣；雄花几无梗，组成圆锥花序，簇生于苞腋；花萼杯状，3～5浅裂；雌花排成总状花序或有时为少分枝圆锥花序；花萼杯状，4～5齿裂；花盘环状。果核果状，果皮干燥稍近肉质；种子无种阜。

龙眼洞林场有1种。

黄桐（黄虫树）
Endospermum chinense Benth.

乔木，高6～20 m，树皮灰褐色；嫩枝、花序和果均密被灰黄色星状微柔毛；小枝的毛渐脱落，叶痕明显，灰白色。叶薄革质，椭圆形至卵圆形，长8～20 cm，宽4～14 cm，顶端短尖至钝圆形，基部阔楔形、钝圆、截平至浅心形，全缘，两面近无毛或叶背被疏生微星状毛，基部有2枚球形腺体；侧脉5～7对；叶柄长4～9 cm；托叶三角状卵形，长3～4 mm，具毛。果近球形，直径约10 mm，果皮稍肉质；种子椭圆形，长约7 mm。花期5～8月，果期8～11月。

龙眼洞水库旁，火炉山。分布于中国广东、海南、广西、福建南部和云南南部。印度东南部、越南、缅甸、泰国也有分布。干形通直高大，是速生用材树种之一。

11. 大戟属 Euphorbia L.

一年生、二年生或多年生草本，灌木，或乔木；植物体具乳状液汁。根圆柱状，或纤维状，或具不规则块根。叶常互生或对生，少轮生，常全缘，少分裂或具齿或不规则；叶常无叶柄，少数具叶柄，托叶常无，少数存在或呈钻状或呈刺状。杯状聚伞花序，单生或组成复花序，复花序呈单歧或二歧或多歧分枝，多生于枝顶或植株上部，少数腋生；雄花无花被；柱头2裂或不裂。果为蒴果；种子每室1枚，常卵球状，种皮革质，深褐色或淡黄色，具纹饰或否。

龙眼洞林场有2种。

1. 飞扬草
Euphorbia hirta L.

一年生草本。根纤细，长5～11 cm，直径3～5 mm，常不分枝，偶3～5分枝。茎单一，自中部向上分枝或不分枝，高30～60(70) cm，直径约3 mm，被褐色或黄褐色的多细胞粗硬毛。叶对生，披针状长圆形、长椭圆状卵形或卵状披针形，长1～5 cm，宽5～13 mm，先端极尖或钝，基部略偏斜；叶柄极短，长1～2 mm。花序多数，于叶腋处密集成头状，基部无梗或仅具极短的柄，变化较大，且具柔毛。蒴果三棱状，长与直径均约1～1.5 mm，被短柔毛；种子近圆状四棱，每个棱面有数个纵槽，无种阜。花果期6～12月。

龙眼洞，帽峰山。较常见，为外来种。分布于中国华南、华中地区。全草入药，可治痢疾、肠炎、皮肤湿疹、皮炎、疔肿等；鲜汁外用治癣类。

2. 通奶草
Euphorbia hypericifolia L.

一年生草本，长达15 cm，折断有白色乳汁。茎纤细，匍匐，多分枝，通常红色，稍被毛。单叶对生，有短柄，叶片卵圆形至矩圆形，长4～8 mm，宽3～4 mm，先端圆钝，基部偏斜，边缘有极细锯齿。夏日开淡紫色花，花单性，同株；总苞陀螺状，顶端5裂，裂片内面被贴伏的短柔毛。蒴果卵状三角形，有短柔毛。

帽峰山—8林班（王发国等6149）。分布于中国长江以南的广东、广西、海南、江西、台湾、湖南、四川、贵州和云南。世界热带和亚热带地区也有分布。药用有清热利湿，收敛止痒之效。

12. 算盘子属 Glochidion J. R. Forst. et G. Forst.

乔木或灌木。单叶互生，二列，叶片全缘，羽状脉，具短柄。花单性，雌雄同株，稀异株，组成短小的聚伞花序或簇生成花束；雌花束常位于雄花束上部或雌雄花束分生于不同的小枝叶腋内；无花瓣；通常无花盘；雄花：花梗通常纤细；萼片5~6枚，覆瓦状排列；雌花：花梗粗短或几无梗。蒴果圆球形或扁球形，具多条明显或不明显的纵沟，外果皮革质或纸质，内果皮硬壳质，花柱常宿存；种子无种阜。

龙眼洞林场有7种。

1. 毛果算盘子

Glochidion eriocarpum Champ. ex Benth.

灌木，高达5 m，小枝密被淡黄色、扩展的长柔毛。叶片纸质，卵形、狭卵形或宽卵形，长4~8 cm，宽1.5~3.5 cm，顶端渐尖或急尖，基部钝、截形或圆形，两面均被长柔毛，叶背毛被较密；侧脉每边4~5条；叶柄长1~2 mm，被柔毛；托叶钻状，长3~4 mm。花单生或2~4朵簇生于叶腋内；雌花生于小枝上部，雄花则生于下部；雄花：花梗长4~6 mm；萼片6枚，长倒卵形。蒴果扁球状，直径8~10 mm，具4~5条纵沟，密被长柔毛，顶端具圆柱状稍伸长的宿存花柱。花果期几乎全年。

龙眼洞后山至火炉山防火线附近（王发国等5667），龙眼洞筲箕窝至火烧天（筲箕窝—6林班；王发国等5849），帽峰山—6林班。分布于中国广东、海南、广西、江苏、福建、台湾、湖南、贵州和云南等地。越南也有分布。本种叶的煎剂对金黄色葡萄球菌、福氏痢疾杆菌、伤寒杆菌等有抑制作用。

2. 厚叶算盘子

Glochidion hirsutum (Roxb.) Voigt

灌木或小乔木，高1~8 m；小枝密被长柔毛。叶片革质，卵形、长卵形或长圆形，长7~15 cm，宽4~7 cm，顶端钝或急尖，基部浅心形、截形或圆形，叶背密被柔毛；侧脉每边6~10条；叶柄长5~7 mm，被柔毛；托叶披针形，长3~4 mm。聚伞花序通常腋上生；总花梗长5~7 mm或短缩；雄花：花梗长6~10 mm；雌花：花梗长2~3 mm；萼片6枚，卵形或阔卵形，长约2.5 mm，其中3片较宽，外面被柔毛。蒴果扁球状，直径8~12 mm，被柔毛，具5~6条纵沟。花果期几乎全年。

龙眼洞凤凰山（场部—3林班；王发国等6005）。分布于中国广东、海南、广西、福建、台湾、云南和西藏等地。印度也有分布。木材坚硬，可供水轮木用料。

3. 艾胶算盘子（大叶算盘子、艾胶树）

Glochidion lanceolarium (Roxb.) Voigt. [*G. macrophyllum* Benth.]

乔木或灌木。单叶互生，在小枝上排成二列，全缘，羽状脉；叶柄短，托叶小。花无花瓣，也无花盘腺体，雌雄同株，稀异株簇生或排成聚伞花序，雌花束常位于雄花束上部或雌雄花束生于不同的小枝叶腋内；雄花花梗通常细长，萼片(5)6枚，离生；雌花萼片同雄花。蒴果圆球形或扁球形；种子扁椭圆状，无种阜。

龙眼洞荔枝园至太和章附近（王发国等5771），帽峰山莲花顶公园公路（王发国等6246）。分布于中国华南、福建和云南等地。药用。

4. 算盘子

Glochidion puberum (L.) Hutch.

直立灌木，高1～5 m，多分枝；小枝灰褐色；小枝、叶背、萼片外面、子房和果实均密被短柔毛。叶片纸质或近革质，长圆形、长卵形或倒卵状长圆形，稀披针形，顶端钝、急尖、短渐尖或圆，基部楔形至钝，叶面灰绿色，仅中脉被疏短柔毛或几无毛，叶背粉绿色；侧脉每边5～7条，下面凸起，网脉明显；叶柄长1～3 mm；托叶三角形，长约1 mm。花小，雌雄同株或异株，2～5朵簇生于叶腋内。蒴果扁球状，直径8～15 mm，边缘有8～10条纵沟，成熟时带红色，种子近肾形，具三棱，长约4 mm，朱红色。花期4～8月，果期7～11月。

龙眼洞水库旁。分布于中国长江流域以南各地。日本也有分布。可以用来治疗痢疾。

5. 里白算盘子

Glochidion triandrum (Blanco) C. B. Rob.

灌木或小乔木，高3～7 m；小枝具棱，被褐色短柔毛。叶片纸质或膜质，长椭圆形或披针形，长4～13 cm，宽2～4.5 cm，顶端渐尖，基部宽楔形或钝，两侧略不对称，叶面绿色，幼时仅中脉上被疏短柔毛，后变无毛，叶背带苍白色，被白色短柔毛；叶柄长2～4 mm，被疏短柔毛。蒴果扁球状，被疏柔毛；果梗长5～6 mm；种子三角形，长约3 mm，褐红色，有光泽。花期3～7月，果期7～12月。

龙眼洞筲箕窝（王发国等5739），龙眼洞筲箕窝至火烧天（筲箕窝—6林班；王发国等5861）。分布于中国广东、广西、福建、台湾、湖南、四川、贵州和云南等地。印度、尼泊尔、柬埔寨、日本和菲律宾也有分布。木材坚硬，可供器具用料。

6. 白背算盘子

Glochidion wrightii Benth.

灌木或乔木，高1～8 m；全株无毛。叶片纸质长圆形或长圆状披针形，常呈镰刀状弯斜；长2.5～5.5 cm，宽1.5～2.5 cm；顶端渐尖，基部急尖，两侧不相等；叶面绿色，叶背粉绿色，干后灰白色；侧脉每边5～6条，叶柄长3～5 mm。雌花或雌雄花同簇生于叶腋内。雄花：花梗长2～4 mm；萼片6，长圆形，长约2 mm，黄色；雌花：几无花梗；萼片6，其中3片较宽而厚，卵形、椭圆形或长圆形，长约1 mm。蒴果扁球状，直径6～8 mm，红色，顶端有宿存的花柱。花期5～9月，果期7～11月。

帽峰山—6林班。分布于中国广东、海南、广西、福建、贵州和云南等地。本种为壮药的经典成分。

7. 香港算盘子

Glochidion zeylanicum (Gaertn.) A. Juss [G. hongkongense Muell.-Arg.]

灌木或小乔木，高1～6 m；全株无毛。叶片革质，长圆形、卵状长圆形或卵形，长6～18 cm，宽4～6 cm，顶端钝或圆形，基部浅心形、截形或圆形，两侧稍偏斜；侧脉每边5～7条；叶柄长约5 mm。花簇生呈花束，或组成短小的腋上生聚伞花序；雌花及雄花分别生于小枝的上下部，或雌花序内具1～3朵雄花。蒴果扁球状，直径8～10 mm，高约5 mm，边缘具8～12条纵沟。花期3～8月，果期7～11月。

龙眼洞林场—天鹿湖站（王发国等6238）。分布于中国华南地区，福建、台湾、云南等地。印度东部、斯里兰卡、越南、日本、印度尼西亚也有分布。药用，根皮可治咳嗽、肝炎；茎、叶可治腹痛、衄血、跌打损伤。

13. 野桐属 Mallotus Lour.

灌木或乔木；通常被星状毛。叶互生或对生，全缘或有锯齿，有时具裂片，叶背常有颗粒状腺体，近基部具2至数个斑状腺体，有时盾状着生，具掌状脉或羽状脉。花雌雄异株或稀同株，无花瓣，无花盘；花序顶生或腋生，总状花序，穗状花序或圆锥花序；雄花在每一苞片内有多朵，花萼在花蕾时球形或卵形，开花时3～4裂，裂片镊合状排列；雌花在每一苞片内1朵，花萼3～5裂或佛焰苞状，裂片镊合状排列。蒴果常具软刺或颗粒状腺体。

龙眼洞林场有3种。

1. 白背叶
Mallotus apelta (Lour.) Muell. Arg.

灌木或小乔木，高1～3(4) m；小枝、叶柄和花序均密被淡黄色星状柔毛和散生橙黄色颗粒状腺体。叶互生，卵形或阔卵形，稀心形，长和宽均6～16(25) cm，顶端急尖或渐尖，基部截平或稍心形，边缘具疏齿，叶面干后黄绿色或暗绿色，无毛或被疏毛，叶背被灰白色星状茸毛；基部近叶柄处有褐色斑状腺体2个；叶柄长5～15 cm。花雌雄异株。蒴果近球形，密生被灰白色星状茸毛的软刺，软刺线形，黄褐色或浅黄色，长5～10 mm。花期6～9月，果期8～11月。

帽峰山莲花顶森林公园—7林班，帽峰山帽峰工区焦头窝，龙眼洞林场—天鹿湖站。分布于中国华南地区，云南、湖南、江西、福建。越南也有分布。根或叶可以入药，治疗跌打损伤，外伤出血。

2. 白楸
Mallotus paniculatus (Lam.) Muell. Arg.

乔木或灌木，高3～15 m；树皮灰褐色，近平滑；小枝、叶柄和花序均密被褐色或黄褐色星状茸毛。叶互生，生于花序下的常密集近轮生，卵形、卵状三角形或菱形，长5～15 cm，宽3～10 cm，顶端长渐尖，基部楔形或阔楔形，边近全缘或波状，上部有时具2裂片或粗齿；基出脉5条，侧脉每边3～4条；叶柄稍盾状着生，长2～15 cm。花雌雄异株，花序总状或下部具分枝，顶生。蒴果扁球形，具钝3棱，直径10～15 mm，密被褐色茸毛和皮刺。花期7～10月，果期11～12月。

龙眼洞后山至火炉山（王发国等5699），龙眼洞林场—天鹿湖站，帽峰山帽峰工区焦头窝，帽峰山—6林班，常见。分布于中国华南、华中地区。亚洲东南部各地也有分布。其树皮纤维可制麻绳和麻布袋，从果实提炼出来的油则可作工业用途。

3. 石岩枫
Mallotus repandus (Willd.) Muell. Arg.

攀缘状灌木；嫩枝、叶柄、花序和花梗均密生黄色星状柔毛；老枝无毛，常有皮孔叶互生，纸质或膜质，卵形或椭圆状卵形，长3.5～8 cm，宽2.5～5 cm，顶端急尖或渐尖，基部楔形或圆形，边全缘或波状，嫩叶两面均被星状柔毛，成长叶仅叶背叶脉腋部被毛和散生黄色颗粒状腺体；基出脉3条，有时稍离基，侧脉4～5对；

叶柄长2~6cm。花雌雄异株，雄花序顶生。蒴果具2(3)个分果爿，直径约1cm，密生黄色粉末状毛和具颗粒状腺体。花期3~5月，果期8~9月。

龙眼洞凤凰山（场部—3林班；王发国等5999）。分布于中国广东、江西、湖北、湖南、安徽、江苏、浙江、福建、四川、贵州、陕西、甘肃。亚洲东南部和南部各地也有分布。药用，可治毒蛇咬伤、风湿痹痛、慢性溃疡。

2. 余甘子

Phyllanthus emblica L.

乔木，高达23 m；树皮浅褐色；枝条具纵细条纹，被黄褐色短柔毛。叶片纸质至革质，二列，线状长圆形，长8~20 mm，宽2~6 mm，顶端截平或钝圆，有锐尖头或微凹，基部浅心形而稍偏斜，叶面绿色，叶背浅绿色，干后带红色或淡褐色；侧脉每边4~7条；叶柄长0.3~0.7 mm；托叶三角形，长0.8~1.5 mm，褐红色。花组成聚伞花序。蒴果呈核果状，圆球形。花期4~6月，果期7~9月。

龙眼洞。分布于中国华南、西南地区。南美洲、南亚、东南亚也有分布。余甘子根系发达，可保持水土，可作庭园风景树；树根和叶供药用；叶晒干供枕芯用料；种子供制肥皂；树皮、叶、幼果可提制栲胶；木材棕红褐色，坚硬，供农具和家具用材。

14. 叶下珠属 Phyllanthus L.

灌木或草本，少数为乔木，无乳汁。单叶互生，通常在侧枝上排成2列，呈羽状复叶状，全缘，具羽状脉；具短柄；托叶2枚，小，着生于叶柄基部两侧，常早落。花通常小、单性，雌雄同株或异株，单生、簇生或组成聚伞、团伞、总状或圆锥花序；花梗纤细；无花瓣；雄花：萼片(2)3~6枚，离生，1~2轮，覆瓦状排列；花盘通常分裂为离生，且与萼片互生的腺体3~6枚；雌花：萼片与雄花的同数或较多。蒴果通常基顶压扁呈扁球形；种子三棱形，种皮平滑或有网纹，无假种皮和种阜。

龙眼洞林场有4种。

1. 越南叶下珠

Phyllanthus cochinchinensis Spreng.

灌木，高达3 m；茎皮黄褐色或灰褐色；小枝具棱，长10~30 cm，直径1~2 mm，与叶柄幼时同被黄褐色短柔毛，老时变无毛。叶互生或3~5枚着生于小枝极短的凸起处，叶片革质，倒卵形、长倒卵形或匙形，长1~2 cm，宽0.6~1.3 cm，顶端钝或圆，少数凹缺，基部渐窄，边缘干后略背卷；中脉两面稍凸起，侧脉不明显；叶柄长1~2 mm。花雌雄异株，1~5朵着生于叶腋垫状凸起处。蒴果圆球形，直径约5 mm，具3纵沟，成熟后开裂成3个2瓣裂的分果爿。

龙眼洞后山至火炉山防火线附近（王发国等5650）。分布于中国华南、福建、四川、云南、西藏等地。印度、越南、柬埔寨、老挝也有分布。可作盆景观赏。

3. 小果叶下珠
Phyllanthus reticulatus Poir.

灌木，高达4m；枝条淡褐色；幼枝、叶和花梗均被淡黄色短柔毛或微毛。叶片膜质至纸质、椭圆形、卵形至圆形，长1～5cm，宽0.7～3cm，顶端急尖、钝至圆，基部钝至圆，叶背有时灰白色；叶脉两面明显，侧脉每边5～7条；叶柄长2～5 mm；托叶钻状三角形，长达1.7mm，干后变硬刺状，褐色。通常2～5朵雄花和1朵雌花簇生于叶腋。蒴果呈浆果状，球形或近球形，直径约6mm，红色，干后灰黑色，不分裂，4～12室，每室有2颗种子；种子三棱形，长1.6～2mm，褐色。

龙眼洞荔枝园至太和章附近（王发国等5827）。分布于中国华南地区，江西、福建、台湾、湖南、四川、贵州和云南等地。世界热带地区广泛分布。根、叶供药用，可用于驳骨、跌打。

4. 叶下珠（珠仔草、假油甘、含羞草）
Phyllanthus urinaria L.

一年生草本，高10～60cm，茎通常直立，基部多分枝，枝倾卧而后上升；枝具翅状纵棱；叶片纸质，因叶柄扭转而呈羽状排列，长圆形或倒卵形，长4～10mm，宽2～5mm，顶端圆、钝或急尖而有小尖头，叶背灰绿色，近边缘或边缘有1～3列短粗毛；侧脉每边4～5条，明显；叶柄极短；托叶卵状披针形，长约1.5mm。花雌雄同株。蒴果圆球状，直径1～2mm，红色，表面具小凸刺，有宿存的花柱和萼片，开裂后轴柱宿存；种子长1.2mm，橙黄色。花期4～6月，果期7～11月。

龙眼洞荔枝园至太和章附近（王发国等5761），帽峰山—6林班。分布于中国广东、广西、四川、云南、湖南、贵州、江苏、江西、福建、浙江、安徽等地。南美洲、南亚、东南亚也有分布。药用有清热利尿、明目、消积的功效。

15. 乌桕属 Sapium P. Browne

乔木或灌木。叶互生，罕有近对生，全缘或有锯齿，具羽状脉；叶柄顶端有2腺体或罕有不存在；托叶小。花单性，雌雄同株或有时异株，若为雌雄同序则雌花生于花序轴下部，雄花生于花序轴上部，密集成顶生的穗状花序、穗状圆锥花序或总状花序，稀生于上部叶腋内，无花瓣和花盘；雄花小，黄色，或淡黄色，数朵聚生于苞腋内，无退化雌蕊。雌花比雄花大，每一苞腋内仅1朵雌花。蒴果球形。

龙眼洞林场有2种。

1. 山乌桕
Sapium discolor (Champ. ex Benth.) Muell. Arg.

乔木或灌木，高3～15m，各部均无毛；小枝灰褐色，有皮孔。叶互生，纸质，嫩时呈淡红色，叶片椭圆形或长卵形，长4～10cm，宽2.5～5cm，顶端钝或短渐尖，基部短狭或楔形，叶背近缘常有数个圆形的腺体；花萼杯状，具不整齐的裂齿。蒴果黑色，球形，直径1～1.5cm，分果爿脱落后而中轴宿存；种子近球形，长4～5mm，直径3～4mm，外薄被蜡质的假种皮。花期4～6月。

龙眼洞后山至火炉山防火线附近（王发国等5682），帽峰山帽峰工区焦头窝，帽峰山—6林班，常见。分布于中国华南、西南地区，湖南、江西、安徽、福建、浙江、台湾等地。东南亚也有分布。药用；观赏。

2. 乌桕（柏子树、木子树）
Sapium sebiferum (L.) Roxb.

乔木，高可达15 m，各部均无毛而具乳状汁液；树皮暗灰色，有纵裂纹；枝广展，具皮孔。叶互生，纸质，叶片菱形、菱状卵形或稀有菱状倒卵形，长3～8 cm，宽3～9 cm，顶端骤然紧缩具长短不等的尖头，基部阔楔形或钝，全缘；中脉两面微凸起，侧脉6～10对，纤细，斜上升。蒴果梨状球形，成熟时黑色，直径1～1.5 cm，具3种子。

龙眼洞筲箕窝至火烧天（筲箕窝—6林班；王发国等5904），龙眼洞水库边。分布于中国黄河以南各地。日本、越南也有分布。乌桕根皮、树皮、叶入药。

16. 白饭树属 Securinega Comm. ex Juss.

直立灌木或小乔木，通常无刺。单叶互生，常排成2列，全缘或有细钝齿，具羽状脉；叶柄短。花小，雌雄异株，稀同株，单生、簇生或组成密集聚伞花序；苞片不明显；无花瓣；雄花：花梗纤细，萼片4～7枚，覆瓦状排列，边缘全缘或有锯齿；蒴果圆球形或三棱形，基部有宿存的萼片，果皮革质或肉质；种子通常三棱形，种皮脆壳质，平滑或有疣状凸起，胚乳丰富，胚直或弯曲。

龙眼洞林场有1种。

白饭树
Securinega virosa (Roxb. ex Willd.) Baill.

灌木，高1～6 m；小枝具纵棱槽，有皮孔；全株无毛。叶片纸质，椭圆形、长圆形、倒卵形或近圆形，长2～5 cm，宽1～3 cm，顶端圆至急尖，有小尖头，基部钝至楔形，全缘，叶背白绿色；侧脉每边5～8条；叶柄长2～9 mm；托叶披针形，长1.5～3 mm，边缘全缘或微撕裂。花小，淡黄色，雌雄异株。果浆果状，近圆球形，直径3～5 mm，成熟时果皮淡白色，不开裂。

帽峰山帽峰工区焦头窝。分布于中国华东、华南及西南各地。非洲、大洋州和亚洲东部及东南部也有分布。药用清热解毒、消肿止痛、止痒止血。

17. 油桐属 Vernicia Lour.

落叶乔木，嫩枝被短柔毛。叶互生，全缘或1～4裂；叶柄顶端有2枚腺体。花雌雄同株或异株，由聚伞花序再组成伞房状圆锥花序；雄花花萼花蕾时卵状或近圆球状，开花时多少佛焰苞状，整齐或不整齐2～3裂；花瓣5枚，基部爪状；腺体5枚。

龙眼洞林场有2种。

1. 油桐
Vernicia fordii (Hemsl.) Airy Shaw

落叶乔木，高达10 m；树皮灰色，近光滑；枝条粗壮，无毛，具明显皮孔。叶卵圆形，长8～18 cm，宽

6～15 cm，顶端短尖，基部截平至浅心形，全缘，稀1～3浅裂，嫩叶叶面被很快脱落微柔毛，叶背被渐脱落棕褐色微柔毛，成长叶叶面深绿色，无毛，叶背灰绿色，被贴伏微柔毛；掌状脉5(7)条；叶柄与叶片近等长，几无毛，顶端有2枚扁平、无柄腺体。核果近球状，直径4～6(8) cm，果皮光滑；种子3～4(8)颗，种皮木质。花期3～4月，果期8～9月。

龙眼洞林场—天鹿湖站，龙眼洞林场—石屋站。分布于中国华南地区，江西、福建、台湾、湖南、湖北、四川、贵州、云南、陕西、河南、江苏、安徽、浙江等地。越南也有分布。桐油是重要工业用油，制造油漆和涂料，经济价值高。

2. 木油桐（千年桐、皱桐）

Vernicia montana Lour.

落叶乔木，高达20 m。枝条无毛，散生突起皮孔。叶阔卵形，长8～20 cm，宽6～18 cm，顶端短尖至渐尖，基部心形至截平，全缘或2～5裂。裂缺常有杯状腺体，两面初被短柔毛，成长叶仅叶背基部沿脉被短柔毛，掌状脉5条；叶柄长7～17 cm，无毛，顶端有2枚具柄的杯状腺体。核果卵球状，直径3～5 cm，具3条纵棱，棱间有粗疏网状皱纹，有种子3颗。花期4～5月。

帽峰山莲花顶森林公园—7林班（王发国等6049），帽峰山—6林班。分布于中国广东、广西、福建，以及江西南部、湖南南部、浙江南部等地。东南亚也有分布。木油桐树体高大，叶片宽阔，根系发达，是优良水土保持树种；春季满树白花，秋季果实累累，也是优良风景园林和道路绿化树种。

136 A. 交让木科 Daphniphyllaceae

乔木或灌木，无毛；小枝具叶痕和皮孔。单叶互生，常聚集于小枝顶端，全缘，叶面具光泽，叶背被白粉或无，具细小乳突体或无，多少具长柄，无托叶。花序总状，腋生，单生，基部具苞片，花单性异株；花萼发育，3～6裂或具3～6枚萼片，宿存或脱落，或花萼不育；无花瓣。核果卵形或椭圆形，具1种子，被白粉或无，具疣状突起或不明显疣状皱褶，外果皮肉质，内果皮坚硬。

龙眼洞林场1属，2种。

交让木属 Daphniphyllum Blume

灌木或小乔木。叶互生，全缘，无托叶。花小，单性异株，组成腋生或侧生的总状花序；花萼盘状或3～6裂；花瓣缺；雄花：雄蕊6～12枚，花丝短，花药2室，纵裂，无退化雌蕊。核果有1种子；种子具丰富的肉质胚乳，胚小，顶生。

龙眼洞林场有2种。

1. 牛耳枫

Daphniphyllum calycinum Benth.

灌木，高1.5～4 m；小枝灰褐色，径3～5 mm，具稀疏皮孔。叶纸质，阔椭圆形或倒卵形，长12～16 cm，宽4～9 cm，先端钝或圆形，具短尖头，基部阔楔形，全缘，略反卷，干后两面绿色，叶面具光泽，叶背多少被白粉，具细小乳突体，侧脉8～11对，在叶面清晰，叶背突起；叶柄长4～8 cm。总状花序腋生。果卵圆形，被白粉。

龙眼洞凤凰山（场部—3林班；王发国等6034）。分布于中国广西、广东、福建、江西等地。越南、日本也有分布。

2. 交让木

Daphniphyllum macropodium Miq.

灌木或小乔木，高3～10 m；小枝粗壮，暗褐色，具圆形大叶痕。叶革质，长圆形至倒披针形，长14～25 cm，宽3～6.5 cm，先端渐尖，顶端具细尖头，基部楔形至阔楔形，叶面具光泽，干后叶面绿色，叶背淡绿色，无乳突体，有时略被白粉，侧脉纤细而密，12～18对，两面清晰；叶柄紫红色，粗壮，长3～6 cm。雄花序长5～7 cm，雌花序长4.5～8 cm。果椭圆形，长约10 mm，径5～6 mm，先端具宿存柱头，基部圆形，暗褐色，有时被白粉。花期3～5月，果期8～10月。

龙眼洞水库旁。分布于中国广西、广东、云南、四川、贵州、台湾、湖南、湖北、江西、浙江、安徽等地。日本、朝鲜也有分布。木材适于制家具，板料，室内装修、文具及一般工艺用材。

139. 鼠刺科 Escalloniaceae

乔木或灌木。单叶互生，边缘通常具腺齿或刺齿，具水平伸出的第3回脉；托叶小，线形，早落。花小，辐射对称，两性或杂性，形成顶生或腋生、密而长的总状花序或短的聚伞花序；萼基部合生，很少离生，萼齿5，镊合状排列或开放，常宿存；花瓣5枚，镊合状排列，常宿存。蒴果窄长圆形或卵圆形，室间开裂，具2个在顶端黏合的裂瓣及许多种子；种子多数而狭小，纺锤形，被宽松、两端延长的种皮。

龙眼洞林场有1属，1种。

鼠刺属 Itea L.

灌木或乔木，常绿或落叶。单叶互生，具柄，边缘常具腺齿或刺状齿，稀圆齿状或全缘；托叶小，早落；羽状脉。花小，白色，辐射对称，两性或杂性，多数，排列成顶生或腋生总状花序或总状圆锥花序；萼筒杯状，基部与子房合生；萼片5枚，宿存；花瓣5枚，镊合状排列，花期直立或反折。蒴果先端2裂，仅基部合生，具宿存的萼片及花瓣；种子多数，狭纺锤形。

龙眼洞林场有1种。

鼠刺

Itea chinensis Hook. et Arn.

灌木或小乔木，高4～10 m，稀更高；幼枝黄绿色，无毛；老枝棕褐色，具纵棱条。叶薄革质，倒卵形或卵状椭圆形，长5～12 (15) cm，宽3～6 cm，先端锐尖，基部楔形，边缘上部具不明显圆齿状小锯齿，呈波状或近全缘，叶面深绿色，叶背淡绿色；叶柄长1～2 cm，无毛，叶面有浅槽沟。花瓣白色，披针形，长2.5～3 mm，花时直立，顶端稍内弯，无毛。蒴果长圆状披针形，长6～9 mm，被微毛，具纵条纹。花期3～5月，果期5～12月。

帽峰山帽峰工区焦头窝，龙眼洞凤凰山（场部—3林班；王发国等SF14）。分布于中国华南地区，云南西北部及西藏东南部。印度东部、不丹、越南、老挝也有分布。有一定的观赏价值。

142. 绣球科 Hydrangeaceae

灌木或草本，稀小乔木或藤本。单叶，对生或互生，稀轮生，常有锯齿，稀全缘，羽状脉或基出脉3~5，无托叶。花两性或杂性异株，有时具不育放射花；总状花序、伞房状或圆锥状复聚伞花序，顶生，稀单花；萼筒与子房合生，稀分离，萼裂片4~5(8~10)枚，绿色；花瓣4~5枚，分离，多白色。果为蒴果，稀浆果。

龙眼洞林场有2属，2种。

1. 常山属 Dichroa Lour.

落叶灌木。叶对生，稀上部互生。花两性，一型，无不孕花，排成伞房状圆锥花序或聚伞花序；萼筒倒圆锥形，贴生于子房上，裂片5(6)枚；花瓣5(6)枚，彼此分离，稍肉质，顶端常具内向的短角尖，花蕾时镊合状排列。浆果，略干燥，不开裂；种子多数，细小，无翅，具网纹。

龙眼洞林场有1种。

常山

Dichroa febrifuga Lour.

灌木，高1~2 m；小枝圆柱状或稍具四棱，无毛或被稀疏短柔毛，常呈紫红色。叶形状大小变异大，常椭圆形、倒卵形、椭圆状长圆形或披针形，长6~25 cm，宽2~10 cm，先端渐尖，基部楔形，边缘具锯齿或粗齿，稀波状，两面绿色或一至两面紫色，无毛或仅叶脉被皱卷短柔毛，稀叶背被长柔毛，侧脉每边8~10条，网脉稀疏。伞房状圆锥花序顶生。浆果直径3~7 mm，蓝色，干时黑色。花期2~4月，果期5~8月。

帽峰山帽峰工区焦头窝（王发国等6057），帽峰山—8林班（王发国等6140）。分布于中国华南、华中、西南、华东地区及陕西、甘肃、江苏等地。东南亚至南亚也有分布。以根入药，根主要含生物碱，主治疟疾。

2. 冠盖藤属 Pileostegia Hook. f. et Thoms.

常绿攀缘状灌木，常以气生根攀附生长。叶对生，革质，边全缘或具波状锯齿，具叶柄。伞房状圆锥花序，常具二歧分枝；花两性，小；花冠一型，常数朵聚生；萼裂片4~5枚；花瓣4~5枚，花蕾时覆瓦状排列，上部连合成冠盖状，早落。蒴果陀螺状，平顶，具宿存花柱和柱头，沿棱脊间开裂；种子极多，微小，纺锤状。

龙眼洞林场有1种。

星毛冠盖藤

Pileostegia tomentella Hand.-Mazz.

攀缘灌木，嫩枝、叶背和花序均密被淡褐色或锈色星状柔毛，星状毛常为3~6辐线；老枝圆柱形，近无毛。叶革质，长圆形或倒卵状长圆形，稀倒披针形，长5~15 cm，宽2.5~6 cm，先端急尖或阔急尖，尖头突出，基部圆形或近叶柄处呈心形，边近全缘或近顶端具三角形粗齿或不规则波状；叶柄长1.2~1.5 cm。伞房状圆锥花序顶生，长和宽均10~25 cm；苞片线形或钻形，长5~10 mm，宽1~2 mm，被星状毛；花白色；花梗长约2 mm；萼筒杯状，高约2 mm，裂片三角形，疏被星状毛；花瓣卵形，长约2 mm，早落，无毛。蒴果陀螺状，平顶，直径约4 mm，被稀疏星状毛，具宿存花柱和柱头，具棱，暗褐色。花期3~8月，果期9~12月。

帽峰山山谷（王发国等6377）。生于山谷林中。产于中国广东、广西、江西、福建、湖南。越南、日本也有分布。

143. 蔷薇科 Rosaceae

草本、灌木或乔木，落叶或常绿，有刺或无刺。冬芽常具数个鳞片，有时仅具2个。叶互生，稀对生，单叶或复叶，有显明托叶，稀无托叶。花两性，稀单性。通常整齐，周位花或上位花；萼片和花瓣同数，通常4～5枚，覆瓦状排列，稀无花瓣，萼片有时具副萼。果实为蓇葖果、瘦果、梨果或核果，稀蒴果；种子通常不含胚乳，极稀具少量胚乳。

龙眼洞林场有5属，12种，1变种。

1. 龙芽草属 Agrimonia L.

多年生草本。根状茎倾斜，常有地下芽，奇数羽状复叶。花小，两性，成顶生穗状总状花序；萼筒陀螺状，顶端有数层钩刺，花后靠合、开展或反折；萼片5枚，覆瓦状排列；花瓣5枚，黄色；花盘边缘增厚，环绕萼筒口部。瘦果1～2，包藏在具钩刺的萼筒内。种子1颗。

龙眼洞林场有1种。

龙芽草（仙鹤草）

Agrimonia pilosa Ldb.

草本。根多呈块茎状，周围长出若干侧根，根茎短，基部常有1至数个地下芽。茎高30～120 cm，被疏柔毛及短柔毛，稀下部被稀疏长硬毛。叶为间断奇数羽状复叶，通常有小叶3～4对，稀2对，向上减少至3小叶，叶柄被稀疏柔毛或短柔毛；小叶片无柄或有短柄，倒卵形、倒卵椭圆形或倒卵披针形，长1.5～5 cm，宽1～2.5 cm，顶端急尖至圆钝，稀渐尖，基部楔形至宽楔形，边缘有急尖到圆钝锯齿，叶面被疏柔毛，叶背通常脉上伏生疏柔毛；托叶草质，绿色，镰形。花序穗状总状顶生，分枝或不分枝，花序轴被柔毛，花梗长1～5 mm，被柔毛；花直径6～9 mm；萼片5枚，三角卵形；花瓣黄色，长圆形。果实倒卵圆锥形，外面有10条肋，被疏柔毛，顶端有数层钩刺，幼时直立，成熟时靠合。花果期5～12月。

龙眼洞。中国南北各地均产。欧洲中部以及俄罗斯、蒙古国、朝鲜、日本和越南北部均有分布。

2. 桂樱属 Laurocerasus Torn. ex Duh.

常绿乔木或灌木，极稀落叶。叶互生，叶边全缘或具锯齿，叶背近基部或在叶缘或在叶柄上常有2枚稀数枚腺体；托叶小，早落；花常两性，有时雌蕊退化而形成雄花，排成总状花序；总状花序无叶，常单生稀簇生，生于叶腋或去年生小枝叶痕的腋间；苞片小，早落，位于花序下部的苞片先端3裂或有3齿，苞腋内常无花；萼5裂，裂片内折；花瓣白色，通常比萼片长2倍以上。果实为核果，干燥；核骨质，核壁较薄或稍厚而坚硬，外面平滑或具皱纹，常不开裂，内含1颗下垂种子。

龙眼洞林场有1种。

大叶桂樱

Laurocerasus zippeliana (Miq.) Yü et Lu

常绿乔木，高10～25 m；小枝灰褐色至黑褐色，具明显小皮孔，无毛。叶片革质，宽卵形至椭圆状长圆形或宽长圆形，长10～19 cm，宽4～8 cm，先端急尖至短渐尖，基部宽楔形至近圆形，叶边具稀疏或稍密粗锯齿，齿顶有黑色硬腺体，两面无毛，侧脉明显，7～13对；叶柄长1～2 cm，粗壮。花瓣近圆形，白色。果实长圆形或卵状长圆形，长18～24 mm，宽8～11 mm，顶端急尖并具短尖头；核褐色，无毛，核壁表面稍具网纹。花期7～10月，果期冬季。

帽峰山—8林班（王发国等6154），帽峰山帽峰工区山顶管理处，沿山谷周边。分布于中国华南、华中、华北地区。日本和越南北部也有分布。大叶桂樱树皮、木材均红褐色，冠形庞大浓密，树姿优美，是一种良好的庭荫绿化观赏树种。

绣球科Hydrangeaceae / 蔷薇科Rosaceae

3. 石斑木属 Rhaphiolepis Lindl.

常绿灌木或小乔木。单叶互生，革质，具短柄；托叶锥形，早落。花成直立总状花序、伞房花序或圆锥花序；萼筒钟状至筒状，下部与子房合生；萼片5枚，直立或外折，脱落；花瓣5枚，有短爪生。梨果核果状，近球形，肉质，萼片脱落后顶端有一圆环或浅窝；种子1~2颗，近球形，种皮薄，子叶肥厚，平凸或半球形。

龙眼洞林场有1种。

石斑木

Rhaphiolepis indica (L.) Lindl.

常绿灌木，稀小乔木，高可达4 m；幼枝初被褐色茸毛，以后逐渐脱落近于无毛。叶片集生于枝顶，卵形、长圆形，稀倒卵形或长圆披针形，长（2）4~8 cm，宽1.5~4 cm，先端圆钝，急尖、渐尖或长尾尖，基部渐狭连于叶柄，边缘具细钝锯齿，叶面光亮，平滑无毛，网脉不显明或显明下陷，叶背色淡，无毛或被稀疏茸毛，叶脉稍凸起，网脉明显。果实球形，紫黑色，直径约5 mm。花期4月，果期7~8月。

龙眼洞后山至火炉山防火线附近（王发国等5686）。分布于中国广东、广西、安徽、浙江、江西、湖南、贵州、云南、福建、台湾。中南半岛也有分布。木材带红色，质重坚韧，可作器物；果实可食。

4. 悬钩子属 Rubus L.

落叶或常绿灌木、半灌木，稀为草本。茎直立或攀缘，通常具皮刺。叶互生，单叶、三小叶、掌状或羽状复叶；托叶离生或多少与叶柄连生。花两性，稀有雌雄异株，组成顶生总状花序、圆锥花序或伞房花序，稀为腋生总状花序，有时单生；萼片5枚，稀为3~7枚，果时宿存，无副萼片；花瓣5枚，有时无，白色或粉红色。聚合小核果，黄色、红色或黑色，花托肉质或干燥。

龙眼洞林场有8种，1变种。

1. 粗叶悬钩子

Rubus alceaefolius Poir.

攀缘灌木，高达5 m。枝被黄灰色至锈色茸毛状长柔毛，有稀疏皮刺。单叶，近圆形或宽卵形，长6~16 cm，宽5~14 cm，顶端圆钝，稀急尖，基部心形，叶面疏生长柔毛，并有囊泡状小突起，叶背密被黄灰色至锈色茸毛，沿叶脉具长柔毛，边缘不规则3~7浅裂，裂片圆钝或急尖，有不整齐粗锯齿，基部有5出脉。花瓣宽倒卵形或近圆形，白色，与萼片近等长；雄蕊多数，花丝宽扁。果实近球形，直径达1.8 cm，肉质，红色；核有皱纹。花期7~9月，果期10~11月。

龙眼洞水库。分布于中国华南、华中地区。东南亚也有分布。根和叶入药，有活血去瘀、清热止血之效。

2. 白花悬钩子
Rubus leucanthus Hance

攀缘灌木，高1~3 m；枝紫褐色，无毛，疏生钩状皮刺。小叶3枚，生于枝上部或花序，基部的有时为单叶，革质，卵形或椭圆形，顶生小叶比侧生者稍长大或几相等，长4~8 cm，宽2~4 cm，顶端渐尖或尾尖，基部圆形，两面无毛，边缘有粗锯齿；叶柄长2~6 cm，顶生小叶柄长1.5~2 cm，侧生小叶具短柄，均无毛，具钩状小皮刺。花瓣长卵形或近圆形，白色。果实近球形，直径1~1.5 cm，红色，无毛，萼片包于果实；核较小，具洼穴。花期4~5月，果期6~7月。

龙眼洞筲箕窝至火烧天（筲箕窝—6林班；王发国等5902），帽峰山—6林班。分布于中国华南地区。东南亚地区也有分布。果可食用；根用于治疗泄泻、赤痢。

3. 高砂悬钩子
Rubus nagasawanus Koidz.

蔓性灌木，全株密被粗腺毛；枝粗壮，具长柔毛和茸毛，疏生黄褐色皮刺。单叶，近圆形或宽卵形，长4~6 cm，宽4.5~7 cm，顶端急尖或圆钝，基部深心形，叶面被柔毛或近无毛，叶背有灰白色或灰黄色茸毛，边缘5浅裂，顶生裂片较宽大，有不整齐锐锯齿，基部具5出脉；叶柄长1~2 cm，被茸毛和小皮刺；托叶离生，长约1 cm，羽状深裂，裂片线形，有柔毛。花瓣短，长3~4 mm，宽2~3 mm，倒卵形，白色，基部具爪。果近球形。

龙眼洞林场—天鹿湖站（王发国等6233）。分布于中国华南地区。浆果可食用，有一定经济价值。

4. 五加皮
Rubus playfairianus Hemsl.

落叶或半常绿攀缘或蔓性灌木；枝暗色，幼时有茸毛，疏生钩状小皮刺。掌状复叶具3~5枚小叶，小叶片椭圆披针形或长圆披针形，长5~12 cm，宽1~3 cm，顶生小叶远较侧生小叶大，顶端渐尖，基部楔形，叶面无毛，叶背密被平贴灰色或黄灰色茸毛，边缘有不整齐尖锐锯齿，侧生小叶片有时在近基部2裂。花瓣卵圆形。果实近球形，幼时红色，有长柔毛，老时转变为黑色，由多数小核果组成。花期4~5月，果期6~7月。

龙眼洞凤凰山（场部—3林班；王发国等5994）。分布于中国华南、华中地区。药用有祛风湿、补益肝肾、强筋壮骨、利水消肿的疗效。

5. 大乌泡（川莓）
Rubus pluribracteatus L. T. Lu et Boufford

灌木，高达3 m；茎粗，有黄色茸毛状柔毛和稀疏钩状小皮刺。单叶，近圆形，直径7~16 cm，先端圆钝或急尖，基部心形，叶面有柔毛和密集的小凸起，叶背密被黄灰色或黄色茸毛，沿叶脉有柔毛，边缘掌状7~9浅裂，顶生裂片不明显3裂，有不整齐粗锯齿，基部有掌状五出脉，网脉明显；叶柄长3~6 cm，密被黄色茸毛状柔毛和疏生小皮刺。花瓣白色。果实球形，直径可达2 cm，红色；核有明显皱纹。花期4~6月，果期8~9月。

龙眼洞荔枝园至太和章附近（王发国等5788），龙眼洞林场—天鹿湖站。分布于中国华南地区。东南亚也有分布。果可食；全株及根入药，有清热、利湿、止血之效。

6. 梨叶悬钩子
Rubus pyrifolius Sm.

单叶，近革质，卵形、卵状长圆形或椭圆状长圆形，长6~11 cm，宽3.5~5.5 cm，顶端急尖至短渐尖，基部圆形，两面沿叶脉有柔毛，逐渐脱落至近无毛，侧脉5~8对，在叶背突起，边缘具不整齐的粗锯齿；叶柄长达1 cm，伏生粗柔毛，有稀疏皮刺；托叶分离，早落、条裂，有柔毛。花瓣小，白色。果实直径1~1.5 cm，由数个小核果组成，带红色，无毛；小核果较大，长5~6 mm，宽3~5 mm，有皱纹。花期4~7月，果期8~10月。

帽峰山帽峰工区焦头窝。分布于中国华南地区。越南、泰国、老挝、柬埔寨、印度尼西亚、菲律宾也有分布。全株入药，有强筋骨、去寒湿之效。

7. 锈毛莓
Rubus reflexus Ker Gawl.

攀缘灌木，高达2 m。枝被锈色绒毛状毛，有稀疏小皮刺。单叶，心状长卵形，长7~14 cm，宽5~11 cm，叶面无毛或沿叶脉疏生柔毛，有明显皱纹，叶背密被锈色绒毛，沿叶脉有长柔毛，边缘3~5裂，有不整齐的粗锯齿或重锯齿，基部心形，顶生裂片长大，披针形或卵状披针形。花瓣长圆形或近圆形，白色。果实近球形，深红色；核有皱纹。花期6~7月，果期8~9月。

龙眼洞水库旁。分布于中国华南、华中地区。果可食；根入药，有祛风湿、强筋骨之效。

8. 深裂锈毛莓
Rubus reflexus Ker Gawl. var. lanceolobus Metc.

攀缘灌木，高达2 m。枝被锈色绒毛状毛，有稀疏小皮刺。叶片心状宽卵形或近圆形，边缘5~7深裂，裂片披针形或长圆披针形。苞片与托叶相似；花直径1~1.5 cm；花萼外密被锈色长柔毛和茸毛；萼片卵圆形，外萼片顶端常掌状分裂，裂片披针形，内萼片常全缘；花瓣与萼片近等长。果实近球形，深红色；核有皱纹。花期6~7月，果期8~9月。

帽峰山帽峰工区焦头窝，帽峰山—6林班，龙眼洞凤凰山（场部—3林班；王发国等SF1）。分布于中国华南地区。果可食；根入药，有祛风湿、强筋骨之效。

9. 空心泡（蔷薇莓）
Rubus rosaefolius Sm.

直立或攀缘灌木，高2~3 m；小枝圆柱形，具柔毛或近无毛，常有浅黄色腺点，疏生较直立皮刺。小叶5~7枚，卵状披针形或披针形，长3~5(7) cm，宽1.5~2 cm，顶端渐尖，基部圆形，两面疏生柔毛，老时几无毛，有浅黄色发亮的腺点，叶背沿中脉有稀疏小皮刺，边缘有尖锐缺刻状重锯齿；叶柄长2~3 cm，顶生小叶柄长0.8~1.5 cm，与叶轴均有柔毛和小皮刺。花常1~2朵，顶生或腋生。果实卵球形或长圆状卵圆形，长1~1.5 cm，红色，有光泽，无毛；核有深窝孔。花期3~5月，果期6~7月。

龙眼洞水库旁。分布于中国华南、华中地区。南亚地区也有分布。果可食；根、叶可药用。

5. 臀果木属 Pygeum Gaertn.

常绿乔木或灌木。叶互生，叶边全缘，极稀具细小锯齿，叶背近基部，稀在叶缘有1对扁平或凹陷腺体；托叶形小，早落，稀宿存。总状花序腋生，单一或分枝或数个簇生；花两性或单性，有时杂性异株；萼筒倒圆锥形、钟形或杯形，果时脱落，仅残存环形基部；花被片5~10(15)枚，形小，多数种类的萼片与花瓣不易区分；花瓣与萼片同数或缺，着生于花萼口部。果实为核果，干燥，革质，典型的果实为横向长圆形，但兼有其他各种形状；种子1颗，光滑无毛或有毛。

龙眼洞林场有1种。

臀果木（臀形果）
Pygeum topengii Merr.

乔木，高可达25 m，树皮深灰色至灰褐色；小枝暗褐色，具皮孔，幼时被褐色柔毛，老时无毛。叶片革质，卵状椭圆形或椭圆形，长6~12 cm，宽3~5.5 cm，先端短渐尖而钝，基部宽楔形，两边略不相等，全缘，叶面光亮无毛，叶背被平铺褐色柔毛，老时仍有少许毛残留，沿中脉及侧脉毛较密，近基部有2枚黑色腺体。总状花序有花10余朵，单生或2至数个簇生于叶腋；花瓣长圆形，先端稍钝，被褐色柔毛，稍长于萼片。果实肾形，长8~10 mm，宽10~16 mm，顶端常无突尖而凹陷，无毛，深褐色。花期6～9月，果期冬季。

龙眼洞、天鹿湖。分布于中国华南、西南地区。种子可供榨油。

146. 含羞草科 Mimosaceae

多为木本，稀草本。通常二回羽状复叶，稀一回羽状复叶或叶片退化成叶状柄，互生，具托叶，小叶全缘。穗状、头状或总状花序，花小，两性或杂性，辐射对称；花萼管状，5齿裂；裂片镊合状排列，稀覆瓦状排列；花瓣与萼齿同数，镊合状排列。果为荚果；种子具少量胚乳或无胚乳，子叶扁平。

龙眼洞林场有6属，11种，1变种。

1. 金合欢属 Acacia Mill.

灌木、小乔木或攀缘藤本，有刺或无刺。托叶刺状或不明显，罕为膜质。二回羽状复叶；小叶通常小而多对，或叶片退化，叶柄变为叶片状。花小，两性或杂性，大多为黄色，少数白色，通常约50朵，组成圆柱形的穗状花序或圆球形的头状花序，1至数个花序簇生于叶腋或于枝顶再排成圆锥花序；总花梗上有总苞片；花萼通常钟状，具裂齿；花瓣分离或于基部合生。荚果形状多样，长圆形或线形，直或弯曲，多数扁平；种子扁平，种皮硬而光滑。

龙眼洞林场有3种。

1. *大叶相思（耳叶相思、耳荚相思）

Acacia auriculiformis A. Cunn. ex Benth.

常绿乔木，具有浓密而扩展的树冠。树皮平滑，灰白色。枝干无刺，小枝有棱、绿色且枝条下垂，小枝无毛，皮孔显著。幼苗具二回羽状复叶，末回每个分枝叶柄上有小叶6～8对，幼苗第4片真叶才开始变态，即小叶退化，叶柄呈叶状，变态叶披针形，革质。穗状花序黄色，腋生，长5～6 cm，径约2 cm，萼5裂，花瓣匙形。荚果初始平直，成熟时扭曲成圆环状；种子椭圆形，坚硬，黑色，有光泽。

帽峰山莲花顶森林公园—7林班。栽培。分布于中国华南地区。澳大利亚及西新兰也有分布。可作为造林绿化、水土保持和改良土壤的主要树种之一。

2. *台湾相思

Acacia confusa Merr.

常绿乔木，高6～15 m，无毛；枝灰色或褐色，无刺，小枝纤细。苗期第1片真叶为羽状复叶，长大后小叶退化，叶柄变为叶状柄，叶状柄革质，披针形，长6～10 cm，宽5～13 mm，直或微呈弯镰状，两端渐狭，先端略钝。头状花序球形，单生或2～3个簇生于叶腋，直径约1 cm；花金黄色，有微香；花萼长约为花冠之半；花瓣淡绿色，长约2 mm。荚果扁平，干时深褐色，有光泽，于种子间微缢缩。花期3～10月，果期8～12月。

龙眼洞凤凰山（场部—3林班）。栽培。分布于中国华南、华中地区。菲律宾、印度尼西亚、斐济也有分布。树冠苍翠绿阴，为优良而低维护的遮阴树、行道树、园景树、防风树、护坡树。抗性极强，能固氮，具有自我改造立地的能力，是荒山造林的生态树种及水土保持和沿海防护林的重要树种。

3. *马占相思（大叶相思、旋荚相思树）

Acacia mangium Willd.

高大乔木，树高可达30 m，胸径可达50～60 cm。树皮表面粗、厚，呈纵裂，暗灰棕色至褐色，树干基部有时具凹槽。成熟叶叶片退化，叶柄膨大成假叶（叶状柄），叶状柄长为宽的2～4倍，通常达25 cm，宽5～10 cm，表面无毛或披细鳞片。成熟荚果螺旋状卷曲，微木质，长7～8 cm，宽3～5 mm；种子黑色，有光泽。

帽峰山—2林班。栽培。分布于中国华南地区。澳大利亚东北部、巴布亚新几内亚和印度尼西亚也有分布。它是世界上最速生丰产的树种之一，树形优美，是优良的行道树和公路绿化树种。生长迅速，也是绿化荒山、营造水土保持、防风固沙和薪炭林的优良树种。

2. 海红豆属 Adenanthera L.

无刺乔木。二回羽状复叶，小叶多对，互生。花小，具短梗，两性或杂性，5基数，组成腋生、穗状的总状花序或在枝顶排成圆锥花序；花萼钟状，具5短齿；花瓣5枚，披针形，基部微合生或近分离，等大。荚果带状，弯曲或劲直，革质，种子间具横隔膜，成熟后沿缝线开裂，果瓣旋卷；种子小，种皮坚硬，鲜红色或二色。

龙眼洞林场有1种。

海红豆（孔雀豆）

Adenanthera microsperma Teijsm. et Binnend. [*A. pavonina* L. var. *microsperma* (Teijsm. et Binnend.) Nielsen]

落叶乔木。二回羽状复叶，具短柄；叶柄和叶轴被微柔毛，无腺体；羽片3～5对，小叶4～7对，互生，长圆形或卵形，长2.5～3.5 cm，宽约1.5～2.5 cm，先端圆钝，两面均被微柔毛。总状花序单生于叶腋或在枝顶排成圆锥花序，被短柔毛；花小，白色或淡黄色，有香味，具短梗；花萼长不足1 mm，与花梗同被金黄色柔毛；花瓣5枚，披针形，长2.5～3 mm，无毛，基部稍合生。荚果狭长圆形，盘旋，长10～20 cm，宽1.2～1.4 cm，开裂后果瓣旋卷；种子近圆形至椭圆形，长5～8 mm，鲜红色。花期4～7月，果期7～10月。

龙眼洞林场—天鹿湖站。野生或栽培。分布于中国华南、华中地区。缅甸、柬埔寨、老挝、越南、马来西亚、印度尼西亚也有分布。根主治面部黑斑、花斑癣、头面游风、痤疮、皱鼻，但有毒，一般不内服。

3. 合欢属 Albizia Durazz.

乔木或灌木，稀为藤本，通常无刺，很少托叶变为刺状。二回羽状复叶，互生，通常落叶；羽片1至多对；总叶柄及叶轴上有腺体；小叶对生，1至多对。花小，常2型，5基数，两性，稀杂性，有梗或无梗，组成头状花序、聚伞花序或穗状花序，再排成腋生或顶生的圆锥花序；花萼钟状或漏斗状，具5齿或5浅裂；花瓣常在中部以下合生成漏斗状，上部具5裂片。荚果带状，扁平，果皮薄，种子间无间隔，不开裂或迟裂；种子圆形或卵形，扁平，无假种皮，种皮厚，具马蹄形痕。

龙眼洞林场有1种。

天香藤

Albizia corniculata (Lour.) Druce

二回羽状复叶，羽片2～6对；总叶柄近基部有压扁的腺体1枚；小叶4～10对，长圆形或倒卵形，长12～25 mm，宽7～15 mm，顶端极钝或有时微缺，或具硬细尖，基部偏斜，叶面无毛，叶背疏被微柔毛；中脉居中。头状花序有花6～12朵，再排成顶生或腋生的圆锥花序；总花梗柔弱，疏被短柔毛，长5～10 mm；花无梗；花萼长不及1 mm，与花冠同被微柔毛；花冠白色，管长约4 mm，裂片长2 mm。荚果带状，长10～20 cm，宽3～4 cm，扁平，无毛；种子7～11颗，长圆形，褐色。花期4～7月，果期8～11月。

龙眼洞筲箕窝（王发国等5744），龙眼洞林场—天鹿湖站，帽峰山帽峰工区焦头窝，帽峰山—2林班。分布于中国华南地区。柬埔寨、越南、老挝也有分布。药用治跌打损伤、创伤出血等。

4. 猴耳环属 Archidendron F. Muell.

无刺乔木。二回羽状复叶；羽片1至数对；小叶大，1～5对，羽片或小叶着生处有腺体。花组成头状花序或再排成圆锥花序，生于老茎、老枝上；花萼钟状，具5短齿；花冠管状，具5裂齿。荚果扁平或肿胀，果瓣厚，革质，种子间无横隔膜，劲直或微弯，熟时沿背腹两缝线开裂；种子扁平。

龙眼洞林场有3种。

1. 猴耳环

Archidendron clypearia (Jack.) Nielsen

乔木，高可达10 m。小枝无刺，有明显的棱角，密被黄褐色茸毛。二回羽状复叶；羽片3～8对，通常4～5对；总叶柄具4棱，密被黄褐色柔毛，叶轴上及叶柄近基部处有腺体，最下部的羽片有小叶3～6对，最顶部的羽片有小叶10～12对，有时可达16对；小叶革质，斜菱形，长1～7 cm，宽0.7～3 cm，顶部的最大，往下渐小。花冠白色或淡黄色。荚果旋卷，宽1～1.5 cm，边缘在种子间溢缩；种子4～10颗，椭圆形或阔椭圆形，长约1cm，黑色，种皮皱缩。花期2～6月，果期4～8月。

帽峰山—6林班，龙眼洞林场—天鹿湖站，龙眼洞林场天河区—草塘站。分布于中国华南、华东、华中地区。亚洲热带地区广布。枝叶治风湿、跌打烫伤。

2. 亮叶猴耳环

Archidendron lucidum (Benth.) Nielsen

乔木，高2～10m。羽片1～2对；总叶柄近基部、每对羽片下和小叶片下的叶轴上均有圆形而凹陷的腺体，下部羽片通常具2～3对小叶，上部羽片具4～5对小叶；小叶斜卵形或长圆形，长5～9(11) cm，宽2～4.5cm，顶生的一对最大，对生，余互生且较小，先端渐尖而具钝小尖头，基部略偏斜。花瓣白色，中部以下合生。荚果旋卷成环状，宽2～3cm，边缘在种子间缢缩；种子黑色，长约1.5cm。花期4～6月，果期7～12月。

龙眼洞荔枝园至太和章附近（王发国等5772），帽峰山帽峰工区焦头窝，帽峰山—6林班。分布于中国华南、华中地区。越南和印度也有分布。木材用作薪炭；枝叶入药，能消肿祛湿。

3. 薄叶猴耳环

Archidendron utile (Chun et How) Nielsen

灌木，高1～2m，很少为小乔木；小枝圆柱形，无棱，被棕色短柔毛。羽片2～3对，长10～18cm，总叶柄和顶端1～2对小叶着生处稍下的叶轴上有腺体；小叶膜质，4～7对，对生，长方菱形，长2～9cm，宽1.5～4cm，顶部的较大，往下渐小，顶端钝，有小凸头，基部钝或急尖，叶面无毛，叶背被短柔毛，具短柄。花白色，芳香。荚果红褐色，弯卷或镰刀状，长6～10cm，宽10～13mm；种子近圆形，长约10mm，黑色，光亮。花期3～8月，果期4～12月。

帽峰山帽峰工区焦头窝（王发国等69）。分布于中国华南地区。越南也有分布。有一定观赏价值。

5. 银合欢属 Leucaena Benth.

常绿、无刺灌木或乔木。托叶刚毛状或小形，早落。二回羽状复叶；小叶小而多或大而少，偏斜；总叶柄常具腺体。花白色，通常两性，5基数，无梗，组成密集、球形、腋生的头状花序，单生或簇生于叶腋；苞片通常2枚；萼管钟状，具短裂齿；花瓣分离。荚果劲直，扁平，光滑，革质，带状，成熟后2瓣裂，无横隔膜；种子多数，横生，卵形，扁平。

龙眼洞林场有1种。

银合欢（白合欢）

Leucaena leucocephala (Lam.) de Wit

灌木或小乔木，高2～6m；幼枝被短柔毛，老枝无毛，具褐色皮孔，无刺；托叶三角形，小。羽片4～8对，长5～9(16) cm，叶轴被柔毛，在最下一对羽片着生处有黑色腺体1枚；小叶5～15对，线状长圆形，长7～13mm，宽1.5～3mm，先端急尖，基部楔形。花白色。荚果带状，长10～18cm，宽1.4～3cm，顶端凸尖，基部有柄，纵裂，被微柔毛；种子6~25颗，卵形，长约7.5mm，褐色，扁平，光亮。花期4~7月，果期8~10月。

龙眼洞荔枝园至太和章附近（王发国等5836）。分布于中国华南地区。原产美洲热带地区。它是优良的薪炭柴树种，适合于荒山造林。

2. 巴西含羞草

Mimosa diplotricha C. Wright ex Sauvalle

直立、亚灌木状两年生或多年生草本，通常形成致密的灌木丛，根系强壮，茎攀缘或平卧，长达60cm，五棱柱状，沿棱上密生钩刺，其余被疏长毛，老时毛脱落。二回羽状复叶，长10~15cm；总叶柄及叶轴有钩刺4~5列；羽片（4）7~8对，长2~4cm；小叶（12）20~30对，线状长圆形。头状花序花时连花丝直径约1cm。荚果长圆形，长2~2.5cm，宽约4~5mm，边缘及荚节有刺毛；种子扁平，卵形，长2~2.5mm，浅棕色。

龙眼洞筲箕窝至火烧天（筲箕窝—6林班；王发国等5888），龙眼洞—石屋站（王发国等6271），龙眼洞林场—天鹿湖站。分布于中国华南地区、福建、云南和台湾。原产于热带美洲。巴西也有分布。巴西含羞草花美丽，适合园林绿地及水岸边作地被植物栽培。

6. 含羞草属 Mimosa L.

多年生、有刺草本或灌木，稀为乔木或藤本。托叶小，钻状。二回羽状复叶，常很敏感，触之即闭合而下垂，叶轴上通常无腺体；小叶细小，多数。花小，两性或杂性，通常4~5数，组成稠密的球形头状花序或圆柱形的穗状花序，花序单生或簇生；花萼钟状，具短裂齿；花瓣下部合生。荚果长椭圆形或线形，扁平，直或略弯曲，有荚节3~6个，荚节脱落后具长刺毛的荚缘宿存在果柄上；种子卵形或圆形，扁平。

龙眼洞林场有2种，1变种。

1. 光荚含羞草

Mimosa bimucronata (DC.) Kuntze

落叶灌木，高3~6m；小枝无刺，密被黄色茸毛。二回羽状复叶，羽片6~7对，长2~6cm，叶轴无刺，被短柔毛，小叶12~16对，线形，长5~7mm，宽1~1.5mm，革质，先端具小尖头，除边缘疏具缘毛外，余无毛，中脉略偏上缘。头状花序球形；花白色；花萼杯状，极小；花瓣长圆形，长约2mm，仅基部连合。荚果带状，劲直，长3.5~4.5cm，宽约6mm，无刺毛，褐色，通常有5~7个荚节，成熟时荚节脱落而残留荚缘。

龙眼洞筲箕窝至火烧天（筲箕窝—6林班；王发国等5887），龙眼洞林场—天鹿湖站。分布于中国华南、华中地区。美洲热带地区也有分布。光荚含羞草具有生长迅速、耐涝的特点，可以作为护坡和护岸堤植物。

3. 无刺巴西含羞草

Mimosa diplotricha C. Wright ex Sauvalle var. **inermis** (Adelb) Veldk.

与原变种的区别在于：茎上无钩刺，荚果边缘及荚节上无刺毛。

龙眼洞林场—天鹿湖站（王发国等6236）。中国广东、海南、云南等地有栽培和逸为野生。原产爪哇岛。外来入侵植物，全株有毒，牛误食能致死。

147. 苏木科 Caesalpiniaceae

乔木、灌木或稀为草本；叶为一至二回羽状复叶，稀单叶或单小叶；托叶通常缺。花常美丽，稍左右对称，排成总状花序或圆锥花序，稀为聚伞花序；萼片5枚或上面2枚合生；花瓣5枚或更少或缺，上面1枚芽时位于最内面，其余的为覆瓦状排列。荚果各式，通常2瓣开裂。

龙眼洞林场有7属，9种。

1. 羊蹄甲属 Bauhinia L.

乔木、灌木或具卷须的木质藤本。单叶互生，很少全缘或为2片小叶；掌状脉序，基出脉3条至多条，中脉延伸于2裂片之间成一小芒尖；托叶常早落。花序总状或伞房状；苞片和小苞片通常线形，早落；花两性，很少为单性，雌雄同株或异株。荚果长圆形，带状或线扁平，开裂或不裂；种子数颗，球形或卵形，扁平，有或无胚乳。

龙眼洞林场有1种。

龙须藤

Bauhinia championii (Benth.) Benth.

藤本，有卷须；嫩枝和花序薄被紧贴的小柔毛。叶纸质，卵形或心形，长3～10 cm，宽2.5～6.5(9) cm，先端锐渐尖、圆钝、微凹或2裂，裂片长度不一，基部截形、微凹或心形，叶面无毛，叶背被紧贴的短柔毛，渐变无毛或近无毛，干时粉白褐色；基出脉5～7条；叶柄长1～2.5 cm，纤细，略被毛。荚果倒卵状长圆形或带状，扁平，长7～12 cm，宽2.5～3 cm，无毛，果瓣革质；种子2～5颗，圆形。花期6～10月，果期7～12月。

帽峰山帽峰工区焦头窝，帽峰山—2林班，帽峰山帽峰工区山顶管理处向下路两侧。分布于中国华南、华中地区。印度、越南、印度尼西亚也有分布。龙须藤适用于大型棚架、绿廊、墙垣等攀缘绿化。

2. 云实属 Caesalpinia L.

乔木、灌木或藤本，通常有刺。二回羽状复叶；小叶大或小。总状花序或圆锥花序腋生或顶生；花中等大或大，通常美丽，黄色或橙黄色；花托凹陷；萼片离生，覆瓦状排列，下方一片较大；花瓣5枚，常具柄，展开，其中4片通常圆形，有时长圆形，最上方一片较小，色泽、形状及被毛常与其余4片不同。荚果卵形、长圆形或披针形，有时呈镰刀状弯曲，扁平或肿胀，无翅或具翅，平滑或有刺；种子卵圆形至球形。

龙眼洞林场有2种。

1. 华南云实

Caesalpinia crista L.

木质藤本，长可达10 m以上；树皮黑色，有少数倒钩刺。二回羽状复叶长20～30 cm；叶轴上有黑色倒钩刺；羽片2～3对，有时4对，对生；小叶4～6对，对生，具短柄，革质，卵形或椭圆形，长3～6 cm，宽1.5～3 cm，先端圆钝，有时微缺，基部阔楔形或钝，两面无毛，叶面有光泽。荚果革质或亚木质，宽矩圆形，长3.5～4 cm，宽2～2.5 cm，顶端急尖，有时有喙；种子矩圆形，黑色。

龙眼洞笛箕窝至火烧天（笛箕窝—6林班；王发国等5960）。分布于中国华南、华中地区。印度、斯里兰卡、缅甸、泰国、柬埔寨、越南、马来半岛和波利尼西亚群岛以及日本也有分布。本种有观赏价值。

含羞草科 Mimosaceae / 苏木科 Caesalpiniaceae

1.*双荚决明
Cassia bicapsularis L.

直立灌木，多分枝，无毛。叶长7～12 cm，有小叶3～4对；叶柄长2.5～4 cm；小叶倒卵形或倒卵状长圆形，膜质，长2.5～3.5 cm，宽约1.5 cm，顶端圆钝，基部渐狭，偏斜，叶背粉绿色，侧脉纤细，在近边缘处呈网结；在最下方的一对小叶间有黑褐色线形而钝头的腺体1枚。荚果圆柱状，膜质，直或微曲，长13～17 cm，直径约1.6 cm；种子2列。花期10～11月，果期11月至翌年3月。

龙眼洞林场—天鹿湖站（王发国等6226）。栽培。中国华南地区有栽培。原产美洲热带地区，现广布于世界热带地区。双荚决明开花、结果早，花期长，花色艳丽迷人，同时具有防尘、防烟雾的作用；其树姿优美，枝叶茂盛，夏秋季盛开的黄色花序布满枝头，成为一道优美的风景线。

2.*铁刀木
Cassia siamea Lam.

乔木，高约10 m左右；树皮灰色，近光滑，稍纵裂；嫩枝有棱条，疏被短柔毛。叶长20～30 cm；叶轴与叶柄无腺体，被微柔毛；小叶对生，6～10对，革质，长圆形或长圆状椭圆形，长3～6.5 cm，宽1.5～2.5 cm，叶面光滑无毛，叶背粉白色，边全缘。总状花序生于枝条顶端的叶腋，并排成伞房花序状；苞片线形，长5～6 mm；花瓣黄色。荚果扁平，长15～30 cm，宽1～1.5 cm，熟时带紫褐色；种子10～20颗。花期10～11月，果期12月～翌年1月。

龙眼洞林场—天鹿湖站（王发国等6224）。栽培。分布于中国华南地区。印度、缅甸、泰国也有分布。木材坚硬致密，耐水湿，不受虫蛀，为上等家具原料；老树材黑色，纹理甚美，可为乐器装饰。

2. 云实
Caesalpinia decapetala (Roth) Alston

藤本植物；树皮暗红色；枝、叶轴和花序均被柔毛和钩刺。二回羽状复叶长20～30 cm；羽片3～10对，对生，具柄，基部有刺1对；小叶8～12对，膜质，长圆形，长10～25 mm，宽6～12 mm，两端近圆钝，两面均被短柔毛，老时渐无毛；托叶小，斜卵形，先端渐尖，早落。总状花序顶生，直立。荚果长圆状舌形，长6～12 cm，宽2.5～3 cm，脆革质，栗褐色，无毛，有光泽，先端具尖喙；种子6～9颗，椭圆状，长约11 mm，宽约6 mm，种皮棕色。花果期4～10月。

帽峰山帽峰工区山顶管理处，沿山谷周边。分布于中国华南、华中、华北地区。亚洲热带和温带地区也有分布。根、茎及果药用，治筋骨疼痛、跌打损伤；果皮和树皮含单宁，种子含油35%，可制肥皂及润滑油。

3. 决明属 Cassia L.

草本、灌木或乔木。叶为偶数羽状复叶，叶柄和叶轴上常有腺体。花两性，近辐射对称，单生或排成总状花序或圆锥花序，萼管短，具萼齿，覆瓦状排列，花瓣3～5枚，近相等或下面的较大，具柄，黄色。荚果圆柱形或扁平，通常2瓣裂，有时不开裂，有4棱或翅，果瓣木质、革质或膜质。

龙眼洞林场有2种。

4. 格木属 Erythrophleum Afzef. ex R. Br.

乔木。叶互生，二回羽状复叶；托叶小，早落；羽片数对，对生；小叶互生，革质。花小，具短梗，密聚成穗状花序式的总状花序，在枝顶常再排成圆锥花序；

115

萼钟状，裂片5片，在花蕾时多少呈覆瓦状排列，下部合生成短管；花瓣5枚，近等大。荚果长而扁平，厚革质，熟时2瓣裂，内面于种子间有肉质的组织；种子横生，长圆形或倒卵形，压扁，有胚乳。

龙眼洞林场有1种。

*格木（铁木）
Erythrophleum fordii Oliv.

乔木，通常高约10 m，有时可达30 m；嫩枝和幼芽被铁锈色短柔毛。叶互生，二回羽状复叶，无毛；羽片通常3对，对生或近对生，长20～30 cm，每羽片有小叶8～12片；小叶互生，卵形或卵状椭圆形，长5～8 cm，宽2.5～4 cm，先端渐尖，基部圆形，两侧不对称，边全缘；小叶柄长2.5～3 mm。由穗状花序所排成的圆锥花序长15～20 cm。荚果长圆形，扁平，长10～18 cm，宽3.5～4 cm，厚革质，有网脉；种子长圆形，稍扁平，长2～2.5 cm，宽1.5～2 cm，种皮黑褐色。花期5～6月，果期8～10月。

龙眼洞林场—天鹿湖站。栽培。分布于中国华南地区。越南也有分布。格木树冠苍绿荫浓，是优良的观赏树种。

5. 皂荚属 Gleditsia L.

落叶乔木或灌木；干和枝通常具分枝的粗刺。叶互生，常簇生，一回和二回偶数羽状复叶常并存于同一植株上；叶轴和羽轴具槽；小叶多数，近对生或互生，基部两侧稍不对称或近于对称，边缘具细锯齿或钝齿，少有全缘；托叶小，早落。花杂性或单性异株，淡绿色或绿白色，组成腋生或少有顶生的穗状花序或总状花序，稀为圆锥花序；花瓣3～5枚，稍不等，与萼裂片等长或稍长。荚果扁，劲直、弯曲或扭转，不裂或迟开裂；种子1至多颗，卵形或椭圆形，扁或近柱形。

龙眼洞林场有1种。

华南皂荚
Gleditsia fera (Lour.) Merr.

小乔木至乔木，枝灰褐色；刺粗壮，具分枝，基部圆柱形，长可达13 cm。叶为一回羽状复叶，长11～18 cm；叶轴具槽，槽及两边无毛或被疏柔毛；小叶5～9对，纸质至薄革质，斜椭圆形至菱状长圆形，长2～7(12) cm，宽1～3(5) cm，先端圆钝而微凹，有时急尖；花杂性，绿白色，数朵组成小聚伞花序，再由多个聚伞花序组成腋生或顶生。荚果扁平，劲直或稍弯，果瓣革质，嫩果密被棕黄色短柔毛，果颈长5～10 mm；种子多数，卵形至长圆形。花期4～5月，果期6～12月。

龙眼洞。分布于中国华南地区。越南也有分布。荚果含皂素，煎出的汁可代肥皂用以洗涤；果又可作杀虫药。

6. 无忧花属 Saraca L.

乔木。叶为偶数羽状复叶，有小叶数对；小叶革质，其柄粗壮，常具腺状结节；托叶2枚，通常连合成圆锥形鞘状，早落。伞房状圆锥花序腋生或顶生；总苞片早落；苞片1枚，小或大于小苞片，被毛或无毛，脱落或宿存；小苞片2枚，近对生，通常宿存且具颜色；花具短梗，黄色至深红色，两性或单性，花瓣缺；花萼管状，萼管伸长，上部略膨大，顶部具一花盘，裂片4片，罕有5或6片，花瓣状。荚果扁长圆形，稍弯斜，革质至近木质，2瓣裂；种子1～8颗，椭圆形或卵形。

龙眼洞林场有1种。

*中国无忧花
Saraca dives Pierre

乔木，高5～20 m；胸径达25 cm。叶有小叶5～6对，嫩叶略带紫红色，下垂；小叶近革质，长椭圆形、卵状披针形或长倒卵形，长15～35 cm，宽5～12 cm，基部一对常较小，先端渐尖、急尖或钝，基部楔形，侧脉8～11对；小叶柄长7～12 mm。花序腋生，较大，总轴被毛或近无毛；花黄色，两性或单性；花梗短于萼管，无关节；萼管长1.5～3 cm，裂片长圆形，4片，有时5～6片，具缘毛。荚果棕褐色，扁平，长22～30 cm，宽5～7 cm，果瓣卷曲；种子5～9颗，形状不一。花期4～5月，果期7～10月。

龙眼洞林场—天鹿湖站。栽培。分布于中国华南地区。越南、老挝也有分布。树势雄伟，由于花大而美丽，又是一良好的庭园绿化和观赏树种。

7. 油楠属 Sindora Miq.

乔木。叶为偶数羽状复叶，有小叶2～10对；小叶革质；托叶叶状。花两性，组成圆锥花序；苞片和小苞片卵形，早脱；萼具短的萼管，基部有花盘，裂片4枚，镊合状排列，或边缘极狭的覆瓦状排列；花瓣仅1枚，很少2枚。荚果大而扁，通常圆形或长椭圆形，多少偏斜，开裂，果瓣表面通常有短刺，很少无刺；种子1～2颗。

龙眼洞林场有1种。

*油楠
Sindora glabra Merr.

乔木，高8～20 m，直径30～60 cm。叶长10～20 cm，有小叶2～4对；小叶对生，革质，椭圆状长圆形，很少卵形，长5～10 cm，宽2.5～5 cm，顶端钝急尖或短渐尖，基部钝圆稍不等边，侧脉纤细，多条，不明显，网脉不明显；小叶柄长约5 mm。圆锥花序生于小枝顶端之叶腋，长15～20 cm，密被黄色柔毛。荚果圆形或椭圆形，长5～8 cm，宽约5 cm，外面有散生硬直的刺，受伤时伤口常有胶汁流出；种子1颗，扁圆形，黑色，直径约1.8 cm。花期4～5月，果期6～8月。

帽峰山帽峰工区山顶管理处，沿山谷周边，龙眼洞林场—天鹿湖站。栽培。分布于中国广东、海南、福建、云南。油楠木材纹理略通直，结构细致，心材耐腐；新叶黄色，是热带地区优良庭荫树、行道树。

148. 蝶形花科 Papilionaceae

草本、灌木或乔木，直立或攀缘状；叶通常互生，复叶，很少为单叶，常有托叶；花两性，两侧对称，具蝶形花冠；常组成总状花序或圆锥花序，少为头状花序或穗状花序；萼管通常5裂，上部2裂齿常多少合生；花瓣5枚，覆瓦状排列，位于近轴最上、最外面的1片为旗瓣，两侧多少平行的两片为翼瓣，位于最下、最内面的两片，下侧边缘合生成龙骨瓣。荚果不开裂或开裂为2个果瓣，或由2至多个各具1枚种子的荚节组成；种子通常无胚乳，胚具弯曲、贴生于子叶下缘的胚根；子叶厚。

龙眼洞林场有26属，38种，1变种。

1. 相思子属 Abrus Adans.

藤本。偶数羽状复叶；叶轴顶端具短尖；托叶线状披针形，无小托叶；小叶多对，全缘。总状花序腋生或与叶对生，苞片与小苞片小；花小，数朵簇生于花序轴的节上；花萼钟状，顶端截平或具短齿，上方2齿大部分连合；花冠远大于花萼，旗瓣卵形，具短柄，基部多少与雄蕊管连合，翼瓣较窄，龙骨瓣较阔，前缘合生。荚果长圆形，扁平，开裂，有种子2至多粒；种子椭圆形或近球形，暗褐色或半红半黑，有光泽。

龙眼洞林场有3种。

1. 广州相思子
Abrus cantoniensis Hance

攀缘灌木，高1～2 m。枝细直，平滑，被白色柔毛，老时脱落。羽状复叶互生；小叶6～11对，膜质，长圆形或倒卵状长圆形，长0.5～1.5 cm，宽0.3～0.5 cm，先端截形或稍凹缺，具细尖，叶面被疏毛，叶背被糙伏毛，叶脉两面均隆起；小叶柄短。总状花序腋生；花小，长约6 mm，聚生于花序总轴的短枝上；花梗短；花冠紫红色或淡紫色。荚果长圆形，扁平，长约3 cm，宽约1.3 cm，顶端具喙，被稀疏白色糙伏毛，成熟时浅褐色，有种子4～5颗；种子黑褐色，种阜蜡黄色。花期8月。

龙眼洞。分布于中国华南地区。泰国也有分布。全株及种子均供药用，可清热利湿、舒肝止痛。

2. 毛相思子（毛鸡骨草、金不换）
Abrus mollis Hance

藤本。茎疏被黄色长柔毛。羽状复叶；叶柄和叶轴被黄色长柔毛；托叶钻形；小叶10～16对，膜质，长圆形，最上部两枚常为倒卵形，长1～2.5 cm，宽0.5～1 cm，先端截形，具细尖，基部圆或截形，叶面被疏柔毛，叶背密被白色长柔毛。总状花序腋生；总花梗长2～4 cm，被黄色长柔毛，花长3～9 mm，4～6朵聚生于花序轴的节上；花萼钟状，密被灰色长柔毛；花冠粉红色或淡紫色。荚果长圆形，扁平，长3～5(6) cm，宽0.8～1 cm，密被白色长柔毛，顶端具喙，有种子4～9颗；种子黑色或暗褐色，卵形，扁平，稍有光泽，种阜小，环状，种脐有孔。花期8月，果期9月。

龙眼洞筲箕窝至火烧天（筲箕窝—6林班；王发国等5953），龙眼洞凤凰山（场部—3林班）（王发国等6025），帽峰山—管护站（王发国等6114），帽峰山—6林班。分布于中国华南地区。中南半岛也有分布。毛相思子的带根全草称为毛鸡骨草，主治急慢性肝炎、肝硬化腹水、胃痛、风湿痹痛等症。

3. 相思子（红豆、相思豆、红珠木）
Abrus precatorius L.

藤本植物。茎细弱，多分枝，疏被锈白色糙伏毛。羽状复叶；小叶8～13对，膜质，对生，近长圆形，长1～2 cm，宽0.4～0.8 cm，先端截形，具小尖头，基部近圆形，叶面无毛，叶背被稀疏白色糙伏毛；小叶柄短。总状花序腋生，长3～8 cm；花序轴粗短；花小，密集成头状；花冠紫色，旗瓣柄三角形，翼瓣与龙骨瓣较窄狭。荚果长圆形，果瓣革质，长2～3.5 cm，宽0.5～1.5 cm，成熟时开裂，有种子2～6颗；种子椭圆形，上部约2/3为鲜红色，下部1/3为黑色。花期3～6月，果期9～10月。

龙眼洞水库旁。分布于中国华南地区。世界热带地区广泛分布。相思子的种子质地坚硬，色泽华美，红艳持久，可作装饰品，但有剧毒。

2. 合萌属 Aeschynomene L.

草本或小灌木。茎直立或匍匐在地上而枝端向上。奇数羽状复叶具小叶多对，互相紧接并容易闭合；托叶早落。花小，数朵组成腋生的总状花序；苞片托叶状，成对，宿存，边缘有小齿；小苞片卵状披针形，宿存；花萼膜质，通常二唇形，上唇2裂，下唇3裂；花易脱落，旗瓣大，圆形，具瓣柄；翼瓣无耳；龙骨瓣弯曲而略有喙。荚果有果颈，扁平，具荚节4~8个，各节有种子1颗。

龙眼洞林场有1种。

美洲合萌

Aeschynomene americana L.

一年生或短期多年生灌木状草本，直立，分枝多。干高70~200 cm，茎粗0.2~2 cm，茎枝被茸毛。主根深15~40 cm，侧根较少。羽状复叶，长2~15 cm，宽0.5~2.5 cm；叶柄长0.2~0.3 cm；小叶两排，各10~33对，偶数，长4~16 mm，宽1~3 mm。花序腋生，小花簇生于各生长枝上；花长6~10 mm，浅黄色；花冠上具条深色线。荚果长2~3 cm，宽3 mm，具种子5~8颗；种子肾形，成熟后种荚易逐节脱落成单荚果。春季播种，9月下旬或10月上旬开花，开花后约3周种子成熟。

龙眼洞—石屋站（王发国等6277）。分布于中国华南地区。原产于美国。美洲合萌为豆科牧草品种，产量高，复叶多，适用饲喂牛、羊、兔等动物。

3. 链荚豆属 Alysicarpus Neck. ex Desv.

多年生草本，茎直立或披散，具分枝。叶为单小叶，少为羽状三出复叶，具托叶和小托叶，托叶干膜质或半革质，离生或合生。花小，通常成对排列于腋生或顶生的总状花序的节上；苞片干膜质，早落；花萼深裂，裂片干而硬，近等长，基部有时呈覆瓦状排列，上部2裂片常合生；花冠不伸出或稍伸出萼外，旗瓣宽，倒卵形或近圆形，龙骨瓣钝，贴生于翼瓣。荚果圆柱形，膨胀，荚节数个，不开裂，每荚节具1种子。

龙眼洞林场有1种。

链荚豆

Alysicarpus vaginalis (L.) DC. [*A. vaginalis* var. *diversifolius* Chun]

多年生草本，簇生或基部多分枝；茎平卧或上部直立，高30~90 cm，无毛或稍被短柔毛。叶仅有单小叶；托叶线状披针形，干膜质，具条纹，无毛，与叶柄等距或稍长；叶柄长5~14 mm，无毛；小叶形状及大小变化很大，茎上部小叶通常为卵状长圆形，长3~6.5 cm，宽1~2 cm，下部小叶为心形、近圆形或卵形。总状花序腋生或顶生，长1.5~7 cm，有花6~12朵，成对排列于节上，节间长2~5 mm。荚果扁圆柱形，长1.5~2.5 cm，宽2~2.5 mm，被短柔毛，有不明显皱纹。花期9月，果期9~11月。

龙眼洞。分布于中国华南、华中地区。东半球热带地区也有分布。链荚豆作为草坪草使用，依靠根瘤菌的固氮作用，可免施或少施化肥，从而可节省一定的草坪养护费用。

4. 藤槐属 Bowringia Champ. ex Benth.

攀缘灌木。单叶，较大；托叶小。总状花序腋生，甚短；花萼膜质，先端截形；花冠白色，旗瓣圆形，具柄，翼瓣镰状长圆形，龙骨瓣与翼瓣相似，稍大。荚果卵形或球形，成熟时沿缝线开裂，果瓣薄革质，具种子1~2颗；种子长圆形或球形，褐色，具种阜；胚根直短，子叶厚。

龙眼洞林场有1种。

藤槐

Bowringia callicarpa Champ. ex Benth.

攀缘灌木。单叶，近革质，长圆形或卵状长圆形，长6~13 cm，宽2~6 cm，先端渐尖或短渐尖，基部圆形，两面几无毛，叶脉两面明显隆起，侧脉5~6对，于叶缘前汇合，细脉明显；叶柄两端稍膨大，长1~3 cm；

托叶小，卵状三角形，具脉纹。总状花序或排列成伞房状，长2～5 cm，花疏生，与花梗近等长；苞片小，早落；花梗纤细，长10～13 mm。荚果卵形或卵球形，长2.5～3 cm，径约15 mm，先端具喙，沿缝线开裂，表面具明显凸起的网纹，具种子1～2颗；种子椭圆形，稍扁，长约12 mm，宽约8 mm，厚约7 mm，深褐色至黑色。花期4～6月，果期7～9月。

帽峰山—管护站（王发国等6118），帽峰山—十八排。分布于中国华南地区。越南也有分布。根叶入药用于跌打损伤，外伤出血。

5. 木豆属 Cajanus DC.

直立灌木或亚灌木，或为木质或草质藤本。叶具羽状3小叶或有时为指状3小叶，小叶叶背有腺点；托叶和小托叶小或缺。总状花序腋生或顶生；苞片小或大，早落；小苞片缺；花萼钟状，5齿裂，裂片短，上部2枚合生或仅于顶端稍2裂；花冠宿存或否；旗瓣近圆形，倒卵形或倒卵状椭圆形，基部两侧具内弯的耳，有爪；花药一式；子房近无柄；胚珠2至多颗；花柱长，线状，先端上弯，上部无毛或稍具毛，无须毛。荚果线状长圆形，压扁，种子间有横槽；种子肾形至近圆形，光亮，有各种颜色或具斑块，种阜明显或残缺。

龙眼洞林场有1种。

木豆

Cajanus cajan (L.) Millsp.

叶具羽状3小叶；托叶小，卵状披针形，长2～3 mm；叶柄长1.5～5 cm，上面具浅沟，下面具细纵棱，略被短柔毛；小叶纸质，披针形至椭圆形，长5～10 cm，宽1.5～3 cm，先端渐尖或急尖，常有细凸尖，叶面被极短的灰白色短柔毛，叶背较密，呈灰白色，有不明显的黄色腺点；小托叶极小；小叶柄长1～2 mm，被毛。荚果线状长圆形，长4～7 cm，宽6～11 mm，于种子间具明显凹入的斜横槽，被灰褐色短柔毛，先端渐尖，具长的尖头；种子3～6颗，近圆形，稍扁，种皮暗红色，有时有褐色斑点。花果期2～11月。

龙眼洞荔枝园至太和章附近（王发国等5826）。分布于中国华南、华中地区。印度也有分布。木豆用途广泛，具有较高的营养价值，可食用、饲用。利用木豆进行药品、保健与功能食品的研制和开发具有很大的潜力。但木豆口感不佳，限制了其食品加工的发展。

6. 刀豆属 Canavalia DC.

一年生或多年生草本。茎缠绕、平卧或近直立。羽状复叶具3小叶；托叶小，有时为疣状或不显著，有小托叶。总状花序腋生；花稍大，紫堇色、红色或白色，单生或2～6朵簇生于花序轴肉质、隆起的节上；苞片和小苞片微小，早落；花梗极短；萼钟状或管状，顶部二唇形，上唇大，截平或具2裂齿，下唇小，全缘或具3裂齿。荚果大，带形或长椭圆形，扁平或略膨胀，近腹缝线的两侧通常有隆起的纵脊或狭翅，2瓣裂，果瓣革质。

龙眼洞林场有1种。

*海刀豆

Canavalia maritima (Aubl.) Thou.

粗壮，草质藤本。茎被稀疏的微柔毛。羽状复叶具3小叶；托叶、小托叶小；小叶倒卵形、卵形、椭圆形或近圆形，长5～8(14) cm，宽4.5～6.5(10) cm，先端通常圆、截平、微凹或具小凸头，稀渐尖，基部楔形至近圆形，侧生小叶基部常偏斜，两面均被长柔毛。总状花序腋生；花萼钟状，长1～1.2 cm，被短柔毛；花冠紫红色。荚果线状长圆形，长8～12 cm，宽2～2.5 cm，厚约1 cm，顶端具喙尖。花期6～7月。

龙眼洞林场—天鹿湖站。栽培。分布于中国华南地区。热带海岸地区也有分布。花粉红色，美丽，状如刀豆，可以供观赏。

7. 舞草属 Codariocalyx Hassk.

直立灌木。叶为三出复叶，侧生小叶很小，或缺而仅为单小叶，有托叶和小托叶，托叶早落。圆锥状或总状花序顶生或腋生；苞片宽卵形，密集，覆瓦状排列，具线纹，小苞片缺；花萼膜质，宽钟形，5裂，上部2裂片合生但先端明显2裂；花冠较花萼长，旗瓣通常偏斜，近圆形，翼瓣近半三角形，先端圆形，基部有耳，龙骨瓣镰刀状。荚果有荚节5～9个，腹缝线直；种子具假种皮。

龙眼洞林场有1种。

圆叶舞草
Codariocalyx gyroides (Roxb. ex Link) Hassk.

直立灌木，高1～3 m。茎圆柱形，多少具条线，幼时被柔毛；嫩枝被长柔毛，老时渐变无毛。叶为三出复叶；托叶狭三角形，长12～15 mm，基部宽2～2.5 mm，初时具白色丝状毛，后渐变无毛，边缘有丝状毛；叶柄长2～2.5 cm，疏被柔毛；小叶纸质，顶生小叶倒卵形或椭圆形，长3.5～5 cm，宽2.5～3 cm，侧生小叶较小。总状花序顶生或腋生。荚果呈镰刀状弯曲，长2.5～5 cm，宽4～6 mm，腹缝线直，背缝线稍缢缩为波状，成熟时沿背缝线开裂，密被黄色短钩状毛和长柔毛；种子长约4 mm。

龙眼洞筲箕窝东坑（陈少卿357）。分布于中国华南地区。南亚、东南亚也有分布。本种的嫩枝叶刈割后稍微萎蔫即可直接饲喂家畜，也可与其他牧草混合饲用。

8. 猪屎豆属 Crotalaria L.

草本，亚灌木或灌木。茎枝圆或四棱形，单叶或三出复叶；托叶有或无。总状花序顶生、腋生、与叶对生或密集枝顶形似头状；花萼唇形或近钟形，二唇形时，上唇2萼齿宽大，合生或稍合生，下唇3萼齿较窄小，近钟形时，5裂，萼齿近等长；花冠黄色或深紫蓝色，旗瓣通常为圆形或长圆形，基部具2枚胼胝体或无，翼瓣长圆形或长椭圆形，龙骨瓣中部以上通常弯曲，具喙。荚果长圆形、圆柱形或卵状球形，稀四角菱形，膨胀，有果颈或无；种子2颗至多数。

龙眼洞林场有1种。

猪屎豆
Crotalaria pallida Ait.

多年生草本，或呈灌木状；茎枝圆柱形，具小沟纹，密被紧贴的短柔毛。托叶极细小，刚毛状，通常早落；叶三出，柄长2～4 cm；小叶长圆形或椭圆形，长3～6 cm，宽1.5～3 cm，先端钝圆或微凹，基部阔楔形，叶面无毛，叶背略被丝光质短柔毛，两面叶脉清晰；小叶柄长1～2 mm。总状花序顶生，长达25 cm，有花10～40朵；苞片线形，长约4 mm；早落，小苞片的形状与苞片相似，长约2 mm，花时极细小，长不及1 mm，生萼筒中部或基部；花梗长3～5 mm。荚果长圆形，长3～4 cm，径5～8 mm，幼时被毛，成熟后脱落，果瓣开裂后扭转；种子20～30颗。花果期9～12月。

龙眼洞—石屋站（王发国等6268）。分布于中国华南、华中地区。美洲、非洲、亚洲热带及亚热带地区也有分布。猪屎豆的全草可供药用，有散结、清湿热等作用。用于抗肿瘤效果较好，主要对鳞状上皮癌、基底细胞癌有疗效。

9. 黄檀属 Dalbergia L. f.

乔木、灌木或木质藤本。奇数羽状复叶；托叶通常小且早落；小叶互生，无小托叶。花小，通常多数，组成顶生或腋生圆锥花序。分枝有时呈二歧聚伞状；苞片和小苞片通常小，脱落，稀宿存；花萼钟状，裂齿5个，下方1枚通常最长，稀近等长，上方2枚常较阔且部分合生；花冠白色、淡绿色或紫色，花瓣具柄。荚果不开裂，长圆形或带状，翅果状，对种子部分多少加厚且常具网纹，其余部分扁平而薄，稀为近圆形或半月形而略厚，有1至数颗种子；种子肾形，扁平，胚根内弯。

龙眼洞林场有2种。

1. 南岭黄檀
Dalbergia balansae Prain

乔木，高6～15 m；树皮灰黑色，粗糙，有纵裂纹。羽状复叶长10～15 cm；叶轴和叶柄被短柔毛；托叶披针形；小叶6～7对，皮纸质，长圆形或倒卵状长圆形，长2～3（4）cm，宽约2 cm，先端圆形，有时近截形，常微缺，基部阔楔形或圆形，初时略被黄褐色短柔毛，后变无毛。圆锥花序腋生。荚果舌状或长圆形，长5～6 cm，宽2～2.5 cm，两端渐狭，通常有种子1颗，稀2～3颗，果瓣对种子部分有明显网纹。花期6月，果期7～8月。

龙眼洞筲箕窝至火烧天（筲箕窝—6林班；王发国等5878），帽峰山—十八排（王发国等6212）。分布于中国华南、华中地区。中国南方城市常植为庇荫树或风景树。

2. 藤黄檀（红香藤、藤香、鸡腿香）
Dalbergia hancei Benth.

藤本，枝纤细，幼枝略被柔毛，小枝有时变钩状或旋扭。羽状复叶长5～8 cm；托叶膜质，披针形，早落；小叶10～26片，较小狭长圆或倒卵状长圆形，长10～20 mm，宽5～10 mm，先端钝或圆，微缺，基部圆或阔楔形，嫩时两面被伏贴疏柔毛，成长时叶面无毛。总状花序远较复叶短，幼时包藏于舟状、覆瓦状排列的苞片内。荚果扁平，长圆形或带状，无毛，长3～7 cm，宽8～14 mm，基部收缩为一细果颈，通常有1颗种子，稀2～4粒；种子肾形，极扁平，长约8 mm，宽约5 mm。花期4～5月。

帽峰山莲花顶森林公园—7林班（王发国等6048），帽峰山帽峰工区焦头窝，帽峰山—6林班。分布于中国华南地区。茎皮含单宁；纤维供编织；根、茎入药，能舒筋活络，用治风湿痛，有理气止痛、破积之效。

10. 山蚂蝗属 Desmodium Desv.

草本、亚灌木或灌木。叶为羽状三出复叶或退化为单小叶，具托叶和小托叶；托叶通常干膜质，有条纹，小托叶钻形或丝状；小叶全缘或浅波状。花通常较小；组成腋生或顶生的总状花序或圆锥花序，少为单生或成对生于叶腋；苞片宿存或早落，小苞片有或缺；花萼钟状，4～5裂，裂片较萼筒长或短，上部裂片全缘或先端2裂至微裂；花冠白色、绿白色、黄白色、粉红色、紫色；子房通常无柄，有胚珠数颗。荚果扁平，不开裂，背腹两缝线稍缢缩；荚节数枚。子叶出土萌发。

龙眼洞林场有4种。

1. 大叶山蚂蝗
Desmodium gangeticum (L.) DC.

直立或近直立亚灌木，高可达1 m。茎柔弱，稍具棱，被稀疏柔毛，分枝多。叶具单小叶；托叶狭三角形或狭卵形，长约1 cm，宽1～3 mm；叶柄长1～2 cm，密被直毛和小钩状毛；小叶纸质，长椭圆状卵形，有时为卵形或披针形，大小变异很大，长3～13 cm，宽2～7 cm，先端急尖，基部圆形，叶面除中脉外，其余无毛，叶背薄被灰色长柔毛，侧脉每边6～12条，直达叶缘，全缘。荚果密集，略弯曲，腹缝线稍直，背缝线波状，有荚节6～8个，荚节近圆形或宽长圆形长2～3 mm，被钩状短柔毛。花期4～8月，果期8～9月。

龙眼洞林场—天鹿湖站。分布于中国华南地区。亚洲热带地区、大洋洲、非洲也有分布。本种可供观赏；草质粗糙，口性较差，牛、羊喜欢采食其嫩叶。

2. 假地豆（异果山绿豆）
Desmodium heterocarpon (L.) DC.

小灌木或亚灌木。根系发达，主根可入土深2 m以下，侧根有根瘤，生长直径约1.5 m以外。茎直立或平卧，高30～150 cm，基部多分枝，多少被糙伏毛，后变无毛。叶为羽状三出复叶，小叶3片；托叶宿存，狭三角形，长5～15 mm，先端长尖，基部宽，叶柄长1～2 cm，略被柔毛；小叶纸质，顶生小叶椭圆形，长椭圆形或宽倒卵形。总状花序顶生或腋生。荚果密集，狭长圆形，长12～20 mm，宽2.5～3 mm，腹缝线浅波状，腹背两缝线被钩状毛，有荚节4～7个，荚节近方形。

龙眼洞箐箕窝（王发国等5720），帽峰山帽峰工区焦头窝，帽峰山—2林班，帽峰山帽峰工区山顶管理处，沿山谷周边。分布于中国华南地区。印度、斯里兰卡、东南亚、日本、太平洋群岛及大洋洲也有分布。除作饲用外，本种可植于旱地田园地埂周围及易受侵蚀地段附近，可保持水土，提高土壤肥力。此外，它还可入药，全株治跌打、蛇伤。

3. 显脉山绿豆
Desmodium reticulatum Champ. ex Benth.

直立亚灌木，高30～60 cm，无毛或嫩枝被贴伏疏毛。叶为羽状三出复叶，小叶3片，或下部的叶有时只有单小叶；托叶宿存，狭三角形，长约10 mm，先端长尖；叶柄长1.5～3 cm，被疏毛；小叶厚纸质，顶生小叶狭卵形、卵状椭圆形至长椭圆形，长3～5 cm，宽1～2 cm，侧生小叶较小，两端钝或先端急尖，基部微心形，叶面无毛，有光泽，叶背被贴伏疏柔毛，全缘。顶生花序腋生；苞片卵状披针形。荚果长圆形，长10～20 mm，宽约2.5 mm，腹缝线直，背缝线波状，近无毛或被钩状短柔毛，有荚节3～7个。

龙眼洞筲箕窝（王发国等5757），龙眼洞林场—天鹿湖站，帽峰山管护站—6林班（王发国等6107，6117）。分布于中国华南地区。东南亚也有分布。

4. 南美山蚂蝗
Desmodium tortuosum (Sw.) DC.

多年生直立草本，高达1 m。茎自基部开始分枝，圆柱形，具条纹，被灰黄色小钩状毛或有时混有长柔毛；根茎木质。叶为羽状三出复叶，有小叶3片，稀具1片小叶；托叶宿存，披针形，长5～8 mm，基部宽1.5～2 mm，具条纹，无毛，边缘具长柔毛；叶柄长1～8 cm，生于茎上部者短，下部者长，被灰黄色小钩状毛或有时混有长柔毛。荚果窄长圆形，长1.5～2 cm，腹背两缝线于节间缢缩而呈念珠状，有荚节（3）5～7个，荚节近圆形，长3～5 mm，宽2.5～4 mm，边缘有时微卷曲，被灰黄色钩状小柔毛。花果期7～9月。

龙眼洞林场—天鹿湖站（王发国等6234）。分布于中国华南地区。印度尼西亚、巴布亚新几内亚也有分布。有一定药用价值。

11. 野扁豆属 Dunbaria Wight et Arn.

平卧或缠绕状草质或木质藤本。叶具羽状3小叶；托叶早落或缺。花单生于叶腋或组成总状花序式排列，苞片早落或缺；小苞片缺，稀存；花萼钟状，裂齿披针形或三角形，下面一枚最长；花冠多少伸出萼外，干枯后宿存或脱落，旗瓣近圆形、倒卵形或横椭圆形，基部具耳，翼瓣亦常具耳，龙骨瓣较翼瓣短，稍弯。荚果线形或线状长圆形，种脐有薄或细小的种阜。

龙眼洞林场有1种。

圆叶野扁豆
Dunbaria punctata (Wight et Arn.) Benth.

多年生缠绕藤本。叶具羽状3小叶；托叶小，披针形，常早落；小叶纸质，顶生小叶圆菱形，长1.5～2.7（4）cm，宽常稍大于长，先端钝或圆形，基部圆形，两面微被极短柔毛或近无毛，被黑褐色小腺点，侧生小叶稍小，偏斜；基出脉3条，小脉略密。花1～2朵腋生；花萼钟状，长2～5 mm，齿裂；花冠黄色，长约1～1.5 cm，旗瓣倒卵状圆形，先端微凹，基部具2枚齿状的耳。荚果线状长椭圆形，扁平，略弯，长3～5 cm；种子6～8颗，近圆形，黑褐色。果期9～10月。

龙眼洞。产于中国华南地区，四川、贵州、江西、福建、台湾、江苏。印度、印度尼西亚、菲律宾亦有分布。

12. 刺桐属 Erythrina L.

乔木或灌木；小枝常有皮刺。羽状复叶具3小叶，有时被星状毛；托叶小；小托叶呈腺体状。总状花序腋生或顶生；花很美丽，红色，成对或成束簇生在花序轴上；苞片和小苞片小或缺；花萼佛焰苞状，钟状或陀螺状而顶端截平或2裂；花瓣极不相等，旗瓣大或伸长，直立或开展，近无柄或具长瓣柄，无附属物；子房具柄，有胚珠多数，花柱内弯，无髯毛，柱头小，顶生。荚果具果颈，多为线状长圆形，镰刀形，在种子间收缩或成波状，2瓣裂或菁葖状而沿腹缝线开裂，极少不开裂；种子卵球形，种脐侧生，长椭圆形，无种阜。

龙眼洞林场有1种。

*刺桐
Erythrina variegata L.

大乔木，高可达20 m。树皮灰褐色，枝有明显叶痕及短圆锥形的黑色直刺，髓部疏松，颓废部分成空腔。羽状复叶具3小叶，常密集枝端；托叶披针形，早落；叶柄长10～15 cm，通常无刺；小叶膜质，宽卵形或菱状卵形，长宽15～30 cm，先端渐尖而钝，基部宽楔形或截形；基出脉3条，侧脉5对；小叶柄基部有一对腺体状的托叶。荚果肿胀黑色，肥厚，种子间略缢缩，长15～30 cm，宽2～3 cm，稍弯曲，先端不育；种子1～8颗，肾形，长约1.5 cm，宽约1 cm，暗红色。花期3～6月，果期7～8月。

帽峰山帽峰工区山顶管理处，沿山谷周边，龙眼洞林场—天鹿湖站。栽培。分布于中国华南、华东地区。马来西亚、印度尼西亚、柬埔寨、老挝、越南也有分布。花美丽，可栽作观赏树木。树皮或根皮入药，称海桐皮，治风湿麻木，腰腿筋骨疼痛，跌打损伤。

13. 千斤拔属 Flemingia Roxb. ex W. T. Ait.

灌木或亚灌木，稀为草本。茎直立或蔓生。叶为指状3小叶或单叶，叶背常有腺点；托叶宿存或早落；小托叶缺。花序腋生或顶生，为总状或复总状花序，或为小聚伞花序包藏于贝状苞片内，复再排成总状或复总状花序式，稀为圆锥花序或头状花序；苞片2列，小苞片缺；花萼5裂，裂片狭长，下面1枚最长，萼管短；花冠伸出萼外或内藏。荚果椭圆形，膨胀，果瓣内无隔膜，有种子1～2颗；种子近圆形，无种阜。

龙眼洞林场有1种。

大叶千斤拔
Flemingia macrophylla (Willd.) Prain

直立灌木，高0.8～2.5 m。枝幼枝有明显纵棱，密被紧贴丝质柔毛。叶具指状3小叶；托叶大，披针形，长可达2 cm，先端长尖，被短柔毛，具腺纹，常早落；叶柄长3～6 cm，具狭翅，被毛与幼枝同；小叶纸质或薄革质，顶生小叶宽披针形至椭圆形，长8～15 cm，宽4～7 cm。花多而密集；花梗极短；花冠紫红色，稍长于萼。荚果椭圆形，长1～1.6 cm，宽7～9 mm，褐色，略被短柔毛，先端具小尖喙；种子1～2颗，球形，亮黑色。

龙眼洞荔枝园至太和章附近（王发国等5789）。分布于中国华南地区。印度、孟加拉国、越南、柬埔寨、马来西亚、印度尼西亚、老挝、缅甸也有分布。大叶千斤拔根入药，是市场上千斤拔的主要替代品，具有祛风湿、活血脉、强筋骨的功效，用于治疗风湿骨痛、腰肌劳损等。

14. 长柄山蚂蝗属 Hylodesmum H. Ohashi et R. R. Mill.

多年生草本或亚灌木状。根茎多少木质。叶为羽状复叶；小叶3～7片，全缘或浅波状；有托叶和小托叶。花序顶生或腋生，或有时从能育枝的基部单独发出，总状花序，少为稀疏的圆锥花序；具苞片，通常无小苞片，每节通常着生2～3花；花梗通常有钩状毛和短柔毛；花萼宽钟状；子房具细长或稍短的柄。荚果具细长或稍短的果颈，有荚节2～5个，背缝线于荚节是间凹入几达腹缝线而成一深缺口，腹缝线在每一荚节中部不缢缩或微缢缩；荚节通常为斜三角形或略呈宽的半倒卵形；种子通常较大，种脐周围无边状的假种皮。子叶不出土，留土萌发。

龙眼洞林场有1种。

疏花长柄山蚂蝗
Hylodesmum laxum (DC.) H. Ohashi et R. R. Mill.

直立草本，高30～100 cm。茎基部木质，从基部开始分枝或单一，下部被疏毛，上部毛较密。叶为羽状三出复叶，通常簇生于枝顶部；托叶三角状披针形，长约10 mm，基部宽4 mm；叶柄长3～9 cm，被柔毛；小叶纸质，顶生小叶卵形，长5～12 cm，宽5～5.5 cm，先端渐尖，基部圆形，全缘，两面近无毛或叶背薄被柔毛；小托叶丝状，长1～3 mm，被柔毛；小叶柄长1～2 cm，被柔毛。总状花序顶生或顶生和腋生；总花梗被钩状毛和小柔毛，疏花，2～3朵簇生于每节上；苞片卵形。荚果通常有荚节2～4个；果梗长4～10 mm；果颈长约10 mm。花果期8～10月。

龙眼洞。分布于中国华南、西南地区。印度、尼泊尔、不丹、泰国、越南和日本也有分布。花冠粉红色，有一定观赏和研究价值。

15. 木蓝属 Indigofera L.

灌木或草本，稀小乔木，多少被白色或褐色平贴丁字毛，少数具二歧或距状开展毛及多节毛，有时被腺毛或腺体。奇数羽状复叶，偶为掌状复叶、三小叶或单叶；托叶脱落或留存，小托叶有或无；小叶通常对生，稀互生，全缘。总状花序腋生，少数成头状、穗状或圆锥状；苞片常早落；花萼钟状或斜杯状，近等长或下萼齿常稍长；花冠紫红色至淡红色，偶为白色或黄色，早落或旗瓣留存稍久；子房无柄，花柱线形，通常无毛，柱头头状，胚珠1至多数。荚果线形或圆柱形，稀长圆形或卵形

或具4棱，被毛或无毛，偶具刺，内果皮通常具红色斑点；种子肾形、长圆形或近方形。

龙眼洞林场有1种。

硬毛木蓝（刚毛木蓝）
Indigofera hirsuta L.

平卧或直立亚灌木，高0.3～1 m，多分枝。茎圆柱形，枝、叶柄和花序均被开展长硬毛。羽状复叶长2.5～10 cm；小叶3～5对，对生，纸质，倒卵形或长圆形，长3～3.5 cm，宽1～2 cm，先端圆钝，基部阔楔形，两面有伏贴毛，叶背较密，侧脉4～6对。总状花序长10～25 cm，密被锈色和白色混生的硬毛，花小，密集；总花梗较叶柄长；花梗长约1 mm；花萼长约4 mm，萼齿线形；花冠红色，长4～5 mm，外面有柔毛，旗瓣倒卵状椭圆形，有瓣柄，翼瓣与龙骨瓣等长。荚果线状圆柱形，长1.5～2 cm，有开展长硬毛，紧挤，有种子6～8颗。花期7～9月，果期10～12月。

龙眼洞—石屋站（王发国等6269）。产于中国广东、广西、浙江、福建、台湾、云南及湖南。非洲热带地区、亚洲、美洲及大洋洲也有分布。

16. 胡枝子属 Lespedeza Michx.

多年生草本、半灌木或灌木。羽状复叶具3小叶；托叶小，钻形或线形，宿存或早落，无小托叶；小叶全缘，先端有小刺尖，网状脉。花2至多数组成腋生的总状花序或花束；苞片小，宿存，小苞片2枚，着生于花基部；花常二型；一种有花冠，结实或不结实，另一种为闭锁花，花冠退化，不伸出花萼（有些学者称之无瓣花），结实；花萼钟形，5裂，裂片披针形或线形，上方2裂片通常下部合生，上部分离；花冠超出花萼。荚果卵形、倒卵形或椭圆形，稀稍呈球形，双凸镜状，常有网纹；种子1颗，不开裂。

龙眼洞林场有1种。

美丽胡枝子
Lespedeza formosa (Vog.) Koehne

直立灌木，高可达2 m。分枝多，枝伸展，被疏柔毛。托叶披针形至线状披针形，褐色，被短柔毛；小叶椭圆形、长圆状椭圆形或卵形，稀倒卵形，两端稍尖或稍钝。总状花序单一，腋生，比叶长，或构成顶生的圆锥花序，被短柔毛；苞片卵状渐尖，密被茸毛；花梗短，被毛；花萼钟状，裂片长圆状披针形；花冠红紫色，先端圆，基部具明显的耳和瓣柄，翼瓣倒卵状长圆形，短于旗瓣和龙骨瓣，龙骨瓣比旗瓣稍长，在花盛开时明显长于旗瓣，基部有耳和细长瓣柄。荚果倒卵形或倒卵状长圆形，表面具网纹且被疏柔毛。7～9月开花，9～10月结果。

龙眼洞。分布于中国华中、华南、华北地区。朝鲜、日本、印度也有分布。美丽胡枝子木材坚韧，纹理细致，可作建筑及家具用材；其种子含油量高，富含多种氨基酸、维生素和矿物质，是营养丰富的粮食和食用油资源；它还是极好的薪炭材料。

17. 大翼豆属 Macroptilium (Benth.) Urban

直立、攀缘或匍匐草本。羽状复叶具3小叶或稀可仅具1小叶，托叶具明显的脉纹，着生点以下不延伸。花序长，花通常成对或数朵生于花序轴上；苞片有时宿存；花萼钟状或圆柱形，等大或不等大；花冠白色、紫色、深红或黑色，旗瓣反折，翼瓣圆形，大，较旗瓣及龙骨瓣为长，翼瓣及龙骨瓣均具长瓣柄，龙骨瓣旋卷。荚果细长；种子小。

龙眼洞林场有1种。

紫花大翼豆
Macroptilium atropurpureum (DC.) Urban

多年生蔓生草本。根茎深入土层；茎被短柔毛或茸毛，逐节生根。羽状复叶具3小叶；托叶卵形，长4～5 mm，被长柔毛，脉显露；小叶卵形至菱形，长1.5～7 cm，宽1.3～5 cm，有时具裂片，侧生小叶偏斜，外侧具裂片，先端钝或急尖，基部圆形，叶面被短柔毛，叶背被银色茸毛；叶柄长0.5~5 cm。荚果线形，长5~9 cm，宽不逾3 mm，顶端具喙尖，具种子12~15颗；种子长圆状椭圆形，长4 mm，具棕色及黑色大理石花纹，具凹痕。

龙眼洞林场—天鹿湖站（王发国等6235）。分布于中国华南地区。世界热带地区也有分布。该种是热带地区的高产牧草，抗旱、耐放牧，有良好的固氮作用，适应土壤的范围广，产种子多；叶含丰富的蛋白质。

18. 崖豆藤属 Millettia Wight et Arn.

藤本、直立或攀缘灌木或乔木。奇数羽状复叶互生；托叶早落或宿存，小托叶有或无；小叶2至多对，通常对生，全缘。圆锥花序大，顶生或腋生，花单生分枝上或簇生于缩短的分枝上，小苞片2枚，贴萼生或着生于花梗中上部；花长1~2.5 cm，无毛或外面被绢毛，花萼阔钟状；花冠紫色、粉红色、白色或堇青色，旗瓣内面常具色纹，开放后反折。荚果扁平或肿胀，线形或圆柱形，单粒种子时呈卵形或球形，开裂，稀迟裂，有种子2枚至多数；种子凸镜形、球形或肾形，挤压时成鼓形，珠柄常在近轴一侧，呈肉质而膨大，种脐周围常有一圈白色或黄色假种子。

龙眼洞林场有5种。

1. 亮叶崖豆藤

Millettia nitida Benth.

攀缘灌木，长2~5 m。茎皮灰褐色，剥裂，枝无毛或被微毛。羽状复叶长15~30 cm；叶柄长5~12 cm，叶轴被稀疏柔毛，后秃净，上面有沟；托叶线形，长3 mm；小叶2对，间隔3~5 cm，纸质，披针形、长圆形至狭长圆形，长5~15 cm，宽1.5~6 cm，先端急尖至渐尖。圆锥花序顶生。荚果线形至长圆形，长7~12 cm，宽1.5~2 cm，扁平，密被灰色茸毛，果瓣薄，近木质，瓣裂，有种子3~5颗；种子长圆状凸镜形，长约8 cm，宽约6 cm，厚约2 cm。花期5~9月，果期6~11月。

帽峰山—8林班（王发国等6166），帽峰山帽峰工区焦头窝，帽峰山帽峰工区山顶管理处，沿山谷周边。分布于中国华南、华中、华北地区。以藤茎入药，中药名昆明鸡血藤。

2. 厚果崖豆藤

Millettia pachycarpa Benth.

大藤本，长达15 m。嫩枝褐色，密被黄色茸毛，后渐秃净，老枝黑色，光滑，散布褐色皮孔，茎中空。羽状复叶长30~50 cm；叶柄长7~9 cm；托叶阔卵形，黑褐色，宿存；小叶6~8对，草质，长圆状椭圆形至长圆状披针形，长10~18 cm，下面被平伏绢毛；小叶柄长4~5 mm，密被毛。总状圆锥花序2~6枝生于新枝下部，长15~30 cm，密被褐色茸毛，生花节长1~3 mm，花2~5朵着生节上；花长2~2.3 cm；花萼杯状；花冠淡紫，旗瓣无毛，或先端边缘具睫毛，卵形，基部淡紫，基部具2短耳。荚果深褐黄色，肿胀，长圆形，单粒种子时卵形。花期4~6月，果期6~11月。

帽峰山山谷（王发国等6378）。产于中国广东、广西、浙江、江西、福建、台湾、湖南、四川、贵州、云南、西藏。缅甸、泰国、越南、老挝、孟加拉国、印度、尼泊尔、不丹也有分布。种子和根含鱼藤酮，磨粉可作杀虫药，能防治多种粮棉害虫；茎皮纤维可供利用。

3. 印度崖豆藤

Millettia pulchra (Benth.) Kurz. [*Tephorsia tucherii* Dunn]

灌木或小乔木，高3～8 m；树皮粗糙，散布小皮孔。枝、叶轴、花序均被灰黄色柔毛，后渐脱落。羽状复叶长8～20 cm；叶柄长3～4 cm，叶轴上面具沟；托叶披针形，长约2 mm，密被黄色柔毛；小叶6～9对，间隔约2 cm，纸质，披针形或披针状椭圆形，长2～6 cm，宽7～15 mm，先端急尖，基部渐狭或钝，叶面暗绿色。荚果线形，长5～10 cm，宽1～1.5 cm，扁平，初被灰黄色柔毛，后渐脱落，瓣裂，果瓣薄木质，有种子1～4颗；种子褐色，椭圆形，宽约1 cm。花期4～8月，果期6～10月。

龙眼洞筲箕窝至火烧天（筲箕窝—6林班；王发国等5898）。分布于中国华南地区。印度、缅甸、老挝也有分布。

4. 昆明鸡血藤

Millettia reticulata Benth.

木质藤本，长2～5 m。枝被褐色短毛。叶互生，奇数羽状复叶，长15～30 cm；叶柄长5～12 cm；托叶线形，长约3 mm；小叶片5枚，革质，具短柄；叶片长椭圆形至披针形，有时为卵形，长4～15 cm，宽2～3 cm，先端钝渐尖，基部钝或圆形，叶面无毛，叶背略被短柔毛或无毛，网脉密集而明显。总状花序顶生或腋生，组成圆锥花序，长达15 cm，密被黄褐色茸毛；苞片小，卵形，小花梗长约5 mm，被茸毛；花密集；萼钟状，密被锈色茸毛；花外面白色，密被锈色茸毛，内面深紫色，花冠蝶形。荚果狭长椭圆形，略扁平；种子1～5颗，扁长圆形。花期5～8月，果期10～11月。

龙眼洞。分布于中国华南、华中地区。越南北部也有分布。药用有镇静、抗肿瘤等作用。

5. 美丽崖豆藤

Millettia speciosa Champ. ex Benth.

藤本，树皮褐色。小枝圆柱形，初被褐色茸毛，后渐脱落。羽状复叶长15～25 cm；叶柄长3～4 cm，叶轴被毛，上面有沟；托叶披针形，长3～5 mm，宿存；小叶通常6对，硬纸质，长圆状披针形或椭圆状披针形，长4～8 cm，宽2～3 cm，先端钝圆，短尖，基部钝圆，边缘略反卷，叶面无毛，干后粉绿色，光亮，叶背被锈色柔毛或无毛，干后红褐色，侧脉5～6对，细脉网状，上面平坦，下面略隆起。荚果线状，伸长，长10～15 cm，宽1～2 cm，扁平，顶端狭尖，果瓣木质，开裂，有种子4～6颗；种子卵形。花期7～10月，果期翌年2月。

帽峰山—6林班（王发国等6032）。分布于中国华南、华中地区。越南也有分布。美丽崖豆藤药用主要具有抗癌、免疫调节、消炎、抗氧化、抗疲劳等功效。

19. 黧豆属 Mucuna Adans.

多年生或一年生木质或草质藤本。叶为羽状复叶，具3小叶，小叶大，侧生小叶多少不对称，有小托叶，常脱落。花序腋生或生于老茎上，近聚伞状，或为假总状或紧缩的圆锥花序；花大而美丽，苞片小或脱落；花萼钟状，4~5裂，二唇形，上面2齿合生；花冠伸出萼外，深紫色、红色、浅绿色、黄色或近白色；干后常黑色。荚果膨胀或扁，边缘常具翅，常被褐黄色螫毛，多2瓣裂，裂瓣厚，常有隆起、片状、斜向的横折褶或无，种子之间具隔膜或充实。

龙眼洞林场有1种。

白花油麻藤
Mucuna birdwoodiana Tutch.

常绿、大型木质藤本。老茎外皮灰褐色，断面淡红褐色，有3~4偏心的同心圆圈，断面先流白汁，2~3分钟后有血红色汁液形成；幼茎具纵沟槽，皮孔褐色，凸起，无毛或节间被伏贴毛。羽状复叶具3小叶，叶长17~30 cm；托叶早落；叶柄长8~20 cm；叶轴长2~4 cm；小叶近革质，顶生小叶椭圆形、卵形或略呈倒卵形，通常较长而狭，长9~16 cm，宽2~6 cm。总状花序生于老枝上或生于叶腋。果木质，带形，近念珠状，密被红褐色短茸毛，幼果常被红褐色脱落的刚毛，有纵沟，内部在种子之间有木质隔膜，厚达4 mm；种子深紫黑色，近肾形，常有光泽。

帽峰山—2林班。分布于中国华南、华中地区。鲜白花油麻藤味道甘甜可口，可作佐肴的时菜，还可伴肉类煮汤，煎炒均美味可口；晒干的白花油麻藤可以药用，是一种降火清热气的佳品。

20. 红豆属 Ormosia Jacks.

乔木，裸芽或为大托叶所包被。叶互生，稀近对生，奇数羽状复叶，稀单叶或为3小叶；小叶对生，通常革质或厚纸质，具托叶，或不甚显著，稀无托叶。圆锥花序或总状花序顶生或腋生；花萼钟形，5齿裂，或上方2齿连合较多；花冠白色或紫色，长于花萼。荚果木质或革质，2瓣裂，稀不裂，果瓣内壁有横隔或无，缝线无翅；花萼宿存；种子1至数颗，种皮鲜红色、暗红色或黑褐色。

龙眼洞林场有2种。

1. 花榈木
Ormosia henryi Prain

常绿乔木；树皮灰绿色。平滑，有浅裂纹。小枝、叶轴、花序密被茸毛。奇数羽状复叶，长13~32.5（35）cm；小叶（1）2~3对，革质，椭圆形或长圆状椭圆形，长4.3~13.5（17）cm，宽2.3~6.8 cm，先端钝或短尖，基部圆或宽楔形。圆锥花序顶生，或总状花序腋生。荚果扁平，长椭圆形，顶端有喙，果颈长约5 mm，果瓣革质，厚2~3 mm，紫褐色，无毛，内壁有横隔膜，有种子4~8颗；种子椭圆形或卵形，长8~15 mm，种皮鲜红色。花期7~8月，果期10~11月。

龙眼洞。分布于中国华南地区。越南、泰国也有分布。药用可活血化瘀、祛风消肿；根皮外用治骨折；叶外用具治烧烫伤的功效。

2. *海南红豆（万年青、食虫树）
Ormosia pinnata (Lour.) Merr.

常绿乔木或灌木，高3~18 m，稀达25 m，胸径30 cm；树皮灰色或灰黑色；木质部有黏液。幼枝被淡褐色短柔毛，渐变无毛。奇数羽状复叶，长16~22.5 cm；小叶3~4对，薄革质，披针形，长12~15 cm。荚果长3~7 cm，宽约2 cm，有种子1~4颗，种子间缢缩，果瓣厚木质，成熟时橙红色，干时褐色，有淡色斑点，光滑无毛；种子椭圆形，长15~20 mm，种皮红色。花期7~8月。

龙眼洞筲箕窝至火烧天（筲箕窝—6林班；王发国等5884）。栽培。分布于中国华南地区。越南、泰国也有分布。海南红豆木材纹理通直，易加工，不耐腐，可作一般家具、建筑用材。

21. 菜豆属 Phaseolus L.

缠绕或直立草本，常被钩状毛。羽状复叶具3小叶；

托叶基着，宿存。基部不延长；有小托叶。总状花序腋生，花梗着生处肿胀；苞片及小苞片宿存或早落；花小，黄色、白色、红色或紫色，生于花序的中上部；花萼5裂，二唇形，上唇微凹或2裂，下唇3裂；花药一式或5枚背着的与5枚基着的互生；子房长圆形或线形，具2至多胚珠，花柱下部纤细，顶部增粗，通常与龙骨瓣同作360°以上的旋卷，柱头偏斜，不呈画笔状。荚果线形或长圆形，有时镰状，压扁或圆柱形，有时具喙，2瓣裂；种子2至多颗，长圆形或肾形，种脐短小，居中。

龙眼洞林场有1种。

棉豆
Phaseolus lunatus L.

一年生或多年生缠绕草本。茎无毛或被微柔毛。羽状复叶具3小叶；托叶三角形，长2～3.5 mm，基着；小叶卵形，长5～12 cm，宽3～9 cm，先端渐尖或急尖，基部圆形或阔楔形，沿脉上被疏柔毛或无毛，侧生小叶常偏斜。总状花序腋生，长8～20 cm；花冠白色、淡黄色或淡红色。荚果镰状长圆形，长5～10 cm，宽1.5～2.5 cm，扁平，顶端有喙，内有种子2～4颗；种子近菱形或肾形，长12～13 mm，宽8.5～9.5 mm，白色、紫色或其他颜色，种脐白色，凸起。花期春夏间。

龙眼洞荔枝园至太和章附近（王发国等5787）。分布于中国华南、华中、华北地区。美洲热带地区也有分布。棉豆以鲜豆粒或老豆粒（种子）供食用，营养价值高，且具滋补调养之功效，夏食消暑提神，冬食补脾养胃。

22. 排钱树属 Phyllodium Desv.

灌木或亚灌木。叶为羽状三出复叶，具托叶和小托叶。花4～15朵组成伞形花序，由对生、圆形、宿存的叶状苞片包藏，在枝先端排列呈总状圆锥花序状，形如一长串钱牌；花萼钟状，被柔毛，5裂，但上部2裂片合生为1，或先端微2裂，下部3裂，较上部萼裂片长，萼筒多少较萼裂片长；花冠白色至淡黄色或稀为紫色。荚果腹缝线稍缢缩呈浅波状，背缝线呈浅牙齿状，无柄，不开裂，有荚节（1）2～7个。

龙眼洞林场有1种。

排钱树
Phyllodium pulchellum (L.) Desv.

灌木，高0.5～2 m。小枝被白色或灰色短柔毛。托叶三角形，长约5 mm，基部宽2 mm；叶柄长5～7 mm，密被灰黄色柔毛；小叶革质，顶生小叶卵形、椭圆形或倒卵形，长6～10 cm，宽2.5～4.5 cm，侧生小叶约比顶生小叶小1倍，先端钝或急尖，基部圆或钝，侧生小叶基部偏斜，边缘稍呈浅波状，叶面近无毛。伞形花序，叶状苞片排列成总状圆锥花序状，长8～30 cm或更长；花冠白色或淡黄色。荚果长约6 mm，宽约2.5 mm，腹、背两缝线均稍缢缩；种子宽椭圆形或近圆形。花期7～9月，果期10～11月。

龙眼洞筲箕窝（王发国等5735）。分布于中国华中、华南地区。印度、斯里兰卡、缅甸、泰国、越南、老挝、柬埔寨、马来西亚、澳大利亚北部也有分布。根、叶供药用，有解表清热、活血散瘀之效。

23. 葛属 Pueraria DC.

缠绕藤本，茎草质或基部木质。叶为具3小叶的羽状复叶；托叶基部着生或盾状着生，有小托叶；小叶大，卵形或菱形，全裂或具波状3裂片。总状花序或圆锥花序腋生而具延长的总花梗或数个总状花序簇生于枝顶；花序轴上通常具稍凸起的节；苞片小或狭，极早落；小苞片小而近宿存或微小而早落；花通常数朵簇生于花序轴的每一节上；花冠伸出于萼外，天蓝色或紫色；子房无柄或近无柄，胚珠多颗，花柱丝状，上部内弯，柱头小，头状。荚果线形，稍扁或圆柱形，2瓣裂；果瓣薄草质；种子间有或无隔膜，或充满软组织；种子扁，近圆形或长圆形。

龙眼洞林场有2种，1变种。

1. 葛
Pueraria lobata (Willd.) Ohwi

粗壮藤本，长可达8m，全体被黄色长硬毛，茎基部木质，有粗厚的块状根。羽状复叶具3小叶；托叶背着，卵状长圆形，具线条；小托叶线状披针形，与小叶柄等长或较长；小3裂，偶尔全缘，顶生小叶宽卵形或斜卵形，先端长渐尖，侧生小叶斜卵形，稍小，叶面被淡黄色、平伏柔毛，叶背较密；小叶柄被黄褐色茸毛。总状花序长15～30cm，中部以上有颇密集的花；苞片线状披针形至线形，远比小苞片长，早落。荚果长椭圆形，长5～9cm，宽8～11mm，扁平，被褐色长硬毛。花期9～10月，果期11～12月。

帽峰山帽峰工区焦头窝。几乎遍布全中国，东南亚至澳大利亚亦有分布。茎皮纤维供织布和造纸用，古代应用甚广，用其制作的葛衣、葛巾均为平民服饰，葛纸、葛绳应用亦久，葛粉和葛花用于解酒；也是一种良好的水土保持植物。

2. 葛麻姆
Pueraria lobata (Willd.) Ohwi var. **montana** (Lour.) Maesen

藤本；块根肥厚；各部有黄色长硬毛。小叶3枚，顶生小叶菱状卵形，长5.5～19cm，宽4.5～18cm，先端渐尖，基部圆形，有时浅裂，叶背有粉箱，两面有毛，侧生小叶宽卵形，有时有裂片，基部斜形；托叶盾形，小托叶针状。总状花序腋生，花密；小苞片卵形或披针形；萼钟形，萼齿5枚，披针形，上面2齿合生，下面1齿较长，内外面均有黄色柔毛；花冠紫红色，长约1.5cm。荚果条形，长5～10cm，扁平，密生黄色长硬毛。

龙眼洞荔枝园至太和章附近（王发国等5838），帽峰山—6林班。分布于朝鲜、日本和中国；在中国除新疆、西藏外分布几遍全国。茎皮纤维供织布和造纸原料；块根可制葛粉，并和花供药用，能解热透疹、生津止渴、解毒、止泻；种子可榨油。葛麻姆藤枝繁叶茂且营养丰富，是极具开发潜力的绿色饲料植物。

3. 三裂叶野葛
Pueraria phaseoloides (Roxb.) Benth.

草质藤本。茎纤细，长2～4m，被褐黄色、开展的长硬毛。羽状复叶具3小叶；托叶基着，卵状披针形，长3～5mm；小托叶线形，长2～3mm；小叶宽卵形、菱形或卵状菱形，顶生小叶较宽，长6～10cm，宽4.5～9cm，侧生的较小，偏斜，全缘或3裂，叶面绿色，被紧贴的长硬毛，叶背灰绿色，密被白色长硬毛。荚果近圆柱状，长5～8cm，直径约4mm，初时稍被紧贴的长硬毛，后近无毛，果瓣开裂后扭曲；种子长椭圆形，两端近截平，长4mm。花期8～9月，果期10～11月。

龙眼洞后山至火炉山防火线附近（王发国等5694），龙眼洞筲箕窝（王发国等5736），帽峰山—2林班。分布

于中国华南、西南地区。也分布于印度、中南半岛、马来半岛。该种可作保土防沙的覆盖植物、饲料和绿肥作物。根含淀粉；茎皮纤维可代麻。

24. 田菁属 Sesbania Scop.

草本或落叶灌木，稀乔木状。偶数羽状复叶；叶柄和叶轴上面常有凹槽；托叶小，早落；小叶多数，全缘；具小柄；小托叶小或缺失。总状花序腋生于枝端；苞片和小苞片钻形，早落；花梗纤细；花萼阔钟状，稀近二唇形；花冠黄色或具斑点，稀白色、红色或紫黑色，伸出萼外，无毛。荚果常为细长圆柱形，先端具喙，基部具果颈，熟时开裂，种子间具横隔，有多数种子；种子圆柱形，种脐圆形。

龙眼洞林场有1种。

田菁

Sesbania cannabina (Retz.) Pers

一年生草本，高可达3.5 m。茎有不明显淡绿色线纹。叶为羽状复叶；叶轴上面具沟槽，小叶对生或近对生，线状长圆形，叶面无毛，叶背幼时疏被绢毛，两面被紫色小腺点，总状花序；总花梗及花梗纤细，苞片线状披针形，花萼斜钟状，萼齿短三角形，先端锐齿，花冠黄色，旗瓣横椭圆形至近圆形，翼瓣倒卵状长圆形，与旗瓣近等长，龙骨瓣较翼瓣短，三角状阔卵形。荚果细长，长圆柱形，种子间具横隔，绿褐色，有光泽。7~12月开花结果。

龙眼洞。分布于中国华南、华中地区。东半球热带地区也有分布。茎、叶可作绿肥及牲畜饲料。

25. 葫芦茶属 Tadehagi Ohashi

灌木或亚灌木。叶仅具单小叶，叶柄有宽翅，翅顶有小托叶2枚。总状花序顶生或腋生，通常每节生2~3朵花；花萼钟状，5裂，上部2裂片完全合生而成4裂状或有时先端微2裂；花瓣具脉，旗瓣圆形、宽椭圆形或倒卵形，翼瓣椭圆形，长圆形，较龙骨瓣长，基部具耳和瓣柄，先端圆，龙骨瓣先端急尖或钝。荚果通常有5~8个荚节，腹缝线直或稍呈波状，背缝线稍缢缩至深缢缩；种脐周围具带边假种皮。子叶出土萌发。

龙眼洞林场有1种。

葫芦茶（牛虫草、田刀柄）

Tadehagi triquetrum (L.) Ohashi

灌木或亚灌木，茎直立，高1~2 m。幼枝三棱形，棱上被疏短硬毛，老时渐变无。叶仅具单小叶；托叶披针形，长1.3~2 cm，有条纹；叶柄长1~3 cm，两侧有宽翅，翅宽4~8 mm，与叶同质；小叶纸质，狭披针形至卵状披针形，长5.8~13 cm，宽1.1~3.5 cm，先端急尖，基部圆形或浅心形。总状花序顶生和腋生；花2~3朵簇生于每节上。荚果长2~5 cm，宽5 mm，全部密被黄色或白色糙伏毛，有荚节5~8个，荚节近方形；种子宽椭圆形或椭圆形，长2~3 mm，宽1.5~2.5 mm。花期6~10月，果期10~12月。

龙眼洞筲箕窝（王发国等5742）、帽峰山—2林班（王发国等6109）。分布于中国华南、华中地区。亚洲热带地区及澳大利亚也有分布。药用可治中暑烦渴、感冒发热、咽喉肿痛、肺病咳血、肾炎、小儿疳积、黄疸、泄泻、痢疾、风湿关节痛、钩虫病、疥疮。

帽峰山帽峰工区山顶管理处向下路两侧（王发国等6239），龙眼洞后山至火炉山防火线附近（王发国等5666）。栽培。分布于中国华南地区。马来半岛、印度也有分布。该种花量大、花朵洁白、抗性强、粗生，可丛植于路边、山石边、林缘观赏，也常用于公路、铁路护坡。

151. 金缕梅科 Hamamelidaceae

常绿或落叶乔木和灌木。叶互生，很少是对生的，全缘或有锯齿，或为掌状分裂，具羽状脉或掌状脉，通常有明显的叶柄；托叶线形，或为苞片状，早落、少数无托叶。花排成头状花序、穗状花序或总状花序，两性，或单性而雌雄同株，稀雌雄异株，有时杂性；花瓣与萼裂片同数，线形、匙形或鳞片状。果为蒴果，常室间及室背裂开为4片，外果皮木质或革质，内果皮角质或骨质；种子多数，常为多角形，扁平或有窄翅，或单独而呈椭圆卵形，并有明显的种脐；胚乳肉质，胚直生，子叶矩圆形，胚根与子叶等长。

龙眼洞林场有3属，3种。

1. 枫香树属 Liquidambar L.

落叶乔木。叶互生，有长柄，掌状分裂，具掌状脉，边缘有锯齿，托叶线形，或多或少与叶柄基部连生，早落。花单性，雌雄同株，无花瓣；雄花多数，排成头状或穗状花序，再排成总状花序；雌花多数，聚生在圆球形头状花序上，有苞片1个；萼筒与子房合生。头状果序圆球形，有蒴果多数；蒴果木质，室间裂开为2片，果皮薄，有宿存花柱或萼齿；种子多数，在胎座最下部的数个完全发育，有窄翅，种皮坚硬。

龙眼洞林场有1种。

26. 灰毛豆属 Tephrosia Pers.

一年或多年生草本，有时为灌木状，奇数羽状复叶；具托叶，无小托叶；小叶多数（中国不产单叶和掌状复叶类型），对生，全缘，通常被绢毛，叶背尤密，侧脉多数，与中脉成锐角平行伸向叶缘，联结成边缘脉序。总状花序顶生或与叶对生和腋生，有时花序轴缩短成近头状或伞状；具苞片，小苞片常缺；花具梗；花萼钟状；花冠多为紫红色或白色。荚果线形或长圆形，扁平或在种子处稍凸起；种子长圆形呈椭圆形。

龙眼洞林场有1种。

*白灰毛豆（短萼灰叶、山毛豆）

Tephrosia candida DC.

灌木状草本，高1~3.5 m。茎木质化，具纵棱，与叶轴同被灰白色茸毛。羽状复叶长15~25 cm；叶柄长1~3 cm，叶轴上面有沟；小叶8~12对；小叶柄长3~4 mm，密被茸毛。总状花序顶生或侧生，长15~20 cm，疏散多花，下部腋生的花序较短；花长约2 cm；花梗长约1 cm。荚果直、线形，顶端截尖，喙直，长约1 cm，有种子10~15颗；种子橄榄绿色，具花斑。花期10~11月，果期12月。

枫香树

Liquidambar formosana Hance

落叶乔木，高达30 m，胸径最大可达1 m，树皮灰褐色，方块状剥落；小枝干后灰色，被柔毛，略有皮孔；芽体卵形，长约1 cm，略被微毛，鳞状苞片敷有树脂，干后棕黑色，有光泽。叶薄革质，阔卵形，掌状3裂，中央裂片较长，先端尾状渐尖；两侧裂片平展；基部心形；叶面绿色，干后灰绿色，不发亮；叶柄长达11 cm，常有短柔毛；托叶线形，游离，或略与叶柄连生，长1～1.4 cm，红褐色，被毛，早落。头状果序圆球形，木质，直径3～4 cm；蒴果下半部藏于花序轴内，有宿存花柱及针刺状萼齿；种子多数，褐色，多角形或有窄翅。

龙眼洞筲箕窝至火烧天（筲箕窝—6林班；王发国等5866）。分布于中国华南、华中地区。韩国南部、老挝、越南北部也有分布。树脂供药用，能解毒止痛、止血生肌；根、叶及果实亦入药，有祛风除湿、通络活血功效。

2. 壳菜果属 Mytilaria Lec.

常绿乔木，小枝有膨大的节及明显的环状托叶痕。叶革质，互生，具长柄，心脏形或为掌状浅裂，具掌状脉。芽长锥形；托叶筒状，圆锥形，包住芽，早落。花两性，螺旋状排列于肉穗状花序上，萼筒与子房合生，藏于肉质花轴内，萼齿5~6枚，覆瓦状排列，不等大；花瓣5枚，肉质，舌状线形。蒴果椭圆卵形，2瓣裂开，每瓣2深裂，外果皮疏松，稍带肉质，内果皮木质；种子椭圆形，具1纵疤痕（种脐），种皮角质，胚乳油质，胚位于中央，子叶叶状。

龙眼洞林场有1种。

*壳菜果（米老排）
Mytilaria laosensis Lec.

常绿乔木，高达30 m；小枝粗壮，无毛，节膨大，有环状托叶痕。叶革质，阔卵圆形，全缘，或幼叶先端3浅裂，长10～13 cm，宽7～10 cm，先端短尖，基部心形；叶面干后橄榄绿色，有光泽；叶背黄绿色，或稍带灰色，无毛；掌状脉5条，在叶面明显，在叶背突起，网脉不大明显；叶柄长7～10 cm，圆筒形，无毛。肉穗状花序顶生或腋生，单独，花序轴长4 cm，花序柄长2 cm，无毛。花多数，紧密排列在花序轴；花瓣带状舌形，长8～10 mm，白色。蒴果长1.5～2 cm，外果皮厚，黄褐色，松脆易碎；内果皮木质或软骨质，较外果皮为薄；种子长1～1.2 cm，宽5～6 mm，褐色，有光泽，种脐白色。

龙眼洞筲箕窝至火烧天（筲箕窝—6林班；王发国等5894），帽峰山莲花顶森林公园—7林班，帽峰山帽峰工区山顶管理处向下路两侧。栽培。分布于中国华南、华中地区。老挝、越南北部也有分布。壳菜果不仅具有涵养水源、改良土壤和提高土壤肥力的生态功能，还可作为防火林带的主要防火树种。

3. 红花荷属 Rhodoleia Champ. ex Hook.

灌木。叶互生，革质，卵形至披针形，全缘，具羽状脉，基部常有不强烈的三出脉，叶背有粉白蜡被，具叶柄，无托叶。花序头状，腋生，有花5～8朵，具花序柄。花两性，萼筒极短，包围着子房的基部，萼齿不明显；花瓣2～5枚，排列不整齐，红色，整个花序形如单花。蒴果上半部室间及室背裂开为4片，果皮较薄；种子扁平。花期3～5月。

龙眼洞林场有1种。

*红花荷
Rhodoleia championii Hook.

常绿乔木，高可达12 m，嫩枝颇粗壮，无毛，干后皱缩，暗褐色。叶厚革质，卵形，长7～13 cm，宽4.5～6.5 cm，先端钝或略尖，基部阔楔形，有三出脉，叶面深绿色，发亮，叶背灰白色，无毛；侧脉7～9对，在两面均明显，网脉不显著；叶柄长3～5.5 cm。头状花序长3～4 cm，常弯垂；花瓣匙形，长2.5～3.5 cm，宽6～8 mm，红色。头状果序宽2.5～3.5 cm，有蒴果5个；蒴果卵圆形，长1.2 cm。花期12月下旬至翌年3～4月。

龙眼洞筲箕窝至火烧天（筲箕窝—6林班；王发国等5900），龙眼洞林场—天鹿湖站。栽培。分布于中国华南、西南地区。红花荷材质适中，花纹美观，耐腐，是家具、建筑、造船、车辆、胶合板和贴面板优质用材。红花荷花美色艳，花量大，花期长，红花满树，蔚为壮观，为良好的庭园风景树和优良的木本花卉。

159. 杨梅科 Myricaceae

常绿或落叶乔木或灌木单叶互生，具叶柄，具羽状脉，边缘全缘或有锯齿或不规则齿，或成浅裂，稀成羽状中裂；托叶不存在或存在。花通常单性，风媒，无花被，无梗，生于穗状花序上；雌雄异株或同株，若同株则雌雄异枝或偶为雌雄同序，稀具两性花而成杂性同株；穗状花序单一或分枝，常直立或向上倾斜，或稍俯垂。核果小坚果状，具薄而疏松的或坚硬的果皮，或为球状或椭圆状的较大核果，外表布满略成规则排列的乳头状凸起。

龙眼洞林场有1属，1种。

杨梅属 Myrica L.

常绿或落叶乔木或灌木，雌雄同株或异株；幼嫩部分被有树脂质的圆形而盾状着生的腺体。单叶，常密集于小枝上端，无托叶，全缘或具锯齿，树脂质腺体大多数宿存而不脱落。穗状花序单一或分枝，直立或向上倾斜。雄花具雄蕊2～8枚，稀多至20枚。雌花具2～4枚小苞片；子房外表面具略成规则排列的凸起，凸起物随子房发育而逐渐增大，形成蜡质腺体或肉质乳头状凸起。核果小坚果状，具薄的果皮。

龙眼洞林场有1种。

杨梅

Myrica rubra (Lour.) Sieb. et Zucc.

常绿乔木，高可达15 m以上，胸径达60 cm以上；树皮灰色，老时纵向浅裂；树冠圆球形。小枝及芽无毛，皮孔通常少而不显著，幼嫩时仅被圆形而盾状着生的腺体。叶革质，无毛，生存至2年脱落，常密集于小枝上端部分；多生于萌发条上者为长椭圆状或楔状披针形，长达16 cm以上。核果球状，外表面具乳头状凸起，径1～1.5 cm，外果皮肉质，多汁液及树脂，味酸甜，成熟时深红色或紫红色。4月开花，6～7月果实成熟。

帽峰山帽峰工区焦头窝。分布于中国华南、西南地区。印度、缅甸、越南、菲律宾等国也有分布。杨梅树性强健，易于栽培，被人们誉为"绿色企业"和"摇钱树"。

163. 壳斗科 Fagaceae

常绿或落叶乔木，稀灌木。单叶，互生，极少轮生，全缘或齿裂，或不规则的羽状裂；托叶早落。花单性同株，稀异株，或同序；花被一轮，4～6 (8) 片，基部合生，干膜质；由总苞发育而成的壳斗脆壳质、木质、角质或木栓质，形状多样，包着坚果底部至全包坚果，开裂或不开裂，外壁平滑或有各式姿态的小苞片，每壳斗有坚果1～3 (5)个；坚果有棱角或浑圆，顶部有稍凸起的柱座，不育胚珠位于种子的顶部，稀位于中部，无胚乳，子叶2片，平凸，稀脑叶状或镶嵌状，富含淀粉或鞣质。

龙眼洞林场有3属，8种。

1. 栗属 Castanea Mill.

落叶乔木，稀灌木，树皮纵裂，无顶芽，冬芽为3～4片芽鳞包被；叶互生，叶缘有锐裂齿，羽状侧脉直

133

达齿尖，齿尖常呈芒状；托叶对生，早落。花单性同株或为混合花序，则雄花位于花序轴的上部，雌花位于下部；穗状花序，直立，通常单穗腋生枝的上部叶腋间，偶因小枝顶部的叶退化而形成总状排列；花被（5）6裂。壳斗外壁在授粉后不久即长出短刺，刺随壳斗的增大而增长且密集；壳斗4瓣裂，有栗褐色坚果1～3(5)个，通称栗子，果顶部常被伏毛，底部有淡黄白色略粗糙的果脐；每果有1(2～3)颗种子。

龙眼洞林场有1种。

锥栗
Castanea henryi Rehd. et Wils.

大乔木，高达30 m，胸径约1.5 m，冬芽长约5 mm，小枝暗紫褐色。托叶长8～14 mm；叶长圆形或披针形，长10～23 cm，宽3～7 cm，顶部长渐尖至尾状长尖，新生叶的基部狭楔尖，两侧对称，成长叶的基部圆或宽楔形，一侧偏斜，叶缘的裂齿有长2～4 mm的线状长尖，叶背无毛；开花期的叶柄长1～1.5 cm，结果时延长至2.5 cm。成熟壳斗近圆球形，连刺径2.5～4.5 cm，刺或密或稍疏生，长4～10 mm；坚果长12～15 mm，宽10～15 mm，顶部有伏毛。花期5～7月，果期9～10月。

帽峰山莲花顶森林公园—7林班。分布于中国华南地区。锥栗是中国重要木本粮食植物之一；果实可制成栗粉或罐头；木材坚实，可供枕木、建筑等用。

2. 锥属 Castanopsis (D. Don) Spach

常绿乔木，枝有顶芽，芽鳞交互对生，腋芽扁圆形，当年生枝常有纵脊棱。叶二列，互生或螺旋状排列，叶背被毛或鳞腺，或二者兼有；托叶早落；花雌雄异序或同序，花序直立，穗状或圆锥花序；花被裂片5～6 (8)片。壳斗全包或包着坚果的一部分，辐射或两侧对称，稀不开裂，外壁有疏或密的刺，稀具鳞片或疣体，有坚果1～3个；坚果翌年成熟，稀当年成熟，果脐平凸或浑圆。

龙眼洞林场有6种。

1. 米槠（米锥）
Castanopsis carlesii (Hemsl.) Hayata

乔木，高达20 m，胸径80 cm，芽小，两侧压扁状，新生枝及花序轴有稀少的红褐色片状蜡鳞，2及3年生枝黑褐色，皮孔甚多，细小。叶披针形，长6～12 cm，宽1.5～3 cm，或长4～6 cm，宽1～2 cm，或卵形，长6～9 cm，宽3～4.5 cm，顶部渐尖或渐狭长尖，基部有时一侧稍偏斜，叶全缘，或兼有少数浅裂齿，鲜叶的中脉在叶面平坦或微凸起，压干后常变凹陷；叶柄长通常不到10 mm，基部增粗呈枕状。坚果近圆球形或阔圆锥形，顶端短狭尖。花期3～6月，果翌年9～11月成熟。

帽峰山帽峰工区山顶管理处向下路两侧。分布于中国华南、西南地区。庭院观赏；生长迅速，适应能力强，可营造防火林带。

2. 锥（中华锥）
Castanopsis chinensis Hance

乔木，高10～20 m，胸径20～60 cm，树皮纵裂，片状脱落，枝、叶均无毛。叶厚纸质或近革质，披针形，稀卵形，长7～18 cm，宽2～5 cm，顶部长尖，基部近于圆或短尖，叶缘至少在中部以上有锐裂齿，中脉在叶面凸起，侧脉每边9～12条，直达齿端，在叶面稍凸起，网状叶脉明显，两面同色；叶柄长1.5～2 cm。壳斗圆球形，连刺径25～3.5 mm；坚果圆锥形，高12～16 mm。花期5～7月，果翌年9～11月成熟。

龙眼洞凤凰山（场部—3林班；王发国等5982），龙眼洞林场—天鹿湖站。分布于中国华南地区。锥是中国广东、南亚热带地区常绿阔叶林建群的优势种，也是一种速生、优质的果材兼备树种；木材为制作家具、建筑、农具等良材。

3. 罗浮锥
Castanopsis fabri Hance

常绿乔木，树高达25 m，胸径60 cm，树皮暗灰色，小枝无毛或近无毛。叶卵状椭圆形至椭圆状披针形，长 6~15 cm，宽 2.5~4.5 cm，顶端渐尖至尾尖，基部近圆形，稍偏斜，全缘或顶有几对钝锯齿；叶背浅色或苍灰色；叶柄长 1~1.5 cm。壳斗近球形，连刺直径 2~2.5 cm，成熟时不规则开裂，外被短而锐利针刺，刺长 4~6 mm；每壳斗有坚果 1~3 个，有时其中 2 个发育不全；坚果圆锥形，一侧扁平，直径 1~1.2 mm。花期 3~4 月，果期翌年 10~11 月。

龙眼洞水库旁。分布于中国华南地区。越南、老挝也有分布。罗浮栲生长快，分布广，适应性强，是中国华南优良乡土阔叶用材树种。

棕色至灰色，大小变异较大。雄花多为圆锥花序，花序轴无毛。果序长 8~18 cm，壳斗被暗红褐色粉末状蜡鳞，小苞片鳞片状，三角形或四边形，幼嫩时覆瓦状排列；坚果圆球形或椭圆形，高 13~18 mm。花期 4~6 月，果当年 10~12 月成熟。

帽峰山莲花顶森林公园—7 林班，帽峰山帽峰工区焦头窝，龙眼洞，常见。分布于中国华南、西南、华中地区。泰国北部、越南北部也有分布。适作一般的门、窗、家具与箱板材，山区群众有用以放养香菇及其他食用菌类，木材属白锥类。

4. 栲

Castanopsis fargesii Franch.

乔木，高 10~30 m，胸径 20~80 cm，树皮浅纵裂，芽鳞、嫩枝顶部及嫩叶叶柄均被与叶背相同但较早脱落的红锈色细片状蜡鳞，枝、叶均无毛。叶长椭圆形或披针形，稀卵形，长 7~15 cm，宽 2~5 cm，稀更短或较宽，顶部短尖或渐尖，基部近于圆或宽楔形，有时一侧稍短且偏斜，全缘或有时在近顶部边缘有少数浅裂齿，或二者兼有，中脉在叶面凹陷或上半段凹陷，下半段平坦。壳斗通常圆球形或宽卵形，每壳斗有 1 坚果；坚果圆锥形，高略过于宽，高 1~1.5 cm，横径 8~12 mm。

龙眼洞林场—天鹿湖站（王发国等 6229）。栽培或野生。分布于中国华南、西南地区。木材淡棕黄色至黄白色，纹理直、结构略粗糙，坚实耐用。

5. 黧蒴

Castanopsis fissa (Champ. ex Benth.) Rehd. et Wils.

乔木，高约 10 m，稀达 20 m，胸径达 60 cm。芽鳞、新生枝顶段及嫩叶叶背均被红锈色细片状蜡鳞及棕黄色微柔毛，嫩枝红紫色，纵沟棱明显。叶螺旋状排列，黄

6. 红锥

Castanopsis hystrix J. D. Hooker et Thomson ex A. DC.

乔木，高达 25 m，胸径达 1.5 m，当年生枝紫褐色，纤细，与叶柄及花序轴相同，均被或疏或密的微柔毛及黄棕色细片状蜡鳞，2 年生枝暗褐黑色，无或几无毛及蜡鳞，密生几与小枝同色的皮孔。叶纸质或薄革质，披针形，有时兼有倒卵状椭圆形，长 4~9 cm，宽 1.5~4 cm，稀较小或更大，顶部短至长尖，基部甚短尖至近于圆，一侧略短且稍偏斜，全缘或有少数浅裂齿。果序长达 15 cm；壳斗有坚果 1 个，连刺径 25~40 mm，稀较小或

更大；坚果宽圆锥形，高10～15 mm。花期4～6月，果翌年8～11月成熟。

龙眼洞林场各地常见。栽培或野生。分布于中国华南、西南地区和越南、老挝、柬埔寨、缅甸、印度等。红锥材质优良，木材坚硬耐腐，色泽和纹理美观，为龙眼洞林场主要造林树种。

3. 柯属 Lithocarpus Blume

常绿乔木，很少灌木状。枝有顶芽，嫩枝常有槽棱。叶全缘或有裂齿，叶背被毛或否，常有鳞秕或鳞腺。穗状花序直立，单穗腋生，常雌雄同序，则雄花位于花序轴上段，雄花序有时多穗生于具顶芽或至少有退化芽鳞的枝轴上排成复穗状花序式，或多穗生于无顶芽的总花序轴上排成下宽上窄的穗状圆锥花序；花通常3～5(7)一朵聚集成一小花簇散生于花序轴上，或为单朵散生。坚果被毛或否。

龙眼洞林场有1种。

柯

Lithocarpus glabra (Thunb.) Nakai

乔木，高15 m，胸径40 cm，1年生枝、嫩叶叶柄、叶背及花序轴均密被灰黄色短茸毛，2年生枝的毛较疏且短，常变为污黑色。叶革质或厚纸质倒卵形、倒卵状椭圆形或长椭圆形，长6～14 cm，宽2.5～5.5 cm，顶部突急尖，短尾状，或长渐尖，基部楔形，上部叶缘有2～4个浅裂齿或全缘，中脉在叶面微凸起，侧脉每边很少多于10条。坚果椭圆形，高12～25 mm，宽8～15 mm。花期7～11月，果翌年同期成熟。

龙眼洞林场—天鹿湖站，莲花顶公园公路（王发国等6249）。分布于中国华南地区。日本南部也有分布。柯

是中国南亚热带地区广泛分布的优良用材林、水源涵养林和水土保持林树种，木材纹理直、质地硬。

165. 榆科 Ulmaceae

乔木或灌木；芽具鳞片，稀裸露，顶芽通常早死，枝端萎缩成一小距状或瘤状凸起，残存或脱落，其下的腋芽代替顶芽。单叶，常绿或落叶，互生，稀对生，常二列，有锯齿或全缘，基部偏斜或对称，羽状脉或基生三出脉。花少数或多数排成聚伞花序，或单生。果为翅果、核果、小坚果或有时具翅或具附属物，顶端常有宿存的柱头。

龙眼洞林场有3属，7种，1变种。

1. 朴属 Celtis L.

乔木，芽具鳞片或否。叶互生，常绿或落叶，有锯齿或全缘，具三出脉或3～5对羽状脉，有柄；托叶膜质或厚纸质，早落或顶生者晚落而包着冬芽。花小，两性或单性，有柄，集成小聚伞花序或圆锥花序；花序生于当年生小枝上，雄花序多生于小枝下部无叶处或下部的叶腋，在杂性花序中，两性花或雌花多生于花序顶端；花被片4～5，仅基部稍合生，脱落。果为核果，内果皮骨质，表面有网孔状凹陷或近平滑；种子充满核内，胚乳少量或无，胚弯，子叶宽。

龙眼洞林场有2种。

1. 朴树
Celtis sinensis Pers.

落叶乔木，高达20 m。树皮平滑，灰色。1年生枝被密毛。叶互生，革质，宽卵形至狭卵形，长3～10 cm，宽1.5～4 cm，先端急尖至渐尖，基部圆形或阔楔形，偏斜，中部以上边缘有浅锯齿，三出脉，叶面无毛，叶背沿脉及脉腋疏被毛。花杂性（两性花和单性花同株），1～3朵生于当年生枝的叶腋；花被片4枚，被毛。核果单生或2个并生，近球形，直径4～5 mm，熟时红褐色，果核有穴和突肋。花期4～5月，果期9～11月。

龙眼洞。分布于中国华南、华中、华北地区，在越南、老挝也有分布。枝叶、树根以及树皮都是很好的药材，能够消肿止痛，治疗烫伤，也可以用来治疗荨麻疹等；日常感冒时，也可以服用朴树的根茎汤汁，感冒症状会得到减轻。

2. 假玉桂（樟叶朴）
Celtis timorensis Span.

常绿乔木，高达20 m，树皮灰白、灰色或灰褐色；当年生小枝幼时有金褐色短毛，老时近脱净，褐色。叶幼时被散生、金褐色短毛，老时脱净，革质，卵状椭圆形或卵状长圆形，长5～13 cm，宽2.5～6.5 cm，先端渐尖至尾尖，基部宽楔形至近圆开，稍不对称，边缘近全缘至中部以上具浅钝齿。小聚伞圆锥花序具10朵花左右，幼时被金褐色毛，在小枝下部的花序全生雄花，结果时通常有3～6果在一果序上。果宽卵状，先端残留花柱基部而成一短喙状，长8～9 mm，成熟时黄色、橙红色至红色。

帽峰山山谷（王发国6375）。产于中国广东、广西、海南、西藏、云南、四川、贵州、福建。印度北部、斯里兰卡、缅甸、越南、马来西亚、印度尼西亚也有分布。

2. 白颜树属 Gironniera Gaud.

叶互生，全缘或具稀疏的浅锯齿，羽状脉弧曲，在达近边缘处结成脉环；托叶大，成对腋生，常在基部合生，鞘包着冬芽，早落，脱落后在节上有一圈痕。花单性，雌雄异株稀同株，为腋生的聚伞花序，或雌花单生于叶腋。核果卵状或近球状，压扁或几乎不压扁，内果皮骨质；种子有胚乳或缺，胚旋卷，子叶狭窄。

龙眼洞林场有1种。

白颜树
Gironniera subaequalis Planch. [*G. chinensis* Benth.]

乔木，高10～20 m，稀达30 m，胸径25～50 cm；树皮灰色或深灰色，较平滑；小枝黄绿色，疏生黄褐色长粗毛。叶革质，椭圆形或椭圆状矩圆形，长10～25 cm，宽5～10 cm，先端短尾状渐尖，基部近对称，圆形至宽楔形，边缘近全缘，在细脉上疏生细糙毛，侧脉8～12对；叶柄长6～12 mm，疏生长糙伏毛；托叶对成，鞘包着芽，外面被长糙伏毛，脱落后在枝上留有一环托叶痕。雌雄异株，聚伞花序成对腋生。核果具短梗，阔卵状或阔椭圆状，直径4～5 mm，侧向压扁。花期2～4月，果期7～11月。

龙眼洞。分布于中国华南地区。印度、斯里兰卡、缅甸、中南半岛、马来半岛及印度尼西亚也有分布。树干通直、树冠广阔，适作生态公益林建设中的混交树种。

3. 山黄麻属 Trema Lour.

小乔木或大灌木。叶互生，卵形至狭披针形，边缘有细锯齿，基生三出脉，稀五出脉或羽状脉；托叶离生，早落。花单性或杂性，有短梗，多数密集成聚伞花序而成对生于叶腋。核果小，直立，卵圆形或近球形，具宿存的花被片和柱头，稀花被脱落，外果皮多少肉质，内果皮骨质；种子具肉质胚乳，胚弯曲或内卷。

龙眼洞林场有4种，1变种。

1. 狭叶山黄麻
Trema angustifolia (Planch.) Blume

灌木或小乔木；小枝纤细，紫红色，干后变灰褐色或深灰色，密被细粗毛。叶卵状披针形，长3～5(7) cm，宽0.8～1.4(2) cm，先端渐尖或尾状渐尖，基部圆，稀浅心形，边缘有细锯齿，叶面深绿，干后变深灰绿色，极粗糙，叶背浅绿色，干后变灰白色，密被灰短毡毛，在脉上有细粗毛和锈色腺毛，基出脉3条，侧脉2～4对；叶柄长2～5 mm，密被细粗毛。花单性，雌雄异株或同株，由数朵花组成小聚伞花序。核果宽卵状或近圆球形，熟时橘红色。花期4～6月，果期8～11月。

龙眼洞筲箕窝至火烧天（筲箕窝—6林班；王发国等5969）。分布于中国广东、广西和云南。印度、越南、马亚半岛和印度尼西亚也有分布。韧皮纤维可造纸和供纺织用；叶子表面粗糙，可当作砂纸用。

2. 光叶山黄麻
Trema cannabina Lour.

灌木或小乔木。当年生枝呈锈褐色或红褐色。叶互生；叶柄长3～9 mm；托叶早落；叶片卵形、卵状披针形或椭圆状披针形，长4～12 cm，宽1.5～5 cm，先端尾状渐尖，基部楔形，叶面平滑、无毛，稀微粗糙，叶背通常无毛，稀有疏毛，边缘具锯齿；具明显三出脉，侧脉3～4对。聚伞花序常成腋生；花梗和花被片多少被毛或无毛、花萼无毛；雄花长约1 mm，雌花长约2 mm。核果卵圆形或近球形，具短柄，长约3 mm，无毛。花期5～7月。

龙眼洞筲箕窝（王发国等5749），龙眼洞筲箕窝至火烧天（筲箕窝—6林班；王发国等5968），帽峰山帽峰工区焦头窝（王发国等6061），帽峰山—2林班，常见。分布于中国广东、广西、浙江、江西、福建、台湾、湖南、贵州等地。印度、缅甸、中南半岛、马来半岛、印度尼西亚、日本和大洋洲也有分布。药用可清热解毒，主治流感，根入药治毒蛇咬伤。

3. 山油麻（假油麻）

Trema cannabina Lour. var. **dielsiana** (Hand.-Mazz.) C. J. Chen

灌木或小乔木，高1~5 m。当年枝赤褐色，密生茸毛。单叶互生，纸质，卵状披针形至长椭圆形，长4~7 cm，宽2~3 cm，先端渐尖或尾尖，基部圆形或阔楔形，两面均密生短粗毛，三出脉，边缘有圆细锯齿；叶柄长3~9 mm，被毛。雌花聚伞花序常成对腋生；花梗和花被片具毛；花被5裂。核果卵圆形，或呈近球形，橘红色，长约3 mm，无毛。花期4~5月，果期8~9月。

龙眼洞荔枝园至太和章附近（王发国等5817），龙眼洞林场—天鹿湖站（王发国等6228）。分布于中国广东、江西、浙江、福建、湖北、四川、贵州、湖南等地。

4. 异色山黄麻

Trema orientalis (L.) Blume

乔木，高达20 m，胸径达80 cm，或灌木；树皮浅灰至深灰色，平滑或老干上有不规则浅裂缝，小枝灰褐色。叶革质，坚硬但易脆，卵状矩圆形或卵形，长10~20 cm，宽5~10 cm，先端常渐尖或锐尖，基部心形，多少偏斜，边缘有细锯齿，两面异色，干时叶面淡绿色或灰绿色，稍粗糙，常有皱纹，叶背灰白色或淡绿灰色，密被茸毛，基出脉3；叶柄被毛同嫩枝。核果卵状球形或近球形，稍压扁，直径2.5~3.5 mm，长3~5 mm，成熟时稍皱，黑色，具宿存的花被；种子阔卵珠状。花期3~5(6)月，果期6~11月。

莲花顶公园公路（王发国等6240）。分布于中国华南、台湾、贵州西南部和云南。也分布于非洲热带地区、喜马拉雅山脉南坡、印度、斯里兰卡、孟加拉国、缅甸、中南半岛、马来半岛、印度尼西亚、菲律宾、日本和南太平洋诸岛。入药用于跌打损伤、外伤出血。

5. 山黄麻（麻桐树、麻络木）

Trema tomentosa (Roxb.) Hara

小乔木，高达10 m，或灌木。叶纸质或薄革质，宽卵形或卵状矩圆形，稀宽披针形，先端渐尖至尾状渐尖，稀锐尖，基部心形，明显偏斜，边缘有细锯齿，两面近于同色，叶面极粗糙。核果宽卵珠状，压扁，直径2~3 mm，表面无毛，成熟时具不规则的蜂窝状皱纹，褐黑色或紫黑色。种子阔卵珠状，压扁，两侧有棱。花期3~6月，果期9~11月，在热带地区几乎四季开花。

龙眼洞后山至火炉山（王发国等5710），帽峰山帽峰工区山顶管理处，沿山谷周边，龙眼洞林场—天鹿湖站，常见。分布于中国华南、华北、华中地区。也分布于非洲东部、亚洲和南太平洋诸岛。药用有止血功效，主治外伤出血。

167. 桑科 Moraceae

乔木或灌木，藤本，稀为草本，通常具乳液，有刺或无刺。叶互生稀对生，全缘或具锯齿，分裂或不分裂；托叶2枚，通常早落。花小，单性，雌雄同株或异株，无花瓣；花序腋生，典型成对；雄花花被片2~4枚，分离或合生，覆瓦状或镊合状排列，宿存；雌花花被片4枚，宿存。果为瘦果或核果状；种子大或小，包于内果皮中；种皮膜质或不存。

龙眼洞林场有5属，16种，2变种，2亚种。

1. 桂木属 Artocarpus J. R. Forst. et G. Forst.

乔木，有乳液。单叶互生，螺旋状排列或二列，革质；托叶成对，抱茎。花雌雄同株，密集于花序轴上，花被上部完全融合时，形成一个光滑或具小窝槽的表面。雄花花被管状2浅裂；雌花花被管状，基部陷于肉质的花序轴内。聚花果由多数小核果所组成；小核果的外果皮膜质至薄革质。

龙眼洞林场有1亚种。

桂木（大叶胭脂、红桂木、胭脂木）

Artocarpus nitidus Trécul subsp. **lingnanensis** (Merr.) Jarr.

乔木，高可达17 m。主干通直，树皮黑褐色。叶互生，革质，长圆状椭圆形至倒卵椭圆形，长7~15 cm，宽3~7 cm，侧脉6~10对；托叶披针形，早落；叶柄长5~15 mm。雄花序头状，倒卵圆形至长圆形；雄花花被片2~4裂，基部连合；雌花序近头状，雌花花被管状。聚花果近球形，表面粗糙被毛，成熟红色，肉质，干时褐色，苞片宿存；小核果10~15颗。花期4~5月。

帽峰山—6林班。产于中国华南等地区。泰国、柬埔寨、越南北部也有分布。成熟聚合果可食；果肉药用活血通络、清热开胃、收敛止血；其木材坚硬，纹理细微，可供建筑或家具等原料用材；树冠宽阔，枝叶浓密，常绿，可作园林绿化树种。

2. 构属 Broussonetia L'Hér. ex Vent.

乔木或灌木，或为攀缘藤状灌木，有乳液。叶互生，分裂或不分裂，边缘具锯齿；托叶侧生，分离，卵状披针形，早落。花雌雄异株或同株；雄花为下垂柔荑花序或球形头状花序；花被片3或4裂；雌花密集成球形头状花序；花被管状，顶端3~4裂或全缘，宿存；子房内藏。聚花果球形，胚弯曲，子叶圆形，扁平或对折。

龙眼洞林场有2种。

1. 藤构（蔓构）

Broussonetia kaempferi Siebold var. **australis** Suzuki

蔓生藤状灌木；树皮黑褐色。叶互生，螺旋状排列，卵状椭圆形，长3.5~8 cm，宽2~3 cm，先端渐尖至尾尖，基部心形或截形，表面无毛，稍粗糙；叶柄长8~10 mm，被毛。花雌雄异株；雄花序短穗状，雄花被片3~4枚，裂片外面被毛；花药黄色，椭圆球形，退化雌蕊小；雌花集生为球形头状花序。聚花果直径约1 cm，花柱线形，延长。花期4~6月，果期5~7月。

帽峰山—8林班（王发国等6194），帽峰山帽峰工区山顶管理处向下路两侧。产于中国华南、华东、西南、华中等地区。其根、叶入药，能清凉解毒，治跌打损伤、腰痛；韧皮纤维可造纸。

2. 构树(毛桃、谷树、谷桑)
Broussonetia papyrifera (L.) L'Hér. ex Vent.

乔木，高10～20 m；树皮暗灰色；小枝密生柔毛。叶螺旋状排列，广卵形至长椭圆状卵形，长6～18 cm，宽5～9 cm，基生三出脉；侧脉6～7对；托叶大，卵形；叶柄长2.5～8 cm，密被糙毛。花雌雄异株；雄花序为柔荑花序，粗壮；苞片披针形，被毛；雌花序的苞片棍棒状，花被管状；子房卵圆形。聚花果直径1.5～3 cm，成熟时橙红色，肉质。花期4～5月，果期6～7月。

莲花顶公园公路（王发国等6240）。产于中国南北各地。印度、缅甸、泰国、越南、马来西亚、日本、朝鲜也有分布。构树能抗二氧化硫、氟化氢和氯气等有毒气体，可用作荒滩、偏僻地带及污染严重的工厂的绿化树种，也可用作行道树、造纸原料；叶蛋白质含量高，营养丰富，经科学加工后可用于生产畜禽饲料。

3. 榕属 Ficus L.

乔木或灌木，有时为攀缘状，或为附生，具乳液。叶互生，稀对生，全缘或具锯齿或分裂，无毛或被毛，有或无钟乳体；托叶合生，早落。花雌雄同株或异株；雌雄同株的花序托内，有雄花、瘿花和雌花；雌雄异株的花序托内则雄花、瘿花同生于一花序托内，而雌花或不育花则生于另一植株花序托内壁。榕果腋生或生于老茎，口部苞片覆瓦状排列，基生苞片3枚，早落或宿存，有时苞片侧生，有或无总梗。

龙眼洞林场有13种，1变种，1亚种。

1. 黄毛榕
Ficus esquiroliana H. Lév. [*F. fulva* Reinw. ex Blume]

小乔木或灌木，高4～10 m，树皮灰褐色，具纵棱；幼枝中空，被褐黄色硬长毛。叶互生，纸质，广卵形，长17～27 cm，宽12～20 cm，基生侧脉每边3条，侧脉每边5～6条；托叶披针形，早落；叶柄长5～11 cm。榕果腋生，圆锥状椭圆形。雄花生榕果内壁口部，具柄，花被片4枚，顶端全缘；瘿花花被与雄花同，子房球形，光滑。雌花花被4枚。瘦果斜卵圆形，表面有瘤体。花期5～7月，果期7月。

帽峰山莲花顶森林公园—7林班（王发国等6047），帽峰山—十八排，龙眼洞林场天河区—草塘站。产于中国华南、西南、华东地区。越南、老挝、泰国的北部也有分布。具药用价值，主治气血虚弱、中气不足、子宫下垂、脱肛、泄泻、风湿痹痛、筋骨疼痛。

2. 水同木
Ficus fistulosa Reinw. ex Blume [*F. harlandii* Benth.]

常绿小乔木，树皮黑褐色。叶互生，纸质，倒卵形至长圆形，长10～20 cm，宽4～7 cm；基生侧脉短，侧脉6～9对；托叶卵状披针形；叶柄长1.5～4 cm。榕果簇生于老干发出的瘤状枝上，近球形，光滑，成熟橘红色。雄花和瘿花生于同一榕果内壁；雄花生于其近口部，少数，具短柄，花被片3～4枚；瘿花具柄，花被片极短或不存，子房光滑；雌花生于另一植株榕果内，花被管状，围绕果柄下部。瘦果近斜方形，表面有小瘤体，花柱棒状。花期5～7月。

龙眼洞筲箕窝（王发国等5723），帽峰山—6林班，龙眼洞林场天河区—草塘站。产于中国华南、西南等地区。印度、孟加拉国、缅甸、泰国、越南、马来西亚西部、印度尼西亚、菲律宾、加里曼丹岛也有分布。水同木产胶量高而稳定，是紫胶虫优良寄主树；枝叶茂密，可在公园、风景区、庭院、高速公路孤植、丛植造景观赏。

3. 台湾榕（小银茶匙）
Ficus formosana Maxim.

灌木，高1.5～3 m；枝纤细，节短。叶膜质，倒披针形，长4～11 cm，宽1.5～3.5 cm，全缘或在中部以上有疏钝齿裂，中脉不明显。榕果单生叶腋，卵状球形，成熟时绿色带红色，基生苞片3枚。雄花散生榕果内壁，有或无柄，花被片3～4枚，卵形；瘿花花被片4～5枚，舟状；雌花有柄或无柄，花被片4枚。瘦果球形，光滑。花期4～7月。

龙眼洞筲箕窝至火烧天（筲箕窝—6林班；王发国等5923），帽峰山管护站—6林班（王发国等6088），帽峰山—8林班（王发国等6137）。多生溪沟旁湿润处。产于中国华南、华东、西南、华中地区。越南北部也有分布。具药用价值，用于月经不调、产后或病后虚弱、乳汁不下、咳嗽、风湿痹痛、跌打损伤、湿热黄疸、急性肾炎、尿路感染。

4. 藤榕
Ficus hederacea Roxb.

藤状灌木；茎、枝节上生根，小枝幼时被柔毛。叶排为二列，厚革质，椭圆形至卵状椭圆形，长6～11 cm，宽3.5～5 cm，顶侧脉每边3～5条；托叶卵形，早落；叶柄长10～20 mm，粗壮。榕果单生或成对腋生或生于已落叶枝的叶腋，球形，成熟时黄绿色至红色。雄花少数，散生榕果内壁，无柄，花被片3～4枚；瘿花具柄，花被片4枚，披针形。雌花生于另一榕果内，有或无柄，花被片4枚，线形。瘦果椭圆形，背面有龙骨，花柱延长。花期5～7月。

帽峰山帽峰工区焦头窝（王发国等6060）。生于沟边、丘陵、山谷密林下，常攀附树木或石头生长。产于中国华南、西南地区。尼泊尔、不丹、印度北部、缅甸、老挝、泰国等也有分布。为常见的园林绿化树种。

5. 粗叶榕（五指毛桃、大果佛掌榕）
Ficus hirta Vahl

灌木或小乔木。叶互生，纸质，多型，长椭圆状披针形或广卵形，长10～25 cm，基生脉3～5条，侧脉每边4～7条；托叶红色，被柔毛；叶柄长2～8 cm。榕果成对腋生或生于已落叶枝上，红色。雌花果球形；雄花及瘿花果卵球形，无柄或近无柄；雄花生于榕果内壁近口部，有柄，花被片4枚；瘿花花被片4枚，子房球形，光滑；雌花生雌株榕果内，有梗或无梗，花被片4枚。瘦果椭圆球形，表面光滑，花柱贴生于一侧微凹处。花果期4～6月。

龙眼洞后山至火炉山防火线附近（王发国等5685），帽峰山帽峰工区焦头窝，帽峰山—6林班，常见。产于中国华南、西南、华东地区。印度、缅甸、越南、泰国和印度尼西亚等地也有分布。粗叶榕以根入药，用于肺痨咳嗽、盗汗、肢倦无力、食少腹胀、水肿、风湿痹痛、肝炎等；也是食药同源的植物；茎皮纤维制麻绳、麻袋。

6. 对叶榕
Ficus hispida L. f.

灌木或小乔木。叶通常对生，厚纸质，卵状长椭圆形或倒卵状矩圆形，长10～25 cm，宽5～10 cm，全缘或有钝齿，顶端急尖或短尖，侧脉6～9对；叶柄长1～4 cm，被短粗毛。榕果腋生或生于落叶枝上，或老茎发出的下垂枝上，陀螺形，成熟黄色。雄花生于其内壁口部，多数，花被片3枚，薄膜状。花果期6～7月。

龙眼洞水库旁。产于中国华南、西南地区。尼泊尔、不丹、印度、泰国、越南、马来西亚至澳大利亚也有分布。具药用价值，常用于感冒，气管炎，消化不良，痢疾，风湿关节炎。

7. 榕树（细叶榕）
Ficus microcarpa L. f.

大乔木，高15～25 m，老树常有锈褐色气根。叶薄革质，狭椭圆形，长4～8 cm，宽3～4 cm，先端钝尖，基部楔形，基生叶脉延长；侧脉3～10对；叶柄长5～10 mm，无毛；托叶小，披针形。榕果成对腋生或生于已落叶枝叶腋，成熟时黄色或微红色，扁球形；雄花、雌花、瘿花同生于一榕果内，花间有少许短刚毛；雄花无柄或具柄，散生内壁，花丝与花药等长；雌花与瘿花相似，花被片3枚，广卵形，花柱近侧生，柱头短，棒形。瘦果卵圆形。花期5～6月。

龙眼洞水库旁。产于中国华南、华东、西南地区。斯里兰卡、印度、缅甸、泰国、越南、马来西亚、菲律宾、日本、巴布亚新几内亚和澳大利亚北部、东部直至加罗林群岛也有分布。可作行道树；树皮纤维可制渔网和人造棉；气根、树皮和叶芽作清热解表药。

8. 琴叶榕
Ficus pandurata Hance

小灌木，高1～2 m，嫩叶幼时被白色柔毛。叶纸质，提琴形或倒卵形，长4～8 cm，先端急尖有短尖，基部圆形至宽楔形，侧脉3～5对；叶柄疏被糙毛；托叶披针形，迟落。榕果单生叶腋，鲜红色，椭圆形或球形。雄花有柄，生榕果内壁口部，花被片4枚，线形；瘿花有柄或无柄，花被片3～4枚，倒披针形至线形，子房近球形；雌花花被片3～4枚，椭圆形。花期6～8月。

莲花顶公园公路（王发国等6252），龙眼洞筲箕窝至火烧天（筲箕窝—6林班；王发国等5916）。产于中国华南、华中、华东地区。越南也有分布。具药用价值，有祛风除湿、解毒消肿、活血通经之效。主风湿痹痛、黄疸、疟疾、百日咳、乳汁不通、乳痈、痛经、闭经、痈疖肿痛、跌打损伤、毒蛇咬伤。

9. 薜荔（广东王不留行、鬼馒头、冰粉子、凉粉果）
Ficus pumila L.

攀缘或匍匐灌木。叶两型；不结果枝节上生不定根，叶卵状心形，长约2.5 cm，薄革质，基部稍不对称，叶柄很短。结果枝上无不定根，革质，卵状椭圆形，长5～10 cm，宽2～3.5 cm，先端急尖至钝形；叶柄长5～10 mm。榕果单生叶腋，幼时被黄色短柔毛，成熟黄绿色或微红；瘿花果梨形；雌花果近球形。雄花生榕果内壁口部，多数，排为几行，有柄，花被片2～3枚。瘿花具柄，花被片3～4枚，线形，花柱侧生。雌花生另一植株榕果内壁，花柄长，花被片4～5枚。瘦果近球形，有黏液。花果期5～8月。

帽峰山—十八排（王发国等6211），帽峰山帽峰工区焦头窝。产于中国华南、华东、华中、西南地区。日本（琉球群岛）、越南北部也有分布。具药用价值，茎、叶供药用，有祛风除湿、活血通络作用，用来治腰腿痛、乳痈、疮疖等。

10. 竹叶榕（竹叶牛奶子、柳叶榕、长柄竹叶榕）
Ficus stenophylla Hemsl.

小灌木，高1～3 m，枝散生灰白色硬毛，节间短。叶纸质，干后灰绿色，线状披针形，长5～13 cm，先端渐尖，基部楔形至近圆形，侧脉7～17对；托叶披针形，红色；叶柄长3～7 mm。榕果椭圆状球形，表面稍被柔毛，成熟时深红色；雄花和瘿花同生于雄株榕果中。雄花生内壁口部，有短柄，花被片3～4枚，卵状披针形，红色；瘿花具柄，花被片3～4枚，倒披针形；雌花生于另一植株榕果中，近无柄，花被片4枚，线形。花果期5～7月。

龙眼洞筲箕窝至火烧天（筲箕窝—6林班；王发国等5944）。产于中国华南、华东、西南、华中地区。越南北部和泰国北部也有分布。具药用价值，有祛痰止咳、行气活血、祛风除湿之效，用于治疗咳嗽、胸痛、跌打肿痛、肾炎、风湿骨痛、乳少。

11. 假斜叶榕（锡金榕、石榕）
Ficus subulata Blume

攀缘状灌木，雄株为直立灌木，幼枝纤细。叶纸质，斜椭圆形或倒卵状椭圆形，通常两侧不对称，长8～15 cm，宽2.5～7 cm，先端骤尖至渐尖，全缘，侧脉7～10对；叶柄长1～1.4 cm；托叶钻形，迟落。榕果小，球形或卵圆形，成熟橙红色。雄花生于榕果内壁近口部，花被管状，肉质；瘿花散生于榕果内壁，花被片与雄花相似，子房球形，柱头头状；雌花生于另一植株榕果内壁，花被合生，顶部齿裂，被毛。瘦果短椭圆形。果期5～8月。

龙眼洞筲箕窝至火烧天（筲箕窝—6林班；王发国等5920），帽峰山—2林班，帽峰山管护站（王发国等6091）。产于中国华南、西南地区。尼泊尔、印度、不丹、马来西亚、印度尼西亚也有分布。

12. 笔管榕（雀榕）
Ficus superba (Miq.) Miq. var. **japonica** Miq.

落叶乔木，树皮黑褐色，小枝淡红色，无毛。叶互生或簇生，近纸质，无毛，椭圆形至长圆形，长10～15 cm，宽4～6 cm，先端短渐尖，基部圆形，侧脉7～9对；叶柄长约3～7 cm；托叶膜质，早落。榕果单生或成对或簇生于叶腋或生无叶枝上，扁球形，成熟时紫黑色；雄花、瘿花、雌花生于同一榕果内。雄花很少，生内壁近口部，无梗，花被片3枚，宽卵形；雌花无柄或有柄，花被片3枚，披针形，花柱短，侧生；瘿花多数，与雌花相似，仅子房有粗长的柄，柱头线形。花期4～6月。

龙眼洞凤凰山（场部—3林班；王发国等5984）。产于中国华南、华东、西南地区。缅甸、泰国、中南半岛、马来西亚至琉球群岛也有分布。木材纹理细致、美观，可供雕刻；为城市、道路绿化，沿海防护林营建的优良的观赏树种。

13. 斜叶榕
Ficus tinctoria Forst. f. subsp. **gibbosa** (Blume) Corner

乔木或附生。叶革质，变异很大，卵状椭圆形或近菱形，两侧极不相等，在同一树上有全缘的也有具角棱和角齿的，大小幅度相差很大，大树叶一般长不到13 cm，宽不到5 cm，而附生的叶长超过13 cm，宽5～6 cm，质薄，侧脉5～7对，干后黄绿色。榕果径6～8 mm。总梗极短；雄花生榕果内壁近口部，花被片4～6枚，白色，线形。花果期6～7月。

龙眼洞。产于中国华南、华东、西南地区。泰国、缅甸、马来西亚西部、印度尼西亚也有分布。药用具有清热利湿、解毒之功效，常用于治疗感冒、高热惊厥、泄泻、痢疾、目赤肿痛。

14. 青果榕（杂色榕）
Ficus variegata Blume [*F. variegata* Blume var. *chlorocarpa* (Benth.) King]

乔木，高7～10 m，树皮灰褐色。叶互生，厚纸质，广卵形至卵状椭圆形，长10～17 cm，顶端渐尖或钝，基生叶脉5条，侧脉4～6对；叶柄长2.5～6 cm，无毛，长1～1.5 cm。榕果簇生于老茎发出的瘤状短枝上，球形，成熟红色。雄花生榕果内壁口部；花被片3～4枚，宽卵形。瘿花生内壁近口部，花被合生，管状，顶端4～5齿裂。雌花生于雌植株榕果内壁，花被片3～4枚，条状披针形，薄膜质，基部合生。瘦果倒卵形，无毛。花期冬季。

龙眼洞筲箕窝至火烧天（筲箕窝—6林班，王发国等5895），帽峰山帽峰工区焦头窝，帽峰山帽峰工区山顶管

桑科 Moraceae

理处向下路两侧。常见于沟谷地区。产于中国华南、西南地区。越南中部、泰国也有分布。杂色榕的榕果熟时可食用；其树冠庞大，结实力强，树汁丰富，是优良的紫胶虫夏代寄主树。

15. 变叶榕
Ficus variolosa Lindl. ex Benth.

灌木或小乔木，光滑，高3~10 m，树皮灰褐色。叶薄革质，狭椭圆形至椭圆状披针形，长5~12 cm，宽1.5~4 cm，先端钝或钝尖，基部楔形，全缘；侧脉7~11对；叶柄长6~10 mm；托叶长三角形。榕果成对或单生叶腋，球形，表面有瘤体，顶部苞片脐状突起；瘿花子房球形，花柱短，侧生；雌花生另一植株榕果内壁，花被片3~4枚，子房肾形。瘦果表面有瘤体。花期12月至翌年6月。

龙眼洞后山至火炉山防火线附近（王发国等5663），帽峰山莲花顶森林公园—7林班（王发国等6036a），龙眼洞凤凰山（场部—3林班；王发国等6035）。产于中国华南、华东、华中、西南地区。越南、老挝也有分布。茎清热利尿，叶敷跌打损伤，根亦入药，补肝肾、强筋骨、祛风湿；茎皮纤维可作人造棉、麻袋。

4. 橙桑属 Maclura Nutt.

小乔木或灌木，具长枝与短枝，长枝有枝刺。叶互生，全缘，叶脉羽状；托叶2枚，侧生。花雌雄异株，雄花序为圆锥花序，雌花序为扁球形。雄花花被片4枚，覆瓦状排列。雌花花被片4枚，每花被片具2黄色腺体，子房不陷入花序托内；苞片附着于花被片。聚花果球形，肉质，核果外果皮坚硬，子叶扁平，胚根内弯。

龙眼洞林场有1种。

葨芝（构棘、黄桑木、柘根）
Maclura cochinchinensis (Lour.) Corner

直立或攀缘状灌木。枝无毛，具粗壮弯曲无叶的腋生刺。叶革质，椭圆状披针形或长圆形，长3~8 cm，宽2~2.5 cm，全缘，先端钝或短渐尖，基部楔形，侧脉7~10对；叶柄长约1 cm。花雌雄异株，雌雄花序均为具苞片的球形头状花序；雄花花被片4枚。雌花序微被毛，花被片顶部厚，分离或万部合生。聚合果肉质，表面微被毛，成熟时橙红色，核果卵圆形，成熟时褐色，光滑。花期4~5月，果期6~7月。

帽峰山山顶—管护站。产于中国东南部至西南部的亚热带地区。斯里兰卡、印度、尼泊尔、不丹、缅甸、越南、中南半岛、马来西亚、菲律宾至日本及澳大利亚、新喀里多尼亚也有分布。农村常作绿篱用；木材煮汁可作染料；茎皮及根皮药用。

5. 桑属 Morus L.

落叶乔木或灌木，无刺。冬芽具3～6枚芽鳞，呈覆瓦状排列。叶互生，边缘具锯齿，全缘至深裂，基生叶脉三至五出，侧脉羽状；托叶侧生，早落。花雌雄异株或同株，或同株异序，雌雄花序均为穗状；雄花花被片4枚，覆瓦状排列；雌花花被片4枚，覆瓦状排列，结果时增厚为肉质。聚花果（俗称桑）为多数包藏于肉质花被片内的核果组成，外果皮肉质，内果皮壳质；种子近球形，胚乳丰富。

龙眼洞林场有1种。

桑（桑树、蚕桑）
Morus alba L.

乔木或为灌木，高3～10 m。树皮厚，灰色，具不规则浅纵裂；冬芽红褐色，卵形，芽鳞覆瓦状排列。叶卵形或广卵形，长5～15 cm，宽5～12 cm，先端急尖、渐尖或圆钝，基部圆形至浅心形；叶柄长具柔毛；托叶披针形，早落。花单性，腋生或生于芽鳞腋内，与叶同时生出。雄花序下垂，密被白色柔毛，花被片宽椭圆形，淡绿色。雌花序被毛，雌花无梗，花被片倒卵形，顶端圆钝，外面和边缘被毛。聚花果卵状椭圆形，成熟时红色或暗紫色。花期4～5月，果期5～8月。

帽峰山帽峰工区山顶管理处，沿山谷周边。原产于中国中部和北部，现东北至西南各地，西北直至新疆均有栽培。朝鲜、日本、蒙古国、中亚各国、俄罗斯、欧洲等地以及印度、越南亦有分布。其树皮纤维柔细，可作纺织原料、造纸原料；根皮、果实及枝条入药；叶为养蚕的主要饲料，亦作药用；木材坚硬，可制家俱、乐器、雕刻等；桑葚可以酿酒。

169. 荨麻科 Urticaceae

草本、亚灌木或灌木。钟乳体点状、杆状或条形，在叶或有时在茎和花被的表皮细胞内隆起。茎常富含纤维，有时肉质。叶互生或对生，单叶；托叶存在，稀缺。花极小，单性，稀两性；花序雌雄同株或异株；雄花花被片4～5枚，覆瓦状排列或镊合状排列，退化雌蕊常存在。雌花花被片5～9枚，分生或多少合生，花后常增大，宿存。种子具直生的胚。

龙眼洞林场有6属，6种。

1. 苎麻属 Boehmeria Jacq.

灌木、小乔木、亚灌木或多年生草本。叶互生或对生，边缘有牙齿，不分裂，稀2～3裂，表面平滑或粗糙，基出脉3条，钟乳体点状；托叶通常分生，脱落。团伞花序生于叶腋，或排列成穗状花序或圆锥花序；雄花花被3～6枚，镊合状排列，下部常合生，椭圆形，退化雌蕊椭圆球形或倒卵球形；雌花花被管状，顶端缢缩，有2～4个小齿，在果期稍增大，通常无纵肋。瘦果通常卵形，包于宿存花被之中，果皮薄，通常无光泽，无柄或有柄，或有翅。

龙眼洞林场有1种。

苎麻
Boehmeria nivea (L.) Gaudich.

亚灌木或灌木，高0.5～1.5 m。叶互生，草质，通常圆卵形或宽卵形，长6～15 cm，宽4～11 cm，顶端骤尖，基部近截形或宽楔形，侧脉约3对；叶柄长2.5～9.5 cm；托叶分生，钻状披针形。圆锥花序腋生；雄团伞花序有少数雄花；雌团伞花序有多数密集的雌花；雄花花被片4枚，狭椭圆形，退化雌蕊狭倒卵球形；雌花花被椭圆形，顶端有2～3小齿，外面有短柔毛。瘦果近球形，光滑，基部突缩成细柄。花期8～10月。

龙眼洞箐箕窝（王发国等5756），龙眼洞荔枝园至太和章附近（王发国等5811），帽峰山帽峰工区焦头窝，帽峰山莲花顶森林公园—七林班（王发国等6039a），常见。产于中国华南、西南、华东、华中、西北地区。越南、老挝亦有分布。药用；造纸，或制造可作家具和板壁等多种用途的纤维板。

2. 楼梯草属 Elatostema J. R. Forst. et G. Forst.

小灌木、亚灌木或草本。叶互生，在茎上排成二列，具短柄或无柄，两侧不对称，狭侧向上，钟乳体纺锤形或线形，托叶存在，退化叶有时存在。花序雌雄同株或异株，无梗或有梗，雄花序有时分枝呈聚伞状，通常雄、雌花序均不分枝；雄花花被3～5枚，椭圆形，基部合生；雌花花被片极小，长在子房长度的一半以下，3～4枚，无角状突起，常不存在。瘦果狭卵球形或椭圆球形，稍扁，常有6～8条细纵肋，稀光滑或有小瘤状突起。

龙眼洞林场有1种。

楼梯草（碧江楼梯草）
Elatostema involucratum Franch. et Sav.

多年生草本。茎肉质，高25～60 cm。叶无柄或近无柄；叶片草质，斜倒披针状长圆形或斜长圆形，有时稍镰状弯曲，长4.5～19 cm，宽2.2～6 cm，侧脉每侧5～8条；托叶狭条形或狭三角形，无毛。花序雌雄同株或异株；雄花序有梗，花被片5枚，椭圆形，下部合生，顶端之下有不明显突起；雌花序具极短梗，花序托通常很小，周围有卵形苞片。瘦果卵球形，有少数不明显纵肋。花期5～10月。

龙眼洞笤箕窝至火烧天（笤箕窝—6林班；王发国等5918），龙眼洞凤凰山（场部—3林班；王发国等5985）。产于中国华南、西南、华中、华东、西北地区。日本也有分布。

3. 糯米团属 Gonostegia Turcz.

多年生草本或亚灌木。叶对生或在同一植株上部的互生，下部的对生，边缘全缘，基出脉3～5条，钟乳体点状；托叶分生或合生。团伞花序两性或单性，生于叶腋；雄花花被片3～5枚，镊合状排列，通常分生，长圆形，在中部之上成直角向内弯曲，因此花蕾顶部截平，呈陀螺形；退化雌蕊极小；雌花花被管状，有2～4小齿，在果期有数条至12条纵肋，有时有纵翅。瘦果卵球形，果皮硬壳质，常有光泽。

龙眼洞林场有1种。

糯米团
Gonostegia hirta (Blume) Miq. [*Memorialia hirta* (Blume) Wedd.]

多年生草本，有时茎基部变木质。茎蔓生、铺地或渐升。叶对生，草质或纸质，宽披针形至狭披针形、狭卵形、稀卵形或椭圆形，长1～10 cm，宽0.7～2.8 cm，基出脉3～5条；叶柄长1～4 mm；托叶钻形。团伞花序腋生，通常两性，雌雄异株；雄花花梗长1～4 mm；花被片5枚，分生，倒披针形，退化雌蕊极小。雌花花被菱状狭卵形，顶端有2小齿，有疏毛，果期呈卵形。瘦果卵球形，白色或黑色，有光泽。花期5～9月。

龙眼洞笤箕窝至火烧天（笤箕窝—6林班；王发国等5959）。产于中国华南、西北、华中、西南地区。亚洲热带和亚热带地区及澳大利亚广布。茎皮纤维可制人造棉，供混纺或单纺；全草药用，治消化不良、食积胃痛等症；全草可饲猪。

4. 紫麻属 Oreocnide Miq.

灌木和乔木，无刺毛。叶互生，基生三出脉或羽状脉，钟乳体点状；托叶干膜质，脱落。花单性，雌雄异株。花序二至四回二歧聚伞状分枝、二叉分枝，稀呈簇生状，团伞花序生于分枝的顶端，密集成头状；雄花花被片3～4枚，镊合状排列；雌花花被合生成管状，稍肉质，贴生于子房，在口部紧缩，有不明显的3～4小齿。种子具油质胚乳，子叶卵形或宽卵圆形。

龙眼洞林场有1种。

紫麻
Oreocnide frutescens (Thunb.) Miq.

灌木稀小乔木，高1～3 m；小枝褐紫色或淡褐色，上部常有粗毛或近贴生的柔毛。叶常生于枝的上部，草质，卵形、狭卵形，长3～15 cm，宽1.5～6 cm，先端渐尖或尾状渐尖，基部圆形，侧脉2～3对；叶柄被粗毛；

托叶条状披针形。花序生于上年生枝和老枝上，呈簇生状。雄花花被片3枚，在下部合生，长圆状卵形，内弯，外面上部有毛。瘦果卵球状，两侧稍压扁。花期3～5月，果期6～10月。

帽峰山帽峰工区焦头窝。产于中国华南、华东、华中、西南、西北地区。中南半岛和日本也有分布。茎皮纤维细长坚韧，可供制绳索、麻袋和人造棉；茎皮经提取纤维后，还可提取单宁；根、茎、叶入药，行气活血。

越南、日本也有分布。

5. 赤车属 Pellionia Gaudich.

草本或亚灌木。叶互生，二列，两侧不相等，狭侧向上，宽侧向下，边缘全缘或有齿，具三出脉、半离基三出脉或羽状脉；托叶2；退化叶小。花序雌雄同株或异株；雄花序聚伞状，多少稀疏分枝，常具梗；雌花序无梗或具梗，由于分枝密集而呈球状，并具密集的苞片；雄花：花被片4～5枚，在花蕾中呈覆瓦状排列，椭圆形，基部合生；雌花：花被片4～5枚，分生。瘦果小，卵形或椭圆形，稍扁，常有小瘤状突起。

龙眼洞林场有1种。

蔓赤车

Pellionia scabra Benth.

亚灌木。茎直立或渐升，高(30) 50～100 cm，基部木质，通常分枝，上部有开展的糙毛，毛长0.3～1 mm。叶具短柄或近无柄；叶片草质，斜狭菱状倒披针形或斜狭长圆形，长3.2～8.5 (10) cm，顶端渐尖、长渐尖或尾状，基部在狭侧微钝，在宽侧宽楔形、圆形或耳形，边缘下部全缘，其上有少数小牙齿，叶面有少数贴伏的短硬毛，沿中脉有短糙毛，下面有密或疏的短糙毛，半离基三出脉。花序通常雌雄异株；雄花为稀疏的聚伞花序，长达4.5 cm；雄花：花被片5枚，椭圆形，长约1.5 mm，基部合生；雌花序近无梗或有梗，直径2～8(14) mm，有多数密集的花；雌花：花被片4～5枚，狭长圆形。瘦果近椭圆球形，有小瘤状突起。花期春季至夏季。

帽峰山—8林班（王发国等6158），帽峰山帽峰工区山顶管理处，沿山谷周边。产于中国广东、广西、云南、贵州、四川、湖南、江西、安徽、浙江、福建、台湾。

6. 冷水花属 Pilea Lindl.

草本或亚灌木，无刺毛。叶对生，具柄，具三出脉，钟乳体条形、纺锤形或短杆状；托叶膜质鳞片状，或草质叶状，在柄内合生。花雌雄同株或异株，花序单生或成对腋生，聚伞状、聚伞总状、聚伞圆锥状、穗状、串珠状、头状；花单性，稀杂性；雄花4基数或5基数；花被片合生至中部或基部，镊合状排列，退化雌蕊小；雌花通常3基数，有时5、4或2基数。瘦果卵形或近圆形，多少压扁；种子无胚乳；子叶宽。

龙眼洞林场有1种。

小叶冷水花（透明草）

Pilea microphylla (L.) Liebm.

纤细小草本，无毛，铺散或直立。茎肉质，多分枝。叶很小，倒卵形至匙形，长3～7 mm，宽1.5～3 mm，先端钝，基部楔形或渐狭；钟乳体条形；侧脉数对；叶柄纤细；托叶不明显，三角形。雌雄同株，聚伞花序密集成近头状，具梗，稀近无梗；雄花具梗；花被片4枚，卵形，外面近先端有短角状突起。瘦果卵形，熟时变褐色，光滑。花期夏秋季，果期秋季。

龙眼洞荔枝园至太和章附近（王发国等5918），帽峰山帽峰工区山顶管理处，沿山谷周边，帽峰山—8林班

（王发国等6150）。原产南美洲热带地区，后引入亚洲、非洲热带地区，在中国华南、华东、华中地区已成为广泛的归化植物。植物体小嫩绿秀丽，花开时节，轻微震动植物，弹散出的花粉尤如一团烟火，可作栽培观赏。

7. 雾水葛属 Pouzolzia Gaudich.

灌木、亚灌木或多年生草本。叶互生，稀对生，边缘有牙齿或全缘，基出脉3条，钟乳体点状；托叶分生，常宿存。团伞花序通常两性，有时单性，生于叶腋，稀形成穗状花序；苞片膜质，小；雄花花被片3～5枚，镊合状排列，基部合生，通常合生至中部，椭圆形；雌花花被管状，常卵形，顶端缢缩，有2～4个小齿，果期多少增大，有时具纵翅。瘦果卵球形，果皮壳质，常有光泽。

龙眼洞林场有1种。

雾水葛

Pouzolzia zeylanica (L.) Benn. et R. Br.

多年生草本。茎直立或渐升，高12～40 cm，不分枝。叶全部对生，或茎顶部的对生；叶片草质，卵形或宽卵形，长1.2～3.8 cm，宽0.8～2.6 cm，短分枝的叶很小；侧脉1对；叶柄长0.3～1.6 cm。团伞花序通常两性；苞片三角形；雄花有短梗，花被片4枚，狭长圆形或长圆状倒披针形。瘦果卵球形，淡黄白色，上部褐色。花期秋季。

龙眼洞凤凰山（场部—3林班；王发国等5991）。产于中国华南、华东、华中、西北、西南地区。亚洲热带地区广布。药用具有清热解毒、清肿排脓、利水通淋之功效，用于治疗疮疡痈疽、乳痈、风火牙痛、痢疾、腹泻、小便淋痛、白浊。

171. 冬青科 Aquifoliaceae

乔木或灌木，常绿或落叶。单叶互生，革质、纸质、稀膜质，具锯齿、腺状锯齿或具刺齿，或全缘，具柄；托叶无或小，早落。花小，辐射对称、单性、稀两性或杂性，雌雄异株，排列成腋生；花萼4～6片，覆瓦状排列；花瓣4～6枚，分离或基部合生。果通常为浆果状核果，具2至多数分核，通常4枚，每分核具1颗种子；种子含丰富的胚乳。

龙眼洞林场有1属，4种，1变种。

冬青属 Ilex L.

常绿或落叶乔木或灌木。单叶互生，革质、纸质或膜质，长圆形、椭圆形、卵形或披针形，全缘或具锯齿或刺，具柄或近无柄；托叶小。花序为聚伞花序或伞形花序；花小，白色、粉红色或红色，辐射对称；雌雄异株；雄花花萼盘状，4～6裂，覆瓦状排列；花瓣4～8枚，基部略合生；雌花花萼4～8裂；花瓣4～8枚，伸展，基部稍合生。果为浆果状核果，通常球形，成熟时红色，稀黑色；分核1～18粒，通常4～6，表面平滑、具条纹，具1种子。

龙眼洞林场有4种，1变种。

1. 梅叶冬青（秤星树）

Ilex asprella (Hook. et Arn.) Champ. ex Benth.

落叶灌木，高达3 m。叶膜质，在长枝上互生，长3～7 cm，宽1.5～3.5 cm，先端尾状渐尖，侧脉5～6对；叶柄长3～8 mm，无毛；托叶小，宿存。雄花序：2或3朵花呈束状或单生于叶腋或鳞片腋内；花4或5基数；花冠白色，辐射状；花瓣4～5枚，近圆形；雌花序：单生于叶腋或鳞片腋内，无毛；花4～6基数；花冠辐射状；花瓣近圆形。果球形，熟时变黑色，具纵条纹及沟，具分核4～6粒。花期3月，果期4～10月。

龙眼洞荔枝园至太和章附近（王发国等5774），龙眼洞凤凰山（场部—3林班；王发国等6026），帽峰山—2林班。产于中国华南、华东、华中地区等地。菲律宾群岛亦有分布。根、叶入药，有清热解毒、生津止渴、消肿散瘀之功效；叶含熊果酸，对冠心病、心绞痛有一定疗效；根加水在锈铁上磨汁内服，能解砒霜和毒菌中毒。

2. 毛冬青
Ilex pubescens Hook. et Arn.

常绿灌木或小乔木，高3～4m。叶生于1～2年生枝上，叶片纸质或膜质，椭圆形或长卵形，长2～6cm，宽1～3cm，侧脉4～5对；叶柄密被长硬毛。花序簇生于1～2年生枝的叶腋内；雄花序分枝为具1或3花的聚伞花序；花4或5基数，粉红色；花冠辐射状，花瓣4～6枚；雌花序簇生；花6～8基数；花冠辐射状，花瓣5～8枚。果球形，成熟后红色。花期4～5月，果期8～11月。

龙眼洞筲箕窝（王发国等5717）。产于中国华南、西南地区。具药用价值，主治清热解毒、活血通络。以毛冬青根提取物制成的注射液、胶囊、片剂临床常用于心脑血管疾病和各种炎症的治疗，是中国较早开发的心脑血管类药物。

3. 光叶毛冬青
Ilex pubescens Hook. et Arn. var. **glabra** H. T. Chang

本变种与原种的区别在于：植株各部分无毛或近无毛。

龙眼洞筲箕窝至火烧天（筲箕窝—6林班；王发国等5930），龙眼洞凤凰山（场部—3林班；王发国等6004），帽峰山帽峰工区焦头窝，帽峰山帽峰工区山顶管理处，沿山谷周边。分布于中国华南、华中、华东及西南地区。

4. *铁冬青（救必应、红果冬青）
Ilex rotunda Thunb.

常绿灌木或乔木，高可达20m；树皮灰色至灰黑色。叶仅见于当年生枝上，薄革质或纸质，卵形、倒卵形或椭圆形，长4～9cm，宽1.8～4cm，先端短渐尖，基部楔形或钝；叶柄无毛；托叶钻状线形。聚伞花序或伞形状花序具2～13朵花，单生于当年生枝的叶腋内；雄花序：总花梗长3～11mm；花白色，4基数；花萼盘状；花冠辐射状，花瓣长圆形；雌花序：具3～7朵花，花白色，5～7基数。果近球形，成熟时红色；分核5～7个。花期4月，果期8～12月。

帽峰山—十八排（王发国等6201）。栽培。产于中国华南、华中、华东、西南等地区。叶和树皮入药，凉血散血，有清热利湿、消炎解毒、消肿镇痛之功效；枝叶作造纸糊料原料；树皮可提制染料和栲胶；木材作细工用材。

5. 三花冬青
Ilex triflora Blume

常绿灌木或乔木，高2～10m。叶生于1～3年生的枝上，叶片近革质，椭圆形、长圆形或卵状椭圆形，长2.5～10cm，宽1.5～4cm；叶柄密被短柔毛。雄花1～3朵排成聚伞花序；花4基数，白色或淡红色；花萼盘状；花瓣阔卵形；雌花1～5朵簇生于当年生或二年生枝的叶腋内；花萼同雄花；花瓣阔卵形至近圆形；子房卵球形。果球形，成熟后黑色；分核4个，卵状椭圆形，平滑，背部具3条纹，无沟，内果皮革质。花期5～7月，果期8～11月。

帽峰山帽峰工区山顶管理处，沿山谷周边，帽峰山—十八排。产于中国华南、华东、西南、华中等地区。印度、孟加拉国、越南北方经马来半岛至印度尼西亚也有分布。具药用价值，根可用于清热解毒。

173. 卫矛科 Celastraceae

常绿或落叶乔木、灌木或藤本灌木及匍匐小灌木。单叶对生或互生，少为三叶轮生并类似互生；托叶细小，早落或无，稀明显而与叶俱存。花两性或退化为功能性不育的单性花，杂性同株，较少异株；聚伞花序1至多次分枝，具有较小的苞片和小苞片；花4～5数，花萼花冠分化明显，花萼分为4～5枚萼片，花冠具4～5分离花瓣。多为蒴果，亦有核果、翅果或浆果；种子多少被肉质具色假种皮包围，稀无假种皮。

龙眼洞林场有2属，4种，1变型。

1. 南蛇藤属 Celastrus L.

落叶或常绿藤状灌木，高1～10m以上；小枝圆柱状，稀具纵棱。单叶互生，边缘具各种锯齿，叶脉为羽状网脉；托叶小，常早落。花通常功能性单性，异株或杂性，聚伞花序成圆锥状或总状；花黄绿色或黄白色，小花梗具关节；花5数，花萼钟状，花瓣椭圆形或长方形；花盘膜质，浅杯状。蒴果类球状，通常黄色；果轴宿存；种子1～6颗，椭圆状或新月形到半圆形，假种皮肉质红色。

龙眼洞林场有3种。

1. 过山枫

Celastrus aculeatus Merr.

藤状灌木。小枝幼时被棕褐色短毛；冬芽圆锥状，基部芽鳞宿存。叶多椭圆形或长方形，长5～10 cm，宽3～6 cm，先端渐尖或窄急尖，基部阔楔稀近圆形；侧脉多为5对；叶柄长10～18 mm。聚伞花序短，腋生或侧生，通常3花；萼片三角卵形；花瓣长方披针形；花盘稍肉质，全缘。蒴果近球状，直径7～8 mm；宿萼明显增大；种子新月状或弯成半环状，表面密布小疣点。花期3～4月，果期8～9月。

帽峰山—十八排（王发国等6217），龙眼洞筲箕窝。产于中国华南、华东、西南、华中地区。具药用价值，有清热解毒、祛风除湿之功效，常用于治疗风湿痹痛、痛风、肾炎、胆囊炎、白血病。

2. 大芽南蛇藤（薄叶南蛇藤）

Celastrus gemmatus Loes.

藤状灌木。小枝具多数皮孔，皮孔阔椭圆形到近圆形，棕灰白色。叶长方形，卵状椭圆形或椭圆形，长6～12 cm，宽3.5～7 cm，先端渐尖，基部圆阔；侧脉5～7对；小脉成较密网状。聚伞花序顶生及腋生，侧生花序短而少花；萼片卵圆形；花瓣长方倒卵形。蒴果球状，小果梗具明显突起皮孔；种子阔椭圆状至长方椭圆状，红棕色，有光泽。花期4～9月，果期8～10月。

帽峰山—十八排。生于密林中或灌丛中。产于中国华南、华中、西北、华东、华中、西南地区。具药用价值，主治风湿痹痛、跌打损伤、月经不调、产后腹痛、胃痛、疝痛、疮痈肿痛、骨折、风疹、湿疹、带状疱疹、毒蛇咬伤。

3. 青江藤

Celastrus hindsii Benth.

常绿藤本；小枝紫色，皮孔较稀少。叶纸质或革质，干后常灰绿色，长方窄椭圆形、卵窄椭圆形至椭圆倒披针形，长7～14 cm，宽3～6 cm，边缘具疏锯齿，侧脉5～7对；叶柄长6～10 mm。顶生聚伞圆锥花序，腋生花序具1～3花。花淡绿色，花萼裂片近半圆形；花瓣长方形；花盘杯状，厚膜质。果实近球状或稍窄，裂瓣略皱缩；种子1颗，阔椭圆状到近球状，假种皮橙红色。花期5～7月，果期7～10月。

龙眼洞筲箕窝至火烧天（筲箕窝—6林班；王发国等5932），帽峰山管护站（王发国等6103）。产于中国华南、华东、华中、西南地区。越南、缅甸、印度东北部、马来西亚也有分布。具有药用价值，有通经、利尿之功效，常用于治疗经闭、小便不利。

2. 卫矛属 Euonymus L.

常绿、半常绿或落叶灌木或小乔木，或倾斜、披散以至藤本。叶对生，极少为互生或三叶轮生。花为三出至多次分枝的聚伞圆锥花序；花两性，较小；花4～5数，花萼绿色，多为宽短半圆形；花瓣较花萼长大，多为白绿色或黄绿色；花盘发达。蒴果近球状、倒锥状，常有浅裂或深裂或延展成翅；种子有红色的假种皮。

龙眼洞林场有1种，1变型。

1. 疏花卫矛（喙果卫矛）
Euonymus laxiflorus Champ. ex Benth.

灌木，高达4 m。叶纸质或近革质，卵状椭圆形、长方椭圆形或窄椭圆形，长5～12 cm，宽2～6 cm，先端钝渐尖，基部阔楔形或稍圆，侧脉多不明显；叶柄长3～5 mm。聚伞花序分枝疏松，具5～9花；花紫色，5数；萼片边缘常具紫色短睫毛；花瓣长圆形，基部窄；花盘5浅裂，裂片钝。蒴果紫红色，倒圆锥状；种子长圆状，种皮枣红色，假种皮橙红色。花期3～6月，果期7～11月。

龙眼洞荔枝园至太和章附近（王发国等5820），莲花顶公园公路（王发国等6251）。产于中国华南、华中、华东、西南地区。越南也有分布。具药用价值，用于风湿骨痛、腰膝酸痛、跌打骨折、疮疡肿毒、慢性肝炎、慢性肾炎、水肿等；又具有很高的观赏价值，为具有开发前景的园林绿化树种。

2. 窄叶中华卫矛
Euonymus nitidus Benth. f. tsoi (Merr.) C. Y. Cheng

常绿小灌木，高1～4 m。叶革质，质地坚实，常略有光泽，叶窄长，线状披针形或长方窄披针形，长6～12 cm，宽1～2.5 cm，先端有渐尖头，近全缘；叶柄较粗壮。聚伞花序一至三次分枝，具3～15朵花，花序梗及分枝均较细长，小花梗长8～10 mm；花白色或黄绿色，4数，直径5～8 mm；花瓣基部窄缩成短爪。蒴果三角卵圆状，4裂较浅成圆4棱，长8～14 mm，直径8～17 mm；种子阔椭圆状，棕红色，假种皮橙黄色，全包种子。花期3～5月，果期6～10月。

龙眼洞林场天河区—草塘站（王发国等6251）。生于密林中。产于中国广东。

179. 茶茱萸科 Icacinaceae

乔木、灌木或藤本，有些具卷须或白色乳汁。单叶互生，稀对生，通常全缘，稀分裂或有细齿，大多羽状脉；无托叶。花两性或有时退化成单性而雌雄异株，辐射对称，通常具短柄或无柄，排列成穗状、总状、圆锥或聚伞花序；花序腋生、顶生或稀对叶生；苞片小或无；花萼小，通常4～5裂；花瓣3～5枚，分离或合生。果核果状，有时为翅果，1室，具1种子。

龙眼洞林场有1属，1种。

定心藤属 Mappianthus Hand.-Mazz.

木质藤本，被硬粗伏毛；卷须粗壮，与叶轮生。叶对生或近对生，全缘，革质，羽状脉，具柄。雌雄异株，花相当小，被硬毛，形成短而少花、两侧交替腋生的聚伞花序；雄花萼小，杯状，浅5裂；花冠较大，钟状漏斗形；花盘无。核果长卵圆形，压扁，外果皮薄肉质，被硬伏毛，黄红色，甜，内果皮薄壳质；胚小，胚乳裂至中部。

龙眼洞林场有1种。

定心藤（甜果藤）
Mappianthus iodoides Hand.-Mazz.

木质藤本；幼枝深褐色，被黄褐色糙伏毛，具棱。叶长椭圆形至长圆形，稀披针形，长8～17 cm，宽3～7 cm，先端渐尖至尾状，基部圆形或楔形。雄、雌花序交替腋生，被黄褐色糙伏毛；小苞片极小；雄花芳香；花芽淡绿色；花萼杯状；花冠黄色；雌花芽时卵形；花萼浅杯状；花瓣5枚；花丝扁线形；花药卵状三角形。核果椭圆形，由淡绿色、黄绿色转橙黄色至橙红色；种子1颗。花期4～8月，果期6～12月。

帽峰山帽峰工区山顶管理处，沿山谷周边，帽峰山—8林班（王发国等6168）。产于中国华南、华中、华东、西南地区。越南也有分布。具药用价值，有祛风活络、消肿、解毒之效，用于风湿性腰腿痛、手足麻痹、跌打损伤等症。

185. 桑寄生科 Loranthaceae

半寄生灌木，多寄生于木质茎枝上。叶常对生，稀互生或轮生，叶片革质、全缘或退化成鳞片，无托叶。花两性或单性，雌雄同株或雌雄异株，辐射对称或两侧对称，排成总状、穗状、聚伞状或伞形花序等，具苞片或小苞片；花被片3～8枚；花瓣状或萼片状，镊合状排列，离生或多少合生成冠管。果实浆果状或核果状，果皮具黏胶质；种子1颗，稀2～3颗；无种皮，胚乳常丰富。

龙眼洞林场有3属，3种。

1. 离瓣寄生属 Helixanthera Lour.

寄生性灌木；嫩枝、叶无毛或被毛。叶对生或互生，稀近轮生，侧脉羽状。总状花序或穗状花序，腋生，稀顶生。花两性，4～6数，辐射对称，每朵花具苞片1枚；花托卵球形至坛状；副萼环状；花冠在花蕾时下半部通常具棱，上半部通常椭圆状，直立；花瓣离生；雄蕊通常着生于花瓣中部。果为浆果，外果皮革质，平滑或被毛，中果皮具黏胶质；种子1颗。

龙眼洞林场有1种。

离瓣寄生

Helixanthera parasitica Lour.

灌木，高1～1.5 m；枝和叶均无毛；小枝披散状，平滑。叶对生，纸质或薄革质，卵形至卵状披针形，长5～12 cm，宽3～4.5 cm，顶端急尖至渐尖，基部阔楔形至近圆形；侧脉两面明显。总状花序1～2个腋生或生于小枝已落叶腋部，具花40～60朵；苞片卵圆形或近三角形；花红色、淡红色或淡黄色；花托椭圆状；副萼环状；花冠花蕾时下半部膨胀，具5条拱起的棱；花瓣5枚；花柱柱状，具5棱。果椭圆状，红色，被乳头状毛。花期1～7月，果期5～8月。

龙眼洞草塘站（王发国等6385）。生于沿海平原或山地常绿阔叶林中，寄生于锥属、柯属、樟属、榕属植物及荷树、油桐、苦楝等多种植物上。产于中国华南、西南、华东地区。印度东北部、缅甸、马来西亚、泰国、柬埔寨、老挝、越南、印度尼西亚、菲律宾等地也有分布。具药用价值，其味苦、甘，性平，可祛风湿、止咳、止痢。

2. 鞘花属 Macrosolen (Blume) Rchb.

寄生性灌木。叶对生，革质或薄革质，侧脉羽状，有时具基出脉。总状花序或伞形花序；每朵花具苞片1枚，小苞片2枚；花两性，6数，花托卵球形至椭圆状；副萼环状或杯状；花冠在成长的花蕾时管状，冠管通常膨胀，中部具6棱。浆果球形或椭圆状，顶端具宿存副萼或花柱基；种子1颗，椭圆状。

龙眼洞林场有1种。

鞘花

Macrosolen cochinchinensis (Lour.) Tiegh.

灌木，高0.5～1.3 m，全株无毛；小枝灰色，具皮孔。叶革质，阔椭圆形至披针形，有时卵形，长5～10 cm，宽2.5～6 cm，顶端急尖或渐尖，基部楔形或阔楔形，侧脉4～5对；叶柄长0.5～1 cm。总状花序1～3个腋生或生于小枝已落叶腋部，具花4～8朵；苞片阔卵形，小苞片2枚，三角形；花托椭圆状；副萼环状；花冠橙色，冠管膨胀，具6棱，裂片6枚，披针形；花柱线状，柱头头状。果近球形，橙色，果皮平滑。花期2～6月，果期5～8月。

龙眼洞凤凰山（场部—3林班；王发国等6038）。寄生于壳斗科、山茶科、桑科植物或枫香、油桐、杉树等多种植物上。产于中国华南、华东、西南地区。尼泊尔、印度东北部、孟加拉国和亚洲东南部各地均有分布。药用有祛风除湿、清热止咳、补肝肾之效，用于治疗痧症、痢疾、咳血、风湿筋骨痛。

3. 梨果寄生属 Scurrula L.

寄生性灌木；嫩枝、叶被毛。叶对生或近对生，侧脉羽状。总状花序腋生；花4数，两侧对称，每朵花具苞片1枚；花托梨形或陀螺状；副萼环状，全缘或具4齿；花冠在成长的花蕾时管状，稍弯；雄蕊着生于裂片的基部。浆果陀螺状、棒状或梨形，外果皮革质，中果皮具黏胶质；种子1颗。

龙眼洞林场有1种。

红花寄生

Scurrula parasitica L.

灌木，高0.5～1 m；嫩枝、叶密被锈色星状毛，稍后毛全脱落。叶对生或近对生，厚纸质，卵形至长卵形，长5～8 cm，宽2～4 cm，顶端钝，基部阔楔形；侧脉5～6对；叶柄长5～6 mm。总状花序，1～3个腋生或于小枝已落叶腋部，各部分均被褐色毛；花3～6朵，花红色，密集；苞片三角形。果梨形，下半部骤狭呈长柄状，红黄色，果皮平滑。花果期10月至翌年1月。

龙眼洞。产于中国华南、华东、华中、西南地区。泰国、越南、马来西亚、印度尼西亚、菲律宾等地也有分布。具药用价值，全株入药，治风湿性关节炎、胃痛等。

186. 檀香科 Santalaceae

乔木、灌木或草本，常为寄生或半寄生。叶互生或对生，全缘，有时退化为鳞片；无托叶。花小，辐射对称，两性、单性或败育的雌雄异株，单生或排成各式花序。雄花花被裂片3～4枚；雄蕊与花被裂片同数且对生；花丝丝状；花药基着或近基部背着，2室；花盘上位或周位；雌花或两性花具下位或半下位子房。果为核果或小坚果；种子1颗，无种皮。

龙眼洞林场有1属，1种。

寄生藤属 Dendrotrophe Miq.

半寄生、木质藤本；枝圆柱状，嫩时有纵棱。叶革质，互生，有叶柄或无叶柄，全缘；叶脉基出；侧脉在基部以上呈弧形。花小，腋生，单性或两性；单生、簇生或集成聚伞花序或伞形花序；花被5～6裂；雌花稍大于雄花，单生或簇生，常无梗。核果顶端冠以宿存花被裂片，外果皮肉质，内果皮坚硬。种子有纵向的深槽。

龙眼洞林场有1种。

寄生藤（叉脉寄生藤）

Dendrotrophe varians (Blume) Miq. [*D. frutescens* (Benth.) Danser; *Henslowia fruescens* Champ.]

木质藤本，常呈灌木状。枝三棱形，扭曲。叶片倒卵形至阔椭圆形，长3～7 cm，宽2～4.5 cm，先端圆钝，有短尖，基出脉3条；叶柄长0.5～1 cm。花通常单性，雌雄异株；雄花球形，5～6朵集成聚伞状花序；小苞片近离生，偶呈总苞状；花被5裂，裂片三角形；花药室圆形；花盘5裂。雌花或两性花通常单生；雌花短圆柱状。核果卵形或卵圆形带红色，成熟时棕黄色至红褐色。花期1～3月，果期6～8月。

龙眼洞荔枝园至太和章附近（王发国等5775），龙眼洞林场—天鹿湖站，帽峰山帽峰工区焦头窝，帽峰山—2林班。生长于向阳山坡的草丛中。产于中国华南、西南地区。具药用价值，有散血、消肿、止痛之效，可用于治疗刀伤、跌打。

190. 鼠李科 Rhamnaceae

灌木、藤状灌木或乔木，稀草本。单叶互生或近对生，全缘或具齿，具羽状脉，或基出脉3～5条；托叶小，早落或宿存，或有时变为刺。花小，整齐，两性或单性，稀杂性，雌雄异株，通常4基数，稀5基数；萼钟状或筒状，淡黄绿色；花瓣通常较萼片小，极凹，匙形或兜状；雄蕊与花瓣对生，为花瓣抱持。果为核果、浆果状核果、蒴果状核果或蒴果；每分核具1种子，通常有少而明显分离的胚乳或有时无胚乳。

龙眼洞林场有2属，2种。

1. 雀梅藤属 Sageretia Brongn.

藤状或直立灌木，稀小乔木；无刺或具枝刺，小枝互生或近对生。叶纸质至革质，互生或近对生，幼叶通常被毛，后脱落或不脱落；叶脉羽状，平行，具柄；托叶小，脱落。花两性，5基数，通常无梗或近无梗；萼片三角形，内面顶端常增厚；花瓣匙形，顶端2裂。浆果状核果倒卵状球形或圆球形；种子扁平，稍不对称，两端凹陷。

龙眼洞林场有1种。

雀梅藤（酸色子、酸铜子）

Sageretia thea (Osbeck) M. C. Johnst.

藤状或直立灌木；小枝具刺，互生或近对生，褐色，被短柔毛。叶纸质，近对生或互生，通常椭圆形、矩圆形或卵状椭圆形，长1～4.5 cm，宽0.7～2.5 cm，顶端锐尖、钝或圆形，基部圆形或近心形，侧脉每边3～5条；叶柄被短柔毛。花无梗，黄色，有芳香；花萼外面被疏柔毛；萼片三角形或三角状卵形；花瓣匙形，顶端2浅裂。核果近圆球形，直径约5 mm，成熟时黑色或紫黑色，具1～3分核；种子扁平，两端微凹。花期7～11月，果期翌年3～5月。

龙眼洞凤凰山（场部—3林班；王发国等5990）。常生于丘陵、山地林下或灌丛中。产于中国华南、华中、华东、西南地区。印度、越南、朝鲜、日本也有分布。叶可代茶，也可供药用，治疮疡肿毒；根可治咳嗽、降气化痰；果酸味可食；植物枝密集具刺，在南方常栽培作绿篱。

2. 翼核果属 Ventilago Gaertn.

藤状灌木，稀小乔木。叶互生，革质或近革质，稀纸质，全缘或具齿，基部常不对称，具明显的网状脉。花小，两性，5基数，数个簇生或为具短总花梗的聚伞花伞。花萼5裂，萼片三角形，内面中肋中部以上凸起；花瓣倒卵圆形，顶端凹缺，稀不存在；花盘厚，肉质，五边形；子房球形，全藏于花盘内，花柱2裂。核果球形，不开裂，顶端常有残存的花柱；内果皮薄，木质，1室1种子；种子无胚乳，子叶肥厚。

龙眼洞林场有1种。

翼核果（血风藤、扁果藤、穿破石）
Ventilago leiocarpa Benth.

藤状灌木；幼枝被短柔毛，小枝褐色，有条纹，无毛。叶薄革质，卵状矩圆形或卵状椭圆形，稀卵形，长4～8 cm，宽1.5～3.2 cm，顶端渐尖或短渐尖，稀锐尖，基部圆形或近圆形，边缘近全缘；叶柄上面被疏短柔毛。花小，两性，5基数，单生或2至数个簇生于叶腋，无毛或有疏短柔毛；萼片三角形；花瓣倒卵形。核果无毛，顶端钝圆，有小尖头，1室，具1种子。花期3～5月，果期4～7月。

龙眼洞筲箕窝至火烧天（筲箕窝—6林班；王发国等5922），帽峰山帽峰工区焦头窝，帽峰山管护站（王发国等6129），帽峰山—8林班（王发国等6157，6173）。生于疏林下或灌丛中。产于中国华南、华东、西南、华中地区。印度、缅甸、越南也有分布。根入药，有补气血、舒筋活络的功效，对气血亏损、月经不调、风湿疼痛、四肢麻木、跌打损伤有一定疗效。

191. 胡颓子科 Elaeagnaceae

常绿或落叶直立灌木或攀缘藤本，稀乔木，全体被银白色或褐色至锈盾形鳞片或星状茸毛。单叶互生，全缘，羽状叶脉，具柄，无托叶。花两性或单性，稀杂性，单生或数花组成叶腋生的伞形总状花序，通常整齐，白色或黄褐色，具香气；花萼常连合成筒，顶端4裂；无花瓣。果实为瘦果或坚果，红色或黄色。胚直立，较大，具2枚肉质子叶。

龙眼洞林场有1属，1种。

胡颓子属 Elaeagnus L.

常绿或落叶灌木或小乔木，直立或攀缘，通常具刺，全体被银白色或褐色鳞片或星状茸毛。单叶互生，膜质，纸质或革质，披针形至椭圆形或卵形，全缘、稀波状。花两性，稀杂性，单生或1～7花簇生于叶腋或叶腋短小枝上，成伞形总状花序；通常具花梗；花萼筒状，上部4裂。果实为坚果，呈核果状，矩圆形或椭圆，红色或黄红色；果核椭圆形，具8肋。

龙眼洞林场有1种。

角花胡颓子
Elaeagnus gonyanthes Benth.

常绿攀缘灌木；幼枝纤细伸长，密被棕红色或灰褐色鳞片，老枝鳞片脱落，灰褐色或黑色，具光泽。叶革质，椭圆形或矩圆状椭圆形；侧脉7～10对；叶柄锈色或褐色。花白色，被银白色和散生褐色鳞片，单生新枝基部叶腋，幼时有时数花簇生新枝基部，每花下有1苞片，花后发育成叶片；萼筒四角形或短钟形。果实阔椭圆形或倒卵状阔椭圆形，幼时被黄褐色鳞片，成熟时黄红色。花期10～11月，果期翌年2～3月。

帽峰山—管护站（王发国等6086），帽峰山—2林班。产于中国华南、华中、西南地区。中南半岛也有分布。全株均可入药；果实可食，生津止渴，可治肠炎、腹泻，全株治痢疾、跌打、瘀积；叶治肺病、支气管哮喘、感冒咳嗽。

193. 葡萄科 Vitaceae

攀缘木质藤本，稀草质藤本，具有卷须，或直立灌木，无卷须。单叶、羽状或掌状复叶，互生；托叶通常小而脱落，稀大而宿存。花小，两性或杂性同株或异株，排列成伞房状多歧聚伞花序、复二歧聚伞花序或圆锥状多歧聚伞花序，4～5基数；萼呈碟形或浅杯状，萼片细小；花瓣与萼片同数，分离或凋谢时呈帽状黏合脱落。果实为浆果，有种子1至数颗。胚小，胚乳形状各异。

龙眼洞林场有5属，8种。

1. 蛇葡萄属 Ampelopsis Michx.

木质藤本。卷须2～3分枝。叶为单叶、羽状复叶或掌状复叶，互生。花5数，两性或杂性同株，组成伞房状多歧聚伞花序或复二歧聚伞花序；花瓣5枚，展开，各自分离脱落。浆果球形，有种子1～4颗；种子倒卵圆形，种脐在种子背面中部呈椭圆形或带形，两侧洼穴呈倒卵形或狭窄，从基部向上达种子近中部。胚乳横切面呈"W"形。

龙眼洞林场有2种。

1. 广东蛇葡萄

Ampelopsis cantoniensis (Hook. et Arn.) Planch.

木质藤本。小枝圆柱形，有纵棱纹，嫩枝或多或少被短柔毛。叶为二回羽状复叶或小枝上部着生有一回羽状复叶，二回羽状复叶者基部一对小叶常为3小叶，侧生小叶和顶生小叶大多形状各异；侧脉4～7对；叶柄长2～8 cm。花序为伞房状多歧聚伞花序，顶生或与叶对生；花序梗嫩时或多或少被稀疏短柔毛；花梗几无毛；花蕾卵圆形顶端圆形；萼碟形；花瓣5枚。果实近球形，有种子2～4颗。花期4～7月，果期8～11月。

龙眼洞凤凰山（场部—3林班；王发国等6019），龙眼洞—石屋站（王发国等6282）。生于山谷林中或山坡灌丛。产于中国华南、华中、华东、西南地区。全株可入药，称无莿根，有利肠通便的功效，主治便秘；果实可酿酒。

2. 羽叶蛇葡萄（大叶蛇葡萄）

Ampelopsis chaffanjonii (H. Lév. et Vaniot) Rehder

木质藤本；卷须二叉分枝。一回羽状复叶，通常有小叶2～3对；小叶长椭圆或卵椭圆形，长7～15 cm，宽3～7 cm，先端急尖或渐尖，基部宽楔形，边缘有尖锐细锯齿，两面无毛；叶柄长2～4.5 cm，顶生小叶柄长2.5～4.5 cm，侧生小叶柄短。花萼碟形，萼片宽三角形；花瓣卵状椭圆形。果近球形，直径0.8～1 cm，有种子2～3颗。花期5～7月，果期7～9月。

龙眼洞—石屋站。产于中国广东、广西、安徽、江西、湖北、湖南、四川、贵州、云南。

2. 乌蔹莓属 Cayratia Juss.

木质藤本。卷须通常二至三叉分枝，稀总状多分枝。叶为3小叶或鸟足状5小叶，互生。花4数，两性或杂性同株，伞房状多歧聚伞花序或复二歧聚伞花序；花瓣展开，各自分离脱落。浆果球形或近球形，有种子1～4颗。种子呈半球形，背面凸起，腹部中棱脊突出，两侧洼穴呈倒卵形、半月形或沟状，种脐与种脊一体成带形或在种子中部呈椭圆形；胚乳横切面呈半月形或"T"形。

龙眼洞林场有2种。

1. 角花乌蔹莓
Cayratia corniculata (Benth.) Gagnep.

草质藤本。小枝圆柱形，有纵棱纹，无毛。叶为鸟足状5小叶，中央小叶长椭圆披针形，长3.5~9 cm，宽1.5~3 cm，顶端渐尖，基部楔形；侧脉5~7对，网脉不明显；叶柄长2~4.5 cm；托叶早落。花序为复二歧聚伞花序，腋生；花序梗无毛；花蕾卵圆形或卵椭圆形；萼碟形，无毛；花瓣4枚，三角状卵圆形。果实近球形，有种子2~4颗；种子倒卵椭圆形，顶端微凹。花期4~5月，果期7~9月。

龙眼洞荔枝园至太和章附近（王发国等5805），龙眼洞筲箕窝至火烧天（筲箕窝—6林班；王发国等5955），帽峰山管护站（王发国等6095、6126）。产于中国广东、海南、福建、台湾。具药用价值，块茎入药，有清热解毒、祛风化痰的作用。

2. 乌蔹莓（虎葛、五叶莓、地五加）
Cayratia japonica (Thunb.) Gagnep.

草质藤本。小枝圆柱形，有纵棱纹，无毛或微被疏柔毛。卷须二至三叉分枝。叶为鸟足状5小叶，长2.5~4.5 cm，宽1.5~4.5 cm，顶端急尖或渐尖，基部楔形，侧生；侧脉5~9对，网脉不明显；叶柄长1.5~10 cm。花序腋生，复二歧聚伞花序；花序梗无毛或微被毛；花蕾卵圆形，顶端圆形；萼碟形；花瓣4枚，三角状卵圆形。果实近球形，有种子2~4颗；种子三角状倒卵形。花期3~8月，果期8~11月。

帽峰山帽峰工区焦头窝，帽峰山—6林班，龙眼洞林场—石屋站。生于山谷林中或山坡灌丛。产于中国华南、华中、华东、西南、西北地区。日本、菲律宾、越南、缅甸、印度、印度尼西亚和澳大利亚也有分布。全草入药，有凉血解毒、利尿消肿之功效。

3. 地锦属 Parthenocissus Planch.

木质藤本。卷须总状多分枝，嫩时顶端膨大或细尖微卷曲而不膨大，后遇附着物扩大成吸盘。叶为单叶、3小叶或掌状5小叶，互生。花5数，两性，组成圆锥状或伞房状疏散多歧聚伞花序；花瓣展开，各自分离脱落。浆果球形，有种子1~4颗；种子倒卵圆形，种脐在背面中部呈圆形，腹部中棱脊突出。

龙眼洞林场有1种。

异叶地锦（异叶爬山虎）
Parthenocissus dalzielil Gagnep.

木质藤本。小枝圆柱形。卷须总状5～8分枝，相隔2节间断与叶对生。叶二型，着生在短枝上常为3小叶，较小的单叶常着生在长枝上，叶为单叶者叶片卵圆形，长3～7cm，3小叶者，中央小叶长椭圆形，长6～21cm，侧生小叶卵椭圆形；叶柄长5～20cm，侧小叶无柄。花序假顶生于短枝顶端，形成多歧聚伞花序，长3～12cm；花瓣4枚，倒卵椭圆形。果实近球形，直径0.8～1cm，成熟时紫黑色，有种子1～4颗。花期5～7月，果期7～11月。

帽峰山帽峰工区山顶管理处，沿山谷周边。分布于中国华南、华中、华东和西南地区。本种为垂直绿化植物，可供园林观赏。

4. 崖爬藤属 Tetrastigma (Miq.) Planch.

木质稀草质藤本。卷须不分枝或二叉分枝。叶通常掌状3～5小叶或鸟足状5～7小叶，稀单叶，互生。花4数，通常杂性异株，组成多歧聚伞花；花瓣展开，各自分离脱落。浆果球形、椭圆形或倒卵形，有种子1～4颗；种子椭圆形、倒卵椭圆形或倒三角形，表面光滑、有皱纹、瘤状突起或锐棱；胚乳"T"形、"W"形或呈嚼烂状。

龙眼洞林场有2种。

1. 三叶崖爬藤（三叶青）
Tetrastigma hemsleyanum Diels et Gilg

草质藤本。小枝纤细，有纵棱纹，无毛或被疏柔毛。卷须不分枝，相隔2节间断与叶对生。叶为3小叶，小叶披针形、长椭圆披针形或卵披针形，长3～10cm，宽1.5～3cm，顶端渐尖，稀急尖，基部楔形或圆形；叶柄长2～7.5cm。花序腋生，花二歧状着生在分枝末端；花序梗被短柔毛；花蕾卵圆形；萼碟形；花瓣4枚。果实近球形或倒卵球形，有种子1颗；种子倒卵椭圆形，顶端微凹。花期4～6月，果期8～11月。

帽峰山—8林班（王发国等6195）。生于山坡灌丛、山谷、溪边林下岩石缝中。产于中国华南、华中、华东、西南地区。具药用价值，全株供药用，有活血散瘀、解毒、化痰的作用，临床上用于治疗病毒性脑膜炎、乙型脑炎、病毒性肺炎、黄疸型肝炎等，特别是块茎对小儿高烧有特效。

2. 崖爬藤
Tetrastigma obtectum (Wall. ex M. A. Lawson) Planch. ex Franch.

草质藤本。小枝圆柱形，无毛或被疏柔毛。卷须4～7呈伞状集生，相隔2节间断与叶对生。叶为掌状5小叶，小叶菱状椭圆形或椭圆披针形，长1～4cm，宽0.5～2cm，顶端渐尖、急尖或钝，基部楔形；侧脉4～5对；叶柄长1～4cm；托叶褐色。花序顶生或假顶生于具有1～2片叶的短枝上；花蕾椭圆形或卵椭圆形；萼浅碟形；花瓣4枚。果实球形，有种子1颗；种子椭圆形，顶端圆形，基部有短喙。花期4～6月，果期8～11月。

龙眼洞筲箕窝至火烧天（筲箕窝—6林班；王发国等5913）。产于中国华南、华中、华东、西南、西北地区。全草入药，有祛风湿的功效。

5. 葡萄属 Vitis L.

木质藤本，有卷须。叶为单叶、掌状或羽状复叶；有托叶，通常早落。花5数，通常杂性异株，稀两性，排成聚伞圆锥花序；萼片细小；花瓣凋谢时呈帽状黏合脱落；花盘明显，5裂。果实为一肉质浆果，有种子2～4颗；种子倒卵圆形或倒卵椭圆形，基部有短喙，种脐在种子背部呈圆形或近圆形，腹面两侧洼穴狭窄呈沟状或较阔呈倒卵长圆形，从种子基部向上通常达种子1/3处。

龙眼洞林场有1种。

小果葡萄
Vitis balansana Planch.

木质藤本。小枝圆柱形，有纵棱纹，嫩时小枝疏被浅褐色蛛丝状茸毛，以后脱落无毛。卷须2叉分，每隔2节间断与叶对生。叶心状卵圆形或阔卵形，长4～14 cm，宽3.5～9.5 cm，顶端急尖或短尾尖，基部心形；叶柄长2～5 cm；托叶褐色。圆锥花序与叶对生；花蕾倒卵圆形；萼碟形；花瓣5枚。种子倒卵长圆形，顶端圆形，基部显著有喙。花期2～8月，果期6～11月。

帽峰山帽峰工区焦头窝。产于中国华南地区。越南也有分布。

194. 芸香科 Rutaceae

常绿或落叶乔木、灌木或草本，稀攀缘性灌木。通常有油点，有或无刺，无托叶。叶互生或对生。单叶或复叶。花两性或单性，辐射对称。聚伞花序；萼片4或5枚，离生或部分合生；花瓣4或5枚，离生。果为蓇葖果、蒴果、翅果、核果，或具革质果皮、翼或果皮稍近肉质的浆果；种子有或无胚乳。

龙眼洞林场有6属，8种。

1. 山油柑属 Acronychia J. R. Forst. et G. Forst.

常绿乔木。叶对生，单小叶，全缘，有透明油点。聚伞圆锥花序；花淡黄白色，略芳香，单性，或两性；有小苞片，萼片及花瓣均4枚；萼片基部合生；花瓣覆瓦状排列。核果有小核4个，每分核有1种子；种皮褐黑色，胚乳肉质，胚直立，子叶扁平。

龙眼洞林场有1种。

山油柑（降真香）
Acronychia pedunculata (L.) Miq.

树高5～15 m。树皮灰白色至灰黄色，平滑，不开裂，内皮淡黄色，剥开时有柑橘叶香气，当年生枝通常中空。叶有时呈略不整齐对生，单小叶。叶片椭圆形至长圆形，或倒卵形至倒卵状椭圆形，长7～18 cm，宽3.5～7 cm；叶柄长1～2 cm。花两性，黄白色；花瓣狭长椭圆形。果序下垂，果淡黄色，半透明，近圆球形而略有棱角，有4条浅沟纹，有小核4个，每核有1种子；种子倒卵形，种皮褐黑色、骨质，胚乳小。花期4～8月，果期8～12月。

龙眼洞后山至火炉山防火线附近（王发国等5651），帽峰山莲花顶森林公园—7林班，帽峰山帽峰工区焦头窝，常见。产于中国华南、华东、西南地区。东南亚也有分布。根、叶、果用作中草药，有柑橘叶香气，可治支气管炎、感冒、咳嗽、心气痛、疝气痛、跌打肿痛、消化不良。

2. 金橘属 Fortunella Swingle

灌木或小乔木，嫩枝青绿，略呈压扁状而具棱，刺位于叶腋间或无刺。单小叶，稀单叶，油点多，芳香，叶背干后常显亮黄色且稍有光泽，翼叶明显或仅有痕迹。花单朵腋生或数朵簇生于叶腋，两性；花萼5或4裂；花瓣5枚，覆瓦状排列；雄蕊为花瓣数的3～4倍。果圆球形、卵形、椭圆形或梨形，果皮肉质；种子卵形，端尖，基部圆，平滑，饱满，胚及子叶均绿色，通常多胚。

龙眼洞林场有1种。

山橘（山金橘、金橘）
Fortunella hindsii (Champ. ex Benth.) Swingle

树高2～4.5 m，小枝多；刺短小，长短和数量变异较大。单小叶或有时兼有少数单叶，叶翼线状或明显，小叶片椭圆形或倒卵状椭圆形，长4～6 cm，宽1.5～3 cm，顶端圆，稀短尖或钝，基部圆或宽楔形，近顶部的叶缘有细裂齿，稀全缘；叶柄长6～9 mm。花单生，少数簇生于叶腋，花梗较短；花萼5或4浅裂；花瓣5片，长短于5 mm；雄蕊约20枚，子房3～4室。果圆球形或稍呈扁圆形，直径0.8～1 cm，果皮亮黄或红色，平滑，果肉味酸；种子3～4粒。花期4～5月，果期10～12月。

龙眼洞水库旁。产于中国华南、安徽、江西、福建、湖南。果可食，果皮可提取芳香油；根用作草药，治风寒咳嗽、胃气痛等症。

3. 蜜茱萸属 Melicope J. R. Forst. et G. Forst.

乔木或灌木。叶对生或互生，单小叶或三出叶，稀羽状复叶，透明油点甚多。花单性，由少数花组成腋生的聚伞花序；萼片及花瓣各4枚；花瓣镊合状排列，盛花时花瓣顶部向内反卷。成熟的果（蓇葖）开裂为4个分果瓣，每分果瓣有1种子；种子细小，种皮褐黑或蓝黑色，有光泽。

龙眼洞林场有1种。

三桠苦（三叉苦、三枝枪）

Melicope pteleifolia (Champ. ex Benth.) T. G. Hartley

小乔木，树皮灰白或灰绿色，光滑，纵向浅裂，嫩枝的节部常呈压扁状。3小叶，小叶长椭圆形，两端尖，有时倒卵状椭圆形，长6～20 cm，宽2～8 cm，全缘，油点多；小叶柄甚短。花序腋生，很少同时有顶生；萼片及花瓣均4枚；萼片细小；花瓣淡黄或白色，干后油点变暗褐至褐黑色；雄花的退化雌蕊细垫状凸起；雌花的不育雄蕊有花药而无花粉。分果瓣淡黄色或茶褐色，散生肉眼可见的透明油点，每分果瓣有1种子；种子蓝黑色，有光泽。花期4～6月，果期7～10月。

龙眼洞后山至火炉山防火线附近（王发国等5674），帽峰山帽峰工区焦头窝，帽峰山—6林班。分布于中国华南、华东、西南地区。印度、菲律宾、日本、越南、老挝、泰国等国也有分布。散孔材，木材淡黄色，纹理通直，结构细致，材质稍硬而轻，适作小型家具、文具或箱板材。

4. 九里香属 Murraya J. Koenig

无刺灌木或小乔木。奇数羽状复叶，稀单小叶，小叶互生。近于平顶的伞房状聚伞花序，顶生或兼有腋生；花蕾椭圆形，萼片及花瓣均5枚，稀4枚；萼片基部合生；花瓣覆瓦状排列，散生半透明油点。浆果有黏胶质液，有种子1～4颗；种皮光滑或有绵毛，有油点。

龙眼洞林场有1种。

九里香（石桂树）

Murraya exotica L.

小乔木，高可达8 m。枝白灰色或淡黄灰色，当年生枝绿色。叶有小叶3～7片，小叶倒卵形或倒卵状椭圆形，两侧常不对称，长1～6 cm，宽0.5～3 cm，顶端圆或钝，有时微凹，基部短尖；小叶柄甚短。花序通常顶生，或顶生兼腋生，花多朵聚成伞状；花白色，芳香；萼片卵形；花瓣5枚，长椭圆形，盛花时反折。果橙黄色至朱红色，阔卵形或椭圆形，顶部短尖；种子有短的棉质毛。花期4～8月，果期9～12月。

龙眼洞筲箕窝至火烧天（筲箕窝—6林班；王发国等5881）。产于中国华南、华东地区。南方地区多用作围篱材料，或作花圃及宾馆的点缀品，亦作盆景材料。

5. 四数花属 Tetradium Lour.

常绿或落叶灌木或乔木，无刺。叶及小叶均对生，常有油点。聚伞圆锥花序顶生或腋生；花单性，雌雄异株；萼片及花瓣均4或5枚；花瓣镊合或覆瓦状排列，花盘小。蓇葖果成熟时沿腹、背二缝线开裂，每分果瓣种子1或2颗，外果皮有油点，内果皮干后薄壳质或呈木质；种子贴生于增大的珠柄上，种皮脆壳质；胚乳肉质，胚直立，子叶扁卵形。

龙眼洞林场有1种。

楝叶吴茱萸（山苦楝、山漆）
Tetradium glabrifolium (Champ. ex Benth.) T. G. Hartley

高达17 m的乔木，胸径达40 cm。树皮平滑，暗灰色，嫩枝紫褐色，散生小皮孔。叶有小叶5～9片，小叶斜卵形至斜披针形，长8～16 cm，宽3～7 cm，叶背灰绿色，干后带苍灰色，侧脉每边8～14条。花序顶生，花甚多，5基数，萼片卵形，边缘被短毛；花瓣腹面被短柔毛。成熟心皮5～4个，紫红色，每分果瓣有1颗种子；种子褐黑色，有光泽。花期6～8月，果期8～10月。

龙眼洞荔枝园至太和章附近（王发国等5825），龙眼洞林场—天鹿湖站，帽峰山帽峰工区焦头窝。产于中国华南、华中、华东、西南地区。根、果入药，温中散寒，行气止痛。

6. 花椒属 Zanthoxylum L.

乔木或灌木，或木质藤本，常绿或落叶。茎枝有皮刺。叶互生，奇数羽叶复叶，稀单叶或3小叶，小叶互生或对生，全缘或通常叶缘有小裂齿，齿缝处常有较大的油点。圆锥花序或伞房状聚伞花序，顶生或腋生；花单性。果为蓇葖果，外果皮红色，有油点；每分果瓣有种子1颗，极少2颗。

龙眼洞林场有3种。

1. 簕欓花椒（簕欓）
Zanthoxylum avicennae (Lam.) DC.

落叶乔木，高稀达15 m；树干有鸡爪状刺，刺基部扁圆而增厚。叶有小叶11～21片，小叶通常对生或偶有不整齐对生，斜卵形、斜长方形或呈镰刀状，幼苗小叶多为阔卵形，长2.5～7 cm，宽1～3 cm，顶部短尖或钝，两侧甚不对称。花序顶生，花多；花序轴及花梗有时紫红色；萼片及花瓣均5枚；萼片宽卵形，绿色；花瓣黄白色。分果瓣淡紫红色。花期6～8月，果期10～12月。

帽峰山帽峰工区焦头窝，帽峰山—6林班，帽峰山—十八排。产于中国华南、华东、西南地区。菲律宾、越南北部也有分布。民间用作草药，有祛风去湿、行气化痰、止痛等功效。

2. 大叶臭花椒
Zanthoxylum myriacanthum Wall. ex Hook. f.

落叶乔木，高稀达15 m，胸径约25 cm；茎干有鼓钉状锐刺，花序轴及小枝顶部有较多劲直锐刺，嫩枝的髓部大而中空，叶轴及小叶无刺。叶有小叶7～17片；小叶对生，宽卵形、卵状椭圆形，或长圆形，长10～20 cm，宽4～10 cm，基部圆或宽楔形。花序顶生，多花，花枝被短柔毛；萼片及花瓣均5枚；花瓣白色。雄花的雄蕊5枚。分果瓣红褐色，顶端无芒尖，油点多。花期6～8月，果期9～11月。

帽峰山—6林班。产于中国华南、华东、西南地区。越南、缅甸、印度也有分布。枝、叶、果均有浓烈的花椒香气或特殊气味。树皮的内皮富含硫黄色淀粉柱状体。根皮、树皮及嫩叶用作草药，有祛风除湿、活血散瘀、消肿止痛功效，治多类痛症。

3. 两面针
Zanthoxylum nitidum (Roxb.) DC.

幼龄植株为直立的灌木，成龄植株为攀缘于它树上的木质藤本。老茎有翼状蜿蜒而上的木栓层，茎枝及叶轴均有弯钩锐刺。叶有小叶3~11片。成长叶硬革质，阔卵形或近圆形，或狭长椭圆形。花序腋生；花4基数；萼片上部紫绿色；花瓣淡黄绿色，卵状椭圆形或长圆形。雌花的花瓣较宽。果皮红褐色。种子圆珠状，腹面稍平坦。花期3~5月，果期9~11月。

龙眼洞笪箕窝至火烧天（笪箕窝—6林班；王发国等5937）。产于中国华南、华东、西南地区。根、茎、叶、果皮均用作草药，通常用根，根性凉，果性温，有活血、散瘀、镇痛、消肿等功效。

195. 苦木科 Simaroubaceae

落叶或常绿的乔木或灌木；树皮通常有苦味。叶互生，有时对生，通常成羽状复叶，少数单叶；托叶缺或早落。花序腋生，成总状、圆锥状或聚伞花序。花小，辐射对称，单性、杂性或两性；萼片3~5枚，镊合状或覆瓦状排列；花瓣3~5枚，分离；花盘环状或杯状。果为翅果、核果或蒴果。

龙眼洞林场有1属，1种。

鸦胆子属 Brucea J. F. Mill.

灌木或小乔木，根皮及茎皮有苦味，在植株的幼嫩部分被柔毛或微柔毛。叶为奇数羽状复叶，无托叶；小叶3~5片，多少有些偏斜，卵形至披针形，渐尖，全缘或有锯齿。花单性，很少两性，雌雄同株或异株；圆锥花序腋生，由多个小聚伞花序组成；萼片4枚，细小，基部连合；花瓣4枚，分离。果为核果，坚硬，带肉质；种子无胚乳。

龙眼洞林场有1种。

鸦胆子
Brucea javanica (L.) Merr.

灌木或小乔木；嫩枝、叶柄和花序均被黄色柔毛。叶长20~40 cm，有小叶3~15片；小叶卵形或卵状披针形，长5~10(13) cm，宽2.5~5(6.5) cm，先端渐尖，基部宽楔形至近圆形；小叶柄短。花组成圆锥花序；花细小，暗紫色；雄花的花梗细弱；萼片被微柔毛；花瓣有稀疏的微柔毛或近于无毛。雌花的萼片和花瓣与雄花同数。核果1~4个，分离，长卵形，成熟时灰黑色。花期夏季，果期8~10月。

龙眼洞后山至火炉山防火线附近（王发国等5654）。产于中国华南、华东、西南地区。亚洲东南部至大洋洲北部也有。本种之种子称鸦胆子，作中药，味苦，性寒，有清热解毒、止痢疾等功效。

196. 橄榄科 Burseraceae

乔木或灌木，有树脂道分泌树脂或油质。奇数羽状复叶，互生；小叶全缘或具齿，托叶有或无。圆锥花序或极稀为总状或穗状花序，腋生或有时顶生；花小，3~5数，辐射对称，单性、两性或杂性；雌雄同株或异株；萼和花冠覆瓦状或镊合状排列，萼片3~6枚；花瓣3~6枚，与萼片互生；花盘杯状、盘状或坛状。果为核果，外果皮肉质，不开裂。

龙眼洞林场有1属，2种。

橄榄属 Canarium L.

常绿乔木，稀灌木或藤本。树皮通常光滑，有时粗糙，灰色。叶螺旋状排列，常多少集中于枝顶；奇数羽状复叶。托叶常存在，常早落。叶柄圆柱形、扁平至具沟槽。小叶对生或近对生。花序腋生或顶生，为聚伞圆锥花序，有苞片；花3数，单性，雌雄异株；萼杯状，常合生一半以上；花瓣3枚，分离。果为核果，外果皮肉质，核骨质，3室，每室种子1颗，种皮褐色。

龙眼洞林场有2种。

1. 橄榄（红榄、白榄、黄榄）
Canarium album (Lour.) Raeusch.

乔木，高10~35 m。小叶3~6对，纸质至革质，披针形或椭圆形，长6~14 cm，宽2~5.5 cm，先端渐尖至骤狭渐尖，基部楔形至圆形；侧脉12~16对。花序腋生，微被茸毛至无毛。雄花序为聚伞圆锥花序，多花；雌花序为总状，具花12朵以下；花疏被茸毛至无毛；花萼在雄花上具3浅齿，在雌花上近截平。果卵圆形至纺锤形，横切面近圆形，无毛；种子1~2颗。花期4~5月，果期10~12月。

帽峰山帽峰工区焦头窝，帽峰山—6林班，帽峰山—十八排。产于中国华南、华东、西南地区。越南北部至中部也有分布。本种为很好的防风树种及行道树；木材可造船，作枕木、制家具、农具及建筑用材等；果可生食或渍制，药用治喉头炎、咳血、烦渴、肠炎腹泻。

2. 乌榄（黑榄）
Canarium pimela Leenh.

乔木，高达20 m。小叶4～6对，纸质至革质，无毛，宽椭圆形、卵形或圆形，长6～17 cm，宽2～7.5 cm，顶端急渐尖，基部圆形或阔楔形，侧脉8～15对，网脉明显。花序腋生，为疏散的聚伞圆锥花序，无毛；雄花序多花，雌花序少花；萼在雄花中明显浅裂，在雌花中浅裂或近截平。果序长8～35 cm，有果1～4个；果成熟时紫黑色，狭卵圆形；种子1～2颗。花期4～5月，果期5～11月。

帽峰山—十八排，帽峰山帽峰工区山顶管理处，沿山谷周边。产于中国华南、西南地区。越南、老挝、柬埔寨也有分布。本种果可生食，果肉腌制榄角作菜，榄仁为饼食及肴菜配料佳品；种子油供食用、制肥皂或作其他工业用油；木材灰黄褐色，材质颇坚实，用途与橄榄同；根入药，可治风湿腰腿痛、手足麻木、胃痛、烫火伤。

197. 楝科 Meliaceae

乔木或灌木，稀为亚灌木。叶互生，很少对生，通常羽状复叶；小叶对生或互生。花两性或杂性异株，辐射对称，通常组成圆锥花序；通常5基数；萼小，常浅杯状或短管状；花瓣4～5枚，少有3～7枚的。果为蒴果、浆果或核果；果皮革质、木质或很少肉质；种子有胚乳或无胚乳，常有假种皮。

龙眼洞林场有1属，1种。

楝属 Melia L.

落叶乔木或灌木，幼嫩部分常被星状粉状毛；小枝有明显的叶痕和皮孔。叶互生，一至三回羽状复叶；小叶具柄。圆锥花序腋生，多分枝；花两性；花萼5～6深裂，覆瓦状排列；花瓣白色或紫色，5～6枚，分离。果为核果，近肉质，核骨质，每室有种子1颗。

龙眼洞林场有1种。

苦楝（苦楝树、川楝子）
Melia azedarach L.

落叶乔木，高达10余米；树皮灰褐色，纵裂。分枝广展，小枝有叶痕。叶为二至三回奇数羽状复叶；小叶对生，卵形、椭圆形至披针形，顶生一片通常略大，长3～7 cm，宽2～3 cm，侧脉每边12～16条。圆锥花序约与叶等长；花芳香；花萼5深裂；花瓣淡紫色，倒卵状匙形。核果球形至椭圆形，4～5室，每室有种子1颗；种子椭圆形。花期4～5月，果期10～12月。

龙眼洞。生于低海拔旷野、路旁或疏林中。分布于

中国黄河以南各地。本植物是平原及低海拔丘陵区的良好造林树种；边材黄白色，心材黄色至红褐色，纹理粗而美，是制作家具、建筑、农具、舟车、乐器等良好用材；根皮粉调醋可治疥癣；果核仁油可供制油漆、润滑油和肥皂。

198. 无患子科 Sapindaceae

乔木或灌木，有时为草质或木质藤本。羽状复叶或掌状复叶，很少单叶，互生，通常无托叶。聚伞圆锥花序顶生或腋生；苞片和小苞片小；花通常小，单性，很少杂性或两性，辐射对称或两侧对称；雄花萼片4或5枚；花瓣4或5枚，离生；花盘肉质；雄蕊5～10枚。雌花花被和花盘与雄花相同。果为室背开裂的蒴果，或不开裂而浆果状或核果状，1～4室；种子每室1颗。

龙眼洞林场有1属，1种。

荔枝属 Litchi Sonn.

乔木。偶数羽状复叶，互生，无托叶。聚伞圆锥花序顶生；苞片和小苞片均小；花单性，雌雄同株，辐射对称；萼杯状，4或5浅裂，裂片镊合状排列；无花瓣；花盘碟状，全缘。果卵圆形或近球形，果皮革质，外面有龟甲状裂纹；种皮褐色，光亮，革质。

*荔枝
Litchi chinensis Sonn.

常绿乔木，高通常不超过10 m，树皮灰黑色；小枝圆柱状，褐红色，密生白色皮孔。偶数羽状复叶；小叶2或3对，薄革质或革质，披针形或卵状披针形，长6～15 cm，宽2～4 cm，顶端骤尖或尾状短渐尖，全缘；侧脉常纤细；小叶柄长7～8 mm。花序顶生，阔大，多分枝；花梗纤细，有时粗而短；萼被金黄色短茸毛。果卵圆形至近球形，成熟时通常暗红色至鲜红色；种子全部被肉质假种皮包裹。花期春季，果期夏季。

龙眼洞水库旁。栽培，逸为野生。产于中国西南部、南部和东南部，尤以广东和福建南部栽培最盛。荔枝果实除食用外，核入药为收敛止痛剂，治心气痛和小肠气痛；木材坚实，深红褐色，纹理雅致、耐腐，历来为上等名材。

201. 清风藤科 Sabiaceae

乔木、灌木或攀缘木质藤本，落叶或常绿。叶互生，单叶或奇数羽状复叶，无托叶。花两性或杂性异株，辐射对称或两侧对称，通常排成腋生或顶生的聚伞花序或圆锥花序；萼片5枚，分离或基部合生；花瓣5枚。核果由1或2个成熟心皮组成，1室，不开裂；种子单生，无胚乳。胚有折叠的子叶和弯曲的胚根。

龙眼洞林场有2属，2种。

1. 泡花树属 Meliosma Blume

常绿或落叶，乔木或灌木，通常被毛；芽裸露，被褐色茸毛。叶为单叶或具近对生小叶的奇数羽状复叶。花小，两性，具短梗或无梗，组成顶生或腋生、多花的圆锥花序；萼片4～5枚，覆瓦状排列，其下部常有紧接的苞片；花瓣5片，大小极不相等。核果小，近球形，梨形，1室。胚具长而弯曲的胚根和折叠的子叶，无胚乳。

龙眼洞林场有1种。

香皮树
Meliosma fordii Hemsl.

乔木，高可达10 m，树皮灰色，小枝、叶柄、叶背及花序被褐色平伏柔毛。单叶，叶近革质，倒披针形或披针形，长9～25 cm，宽2.5～8 cm，先端渐尖，基部狭楔形，侧脉每边11～20条。圆锥花序宽广，顶生或近顶生；萼片4枚，宽卵形，背面疏被柔毛；外面3枚花瓣近圆形，无毛，裂片线形；子房无毛，约与花柱等长。果近球形或扁球形，核具明显网纹凸起，中肋隆起，从腹孔一边延至另一边，腹部稍平。花期5～7月，果期8～10月。

帽峰山—8林班（王发国等6159），帽峰山帽峰工区山顶管理处，沿山谷周边。产于中国华南、华中、华东、西南地区。越南、老挝、柬埔寨及泰国也有分布。树皮及叶药用，有滑肠功效，治便秘。

2. 清风藤属 Sabia Colebr.

落叶或常绿攀缘木质藤本。叶为单叶，全缘，边缘干膜质。花小，两性，很少杂性，单生于叶腋，或组成腋生的聚伞花序，有时再呈圆锥花序式排列；萼片5～15枚，覆瓦状排列，绿色、白色、黄色或紫色；花瓣通常5枚。果由2个心皮发育成2个分果爿，中果皮肉质，平滑，白色、红色或蓝色，核（内果皮）脆壳质，有中肋或无中肋；种子1颗。

龙眼洞林场有1种。

柠檬清风藤

Sabia limoniacea Wall. ex Hook. f. et Thomson

常绿攀缘木质藤本；嫩枝绿色，老枝褐色，具白蜡层。叶革质，椭圆形、长圆状椭圆形或卵状椭圆形，长7～15 cm，宽4～6 cm，先端短渐尖或急尖，基部阔楔形或圆形；侧脉每边6～7条。聚伞花序有花2～4朵；花淡绿色、黄绿色或淡红色；萼片5枚，卵形或长圆状卵形；花瓣5枚，倒卵形或椭圆状卵形。分果爿近圆形或近肾形，红色；核中肋不明显。花期8～11月，果期翌年1～5月。

帽峰山—8林班（王发国等6164），帽峰山帽峰工区山顶管理处，沿山谷周边，龙眼洞林场天河区—草塘站。产于中国广东、海南、福建、四川、云南西南部。印度北部、缅甸、泰国、马来西亚和印度尼西亚也有分布。具药用价值，民间广泛用于治风湿痹病、产后瘀血。

204. 省沽油科 Staphyleaceae

乔木或灌木。叶对生或互生，奇数羽状复叶或稀为单叶，有托叶或稀无托叶；叶有锯齿。花整齐，两性或杂性；萼片5枚，分离或连合，覆瓦状排列；花瓣5枚，覆瓦状排列。果实为蒴果状，常为多少分离的蓇葖果或不裂的核果或浆果；种子数枚，肉质或角质。

龙眼洞林场有1属，1种。

山香圆属 Turpinia Vent.

乔木或灌木，枝圆柱形。叶对生，无托叶，奇数羽状复叶或为单叶，叶柄在着叶处收缩，小叶革质，对生，有时有小托叶。圆锥花序开展，顶生或腋生，分枝对生；花小，白色，整齐，两性，稀为单性；萼片5枚，覆瓦状排列，宿存；花瓣5枚，圆形，无柄，覆瓦状排列；花盘伸出。果实近圆球形，有疤痕，花柱分离，3室，每室有几个或多数种子。

龙眼洞林场有1种。

锐尖山香圆

Turpinia arguta (Lindl.) Seem.

落叶灌木，高1~3 m，老枝灰褐色，幼枝具灰褐色斑点。单叶，对生，厚纸质，椭圆形或长椭圆形，长7~22 cm，宽2~6 cm，先端渐尖，具尖尾，基部钝圆或宽楔形，侧脉10~13对；叶柄长1.2~1.8 cm。顶生圆锥花序较叶短，密集或较疏松；花白色，花梗中部具2枚苞片；萼片5枚，三角形，绿色；花瓣白色，无毛；花丝疏被短柔毛。果近球形，幼时绿色，转红色，干后黑色，有种子2~3颗。

帽峰山帽峰工区焦头窝（王发国等6063），帽峰山帽峰工区山顶管理处，沿山谷周边。分布于中国华南、华中、华东、西南地区。叶可作家畜饲料。

205. 漆树科 Anacardiaceae

乔木或灌木，稀为木质藤本或亚灌木状草本。叶互生，稀对生，单叶、掌状3小叶或奇数羽状复叶，无托叶或托叶不显。花小，辐射对称，两性或多为单性或杂性，排列成顶生或腋生的圆锥花序，通常为双被花；花萼多少合生，3~5裂；花瓣3~5枚，分离或基部合生。果多为核果。

龙眼洞林场有3属，3种。

1. 南酸枣属 Choerospondias B. L. Burtt et A. W. Hill

落叶乔木或大乔木。奇数羽状复叶互生，常集生于小枝顶端；小叶对生，具柄。花单性或杂性异株，雄花和假两性花排列成腋生或近顶生的聚伞圆锥花序，雌花通常单生于上部叶腋；花萼浅杯状，5裂；花瓣5枚。核果卵圆形或长圆形或椭圆形，中果皮肉质浆状，内果皮骨质；种子无胚乳，子叶厚，胚根短，向上。

龙眼洞林场有1种。

南酸枣

Choerospondias axillaris (Roxb.) B. L. Burtt et A. W. Hill

落叶乔木，高8~20 m；树皮灰褐色，片状剥落。奇数羽状复叶，有小叶3~6对，叶轴无毛，叶柄纤细，基部略膨大；小叶膜质至纸质，长4~12 cm，宽2~4.5 cm，先端长渐尖，基部多少偏斜；侧脉8~10对；小叶柄纤细。雄花序被微柔毛或近无毛；苞片小；花萼外面疏被白色微柔毛或近无毛；花瓣长圆形；雌花单生于上部叶腋，较大。核果椭圆形或倒卵状椭圆形，成熟时黄色。

龙眼洞。产于中国华南、华中、华东、西南地区。印度、中南半岛和日本也有分布。生长快、适应性强，为较好的速生造林树种；树皮和叶可提栲胶；果可生食或酿酒；果核可作活性炭原料；茎皮纤维可作绳索；树皮和果入药，有消炎解毒、止血止痛之效，外用治大面积水火烫烧伤。

2. 漆树属 Rhus (Tourn.) L.

落叶乔木或灌木，具白色乳汁，干后变黑，有臭气。叶互生，奇数羽状复叶或掌状3小叶；小叶对生。花序腋生，聚伞圆锥状或聚伞总状；花小，单性异株；苞片披针形；花萼5裂，裂片覆瓦状排列；花瓣5枚，覆瓦状排列。雌花花瓣较小。核果近球形或侧向压扁，外果皮薄，中果皮厚，果核坚硬；种子具胚乳。

龙眼洞林场有1种。

盐肤木

Rhus chinensis Mill.

落叶小乔木或灌木，高2~10 m；小枝棕褐色，被锈色柔毛。奇数羽状复叶有小叶2~6对，叶轴具宽的叶状翅；小叶多形，卵形或椭圆状卵形或长圆形，先端急尖，基部圆形；小叶无柄。圆锥花序宽大，多分枝；苞片披针形；小苞片极小，花白色；雄花花萼外面被微柔毛；

花瓣倒卵状长圆形。雌花花萼裂片较短；花瓣椭圆状卵形。核果球形，成熟时红色。花期8～9月，果期10月。

帽峰山帽峰工区山顶管理处，沿山谷周边。中国除东北、内蒙古和新疆外，其余地区均有分布。印度、中南半岛、马来西亚、印度尼西亚、日本和朝鲜也有分布。本种为五倍子蚜虫寄主植物，在幼枝和叶上形成虫瘿，即五倍子，可供鞣革、医药、塑料和墨水等工业上用；幼枝和叶可作土农药；果泡水代醋用，生食酸咸止渴；种子可榨油。

3. 漆属 Toxicodendron Mill.

落叶乔木或灌木，稀为木质藤本，具白色乳汁，干后变黑，有臭气。叶互生，奇数羽状复叶或掌状3小叶；小叶对生，叶轴通常无翅。花序腋生，聚伞圆锥状或聚伞总状；花小，单性异株；苞片披针形；花萼5裂；花瓣5枚。雌花花瓣较小。核果近球形或侧向压扁；外果皮薄；中果皮厚，与内果皮连合；果核坚硬；种子具胚乳，胚大。

龙眼洞林场有1种。

野漆树（痒漆树、山漆树）
Toxicodendron succedaneum (L.) Kuntze

落叶乔木或小乔木，高达10 m；小枝粗壮，无毛，顶芽大，紫褐色，外面近无毛。奇数羽状复叶互生，常集生小枝顶端，无毛，有小叶4～7对；小叶对生或近对生，坚纸质至薄革质，长5～16 cm，宽2～5.5 cm，先端渐尖或长渐尖，基部多少偏斜。圆锥花序长7～15 cm，为叶长之半，多分枝；花黄绿色；花萼无毛；花瓣长圆形。核果大，偏斜；外果皮薄，淡黄色；中果皮厚；果核坚硬，压扁。

龙眼洞水库旁。分布于中国华北至长江以南各地。印度、中南半岛、朝鲜和日本也有分布。本种根、叶及果入药，治跌打骨折、湿疹疮毒、毒蛇咬伤，又可治尿血、血崩、白带、外伤出血、子宫下垂等症；种子油可制皂或掺合干性油作油漆；中果皮之漆蜡可制蜡烛、膏药和发蜡等；树皮可提栲胶；树干乳液可代生漆用。

206. 牛栓藤科 Connaraceae

灌木，小乔木或藤本。叶互生，奇数羽状复叶，有时仅具1～3小叶，小叶全缘，稀分裂，常绿或落叶，无托叶。花两性，稀单性，辐射对称；花序腋生，顶生或假顶生，为总状花序或圆锥花序；萼片5枚，离生或在基部合生；花瓣5枚。果为蓇葖果，有柄或无柄；种子1枚，稀2枚，种皮厚。

龙眼洞林场有1属，1种。

红叶藤属 Rourea Aubl.

攀缘藤本，灌木或小乔木。奇数羽状复叶，经常具多对小叶。聚伞花序排成圆锥花序，腋生或假顶生，苞片卵状披针形，小苞片披针形；花两性，5数；萼片覆瓦状排列，宿存；花瓣5枚，无毛。蓇葖果单生，无柄，光滑或有微细的纵槽，无毛，沿腹缝线纵裂；种子1颗，种皮光滑，全部或基部为肉质假种皮所包围，无胚乳。

龙眼洞林场有1种。

小叶红叶藤
Rourea microphylla (Hook. et Arn.) Planch.

攀缘灌木，多分枝，无毛或幼枝被疏短柔毛，高1～4 m，枝褐色。奇数羽状复叶，小叶通常7～17片；小叶片坚纸质至近革质，卵形、披针形或长圆披针形，长1.5～4 cm，宽0.5～2 cm，先端渐尖而钝，基部楔形至圆形；侧脉细，4～7对。圆锥花序丛生于叶腋内；苞片及小苞片不显著；花芳香；萼片卵圆形；花瓣白色、淡黄色或淡红色。种子椭圆形。花期3～9月，果期5月至翌年3月。

龙眼洞水库旁。产于中国华南、华东、西南等地区。越南、斯里兰卡、印度、印度尼西亚也有分布。茎皮含单宁，可提取栲胶；又可作外敷药用。

207. 胡桃科 Juglandaceae

落叶或半常绿乔木或小乔木，具树脂，有芳香。叶互生或稀对生，无托叶，奇数或稀偶数羽状复叶；小叶对生或互生。花单性，雌雄同株；花序单性或稀两性。雄花序常柔荑花序；雌花序穗状，顶生，具少数雌花而直立，或有多数雌花而成下垂的柔荑花序；花被片2～4枚，贴生于子房，具2枚时位于两侧。假核果或坚果状；外果皮肉质或革质或者膜质；内果皮由子房本身形成。

龙眼洞林场有1属，1种。

黄杞属 Alfaropsis Iljinsk.

落叶或半常绿乔木或小乔木。雌雄同株或稀异株。叶常为偶数羽状复叶；小叶全缘或具锯齿。雌性及雄性花序均为柔荑状，长而具多数花。雄花具短柄或无柄；苞片3裂；2小苞片存在或不存在；花被片4枚。雌花具短柄或无柄；苞片3裂，基部贴生于房下端；小苞片2枚；花被片4枚，排列成2轮。果序长而下垂；果实坚果状，有毛或无毛，外侧具由苞片发育而成的果翅。

龙眼洞林场有1种。

黄杞

Engelhardia roxburghiana Wall.

半常绿乔木，高达10余米，全体无毛，被有橙黄色盾状着生的圆形腺体；枝条细瘦。偶数羽状复叶长12～25 cm；小叶3～5对，叶片革质，长6～14 cm，宽2～5 cm，长椭圆状披针形至长椭圆形，全缘，顶端渐尖或短渐尖，基部歪斜；侧脉10～13对。雌雄同株或稀异株。雄花无柄或近无柄；花被片4枚，兜状；雌花苞片3裂而不贴于子房；花被片4枚；子房近球形。果实坚果状，球形，外果皮膜质，内果皮骨质。5～6月开花，8～9月果实成熟。

帽峰山—管护站（王发国等6096），帽峰山—6林班，龙眼洞。产于中国华南、西南地区。印度、缅甸、泰国、越南也有分布。树皮纤维质量好，可制人造棉，亦含鞣质可提栲胶；叶有毒，制成溶剂能防治农作物病虫害，亦可毒鱼；木材为工业用材和制造家具。

210. 八角枫科 Alangiaceae

落叶乔木或灌木，稀攀缘，极稀有刺。枝圆柱形。单叶互生，有叶柄，无托叶，全缘或掌状分裂，基部两侧常不对称。花序腋生，聚伞状，极稀伞形或单生，小花梗常分节；苞片线形、钻形或三角形，早落。花两性，淡白色或淡黄色，通常有香气；花萼小，萼管钟形与子房合生；花瓣4～10枚，线形；雄蕊与花瓣同数而互生或为花瓣数目的2～4倍。核果椭圆形、卵形或近球形；种子1颗。

龙眼洞林场有1属，1种。

八角枫属 Alangium Lam.

属的形态特征与科同。

龙眼洞林场有1种。

八角枫

Alangium chinense (Lour.) Harms

落叶乔木或灌木,高3~5 m;小枝略呈"之"字形,幼枝紫绿色,无毛或有稀疏的疏柔毛。叶纸质,近圆形或椭圆形、卵形,顶端短锐尖或钝尖,基部两侧常不对称,长13~26 cm,宽9~22 cm;侧脉3~5对。聚伞花序腋生,有7~50朵花;小苞片线形或披针形,常早落;花冠圆筒形花;花瓣6~8枚,线形。核果卵圆形,种子1颗。花期5~7月和9~10月,果期7~11月。

帽峰山帽峰工区焦头窝(王发国等6051),帽峰山帽峰工区山顶管理处、沿山谷周边,龙眼洞凤凰山(场部—3林班)。产于中国华南、华中、华东、西北、西南地区。东南亚及非洲东部各国也有分布。本种药用,根名白龙须,茎名白龙条,治风湿、跌打损伤、外伤止血等;树皮纤维可编绳索;木材可作家具及天花板。

212. 五加科 Araliaceae

乔木、灌木或木质藤本,有刺或无刺。叶互生,稀轮生,单叶、掌状复叶或羽状复叶。花整齐,两性或杂性,稀单性异株,聚生为伞形花序、头状花序、总状花序或穗状花序;苞片宿存或早落;小苞片不显著;花梗无关节或有关节;萼筒与子房合生;花瓣5~10枚,在花芽中镊合状排列或覆瓦状排列。果实为浆果或核果。种子通常侧扁。

龙眼洞林场有3属,4种。

1. 楤木属 Aralia L.

小乔木、灌木或多年生草本,通常有刺,稀无刺。叶大,一至数回羽状复叶;托叶和叶柄基部合生,先端离生,稀不明显或无托叶。花杂性,聚生为伞形花序,稀为头状花序,再组成圆锥花序;苞片和小苞片宿存或早落;花梗有关节;萼筒边缘有5小齿;花瓣在花芽中覆瓦状排列。果实球形,有5棱;种子白色,侧扁,胚乳匀一。

龙眼洞林场有2种。

1. 楤木

Aralia chinensis L.

灌木或乔木,高2~5 m;树皮灰色,疏生粗壮直刺;小枝通常淡灰棕色,有黄棕色茸毛,疏生细刺。叶为二回或三回羽状复叶;叶柄粗壮;托叶与叶柄基部合生,纸质,耳廓形;羽片有小叶5~11片;小叶片纸质至薄革质,卵形、阔卵形或长卵形,长5~12 cm,宽3~8 cm,先端渐尖或短渐尖,基部圆形;侧脉7~10对。苞片锥形,膜质;花白色,芳香;萼无毛;花瓣5枚,卵状三角形。果实球形,黑色。花期7~9月,果期9~12月。

龙眼洞箬篁窝(王发国等5754),帽峰山帽峰工区焦头窝,帽峰山—6林班。产于中国华南、华东、华中、西南、东北等地区。本种为常用的中草药,有镇痛消炎、祛风行气、祛湿活血之效,根皮治胃炎、肾炎及风湿疼痛,亦可外敷刀伤。

2. 黄毛楤木
Aralia decaisneana Hance

灌木，高1～5 m；茎皮灰色，有纵纹和裂隙。叶为二回羽状复叶；羽片有小叶7～13片，基部有小叶1对；小叶片革质，卵形至长圆状卵形，长7～14 cm，宽4～10 cm，先端渐尖或尾尖，基部圆形；侧脉6～8对。圆锥花序大，密生黄棕色茸毛；伞形花序有花30～50朵；苞片线形，外面密生茸毛，花淡绿白色；萼无毛；花瓣卵状三角形。果实球形，黑色。花期10月至翌年1月，果期12月至翌年2月。

帽峰山莲花顶森林公园—7林班（王发国等6034 a）。分布于中国华南、华东、华中、西南地区。本种根皮为民间草药，有祛风除湿、散瘀消肿之效，可治风湿腰痛、肝炎及肾炎水肿。

2. 五加属 Eleutherococcus Maxim.

灌木。直立或蔓生，稀为乔木；枝有刺，稀无刺。叶为掌状复叶，托叶不存在或不明显。花两性，稀单性异株；伞形花序或头状花序通常组成复伞形花序或圆锥花序；花梗无关节或有不明显关节；萼筒边缘有5～4小齿，稀全缘；花瓣5枚，在花芽中镊合状排列。果具棱；种子2～5颗；胚乳均匀。

龙眼洞林场有1种。

白勒花(三叶五加、三加皮)
Eleutherococcus trifoliatus (L.) S. Y. Hu

灌木，高1～7 m；枝软弱铺散，常依持他物上升，老枝灰白色，新枝黄棕色，疏生下向刺。叶有3小叶；小叶片纸质，椭圆状卵形至椭圆状长圆形，长4～10 cm，宽3～6.5 cm，先端尖至渐尖，基部楔形；侧脉5～6对，明显或不甚明显，网脉不明显。伞形花序3～10个，有花多数，稀少数；花黄绿色；花瓣5枚，三角状卵形，开花时反曲。果实扁球形，黑色。花期8～11月，果期9～12月。

龙眼洞。广布于中国华南、华东、华中、西南地区。本种为民间常用草药，根有祛风除湿、舒筋活血、消肿解毒之效，治感冒、咳嗽、风湿、坐骨神经痛等症。

3. 鹅掌柴属 Schefflera J. R. Forst. et G. Forst.

直立无刺乔木或灌木，有时攀缘状。叶为单叶或掌状复叶；托叶和叶柄基部合生成鞘状。花聚生成总状花序、伞形花序或头状花序，稀为穗状花序，再组成圆锥花序；花梗无关节；萼筒全缘或有细齿；花瓣5～11枚，在花芽中镊合状排列；雄蕊和花瓣同数。果实球形，近球形或卵球形；种子通常扁平；胚乳匀一，有时稍呈嚼烂状。

龙眼洞林场有1种。

鹅掌柴(大叶伞、鸭脚木)
Schefflera heptaphylla (L.) Frodin

乔木或灌木，高2～15 m；小枝粗壮，干时有皱纹。叶有小叶6～9，最多至11；叶柄长15～30 cm，疏生星状短柔毛或无毛；小叶片纸质至革质，椭圆形或倒卵状椭圆形，长9～17 cm，宽3～5 cm，幼时密生星状短柔毛，后毛渐脱落，侧脉7～10对；小叶柄长1.5～5 cm，中央的较长。圆锥花序顶生，长20～30 cm；分枝斜生，有总状排列的伞形花序几个至十几个；伞形花序有花10～15朵；总花梗纤细，长1～2 cm；花白色；花瓣5～6枚，开花时反曲，无毛。果实球形，黑色，直径约5 mm。花期10～12月，果期12月。

龙眼洞后山至火炉山防火线附近（王发国等5689），帽峰山帽峰工区焦头窝。产于中国华南、华东和西南地区。日本、越南和印度也有分布。本种是南方冬季的蜜源植物；木材质软，为火柴杆及制作蒸笼原料；叶及根皮民间药用，治疗流感、跌打损伤等症。

213. 伞形科 Umbelliferae

一年生至多年生草本。根通常直生，肉质而粗，有时为圆锥形或有分枝自根颈斜出。茎直立或匍匐上升，通常圆形。叶互生，叶片通常分裂或多裂，一回掌状分裂或一至四回羽状分裂的复叶；叶柄的基部有叶鞘。花小，两性或杂性，成顶生或腋生的复伞形花序或单伞形花序；伞形花序的基部有总苞片，全缘；小伞形花序的基部有小总苞片；花萼与子房贴生，萼齿5或无；花瓣5枚。果实在大多数情况下是干果；胚乳软骨质，胚小。

龙眼洞林场有2属，3种。

1. 积雪草属 Centella L.

多年生草本，有匍匐茎。叶有长柄，圆形、肾形或马蹄形；叶柄基部有鞘。单伞形花序，梗极短，单生或2~4个聚生于叶腋，伞形花序通常有花3~4朵；花近无柄，草黄色、白色至紫红色；苞片2枚，卵形，膜质；花瓣5枚，花蕾时覆瓦状排列，卵圆形；雄蕊5枚，与花瓣互生；花柱与花丝等长，基部膨大。果实肾形或圆形，两侧扁压；内果皮骨质；种子侧扁，横剖面狭长圆形，棱槽内油管不显著。

龙眼洞林场有1种。

积雪草 (大金钱草、铜钱草)
Centella asiatica (L.) Urban

多年生草本，茎匍匐，细长，节上生根。叶片膜质至草质，圆形、肾形或马蹄形，长1~2.8 cm，宽1.5~5 cm，边缘有钝锯齿，基部阔心形；叶柄无毛或上部有柔毛。伞形花序梗2~4个，聚生于叶腋，有或无毛；苞片通常2个；每一伞形花序有花3~4朵；花瓣卵形，紫红色或乳白色，膜质；花丝短于花瓣，与花柱等长。果实两侧扁压，圆球形，基部心形至平截形，每侧有纵棱数条，棱间有明显的小横脉。花果期4~10月。

龙眼洞筲箕窝至火烧天（筲箕窝—6林班；王发国等5947）。产于中国华南、华东、华中、西南、西北地区。印度、斯里兰卡、马来西亚、印度尼西亚、大洋洲群岛、日本、澳大利亚及中非、南非也有分布。全草入药，清热利湿、消肿解毒。

2. 天胡荽属 Hydrocotyle L.

多年生草本。茎细长，匍匐或直立。叶片心形、圆形、肾形或五角形，有裂齿或掌状分裂；叶柄细长，无叶鞘；托叶细小，膜质。花序通常为单伞形花序，细小，有多数小花，密集呈头状；花序梗通常生自叶腋，短或长过叶柄；花白色、绿色或淡黄色；无萼齿；花瓣卵形，在花蕾时镊合状排列。果实心状圆形，两侧扁压，背部圆钝，背棱和中棱显著，侧棱常藏于合生面，表面无网纹，油管不明显。

龙眼洞林场有2种。

1. 红马蹄草 (大马蹄草、铜钱草)
Hydrocotyle nepalensis Hook.

多年生草本，高5~45 cm。茎匍匐，有斜上分枝，节上生根。叶片膜质至硬膜质，圆形或肾形，长2~5 cm，宽3.5~9 cm；叶柄上部密被柔毛，下部无毛或有毛；托叶膜质。伞形花序数个簇生于茎端叶腋，花序梗短于叶柄，有柔毛；小伞形花序有花20~60朵，常密集成球形的头状花序；花柄极短。果基部心形，两侧扁压，光滑或有紫色斑点。花果期5~11月。

龙眼洞。产于中国华南、华东、华中、西南、西北等地区。印度、马来西亚、印度尼西亚也有分布。全草入药，治跌打损伤、感冒、咳嗽痰血。

2. 天胡荽 (满天星、小叶铜钱草)
Hydrocotyle sibthorpioides Lam.

多年生草本，有气味。茎细长而匍匐，平铺地上成片，节上生根。叶片膜质至草质，圆形或肾圆形，长0.5~1.5 cm，宽0.8~2.5 cm，基部心形；叶柄无毛或顶端有毛；托叶略呈半圆形。伞形花序与叶对生，单生于节上；小总苞片卵形至卵状披针形；小伞形花序有花5～18朵；花瓣卵形，绿白色，有腺点；花丝与花瓣同长或稍超出。果实略呈心形，两侧扁压，中棱在果熟时极为隆起。花果期4～9月。

龙眼洞。产于中国华南、华东、华中、西南、西北等地区。朝鲜、日本、东南亚至印度也有分布。全草入药，治黄疸、赤白痢疾、目翳、喉肿、痈疽疔疮、跌打瘀伤。

221. 柿树科 Ebenaceae

乔木或直立灌木，不具乳汁，少数有枝刺。叶为单叶，互生，全缘，无托叶，具羽状叶脉。花多半单生，通常雌雄异株或杂性。雌花腋生，单生；雄花常生在小聚伞花序上或簇生；花萼3～7裂；花冠3～7裂，早落，裂片旋转排列；雌花常具退化雄蕊或无雄蕊；子房上位，2～16室，每室具1～2枚悬垂的胚珠；在雄花中，雌蕊退化或缺。浆果多肉质；种子有胚乳，胚小，子叶大。

龙眼洞林场有1属，2种。

柿树属 Diospyros L.

落叶或常绿乔木或灌木。无顶芽。叶互生。花单性，雌雄异株或杂性。雄花常较雌花为小，组成聚伞花序；雌花常单生叶腋；萼通常深裂，4～7裂，有时顶端截平，绿色，雌花的萼结果时增大；花冠壶形、钟形或管状；在雌花中有退化雄蕊1～16枚或无雄蕊。浆果肉质，基部通常有增大的宿存萼；种子较大，通常两侧压扁。

龙眼洞林场有2种。

1. 油柿（野柿）

Diospyros kaki Thunb. var. **silvestris** Makino

落叶乔木，高达14 m。叶纸质，长圆形、长圆状倒卵形、倒卵形，长6.5～20 cm，宽3.5～12 cm，先端短渐尖，基部圆形；侧脉每边7～9条。花雌雄异株或杂性；雄花的聚伞花序生当年生枝下部，每花序有花3～5朵；花萼4裂；花冠壶形；雌花单生叶腋，较雄花大；花萼钟形；花冠壶形或近钟形。果卵形、卵状长圆形、球形或扁球形。花期4～5月，果期8～10月。

龙眼洞林场—石屋站（王发国等6262），龙眼洞凤凰山（场部—3林班；王发国等6033），帽峰山帽峰工区焦头窝。产于中国华南、华东、华中地区。果可供食用；果蒂（宿存花萼）可入药。

2. 罗浮柿（山柿）

Diospyros morrisiana Hance

乔木或小乔木，高可达20 m。叶薄革质，长椭圆形或下部的为卵形，长5～10 cm，宽2.5～4 cm，先端短渐尖或钝，基部楔形；侧脉纤细，每边4～6条；叶柄嫩时疏被短柔毛。雄花序短小，腋生，下弯，聚伞花序式；雄花白色；花萼钟状；花冠在芽时为卵状圆锥形。雌花腋生，单生；花萼浅杯状；花冠近壶形。果球形，黄色，有光泽；种子近长圆形，栗色。花期5～6月，果期11月。

龙眼洞凤凰山（场部—3林班；王发国等6022），帽峰山帽峰工区焦头窝（王发国等6059）。产于中国华南、华东、华中、西南等地区。越南北部也有分布。未成熟果实可提取柿漆，木材可制家具；茎皮、叶、果入药，有解毒消炎之效；绿果熬成膏，晒干，研粉，敷治水火烫伤。

222. 山榄科 Sapotaceae

乔木或灌木，有时具乳汁。单叶互生，近对生或对生；托叶早落或无托叶。花单生或通常数朵簇生叶腋或老枝上，有时排列成聚伞花序；花萼裂片通常4～6枚，覆瓦状排列；花冠合瓣；能育雄蕊着生于花冠裂片基部或冠管喉部；花药2室，药室纵裂。果为浆果，有时为核果状，果肉近果皮处有厚壁组织而成薄革质至骨质外皮，种子1至数颗。

龙眼洞林场有1属，1种。

铁榄属 Sinosideroxylon (Engl.) Aubrév.

乔木，稀灌木，无毛或被茸毛。叶互生，革质，羽状脉疏离，具小脉。无托叶。花小，簇生叶腋，有时排列成总状花序，无梗或具梗；花萼5裂，稀6裂；花冠宽或管状钟形，具短管；能育雄蕊5枚；花药卵圆形或披针形。浆果卵圆形或球形，果皮通常厚，有时肉质；种子通常仅1颗，有时2～5颗，种皮坚脆，具光泽。

龙眼洞林场有1种。

革叶铁榄
Sinosideroxylon wightianum (Hook. et Arn.) Aubrév.

乔木，稀灌木，高2～15 m；嫩枝、幼叶被锈色茸毛，后变无毛。叶幼时很薄，老时革质，椭圆形至披针形或倒披针形，长5～17 cm，宽1.5～9.5 cm，先端锐尖或钝，基部狭楔形；侧脉12～17对，弧形，近边缘互相网结，网脉明显。花绿白色，芳香，单生或2～5朵簇生于叶腋；花萼裂片5枚，卵形或披针形，淡绿色；花冠白绿色。果绿色，转深紫色，椭圆形；种子1颗，椭圆形。

龙眼洞凤凰山（场部—3林班；王发国等6014）。产于中国华南、西南地区。越南北部也产。

223. 紫金牛科 Myrsinaceae

灌木、乔木或攀缘灌木。单叶互生，稀对生或近轮生；无托叶。总状花序、伞房花序、伞形花序、聚伞花序，腋生、侧生、顶生或生于侧生特殊花枝顶端；具苞片。花通常两性或杂性，辐射对称，覆瓦状或镊合状排列，或螺旋状排列，4或5数；花萼基部连合或近分离，或与子房合生；花冠通常仅基部连合或成管。浆果核果状，有种子1颗或多数。

龙眼洞林场有3属，12种。

1. 紫金牛属 Ardisia Sw.

小乔木、灌木或亚灌木状近草本。叶互生，稀对生或近轮生。聚伞花序、伞房花序、伞形花序或由上述花序组成的圆锥花序、金字塔状的大型圆锥花序，顶生、腋生、侧生或着生于侧生或腋生特殊花枝顶端。两性花，通常为5数；花萼通常仅基部连合；花瓣基部微微连合。浆果核果状，球形或扁球形，通常为红色，有种子1颗。

龙眼洞林场有7种。

1. 九管血
Ardisia brevicaulis Diels

矮小灌木，具匍匐生根的根茎。叶片坚纸质，狭卵形或卵状披针形，或椭圆形至近长圆形，顶端急尖且钝，或渐尖，基部楔形或近圆形，长7～18 cm，宽2.5～6 cm；侧脉7～13对。伞形花序，着生于侧生特殊花枝顶端；萼片披针形或卵形；花瓣粉红色，卵形。果球形，鲜红色，具腺点，宿存萼与果梗通常为紫红色。花期6～7月，果期10～12月。

帽峰山帽峰工区焦头窝。产于中国华南、华东、华中、西南地区。全株入药，有祛风解毒之功，用于治风湿筋骨痛、痨伤咳嗽、喉蛾、蛇咬伤和无名肿毒；根有当归的作用，又因根横断面有血红色液汁渗出，故有血党之称。

2. 朱砂根（叶下红）

Ardisia crenata Sims

灌木，高1～2 m；茎粗壮，无毛，除侧生特殊花枝外，无分枝。叶片革质或坚纸质，椭圆形、椭圆状披针形至倒披针形，顶端急尖或渐尖，基部楔形；侧脉12～18对。伞形花序或聚伞花序，着生于侧生特殊花枝顶端；萼片长圆状卵形；花瓣白色，稀略带粉红色。果球形，鲜红色，具腺点。花期5～6月，果期10～12月，有时2～4月。

帽峰山—6林班。产于中国华南、华东、华中、西南等地区。印度、缅甸经马来半岛、印度尼西亚至日本均有。为民间常用的中草药之一，根、叶可祛风除湿、散瘀止痛、通经活络；果可食，亦可榨油；亦为观赏植物，在园艺方面的品种亦很多。

3. 百两金（小罗伞、斑叶朱砂根）

Ardisia crispa (Thunb.) A. DC.

灌木，高60～100 cm，具匍匐生根的根茎，直立茎除侧生特殊花枝外。叶片膜质或近坚纸质，椭圆状披针形或狭长圆状披针形，顶端长渐尖，稀急尖，基部楔形，长7～15 cm，宽1.5～4 cm；侧脉约8对。亚伞形花序，着生于侧生特殊花枝顶端；花萼仅基部连合，萼片长圆状卵形或披针形；花瓣白色或粉红色，卵形。果球形，鲜红色，具腺点。花期5～6月，果期10～12月。

龙眼洞水库旁。产于中国长江流域以南各地，日本、印度尼西亚亦有。根、叶有清热利咽、舒筋活血等功效，用于治咽喉痛、扁桃腺炎、肾炎水肿及跌打风湿等症；果可食；种子可榨油。

4. 山血丹

Ardisia lindleyana D. Dietr.

灌木，高约45 cm；茎被极细的微柔毛，以后无毛。叶片坚纸质或近革质，狭披针形或长圆状披针形，顶端急尖，基部楔形或下延，长7～11 cm，宽1～2 cm；侧脉约8对。亚伞形花序有花约7朵，被极细的微柔毛，着生于侧生特殊花枝顶端；花枝顶端下弯，近顶端有1～2片叶；花梗被疏微柔毛。果时萼片卵形或广卵形，无腺点，被疏细微柔毛，边缘近膜质。花期7～8月，幼果期约8月。

帽峰山莲花顶森林公园—7林班（王发国等6043），帽峰山管护站（王发国等6120）。产于中国广东、广西。根可调经、通经、活血、祛风、止痛，亦作洗药，可去无名肿毒。

5. 虎舌红

Ardisia mamillata Hance

矮小灌木，具匍匐的木质根茎。叶互生或簇生于茎顶端，叶片坚纸质，倒卵形至长圆状倒披针形，顶端急尖或钝，基部楔形或狭圆形，长7~14 cm，宽3~5 cm；侧脉6~8对，不明显。伞形花序，着生于侧生特殊花枝顶端，每植株有花枝1~2个；花枝有花约10朵；花萼基部连合，萼片披针形或狭长圆状披针形；花瓣粉红色。果球形，鲜红色。花期6~7月，果期11月至翌年1月。

帽峰山。产于中国华南、华东、华中、西南地区。越南亦有分布。为民间常用的中草药，全草有清热利湿、活血止血、去腐生肌等功效，用于风湿跌打、外伤出血、小儿疳积、产后虚弱、月经不调、肺结核咳血、肝炎、胆囊炎等症；叶外敷可拔刺拔针、去疮毒等。

6. 罗伞树

Ardisia quinquegona Blume

灌木或灌木状小乔木，高约2 m；小枝细，无毛，有纵纹，嫩时被锈色鳞片。叶片坚纸质，长圆状披针形、椭圆状披针形至倒披针形，顶端渐尖，基部楔形，长8~16 cm，宽2~4 cm，全缘。聚伞花序或亚伞形花序，腋生；花萼仅基部连合，萼片三角状卵形；花瓣白色，广椭圆状卵形。果扁球形，具钝5棱，稀棱不明显。花期5~6月，果期12月或2~4月。

龙眼洞筲箕窝至火烧天（筲箕窝—6林班；王发国等5870），龙眼洞凤凰山（场部—3林班；王发国等6037），帽峰山—8林班（王发国等6170），帽峰山—2林班。产于中国华南、华东、西南地区。从马来半岛至琉球群岛均有。全株入药，有消肿、清热解毒的作用，用于治跌打损伤；亦作兽用药；也是常用的薪材。

7. 雪下红

Ardisia villosa Roxb.

直立灌木，高50~100 cm，具匍匐根茎；幼时几全株被灰褐色或锈色长柔毛或长硬毛，毛常卷曲，以后渐无毛。叶片坚纸质，椭圆状披针形至卵形，稀倒披针形，顶端急尖或渐尖，基部楔形，长7~15 cm，宽2.5~5 cm；侧脉约15对。单或复聚伞花序或伞形花序；花萼仅基部连合，萼片长圆状披针形或舌形，与花瓣等长；花瓣淡紫色或粉红色，稀白色。果球形，深红色或带黑色。花期5~7月，果期2~5月。

龙眼洞。产于中国华南、西南地区。越南至印度半岛东部亦有分布。全株供药用，有消肿、活血散瘀作用，用于风湿骨痛、跌打损伤、吐血、红白痢、疮疥等。

2. 酸藤子属 Embelia Burm.f.

攀缘灌木或藤本，稀直立或乔木状。单叶互生或二列或近轮生，全缘或具齿，具柄，稀无柄或几无柄。总状花序、圆锥花序、伞形花序或聚伞花序，顶生、腋生或侧生，基部具苞片；花通常单性，同株或异株，4或5数；花萼基部连合；花瓣分离或仅基部连合；雌蕊在雄花中退化，子房极小；在雌花中发达，子房成球形或卵形；胚珠常4枚，1轮。浆果核果状，球形或扁球形，光滑，有种子1颗。

龙眼洞林场有3种。

1. 酸藤子（酸果藤）

Embelia laeta (L.) Mez

攀缘灌木或藤本，长1~3 m；幼枝无毛，老枝具皮孔。叶片坚纸质，倒卵形或长圆状倒卵形，顶端圆形、钝或微凹，基部楔形，长3~4 cm，宽1~1.5 cm。总状花序腋生或侧生，有花3~8朵，基部具1~2轮苞片。花4数；萼片卵形或三角形，顶端急尖；花瓣白色或带黄色，分离。果球形，直径约5 mm。花期12月至翌年3月，果期4~6月。

龙眼洞水库旁。产于中国华南、华东、华中、西南地区。越南、老挝、泰国、柬埔寨均有分布。根、叶可散瘀止痛、收敛止泻，治跌打肿痛、肠炎腹泻、咽喉炎、胃酸少、痛经闭经等症；叶煎水亦作外科洗药；嫩尖和叶可生食，味酸；果亦可食，有强壮补血的功效；兽用根、叶治牛伤食腹胀、热病口渴。

2. 白花酸藤果

Embelia ribes Burm. f.

攀缘灌木或藤本，长3~6 m；枝条无毛，老枝有明显的皮孔。叶片坚纸质，倒卵状椭圆形或长圆状椭圆形，顶端钝渐尖，基部楔形或圆形，长5~10 cm，宽约3.5 cm。圆锥花序顶生；花5数；萼片三角形，顶端急尖或钝；花瓣淡绿色或白色，分离。果球形或卵形，红色或深紫色，无毛。花期1～7月，果期5～12月。

龙眼洞荔枝园至太和章附近（王发国等5780），龙眼洞凤凰山（场部—3林班；王发国等6029），帽峰山帽峰工区焦头窝。产于中国华南、华东、西南地区。印度以东至印度尼西亚均有分布。根可药用，治急性肠胃炎、赤白痢、腹泻、刀枪伤、外伤出血等，亦有用于蛇咬伤；叶煎水可作外科洗药；果可食，味甜；嫩尖可生吃或作蔬菜，味酸。

3. 多脉酸藤子

Embelia vestita Roxb.

攀缘灌木或小乔木，高5m以上；小枝无毛或嫩枝被极细的微柔毛，具皮孔。叶片坚纸质，卵形至卵状长圆形，稀椭圆状披针形，顶端急尖、渐尖或钝，基部楔形或圆形，长5～11 cm，宽2～3.5 cm。总状花序腋生，长2～6 cm，被细绒毛；小苞片钻形；花5数；萼片卵形，顶端急尖或钝；花瓣白色或粉红色。果球形或略扁，红色。花期10～11月，果期10月至翌年2月。

帽峰山—8林班（王发国等6165）。产于中国广东、香港、广西、贵州、云南。尼泊尔、缅甸、印度亦有分布。果可生食，味酸甜，与红糖或酸果拌食，有驱蛔虫的作用。

3. 杜茎山属 Maesa Forssk.

灌木、大灌木，直立或外倾，通常分枝多。叶全缘或具各式齿，无毛或被毛，常具脉状腺条纹或腺点。总状花序或呈圆锥花序，腋生；苞片小，卵形或披针形；具花梗；花5数，两性或杂性；花萼漏斗形；花冠白色或浅黄色；裂片通常卵状圆形。肉质浆果或干果，球形或卵圆形，通常具坚脆的中果皮；种子细小，多数。

龙眼洞林场有2种。

1. 杜茎山

Maesa japonica (Thunb.) Moritzi et Zoll.

灌木，直立，高1～5 m；小枝无毛，具细条纹，疏生皮孔。叶片革质，有时较薄，椭圆形至披针状椭圆形，或倒卵形至长圆状倒卵形，或披针形，顶端渐尖、急尖或钝，基部楔形、钝或圆形，一般长约10 cm，宽约3 cm；侧脉5～8对。总状花序或圆锥花序；苞片卵形；萼片卵形至近半圆形；花冠白色，长钟形。果球形，肉质。花期1～3月，果期10月或5月。

龙眼洞水库旁。产于中国华南、西南至台湾以南各地。日本及越南北部亦有分布。果可食，微甜；全株供药用，有祛风寒、消肿之功，用于治腰痛、头痛、心燥烦渴、眼目晕眩等症；根与白糖煎服治皮肤风毒、亦治妇女崩带；茎、叶外敷治跌打损伤、止血。

2. 鲫鱼胆

Maesa perlarius (Lour.) Merr.

小灌木，高1～3 m；分枝多，小枝被长硬毛或短柔毛，有时无毛。叶片纸质或近坚纸质，广椭圆状卵形至椭圆形，顶端急尖或突然渐尖，基部楔形，长7～11 cm，宽3～5 cm；侧脉7～9对。总状花序或圆锥花序，腋生；苞片小，披针形或钻形；萼片广卵形，被长硬毛；花冠白色，钟形。果球形，无毛。花期3～4月，果期12月至翌年5月。

龙眼洞筲箕窝至火烧天（筲箕窝—6林班；王发国等5859），帽峰山帽峰工区焦头窝，龙眼洞凤凰山（场部—

3林班）。产于中国华南、华东、西南地区。越南、泰国亦有分布。全株供药用，有消肿去腐、生肌接骨的功效，用于跌打刀伤，亦用于疔疮、肺病。

224. 安息香科 Styracaceae

乔木或灌木，常被星状毛或鳞片状毛。单叶，互生，无托叶。总状花序、聚伞花序或圆锥花序；小苞片小或无，常早落；花两性，很少杂性，辐射对称；花萼杯状、倒圆锥状或钟状；花冠合瓣，极少离瓣。核果有一肉质外果皮，或为蒴果，稀浆果；种子无翅或有翅。

龙眼洞林场有1属，4种。

安息香属 Styrax L.

乔木或灌木。单叶互生，多少被星状毛或鳞片状毛，极少无毛。总状花序、圆锥花序或聚伞花序，顶生或腋生；小苞片小，早落；花萼杯状、钟状或倒圆锥状，与子房基部完全分离或稍合生；花冠常5深裂；花冠管短。核果肉质，干燥；种子1~2颗。

龙眼洞林场有4种。

1. 赛山梅（白山龙）

Styrax confusus Hemsl.

小乔木，高2~8 m；树皮灰褐色，平滑，嫩枝扁圆柱形。叶革质或近革质，椭圆形、长圆状椭圆形或倒卵状椭圆形，长4~14 cm，宽2.5~7 cm，顶端急尖或钝渐尖，基部圆形或宽楔形；侧脉每边5~7条；叶柄上面有深槽，密被黄褐色星状柔毛。总状花序顶生，有花3~8朵；花白色；小苞片线形，早落；花萼杯状；花冠裂片披针形或长圆状披针形；花丝扁平；花药长圆形。果实近球形或倒卵形；种子倒卵形。花期4~6月，果期9~11月。

龙眼洞凤凰山（场部—3林班；王发国等6023）。产于中国华南、华中、华东、西南等地区。种子油供制润滑油、肥皂和油墨等。

2. 白花龙

Styrax faberi Perkins

灌木，高1~2 m；嫩枝纤弱，具沟槽，扁圆形，密被星状长柔毛。叶互生，纸质，椭圆形、倒卵形或长圆状披针形，长4~11 cm，宽3~3.5 cm，顶端急渐尖或渐尖，基部宽楔形或近圆形；侧脉每边5~6条；叶柄密被黄褐色星状柔毛。总状花序顶生，有花3~5朵；花白色；小苞片钻形，生于花梗近基部；花萼杯状，膜质；花冠裂片膜质，披针形或长圆形。果实倒卵形或近球形，外面密被灰色星状短柔毛。花期4~6月，果期8~10月。

帽峰山—6林班。产于中国华南、华东、华中、西南等地区。种子油可制肥皂与润滑油；根可用于治胃脘痛；叶可用于止血和生肌、消肿。

3. 芬芳安息香（郁香野茉莉、白木）

Styrax odoratissimus Champ. ex Benth.

小乔木，高4~10 m；树皮灰褐色，不开裂；嫩枝稍扁，疏被黄褐色星状短柔毛。叶互生，薄革质至纸质，卵形或卵状椭圆形，长4~15 cm，宽2~8 cm，顶端渐尖或急尖，基部宽楔形至圆形；侧脉每边6~9条；叶柄被毛。总状或圆锥花序，顶生；花白色；小苞片钻形；花萼膜质，杯状；花冠裂片膜质，椭圆形或倒卵状椭圆形。果实近球形。种子卵形；花期3~4月，果期6~9月。

帽峰山莲花顶森林公园—7林班（王发国等6033 a），帽峰山管护站（王发国等6097）。产于中国华南、华东、

华中等地区。木材坚硬，可作建筑、船舶、车辆和家具等用材；种子油供制肥皂和机械润滑油。

4. 越南安息香（白脉安息香、白花木）

Styrax tonkinensis (Pierre) Craib ex Hartwich

乔木，高6～30m，树冠圆锥形，树皮暗灰色或灰褐色，有不规则纵裂纹。叶互生，纸质至薄革质，椭圆形、椭圆状卵形至卵形，长5～18cm，宽4～10cm，顶端短渐尖，基部圆形或楔形；侧脉每边5～6条；叶柄上面有宽槽，密被褐色星状柔毛。花多朵组成圆锥花序；花序梗和花梗密被黄褐色星状短柔毛；花白色；小苞片生于花梗中部或花萼上；花萼杯状；花冠裂片膜质，卵状披针形或长圆状椭圆形；花丝扁平，上部分离；花药狭长圆形。果实近球形；种子卵形。花期4～6月，果熟期8～10月。

龙眼洞筲箕窝至火烧天（筲箕窝—6林班；王发国等5964），帽峰山—管护站（王发国等6127），帽峰山帽峰工区山顶管理处，沿山谷周边。产于中国华南、华中、西南地区。越南也有分布。木材为散孔材，树干通直、结构致密、材质松软，可作火柴杆、家具及板材；种子油称白花油，可供药用，治疥疮；树脂称安息香，含有较多香脂酸，是医药上贵重药材，并可制造高级香料。

225. 山矾科 Symplocaceae

灌木或乔木，单叶互生，无托叶。花两性，稀杂性，排成穗状花序、总状花序、圆锥花序或团伞花序，很少单生；花萼常5裂，裂片镊合状排列或覆瓦状排列，常宿存；花冠通常5裂，裂片分裂至近基部或中部，通常5片，覆瓦状排列。果为核果，顶端冠以宿存的萼裂片，通常具薄的中果皮和木质的核（内果皮）；核光滑或具棱，1～5室，每室有1颗种子。

龙眼洞林场有1属，4种。

山矾属 Symplocos Jacq.

灌木或乔木。单叶互生，具齿或全缘，无托叶。花两性稀杂性，排成穗状花序、总状花序、圆锥花序或团伞花序；花萼3～5深裂或浅裂，常5裂，裂片镊合状排列或覆瓦状排列；花冠裂片3～11片，覆瓦状排列。果为核果，顶端冠以宿存的萼裂片，通常具薄的中果皮和坚硬木质的核（内果皮）；核光滑或具棱，1～5室，每室有1颗种子。

龙眼洞林场有4种。

1. 华山矾

Symplocos chinensis (Lour.) Druce

灌木。叶纸质，椭圆形或倒卵形，长4～10cm，宽2～5cm，先端急尖或短尖，有时圆，基部楔形或圆形，边缘有细尖锯齿，叶面有短柔毛。圆锥花序顶生或腋生，长4～7cm，花序轴、苞片、萼外面均密被灰黄色皱曲柔毛；花萼长2～3mm；裂片长圆形，长于萼筒；花冠白色，芳香，长约4mm，5深裂几达基部。核果卵状圆球形，歪斜，被紧贴的柔毛，熟时蓝色，顶端宿萼裂片向内伏。花期4～5月，果期8～9月。

帽峰山帽峰工区山顶管理处，沿山谷周边。分布于中国华南、华东、华中及西南。根药用治疟疾、急性肾炎；叶捣烂，外敷治疮疡、跌打；叶研成末，治烧伤烫伤及外伤出血；取叶鲜汁，冲酒内服治蛇伤；种子油制肥皂。

安息香科Styracaceae / 山矾科Symplocaceae / 马钱科Loganiaceae

2. 越南山矾

Symplocos cochinchinensis (Lour.) S. Moore

乔木。叶纸质，椭圆形、倒卵状椭圆形或狭椭圆形，长9～30cm，宽3～10cm，先端急尖或渐尖，基部阔楔形或近圆形。穗状花序长6～11cm，花序轴、苞片、萼均被红褐色茸毛；苞片卵形，小苞片三角状卵形；花萼长2～3mm，5裂，裂片卵形，与萼筒等长；花冠有芳香，白色或淡黄色，长约5mm，5深裂几达基部。核果圆球形，直径5～7mm，顶端宿萼裂片成圆锥状，核具5～8条浅纵棱。花期8～9月，果期10～11月。

龙眼洞。分布于中国华南、西南地区。中南半岛、印度尼西亚爪哇岛、印度也有分布。种子油供工业用。

3. 毛山矾

Symplocos groffii Merr.

小乔木或乔木。叶纸质，椭圆形、卵形或倒卵状椭圆形，长5～12cm，宽2～5cm，两面被短柔毛。穗状花序长约1cm，或有时花序缩短呈团伞状，苞片三角状阔卵形；花萼长约3mm，被硬毛，5裂；花冠深5裂几达基部，裂片长圆状椭圆形。核果长圆状椭圆形，被柔毛，长6～8mm，顶端宿萼裂片直立；核有7～9条纵棱。花期4月，果期6～7月。

龙眼洞水库旁。分布于广东、广西、湖南、江西南部、贵州、云南。

4. 光叶山矾

Symplocos lancifolia Sieb. et Zucc.

小乔木。叶纸质或近膜质，卵形至阔披针形，长3～9cm，宽1.5～3.5cm，先端尾状渐尖，基部阔楔形或稍圆。穗状花序长1～4cm；苞片椭圆状卵形，长约2mm；花萼长1.6～2mm，5裂，裂片卵形，顶端圆；花冠淡黄色，5深裂几达基部，裂片椭圆形，长2.5～4mm。核果近球形，直径约4mm，宿萼裂片直立。花期3～11月，果期6～12月，边开花边结果。

帽峰山莲花顶森林公园—7林班（王发国等6045），帽峰山帽峰工区山顶管理处，沿山谷周边。分布于中国华东、华南及西南地区。日本也有分布。

228. 马钱科 Loganiaceae

乔木、灌木或藤本，稀草本。单叶对生或轮生，稀互生，托叶极度退化。花两性，聚伞、总状、头状或穗状花序，少单生；花萼、花冠均4～5裂。果为蒴果、浆果或核果。种子有时具翅。本科部分植物有毒。

龙眼洞林场有3属，4种。

1. 醉鱼草属 Buddleja L.

灌木，较少乔木、亚灌木或、草本；植株通常被腺毛、星状毛或叉状毛。单叶对生，全缘或有锯齿，具羽状脉；托叶着生在两叶柄基部之间，呈叶状、耳状或半圆形，或退化。圆锥状、穗状、总状或头状的聚伞花序，腋生或顶生；花4数；花萼钟状，外面通常密被星状毛，内面光滑或有毛；花冠高脚碟状或钟状，花冠管圆筒形，直立或弯曲，花冠裂片辐射对称。果为蒴果，具种子多颗，细小。

龙眼洞林场有2种。

179

1. 驳骨丹
Buddleja asiatica Lour.

直立灌木或小乔木，叶对生，狭椭圆形、披针形或长披针形，长6～30 cm，宽1～7 cm，顶端渐尖或长渐尖，基部渐狭而成楔形。总状花序窄而长，由多个小聚伞花序组成，长5～25 cm，宽0.7～2 cm；小苞片线形；花萼钟状或圆筒状，长1.5～4.5 mm，外面被星状短柔毛或短茸毛，花萼裂片三角形，长为花萼之半；花冠芳香，白色，有时淡绿色，花冠管圆筒状，直立，长3～6 mm，花冠裂片近圆形。蒴果椭圆状，长3～5 mm，直径1.5～3 mm；种子灰褐色，椭圆形。花期1～10月，果期3～12月。

帽峰山—8林班（王发国等6145）。分布于中国华南、西南、中部、东南地区。东南亚地区也有分布。

2. 醉鱼草
Buddleja lindleyana Fort.

灌木，高可达3 m。叶对生，卵形至卵状披针形，先端尖锐，全缘或有疏齿，叶片膜质，卵形，侧脉上面扁平，穗状聚伞花序顶生，花紫色，芳香；花萼钟状，花萼裂片宽三角形，花冠内面被柔毛，花冠管弯曲。蒴果长圆状或椭圆状，无毛，有鳞片，基部常有宿存花萼；种子小，淡褐色，无翅。花期6～9月，果期8月至翌年4月。

龙眼洞后山至火炉山（王发国等5706）。分布于中国长江以南各地。日本也有。醉鱼草全株有小毒，捣碎投入河中能使活鱼麻醉，便于捕捉，故有醉鱼草之称；花和叶含醉鱼草甙、柳穿鱼甙、刺槐素等多种黄酮类；花芳香而美丽，为公园常见优良观赏植物。

2. 胡曼藤属 Gelsemium Juss.

木质藤本。叶对生或轮生，全缘，羽状脉，具短柄。三歧聚伞花序顶生或腋生；花萼5深裂，裂片覆瓦状排列；花冠漏斗状或窄钟状，花冠管圆筒状，上部稍扩大，花冠裂片5枚，在花蕾时覆瓦状排列，开放后边缘向右覆盖。蒴果，2室，室间开裂为2个2裂的果瓣，内有种子多颗；种子扁压状椭圆形或肾形，边缘具有不规则齿裂状膜质翅。

龙眼洞林场有1种。

钩吻（大茶药、断肠草、胡蔓藤）
Gelsemium elegans (Gardn. et Champ.) Benth.

常绿木质藤本，长3～12 m。叶片膜质，卵形、卵状长圆形或卵状披针形。花密集，组成顶生和腋生的三歧聚伞花序；花冠黄色，漏斗状，内面有淡红色斑点，花冠管长7～10 mm，花冠裂片卵形，长5～9 mm。蒴果卵形或椭圆形，长10～15 mm，直径6～10 mm，未开裂时明显地具有2条纵槽，成熟时通常黑色，干后室间开裂为2个2裂果瓣，基部有宿存的花萼；种子扁压状椭圆形或肾形，边缘具有不规则齿裂状膜质翅。花期5～11月，果期7月至翌年3月。

龙眼洞筲箕窝至火烧天（筲箕窝—6林班；王发国等5935），帽峰山—2林班。分布于中国广东、广西、福建、云南。亚洲东南部也有分布。全株有大毒，但可供药用，有消肿止痛、拔毒杀虫之效；华南地区常用作中兽医草药，对猪、牛、羊有驱虫功效；亦可作农药，防治水稻螟虫。

3. 马钱属 Strychnos L.

木质藤本，少数为小灌木、小乔木或草本。通常具有卷须或螺旋状刺钩。叶对生，全缘。花组成腋生或顶生的聚伞花序，再排列成圆锥花序式或密集成头状花序式；花5数，稀4数；花冠高脚碟状或近辐射状，花冠管通常较长。浆果通常圆球状或椭圆状，肉质，果皮通常坚硬或脆壳质；外面光滑或有细小疣点，果肉肉质；种子1～15颗，近圆形。

龙眼洞林场有1种。

牛眼马钱
Strychnos angustiflora Benth.

木质藤本。叶片革质，卵形、椭圆形或近圆形，长3～8 cm，宽2～4 cm。三歧聚伞花序顶生，长2～4 cm，被短柔毛；苞片小；花5数，长8～11 mm，具短花梗；花萼裂片卵状三角形，长约1 mm，外面被微柔毛；花冠白色，花冠管与花冠裂片等长或近等长，长4～5 mm，花冠裂片长披针形，近基部和花冠管喉部被长柔毛。浆果圆球状，熟时橙黄色；种子扁圆形。花期4～6月，果期7～12月。

帽峰山莲花顶森林公园—7林班。分布于中国广东、海南、广西、福建、云南。也分布于越南、泰国和菲律宾等。茎皮、嫩叶、种子均有毒，可供药用，能消肿毒；果实、种子及木质部最毒，树皮和幼叶次之。

229. 木犀科 Oleaceae

乔木、直立或藤状灌木。叶对生，稀互生或轮生，单叶、三出复叶或羽状复叶。花辐射对称，两性，稀单性或杂性；花萼4裂，有时多达12裂，稀无花萼；花冠4裂，有时多达12裂，浅裂、深裂至近离生，或有时在基部成对合生，稀无花冠，花蕾时呈覆瓦状或镊合状排列。果为翅果、蒴果、核果、浆果或浆果状核果。

龙眼洞林场有3属，6种。

1. 素馨属 Jasminum L.

小乔木，直立或攀缘状灌木。叶对生或互生，单叶、三出复叶或为奇数羽状复叶，全缘或深裂。花两性，排成聚伞花序，聚伞花序再排列成圆锥状、总状、伞房状、伞状或头状；苞片常呈锥形或线形，有时花序基部的苞片呈小叶状；花常芳香；花萼钟状、杯状或漏斗状，具齿4～12枚；花冠常呈白色或黄色，稀红色或紫色，高脚碟状或漏斗状。浆果双生或其中一个不育而成单生，果成熟时呈黑色或蓝黑色，果皮肥厚或膜质，果爿球形或椭圆形。

龙眼洞林场有4种。

1. 扭肚藤
Jasminum elongatum (Bergius) Willd.

攀缘灌木，高1～7 m。叶对生，单叶，纸质，卵形、狭卵形或卵状披针形。聚伞花序密集，顶生或腋生，通常着生于侧枝顶端，有花多朵，苞片线形或卵状披针形，花微香，花冠白色，高脚碟状。果长圆形或卵圆形，呈黑色。花期4～12月，果期8月至翌年3月。

龙眼洞水库旁。分布于中国广东、海南、广西、云南。越南、缅甸至喜马拉雅山脉一带也有分布。扭肚藤是一种优良的庭园观赏花卉；叶在民间用来治疗外伤出血、骨折。

2. 清香藤
Jasminum lanceolarium Roxb.

攀缘状灌木。三出复叶，对生或近对生，有时花序基部侧生小叶退化成线状而成单叶；小叶片椭圆形、长圆形、卵圆形、卵形或披针形，稀近圆形。复聚伞花序常排列呈圆锥状，顶生或腋生，有花多朵，密集；花芳香；花萼筒状，光滑或被短柔毛，果时增大，萼齿三角形，不明显，或几近截形；花冠白色，高脚碟状，花冠管纤细。果球形或椭圆形，黑色，干时呈橘黄色。花期4～10月，果期6月至翌年3月。

龙眼洞荔枝园至太和章附近（王发国等5834）。分布于中国华南、西南、西北、东南。印度、缅甸、越南等国也有分布。

3. 青藤仔
Jasminum nervosum Lour.

攀缘灌木。叶对生，单叶，纸质，卵形、窄卵形、椭圆形或卵状披针形，长2.5～13 cm，宽0.7～6 cm。聚伞花序顶生或腋生，有花1～5朵，通常花单生于叶腋；花序梗长0.2～1.5 cm或缺；花芳香；花萼常呈白色，无毛或微被短柔毛，裂片7～8枚，线形，长0.5～1.7 cm，果时常增大；花冠白色，高脚碟状，花冠管长1.3～2.6 cm，径1～2 mm，裂片8～10枚，披针形，长0.8～2.5 cm，宽

2~5 mm，先端锐尖至渐尖。果球形或长圆形，成熟时由红变黑。花期3~7月，果期4~10月。

帽峰山莲花顶森林公园—7林班（王发国等6042）。生于山坡、沙地、灌丛及混交林中。分布于中国华南、台湾、贵州、云南、西藏。印度、不丹、缅甸、越南、老挝和柬埔寨等也有分布。

4. 厚叶素馨

Jasminum pentaneurum Hand.-Mazz.

攀缘灌木。叶对生，单叶，宽卵形、卵形或椭圆形，有时几近圆形，稀披针形，长4~10 cm，宽1.5~6.5 cm。聚伞花序密集似头状，顶生或腋生，有花多朵；花序梗长1~5 mm，具节；花序基部有1~2对小叶状苞片，长1~2 cm，宽0.5~1.1 cm，近无柄，其余苞片呈线形；花芳香；花萼无毛或被短柔毛，裂片6~7枚，线形，长0.5~1.4 cm；花冠白色。果球形、椭圆形或肾形，长0.9~1.8 cm，径6~10 mm，呈黑色。花期8月至翌年2月，果期2~5月。

帽峰山管护站—6林班（王发国等6092）。分布于中国华南地区。越南也有分布。植株药用可治口腔炎。

2. 女贞属 Ligustrum L.

灌木、小乔木或乔木。叶对生，单叶，叶片纸质或革质，全缘。聚伞花序常排列成圆锥花序；花两性；花萼钟状，先端截形或具4齿，或为不规则齿裂；花冠白色，近辐射状、漏斗状或高脚碟状，花冠管长于裂片或近等长，裂片4枚，花蕾时呈镊合状排列。果为浆果状核果，内果皮膜质或纸质，稀为核果状而室背开裂；种子1~4颗。

龙眼洞林场有1种。

小蜡（山指甲）

Ligustrum sinense Lour.

落叶灌木或小乔木。叶片纸质或薄革质，卵形、椭圆状卵形、长圆形、长圆状椭圆形至披针形，或近圆形。圆锥花序顶生或腋生，塔形，长4~11 cm，宽3~8 cm；花序轴被较密淡黄色短柔毛或柔毛以至近无毛；花萼无毛，长1~1.5 mm，先端呈截形或呈浅波状齿；花冠长3.5~5.5 mm，花冠管长1.5~2.5 mm，裂片长圆状椭圆形或卵状椭圆形，长2~4 mm；花丝与裂片近等长或长于裂片。果近球形。花期3~6月，果期9~12月。

龙眼洞筲箕窝至火烧天（筲箕窝—6林班；王发国等

5865），帽峰山帽峰工区焦头窝。分布于中国华南、西南、中南、华东各地。越南、马来西亚也有分布或栽培。果实可酿酒；种子榨油供制肥皂；树皮和叶入药，具清热降火等功效；各地普遍栽培作绿篱。

3. 木犀属 Osmanthus Lour.

常绿灌木或小乔木。叶对生，单叶，叶片厚革质或薄革质，全缘或具锯齿，两面通常具腺点。花两性，通常雌蕊或雄蕊不育而成单性花，雌雄异株或雄花、两性花异株；苞片2枚，基部合生；花萼钟状，4裂；花冠白色或黄白色，呈钟状、圆柱形或坛状，浅裂、深裂或深裂至基部，裂片4枚，花蕾时呈覆瓦状排列。核果椭圆形或歪斜椭圆形，内果皮坚硬或骨质，常具种子1颗。

龙眼洞林场有1种。

牛矢果
Osmanthus matsumuranus Hayata

常绿灌木或乔木。叶片薄革质或厚纸质，倒披针形。聚伞花序组成短小圆锥花序，着生于叶腋；花芳香；花萼长1.5～2 mm，裂片长0.5～1 mm，边缘具纤毛；花冠淡绿白色或淡黄绿色，长3～4 mm，花冠管与裂片几等长，裂片反折，边缘具极短的睫毛。果椭圆形，绿色，成熟时紫红色至黑色。花期5～6月，果期11～12月。

龙眼洞凤凰山（场部—3林班；王发国等6039）。分布于中国华南、华东、西南等地区。越南、老挝、柬埔寨、印度等地也有分布。

230. 夹竹桃科 Apocynaceae

乔木，直立灌木或木质藤本，也有多年生草本，具乳汁或水液。单叶对生、轮生，稀互生，全缘，稀有细齿，具羽状脉。花两性，辐射对称，单生或多朵组成聚伞花序，顶生或腋生；花萼裂片5枚，稀4枚；花冠合瓣，高脚碟状、漏斗状、坛状、钟状、盆状或稀辐射状，覆瓦状排列，其基部边缘向左或向右覆盖，稀镊合状排列，花冠喉部通常有副花冠或鳞片或膜质或毛状附属体。果为浆果、核果、蒴果或蓇葖。

龙眼洞林场有7属，8种。

1. 链珠藤属 Alyxia Banks ex R. Br.

藤状灌木，有乳状汁液。叶对生或3～4枚轮生。总状式聚伞花序，具小苞片；花萼5深裂，花萼内无腺体；花冠高脚碟状，花冠筒圆筒状，顶部稍收缩，喉部无鳞片；花冠裂片5枚，向左覆盖。核果卵形或长椭圆形，通常连结成链珠状，稀单生或对生。

龙眼洞林场有1种。

链珠藤
Alyxia sinensis Champ. ex Benth.

藤状灌木，具乳汁。叶革质，对生或3枚轮生，通常圆形或卵圆形、倒卵形，顶端圆或微凹。聚伞花序腋生或近顶生；总花梗长不及1.5 cm，被微毛；花小，长5～6 mm；小苞片与萼片均有微毛；花萼裂片卵圆形，近钝头，长1.5 mm；花冠先淡红色后退变白色，花冠筒长2.3 mm，内面无毛，近花冠喉部紧缩，喉部无鳞片，花冠裂片卵圆形，子房具长柔毛。核果卵形，长约1 cm，直径约0.5 cm，2～3颗组成链珠状。花期4～9月，果期5～11月。

龙眼洞后山至火炉山防火线附近（王发国等5652），

帽峰山莲花顶森林公园—7林班（王发国等6044）。分布于中国华南、华中、华东等地区。根有小毒，具有解热镇痛、消痈解毒作用，民间常用于治风火、齿痛、风湿性关节痛、胃痛和跌打损伤等；全株可作发酵药。

2. 腰骨藤属 Ichnocarpus R. Br.

木质藤本，具乳汁。叶对生。花多朵组成顶生或腋生的总状聚伞花序；花萼5裂；具很多小苞片；花冠高脚碟状，花冠筒喉部稍缩小，被柔毛，无副花冠，花冠裂片5枚，长圆形，向右覆盖。蓇葖双生，叉开，近圆筈状，一长一短；种子顶端具种毛。

龙眼洞林场有1种。

腰骨藤

Ichnocarpus jacquetii (Pierre) D. J. Middleton [*I. frutescens* (L.) W. T. Aiton]

木质藤本，具乳汁。叶卵圆形或椭圆形，长5～10 cm，宽3～4 cm。花白色，花序长3～8 cm；花萼内面腺体有或无；花冠筒喉部被柔毛；花药箭头状；花盘5深裂，裂片线形，比子房为长；子房被毛。蓇葖双生，叉开，一长一短，细圆筒状，长8～15 cm，直径4～5 mm，被短柔毛；种子线形，顶端具种毛。花期5～8月，果期8～12月。

龙眼洞。分布于中国广西、广东、云南、福建等地。斯里兰卡、印度、马来西亚、菲律宾及大洋洲也有分布。茎皮纤维坚韧，可编绳索；种子浸酒可治腰骨风湿痛。

3. 山橙属 Melodinus J. R. Forst. et G. Forst.

攀缘木质藤本，具乳汁。叶对生，羽状脉，具柄。三歧圆锥状或假总状的聚伞花序顶生或腋生；花萼5深裂，裂片双盖覆瓦状排列，内面基部无腺体；花冠高脚碟状，花冠筒圆筒状，在雄蕊着生处膨大，花冠裂片5枚，扩展，通常斜镰刀形或长圆形，向左覆盖；花冠喉部的副花冠成鳞片状5～10枚，离生或在花冠筒之上合生成一杯状。浆果肉质；种子多数，无种毛。

龙眼洞林场有1种。

尖山橙

Melodinus fusiformis Champ. ex Benth.

粗壮木质藤本，具乳汁。叶近革质，椭圆形或长椭圆形，稀椭圆状披针形。聚伞花序生于侧枝的顶端，着花6～12朵，长3～5 cm，比叶为短；花梗长0.5～1 cm；花萼裂片卵圆形，边缘薄膜质，端部急尖，长4～5 mm；花冠白色，花冠裂片长卵圆形或倒披针形，偏斜不正；副花冠呈鳞片状在花喉中稍为伸出，鳞片顶端2～3裂。浆果橙红色，椭圆形，顶端短尖；种子压扁，近圆形或长圆形，边缘不规则波状，直径约0.5 cm。花期4～9月，果期6月至翌年3月。

帽峰山—管护站（王发国等6098），帽峰山—2林班。分布于中国广东、广西和贵州等地。全株供药用，民间称可活血、祛风、补肺、通乳和治风湿性心脏病等。

4. 羊角拗属 Strophanthus DC.

小乔木或灌木。叶对生，羽状脉。聚伞花序顶生；花大，花萼5深裂，裂片双盖覆瓦状排列，内面基部有5枚或更多腺体；花冠漏斗状，花冠筒圆筒形，上部钟状，花冠裂片5枚，在花蕾时向右覆盖，裂片顶部延长成一长尾带状，向外弯，冠檐喉部有10枚离生舌状鳞片的副花冠，顶端渐尖或截形。蓇葖木质，叉生，长圆形，种子扁平，多数，顶端具细长的喙，沿喙周围生有丰富的种毛。

龙眼洞林场有1种。

羊角拗

Strophanthus divaricatus (Lour.) Hook. et Arn.

灌木。叶薄纸质，椭圆状长圆形或椭圆形。聚伞花序顶生，通常着花3朵；花黄色；萼片披针形，绿色或黄绿色，内面基部有腺体；花冠漏斗状，花冠筒淡黄色，花冠裂片黄色外弯，基部卵状披针形，顶端延长成一长尾带状，裂片内面具由10枚舌状鳞片组成的副花冠，高出花冠喉部，白黄色。蓇葖广叉开，木质，椭圆状长圆形，顶端渐尖，基部膨大；种子纺锤形、扁平，上部渐狭而延长成喙，喙长约2 cm，轮生着白色绢质种毛。花期3～7月，果期6月至翌年2月。

龙眼洞荔枝园至太和章附近（王发国等5770），龙眼洞后山至火炉山防火线附近（王发国等5660），龙眼洞林场天河区—草塘站，帽峰山帽峰工区焦头窝，帽峰山—2林班。分布于中国华南地区，贵州、云南和福建等地。越南、老挝也有分布。全株植物含毒，误食致死，药用可作为强心剂，治血管硬化、跌打、扭伤、风湿性关节炎、蛇咬伤等症；农业上用作杀虫剂及毒雀鼠，羊角拗制剂可作浸苗和拌种用。

5. 络石属 Trachelospermum Lem.

木质藤本，具乳汁。叶对生，具羽状脉。花序聚伞状，有时呈聚伞圆锥状，顶生、腋生或近腋生，花白色或紫色；花萼5裂，裂片双盖覆瓦状排列，花萼内面基部具5～10枚腺体；花冠高脚碟状，花冠筒圆筒形，5棱，在雄蕊着生处膨大，喉部缢缩，顶端5裂，裂片长圆状镰刀形或斜倒卵状长圆形，向右覆盖。蓇葖双生，长圆状披针形；种子线状长圆形，顶端具种毛。

龙眼洞林场有1种。

络石

Trachelospermum jasminoides (Lindl.) Lem.

常绿木质藤本。叶革质或近革质，椭圆形至卵状椭圆形或宽倒卵形。二歧聚伞花序腋生或顶生，花多朵组成圆锥状，与叶等长或较长；花白色，芳香；花萼5深裂，裂片线状披针形，顶部反卷，外面被有长柔毛及缘毛，内面无毛，基部具10枚鳞片状腺体。蓇葖双生，叉开，线状披针形，向先端渐尖，长10～20 cm，宽3～10 mm；种子多颗，褐色，线形，顶端具白色绢质种毛。花期3～7月，果期7～12月。

龙眼洞凤凰山（场部—3林班；王发国等5997），帽峰山帽峰工区山顶管理处，沿山谷周边。分布于中国大部分地区，亦有移栽于园圃供观赏。日本、朝鲜和越南也有分布。根、茎、叶、果实供药用，中国民间有用来治关节炎、肌肉痹痛、跌打损伤、产后腹痛等；乳汁有毒，对心脏有毒害作用；茎皮纤维拉力强，可制绳索、造纸及人造棉；花芳香，可提取络石浸膏。

6. 水壶藤属 Urceola Roxb.

粗壮藤本，具乳汁。叶对生。聚伞花序圆锥状，顶生或腋生，具3分枝；花小；花萼深裂，花萼内面基部有腺体；花冠不对称，花冠近钟状，无副花冠，向右覆盖，喉部无鳞片。花盘环状，全缘或5裂。蓇葖双生，或1个不发育，圆柱形或窄椭圆形，基部膨大，顶部喙状；种子多数，顶端具种毛。

龙眼洞林场有1种。

酸叶胶藤
Urceola rosea (Hook. et Arn.) D. J. Middleton

木质大藤本。叶纸质，阔椭圆形，叶背被白粉。聚伞花序圆锥状，宽松展开，多歧，顶生，着花多朵；总花梗略具白粉和被短柔毛；花小，粉红色；花萼5深裂，外面被短柔毛，内面具有5枚小腺体，花萼裂片卵圆形，顶端钝；花冠近坛状，花冠筒喉部无副花冠，裂片卵圆形，向右覆盖。蓇葖2枚，叉开成近一直线，圆筒状披针形，长达15 cm；种子长圆形，顶端具白色绢质种毛。花期4~12月，果期7月至翌年1月。

帽峰山—十八排（王发国等6015）。分布于中国长江以南各地至台湾。越南、印度尼西亚也有分布。植株含胶，质地良好，是一种野生橡胶植物；全株供药用，民间有用作治跌打瘀肿、风湿骨痛、疔疮、喉痛和眼肿等。

7. 倒吊笔属 Wrightia R. Br.

灌木或乔木，全株具有乳汁。叶对生，全缘，具羽状脉；叶腋内具腺体。聚伞花序顶生或近顶生，二歧以上，少花至多花；花萼裂片双盖覆瓦状排列，内面基部具鳞状腺体；花冠高脚碟状或近高脚碟状、漏斗状或近漏斗状、辐射状或近辐射状，花冠筒圆筒形至钟形，喉部紧缩或胀大，顶端裂片向左覆盖。蓇葖2个离生或粘生；种子线状纺锤形，倒生，顶端具种毛。

龙眼洞林场有2种。

1. 蓝树
Wrightia laevis Hook. f.

乔木。叶膜质，长圆状披针形或狭椭圆形至椭圆形。花白色或淡黄色，多朵组成顶生聚伞花序；花萼短而厚，裂片比花冠筒短，卵形，长约1 mm，内面基部有卵形腺体；花冠漏斗状，花冠筒长1.5~3 mm，裂片椭圆状长圆形，长5.5~13.5 mm，宽3~4 mm，具乳头状凸起；副花冠分裂为25~35鳞片，呈流苏状，鳞片顶端条裂，基部合生，被微柔毛。蓇葖2个离生，圆柱状，顶部渐尖；种子线状披针形，顶端具白色绢质种毛。花期4~8月，果期7月至翌年3月。

龙眼洞水库旁。分布于中国广东、广西、贵州和云南等地。印度、缅甸、泰国、越南、菲律宾、印度尼西亚、澳大利亚也有分布。叶浸水可得蓝色染料，广西十万大山的居民常用它来染布；根和叶供药用，民间有来作治跌打、刀伤止血。

2. 倒吊笔
Wrightia pubescens R. Br.

乔木。叶坚纸质，长圆状披针形、卵圆形或卵状长圆形，顶端短渐尖，基部急尖至钝。聚伞花序长约5 cm；萼片阔卵形或卵形，顶端钝，比花冠筒短，被微柔毛，内面基部有腺体；花冠漏斗状，白色、浅黄色或粉红色，花冠筒长约5 mm，裂片长圆形，顶端钝；副花冠分裂为10鳞片，呈流苏状，比花药长或等长。蓇葖2个黏生，线状披针形；种子线状纺锤形，黄褐色，顶端具淡黄色绢质种毛。花期4~8月，果期8月至翌年2月。

龙眼洞凤凰山（场部—3林班；王发国等5986）。分布于中国广东、广西、贵州和云南等地。印度、泰国、越南、柬埔寨、马来西亚、印度尼西亚、菲律宾和澳大利亚也有分布。木材纹理通直，结构细致，适于作轻巧的上等家具、铅笔杆、雕刻图章、乐器用材；树皮纤维可制人造棉及造纸；树形美观，庭园中有作栽培观赏；根和茎皮可药用，民间有用来治颈淋巴结、风湿性关节炎。

231. 萝藦科 Asclepiadaceae

草本、藤本、直立或攀缘灌木，具有乳汁。叶对生或轮生，具柄，全缘，羽状脉。聚伞花序，腋生或顶生；花两性，整齐，5数；花萼筒短，裂片5枚，内面基部通常有腺体；花冠合瓣，辐射状、坛状，稀高脚碟状，顶端5裂片；副花冠通常存在，为5枚离生或基部合生的裂片或鳞片所组成。蓇葖双生，或因1个不发育而成单生；种子多数，其顶端具有丛生的白（黄）色绢质的种毛。

龙眼洞林场有1属，1种。

白叶藤属 Cryptolepis R. Br.

木质藤本，具乳汁。叶对生，具柄，羽状脉。聚伞花序顶生或腋生；花萼5裂，裂片双盖覆瓦状排列，花萼内面基部有5～10个腺体；花冠高脚碟状，花冠筒圆筒状或钟状，花冠裂片5枚；副花冠为5个鳞片组成，着生于花冠筒里面，线形或棍棒状至近圆形。蓇葖双生，长圆形或长圆状披针形；种子长圆形，顶端具白色绢质种毛。

龙眼洞林场有1种。

白叶藤

Cryptolepis sinensis (Lour.) Merr.

木质藤本。叶长圆形。聚伞花序顶生或腋生，比叶长；花萼裂片卵圆形，花萼内面基部有10个腺体；花冠淡黄色，花冠筒圆筒状，长5 mm，花冠裂片长圆状披针形或线形，比花冠筒长2倍；副花冠裂片卵圆形，生于花冠筒内面；花粉器匙形，粘于柱头上；心皮离生。蓇葖长披针形或圆柱状；种子长圆形，棕色，顶端具白色绢质种毛。花期4～9月，果期6月至翌年2月。

龙眼洞林场—石屋站（王发国等6283）。分布于中国广东、广西、贵州、云南和台湾等地。印度、越南、马来西亚和印度尼西亚等也有分布。叶、茎和乳汁有小毒，但可供药用，可清凉败毒，治蛇伤、跌打刀伤、疮疥；也有用作治肺结核咳血、胃出血；茎皮纤维坚韧，可编绳索、犁缆；种毛作填充物。

232. 茜草科 Rubiaceae

乔木、灌木或草本。叶对生或有时轮生。花序各式，均由聚伞花序复合而成，很少单花或少花的聚伞花序；花两性、单性或杂性，萼通常4～5裂；花冠合瓣，管状、漏斗状、高脚碟状或辐射状，通常4～5裂，很少3裂或8～10裂，裂片镊合状、覆瓦状或旋转状排列，整齐。浆果、蒴果或核果，或干燥而不开裂，或为分果，有时为双果爿。

龙眼洞林场有16属，27种，2亚种。

1. 水团花属 Adina Salisb.

灌木或小乔木。叶对生；托叶窄三角形，深2裂达全长2/3以上，常宿存。头状花序顶生或腋生，总花梗1～3，不分枝，或为二歧聚伞状分枝，或为圆锥状排列。花5数，近无梗；花萼管相互分离，萼裂片线形至线状棒形或匙形，宿存；花冠高脚碟状至漏斗状，花冠裂片在芽内镊合状排列，但顶部常近覆瓦状。种子卵球状至三角形，两面扁平，顶部略具翅。

龙眼洞林场有1种。

水团花

Adina pilulifera (Lam.) Franch. ex Drade

常绿灌木至小乔木。叶对生，厚纸质，椭圆形至椭圆状披针形。头状花序腋生，极稀顶生，花序轴单生，不分枝；小苞片线形至线状棒形，无毛；总花梗长3～4.5 cm，中部以下有轮生小苞片5枚；花萼管基部有毛，上部有疏散的毛，萼裂片线状长圆形或匙形；花冠白色，窄漏斗状，花冠管被微柔毛，花冠裂片卵状长圆形。果序直径8～10 mm；小蒴果楔形，长2～5 mm；种子长圆形，两端有狭翅。花期6～7月。

龙眼洞筲箕窝（王发国等5747），龙眼洞筲箕窝至火

烧天（筲箕窝—6林班）（王发国等5926）。分布于中国长江以南各地。日本和越南也有分布。全株可治家畜瘟疫热症；木材供雕刻用；根系发达，是很好的固堤植物。

2. 丰花草属 Borreria G. Mey

一年生或多年生草本或矮小亚灌木。叶对生，无柄或具柄，膜质或薄革质。花微小，无梗，腋生或顶生，数朵簇生或排成聚伞花序；苞片多数，线形；萼管倒卵形或圆筒形，萼檐宿存，2~4裂，很少5裂；花冠高脚碟形或漏斗形，白色，喉部被毛或无毛，裂片4，扩展，镊合状排列。果为蒴果状，成熟时2瓣裂或仅顶部纵裂，隔膜有时宿存；种子腹面有槽，种皮薄，常有颗粒。

龙眼洞林场有2种。

1. 阔叶丰花草

Borreria latifolia (Aubl.) K. Schum.

披散、粗壮草本，被毛；茎和枝均为明显的四棱柱形，棱上具狭翅。叶椭圆形或卵状长圆形，长度变化大；托叶膜质，被粗毛，顶部有数条长于鞘的刺毛。花数朵丛生于托叶鞘内；小苞片略长于花萼；萼管圆筒形，长约1 mm，被粗毛，萼檐4裂，裂片长2 mm；花冠漏斗形，浅紫色，罕有白色。蒴果椭圆形，长约3 mm，直径约2 mm，被毛，成熟时从顶部纵裂至基部，隔膜不脱落或1个分果爿的隔膜脱落；种子近椭圆形，两端钝。花果期5~7月。

龙眼洞筲箕窝至火烧天（筲箕窝—6林班；王发国等5931）。原产南美洲。约1937年引进广东等地繁殖作军马饲料。本种生长快，现已逸为野生，多见于废墟和荒地上。

2. 光叶丰花草

Borreria remota (Lam.) Bacigalupo et E. L. Cabral

多年生草本或亚灌木，茎直立或斜上升，高达65 cm。茎近圆柱状至近方形，具槽或脊状。叶近无柄或具短柄，纸质，狭椭圆形至披针形，长10~45 mm，宽4~16 mm，被微柔毛，后脱落，基部急尖到楔形，先端急尖。花序生于顶端的叶腋内，直径5~12 mm，具多花；苞片多数，丝状，长0.5~1 mm；花萼被微柔毛或长硬毛，后脱落；花冠白色，漏斗状，外部无毛，或裂片被微柔毛；裂片三角形，长1~1.5 mm。蒴果椭圆形，扁平，长1.8~2 mm，具长硬毛或被微柔毛，纸质，通常背面裂开；种子棕黄色，椭圆形。花果期6月至翌年1月。

茜草科 Rubiaceae

龙眼洞凤凰山（场部—3 林班；王发国等5981）。中国广东、台湾逸为野生。原产于新热带地区。

3. 鱼骨木属 Canthium Lam

灌木或乔木，具刺或无刺。叶对生，具短柄。花小，腋生，簇生或排成伞房花序式的聚伞花序；萼管短，半球形或倒圆锥形，萼檐极短，截平或4～5浅裂，常常脱落；花冠管短或延长，瓮形，漏斗形或近球形，里面常常具1环倒生毛，顶部4～5裂，裂片卵状三角形，镊合状排列，花后外弯。核果近球形；种子长圆形，圆柱形或平凸形。

龙眼洞林场有2种。

1. 鱼骨木
Canthium dicoccum Merr.

无刺灌木至中等乔木。叶革质，卵形，椭圆形至卵状披针形，长4～10 cm，宽1.5～4 cm，顶端长渐尖或钝或钝急尖，基部楔形。聚伞花序具短总花梗，比叶短，偶被微柔毛；萼管倒圆锥形，长1～1.2 mm，萼檐顶部截平或为不明显5浅裂；花冠绿白色或淡黄色，冠管短，圆筒形，喉部具茸毛，顶部5裂，偶4裂，裂片近长圆形，顶端急尖，开放后外反。核果倒卵形，或倒卵状椭圆形，略扁，多少近孪生；小核具皱纹。花期1～8月。

龙眼洞。分布于中国广东、香港、海南、广西、云南和西藏的墨脱。印度、斯里兰卡、中南半岛、马来西亚、印度尼西亚、菲律宾及澳大利亚也有分布。本种木材暗红色，坚硬而重、纹理密致，适宜为工业用材和艺术雕刻品用。

2. 猪肚木
Canthium horridum Blume

灌木，具刺。叶纸质，卵形，椭圆形或长卵形。花小，具短梗或无花梗，单生或数朵簇生于叶腋内；小苞片杯形，生于花梗顶部；萼管倒圆锥形，长1～1.5 mm，萼檐顶部有不明显波状小齿；花冠白色，近瓮形，冠管短，外面无毛，喉部有倒生髯毛，顶部5裂，裂片长圆形，长约3 mm，顶端锐尖。核果卵形，单生或孪生，长15～25 mm，直径10～20 mm，顶部有微小宿存萼檐，内有小核1～2个；小核具不明显小瘤状体。花期4～6月。

帽峰山莲花顶公园公路（王发国等6248）。分布于中国华南地区，云南。印度、中南半岛、马来西亚、印度尼西亚、菲律宾等地也有分布。本种木材适作雕刻；成熟果实可食；根可作利尿药用。

4. 山石榴属 Catunaregam Wolf

灌木或小乔木，通常具刺。叶对生或簇生于侧生短枝上。花小或中等大，近无柄，单生或2～3朵簇生于具叶的侧生短枝顶部；萼管钟形或卵球形，无毛或有毛，檐部稍扩大，顶端通常5裂，裂片宽；花冠钟状，外面通常被绢毛，冠管短，稀延长，裂片通常5枚，广展或外反，旋转排列。浆果大，球形、椭圆形或卵球形，果皮常厚，无毛或被柔毛，顶冠以宿存的萼裂片；种子多数，椭圆形或肾形。

龙眼洞林场有1种。

山石榴
Catunaregam spinosa (Thunb.) Tirveng

有刺灌木或小乔木，有时攀缘状。叶纸质或近革质，对生或簇生于侧生短枝上，倒卵形或长圆状倒卵形，少为卵形至匙形。花单生或2～3朵簇生；萼管钟形或卵形，外面被棕褐色长柔毛，檐部稍扩大，顶端5裂，裂片广椭圆形；花冠初时白色，后变为淡黄色，钟状，花冠裂片5枚，卵形或卵状长圆形。浆果大，球形，直径2～4 cm，无毛或有疏柔毛，顶冠以宿存的萼裂片；种子多数。花期3～6月，果期5月至翌年1月。

帽峰山帽峰工区山顶管理处，沿山谷周边，龙眼洞。分布于中国华南地区，台湾、云南。非洲南部及亚洲热带地区也有分布。木材可作农具、手杖和雕刻用；根利尿、祛风湿，治跌打腹痛，叶可止血；亦可栽植作绿篱。

5. 狗骨柴属 Diplospora DC.

灌木或小乔木。叶交互对生；托叶具短鞘和稍长的芒。聚伞花序腋生和对生，多花，密集；花4或5数，小；萼管短，萼裂片常三角形，花冠高脚碟状，白色，淡绿色或淡黄色，花冠裂片旋转排列。核果淡黄色、橙色至红色，近球形或椭圆形；种子每室1~6颗，具角，半球形、球形、近卵形或稍扁平。

龙眼洞林场有1种。

狗骨柴
Diplospora dubia (Lindl.) Masam

灌木或乔木。叶革质，少为厚纸质，卵状长圆形、长圆形、椭圆形或披针形。花腋生，密集成束或组成具总花梗、稠密的聚伞花序；花冠白色或黄色，冠管长约3 mm，花冠裂片长圆形，约与冠管等长，向外反卷。浆果近球形，有疏短柔毛或无毛，成熟时红色，顶部有萼檐残迹；种子4~8颗，近卵形，暗红色。花期4~8月，果期5月至翌年2月。

龙眼洞后山至火炉山防火线附近（王发国等5688）。分布于中国华南、华中、华北、西南地区。日本、越南也有分布。材用；根入药，可治黄疸病。

6. 栀子属 Gardenia Ellis

灌木，稀为乔木。叶对生，稀有3片轮生或与总花梗对生的1片不发育。花大，腋生或顶生，单生、簇生或很少组成伞房状的聚伞花序；花冠高脚碟状、漏斗状或钟状，裂片5~12枚，扩展或外弯，旋转排列。浆果常大，平滑或具纵棱，革质或肉质；种子多数，扁平或肿胀，种皮革质或膜质。

龙眼洞林场有1种。

栀子
Gardenia jasminoides Ellis

灌木。叶对生，革质，稀为纸质，叶形多样，长圆状披针形、倒卵状长圆形或椭圆形。花芳香，通常单朵生于枝顶；萼管倒圆锥形或卵形，有纵棱，萼檐管形，膨大，顶部5~8裂，结果时增长，宿存；花冠白色或乳黄色，高脚碟状，喉部有疏柔毛，冠管狭圆筒形。果卵形、近球形、椭圆形或长圆形，黄色或橙红色，有翅状纵棱5~9条，顶部的宿存萼片长达4 cm；种子多数，扁，近圆形而稍有棱角。花期3~7月，果期5月至翌年2月。

龙眼洞凤凰山（场部—3林班；王发国等6009）。分布于中国华南、华中、华东、西南、华北地区。东亚、南亚、东南亚、太平洋岛屿、美洲北部也有分布。园林观赏；果药用，清热利尿、泻火、凉血和散瘀，叶、花和根亦可入药；果可提取色素，作染料。

7. 耳草属 Hedyotis L.

草本、亚灌木或灌木，直立或攀缘；茎圆柱形或方柱形。叶对生，罕有轮生或丛生。花序顶生或腋生，通常为聚伞花序或聚伞花序再复合成圆锥花序式、头状花序式、伞形花序式或伞房花序式；萼管通常陀螺形，萼檐宿存；花冠管状、漏斗状或辐射状，檐部4或5裂，裂片镊合状排列。果小，膜质、脆壳质，罕为革质，成熟时不开裂、室间或室背开裂，内有种子2至多数，罕有1粒；种子小，具棱角或平凸。

龙眼洞林场有7种。

1. 耳草

Hedyotis auricularia L.

多年生草本。叶对生，近革质，披针形或椭圆形。聚伞花序腋生，密集成头状，无总花梗；苞片披针形，微小；萼管长约1 mm，常被毛，萼檐裂片4，披针形，被毛；花冠白色，管长1～1.5 mm，外面无毛，里面仅喉部被毛，花冠裂片4枚。果球形，成熟时不开裂，宿存萼檐裂片长0.5～1 mm；种子每室2～6颗，种皮干后黑色，有小窝孔。花期3～8月。

龙眼洞后山至火炉山（王发国等5693），龙眼洞筲箕窝至火烧天（筲箕窝—6林班；王发国等5970）。分布于中国南部和西南部各地。印度、斯里兰卡、尼泊尔、越南、缅甸、泰国、马来西亚、菲律宾和澳大利亚也有。

2. 大苞耳草

Hedyotis bracteosa Hance

直立粗壮无毛草本；茎方柱形，具不明显的4翅。叶对生，在上部的近轮生，无柄或近无柄，纸质，长圆形或长圆状披针形；托叶阔三角形。花序头状，基部有4枚苞片承托，腋生；苞片4枚，阔卵形；花4数，无梗，密集；萼管长圆形，长约2 mm；花冠白色。蒴果近球形，灰色，略短于宿存萼檐裂片，成熟时开裂为2果爿；种子多颗，具棱，干后黑色，具皱纹。花期4～7月。

龙眼洞荔枝园至太和章附近（王发国等5828）。分布于中国广东、香港。

3. 伞房花耳草

Hedyotis corymbosa (L.) Lam.

一年生柔弱披散草本；茎和枝方柱形。叶对生，近无柄，膜质，线形，罕有狭披针形。花序腋生，伞房花序式排列，有花2～4朵，具纤细如丝、长5～10 mm的总花梗；花4数，萼管球形；花冠白色或粉红色，管形，长2.2～2.5 mm，喉部无毛，花冠裂片长圆形，短于冠管。蒴果膜质，球形，直径1.2～1.8 mm，有不明显纵棱数条，顶部平，宿存萼檐裂片长1～1.2 mm；种子每室10颗以上，有棱，种皮平滑，干后深褐色。花果期几乎全年。

龙眼洞筲箕窝至火烧天（筲箕窝—6林班；王发国等5896），帽峰山—管护站（王发国等6130），帽峰山帽峰工区山顶管理处，沿山谷周边。分布于中国西南至东南部。亚洲热带地区、非洲、美洲也有分布。全草入药，具清热解毒、利尿消肿和活血止痛之功效。

4. 白花蛇舌草

Hedyotis diffusa Willd.

一年生纤细披散草本。叶对生，无柄，膜质，线形。花4数，单生或双生于叶腋；萼管球形，长约1.5 mm，萼檐裂片长圆状披针形，长1.5～2 mm，顶部渐尖，具缘毛；花冠白色，管形，喉部无毛，花冠裂片卵状长圆形，顶端钝。蒴果膜质，扁球形，直径2～2.5 mm，宿存萼檐裂片长1.5～2 mm，成熟时顶部室背开裂；种子每室约10粒，具棱，干后深褐色，有深而粗的窝孔。花期春季。

龙眼洞筲箕窝至火烧天（筲箕窝—6林班；王发国等5882），帽峰山管护站—6林班（王发国等6116）。分布于中国西南至东南部。亚洲的热带和亚热带地区广布。全草入药，内服治肿瘤、蛇咬伤、小儿疳积，外用治泡疮、跌打刀伤等。

5. 牛白藤
Hedyotis hedyotidea (DC.) Merr.

藤状灌木。叶对生，膜质，长卵形或卵形。花序腋生和顶生，由10～20朵花集聚而成一伞形花序；总花梗长2.5 cm或稍过之；花4数，有长约2 mm的花梗；花萼被微柔毛，萼管陀螺形，萼檐裂片线状披针形，短尖，外反；花冠白色，管形，长10～15 mm，裂片披针形，长4～4.5 mm，外反，外面无毛，里面被疏长毛。蒴果近球形，宿存萼檐裂片外反；种子数颗，微小，具棱。花期4～7月。

龙眼洞后山至火炉山（王发国等5702），帽峰山莲花顶森林公园—7林班，帽峰山帽峰工区山顶管理处，沿山谷周边。分布于中国广东、广西、云南、贵州、福建和台湾等地区。越南也有分布。

7. 粗叶耳草
Hedyotis verticillata (L.) Lam.

一年生披散草本；枝常平卧，上部方柱形，下部近圆柱形。叶对生，具短柄或无柄，纸质或薄革质，椭圆形或披针形。团伞花序腋生，无总花梗，有披针形、长3～4 mm的苞片；萼管倒圆锥形，被硬毛，萼檐裂片4，披针形；花冠白色，近漏斗形，除花冠裂片顶端有髯毛外无毛，顶部4裂，裂片披针形。蒴果卵形，被硬毛，成熟时仅顶部开裂，冠以长1.5～2.5 mm的宿存萼檐裂片；种子每室多数，具棱，干时浅褐色。花期3～11月。

龙眼洞筲箕窝至火烧天（筲箕窝—6林班；王发国等5949），帽峰山帽峰工区山顶管理处，沿山谷周边。分布于中国华南地区，云南、贵州、浙江。南亚及东南亚也有分布。

8. 龙船花属 Ixora L.

常绿灌木或小乔木。叶对生，很少3枚轮生。伞房花序式或三歧分枝的聚伞花序，常具苞片和小苞片；萼管通常卵圆形，萼檐裂片4，罕5片，裂片长于萼管或短于萼管或与萼管等长，宿存；花冠高脚碟形，喉部无毛或具髯毛，顶部4裂，罕5裂，裂片短于冠管，扩展或反折。核果球形或略呈压扁形，有2纵槽，革质或肉质，有小核2；小核革质，平凸或腹面下凹；种子与小核同形，种皮膜质，胚乳软骨质。

龙眼洞林场有1种。

6. 纤花耳草
Hedyotis tenelliflora Blume

柔弱披散草本；枝的上部方柱形，有4锐棱，下部圆柱形。叶对生，无柄，薄革质，线形或线状披针形。花无梗，1～3朵簇生于叶腋内，有边缘有小齿的苞片；萼管倒卵状，长约1 mm，萼檐裂片4，线状披针形，长约1.8 mm，具缘毛；花冠白色，漏斗形，长3～3.5 mm，冠管长约2 mm，裂片长圆形，长1～1.5 mm，顶端钝。蒴果卵形或近球形，宿存萼檐裂片仅长约1 mm，成熟时仅顶部开裂；种子每室多数，微小。花期4～11月。

帽峰山—8林班（王发国等6141）。分布于中国西南部至东南部。南亚、东南亚也有分布。

龙船花
Ixora chinensis Lam.

灌木。叶对生，披针形、长圆状披针形至长圆状倒披针形。花序顶生，多花，具短总花梗；总花梗长5～15 mm；萼管长1.5～2 mm，萼檐4裂，裂片极短，长约0.8 mm，短尖或钝；花冠红色或红黄色，顶部4裂，裂片倒卵形或近圆形，扩展或外反，长5～7 mm，宽4～5 mm，顶端钝或圆形。果近球形，双生，成熟时红黑色；种子长、宽4～4.5 mm，上面凸，下面凹。花期5～7月。

龙眼洞后山至火炉山防火线附近（王发国等5691），帽峰山帽峰工区山顶管理处，沿山谷周边，帽峰山—十八排。分布于中国华南、福建。越南、菲律宾、马来西亚、印度尼西亚等热带地区也有分布。可供观赏。

9. 粗叶木属 Lasianthus Jack

灌木，常有臭气；枝和小枝圆柱形，节部压扁。叶对生、二行排列，同一节上的叶等大或不等大，叶片纸质或革质。花小，数朵至多朵簇生叶腋，或组成腋生、具总梗的聚伞状或头状花序，通常有苞片和小苞片；萼管小，檐部长或短，3～7裂，通常分裂；花冠漏斗状或高脚碟状，喉部被长柔毛。核果小，外果皮肉质，成熟时常为蓝色，内含3～9分核，分核具3棱，内含略弯的种子1颗，种皮膜质。

龙眼洞林场有1种。

粗叶木
Lasianthus chinensis (Champ.) Benth

灌木。叶薄革质或厚纸质，通常为长圆形或长圆状披针形，很少椭圆形。花无梗，常3～5朵簇生叶腋，无苞片，花冠通常白色，有时带紫色，近管状，被茸毛，管长8～10 mm，喉部密被长柔毛，裂片6或5枚，披针状线形，顶端内弯，有一长约1 mm的刺状长喙。核果近卵球形，径约6～7 mm，成熟时蓝色或蓝黑色，通常有6

个分核。花期5月，果期9～10月。

龙眼洞后山至火炉山防火线附近（王发国等5678），龙眼洞筲箕窝至火烧天（筲箕窝—6林班；王发国等5867）。分布中国华南、华东、西南等地区。越南、泰国也有分布。

10. 巴戟天属 Morinda L.

藤本、灌木或小乔木。叶对生，罕3片轮生。头状花序桑果形或近球形，由少数至多数花聚合而成；花无梗，两性；花萼半球形或圆锥状，下部彼此黏合，上部环状；花冠白色，漏斗状、高脚碟状或钟状。聚花核果由1至多数合生花和花序托发育而成，卵形、桑果形或近球形，每一核果具分核2～4；分核近三棱形，外面弯拱，两侧面平或具槽，具种子1。

龙眼洞林场有2种，1亚种。

1. 巴戟天
Morinda officinalis How

藤本；肉质根不定位肠状缢缩。叶薄或稍厚，纸质。花序排列于枝顶；花序梗长5～10 mm，被短柔毛，基部常具卵形或线形总苞片1；头状花序具花4～10朵；花萼倒圆锥状，下部与邻近花萼合生，顶部具波状齿2～3，外侧一齿特大，三角状披针形，顶尖或钝，其余齿极小；花冠白色，近钟状，稍肉质。聚花核果由多花或单花发育而成，熟时红色，扁球形或近球形；核果具分核，分核三棱形，内面具种子1颗；种子熟时黑色，略呈三棱形，无毛。花期5～7月，果熟期10～11月。

帽峰山—2林班，帽峰山—管护站，龙眼洞。分布于中国华南、福建等地区。中南半岛也有分布。本种是现代中药巴戟天的原植物，其肉质根的根肉晒干即成药材巴戟天。

2. 鸡眼藤（小叶巴戟天）
Morinda parvifolia Bartl. ex DC.

攀缘、缠绕或平卧藤本。叶形多变。头状花序近球形或稍呈圆锥状，具花3～17朵；花4～5基数，花萼下部各花彼此合生；花冠白色，管部长约2 mm，檐部4～5裂，裂片长圆形，顶部向外隆出和向内钩状弯折，内面中部以下至喉部密被髯毛。聚花核果近球形，熟时橙红至橘红色；核果具分核2～4；分核三棱形，具种子1颗。种子与分核同形，角质。花期4～6月，果期7～8月。

龙眼洞荔枝园至太和章附近（王发国等5782），帽峰山帽峰工区山顶管理处，沿山谷周边。分布于中国南部至东南部。越南、菲律宾也有分布。全株药用，有清热利湿、化痰止咳等药效。

3. 羊角藤
Morinda umbellata L. subsp. **obovata** Y. Z. Ruan

攀缘或缠绕藤本，有时灌木状。叶纸质或革质，倒卵形、倒卵状披针形或倒卵状长圆形。伞状花序排列于枝顶，具花6～12朵；花4～5基数，各花萼下部彼此合生；花冠白色，稍呈钟状。果序梗长5～13 mm；聚花核果由3～7花发育而成，成熟时红色，近球形或扁球形，直径7～12 mm；核果具分核2～4；分核近三棱形，具种子1颗；种子角质，棕色，与分核同形。花期6～7月，果熟期10～11月。

龙眼洞凤凰山（场部—6林班；王发国等6017），龙眼洞林场—天鹿湖站，龙眼洞筲箕窝。分布于中国华南、华东地区和湖南。越南、老挝、印度、斯里兰卡、马来西亚、印度尼西亚、菲律宾、日本、澳大利亚也有分布。全株入药，有清热、止咳、止血之效，治胃痛、急性肝炎、外伤出血等。

11. 玉叶金花属 Mussaenda L.

乔木、灌木或缠绕藤本。叶对生，稀3枚轮生。聚伞花序顶生；苞片和小苞片脱落；花萼管长圆形或陀螺形，萼裂片5枚，其中有些花的萼裂片中有1枚极发达呈花瓣状，很少全部均成花瓣状，白色或其他颜色，且有长柄，通常称花叶；花冠黄色、红色或稀为白色，高脚碟状，花冠管通常较长，外面有绢毛或长毛，里面喉部密生黄色棒形毛，花冠裂片5枚，在芽内镊合状排列。花盘大，环形。浆果肉质，萼裂片宿存或脱落；种子小。

龙眼洞林场有1种。

玉叶金花
Mussaenda pubescens Ait. f.

攀缘灌木。叶对生或轮生，膜质或薄纸质，卵状长圆形或卵状披针形。聚伞花序顶生，密花；苞片线形，有硬毛；花梗极短或无梗；花萼管陀螺形，被柔毛，萼裂片线形，通常比花萼管长2倍以上，基部密被柔毛，向上毛渐稀疏；花叶阔椭圆形，长2.5～5 cm，宽2～3.5 cm，有纵脉5～7条；花冠黄色。浆果近球形，疏被柔毛，顶部有萼檐脱落后的环状疤痕，干时黑色，果柄长4～5mm，疏被毛。花期6～7月。

龙眼洞，帽峰山帽峰工区焦头窝，帽峰山帽峰工区山顶管理处，沿山谷周边，常见。生于灌丛、溪谷、山坡或村旁。分布于中国长江以南各地区。茎叶味甘、性凉，有清凉消暑、清热疏风的功效，供药用或晒干代茶饮用。

12. 鸡矢藤属 Paederia L.

柔弱缠绕灌木或藤本，揉之有强烈的臭味。叶对生，稀3枚轮生，具柄，通常膜质。花排成腋生或顶生的圆锥花序式的聚伞花序，具小苞片或无；萼管陀螺形或卵形，萼檐4～5裂，裂片宿存；花冠管漏斗形或管形，被毛，喉部无毛或被茸毛，顶部4～5裂，裂片扩展，镊合状排列，边缘皱褶。果球形或扁球形，外果皮膜质，分裂为2个小坚果；小坚果膜质或革质，背面压扁。种子与小坚果合生，种皮薄。

龙眼洞林场有1种。

鸡矢藤
Paederia scandens (Lour.) Merr.

藤本。叶对生，纸质或近革质，形状变化很大。圆锥花序式的聚伞花序腋生和顶生，扩展，末次分枝上着生的花常呈蝎尾状排列；小苞片披针形；花具短梗或无；萼管陀螺形，长1～1.2 mm，萼檐裂片5枚，裂片三角形；花冠浅紫色，管长7～10 mm，顶部5裂，花丝长短不齐。果球形，成熟时近黄色，有光泽，平滑，直径5～7 mm，顶冠以宿存的萼檐裂片和花盘；小坚果无翅，浅黑色。花期5～7月。

龙眼洞筲箕窝至火烧天（筲箕窝—6林班；王发国等5906），龙眼洞凤凰山（场部—3林班；王发国等6024），帽峰山帽峰工区焦头窝。分布于中国长江流域及其以南各地。朝鲜、日本、印度、缅甸、泰国、越南、老挝、柬埔寨、马来西亚、印度尼西亚也有分布。

13. 大沙叶属 Pavetta L.

灌木，稀乔木。叶对生，稀轮生；托叶生叶腋。伞房状聚伞花序有托叶状的苞片；萼管陀螺形或钟形，萼檐4裂，很少5裂，裂片短或延长，脱落或宿存；花基数4～5；花冠红色或白色，高脚碟形，冠管纤细，喉部被毛或无毛，顶部4裂，裂片旋转排列。浆果球形，具2颗种子；种子与小核同形，种子膜质。

龙眼洞林场有1种。

大沙叶
Pavetta arenosa Lour.

灌木，小枝无毛。叶对生，膜质，长圆形至倒卵状长圆形，长9～18 cm。托叶阔卵状三角形，外面无毛，下面疏被毛。花序顶生，总花梗长3～4 cm；花具芳香气味；萼管卵形，被白色短柔毛，花萼裂片4枚，三角形；花冠白色，冠管喉部有柔毛，花冠裂片4枚；花丝短，花药伸出，开花时旋扭；花柱长伸出。浆果球形，顶部有宿萼。花期4～5月。

龙眼洞。分布于中国广东、广西、海南。越南也有分布。

14. 九节属 Psychotria L.

直立灌木或小乔木。叶常对生；托叶生叶柄内。伞房状或圆锥状聚伞花序顶生，稀为腋生的花束或头状花序；花小，两性，萼管短，萼檐截平或4～6裂，花冠漏斗形、管形或近钟形，裂片5(4、6)，镊合状排列。浆果或核果平滑或具纵棱，有小核2个或分裂为2个分果爿。种子2，与小核同形，背面凸起，平滑或具纵棱。

龙眼洞林场有3种。

1. 九节
Psychotria asiatica L.

灌木或小乔木。叶对生，纸质或革质，长圆形、椭圆状长圆形，长5～24 cm；托叶膜质，短鞘状，先端不裂，顶部全缘，易脱落。伞房状或圆锥状聚伞花序常顶生多花，总花梗常极短，近基部三分歧；花冠白色，冠管喉部被白色长柔毛，花冠裂片近三角形，开放时反折。核果球形或宽椭圆形，有纵棱，红色；小核背面凸起，具纵棱，腹面平而光滑。花果期全年。

龙眼洞后山至火炉山防火线附近（王发国等5657），帽峰山帽峰工区焦头窝，帽峰山—6林班，常见。分布于中国华南、华东、西南地区。日本、南亚、东南亚也有分布。嫩枝、叶、根药用，可清热解毒、消肿拔毒、祛风除湿。

4～7月，果期全年。

帽峰山帽峰工区焦头窝，龙眼洞。分布于中国华南、华东地区。东亚、东南亚也有分布。全株药用，能舒筋活络、壮筋骨、祛风止痛、凉血消肿，治风湿痹痛、坐骨神经痛、痈疮肿毒、咽喉肿痛。

2. 溪边九节

Psychotria fluviatilis Chun ex W. C. Chen

灌木。叶对生、纸质或薄革质，倒披针形或椭圆形，稀倒卵形；托叶披针形或三角形，纸质。聚伞花序顶生或腋生，少花；苞片和小苞片线状披针形；花萼倒圆锥形，檐部扩大，花萼裂片4～5枚，三角形；花冠白色，管状，外面无毛，喉部被白色长柔毛，花冠裂片4～5，长圆形，顶端稍尖，开放时下弯。果长圆形或近球形，红色，具棱，顶部有宿存萼；种子2颗，背面凸，具棱，腹面平坦。花期4～10月，果期8～12月。

帽峰山莲花顶公园公路（王发国等6253），龙眼洞林场天河区—草塘站。分布于中国广东、广西。

3. 蔓九节

Psychotria serpens L.

攀缘或匍匐藤本，常以气根攀附于树干或岩石上。叶纸质或革质，形状变化很大，常卵形、倒卵形、椭圆形或披针形；托叶小，膜质，短鞘状，先端不裂，易脱落。伞房状聚伞花序顶生；苞片和小苞片线状披针形，常对生；花萼倒圆锥形，与花冠外面有时被秕糠状短柔毛，花萼裂片5枚；花5数，花冠白色苞片和小苞片线状披针形，常对生。果球形或椭圆形，具纵棱，成熟时常呈白色；小核背面凸起，具纵棱，腹面平而光滑。花期

15. 钩藤属 Uncaria Schreber.

攀缘状灌木，常以不发育的钩状总花梗附于它物上。叶对生；托叶在叶柄间，全缘或2裂。花聚合成头状花序，无小苞片或混生丝状小苞片；圆头状花序腋生或顶生，不发育的总花梗常变为钩状体；萼管纺锤形或筒状，花被5裂。蒴果延长，形状不一，聚合成一球状体，室间开裂为2个分果爿；种子多数，两端有长翅。

龙眼洞林场有1种。

白钩藤

Uncaria sessilifructus Roxb.

大藤本，嫩枝微被短柔毛。叶近革质、卵形、椭圆形，叶背常有蜡被，干时常为粉白色；托叶窄三角形。头状花序单生叶腋；小苞片线形或有时近匙形；花无梗；花萼管外面有稠密苍白色毛，花冠黄白色，高脚碟状，花冠裂片长圆形，外面有明显苍白色或金黄色的绢毛。蒴果纺锤形，宿存萼裂片舌状，微被短柔毛，宿存萼裂片舌状。花果期3～12月。

龙眼洞。分布于中国广西和云南。南亚、东南亚也有分布。

16. 水锦树属 Wendlandia Bartl. ex DC.

灌木或乔木。单叶对生；托叶生叶柄间，三角形或近三角形。花小，聚伞花序排列成顶生、稠密、多花的圆锥花序式，有苞片和小苞片；萼管常为近球形、卵形或陀螺形，萼檐5裂，萼裂片宿存；花冠管状、高脚碟状或漏斗状，冠管喉部无毛或被毛，花冠裂片5枚，很少4片，裂片扩展或外反，覆瓦状排列子房2(3)室。蒴果小、球形；种子扁，种皮膜质，有网纹。

龙眼洞林场有1种，1亚种。

1. 水锦树
Wendlandia uvariifolia Hance

灌木或乔木；小枝被锈色硬毛。叶纸质，宽椭圆形、长圆形、卵形或长圆状披针形；托叶宿存，有硬毛。圆锥状聚伞花序顶生，被灰褐色硬毛，分枝广展，多花；小苞片线状披针形，约与花萼等长或稍短；花小，常数朵簇生；花萼密被灰白色长硬毛，萼裂片卵状三角形；花冠漏斗状，白色，外面无毛，冠管喉部有白色硬毛。蒴果小，球形。花期1～5月，果期4～10月。

龙眼洞筲箕窝至火烧天（筲箕窝—6林班；王发国等5962），帽峰山帽峰工区焦头窝，帽峰山—6林班。分布于中国华南地区、台湾、贵州、云南。越南也有。叶和根有活血散瘀之效。

2. 中华水锦树
Wendlandia uvariifolia Hance subsp. **chinensis** (Merr.) Cowan

本亚种与原亚种不同的是叶通常较狭，常为长圆形或长圆状披针形，叶背被柔毛。花期3～4月，果期4～7月。

龙眼洞。生于山坡、山谷溪边、丘陵的林中或灌丛中。分布于中国华南地区。

233. 忍冬科 Caprifoliaceae

灌木、乔木或藤本，稀草本。单叶或羽状复叶，叶对生。花多为聚伞或圆锥花序，或由聚伞花序集合成伞房式或圆锥式复花序，有时因聚伞花序中央的花退化而仅具2朵花，极少花单生。花两性，极少杂性，整齐或不整齐；苞片和小苞片存在或否，极少小苞片增大成膜质的翅；萼筒贴生于子房，萼裂片或萼齿(2)4～5枚；花冠合瓣、辐射状、钟状、筒状、高脚碟状或漏斗状，整齐或二唇形。浆果、核果、很少蒴果；种子具骨质外种皮，平滑或有槽纹。

龙眼洞林场有2属，4种。

1. 忍冬属 Lonicera L.

灌木或藤本，稀小乔木。单叶，多对生，稀轮生，常全缘，稀波状或浅裂，无托叶。花常成对腋生，每双花有苞片和小苞片各一对，苞片小或形大叶状，小苞片有时连合成杯状或坛状壳斗而包被萼筒，稀缺失；花5基数，花冠整齐或唇形，花冠白色、黄色、淡红色或紫红色，钟状、筒状或漏斗状，花冠筒长或短，基部常一侧肿大或具浅或深的囊，很少有长距。浆果红色、蓝黑或黑色。

龙眼洞林场有2种。

1. 华南忍冬
Lonicera confusa (Sweet) DC.

半常绿藤本。叶纸质，卵形至卵状矩圆形，长3～7 cm。花有香味，双花腋生或集合成短总状花序，有明显总苞叶；苞片披针形，小苞片圆卵形或卵形；萼筒长1.5～2 mm，被短糙毛；萼齿披针形或卵状三角形；花冠白色，后变黄色，唇形，筒直或有时稍弯曲，外面被多少开展的倒糙毛和长、短两种腺毛。果实黑色，椭圆形或近圆形。花期4～5月，果熟期10月。

龙眼洞凤凰山（场部—3林班；王发国等6015）。分布于中国华南地区。越南北部和尼泊尔也有分布。花供药用，清热解毒，藤和叶也可入药。

2. 忍冬（金银花）
Lonicera japonica Thunb.

半常绿藤本。叶纸质，卵形至矩圆状卵形。总花梗通常单生于小枝上部叶腋，与叶柄等长或稍较短；苞片大，叶状，卵形至椭圆形，两面均有短柔毛或有时近无毛；小苞片顶端圆形或截形；花冠白色，有时基部向阳面呈微红色，后变黄色。果实圆形，熟时蓝黑色，有光泽；种子卵圆形或椭圆形，褐色，中部有1凸起的脊，两侧有浅的横沟纹。花期4～6月（秋季亦常开花），果熟期10～11月。

龙眼洞荔枝园至太和章附近（王发国等5835）。除黑龙江、内蒙古、宁夏、青海、新疆、海南和西藏无自然生长外，中国各地均有分布，也常栽培。日本和朝鲜也有分布。

2. 荚蒾属 Viburnum L.

灌木或小乔木，常被星状毛。单叶，对生，稀轮生。花小，由聚伞花序集生成伞房状或圆锥花序，顶生或侧生，有时具大型白色不孕性边花，花辐射对称，5基数；萼5裂，宿存；花冠白色，稀粉红色，钟状、漏斗状或高脚碟状。核果椭圆形，冠以宿存的花萼和花柱；核扁，稀球形，常有背、腹沟。

龙眼洞林场有2种。

1. 南方荚蒾
Viburnum fordiae Hance

灌木或小乔木。幼枝、芽、叶柄、花序、萼和花冠外面均被黄褐色茸毛。枝灰褐色或黑褐色。叶纸质至厚纸质，宽卵形或菱状卵形，先端近锐尖至骤然短渐尖，基部钝或圆形，叶面绿色，无毛或仅沿脉有茸毛，无腺点或有时沿脉散生有柄的红褐色小腺点。聚伞花序顶生，密被簇状茸毛，有梗，第1级辐射枝通常5条，花生于第3至第4级辐射枝上；花萼外被簇状毛；花冠白色，外疏被簇状毛，辐射状，裂片长于冠筒。果实红色，卵圆形；核扁，背具1、腹具2浅槽。花期4～5月，果熟期10～11月。

龙眼洞凤凰山（场部—3林班；王发国等6021）。分布于中国华南、华中、华东及西南地区。

2. 常绿荚蒾（坚荚蒾）
Viburnum sempervirens K. Koch

常绿灌木。叶革质，干后叶面变黑色至黑褐色或灰黑色，椭圆形至椭圆状卵形，长4～12 cm；叶柄红紫色。复伞形式聚伞花序顶生，有红褐色腺点，第1级辐射枝4～5条，中间者最短，花生于第3至第4级辐射枝上；萼筒筒状倒圆锥形，萼齿宽卵形，顶钝形，比萼筒短；花冠白色，辐射状，裂片近圆形，约与筒等长。果实红色，卵圆形；核扁圆形，腹面深凹陷，背面凸起，其形如杓。花期5月，果熟期10～12月。

帽峰山—2林班，龙眼洞。分布于中国广东、广西和江西。

238. 菊科 Compositae

草本或灌木，稀为乔木状。叶互生或对生，稀轮生，单叶、羽裂或羽状复叶。花两性或单性，稀单性异株，单一或多数成头状花序或短穗状花序，头状花序单生或排成总状、聚伞状、伞房状、圆锥状或穗状花序，盘状或辐射状，如有同型小花，则全部为两性管状花或舌状花，如有异型小花，则外围为雌性舌状花或管状花、中央为两性管状花；花冠整齐或较少两侧对称；萼片不发育，常退化成鳞片状、刚毛状或毛状的冠毛；花瓣合生。瘦果，种子1颗，直立。

龙眼洞林场有30属，40种。

1. 藿香蓟属 Ageratum L.

一年生或多年生草本或灌木。叶片对生或上部叶互生。头状花序在茎枝顶排列成伞房状或圆锥状花序，同型，有多数小花；总苞钟状，总苞片2或3层，线形，草质，不等长；花托平或稍突起；小花管状，顶部5裂，花药基部钝，顶端有附片。瘦果具5纵棱；冠毛5枚，膜片状或鳞片状。

龙眼洞林场有1种。

胜红蓟（臭草）
Ageratum conyzoides L.

一年生草本，全株具香气。全部茎枝淡红色，或上部绿色，被白色尘状短柔毛或长茸毛。叶卵形，对生，基部钝或宽楔形，叶缘具钝圆锯齿。头状花序在茎或分枝顶端排列为伞房花序；总苞钟状或半球形；花冠外面无毛或顶端有尘状微柔毛，檐部5裂，淡紫色或浅蓝色。瘦果长椭圆形，黑褐色，5棱；冠毛膜片5枚，长圆形。花果期全年。

龙眼洞荔枝园至太和章附近（王发国等5841），帽峰山莲花顶森林公园—7林班。分布于中国长江流域以南。原产中美洲、南美洲，逸为野生，现非洲、南亚及东南亚也有。全草药用，清热解毒，消肿止血。

2. 蒿属 Artemisia L.

一年生、二年生草本或多年生草本，少数为亚灌木或小灌木；常具强烈香味。叶互生，一至三回，全缘至多回羽裂。头状花序在茎或分枝上排成穗状花序，或穗状花序式的总状花序或复头状花序；总苞片卵形、长卵形或椭圆状倒卵形，稀披针形，覆瓦状排列，3或4层；边缘花雌性，花冠2或4裂，花冠狭圆锥状或狭管状，中央花两性，可育、部分可育或不育，花冠5裂，可育两性花开花时花柱伸出花冠外，上端2叉；不育两性花的雌蕊退化，花柱极短，先端不叉开。瘦果冠毛不明显或无。

龙眼洞林场有2种。

1. 五月艾

Artemisia indica Willd.

半灌木状草本，高80～150 cm；植株具浓烈香气。叶背密被灰白色蛛丝状茸毛；叶一至二回羽状分裂或大头羽状深裂，上部叶羽状全裂。头状花序直立，在分枝上排成穗状花序式的总状花序或复总状花序；总苞片3～4层，有绿色中肋；花序托小，凸起；雌花4～8朵，花冠狭管状，檐部紫红色，具2～3裂齿，外面具小腺点；两性花8～12朵，花冠管状，外面具小腺点，檐部紫色。瘦果长圆形或倒卵形。花果期8～10月。

龙眼洞荔枝园至太和章附近（王发国等5762），帽峰山—十八排。分布几遍全中国。东亚、南亚、东南亚、大洋洲和北美也有分布。药用，有清热解毒、止血消炎等作用；根有补肾功效。

2.*白苞蒿

Artemisia lactiflora Wall. ex DC.

多年生草本，高50～200 cm，茎纵棱明显；上半部具开展、纤细、着生头状花序的分枝。叶薄纸质或纸质，宽卵形或长卵形，一至二回羽状分裂，每侧有裂片3～5枚，裂片或小裂片形状变化大，卵形、长卵形、倒卵形或椭圆形，基部与侧边中部裂片最大。头状花序在小枝上排成穗状花序，在茎上端组成圆锥花序；总苞3～4层；雌花3～6朵，花冠狭管状；两性花4～10朵，花冠管状。瘦果倒卵形或倒卵状长圆形。花期8～11月。

龙眼洞林场—天鹿湖站。栽培。分布于中国秦岭以南各地。亚洲亚热带与热带地区广布。全草可药用，有清热、解毒、止咳、消炎、活血、散瘀、通经等作用，可用于治肝炎、肾疾病，近年来也可用于治疗血丝虫病；也可作蔬菜食用。

3. 紫菀属 Aster L.

多年生草本、亚灌木或灌木。叶互生。头状花序伞房状或圆锥伞房状排列，或单生，各有多数异型花，放射状，外围有1～2层雌花，中央有多数两性花；总苞片2至多层，覆瓦状排列或近等长，草质或革质，边缘常膜质；花托蜂窝状，平或稍凸起；雌花花冠舌状，白色、浅红色、紫色或蓝色，顶端有2～3个不明显的齿；两性花花冠管状，黄色或顶端紫褐色，通常有5裂片。瘦果长圆形或倒卵形；冠毛白色或红褐色。

龙眼洞林场有2种。

1. 白舌紫菀

Aster baccharoides Steetz.

木质草本或亚灌木，高50～100 cm。下部叶匙状长圆形，上部有疏齿；中部叶长圆形或长圆状披针形，基部渐或急狭；上部叶渐小。头状花序排成顶生圆锥伞房状，或在短枝上单生；苞叶极小，在梗端密集且渐转变为总苞片；总苞倒锥状，总苞片4～7层，覆瓦状排列，外层卵圆形，顶端尖，内层长圆披针形，顶端钝；舌状花十余个，白色；管状花长6 mm，有微毛。瘦果狭长圆形；冠毛白色，具微糙毛。花期7～10月，果期8～11月。

帽峰山—十八排（王发国等6208）。分布于中国华南、华中及华东地区。

2. 钻形紫菀

Aster subulatus Michx.

一年生高大草本，高10～150 cm。基生叶在花期凋落；茎生叶多数，叶片披针状线形，无柄，长2～15 cm，宽0.2～2.3 cm。头状花序极多数，排成圆锥状；花序梗纤细、光滑，具4～8枚钻形的苞叶；总苞钟状，总苞片3～4层；雌花花冠舌状，花淡红色、红色、紫红色或紫色、线形；两性花管状，多数，冠檐狭钟状筒形，先端5齿裂。瘦果密被短毛，稍扁，具边肋，两面各具1肋，疏被白色微毛；冠毛1层，较花冠长。花果期9～11月。

龙眼洞筲箕窝至火烧天（筲箕窝—6林班；王发国等5889），帽峰山帽峰工区山顶管理处，沿山谷周边。分布于中国华南、西南、华中、华东地区地区。原产北美，逸为野生，现广布世界温暖地区。

4. 鬼针草属 Bidens L.

一年生或多年生直立草本。叶对生，稀3枚轮生。头状花序顶生或排成不规则伞房状圆锥花序丛；总苞钟状或半球形，苞片1~2层，基部常合生；托片狭，近扁平，干膜质；花杂性，外围一层为舌状花，或无舌状花而全为筒状花，常白色或黄色；管状花结实，冠檐壶状，4~5裂，花药基部钝或近箭形；盘花筒状，两性可育。瘦果倒卵状椭圆形、楔形或条形，扁平或具四棱；冠毛刚毛状或芒刺状。

龙眼洞林场有2种。

1. 白花鬼针草
Bidens alba (L.) DC.

一年生草本，高50~150 cm，茎钝四棱形。叶对生；茎下部叶为一回羽状复叶，小叶常3枚，椭圆形或卵状椭圆形；茎上部叶常为单叶，不分裂，条状披针形。头状花序排成顶生疏伞房状花序；总苞片2层7~8枚，条状匙形，外层托片披针形，内层条状披针形；盘花筒状，冠檐5齿裂；边缘舌状花5~8朵，白色；中央管状花26~80朵，黄色。瘦果条形，顶端有2条芒刺。花期6~11月。

2. 鬼针草
Bidens pilosa L.

一年生草本，高20~150 cm。叶对生，三出复叶，小叶常2~3枚；茎上部叶渐小，3裂或不裂。头状花序排成顶生疏伞房状花序或稀单生，全部为两性花；花序梗长2~5 cm，果时延长，无毛或散生柔毛；总苞钟形，下部和基部被白色柔毛；总苞片2层，6~8枚，近等长，条状匙形；小花管状，黄色，冠檐5齿裂。瘦果条形，顶端有3~4条芒刺。花期6~11月。

帽峰山—8林班（王发国等6143），帽峰山帽峰工区焦头窝，帽峰山—十八排。分布于中国华南、西南、华东、华中各地区。亚洲和美洲热带和亚热带地区也有分布。全草药用。

5. 艾纳香属 Blumea DC.

一年生、多年生草本或亚灌木或藤本，高大粗壮，常被毛。单叶互生，无柄、具柄或沿茎下延成茎翅，边缘有细齿、粗齿、重锯齿，或琴状、羽状分裂。总苞片2~4层，外层最短，覆瓦状排列；头状花序腋生和顶生，排列成长圆形或塔状圆锥花序，少有紧缩成球形或穗状圆锥花序，盘状；边花雌性，花冠细管状，檐部2~4齿裂；心花两性，花冠管状，向上渐扩大，檐部5浅裂，少有6浅裂。瘦果圆柱或纺锤形，常具10条纵棱；冠毛白色、淡红色或黄褐色。

龙眼洞林场有3种。

龙眼洞荔枝园至太和章附近（王发国等5837）。原产美洲热带地区，逸为野生，现广布世界热带地区。药用可清热解毒、利湿退黄、散瘀止血等。

1. 见霜黄
Blumea lacera (Burm.f.) DC. [*B. subcapitata* DC.]

草本，高18~100 cm。下部叶倒卵形或倒卵状长圆形，上部叶倒卵状长圆形或长椭圆形。头状花序排成腋生和顶生的圆锥花序；总苞圆柱形，总苞片约4层，草质或内层边缘干膜质，花后反折，全部线形，顶端长渐尖，外层背面被白色密长柔毛，并有密缘毛；花黄色；雌花多数，花冠细管状，檐部3齿裂；两性花15朵，花冠管状，向上渐宽，檐部5浅裂，裂片卵状三角形，被疏柔毛和腺体。瘦果圆柱状纺锤形；冠毛白色。花期2~

6月。

龙眼洞筲箕窝至火烧天（筲箕窝—6林班；王发国等5858）。分布于中国华南、西南及华东地区。非洲东南部、亚洲东南部及澳大利亚北部也有分布。

2. 东风草

Blumea megacephala (Randeria) Chang et Tseng

攀缘状草质藤本，长1~3 m。叶卵形、卵状长圆形或长椭圆形，长7~10 cm。头状花序常1~7个在腋生小枝顶排成总状或近伞房状花序，再排成大型具叶的圆锥花序；总苞半球形，总苞片5~6层；花黄色；雌花多数，细管状，檐部2~4齿裂，裂片顶端浑圆，被短柔毛；两性花管状，被白色多细胞节毛，上部稍扩大，檐部5齿裂，裂片三角形，顶端钝。瘦果圆柱形；冠毛白色，糙毛状。花期8~12月。

龙眼洞后山至火炉山（王发国等5714），帽峰山帽峰工区山顶管理处，沿山谷周边。分布于中国华南、西南、华中及华东地区。越南北部也有分布。

3. 柔毛艾纳香

Blumea mollis (D. Don) Merr. [*Erigeron molle* D. Don]

草本，高60~90 cm。叶倒卵形，边缘具密锯齿，两面密生长绢毛。头状花序3~5个簇生成聚伞状花序，再排成大圆锥花序，花序柄长达1 cm，被密长柔毛；总苞片近4层，草质，紫色至淡红色；花紫红色或基部淡白色；雌花多数，花冠细管状，檐部3齿裂，裂片无毛；两性花花冠管状，向上渐增大，檐部5浅裂，裂片近三角形，顶端圆形或短尖，具乳头状突起及短柔毛。瘦果圆柱形，冠毛白色。花期几乎全年。

龙眼洞林场较常见。分布于中国华东、西南地区，广东、广西及湖南。非洲、南亚、东南亚及大洋洲北部以及也有分布。

6. 白酒草属 Conyza Less.

一年生、两年生或多年生草本，稀为灌木。叶互生，边缘全缘、具齿或羽状分裂，具柄或无柄。头状花序呈伞房状或圆锥状排列；总苞半球形至圆筒形；总苞片2~4层，披针形至披针状线形，通常草质，有膜质边缘；花序托半球形，外围有多数小窝孔，中央具少数较大的窝孔；外围雌花多数，花柱伸出花冠外；中央两性花少数，花冠管状，冠檐狭钟形至圆筒形。瘦果长圆形；冠毛污白色或变红色。

龙眼洞林场有2种。

1. 香丝草

Conyza bonariensis (L.) Cronq. [*Erigeron crispus* Pourr.]

一年生或二年生草本，高20~60 cm。下部叶倒披针形或长圆披针形，中部和上部叶狭披针形或线形。头状花序在茎顶排成总状或总状圆锥花序；花序梗长1~3 cm，密被白色糙毛；总苞椭圆形状卵形，总苞片2~3层；花序托扁球形；雌花多层，白色，具极短的舌片或有3~4小齿，管部细管状；两性花淡黄色，冠檐细圆筒形，先端5裂齿，外面具5条深色纵纹，冠管细管状。瘦果线状披针形，冠毛淡红褐色。花期5~10月。

龙眼洞荔枝园至太和章附近（王发国等5790），帽峰山帽峰工区山顶管理处，沿山谷周边。分布于中国中部、东部、南部至西南部。原产南美洲，现广泛分布热带及亚热带地区。全草可药用，治感冒、疟疾、急性关节炎及外伤出血等症。

2. 小蓬草

Conyza canadensis (L.) Cronq. [*Erigeron canadensis* L.]

一年生草本，高10~150 cm，茎被粗毛。基部叶花期凋萎，下部叶倒披针形；中部和上部叶较小，线状披针形或线形。头状花序排列成顶生多分枝的圆锥花序；总苞近圆柱形，总苞片2~3层，淡绿色，线状披针形或线形，顶端渐尖，外层约短于内层之半背面被疏毛；雌花舌状，白色；两性花管状，淡黄色，上端具4或5个齿裂，管部上部被疏微毛。瘦果线状披针形，稍扁压，被贴微毛；冠毛污白色。花期5~9月。

龙眼洞。分布于中国南北各地。原产北美洲，逸为野生，为一杂草。

7. 野茼蒿属 Crassocephalum Moench.

一年生或多年生草本。叶互生。头状花序具同形小花，排列成伞房花序，盘状或辐射状；总苞片1层，分离，边缘膜质；花序托平，有窝孔，窝孔边缘膜质；小花管状，两性，结实，花冠细管状，檐部5裂；花冠细管状。瘦果狭圆柱形，基部和顶端具灰白色环，具肋；冠毛白色，绢毛状。

龙眼洞林场有1种。

野茼蒿（革命菜）
Crassocephalum crepidioides (Benth) S. Moore

直立草本，高20~120 cm。叶互生，矩圆状椭圆形，边缘有锯齿或基部羽状分裂。头状花序在茎顶端排成伞房状；总苞钟形，总苞片1层，线状披针形，先端有簇状毛尖，边缘膜质；小花管状，两性，花冠红褐色或橙红色。瘦果狭圆柱形，赤红色；冠毛白色。花期7~12月。

龙眼洞筲箕窝至火烧天（筲箕窝—6林班；王发国等5924），帽峰山—8林班（王发国等6177），帽峰山帽峰工区山顶管理处，沿山谷周边，常见。分布于中国华南、华中及西南地区。泰国、东南亚及非洲等地也有分布，是一种在泛热带广泛分布的杂草。全草可药用，有健脾、消肿之功效，治消化不良、脾虚浮肿等症；嫩叶可作野菜食用。

8. 鱼眼菊属 Dichrocephala DC.

一年生或多年生直立草本。叶互生，叶锯齿缘或琴状羽裂。头状花序顶生，呈球状或长圆状，常在茎和分枝先端排成圆锥状或总状排列，稀单生；总苞小，总苞片1或2层；花序托凸起，球形或倒圆锥形，先端平或尖；边花雌性，白色或黄色；中央花两性，通常黄绿色，冠檐狭钟形，先端4~5齿裂，花药先端有附片，基部楔形并具尾。瘦果倒披针形或长椭圆形；冠毛无或易脱落。

龙眼洞林场有1种。

鱼眼菊
Dichrocephala integrifolia (L. f.) Kuntze

一年生草本，高达70 cm。叶卵形、椭圆形或披针形长2~10 cm，宽1~5 cm，大头羽状分裂，顶裂片宽大。头状花序生枝顶，球形，排成疏松的伞房状圆锥花序；总苞片1~2层，近等长，狭长圆形或长圆状披针形；边花雌性，多层，花冠细管状，顶端2~3微齿，白色、白绿色或黄绿色；中央花两性，黄色，冠檐钟形，比管部长，先端4~5齿裂，黄色或黄绿色，冠管细。瘦果倒披针形，无冠毛，或两性花瘦果有1~2条极短的冠毛。花期全年。

龙眼洞。分布于中国长江以南各地。可药用，消炎止泻，治疗小儿消化不良。

9. 东风菜属 Doellingeria Nees

多年生草本。茎直立，叶互生，有锯齿，稀近全缘。头状花序伞房状排列，有异型花；总苞半球状或宽钟状；总苞片2~3层，近覆瓦状排列或近等长，条状披针形，厚质或叶质，边缘常干膜质；花序托稍凸起，窝孔全缘或稍撕裂；边花雌性，舌状，舌片常白色，矩圆状披针形，顶端有微齿；中央花两性，管状，黄色，上部钟状，有5裂片。瘦果圆柱形，两端稍狭，或稍扁，有5厚肋，无毛或有疏粗毛。冠毛同形，污白色，有多数不等长的细糙毛。

龙眼洞林场有1种。

东风菜
Doellingeria scaber (Thunb.) Nees [*Aster scaber* Thunb.]

多年生草本，高100~150 cm，上部有斜升的分枝，被微毛。基部叶在花期枯萎，叶片心形，长9~15 cm，宽6~15 cm，边缘有具小尖头的齿；中部叶较小，卵状三角形；上部叶小，矩圆披针形或条形。头状花序成圆锥伞房状排列；总苞半球形；总苞片约3层，无毛，边缘宽膜质，有微缘毛，顶端尖或钝，覆瓦状排列。舌状花白色，条状矩圆形；管状花檐部钟状，有线状披针形裂片，管部急狭。瘦果倒卵圆形或椭圆形，无毛；冠毛污黄白色，有多数微糙毛。花期6~10月，果期8~10月。

帽峰山—8林班（王发国等6151）。分布于中国东北部、北部、中部、东部至南部各地。也分布于朝鲜、日本、俄罗斯西伯利亚东部。

10. 鳢肠属 Eclipta L.

一年生或多年生直立草本，茎被粗毛。叶对生。头状花序顶生于茎顶及叶腋，呈辐射状，有异型小花；总苞钟状，苞片2层；花白色；边花雌性，结实，花冠舌状，舌片短而狭，开展，白色，全缘或具2齿裂；中央花两性，结实，花冠管状，白色，先端4齿裂，具花序梗。瘦果三角形或扁四角形，先端平截，有1~3个刚毛状细齿，两面有粗糙的瘤状突起。

龙眼洞林场有1种。

鳢肠

Eclipta prostrata (L.) L. [*E. alba* (L.) Haask.]

一年生草本，高达100 cm。叶对生，长圆状披针形，长1~10 cm，先端渐尖或急尖，基部狭楔形，边缘全缘、具细齿或浅波状，两面密被糙毛。头状花序顶生或腋生，具2~4 cm的细花序梗；总苞球状钟形，排成2层；总苞片6~8枚，排列成2层；外围雌花2层，舌状，白色，舌片条状，先端全缘或2裂，基部具细管；中央两性花花冠管状，白色，冠檐狭钟形，先端4齿，冠管短。瘦果暗褐色，无冠毛。花期6~9月。

龙眼洞筲箕窝至火烧天（筲箕窝—6林班；王发国等5848），帽峰山帽峰工区山顶管理处，沿山谷周边。分布于中国各地。世界热带及亚热带地区广泛分布。全草可药用，有凉血、消肿、强壮之功效。

11. 地胆草属 Elephantopus L.

多年生草本，全株被毛。叶互生，全缘或具齿，具羽状脉。头状花序密集成团球状复头状花序，在茎和枝端单生或排列为伞房状，基部被数个叶状苞片所包围；总苞圆柱形或长圆形，总苞片2层，覆瓦状，交叉对生，长圆形；花全为两性，花冠管状，冠檐漏斗状，上端5齿裂，通常一侧深裂。瘦果长圆形；冠毛1层，具5条硬刚毛。

龙眼洞林场有2种。

1. 地胆草

Elephantopus scaber L.

多年生草本，高10~100 cm。基生叶近莲座状，倒披针形至长椭圆形，被粗毛，茎叶少数或无；茎生叶少数，疏离。头状花序在茎或枝端排列为复头状花序，复头状花序单生于茎和分枝顶端，基部具3枚叶状苞片，苞片宽卵形、卵形或狭卵形；花冠管状，粉红色或紫色，冠檐狭钟形，长3~4 mm，5深裂。瘦果长圆状线形；冠毛污白色。花期7~11月。

帽峰山帽峰工区焦头窝（王发国等6069）。分布于中国华南、华东、华中、西南地区。越南、老挝、柬埔寨、印度、斯里兰卡、菲律宾、大洋洲及美洲也有分布。全草可药用，有清热解毒、消肿利尿之功效，治感冒、胃肠炎、咽喉炎、肾炎水肿、结膜炎等症。

2. 白花地胆草

Elephantopus tomentosus L.

多年生草本，高80~100 cm。下部叶长圆状倒卵形，基部渐狭成具翅的柄；上部叶椭圆形，近无柄。头状花序生于茎枝顶端排成复头状花序，复头状花序基部具3个卵状心形的叶状苞片；总苞长圆形；总苞片绿色，或有时顶端紫红色；小花4枚，花冠白色，漏斗状，管部细，裂片披针形。瘦果长圆状线形，冠毛污白色。花期8月至翌年5月。

龙眼洞筲箕窝（王发国等5721），帽峰山—8林班（王发国等6144），帽峰山帽峰工区山顶管理处，沿山谷周边。分布于中国福建、台湾及广东沿海地区。世界热带地区广布。全草可药用，用途同地胆草，但功效不及前种。

12. 一点红属 Emilia Cass.

一年生或多年生草本。叶互生，常基生或茎生，羽状分裂、具齿或全缘，抱茎。头状花序单生或数个排列成疏伞房状；花序梗长，花前下垂；总苞筒状，总苞片1层；小花全部管状，两性，黄色或粉红色，管部细长，檐部5裂。瘦果5棱；冠毛白色。

龙眼洞林场有1种。

一点红

Emilia sonchifolia (L.) DC.

一年生草本，高25~40 cm。茎基生叶和茎下部叶卵形或宽卵形，大头羽状分裂；上部叶小，卵状披针形至线形，常抱茎。头状花序在枝端排列为伞房状；总苞圆柱形，总苞片1层，线状长圆形或线形，与小花等长，先端渐尖，边缘膜质；花粉红色或紫色，管状。瘦果圆柱形，具5肋，肋间被毛；冠毛白色。花果期7~10月。

龙眼洞荔枝园至太和章附近（王发国等5766），帽峰山帽峰工区焦头窝（王发国等6065），帽峰山—管护站（王发国等6113）。分布于中国华南、西南、华中、华东地区。亚洲热带、亚热带地区及非洲广布。

13. 球菊属 Epaltes Cass.

多年生矮小草本直立或铺散。叶互生，全缘，有锯齿或分裂。头状花序小，盘状，单生或排成伞房花序，各有多数异型小花，花冠带淡紫色。总苞阔钟形、球形或半球形；总苞片多层，覆瓦状排列。边花多层，雌性，结实，花冠圆筒形或锥形，短于花柱，檐部2～3齿裂；花柱分枝细弱，丝状；中央花两性，花冠管状，檐部稍扩大，顶端3～5短裂；花柱钻形，不分裂或2浅裂。瘦果近圆柱形，有5～10棱，被疣状突起。

龙眼洞林场有1种。

球菊(鹅不吃草)
Epaltes australis Less.

一年生草本。叶倒卵形，长1.5～3 cm，宽5～11 mm，基部长渐狭，顶端钝，稀有短尖，叶缘不规则齿缘。头状花序扁球形，侧生、单生或双生；总苞半球形，总苞片4层，绿色，干膜质，无毛，外层卵圆形，内层倒卵形至倒卵状长圆形；雌花多数，檐部3齿裂，有疏腺点；两性花约20朵，花冠圆筒形，檐部4裂，裂片三角形，顶端略钝，有腺点。瘦果近圆柱形，有10条棱；无冠毛。花期3～6月，9～11月。

龙眼洞林场—石屋站（王发国等6264）。分布于中国广东、广西、台湾、福建及云南等地。印度、泰国、中南半岛、马来西亚至澳大利亚也有分布。

14. 菊芹属 Erechtites Raf.

一年生或多年生草本。单叶互生，全缘，边缘有齿或羽状分裂。头状花序顶生，排成圆锥状。总苞圆柱形，总苞片1层，分离，边缘膜质；外围2至多列小花雌性，结实，花冠丝状，顶端具4～5齿；中央小花两性，管状，结实，花冠狭漏斗形，檐部5裂。瘦果线形或长椭圆形，基部和顶端具不明显的环，具10肋；冠毛发丝状。

龙眼洞林场有1种。

菊芹
Erechtites valerianaefolia (Wolf.) DC.

一年生草本，高50～100 cm。叶具长柄，长椭圆形，羽状浅裂或深裂；叶具长柄，长圆形至椭圆形，叶柄具狭下延的翅；上部叶与中部叶相似。头状花序顶生，圆锥状排列；总苞圆柱状钟形；总苞片1层，线形。小花多数，花冠紫色带黄色，外围小花1～2层，花冠丝状，顶端5齿裂，中央小花细管状，内层的小花细漏斗状。瘦果圆柱形，具10～12条淡褐色的细肋；冠毛淡红色。花期5月。

龙眼洞凤凰山（场部—3林班；王发国等6002），帽峰山帽峰工区焦头窝。分布于中国华南地区，台湾。原产南美洲，逸为野生。为一田间杂草。

15. 泽兰属 Eupatorium L.

多年生草本、半灌木或灌木。叶对生或轮生，单叶或三裂叶。头状花序在茎枝顶端排成复伞房状或圆锥状花序；总苞长圆形、卵形、钟形或半球形，多层，覆瓦状排列，外层渐小或全部苞片近等长；花两性，管状，结实，紫色、红色或白色，花冠钟状，等长，辐射对称。瘦果具5棱，顶端截形，冠毛刚毛状。

龙眼洞林场有2种。

1. 假臭草
Eupatorium catarium Veldkamp. [*Praxelis clematidea* R. M. King et H. Robinson]

一年生草本，高30～100 cm。叶对生，具刺激性味道，卵圆形至菱形，先端急尖，基部圆楔形，具腺点，边缘齿状，先端急尖，基部圆楔形，叶具3脉。头状花序生于茎、枝端，总苞钟形，小花25～30，蓝紫色。瘦果黑色，条状，种子顶端具一圈白色冠毛。花果期全年。

龙眼洞筲箕窝至火烧天（筲箕窝—6林班；王发国等5952），帽峰山莲花顶森林公园—7林班，帽峰山帽峰工区焦头窝，常见。分布于中国华南、华东地区。原产南美洲，现散布于东半球热带地区。为一外来入侵种，已经占领了广东地区大部分荒坡、荒地、滩涂、林地、果园。

2. 华泽兰
Eupatorium chinense L.

多年生草本，高70～100 cm，或小灌木或半灌木状，高2～2.5 m；全株多分枝。叶对生；茎生叶卵形，长4.5～10 cm，羽状脉3～7对，茎基部叶花期枯萎，全部茎叶边缘有规则的圆锯齿。头状花序多数，在茎顶及枝端排列成大型疏散的复伞房花序；总苞钟状，总苞片3层，覆瓦状排列；外层苞片短，中层及内层苞片渐长；花白色、粉色或红色。瘦果淡黑褐色，椭圆状，有5棱，散布黄色腺点。花果期6～11月。

龙眼洞筲箕窝至火烧天（筲箕窝—6林班；王发国等5869）。分布于中国东南及西南地区。

16. 牛膝菊属 Galinsoga Ruiz et Pav.

一年生草本。叶对生。头状花序顶生或腋生，排列为伞房花序；花序梗长；总苞宽钟形或半球形，总苞片1～2层，约5枚，卵形或卵圆形，膜质，或外层较短、薄和草质；花序托圆锥状或伸长；小花异型，呈辐射状，边花1层，雌性，花冠舌状，舌片白色，开展，全缘或2～3齿裂，结实；中央花两性，黄色，冠檐稍扩大或狭钟形，先端具5短齿，结实，花药基部箭形，有小耳。瘦果有棱，倒卵圆状三角形；冠毛膜质，偶无冠毛。

龙眼洞林场有1种。

牛膝菊
Galinsoga parviflora Cav.

一年生草本，高10～100 cm。叶对生，卵状披针形，长1～7 cm，宽0.5～3 cm，先端渐尖或稀急尖，基部圆或宽楔形，边缘具钝锯齿、浅圆齿或浅波状具短柄。头状花序多数，径4～6 mm，于茎和枝先端排成伞房状花序；总苞半球形，总苞片1～2层；花序托圆锥状凸起；雌花花冠舌状，4～5个，白色，宽倒卵状近圆形；两性花花冠管状，冠檐黄色，圆筒形，先端5短齿，冠管淡绿色。瘦果圆柱状倒锥形，3～5棱；冠毛白色。花果期7～10月。

帽峰山—十八排（王发国等6221），龙眼洞林场—石屋站。分布于中国华南及西南地区。原产南美洲，逸为野生。全草可药用，有止血、消炎之功效，对外伤出血、扁桃体炎、咽喉炎、急性黄疸肝炎也有一定的疗效。

17. 鼠麴草属 Gnaphalium L.

一年生或多年生草本，全株密被绵毛。叶互生，全缘。头状花序顶生或腋生，常排列成聚伞花序或圆锥状伞房花序；总苞卵状或钟状，总苞片2～4层，覆瓦状排列，金黄色、淡黄色或黄褐色，稀红褐色，顶端膜质或几乎全部膜质，背面被棉毛；花黄色或淡黄色；边花雌性，花冠丝状，顶端3～4齿裂；中央花两性，花冠管状，檐部稍扩大，5浅裂。花药5个，顶端尖或略钝，基部箭头形，有尾部。瘦果卵形；冠毛白色。

龙眼洞林场有1种。

多茎鼠麴草
Gnaphalium polycaulon Pers.

一年生草本，茎多分枝，高10~25 cm；全株密被白色绵毛。下部叶倒披针形，基部长渐狭，下延，无柄；中部和上部叶较小，倒卵状长圆形或匙状长圆形。头状花序在茎顶端密集成穗状花序；总苞卵形，总苞片2层；雌花多，花冠丝状；两性花少，花冠管状，向上渐扩大，檐部5浅裂，裂片顶端尖，无毛。瘦果圆柱形；冠毛污白色。花期1~4月。

龙眼洞筲箕窝至火烧天（筲箕窝—6林班；王发国等5880）。分布于中国华南、华东及西南。印度、泰国、澳大利亚、埃及及非洲热带地区也有分布。

18. 向日葵属 Helianthus L.

一年或多年生草本，通常高大。叶对生，或上部或全部互生，有柄，常有离基三出脉。头状花序大，单生或排列成伞房状，有多数异型小花；总苞盘形或半球形；总苞片2至多层，膜质或叶质；花托平或稍凸起；托片折叠，包围两性花，外围1层花无性，舌状，舌片开展，黄色；中央花多数，两性，结实，管状，而上部钟状，上端黄色、紫色或褐色，有5裂片。瘦果长圆形或倒卵圆形，稍扁或具4厚棱；冠毛膜片状，具2芒。

龙眼洞林场有1种。

菊芋
Helianthus tuberosus L.

多年生草本，高1~3 m，有块状的地下茎及纤维状根。叶通常对生，有叶柄，但上部叶互生；下部叶卵圆形或卵状椭圆形，有长柄，长10~16 cm，宽3~6 cm，基部宽楔形或圆形，有时微心形。头状花序较大，单生于枝端，有1~2个线状披针形的苞叶，直立；总苞片多层，披针形；托片长圆形，长8 mm，背面有肋、上端不等3浅裂。舌状花12~20枚，舌片黄色，开展，长椭圆形；管状花花冠黄色。瘦果小，楔形，上端有2~4个有毛的锥状扁芒。花期8~9月。

莲花顶公园公路（王发国等6258）。原产北美，在中国各地广泛栽培，块茎俗称洋姜。块茎含有丰富的淀粉，是优良的多汁饲料；新鲜的茎、叶作青贮饲料；块茎也是一种味美的蔬菜并可加工制成酱菜；另外还可制菊糖及酒精。

19. 苦荬菜属 Ixeris Cass.

一年生或多年生草本。叶多基生，花期生存。头状花序顶生，同型，在茎枝顶端排列为伞房状；总苞圆柱状或钟状，果期有时卵球形，总苞片2~3层；花托平，无托毛；舌状小花10~26枚，黄色，舌片顶端5齿裂，白色或略带紫色。瘦果压扁，褐色，纺锤形，有10条尖翅肋，顶端渐尖成细喙，喙长或短，细丝状，异色；冠毛白色，纤细，不等长，微粗糙。

龙眼洞林场有1种。

苦荬菜
Ixeris repens (L.) A. Gray [*Chorisis repens* (L.) DC.]

一年生草本，高10~80 cm。基生叶线形或线状披针形，长7~12 cm，宽5~8 mm，顶端急尖，基部渐狭成长或短柄；中下部茎叶披针形或线形，长5~15 cm，宽1.5~2 cm，顶端急尖，基部箭头状半抱茎，向上或最上部的叶与中下部茎叶同形。头状花序多数，在茎枝顶端排成伞房状花序；总苞圆柱状，果期扩大成卵球形；总苞片3层；舌状小花10~25枚，黄色，极少白色。瘦果压扁，褐色，长椭圆形，有10条高起的尖翅肋，顶端急尖成喙，长1.5 mm，细丝状；冠毛白色，纤细，微糙，不等长。花果期3~6月。

龙眼洞后山至火炉山（王发国等5698）。分布于中国华南、华北、西南等地区。中南半岛、尼泊尔、印度、克什米尔地区、孟加拉国、日本也有分布。全草入药，具清热解毒、去腐化脓、止血生机功效，可治疗疮、无名肿毒、子宫出血等症。

20. 马兰属 Kalimeris Cass.

多年生草本。叶互生，全缘或有齿，或羽状分裂。头状花序单生于枝端或疏散伞房状排列，辐射状；总苞半球形，总苞片2~3层，近等长或外层较短而覆瓦状排列；草质或边缘膜质或革质；花托凸起或圆锥形，蜂窝状；外围雌花1~2层，结实，花冠舌状，白色或紫色，顶端有微齿或全缘；中央两性花，花冠钟状，有分裂片，结实。瘦果稍扁，倒卵圆形，边缘有肋。

龙眼洞林场有1种。

马兰
Kalimeris indica (L.) Sch.-Bip. [*Aster indicus* L.]

多年生草本，高30~70 cm。叶互生，茎生叶倒披针形或倒卵状矩圆形，长3~6 cm，基部渐狭成具翅的长柄，边缘具锯齿；上部叶小，全缘。头状花序单生于枝端并排列为疏伞房状，辐射状；总苞半球形，总苞片2~3层，近等长或外层较短而覆瓦状排列；草质或边缘膜质或革质；花托凸起或圆锥形，蜂窝状；舌状花1层，15~20枚，舌片浅紫色；两性花花冠钟状，有分裂片。瘦果倒卵状矩圆形，褐色；冠毛弱小易脱落。花期5~9月，果期8~10月。

龙眼洞筲箕窝至火烧天（筲箕窝—6林班；王发国等5943），莲花顶公园公路（王发国等6256），帽峰山—十八排。分布于中国华南、西南、华东、华中及东北各地。亚洲南部和东部也有分布。

21. 假泽兰属 Mikania Willd.

藤本或攀缘状灌木。叶对生或3~4枚轮生，叶片狭线形至宽卵形，有时具裂片，先端圆或稀短渐尖，基部狭楔形至心形或戟形。头状花序排列成圆锥状、聚伞圆锥状、总状、穗状或伞房状花序；总苞钟形或狭钟形；总苞片4枚；小花4枚，两性，结实；花冠白色，有时粉红色，漏斗状或有明显的管部和钟形的檐部，外面无毛至被疏柔毛或具腺点，里面光滑或稀具乳突，花冠裂片三角形。瘦果六棱状圆柱形，有4~10肋，有短柱形的果柄；冠毛多数，糙毛状，宿存。

龙眼洞林场有1种。

微甘菊

Mikania micrantha Kunth

多年生草本或木质藤本，茎细长，匍匐或攀缘，多分枝。叶薄，淡绿色，卵心形或戟形，渐尖，茎生叶大多箭形或戟形，具深凹刻，长4~13 cm，宽2~9 cm。头状花序多数，在枝端常排成复伞房花序状；总苞片4枚，狭长椭圆形；小花4枚，两性，结实，花冠白色，喉部钟状，具长小齿，弯曲。瘦果黑色，表面分散有粒状突起物，具5棱；冠毛鲜时白色。

龙眼洞后山至火炉山防火线附近（王发国等5673），龙眼洞水库旁，帽峰山—6林班。分布于中国华南地区。亚洲热带地区和太平洋诸岛屿、毛里求斯、澳大利亚、中美洲及南美洲各国、美国南部等也有分布。该种已被列入世界最有害的100种外来入侵物种之一。

22. 阔苞菊属 Pluchea Cass.

草本或灌木，带香气。叶互生，有锯齿，稀全缘或羽状分裂。头状花序多数，在枝顶排列为伞房花序或近单生，盘状；总苞卵形、阔钟形或近半球形状；总苞片多层，覆瓦状排列，外层宽卵形，内层较狭；边花雌性，花冠丝状，先端3浅裂或具细齿，白色、黄色或稀淡紫色，结实；中央花两性，花冠管状，不结实。瘦果4或5角柱形，冠毛毛状。

龙眼洞林场有1种。

翼茎阔苞菊

Pluchea sagittalis (Lam.) Cabrera.

多年生草本，直立，芳香，高1~1.5 m，基部多分枝，分枝密被茸毛。翅自叶基部向下延伸到茎部。中部叶无梗，披针形至宽披针形，长6~12 cm，宽2.5~4 cm，互生，无柄，表面被薄茸毛和黏性腺体，基部渐狭，边缘有锯齿，先端渐尖。头状花序直径7~8 mm，具花梗，顶生或腋生呈伞房花序状；花序梗5~25 mm；边缘小花多数；花冠白色，直径3~3.5 mm，3浅裂。瘦果棕色，圆筒状，具5条浅棱，具黏性腺体。花果期3~10月。

龙眼洞后山至火炉山防火线附近（王发国等5705），帽峰山—8林班（王发国等6179），帽峰山帽峰工区山顶管理处，沿山谷周边。生于开阔的平地、河床、沼泽和草地。分布于中国广东、台湾。原产南美洲和北美洲。

23. 千里光属 Senecio L.

一年生或多年生草本、亚灌木、灌木或为小乔木。叶常互生，形态变化大。头状花序排列成顶生的复伞状花序或圆锥聚伞花序；总苞基部具小外苞片，钟形、半球形或圆柱形；花序托平；总苞半球形、钟状或圆柱形，总苞片5~22，边缘膜质；舌状花有或无，舌片黄色；管状花3至多数，黄色，檐部5裂。瘦果具肋，圆柱形；冠毛毛状。

龙眼洞林场有1种。

千里光

Senecio scandens Buch-Ham. ex D. Don

多年生攀缘草本，长2～5 m，具根状茎。叶片卵状披针形至长三角形，长2.5～16 cm，宽2～6 cm，先端渐尖，基部宽楔形、截形、戟形或微心形。头状花序排成顶生复聚伞圆锥花序；总苞圆柱状钟形，总苞片12～13，线状披针形，先端渐尖，边缘膜质，背面被短柔毛；舌状花8～10朵，黄色，舌片长圆形；管状花多数，均为黄色。瘦果圆柱形；冠毛白色。花期8月至翌年4月。

帽峰山—8林班（王发国等6152），帽峰山帽峰工区山顶管理处，沿山谷周边，龙眼洞林场—天鹿湖站。分布于中国华南、华中、华东、西南地区、陕西及西藏。南亚、东南亚、日本也有分布。全草可药用，治疗皮炎、黄疸性肝炎、疟疾、咽喉肿痛、毒蛇咬伤等。

24. 豨莶属 Siegesbeckia L.

一年生草本。单叶对生，边缘具锯齿。头状花序排列成疏散的圆锥花序，有多数异型小花；总苞钟形或半球形，总苞片2层，外层通常5枚，草质，匙形或线状匙形，开展，内层与花序托的外层托片相对，半包瘦果，全部总苞片背面被具柄的头状腺毛；边花为雌性，花冠舌状，舌片先端3浅裂；中央为两性花，管状，先端5裂。瘦果倒卵状四棱形，顶端近平截，黑褐色，外层瘦果常内弯，无冠毛。

龙眼洞林场有1种。

豨莶

Siegesbeckia orientalis L.

一年生草本，高20～120 cm。基部叶在花期枯萎；中部叶具长柄，卵圆形或卵状披针形，长3～9 cm，宽1～6 cm，具不规则钝齿缘；上部叶较小，近全缘，几无柄。头状花序聚生枝端，排列成具叶的圆锥花序；总苞阔钟状，总苞片2层，叶质，外层5枚，匙状线形；花黄色；雌花花冠舌状，舌片先端3浅裂，管部细；两性花管状，上部钟状，冠檐钟形，先端5裂。瘦果倒卵圆形，有4棱。花期4～9月，果期6～11月。

龙眼洞。分布于中国华南、华东、华中、西北、西南地区。欧洲、俄罗斯高加索地区、东亚、东南亚及北美也有分布。

25. 裸柱菊属 Soliva Ruiz et Pavon.

一年生低矮草本。叶互生，常羽状全裂，裂片极细。头状花序；总苞半球形，总苞片2层，边缘膜质；边花雌性，结实，无花冠；中央花两性，不结实，花冠管状，略粗，基部渐狭，冠檐具极短4齿裂，稀2～3齿裂。雌花瘦果扁平，边缘有翅，无冠毛。

龙眼洞林场有1种。

裸柱菊

Soliva anthemifolia (Juss.) R. Br.

一年生矮小草本；茎平卧。叶互生，有柄，长5～10 cm，二至三回羽状分裂，裂片线形。头状花序生于茎基部，近球形，无梗。总苞片2层，矩圆形或披针形，边缘干膜质；边花雌性，多数，无花冠；中央花两性，少数，花冠管状，黄色，顶端3裂齿，基部渐狭，常不结实。瘦果倒披针形，有厚翅，顶端圆形，有长柔毛，花柱宿存，下部翅上有横皱纹。花果期全年。

龙眼洞荔枝园至太和章附近（王发国等5792）。分布于中国广东、台湾、福建、江西。原产南美洲，大洋洲也有分布。

26. 苦苣菜属 Sonchus L.

一年生、二年生至多年生草本。叶互生，常抱茎。头状花序中等大小，同型，舌状小花于茎、枝顶排列成伞房状或伞房圆锥状花序，具花序梗；总苞卵形或钟形，覆瓦状排列，总苞片3～5层，覆瓦状排列，草质，内层总苞片披针形、长三角形或长椭圆形，具膜质边缘；小花两性，均结实，舌片黄色。瘦果椭圆形、卵形至线形，具10～20道棱，无喙；冠毛白色，多数，多层，单毛状。

龙眼洞林场有1种。

苣荬菜

Sonchus arvensis L.

多年生草本，高30～150 cm。基生叶倒披针形或长椭圆形，长6～24 cm，宽1.5～6 cm，羽状裂，顶裂片稍大，长卵形、椭圆形或长卵状椭圆形，侧裂片2～5对；茎上部叶披针形，无柄，基部圆耳状扩大，抱茎。头状花序在茎枝顶端排列成伞房状花序；总苞钟状，草质，基部被疏或密的茸毛，总苞片3层，先端长渐尖，背面沿中脉有1行头状具柄腺毛；舌状小花，黄色。瘦果长椭圆形，具5道纵棱；冠毛白色。花果期1～9月。

龙眼洞荔枝园至太和章附近（王发国等5829）。分布于中国华南、西南、西北、华中地区及福建。几遍全球分布。

27. 金钮扣属 Spilanthes Jacq.

一年或多年生草本。叶对生，常具柄。头状花序单生于茎、枝顶端或上部叶腋，异型，辐射状，或同型而盘状；总苞盆状或钟状，总苞片1～2层；花托凸起，圆柱形或圆锥形；花黄色或白色，全部结实，边花雌性，1层，花冠舌状，顶端2～3浅裂；中央花两性，多数，花冠管状，顶端有4～5个裂片。瘦果长圆形，黑褐色，雌花的瘦果三棱形，两性花的瘦果背向压扁，边缘常有缘毛；冠毛有2～3个短细芒或无冠毛。

龙眼洞林场有1种。

金钮扣

Spilanthes paniculata Wall. ex DC.

一年生草本，高15～80 cm。叶卵形，宽卵圆形或椭圆形，长3～5 cm，宽0.6～2.5 cm，顶端短尖或稍钝，基部宽楔形至圆形，全缘。头状花序单生，或圆锥状排列，卵圆形；总苞片约8个，2层，绿色，卵形或卵状长圆形；花黄色，雌花舌状，舌片宽卵形或近圆形，长1～1.5 mm，顶端3浅裂；两性花花冠管状，有4～5个裂片；瘦果长圆形，稍扁压，暗褐色，基部缩小，有白色的软骨质边缘，边缘有缘毛，顶端有1～2个细芒。花果期4～11月。

龙眼洞后山至火炉山（王发国等5696），帽峰山帽峰工区山顶管理处，沿山谷周边。分布于中国广东、广西、云南及台湾。印度、尼泊尔、缅甸、泰国、越南、老挝、柬埔寨、印度尼西亚、马来西亚、日本也有分布。全草供药用，有解毒、消炎、消肿、祛风除湿、止痛、止咳定喘等功效，但有小毒，用时应注意。

状宽柄。头状花序常2～7个簇生于叶腋；小花黄色；总苞卵形或长圆形，苞片数个，外层总苞片绿色，叶状，内层总苞片干膜质，鳞片状；雌花舌状，舌片椭圆形，顶端2浅裂；两性花花冠管状，檐部4浅裂，裂片卵状或三角状渐尖。雌花瘦果倒卵状长圆形；两性花瘦果倒锥形或倒卵状圆柱形。花期6～10月。

龙眼洞荔枝园至太和章附近（王发国等5810）。分布于中国东南至西南各地。原产美洲，现广布世界热带和亚热带地区。

28. 金腰箭属 Synedrella Gaertn.

一年生草本。叶对生，边缘有不整齐的齿刻。头状花序腋生或顶生，异型；总苞卵形或长圆形，总苞片数个，不等大，外层叶状，内层狭，干膜质，鳞片状；边花雌性，1至数层，花冠舌状，舌片短，顶端2～3齿裂，黄色；中央花两性，管状，向上稍扩大，檐部4浅裂。雌花瘦果平滑，扁压，边缘有翅，翅具撕裂状硬刺；两性花的瘦果狭，扁平或三角形，无翅，常有小突点。冠毛硬，刚刺状。

龙眼洞林场有1种。

金腰箭

Synedrella nodiflora (L.) Gaertn

一年生草本，高50～100 cm。叶长椭圆形至卵形，7～12 cm，宽3.5～6.5 cm，基部下延成2～5 mm宽的翅

29. 斑鸠菊属 Vernonia Schreb.

草本、直立或攀缘灌木、乔木或有时为藤本。叶互生，叶片边缘全缘、波状或具齿，两面常具腺点。头状花序排列成圆锥状，伞房状或总状；总苞钟状或近于球状，苞片多层，覆瓦状排列，外层苞片最短、草质、干膜质或革质，先端钝、急尖、刺尖或长渐尖，稀圆，有时延伸成异色的附属物，常具腺；小花两性，结实，花冠5裂、白色、粉红色、紫色或蓝色，少为黄色。瘦果有棱或呈角柱形，具棱或肋；冠毛多数，宿存，1或2层。

龙眼洞林场有2种。

1. 夜香牛

Vernonia cinerea (L.) Less.

一年生或多年生草本；茎高20～100 cm。下部和中

部叶具柄，菱状卵形；上部叶渐尖，狭长圆状披针形或针形；叶向上渐变小变细。头状花序多数，在花茎枝端排列成伞房状圆锥花序；总苞钟状，总苞片4层；花淡紫色、淡紫红色，花冠管状，冠管细，下部白色，冠檐5深裂，裂片披针状条形。瘦果圆柱形，先端平截，基部渐变狭，密生白色短柔毛和具腺点；冠毛白色。花果期全年。

龙眼洞筲箕窝（王发国等5740），龙眼洞山塘背至石屋（筲箕窝—7林班；王发国等5972），帽峰山莲花顶森林公园—7林班，帽峰山帽峰工区焦头窝（王发国等6066），常见。分布于中国华南、华东、华中及西南地区。南亚、东南亚及非洲地区也有分布。全草可药用，治感冒发热、神经衰弱、痢疾、跌打扭伤、蛇伤、乳腺炎等。

2. 茄叶斑鸠菊

Vernonia solanifolia Benth.

直立灌木或小乔木，高8～12 m；枝被黄褐色茸毛。叶具柄，卵形或卵状长圆形，长6～16 cm，顶端钝或短尖，全缘或具疏钝齿，侧脉7～9对。头状花序小，在枝顶排列成宽达20 cm的复伞房花序；总苞半球形，宽4～5 mm，总苞片4～5层，卵形，椭圆形或长圆形；花冠管状，粉红色或淡紫色，管部细，檐部狭钟状，具5个线状披针形裂片，外面有腺。瘦果4～5棱，近圆柱状；

冠毛淡黄色。花期11月至翌年4月。

龙眼洞筲箕窝至火烧天（筲箕窝—6林班；王发国等5862）。分布于中国华南、西南地区。南亚及东南亚也有分布。全草入药，发表散寒，清热止泻，治急性肠胃炎、风热感冒、头痛等。

30. 黄鹌菜属 Youngia Cass.

一年生、二年生至多年生草本。叶羽状分裂或不分裂。头状花序在茎枝顶端沿茎排成总状花序、伞房花序或圆锥状伞房花序；总苞圆柱状或钟状，总苞片3～4层，外层短，顶端急尖，内层及最内层长；小花同型，舌状，两性，黄色，1层，舌片顶端截形，5齿裂。瘦果纺锤形，顶端无喙，有顶端收窄成粗短的喙状物，具10～20条棱；冠毛白色。

龙眼洞林场有2种。

1. 异叶黄鹌菜

Youngia heterophylla (Hemsl.) Babc. et Stebb.

一年生或二年生草本，高30～100 cm。基生叶倒披针状长椭圆形或椭圆形，长13～23 cm，宽3～7 cm，大头羽状深裂或全裂，茎生叶多数，上部叶渐小、裂片渐少和叶柄渐短。头状花序多数，在茎、枝顶排列成伞房状花序；总苞圆筒形；总苞片约4层，外层卵形，中层和内层披针状条形。小花11～25枚，舌状，花冠黄色，舌片条形，先端平截，具5个齿裂。瘦果纺锤状圆柱形，褐紫色，顶端渐窄，具数条不等粗的纵肋，肋上有小刺毛；冠毛白色。

龙眼洞筲箕窝至火烧天（筲箕窝—6林班；王发国等5845）。分布于中国广东、广西、江西、湖北、湖南、陕西、四川、云南和贵州。

2. 黄鹌菜

Youngia japonica (L.) DC.

一年生草本，高10～100 cm。基生叶莲座状，倒披针形，长2～16 cm，宽1～6 cm，羽状深裂或全裂；常无茎生叶或极少有1～2枚茎生叶。头状花序在茎枝顶端排成伞房花序；总苞圆柱状，总苞片4层，外层宽卵形或卵形，先端急尖，中层和内层披针状条形；舌状小花黄色，舌片条形，先端具4~5个稍带紫红色的小齿，管部纤细。瘦果纺锤形，具11~13道纵棱；冠毛白色。花果期4~10月。

莲花顶公园公路（王发国等6242），龙眼洞筲箕窝（王发国等5753）。除东北、西北外，广布全中国。朝鲜、日本、东南亚也有分布。为路边荒野的杂草。

241. 白花丹科 Plumbaginaceae

多年生草本或低矮灌木，有时为攀缘状，稀一年生。单叶互生或旋叠状，基部扩大抱茎或半抱茎。穗状、圆锥或头状花序；花两性，辐射对称；苞片常形成鞘状总苞，干膜质；花瓣分离或合生呈筒状、漏斗状或高脚碟状，檐部裂片5枚，覆瓦状排列。瘦果或蒴果，包藏于宿存的花萼内，果皮干膜质或多少革质，不开裂或盖裂。

龙眼洞林场有1属，1种。

白花丹属 Plumbago L.

多年生草本或亚灌木，有时攀缘状。叶互生，全缘，卵形或椭圆形；叶柄基部常扩大抱茎。穗状花序顶生；萼管状，具有柄腺体，5裂，具5棱，棱间干膜质；苞片3枚；花冠天蓝色、紫红色或白色，高脚碟状。蒴果膜质，长圆形，近基部周裂。

龙眼洞林场有1种。

白花丹

Plumbago zeylanica L.

攀缘状亚灌木，高0.5~2 m；枝有纵细棱。叶常互生，纸质，卵形，长3~10 cm，宽3~5.5 cm；叶柄基部扩大，耳形抱茎。穗状花序，花序轴有腺体；萼管绿色，具5棱，被腺毛；苞片3枚，最外的1片最大，长约为萼管的1/3；花冠白色或带蓝色，花冠管长约2 cm，檐部裂片椭圆形。蒴果长圆形，周裂。花期10月至翌年3月，果期12月至翌年4月。

龙眼洞。分布于中国东南部至西南部。亚洲东南部也有分布。栽培观赏；根叶入药，有祛风、散瘀、解毒及杀虫之效。

242. 车前草科 Plantaginaceae

一年生或多年生草本，稀亚灌木。单叶常基生，常排成莲座状，全缘或具齿，稀羽状或掌状分裂，叶柄基部常呈鞘状。头状或穗状花序生于花葶上；花小，常两性，稀杂性或单性；花萼4裂，前对萼片与后对萼片常不相等辐射对称；花冠干膜质，白色、淡黄色或淡褐色，高脚碟状或筒状，筒部合生，檐部3~4裂，辐射对称，裂片覆瓦状排列。蒴果盖裂，果皮膜质，稀为坚果；种子盾状着生，卵形、椭圆形、长圆形或纺锤形。

龙眼洞林场有1属，1种。

车前草属 Plantago L.

一年生或多年生草本。叶常基生，紧缩成莲座状，叶片宽卵形、椭圆形、长圆形、披针形、线形至钻形。穗状花序细圆柱状、圆柱状至头状，有时为单花；花两性，稀杂性或单性；花冠高脚碟状或筒状，至果期宿存；冠筒初为筒状，后随果的增大而变形，包裹蒴果；檐部4裂，直立、开展或反折。蒴果椭圆球形、圆锥状卵形至近球形，果皮膜质，周裂；种子1至多颗，近球形或压扁。

龙眼洞林场有1种。

车前

Plantago asiatica L.

二年生或多年生草本。叶基生呈莲座状，平卧、斜展或直立；叶片纸质，宽卵形至宽椭圆形，长4~12 cm，宽2.5~6.5 cm；叶柄基部扩大成鞘，疏生短柔毛。穗状花序3~10个，细圆柱状；苞片狭卵状三角形或三角状披针形；花萼长2~3 mm，萼片先端钝圆或钝尖；花冠白色，无毛，冠筒与萼片约等长，裂片狭三角形。蒴果纺锤状卵形、卵球形或圆锥状卵形，基部上方周裂；种子5~12，卵状椭圆形或椭圆形，具角，黑褐色至黑色，背腹面微隆起。

龙眼洞凤凰山（场部—3林班；王发国等6000），帽峰山—十八排。分布于中国华南、华中、华东、东北、西南、西北等地区。朝鲜、俄罗斯（远东）、日本、尼泊尔、马来西亚、印度尼西亚也有分布。幼苗可食；药用具有祛痰、镇咳、平喘等作用。

244. 半边莲科 Lobeliaceae

一年生或多年生草本灌木，稀乔木；常具乳汁，多有剧毒。单叶，常互生。花单生或排成总状花序或圆锥花序；花萼5裂；花冠合瓣，左右对称，二唇形，或单唇，或3个花瓣连合，2个分离，冠管全缘或1边开裂几达基部。浆果或蒴果，开裂；种子多数，小。

龙眼洞林场有1属，2种。

半边莲属 Lobelia L.

一年生或多年生草本或亚灌木，稀呈乔木状。叶互生。花两性，稀单性，单生叶腋或排成总状花序或圆锥花序；花冠偏斜或下弯，管状，背部纵裂；冠檐5深裂，二唇形，稀单唇。蒴果顶裂为2果瓣。种子多数，小，椭圆形、近球形、长圆形或三角形，有时具翅。

龙眼洞林场有2种。

1. 半边莲

Lobelia chinensis Lour.

多年生匍匐或上升草本，节上生根。叶互生，排成2列，线形至披针形。花单生于分枝的上部叶腋；无小苞片，萼管倒圆锥形，稍有棱，被微柔毛或无毛，萼裂片钻形；花冠粉红色或淡紫色，单唇，裂片披针形，并稍开展，下唇3片顶端长渐尖，稍反卷，近裂缺处有时具2个青色腺囊。蒴果倒锥形；种子椭圆形，棕色。花果期5~10月。

帽峰山—十八排。分布于中国长江中下游以南各地。亚洲东部至东南部也有。全株入药，有利尿消肿、清热解毒之效。

2. 卵叶半边莲

Lobelia zeylanica L.

一年生匍匐草本；茎具棱；全株被疏毛。叶螺旋排列，卵形，长1~6 cm，宽0.8~3.2 cm。花单生叶腋；花萼钟状，长2~5 mm，被短柔毛，裂片披针状条形；花冠紫色或白色，二唇形，长5~15 mm，背面裂至基部，上唇裂片倒卵状矩圆形，下唇裂片阔椭圆形；花药5枚，顶端均生髯毛；子房下位，2室。蒴果倒圆锥形至长圆形；种子三棱形，红褐色。花果期几乎全年。

帽峰山莲花顶森林公园—7林班。分布于中国华南、华东及西南地区。东亚至东南亚也有分布。

249. 紫草科 Boraginaceae

草本，稀灌木或乔木，植株有硬毛。单叶，互生，全缘或有锯齿，不具托叶。多为聚伞花序或蝎状聚伞花序；花两性，辐射对称，具5个基部至中部合生的萼片；花冠筒状、钟状、漏斗状或高脚碟状，檐部具5裂片，裂片在蕾中覆瓦状排列，很少旋转状，喉部或筒部具或不具5个附属物，附属物大多为梯形。果为核果或小坚果；种子1~4颗，直立或斜生，种皮膜质。

龙眼洞林场有1属，1种。

斑种草属 Bothriospermum Bunge

小草本，被伏毛。叶互生，卵形或披针形。总状花序或蝎尾状花序；花小，蓝色或白色，腋生或腋外生，具梗和苞片；花萼5裂，裂片披针形；花冠辐射状，5裂，裂片钝，伸展，花冠管短，圆筒形，喉部具5个附属物。小坚果4枚，通常肾形，分离，背面密生小疣点，腹面具纵向或横向的凹陷。

龙眼洞林场有1种。

柔弱斑种草

Bothriospermum tenellum (Hornem.) Fisch. et Mey.

一年生草本。茎细弱，多分枝，被糙伏毛。基生叶和茎生叶同型，椭圆形，长1~4.5 cm，宽0.5~1.5 cm，先端钝，具小尖头，基部楔形，全缘，上下两面被毛。总状花序狭长，柔弱，长3~20 cm；花梗短，长1~2 mm；花萼外面被糙伏毛，5裂近基部；花冠蓝色，5裂至中部，裂片近圆形，基部直径1 mm。小坚果4枚，肾形，腹面具环状凹陷，腹面具纵椭圆形的凹陷。花果期2~10月。

龙眼洞林场—石屋站（王发国等6276）。分布于全国大部分地区。喜马拉雅山脉至日本也有分布。全草有小毒，可止咳。

250. 茄科 Solanaceae

一至多年生草本、灌木或小乔木。单叶全缘，有时为羽状复叶，多互生。花单生或排成聚伞花序，顶生或腋生；两性稀杂性，辐射对称或微显两侧对生，5基数，稀4基数，花萼通常5中裂或5深裂；花冠合瓣，辐射状、漏斗状、高脚碟状、钟状或坛状，常5裂（稀4~7或10）。果为浆果或蒴果；种子圆盘或肾形；种皮有凹点。

龙眼洞林场有3属，5种。

1. 假酸浆属 Nicandra Adans.

一年生直立草本。叶互生，叶片边缘有具圆缺的大齿或浅裂。花单独腋生，俯垂；花萼球状，5深裂至近基部，裂片基部心脏状箭形、具2尖锐的耳片，在花蕾中外向镊合状排列，果时极度增大成五棱状；花冠钟状，不明显5浅裂。浆果球状，较宿存花萼小；种子压扁，肾脏状圆盘形。

龙眼洞林场有1种。

假酸浆
Nicandra physaloides (L.) Gaertn.

茎有棱条，无毛，高0.4~1.5 m。叶卵形或椭圆形，草质，长4~12 cm，宽2~8 cm，顶端急尖或短渐尖，基部楔形，两面有疏毛。花单生枝腋而与叶对生，俯垂；花萼5深裂，裂片顶端尖锐，基部心脏状箭形，有2尖锐的耳片；花冠钟状，浅蓝色，直径达4 cm，5浅裂。浆果直径1.5~2 cm，黄色；种子淡褐色，直径约1 mm。花果期夏秋季。

龙眼洞。原产南美洲，中国南北均有。观赏；药用镇静、祛痰、清热解毒。

2. 酸浆属 Physalis L.

一年或多年生草本、基部略木质。单叶互生或二叶双生于枝一侧。花单生叶腋或枝腋；花萼钟状，5浅裂或中裂，裂片在花蕾中镊合状排列，果时增大，完全包围浆果；花冠白色或黄色，辐射状或辐射状钟形，有褶壁，5浅裂或仅五角形，裂片在花蕾中内向镊合状。浆果球形；种子扁平，盘形或肾脏形，有网纹。

龙眼洞林场有1种。

苦蘵
Physalis angulata L.

一年生草本，高30~50 cm。叶片卵形至卵形椭圆形，顶端渐尖或急尖，基部阔楔形或楔形，长3~6 cm，宽2~4 cm，两面近无毛。花单生叶腋；花冠淡黄色，喉部常有紫色斑纹；花药蓝紫色或有时黄色。浆果藏于宿萼内，球形，薄纸质；种子圆盘状。花果期5~12月。

龙眼洞林场—石屋站（王发国等6267）。分布于中国东部至西南部。东南亚、日本、澳大利亚和美洲也有分布。药用，有清热、利尿的功效。

3. 茄属 Solanum L.

草本、灌木或小乔木。单叶互生或假双生，全缘或分裂。花数朵成聚伞花序，顶生、侧生、腋生、假腋生；花两性，全部能孕或仅在花序下部的为能孕花，上部的雌蕊退化而趋于雄性；花冠辐射状、星状或漏斗状，多为白色，有时为青紫色，稀红紫色或黄色；花冠筒短。浆果球形至椭圆形，黑色、黄色、橙色至朱红色；种子扁平，表面具网状凹穴。

龙眼洞林场有3种。

1. 少花龙葵
Solanum americanum Miller

草本，茎披散具棱。叶薄，膜质，卵状椭圆形、椭圆形或卵状披针形，长4~8 cm，宽2~4 cm，先端渐尖，基部楔形下延至叶柄而成翅，叶缘近全缘。花序腋外生，花1~6朵，近伞形；萼绿色，5裂达中部；花冠白色，膜质，筒部隐于萼内；花丝极短，花药黄色；子房近圆形。浆果球形，黑色；种子扁，近卵形。花果期几乎全年。

龙眼洞荔枝园至太和章附近（王发国等5840），帽峰山—8林班（王发国等6183）。分布于中国华南、华中、华东地区。药用，可散瘀消肿、清热解毒。

2. 假烟叶树
Solanum erianthum D. Don

灌木或小乔木，高1.5~10 m。叶片大而厚，卵状长圆形，长10~29 cm，宽4~12 cm，先端短渐尖，基部阔楔形或钝。圆锥状二歧聚伞花序顶生；萼钟形，外面密被与花梗相似的毛被，内面被疏柔毛及少数簇茸毛，5中裂；花冠筒隐于萼内，白色，冠檐深5裂，裂片长圆形，端尖。浆果球状，具宿萼，黄褐色，初被星状簇茸毛，后渐脱落；种子扁平。花果期几乎全年。

龙眼洞。分布中国华南、西南、华东地区。亚洲、大洋洲和南美洲热带地区广布。药用，可治疗疖肿、湿疹、皮炎等。

3. 水茄
Solanum torvum Sw.

灌木，枝被星状毛和黄色皮刺。叶单生或双生，卵形至椭圆形长6~19 cm，宽4~13 cm，先端尖，基部心脏形或楔形。伞房状聚伞花序腋外生；花冠白色；萼杯状，外面被星状毛及腺毛，5裂；花冠辐射状，筒部隐于萼内；花丝长约1 mm，花药为花丝长度的4~7倍，顶孔向上；子房卵形，光滑，不孕花的花柱短于花药，能孕花的花柱较长于花药。浆果球形，黄色；种子盘状。花果期几乎全年。

龙眼洞荔枝园至太和章附近（王发国等5765），帽峰山帽峰工区山顶管理处，沿山谷周边。分布于中国华南、西南、华东地区。广布亚洲和美洲热带地区。药用，有散瘀、消肿之功效。

251. 旋花科 Convolvulaceae

草本、亚灌木或灌木；植物体常有乳汁。叶互生，螺旋排列，全缘，3浅裂、掌状或羽状裂，或退化成鳞片。聚伞、总状或圆锥花序腋生或单生于叶腋；花整齐，两性，5数；花萼分离或仅基部连合；花冠合瓣，漏斗状、钟状、高脚碟状或坛状；冠檐近全缘或5裂，雄蕊与花冠裂片等数互生，着生花冠管基部或中部稍下。常为蒴果，室背开裂、周裂、盖裂或不规则破裂，或为不开裂的肉质浆果，或果皮干燥坚硬呈坚果状；种子和胚珠同数，常呈三棱形。

龙眼洞林场有5属，8种，1亚种。

1. 银背藤属 Argyreia Lour.

攀缘灌木或多年生藤本。叶全缘，形状及大小多变。花排成腋生聚伞花序或密生呈头状聚伞花序；萼片5枚，草质或近革质，形状及大小多变，宿存，果时稍增大或增大，增大者内面通常红色；花冠淡红色、紫红色或白色，钟状、漏斗状或管状，冠檐近全缘或至深5裂。浆果红色或橙色，近球形或椭圆形，果皮肉质或革质；种子4颗或少。

龙眼洞林场有1种。

头花银背藤

Argyreia capitiformis (Poiret) van Ooststroom

草质大藤本。叶纸质，卵圆形或近圆形，长8.5～15 cm，宽6～12 cm，先端骤锐尖，基部截形至浅心形。头状花序腋生；萼片褐色，外面密被丝状长柔毛，内面无毛，椭圆状长圆形；花冠淡红色至紫色，漏斗状，冠缘近全缘或5浅裂，纵带被硬毛。浆果近球形，浅红色。花期7～12月。

帽峰山南山（王发国等6197）。分布于中国华南、西南地区。亚洲东南部广布。庭园观赏。

2. 番薯属 Ipomoea L.

草本或灌木。茎缠绕，平卧、直立或漂浮。叶全缘、浅裂或掌状裂。花单生或组成腋生聚伞花序或伞形至头状花序；花冠整齐，漏斗状或钟状，具五角形或多少5裂的冠檐，瓣中带以2明显的脉清楚分界；雄蕊内藏。蒴果近球形或卵形，果皮膜质或革质，4瓣裂；种子4颗或较少。

龙眼洞林场有3种。

1. 毛牵牛

Ipomoea biflora (L.) Persoon

一年生、平卧或缠绕草本。茎细长，被灰白色硬毛。叶心形或卵状三角形，长4～9.5 cm，宽3～7 cm，顶端渐尖，基部心形。聚伞花序腋生；萼片5枚，外萼片三角状披针形，基部耳形，外面被灰白色疏长硬毛，具缘毛；花冠白色，钟状，冠檐浅裂，裂片圆；瓣中带被短柔毛。蒴果近球形，果皮薄革质；种子黑色。花果期9～12月。

龙眼洞。分布于中国华南、华中、华东和西南地区。越南北部也有分布。庭园观赏。

2. 五爪金龙

Ipomoea cairica (L.) Sweet

多年生草本，全株无毛；茎缠绕，常有小瘤体。叶掌状全裂，轮廓卵形或圆形，长和宽3～9 cm，裂片5。聚伞花序腋生，有花1至多朵，苞片及小苞片均小，鳞片状，早落；萼片稍不等长，外面有时有小疣状突起，内萼片稍宽，边缘干膜质，顶端钝圆或具不明显的小短尖头；花冠淡紫色，漏斗状。蒴果近球形；种子密被褐色毛。花期几全年。

龙眼洞荔枝园至太和章附近（王发国等5767）。分布于中国南部各地区。非洲和亚洲热带地区广布。庭院观赏；根有清热解毒之效，外敷可治热毒疮。为外来入侵种。

3. 三裂叶薯

Ipomoea triloba L.

草本，茎缠绕或平卧，无毛或节上散生毛。叶近圆形，长2.5～7 cm，宽2～6 cm，全缘或有粗齿或深3裂，基部心形；叶柄无毛或具小疣。花序腋生；苞片长圆形，萼片长圆形；花冠漏斗状，无毛，淡红色或淡紫红色，冠檐裂片短而钝，有小短尖头；雄蕊内藏，花丝基部有毛；子房有毛。蒴果近球形；种子无毛。

帽峰山—8林班（王发国等6190），帽峰山帽峰工区山顶管理处，沿山谷周边。中国广东、台湾等地有逸生。原产美洲热带地区，现为世界热带地区的杂草。

龙眼洞。分布于中国广东、广西、海南、云南。越南、老挝、印度尼西亚也有分布。

3. 鱼黄草属 Merremia Dennst. ex Lindl.

草本或灌木。叶大小形状多变，全缘、3浅裂或掌状裂。花单朵腋生或排成聚伞或二歧聚伞花序；苞片通常小；萼片5枚，通常近等大或外面2片稍短，椭圆形至披针形或卵形至圆形，通常具小短尖头，有些种类结果时增大；花冠整齐，漏斗状或钟状，通常无毛，白色或黄色或橘红色，通常有5条明显有脉的瓣中带；冠檐略5裂；雄蕊5枚，内藏。蒴果4瓣或不规则开裂；种子1～4颗。

龙眼洞林场有2种，1亚种。

1. 金钟藤

Merremia boisiana (Gagnep.) Ooststr.

多年生大型缠绕藤本。叶阔卵形或近圆形，长9.5～15.5 cm，宽7～14 cm，顶端渐尖或骤尖，基部心形，全缘。伞房状聚伞花序腋生；苞片小，长1.5～2 mm，狭三角形，外面密被锈黄色短柔毛，早落；花冠黄色，钟状或阔漏斗状，中部以上于瓣中带密被锈黄色绢毛，冠檐浅圆裂；雄蕊内藏，花药稍扭曲；子房圆锥状。蒴果卵状圆锥形，果皮革质，4瓣裂。花果期4～6月。

2. 篱栏网（鱼黄草）

Merremia hederacea (Burm. f.) Hall. f.

草质藤本。叶卵形，长1.5～7.5 cm，宽1～5 cm，顶端钝、渐尖或长渐尖，具小短尖头，基部心形或深凹，全缘或具疏齿，有时3裂。二歧聚伞花序腋生，有花3～5朵；小苞片早落；萼片宽倒卵状匙形，或近于长方形；

花冠黄色，钟状，纵带具5脉。蒴果扁球形或圆锥形；种子被短柔毛。花果期10月至翌年3月。

龙眼洞筲箕窝至火烧天（筲箕窝—6林班；王发国等5909），龙眼洞林场—天鹿湖站（王发国等6231）。分布于中国华南、华中、西南地区。广布非洲及大洋洲热带地区和亚洲南部至东南部。药用，可治疮疥。

3. 山猪菜

Merremia umbellata (L.) Hall. f. subsp. **orientalis** (Hall. f.) Ooststr.

缠绕草本。叶卵形、卵状长圆形或长圆形，长3.5~13.5 cm，宽1.3~10 cm，顶端钝而微凹、锐尖或渐尖，具小短尖头，基部心形。聚伞花序腋生，伞形；苞片小，披针形，早落；萼片稍不等，外方2片宽椭圆形；花冠白色或黄色，漏斗状，瓣中带明显具5脉，顶端具白色柔毛，冠檐浅5裂；雄蕊内藏；子房无毛或顶端散生柔毛。蒴果圆锥状球形，果皮革质，4瓣裂；种子被长柔毛。花期几乎全年。

龙眼洞后山至火炉山（王发国等5707），帽峰山—十八排。分布于中国广东、广西、云南。广布亚洲南部和东南部、非洲东部。庭园观赏。

4. 盒果藤属 Operculina S. Manso

草质缠绕藤本。茎、叶、总花梗具纵翅或棱。叶全缘或掌状分裂，基部心形。聚伞花序腋生，花大；苞片通常大，早落；花萼大，梨形，萼片5枚，干膜质或革质；花辐射对称，阔漏斗状或钟状，白色、黄色或粉红色，无毛或外面具被毛的瓣中带；雄蕊5。蒴果扁球形，熟时干膜质；种子2~4颗，暗黑色。

龙眼洞林场有1种。

盒果藤

Operculina turpethum (L.) S. Manso

多年生草质藤本。茎淡红色，具3~5条狭翅或纵棱。叶纸质，阔卵形至卵状长圆形。聚伞花序腋生；苞片显著，长圆形或卵状长圆形，纸质；萼片宽卵形或卵状圆形，在外2片革质；花冠阔漏斗状，白色、粉红色或紫色，外面具黄色小腺点，冠檐5裂，裂片圆；雄蕊内藏；花柱内藏。蒴果扁球形；种子暗黑色。花期10月至翌年4月。

龙眼洞。分布于中国华南、西南地区及台湾。广布大洋洲及非洲东部热带地区。

5. 牵牛属 Pharbitis Choisy

一年生或多年生草本；茎缠绕，被硬糙毛。叶心形，全缘或3~5裂。聚伞花序；萼片5枚，相等或偶有不等长，草质；花大，鲜艳显著，腋生，花冠漏斗状；雄蕊和花柱内藏；花柱1，柱头头状。蒴果球形，6瓣裂；种子6颗或较少。

龙眼洞林场有1种。

牵牛

Pharbitis nil (L.) Choisy

一年生草质藤本，全株均被倒向的硬毛或柔毛。叶阔卵形至近圆形，深或浅的3裂，偶5裂，长4~12 cm，宽3.5~13.5 cm，基部圆，心形，中裂片长圆形或卵圆形，渐尖或骤尖。聚伞花序腋生；苞片线形或叶状；花冠漏斗状，浅蓝色或紫红色；雄蕊及花柱内藏。蒴果卵圆形，3瓣裂；种子4~6颗，黑色。花期9~11月。

龙眼洞林场—石屋站（王发国等6260）。除东北、西北干旱地区外，中国各地均有分布。广布世界热带和温带地区。药用，有利尿逐痰功效。

252. 玄参科 Scrophulariaceae

草本，少为灌木或乔木。单叶对生。花单生或腋生或顶生的总状、穗状、聚伞状或圆锥状花序；花常不整齐；萼下位，5裂；花冠合瓣，4～5裂，裂片多少不等或作二唇形；雄蕊常4枚，有一枚退化。蒴果，少有浆果状，着生于一游离的中轴上或着生于果爿边缘的胎座上；种子细小，种皮光滑，有时具翅、棱或网状脉纹。

龙眼洞林场有7属，13种。

1. 毛麝香属 Adenosma R. Br.

直立或匍匐草本。叶对生，边缘有齿，被腺点。花单生叶腋或为总状、穗状或头状花序；小苞片2枚；萼齿5枚，后方1枚常较大；花冠筒状，裂片成二唇形，上唇直立，先端凹缺或全缘，下唇伸展，3裂。蒴果卵形或椭圆形，顶端具喙；种子表面有网纹。

龙眼洞林场有1种。

毛麝香
Adenosma glutinosum (L.) Druce

直立草本；茎圆柱形或上部稍呈四棱形，高30～100 cm。叶对生或上部互生，披针状卵形至宽卵形，长2～10 cm，宽1～5 cm。花单生叶腋或在枝顶排成疏散、具苞叶的总状花序；苞片叶状而较小，在花序顶端的几为条形而全缘；小苞片条形；萼5深裂；花冠紫色或蓝紫色，二唇形，上唇卵圆形，先端截形至微凹，下唇3裂，偶有4裂。蒴果卵形，顶端具喙；种子表面具网纹。花果期7～10月。

龙眼洞笞箕窝（王发国等5759），龙眼洞荔枝园至太和章附近（王发国等5806），帽峰山莲花顶森林公园—7林班（王发国等6041），帽峰山帽峰工区焦头窝。分布于中国华南各地区。广布东南亚和大洋洲。药用，有祛风止痛、消肿散瘀等功效。

2. 假马齿苋属 Bacopa Aubl.

披散、匍匐或直立草本，有时水生。叶对生。花单生叶腋或排成顶生总状花序；小苞片1～2枚或无；萼片5枚，完全分离，覆瓦状排列，后方一枚常最宽大；花冠具筒状冠管，檐部开展，二唇形，上唇微凹或2裂，下唇3裂；雄蕊4枚；柱头扩大，头状或短2裂。蒴果为宿萼包围，卵形或球状；种子微小。

龙眼洞林场有1种。

假马齿苋
Bacopa monnieri (L.) Pennell

匍匐草本，稍肉质，无毛，形态极像马齿苋。叶对生，倒卵形至倒披针形，长8～20 mm，宽3～6 mm，顶端圆钝，极少有齿。花单生叶腋；萼片前后两枚卵状披针形，其余3枚披针形至条形，长约5 mm；花冠紫色、淡紫色至白色，檐部5裂，稍二唇形。蒴果近卵形，顶端急尖，包在宿存的花萼内，果瓣4。花果期5～11月。

龙眼洞。分布于中国华南、华东、西南地区。广布全球热带地区。药用，有清热解毒、消炎退肿之功效。

3. 母草属 Lindernia All.

直立、倾卧或匍匐草本。叶对生，形状多变，常有齿，具羽状或掌状脉。花单生叶腋或排成顶生总状花序，或密集成伞状，无小苞片；萼具5齿，齿相等或微不等；花冠紫色、蓝色或白色，二唇形，上唇直立、微2裂，下连唇较大而伸展，3裂。蒴果球形、长圆形、卵形或柱形；种子小，多数。

龙眼洞林场有6种。

1. 长蒴母草
Lindernia anagallis (Burm. f.) Pennell

一年生草本。叶阔卵形至长卵形，长4～20 mm，宽7～12 mm，先端圆钝或急尖，基部截形或近心形，边缘有不明显的浅圆齿。花单生叶腋；萼长约5 mm，仅基部连合，齿5，狭披针形，无毛；花冠紫蓝色、浅紫色或白色。蒴果近柱形；种子多，卵球形，有疣状突起。花果期4～11月。

龙眼洞筲箕窝至火烧天（筲箕窝—6林班；王发国等5951），龙眼洞林场—石屋站（王发国等6261）。分布于中国华南和西南地区。广布亚洲热带和亚热带地区。药用，有利尿、止咳、消炎等功效。

2. 母草
Lindernia crustacea (L.) F. Muell

直立或铺散草本，高10～20 cm。叶阔卵形或卵形，长10～20 mm，宽5～11 mm，先端钝或短尖，基部宽楔形或近圆形，边缘有浅钝锯齿。花单生叶腋或排成顶生短总状花序；花萼坛状；花冠淡紫色、浅蓝色，上唇直立、卵形、钝头，有时2浅裂，下唇3裂。蒴果椭圆形或倒卵形，种子细小而多。花果期夏至冬季。

龙眼洞筲箕窝（王发国等5733 a）。分布于中国长江以南各地区。广布亚洲热带和亚热带地区。药用，有清热解毒、利湿和止痢等功效。

3. 狭叶母草
Lindernia micrantha D. Don [*L. angustifolia* (Benth.) Wettst.]

一年生草本。叶片线状披针形至披针形或线形，长1～4 cm，宽2～8 mm，先端渐尖而圆钝，基部楔形成极短的狭翅，全缘或有细圆齿。花单生于叶腋，有长梗；萼齿5，仅基部连合，狭披针形，果时长达4 mm，先端圆钝或急尖，无毛；花冠紫色、蓝紫色或白色，上唇2裂，卵形，圆头，下唇开展，3裂。蒴果线形；种子长圆形，浅褐色，有蜂窝状孔纹。花期5～10月，果期7～11月。

龙眼洞筲箕窝至火烧天（筲箕窝—6林班；王发国等5951 a）。分布于中国华南、华中、华东、西南等地区。日本、朝鲜南部、越南、老挝、柬埔寨、印度尼西亚（爪哇岛）、缅甸、印度、尼泊尔、斯里兰卡也有分布。

4. 旱田草
Lindernia ruellioides (Colsm.) Pennell

一年生草本，直立或具长而卧地生根的分枝。叶椭圆形、卵状长圆形或圆形，顶端圆钝或急尖，基部宽楔形，边缘密生细锯齿，羽状脉。花2～10朵排成顶生总状花序；苞片披针状条形；花萼果期长达10 mm，仅基部连合，齿条状披针形；花冠淡紫色或蓝紫色，二唇形，上唇直立，2裂，下唇开展，3裂。蒴果柱形，向顶端渐尖，比宿萼长约2倍；种子椭圆形，褐色。花果期5～11月。

龙眼洞筲箕窝（王发国等5733）。分布于中国长江以南各地。东南亚也有。药用，用于治红痢、蛇伤和疮疥等。

5. 荨麻叶母草

Lindernia urticifolia (Hance) Bonati

一年生直立草本，高可达40 cm，有明显的棱，被伸展的长硬毛。叶片三角状卵形，长1.2～2 cm，宽几相等，顶端急尖，基部宽楔形至截形，常下延于叶柄而成狭翅。花多，组成腋生总状花序，再集成圆锥花序；苞片狭披针形，被毛；萼片仅基部连合，齿5，条状披针形；花冠小，紫色，紫红色或蓝色；花管长约1 mm，中部膨大，上唇有浅缺，下唇较长1倍，3裂。蒴果椭圆形，比宿萼短；种子多数。花期7～10，果期9～11月。

龙眼洞林场—石屋站（王发国等6265）。分布于中国广东、广西、云南、福建。越南、马来半岛和加里曼丹岛也有分布。

6. 粘毛母草

Lindernia viscosa (Hornem.) Merr.

一年生草本。叶下部卵状矩圆形，长可达5 cm，顶端钝或圆，基部下延而成约10 mm的宽叶柄，在花序下的叶有时为宽心脏状卵形，宽过于长，半抱茎。花序总状，具花6～10朵；苞片小，披针形；萼仅基部连合，齿5，狭披针形，外被粗毛；花冠白色或微带黄色，上唇长约2 mm，2裂，三角状卵形，圆头，下唇长约3 mm，3裂，裂片近相等。蒴果球形，与宿萼近等长；种子细小，椭圆状长方形。花期5～8月，果期9～11月。

帽峰山—管护站（王发国等6112）。分布于中国广东、云南南部、江西。印度尼西亚、菲律宾、缅甸、越南、泰国、新几内亚岛也有分布。

4. 通泉草属 Mazus Lour.

一年生草本。基生叶密集，排成莲座状，茎生叶疏散，对生或互生，叶片匙形、倒卵状匙形或圆形，少为披针形，基部逐渐狭窄成有翅的叶柄。花排成顶生总状花序；苞片小；花萼漏斗状或钟形，萼齿5枚；花冠二唇形，紫白色，筒部短，上部稍扩大，上唇直立，2裂，下唇较大，扩展，3裂。蒴果藏于宿萼内，球形或扁球形，室背开裂。

龙眼洞林场有1种。

通泉草

Mazus pumilus (Burm. f.) Steenis [*M. japonicus* (Thunb.) O. Kuntze]

一年生草本，高3~30 cm，直立或斜升。基生叶排成莲座状，茎生叶倒卵状匙形，叶片倒卵状匙形至卵状倒披针形，膜质至薄纸质，长2~6 cm，顶端全缘或有不明显的疏齿，基部楔形，下延成带翅的叶柄。花3~10朵排成顶生总状花序；花萼钟状，果期多少增大；花冠淡紫色或蓝紫色。蒴果藏于宿萼，球形；种子小而多数，黄色，种皮上有不规则的网纹。花果期4~11月。

帽峰山帽峰工区山顶管理处，沿山谷周边。分布于中国南北各地。印度、中南半岛、日本、朝鲜、俄罗斯也有分布。药用，能清热解毒。

5. 野甘草属 Scoparia L.

多分枝草本或亚灌木。叶对生或轮生，全缘或有齿，两面有下陷或稍凸起的腺点。花1~5朵生于叶腋；萼4~5裂，裂片覆瓦状，卵形或披针形；花冠白色，辐射状，喉部生有密毛，裂片4枚，覆瓦状。蒴果球形或卵球形，室间开裂；种子小，倒卵圆形，有棱角，种皮贴生，蜂窝状。

龙眼洞林场有1种。

野甘草

Scoparia dulcis L.

直立草本，高达100 cm；枝有棱或有狭翅。叶对生或3片轮生，菱状卵形至菱状披针形，顶端钝，基部长渐狭，全缘而成短柄，疏具下陷或稍凸起的紫色腺点。花1~5朵，腋生；无小苞片，萼分生，齿4，卵状矩圆形；花冠白色，4裂。蒴果卵形至球形，室间室背均开裂。花期4~8月，果期5~10月。

龙眼洞后山至火炉山（王发国等5709），帽峰山—6林班。分布于中国南岭以南各地。原产美洲热带地区，现已广布于全球热带地区。药用，可清热解毒。

6. 独脚金属 Striga Lour.

直立草本。叶下部对生，上部互生，线形，或退化为鳞片。花无梗，单生叶腋或集成顶生穗状花序；花萼管状，具有5~15条明显的纵棱，5裂；花冠高脚碟状，花冠筒在中部或中部以上弯曲，檐部开展，二唇形，上唇短，全缘，微凹或2裂，下唇3裂。蒴果卵状长圆形，室背开裂；种子卵形或长圆形，种皮有网纹。

龙眼洞林场有1种。

独脚金

Striga asiatica (L.) O. Kuntze

一年生半寄生草本，株高10~30 cm，直立，全体被刚毛。茎单生，少分枝。叶基部近对生，较狭窄仅基部的为狭披针形，其余钻状线形，长0.5~2 cm，有时鳞片状。花单生叶腋或在茎顶端形成穗状花序；花萼有棱10条，长4~8 mm，5裂几达中部，裂片钻形；花冠高脚碟状，通常黄色，少红色或白色，长1~1.5 cm，花冠筒顶端急剧弯曲，上唇短2裂。蒴果卵形，包于宿存的萼内。花期秋天。

龙眼洞。分布于中国长江以南各地区。亚洲热带和亚热带地区广布。药用，治小儿疳积。

7. 蝴蝶草属 Torenia L.

草本。叶对生，具齿。花排成顶生总状花序或单生叶腋和枝顶；花萼具棱或翅，萼齿通常5枚；花冠筒状，上部常扩大，5裂，檐部二唇形，上唇直立，先端微凹或2裂，下唇开展，裂片3枚，彼此近于相等。蒴果长圆形，藏于宿萼；种子表面具网纹。

龙眼洞林场有2种。

1. 单色蝴蝶草
Torenia concolor Lindl.

匍匐草本；茎具4棱。叶三角状卵形或长卵形，稀卵圆形，长1～4 cm，宽0.8～2.5 cm，先端钝或急尖，基部宽楔形或近于截形，边缘具锯齿。花单朵腋生或顶生，稀排成伞形花序；萼长1.2～1.7 cm，果期长达2.3 cm，具5枚翅，基部下延；萼齿2枚，长三角形；花冠蓝色或蓝紫色；前方一对花丝各具1枚长2～4 mm的线状附属物。蒴果长1.5～1.8 cm。花果期5～11月。

龙眼洞筲箕窝至火烧天（筲箕窝—6林班；王发国等5907）。分布于中国广东、广西、贵州及台湾等地区。

2. 黄花蝴蝶草
Torenia flava Buch.-Ham. ex Benth.

一年生直立草本，高25～40 cm；茎四棱形。叶卵形或卵圆形，长3～5 cm，宽1～2 cm，先端钝，基部楔形，渐狭成柄。总状花序顶生；苞片狭卵形，先端渐尖，被柔毛及缘毛，多少包裹花梗；萼狭筒状，伸直或稍弯曲，具5枚萼齿，披针形；花冠裂片4枚，黄色。蒴果狭长圆形。花果期6～11月。

帽峰山管护站—6林班（王发国等6121），帽峰山帽峰工区山顶管理处，沿山谷周边。分布于中国华南地区，台湾。东南亚也有分布。庭园观赏。

254. 狸藻科 Lentibulariaceae

一年或多年生食虫草本，陆生、附生或水生。具真叶或无真叶而有茎的变态叶器。花单生或排成总状花序；花两性，虫媒或闭花受精。花萼2、4或5裂，裂片镊合状或覆瓦状排列；花冠合生，檐部二唇形，上唇全缘或2～3裂，下唇全缘或2～6裂，裂片覆瓦状排列，筒部粗短，基部下延成囊状、圆柱状、狭圆锥状或钻形的距。蒴果球形、卵球形或椭圆球形，2～4瓣裂或不规则裂；种皮具网纹。

龙眼洞林场有1属，1种。

狸藻属 Utricularia L.

一年生或多年生草本，水生、沼生或附生。无真正的根和叶，叶器基生呈莲座状或互生于匍匐枝上，全缘或深裂，末回裂片线形至毛发状；捕虫囊生于叶器。花序总状，有时为单花，具苞片，小苞片存在时成对着生于苞片内侧；花萼2深裂；花冠二唇形，黄色、紫色或白色，稀蓝色或红色；距囊状、圆锥状、圆柱状或钻形。

龙眼洞林场有1种。

黄花狸藻
Utricularia aurea Lour.

一年生直立草本；茎四棱形，匍匐枝圆柱形。叶器多数，互生，深裂，捕虫囊通常多数，侧生于叶器裂片上。总状花序顶生；苞片基部着生，狭卵形；花萼筒状，具5棱，萼齿5，披针形；花冠黄色，喉部有时具橙红色条纹，上唇宽卵形或近圆形，顶端圆形，长约为上方萼片的2倍，下唇较大，横椭圆形。蒴果狭长圆形；种子多数，压扁，具5～6角和细小的网状突起。花果期6～11月。

龙眼洞。分布于中国华南地区，台湾。东南亚也有分布。庭园观赏，可用于假山石山布置。

257. 紫葳科 Bignoniaceae

乔木、灌木或木质藤本，稀为草本。叶对生、互生或轮生，单叶或羽叶复叶，稀掌状复叶。花两性，左右对称，大而美丽，组成顶生、腋生的聚伞花序、圆锥花序或总状花序或总状式簇生；花萼钟状、筒状、平截，或具齿；花冠合瓣，钟状或漏斗状，二唇形，5裂，裂片覆瓦状或镊合状排列。蒴果室间或室背开裂，形状各异，常下垂，稀为肉质不开裂；种子常具翅或两端有束毛。

龙眼洞林场有2属，2种。

1. 菜豆树属 Radermachera Zoll. et Mor.

直立乔木。叶对生，为一至三回羽状复叶；小叶全缘，具柄。聚伞圆锥花序顶生或侧生，但不生于下部老茎上，具线状或叶状苞片及小苞片；花萼在芽时封闭，钟状，顶端5裂或平截；花冠漏斗状钟形或高脚碟状，花冠筒短或长，檐部微呈二唇形，裂片5；子房圆柱形。蒴果细长，圆柱形，有时旋扭状；种子微凹入隔膜中，两端具白色透明的膜质翅。

龙眼洞林场有1种。

*菜豆树
Radermachera sinica (Hance) Hemsl.

小乔木。二回羽状复叶；小叶卵形至卵状披针形，长4～7 cm，宽2～3.5 cm，顶端尾状渐尖，基部阔楔形，全缘。顶生圆锥花序，直立；苞片线状披针形；花冠钟状漏斗形，白色至淡黄色，裂片5，圆形，具皱纹；雄蕊4枚，二强雄蕊，光滑。蒴果细长，下垂，圆柱形，稍弯曲，长达8.5 cm，径约1 cm，果皮薄革质；种子椭圆形。花期5～9月，果期10～12月。

帽峰山—十八排。栽培。分布于中国广东、广西、贵州、云南、台湾。根、叶、果入药，可凉血消肿，治高热、跌打损伤、毒蛇咬伤；木材黄褐色，质略粗重，年轮明显，可供建筑用材；枝、叶及根又治牛炭疽病。

2. 黄钟木属 Tabebuia Gomes ex DC.

乔木。掌状复叶对生，小叶2～5枚，椭圆状长椭圆形至椭圆状卵形，长20～25 cm，宽6～9 cm，先端渐尖，基部钝或渐狭，纸质，全缘。花多数，紫红色至粉红色，有时白色，丛生略呈头状花序，多同一时间内开放；花萼小，钟形，先端截断状，具腺毛状鳞片；花冠阔漏斗形或风铃状，长7～7.5 cm，先端5裂；裂片阔卵形。果实圆柱形，下垂，被褐色茸毛。

龙眼洞林场有1种。

*黄花风铃木
Tabebuia chrysantha (Jacq.) Nichols.

乔木，高可达5 m。叶对生，掌状复叶，小叶片3～5枚，卵状椭圆形，全叶被褐色细茸毛，先端尖，叶面粗糙；圆锥花序，顶生，花两性，萼筒管状，花冠金黄色，漏斗形，花缘皱曲，但为两侧对称花，甜香，似风铃状。果实为蓇葖果，长条形向下开裂；种子具翅。春季3～4月开花，先花后叶。

龙眼洞林场—天鹿湖站。栽培。原产墨西哥、中美洲、南美洲。中国华南和西南地区有栽种。

259. 爵床科 Acanthaceae

多为草本、灌木或藤本。叶对生，无托叶，稀羽裂，常有条形或针形的钟乳体。花两性，左右对称，总状、穗状或聚伞花序，或不成花序；苞片通常大，偶色鲜艳；小苞片2枚或有时退化；花萼多5裂或4裂；花冠合瓣，具长或短的冠管，直或不同程度扭弯，高脚碟形、漏斗形或钟形，冠檐通常5裂，整齐或二唇形。果为蒴果；种子扁或透镜形。

龙眼洞林场有8属，9种。

1. 十万错属 Asystasia Blume

草本或灌木。叶蓝色或变化于黄蓝色之间，全缘或稍有齿。花排列成顶生的总状花序或圆锥花序；苞片和小苞片均小；萼5裂至基部，裂片相等；花冠常钟状，近漏斗形，冠檐近5等裂，上面的细长裂片略凹。蒴果长椭圆形，基部扁，变细，上部中央略凹四棱形，两室，有种子4颗。

龙眼洞林场有1种。

宽叶十万错
Asystasia gangetica (L.) T. Anders.

多年生草本。叶具叶柄，椭圆形，基部急尖，钝，圆或近心形，几全缘，长3～12 cm，宽1～6 cm。总状花序顶生；苞片对生，三角形；小苞片2枚，着生于花梗基部；花萼仅基部结合，裂片披针形，线形，被腺毛；花冠短，二唇形，外面被疏柔毛；花冠管基部圆柱状，上唇2裂，裂片三角状卵形，下唇3裂，裂片长卵形，中裂片两侧自喉部向下有2条褶襞直至花冠筒下部，褶襞密被白色柔毛，并有紫红色斑点。蒴果长约3 cm，不育部分长约15 mm。

龙眼洞后山至火炉山防火线附近（王发国等5687），帽峰山—十八排。分布于中国广东、云南。印度、泰国、中南半岛至马来半岛也有分布。叶可食用。

2. 钟花草属 Codonacanthus Nees

草本。叶对生，全缘。花小，成总状、圆锥花序；花在花序上互生，相对一侧具苞片；苞片、小苞片钻形；花萼5深裂；花冠钟形，顶端5裂，冠管阔而短，内弯，上部扩大呈钟状，冠檐伸展，5裂，裂片近等大，覆瓦状排列。蒴果中部以上2室；种子每室1或2颗，近圆形，两侧呈压扁状。

龙眼洞林场有1种。

钟花草
Codonacanthus pauciflorus Nees

纤细草本。叶片薄纸质，椭圆状卵形或狭披针形，长6～9 cm，宽2～4.5 cm，先端急尖或渐尖，基部常急尖。花疏，花互生；花冠管短于花檐裂片，下部偏斜，花冠白色或淡紫色，冠檐裂片5枚，卵形或长卵形，后裂片稍小。蒴果下部实心似短柄。花果期8～12月。

龙眼洞笛箕窝至火烧天（笛箕窝—6林班；王发国等5946），帽峰山帽峰工区焦头窝（王发国等6053）。分布于中国华南、华东及西南地区。孟加拉国、印度东北部及越南西南也有分布。

3. 狗肝菜属 Dicliptera Juss.

草本。叶对生，常全缘或具明显的浅波状。头状花序组成聚伞形或圆锥形，多腋生；总苞片2枚，叶状，对生，内有花数朵，常仅1朵发育，小苞片小，线形或线状披针形；花无梗；花萼5深裂，裂片线状披针形，等大；花粉红色，冠管细长，扭转喉部稍扩大，冠檐二唇形，上唇直立，内凹，全缘或浅2裂，下唇稍伸展，浅3裂或有时全缘，檐片覆瓦状排列。种子近圆形。

龙眼洞林场有1种。

狗肝菜
Dicliptera chinensis (L.) Juss.

草本，高30～80 cm。茎具6条钝棱或浅沟，节常膨大膝曲状。叶卵状椭圆形，长2～7 cm，宽1.5～3.5 cm，纸质，先端短渐尖，基部阔楔形或稍下延，深绿色，近无毛。聚伞花序，腋生或顶生；总苞状苞片2枚，总苞片阔倒卵形或近圆形；小苞片线状披针形；花萼裂片5枚，钻形；花冠淡紫红色，上唇有紫红色斑点，二唇形，上唇阔卵状近圆形，全缘，有紫红色斑点，下唇长圆形，3浅裂。蒴果被柔毛，开裂时由蒴底弹起，具种子4颗。

龙眼洞笛箕窝至火烧天（笛箕窝—6林班；王发国等5965）。分布于中国华南、华东、西南地区。孟加拉国、印度东北部及中南半岛也有分布。药用清热解毒，生津利尿。

4. 水蓑衣属 Hygrophila R. Br.

灌木或草本。叶对生，全缘或具不明显小齿。花2至多朵簇生叶腋；花萼圆筒状，萼管中部5深裂，裂片等大或近等大；冠管筒状，喉部常一侧膨大，冠檐二唇形，上唇直立，2浅裂，下唇近直立或略伸展。蒴果圆筒状或长圆形；种子宽卵形或近圆形，两侧压扁，被紧贴长白毛。

龙眼洞林场有1种。

水蓑衣
Hygrophila salicifolia (Vahl) Nees

草本。茎四棱形。叶近无柄，纸质，长椭圆形、披针形、线形，长4～11.5 cm，宽0.8～1.5 cm，两面被白色长硬毛。花簇生叶腋；苞片披针形，小苞片线形；花萼圆筒状，被短糙毛，5深裂至中部，裂片稍不等大，渐尖，被长柔毛；花冠淡紫色或粉红色，被柔毛，上唇卵状三角形，下唇长圆形，喉凸上有长柔毛，花冠管稍长于裂片。蒴果干时淡褐色。花期秋季。

帽峰山—十八排（王发国等6220）。分布于中国华南、华中、华东及西南地区。亚洲东南部至东部也有。

5. 芦莉草属 Ruellia L.

多年生草本或灌木。叶全缘或具圆齿。花序腋生或顶生，形成二歧穗状花序或圆锥花序，有时退化为一朵花；苞片对生，绿色；小苞片2或无；花萼5深裂；花冠漏斗状，基部狭圆筒状，顶部膨大成一明显的喉，5浅裂，裂片通常卵形到圆形，大小相等于不等长。蒴果具柄或不具柄，具多粒种子；种子盘状，通常短柔毛具吸湿毛。

龙眼洞林场有1种。

*蓝花草

Ruellia tuberosa L.

多年生草本植物，具有块茎根。株高15～30 cm，节间距短小，分芽能力强，可自然分枝成丛。叶对生，披针形，叶色浓绿，狭长型；叶柄短，在基部突然变窄，具有波状边缘，长达12 cm。花排成松散的二歧聚伞花序，花色有粉红色、紫色、白色三种，花径3～5 cm，花冠漏斗状，具5瓣，高达5 cm。花期3～11月，盛花期4～10月。

帽峰山帽峰工区山顶管理处，沿山谷周边。栽培。原产于墨西哥。中国广东、云南和台湾等地有栽培或逸为野生。

6. 黄球花属 Sericocalyx Brem.

草本或小灌木。叶对生，同节的等大，叶片两面或稀叶背被顶端具钩的刚毛，叶面钟乳体通常为细而平行的线条。花无梗，组成顶生或腋生的穗状花序；苞片大，绿色；花常单生于苞腋；花萼5深裂；花冠黄色，直立，花冠管圆柱形，喉部扩大呈宽漏斗形。蒴果纺锤形，头状毛有时成簇，有时完全为微柔毛，有种子4～12颗；种子黄色，基区有时向边缘扩展。

龙眼洞林场有1种。

黄球花

Sericocalyx chinensis (Nees) Brem.

草本或小灌木，高30～150 cm。茎下部常木质化，嫩枝4棱，被硬毛，叶常顶端渐尖或急尖，基部渐狭或稍下延，边缘具细锯齿或牙齿，两面被疏刺毛，叶面钟乳体多为细而平行的线条。穗状花序圆头状或稍伸长；苞片常覆瓦状排列，卵形，长1.5～2 cm，绿色，被硬毛，顶端喙状骤尖，喙线形；小苞片与萼裂片等大，线形；花冠黄色，外面被短柔毛，里面被长柔毛。蒴果被短柔毛；种子每室4粒，阔卵形，干时淡黄色。花期冬春季。

龙眼洞筲箕窝至火烧天（筲箕窝—6林班；王发国等5852）。分布于中国华南地区。越南、老挝和柬埔寨也有分布。

7. 马蓝属 Strobilanthes Blume

多年生草本、亚灌木、灌木，有时可为小乔木状。茎幼时常四棱形。叶对生，具柄，钟乳体线形。头状、穗状或聚伞花序顶生或腋生；苞片形状和宿存与否变异大；花萼或5等裂至基部，或部分连合，或连合，或二唇形；花冠管圆柱形，于喉部扩大成较短的漏斗状，支持花柱的毛排成2列，冠檐5裂，裂片圆形或卵形，多为淡蓝紫色，少数为黄色、粉红色或白色。蒴果椭圆形，扁平，每室具种子2颗。

龙眼洞林场有2种。

1. 板蓝（马蓝）

Strobilanthes cusia (Nees) O. Kuntze

草本，多年生一次性结实草本，稍木质化，高约1 m，茎幼嫩部分和花序均被锈色、鳞片状毛。叶纸质，椭圆形或卵形，长10～25 cm，宽4～9 cm，顶端短渐尖，基部楔形，边缘有稍粗的锯齿。花排成穗状花序；苞片对生；花冠淡蓝紫色、玫瑰红色或白色。蒴果棒状；种子卵形。花期11月。

帽峰山—8林班（王发国等6162），帽峰山帽峰工区山顶管理处，沿山谷周边。分布于中国华南、西南、华东地区。南亚、中南半岛也有分布。根、叶入药，清热解毒、凉血消肿。

2. 四子马蓝
Strobilanthes tetraspermus (Champ. ex Benth.) Druce

草本，茎细瘦。叶纸质，卵形或椭圆形，长2～7 cm，宽1～2.5 cm，顶端钝，基部渐狭或稍收缩，边缘具圆齿。穗状花序短而紧密，常仅有花数朵；苞片叶状，倒卵形或匙形，具羽状脉；花萼5裂，裂片稍钝头；花冠淡红或淡紫色，外面被短柔毛，内有长柔毛，冠檐裂片几相等，被缘毛。果为蒴果。花期秋季。

帽峰山帽峰工区焦头窝（王发国等6054），帽峰山管护站—6林班（王发国等6105）。分布于中国华南、西南、华东地区。越南北部也有分布。

8. 山牵牛属 Thunbergia Retz.

攀缘草本或灌木，稀直立。单叶对生，叶片卵形、披针形、心形或戟形，先端急尖或渐尖。花单生或成总状花序；苞片2，叶状；小苞片2枚，佛焰苞状，常宿存；花萼杯状，具10～16小齿或退化成环状边圈；花常大而艳丽，花冠漏斗状，花冠管短，内弯或偏斜，喉部扩大，冠檐伸展，5裂。蒴果常球形，顶具长喙；种子半球形到卵球形。

龙眼洞林场有1种。

大花山牵牛
Thunbergia grandiflora Roxb.

攀缘灌木。叶具柄，叶柄长达8 cm，被侧生柔毛；叶片卵形、宽卵形至心形，长4～15 cm，宽3～7.5 cm，先端急尖至锐尖，有时有短尖头或钝。花在叶腋单生或成顶生总状花序，苞片小，卵形，先端具短尖头；花梗长2～4 cm，被短柔毛，花梗上部连同小苞片下部有巢状腺形；小苞片2枚，长圆卵形，长1.5～3 cm，外面及内面先端被短柔毛，边缘甚密，内面无毛，远轴面黏合在一起；花冠管长5～7 mm，连同喉白色；冠檐蓝紫色，裂片圆形或宽卵形。蒴果被短柔毛。

龙眼洞荔枝园至太和章附近（王发国等5786），龙眼洞凤凰山（场部—3林班；王发国等6996）。分布于中国华南以及福建、台湾、云南。印度及中南半岛也有分布。

263. 马鞭草科 Verbenaceae

多为灌木或乔木。叶多对生，单叶或掌状复叶，无托叶。聚伞、总状、穗状、伞房状聚伞或圆锥花序，顶生或腋生；花萼宿存，杯状、钟状或管状，稀漏斗状，顶端有4～5齿或为截头状；花两性，多左右对称；花冠顶部二唇形或不相等的4～5裂，裂片通常向外开展，全缘或下唇中间1裂片的边缘呈流苏状。果为核果、蒴果或浆果状核果。

龙眼洞林场有6属，17种，1变种。

1. 紫珠属 Callicarpa L.

直立灌木，稀乔木、藤本或攀缘灌木。叶对生，偶3叶轮生，边缘有锯齿，稀为全缘，通常被毛和腺点。聚伞花序腋生；苞片细小，稀为叶状；花小，整齐；花萼杯状或钟状，稀为管状，顶端4深裂至截头状，宿存；花冠紫色、红色或白色，顶端4裂。核果或浆果，熟时紫色、红色或白色，外果皮薄，中果皮通常肉质，内果皮骨质；种子小，长圆形，种皮膜质。

龙眼洞林场有7种。

1. 紫珠
Callicarpa bodinieri Lévl.

灌木，高达2 m。叶纸质，卵形或椭圆形，长

8~16 cm，宽3~7 cm，先端渐尖或长渐尖，基部楔形，边缘具细锯齿。聚伞花序4次分歧，被灰黄色星状茸毛；苞片线形；花萼钟状，外面被灰色星状毛，具暗红色腺点，萼齿钝三角形；花冠紫色，长约3.5 mm，被灰色星状毛，具暗红色腺点。果圆球形，成熟时紫色；种子4颗，橙黄色。花期5~7月，果期8~11月。

帽峰山帽峰工区焦头窝。中国陕西（南部）、河南（南部）至长江以南各地广布。

2. 华紫珠
Callicarpa cathayana H. T. Chang

灌木，高1.5~3 m。叶片椭圆形或卵形，长4~8 cm，宽1.5~3 cm，顶端渐尖，基部楔形，两面近于无毛，而有显著的红色腺点，边缘具细锯齿。聚伞花序细弱；苞片细小；花萼杯状，具星状毛和红色腺点，萼齿不明显或钝三角形；花冠紫色，疏生星状毛，有红色腺点，花丝等于或稍长于花冠。果实球形，紫色。花期5~7月，果期8~11月。

帽峰山—8林班（王发国等6147），帽峰山帽峰工区山顶管理处，沿山谷周边。分布于中国华南、华中、华东、华北等地区。

3. 白棠子树
Callicarpa dichotoma (Lour.) K. Koch

小灌木，高1~3 m。叶倒卵形或披针形，长2~6 cm，宽1~3 cm，顶端急尖或尾状尖，基部楔形，背面密生细小黄色腺点。聚伞花序生叶腋上方，2~3次分歧；苞片线形；花萼杯状，无毛，顶端有不明显的4齿或近截头状；花冠紫色，无毛，花丝长约为花冠的2倍；子房无毛，具黄色腺点。果实球形，紫色。花期5~6月，果期7~11月。

龙眼洞筲箕窝（王发国等6079）。分布于中国华中、华南、华北、华东及贵州。日本、越南也有分布。全株入药，散瘀止痛。

4. 杜虹花
Callicarpa formosana Rolfe

灌木，高1~3 m。小枝、叶柄、叶背和花序密生灰黄色毛。叶片卵状椭圆形至椭圆形，长6~15 cm，宽3~8 cm，顶端通常渐尖，基部钝或浑圆，边缘有细锯齿。聚伞花序常4~5次分歧；苞片细小；花萼杯状，被灰黄色星状毛，萼齿钝三角形；花冠紫色或淡紫色。果实近球形，紫色。花期5~7月，果期8~11月。

龙眼洞凤凰山（场部—3林班；王发国等SF2），帽峰山—8林班（王发国等6148），帽峰山—6林班。分布于中国华南、华东地区及云南。菲律宾也有分布。叶药用，止血止痛、散瘀消肿。

5. 枇杷叶紫珠
Callicarpa kochiana Makino

灌木，高1~4 m。叶片长椭圆形、卵状椭圆形或长椭圆状披针形，长12~22 cm，宽4~8 cm，顶端渐尖或锐尖，基部楔形，边缘有锯齿。聚伞花序，3~5次分歧；花萼管状，被茸毛，萼齿线形或为锐尖狭长三角形；花冠淡红色或紫红色，裂片密被茸毛。果实球形，几全部包藏于宿存的花萼内。花期7~8月，果期9~12月。

龙眼洞荔枝园至太和章附近（王发国等5807），帽峰山帽峰工区焦头窝，帽峰山帽峰工区山顶管理处，沿山谷周边。分布于中国华南、华中及华东地区地区。越南也有分布。

6. 藤紫珠
Callicarpa peii H. T. Chang

藤本或蔓性灌木，长可达10 m。叶片宽椭圆形或宽卵形，长6~11 cm，宽3~7 cm，顶端急尖至渐尖，基部宽楔形或浑圆，全缘。聚伞花序，6~8次分歧；苞片线形；花萼无毛，有细小黄色腺点，萼齿不明显或近截头状；花冠紫红色至蓝紫色。果实紫色，径约2 mm。花期5~7月，果期8~11月。

龙眼洞筲箕窝至火烧天（筲箕窝—6林班；王发国等5933）。分布于中国广东、广西、湖北、四川、江西。

7. 红紫珠
Callicarpa rubella Lindl.

灌木。叶片倒卵形或倒卵状椭圆形，长10～21 cm，宽4～10 cm，顶端尾尖或渐尖，基部心形，叶背被星状毛并杂有腺毛和单毛，有黄色腺点。聚伞花序宽2～4 cm；花萼被星状毛或腺毛，具黄色腺点，萼齿钝三角形或不明显；花冠紫红色、黄绿色或白色，外被细毛和黄色腺点。果实紫红色。花期5～7月，果期7～11月。

龙眼洞林场—石屋站，帽峰山帽峰工区山顶管理处，沿山谷周边。分布于中国华南、华东及西南地区。南亚、东南亚也有分布。叶可止血、接骨。

2. 大青属 Clerodendrum L.

落叶或半常绿，多为灌木或小乔木。单叶对生，稀3～5叶轮生，全缘、波状或有各式锯齿，很少浅裂至掌状分裂。聚伞花序或组成伞房状或圆锥状花序；苞片宿存或早落；花萼有色泽，钟状、杯状或很少管状，顶端近平截或有5钝齿至5深裂；花冠高脚碟形或漏斗形，顶端常5裂。核果浆果状；种子长圆形。

龙眼洞林场有5种。

1. 灰毛大青
Clerodendrum canescens Wall.

灌木，高1～3.5 m。叶片心形或阔卵形，长6～18 cm，宽4～15 cm，顶端渐尖，基部心形至近截形，两面均有柔毛。聚伞花序密集成头状；花萼由绿变红，钟状；苞片叶状，卵形或椭圆形，具短柄或近无柄；花萼钟状，具5棱，有少数腺点，5深裂至萼的中部；花冠白色或淡红色。核果近球形，熟时深蓝色或黑色。花果期4～10月。

龙眼洞筲箕窝至火烧天（筲箕窝—6林班；王发国等5967），龙眼洞凤凰山（场部—3林班；王发国等6016），帽峰山帽峰工区焦头窝，龙眼洞林场—天鹿湖站。分布于中国华南、华中、华东及西南地区。印度、越南北部也有分布。全株入药，退热止痛。

2. 大青
Clerodendrum cyrtophyllum Turcz.

灌木或小乔木，高1～10 m。叶片纸质，椭圆形、卵状椭圆形、长圆形或长圆状披针形，长6～20 cm，宽3～9 cm，顶端渐尖或急尖，基部圆形或宽楔形，常全缘。花排成伞房状聚伞花序；花小，有橘香味；苞片线形；花冠白色，外面疏生细毛和腺点，花冠管细长，顶端5裂。果实球形或倒卵形，熟时蓝紫色，为红色的宿萼所托。花果期6月至翌年2月。

龙眼洞水库旁。分布于中国华东、中南、西南地区。朝鲜、越南和马来西亚也有分布。根、叶清热解毒、凉血利尿。

3. 白花灯笼
Clerodendrum fortunatum L.

灌木，高达2.5 m。叶纸质，一般长椭圆形或倒卵状披针形，长5～17.5 cm，宽1.5～5 cm，顶端渐尖，基部楔形或宽楔形，全缘或波状。聚伞花序腋生，1～3次分歧，花3～9朵；苞片线形，密被棕褐色短柔毛；花萼紫红色，膨大似灯笼；花冠淡红色或白色稍带紫，花冠管与花萼等长或稍长，顶端5裂。核果近球形，熟时深蓝色，藏于宿萼内。花果期6～11月。

龙眼洞后山至火炉山防火线附近（王发国等5659），帽峰山帽峰工区焦头窝，帽峰山—2林班，常见。分布于

中国华南及江西南部。根或全株入药，清热解毒、止咳镇痛。

4. 桢桐
Clerodendrum japonicum (Thunb.) Sweet

灌木，高1～4 m。小枝四棱形。叶片圆心形，长8～35 cm，宽6～27 cm，顶端尖或渐尖，基部心形，边缘有疏短尖齿。圆锥状聚伞花序顶生；苞片宽卵形至披针形，小苞片线形；花萼红色，散生盾形腺体，深5裂，裂片卵形或卵状披针形，渐尖；花冠红色，稀白色。果实椭圆状球形，绿色或蓝黑色。花果期5～11月。

莲花顶公园公路（王发国等6245）。分布于中国华东、华南和西南地区。南亚、中南半岛、马来西亚及日本也有分布。全株入药，祛风利湿、消肿散瘀。

5. 尖齿臭茉莉
Clerodendrum lindleyi Decne. ex Planch.

灌木，高0.5～3 m。叶片纸质，宽卵形或心形，叶缘有锯齿。伞房状聚伞花序紧密，顶生；苞片披针形，被短柔毛、腺点和少数盘状腺体；花萼钟状，密被柔毛和少数盘状腺体，萼齿线状披针形；花冠紫红色或淡红色，裂片倒卵形。核果近球形，熟时蓝黑色，被紫红色的宿萼所包。

帽峰山—十八排。分布于中国华南、华东、华中及西南地区。根、叶或全株入药，调经、消炎、止痛。

3. 马缨丹属 Lantana L.

直立或半藤状灌木，有强烈气味。茎四方形，有或无皮刺与短柔毛。单叶对生，边缘有圆或钝齿，表面多皱。花密集成头状；苞片基部宽展，小苞片极小；花萼小，膜质，顶端截平或具短齿；花冠4～5浅裂，裂片钝或微凹；花冠管细长向上略宽展。果实的中果皮肉质，内果皮质硬，果熟后2裂。

龙眼洞林场有1种。

马缨丹
Lantana camara L.

直立或蔓性灌木。茎四方形，常有短而倒钩状刺。单叶对生，常有皱纹，叶揉烂后有强烈气味；叶片卵形至卵状长圆形，长3～8.5 cm，宽1.5～5 cm。穗状花序具密集的花，常顶生而缩成头状花序；苞片基部宽展，钻形；小苞片极小或无；花萼小或具浅波状裂片，萼筒薄，膜质；花冠黄色或橙黄色，后转深红色，4～5浅裂。果圆球形，熟时紫黑色。全年开花。

龙眼洞荔枝园至太和章附近（王发国等5815）。分布于中国华南地区及台湾。原产美洲热带地区。庭园观赏；根、叶、花入药，清热解毒、散结止痛。

4. 豆腐柴属 Premna L.

乔木或灌木。单叶对生。花序生于枝端，常由聚伞花序组成伞房花序、圆锥花序、穗形总状花序等；苞片常呈锥形、线形，罕为披针形；花萼杯状或钟状，宿存，顶端2～5裂或几成截形，裂片近相等或呈二唇形；花冠略呈二唇形，上唇1裂片全缘或微下凹，下唇3裂片近相等或中间1裂片较长，花冠管短。核果球形、倒卵球形或倒卵状长圆形；种子长圆形。

龙眼洞林场有1种。

豆腐柴
Premna microphylla Turcz.

直立灌木。叶揉之有臭味，卵状披针形、椭圆形、卵形或倒卵形，长3～13 cm，宽1.5～6 cm，顶端急尖至长渐尖，基部渐狭窄下延至叶柄两侧。聚伞花序顶生成塔形的圆锥花序；花萼杯状，绿色，近整齐的5浅裂；花冠淡黄色，外有柔毛和腺点，花冠内部有柔毛，以喉部较密。核果紫色，球形至倒卵形。花果期5～10月。

龙眼洞。分布于中国华东、中南、华南及西南地区。日本也有分布。

5. 假马鞭属 Stachytarpheta Vahl

草本或灌木。茎和枝四方形，常有疏柔毛或无毛。单叶对生，少有互生，表面多皱，边缘有锯齿。穗状花序细长，顶生；花单生苞腋内；花萼管状，膜质，有4~5棱，棱常延伸成4~5齿；花冠白色、蓝色、红色或淡红色，冠管纤细或上部稍扩大，喉部有柔毛，5裂；雄蕊内藏；子房2室。果长圆形，藏于宿萼，熟后2瓣裂。

龙眼洞林场有1种。

假马鞭

Stachytarpheta jamaicensis (L.) Vahl

多年生粗壮草本或亚灌木，高0.6~2 m；幼枝近四方形，疏生短毛。叶片厚纸质，椭圆形至卵状椭圆形，长2.4~8 cm，顶端短锐尖，基部楔形，边缘有粗锯齿，两面均散生短毛。穗状花序顶生；花单生于苞腋内，螺旋状着生；花萼管状，膜质、透明、无毛；花冠深蓝紫色，长0.7~1.2 cm，顶端5裂。果藏于膜质的花萼内，熟后2瓣裂。花期8月，果期9~12月。

龙眼洞。分布于中国华南地区，福建和云南南部。原产中南美洲，现东南亚广泛分布。

6. 牡荆属 Vitex L.

乔木或灌木。叶对生，掌状复叶，小叶3~8，稀单叶。花序顶生或腋生，聚伞花序或组成近穗状、圆锥状、伞房状花序；苞片小；花萼钟状，稀管状或漏斗状，顶端近截平或有5小齿，有时略为二唇形；冠白色、浅蓝色、淡蓝紫色或淡黄色，略长于萼，二唇形，上唇2裂，下唇3裂，中间的裂片较大。果实球形、卵形至倒卵形；种子倒卵形、长圆形或近圆形。

龙眼洞林场有2种，1变种。

1. 黄荆

Vitex negundo L.

灌木或小乔木，高1~2.5 m；小枝四棱形。掌状复叶，小叶3~5枚，小叶片长圆状披针形至披针形，先端渐尖，基部楔形，多全缘。聚伞花序排成圆锥状，顶生，花小，淡紫色，萼齿5，锐尖，外面被灰白色茸毛，花冠长约为萼长的2倍，外面被柔毛，内面在花冠管上被柔毛。核果近球形。花期4~6月，果期7~10月。

龙眼洞。分布于中国长江以南各地。非洲东部、东南亚及玻利维亚也有分布。茎叶治久痢；种子可镇静；根可驱蛲虫。

2. 牡荆

Vitex negundo L. var. **cannabifolia** (Sieb. et Zucc.) Hand.-Mazz.

落叶灌木或小乔木；小枝四棱形。叶对生，掌状复叶，小叶5枚，少有3枚；小叶片披针形或椭圆状披针形，顶端渐尖，基部楔形，具粗锯齿，常被柔毛。圆锥花序顶生；花冠淡紫色。果实近球形，黑色。花期6~7月，果期8~11月。

龙眼洞林场各地常见。生于山坡路边灌丛中。分布于中国华东、华南、西南地区。日本也有分布。用途同黄荆。

1. 广防风属 Anisomeles R. Br.

直立草本。叶缘具牙齿；苞叶叶状，向上渐变小，苞片线形，细小。轮伞花序多花密集，组成长穗状花序。花萼钟形，具10脉，不明显，下部具多数纵脉，上部横脉网结，萼齿5枚，相等，直伸。花冠二唇形，冠筒与花萼等长，内面具小疏柔毛毛环，上唇直伸、短、全缘、微凹、下唇平展、长、中裂片较大、先端微缺或2裂，侧裂片短。小坚果近球形，黑色。

龙眼洞林场有1种。

3. 山牡荆
Vitex quinata (Lour.) Will.

常绿乔木。小枝四棱形。掌状复叶，对生，3～5小叶，小叶片倒卵形至倒卵状椭圆形，常全缘，表面常有灰白色小窝点，叶背有金黄色腺点。聚伞花序对生于轴上，圆锥状，顶生，密被棕黄色微柔毛；苞片线形，早落；花萼钟状，长2～3 mm，顶端有5钝齿，外面密生棕黄色细柔毛和腺点；花冠淡黄色，顶端5裂，二唇形，下唇中间裂片较大，外面有柔毛和腺点。核果球形或倒卵形，熟后黑色。花期5～7月，果期8～9月。

帽峰山—8林班（王发国等6167），帽峰山帽峰工区山顶管理处，沿山谷周边。生于山坡林中。分布于中国华东、华南及华中地区。日本、印度及东南亚也有分布。可作木材使用。

广防风（防风草、薄荷）
Anisomeles indica (L.) Kuntze

草本植物，茎直立，高1～2 m，四棱形，具浅槽，密被短柔毛。叶宽卵圆形，长4～9 cm，先端急尖，基部平截状阔楔形，边缘具不规则齿，草质，被毛。穗状花序径约2.5 cm，苞片线形；花萼钟形，被毛及黄色腺点；萼齿紫红色，三角状披针形，具缘毛；花冠淡紫色，长约1.3 cm，外部无毛，内具疏柔毛，冠筒漏斗形，口部径达3.5 mm，上唇直伸，下唇近水平平展，3裂，中裂片倒心形，侧裂片卵形。小坚果黑色，具光泽，近圆球形。

龙眼洞荔枝园至太和章附近（王发国等5831）。分布于中国华南、西南和华东等地区。印度，东南亚经马来西亚至菲律宾也有分布。全草入药，为民间常用草药。

264. 唇形科 Labiatae

多年生至一年生草本，常具含芳香油的表皮，具有柄或无柄的腺体，常具有四棱及沟槽的茎。根纤维状，稀增厚成纺锤形，极稀具小块根。叶为单叶，全缘至具有各种锯齿，浅裂至深裂。花序聚伞式，顶生或腋生的总状、穗状、圆锥状或稀头状的复合花序。花两侧对称或辐射对称。花萼下位，钟状，管状或杯状，稀壶状或球形，直至弯，合萼。花冠合瓣，通常有色，大小不一。花药通常长圆形，卵圆形至线形，稀球形，2室。

龙眼洞林场有11属，14种。

2. 风轮菜属 Clinopodium L.

多年生草本。叶具柄或无柄，具齿。轮伞花序少花或多花，稀疏或密集，偏向于一侧或不偏向于一侧，多少呈圆球状，具梗或无梗，梗多分枝或少分枝，生于主茎及分枝的上部叶腋中，聚集成紧缩圆锥花序或多头圆锥花序，或彼此远隔而分离；苞叶叶状，通常向上渐小至苞片状；苞片线形或针状，具肋或不明显具肋，与花萼等长或较之短许多。小坚果极小，卵球形或近球形，通常宽不及1mm，褐色。

龙眼洞林场有2种。

1. 风轮菜
Clinopodium chinense (Benth.) O. Kuntze

多年生草本。茎基部匍匐生根，上部上升，多分枝，高可达1 m，四棱形，具细条纹，密被短柔毛及腺微柔毛。叶卵圆形，不偏斜，长2~4 cm，宽1.3~2.6 cm，先端急尖或钝，基部圆形呈阔楔形，边缘具大小均匀的圆齿状锯齿，坚纸质，叶面橄榄绿色，密被平伏短硬毛，叶背灰白色，被疏柔毛，脉上尤密，侧脉5~7对。小坚果倒卵形，长约1.2 mm，宽约0.9 mm，黄褐色。花期5~8月，果期8~10月。

龙眼洞筲箕窝至火烧天（筲箕窝—6林班；王发国等5855，5893）。分布于中国华南、华中、华东地区，云南。日本也有分布。新鲜的嫩叶具有香辛味，可用于烹调；开花枝端可用来蒸脸或洗脸，可收敛抗菌。

2. 瘦风轮菜
Clinopodium gracile (Benth.) Matsum.

一年生纤细草本。茎多数，自匍匐茎生出，细弱，上升，不分枝或基部具分枝，高8~30 cm，被柔毛。最下部叶较小，圆卵形，其余叶片均为卵形，较大，长1.2~3.4 cm，宽1~2.4 cm，先端钝，基部阔楔形，边缘具圆锯齿，叶面近无毛，叶背脉上被疏短硬毛；叶柄长0.3~1.8 cm。初生叶三角状卵形，先端急尖，叶缘有1~2个小锯齿，叶基近截形，叶背紫红色，叶面疏生短柔毛。轮伞花序分离，或密集于茎端成短总状花序。坚果卵球形，褐色，光滑。花期6~8月，果期8~10月。

龙眼洞筲箕窝（王发国等5729）。分布于中国华南、华东、华中、西南地区及陕西南部。印度、缅甸、东南亚及日本也有分布。药用可治疗过敏性皮炎，风疹块。

3. 香茶菜属 Isodon (Schrad. ex Benth.) Spach

灌木、半灌木或多年生草本；根茎常肥大木质，疙瘩状。叶小或中等大，大都具柄，具齿。聚伞花序3至多花，排列成多少疏离的总状、狭圆锥状或开展圆锥状花序，稀密集成穗状花序；下部苞叶与茎叶同型，上部渐变小呈苞片状，也有苞叶全部与茎叶同型，因而聚伞花序腋生的。花小或中等大，具梗。花萼开花时钟形，果时多少增大。小坚果近圆球形、卵球形或长圆状三棱形，无毛或顶端略具毛，光滑或具小点。

龙眼洞林场有1种。

香茶菜
Isodon amethystoides (Benth.) H. Hara

多年生、直立草本；根茎肥大，疙瘩状，木质，向下密生纤维状须根。茎高0.3~1.5 m，四棱形，具槽，密被向下贴生疏柔毛或短柔毛，草质，在叶腋内常有不育的短枝，其上具较小型的叶。叶卵状圆形，卵形至披针形，大小不一，生于主茎中、下部的较大，生于侧枝及主茎上部的较小。花冠白色、蓝白色或紫色，上唇带紫蓝色，长约7 mm，外疏被短柔毛，内面无毛。成熟小坚果卵形，长约2 mm，宽约1.5 mm，黄栗色，被黄色及白色腺点。花期6~10月，果期9~11月。

龙眼洞筲箕窝至火烧天（筲箕窝—6林班；王发国等5874）。分布于中国华南、华东、华中地区。药用可清热、散血、消肿、解蛇虫毒，治跌打瘀积、毒蛇咬伤。

4. 益母草属 Leonurus L.

一年生、二年生或多年生直立草本。叶3～5裂，下部叶宽大，近掌状分裂，上部茎叶及花序上的苞叶渐狭，全缘，具缺刻或3裂。轮伞花序多花密集，腋生，多数排列成长穗状花序；小苞片钻形或刺状，坚硬或柔软。花萼倒圆锥形或管状钟形，近等大，不明显二唇形，下唇2齿较长，靠合，开展或不甚开展，上唇3齿直立。花冠白色、粉红色至淡紫色，冠筒比萼筒长，内面无毛环或具斜向或近水平向的毛环，在毛环上膨大或不膨大。小坚果锐三棱形，顶端截平，基部楔形。

龙眼洞林场有1种。

益母草
Leonurus japonicus Houttuyn

一年生或二年生草本，高60～100 cm。茎直立，单一或有分枝，四棱形，被微毛。叶对生；叶形多种；叶柄长0.5～8 cm。一年生植物基生叶具长柄，叶片略呈圆形，直径4～8 cm，5～9浅裂，裂片具2～3钝齿，基部心形；茎中部叶有短柄，3全裂，裂片近披针形，中央裂片常再3裂，两侧裂片再1～2裂，最终裂片宽度通常在3 mm以上，先端渐尖，边缘疏生锯齿或近全缘。小坚果褐色，三棱形，上端较宽而平截，基部楔形，长约2.5 mm。花期6～9月，果期7～10月。

帽峰山—十八排。分布于中国各地。世界广泛分布。药用有活血调经、利尿消肿、清热解毒功效。

5. 绣球防风属 Leucas R. Br.

草本或半灌木，通常具毛被，稀无毛。叶全缘或具齿。轮伞花序少花至多花，疏离，等大，或于枝条顶端紧缩而变小。花萼管状，或管状钟形，或倒圆锥状，稀膨大，10脉，脉条纹状，直伸或弯曲，萼口等大，或偏斜而后方向前方伸长，齿8～10，等大，或偶有不等大。花冠通常白色，稀黄色、紫色、浅棕色或甚至红色。花盘时而平顶、全缘或浅波状，时而呈指状向后方伸长。花柱先端不等2裂，后裂片极短，近于消失。小坚果卵珠形，三棱状，几不截平。

龙眼洞林场有1种。

疏毛白绒草
Leucas mollissima Wall. var. **chinensis** Benth.

多年生草本，茎高50 cm左右，多分枝，被贴生茸毛状长柔毛。叶柄长1 cm以下，茎枝上部叶常近无柄；叶片卵形，长1.5～4 cm，叶面具皱纹，叶背发白，两面密被短茸毛。轮伞花序球形，下承以稀疏条形被毛的苞片；花萼筒状，长约6 mm，外密生柔毛，内面上部被微柔毛，10脉，萼口平截，齿10枚，长三角形，长约1 mm，近等大；花冠白色、长约13 mm，下唇中裂片倒心形。小坚果卵状三棱形。

龙眼洞筲箕窝至火烧天（筲箕窝—6林班；王发国等5945）。分布于中国华南、华中、西南地区。日本也有分布。

6. 凉粉草属 Mesona Blume

草本，直立或匍匐。叶具柄，边缘具齿。轮伞花序多数，组成顶生总状花序；苞片圆形，卵圆形或披针形，先端尾状突尖，无柄，有时具色泽；花梗细长，被毛。花萼开花时钟形，果时筒状或坛状筒形，具10脉及多数横脉，果时其间形成小凹穴，上唇3裂，中裂片特大，下唇全缘，偶有微缺。花冠白色或淡红色，冠筒极短，喉部极扩大，内面无毛。小坚果长圆形或卵圆形，黑色，光滑或不明显具小疣。

龙眼洞林场有1种。

凉粉草
Mesona chinensis Benth.

草本，直立或匍匐。茎下部伏地，上部直立，叶卵形或卵状长圆形，先端稍钝，基部渐收缩成柄，边缘有小锯齿，两面均有疏长毛；着生于花序上部的叶较小，呈苞片状，卵形至倒三角形，较花短，基部常带淡紫色，结果时脱落。总状花序柔弱，花小，轮生，萼小，钟状，二唇形，上唇3裂，下唇全缘，结果时筒状，下弯，有纵脉及横皱纹；花冠淡红色，上唇阔，全缘或齿裂，下唇长椭圆形，凹陷。小坚果椭圆形。花果期7～10月。

龙眼洞。分布于中国华南、华东地区。煎汁和以米浆煮熟，冷后即成黑色胶状物，可作暑天的解渴品。

7. 石荠苎属 Mosla Buch.-Ham. ex Maxim.

一年生植物，揉之有强烈香味。叶具柄，具齿，下面有明显凹陷腺点。轮伞花序2花，在主茎及分枝上组成顶生的总状花序；苞片小，或下部的叶状；花梗明显。花萼钟形，10脉，果时增大，基部一边膨胀，萼齿5枚，齿近相等或二唇形，如为二唇形，则上唇3齿锐尖或钝，下唇2齿较长，披针形，内面喉部被毛。花冠白色，粉红色至紫红色，冠筒常超出萼或内藏，内面无毛或具毛环。小坚果近球形，具疏网纹或深穴状雕纹，果脐基生，点状。

龙眼洞林场有2种。

1. 小花荠苧

Mosla cavaleriei Levl.

一年生草本。茎高25～100 cm，具分枝，具花的侧枝短，四棱形，具槽，被稀疏的具节长柔毛及混生的微柔毛。叶卵形或卵状披针形，长2～5 cm，宽1～2.5 cm，先端急尖，基部圆形至阔楔形，边缘具细锯齿，近基部全缘，纸质，叶面橄榄绿色，被具节疏柔毛；叶柄纤细，长1～2 cm，腹凹背凸，被具节疏柔毛。总状花序小，顶生于主茎及侧枝上。小坚果灰褐色，球形，直径约1.5 mm，具疏网纹，无毛。花期9～11月，果期10～12月。

龙眼洞筲箕窝至火烧天（筲箕窝—6林班；王发国等5941），帽峰山—6林班。分布于中国华南、华中、西南地区。越南北部也有分布。全草入药。

2. 小鱼仙草

Mosla dianthera (Buch.-Ham.) Maxim.

一年生草本。茎高至1 m，四棱形，具浅槽，近无毛，多分枝。叶卵状披针形或菱伏披针形，有时卵形，长1.2～3.5 cm，宽0.5～1.8 cm，先端渐尖或急尖，基部渐狭，边缘具锐尖的疏齿，近基部全缘，纸质，叶面橄榄绿色，无毛或近无毛，叶背灰白色，无毛，散布凹陷腺点；叶柄长3～18 mm，腹凹背凸，腹面被微柔毛。总状花序生于主茎及分枝的顶部。花冠淡紫色，二唇形。小坚果灰褐色，近球形，直径1～1.6 mm，具疏网纹。花果期5～11月。

龙眼洞筲箕窝至火烧天（筲箕窝—6林班；王发国等5868），帽峰山管护站（王发国等6104），帽峰山—十八排（王发国等6206）。分布于中国华南、华中、西南地区及陕西。南亚、东南亚及日本也有分布。民间用全草入药，治感冒发热、中暑头痛、恶心、无汗、热痱、皮炎、肺积水、肾炎水肿、多发性疔肿、外伤出血等症；此外又可驱蚊和灭蚊。

8. 罗勒属 Ocimum L.

草本，半灌木或灌木，极芳香。叶具柄，具齿。轮伞花序通常6花，极稀近10花，多数排列成具梗的穗状或总状花序，此花序单一顶生或多数复合组成圆锥花序；苞片细小，早落，常具柄，极全缘，极少比花长；花通常白色，小或中等大，花梗直伸，先端下弯；花萼卵珠状或钟状，果时下倾，外面常被腺点，内面喉部无毛或偶有柔毛；花冠筒稍短于花萼或极稀伸出花萼，内面无毛环，喉部常膨大呈斜钟形。小坚果卵珠形或近球形，光滑或有具腺穴陷，湿时具黏液，基部有1白色果脐。

龙眼洞林场有2种。

1. 罗勒

Ocimum basilicum L.

茎直立，钝四棱形，上部微具槽，基部无毛，上部被倒向微柔毛，绿色，常染有红色，多分枝。叶卵圆形至卵圆状长圆形，长2.5～5 cm，宽1～2.5 cm，先端微钝或急尖，基部渐狭，两面近无毛，叶背具腺点，侧脉3～4对；叶柄伸长，长约1.5 cm，近于扁平，向叶基多少具狭翅，被微柔毛。总状花序顶生于茎、枝上，各部均被微柔毛。花萼钟形，外面被短柔毛，内面在喉部被疏柔毛；花冠淡紫色，或上唇白色下唇紫红色，伸出花萼。小坚果卵珠形，黑褐色，有具腺的穴陷，基部有1白色果脐。花期7～9月，果期9～12月。

龙眼洞。分布于中国华南、西南、华中、华东、华北地区。非洲至亚洲温暖地区也有分布。嫩叶可食，亦可泡茶饮，有驱风、芳香、健胃及发汗作用；可用作调料。

2. 圣罗勒

Ocimum sanctum L.

半灌木，高达1 m。茎直立，基部木质，近圆柱形，具条纹，有平展的疏柔毛，多分枝。叶长圆形，长2.5～5.5 cm，宽1～3 cm，先端钝，基部楔形至近圆形，边缘具浅波状锯齿，两面被微柔毛及腺点，沿脉上被疏柔毛，侧脉4～6对，与中脉在叶面凹陷叶背明显，叶柄纤细，长1～2.5 cm，近扁平，被平展疏柔毛。总状花序纤细，长6～8 cm，着生于茎及枝顶。花冠白色至粉红色，长约3 mm，微超出花萼。小坚果卵珠形，长1 mm。花期2～6月，果期3～8月。

帽峰山—十八排（王发国等6200）。分布于中国华南地区、四川、台湾。自北非经西亚、印度、中南半岛、马来西亚、印度尼西亚至澳大利亚也有分布。药用有降血压、降血糖、镇痛、解热、消炎的功效。

9. 紫苏属 Perilla L.

一年生草本，有香味。茎四棱形，具槽。叶绿色或常带紫色或紫黑色，具齿。轮伞花序2花，组成顶生和腋生、偏向于一侧的总状花序，每花有苞片一枚；苞片大，宽卵圆形或近圆形。花小，具梗；花萼钟状，10脉，具5齿，直立，结果时增大，平伸或下垂，基部一边肿胀，二唇形，上唇宽大；花冠白色至紫红色，冠筒短，喉部斜钟形，冠檐近二唇形。小坚果近球形，有网纹。

龙眼洞林场有1种。

*紫苏

Perilla frutescens (L.) Britt.

一年生、直立草本。茎高0.3～2 m，绿色或紫色，钝四棱形，具四槽，密被长柔毛。叶阔卵形或圆形，长7～13 cm，宽4.5～10 cm，先端短尖或突尖，基部圆形或阔楔形，边缘在基部以上有粗锯齿，膜质或草质，两面绿色或紫色，或仅叶背紫色，叶面被疏柔毛，叶背被贴生柔毛，侧脉7～8对。花萼钟形，具10条脉，长约3 mm，直伸，下部被长柔毛。小坚果近球形，灰褐色，直径约1.5 mm，具网纹。花期8～11月，果期8～12月。

帽峰山—十八排。栽培。分布于中国华南地区，全国各地广泛栽培。印度、不丹、中南半岛、印度尼西亚、日本、朝鲜也有分布。入药部分以茎叶及果实为主，叶为发汗、镇咳、芳香性健胃利尿剂，有镇痛、镇静、解毒作用；叶可食用。

10. 刺蕊草属 Pogostemon Desf.

草本或亚灌木。叶对生，具柄或近无柄，具齿，通常多少被毛。轮伞花序多花或少花，多数，整齐或近偏于一侧，组成穗状花序、总状花序或圆锥花序；苞片及小苞片小；花小，具梗或无梗；花萼卵状筒形或钟形，具5齿，齿相等或近相等，有结晶体；花冠长3～6 mm，内藏或伸出，冠檐通常近二唇形，上唇3裂，下唇全缘，

小坚果卵球形或球形，稍压扁，光滑。

龙眼洞林场有1种。

毛水珍珠菜（水珍珠菜）

Pogostemon auricularius (L.) Hassk.

一年生草本。茎高0.4～2 m，基部平卧，节上生根，上部上升，多分枝，具槽，密被黄色平展长硬毛。叶长圆形或卵状长圆形，长2.5～7 cm，宽1.5～2.5 cm，先端钝或急尖，基部圆形或浅心形，稀楔形，边缘具整齐的锯齿，草质，叶面橄榄绿色，叶背较淡。苞片卵状披针形，常与花冠等长，边缘具糙硬毛；花盘环状。小坚果近球形，直径约0.5 mm，褐色，无毛。花果期4～11月。

帽峰山—十八排（王发国等6207），龙眼洞筲箕窝至火烧天（筲箕窝—6林班；王发国等5940）。分布于中国华南、华东地区及云南。南亚、东南亚也有分布。药用可清热化湿，消肿止痛，主治感冒发热、小儿惊风，外用治湿疹。

11. 鼠尾草属 Salvia L.

草本、半灌木或灌木。叶为单叶或羽状复叶。轮伞花序2至多花，组成总状或总状圆锥或穗状花序，稀全部化为腋生。苞片小或大，小苞片常细小。能育雄蕊2枚，生于冠筒喉部的前方。小坚果卵状三棱形或长圆状三棱形，无毛，光滑。

龙眼洞林场有1种。

鼠尾草

Salvia japonica Thunb.

一年生草本；须根密集。茎直立，高40～60 cm，钝四棱形，具沟，沿棱上被疏长柔毛或近无毛。茎下部叶为二回羽状复叶，叶柄长7～9 cm，腹凹背凸，被疏长柔毛或无毛，叶片长6～10 cm，宽5～9 cm，茎上部叶为一回羽状复叶，具短柄，顶生小叶披针形或菱形，长可达10 cm，宽达3.5 cm，先端渐尖或尾状渐尖，基部长楔形，边缘具钝锯齿，被疏柔毛或两面无毛，草质。花冠淡红色、淡紫色、淡蓝色至白色，二唇形。小坚果椭圆形，长约1.7 mm，直径约0.5 mm，褐色，光滑。

龙眼洞筲箕窝至火烧天（筲箕窝—6林班；王发国等5885）。产于中国广东、广西、浙江、安徽、江苏、江西、湖北、福建、台湾。日本也有分布。

266. 水鳖科 Hydrocharitaceae

一年生或多年生淡水和海水草本，沉水或漂浮水面。根扎于泥里或浮于水中。茎短缩，直立，少有匍匐。叶基生或茎生，基生叶多密集，茎生叶对生、互生或轮生；叶形、大小多变；叶柄有或无；托叶有或无。佛焰苞合生，稀离生，无梗或有梗，常具肋或翅，先端多为2裂，其内含1至数朵花。花辐射对称，稀为左右对称。果实肉果状，果皮腐烂开裂；种子多数，形状多样。

龙眼洞林场有2属，2种。

1. 水筛属 Blyxa Thou. ex Rich.

多为沉水草本。茎短或长，直立、斜卧或匍匐，多单一，少有分枝。叶基生或茎生；茎生叶螺旋状排列，披针形、线形，先端渐尖，基部有鞘，边缘具细齿，绿色；中脉明显，侧脉与中脉平行，细。佛焰苞管状，有梗或无梗，具纵棱；花单性或两性；雄佛焰苞内有雄花1朵或数朵；花瓣3枚，较萼片长，白色，柔软；雌花或两性花单生于佛焰苞内，萼片、花瓣均与雄花的相似。果实长圆柱形；种子多数，矩状纺锤形。

龙眼洞林场有1种。

水筛

Blyxa japonica (Miq.) Maxim.

沉水草本，具根状茎。直立茎分枝，高10~20 cm，圆柱形，绿色，具细纵纹。叶螺旋状排列，披针形，先端渐尖，基部半抱茎，边缘有细锯齿，长3~6 cm，宽1~3 mm，绿色带微紫色；叶脉3条，中脉明显。佛焰苞腋生，无梗，长管状，绿色，具纵的细棱，先端2裂，长1~3 cm，宽1~3 mm。花瓣3枚，白色，线形。果圆柱形，长1~2.5 cm；种子多数，30~60颗，长椭圆形，光滑。花果期5~10月。

龙眼洞。分布于中国华南、西南、华中地区及辽宁。该种植物适合室内水体绿化，是装饰玻璃容器的良好材料；全草作鱼饵，或猪、鸭饲料。

2. 苦草属 Vallisneria L.

沉水草本。无直立茎，匍匐茎光滑或粗糙。叶基生，线形或带形，先端钝，基部稍呈鞘状，边缘有细锯齿或全缘，气道纵列多行；基出叶脉3~9条，平行，可直达叶端，脉间有横脉连接。雄佛焰苞卵形或广披针形，扁平，具短梗，含极多具短柄的雄花，成熟后先端开裂，雄花浮出水面开放；雄花小，萼片3枚，卵形或长卵形，大小不等；花瓣3枚，极小，膜质。果实圆柱形或三棱长柱形，光滑或有翅；种子多数，长圆形或纺锤形，光滑或有翅。

龙眼洞林场有1种。

苦草

Vallisneria natans (Lour.) Hara

沉水草本。具匍匐茎，径约2 mm，白色，光滑或稍粗糙，先端芽浅黄色。叶基生，线形或带形，长20~200 cm，宽0.5~2 cm，绿色或略带紫红色，常具棕色条纹和斑点，先端圆钝，边缘全缘或具不明显的细锯齿；无叶柄。花单性；雌雄异株。果实圆柱形，长5~30 cm，直径约5 mm。种子倒长卵形，有腺毛状凸起。

龙眼洞。广泛分布于全国各地。伊拉克、印度、中南半岛、日本、马来西亚和澳大利亚也有分布。苦草是水族箱、水景、庭院小水池中的良好绿化布置材料。

274. 水蕹科 Aponogetonaceae

多年生，淡水生草本，具块状根茎，无毛，有乳汁。叶基生，有长柄，柄基具鞘；叶片椭圆形至线形，全缘或波状，浮水或沉水，具平行叶脉数条和多数次级横脉。穗状花序单一或二叉状分枝，花期挺出水面，佛焰苞常早落，稀宿存；花两性，无梗；花被片1~3枚，或无，分离，白色、玫瑰色、紫色或黄色，常宿存；雌蕊群由3~6枚心皮组成、离生或基部连合，成熟时分离。蓇葖果革质；种子无胚乳。

龙眼洞林场有1属，1种。

水蕹属 Aponogeton L. f.

多年生淡水草本。根茎块状，有乳汁，下部生有多数纤维质须根。叶基生；叶宽椭圆形或线形，全缘或波状，浮水或沉水，具平行脉数条和多数横脉；通常具长柄，基部具鞘。花两性，无梗；花被片1~3枚，稀无，离生，白色、黄色、玫瑰色或紫色，通常宿存。果为蓇葖果，革质。

龙眼洞林场有1种。

水蕹

Aponogeton lakhonensis A. Camus

多年生淡水草本。根茎卵球形或长锥形，长达2 cm，常具细丝状的叶鞘残迹，下部着生有许多纤维状的须根。叶沉没水中或漂浮水面，草质；叶片狭卵形至披针形，全缘，有平行脉3~4条，次级横脉多数；沉水叶柄长9~15 cm，浮水叶柄长40~60 cm。花葶长约20 cm，穗状花序单一，顶生，花期挺出水面，长约5 cm，佛焰苞早落，被膜质叶鞘包裹着花两性，无梗；花被片2枚，黄色。果为卵形，顶端渐狭成一外弯的短钝喙。花期4~10月。

龙眼洞。分布于中国华南、华中地区，也分布于印度、泰国、柬埔寨、越南和马来西亚。主要在水族箱中栽植，供观赏；块茎可食用。

280. 鸭跖草科 Commelinaceae

草本。茎直立、匍匐或有时为缠绕。单叶，互生，全缘，具明显的叶鞘。花两性，辐射对称或两侧对称，排成顶生的或腋生的聚伞花序或圆锥花序，有时簇、呈头状；萼片3枚；花瓣3枚，分离或有时中下部合生呈管状。蒴果，室背开裂或不开裂；种子具棱。

龙眼洞林场有3属，6种。

1. 鸭跖草属 Commelina L.

一年生或多年生草本。茎上升或匍匐生根，通常多分枝。蝎尾状聚伞花序藏于佛焰苞状总苞片内；总苞片基部开口或合缝而成漏斗状、僧帽状；苞片不呈镰刀状弯曲，通常极小或缺失；生于聚伞花序下部分枝的花较小，早落；生于上部分枝的花正常发育；萼片3枚，膜质，内方2枚基部常合生；花瓣3枚，蓝色，其中内2枚较大，明显具爪。蒴果藏于总苞片内，2室，最常2片裂，背面一室常不裂；种子椭圆状或金字塔状，黑色或褐色。

龙眼洞林场有3种。

1. 饭包草
Commelina bengalensis L.

多年生草本。茎大部分匍匐，节上生根，上部及分枝上部上升，长可达70 cm，被疏柔毛。叶有明显的叶柄；叶片卵形，长3~7 cm，宽1.5~3.5 cm，顶端钝或急尖，近无毛；叶鞘口沿有疏而长的睫毛。总苞片漏斗状，与叶对生，常数个集于枝顶，下部边缘合生，长8~12 mm，被疏毛，顶端短急尖或钝，柄极短；萼片膜质，披针形，长2 mm，无毛；花瓣蓝色，圆形，长3~5 mm。蒴果椭圆状，长4~6 mm，3室，腹面2室每室具两颗种子，开裂。花期夏秋。

龙眼洞凤凰山（场部—3林班；王发国等5998）。分布于中国华南、华东、华中、西南地区。广泛分布于亚洲和非洲热带、亚热带地区。药用有清热解毒、消肿利尿之效。

2. 鸭跖草
Commelina communis L.

一年生披散草本。茎匍匐生根，多分枝，长可达1 m，下部无毛，上部被短毛。叶披针形至卵状披针形，长3~9 cm，宽1.5~2 cm。总苞片佛焰苞状，有1.5~4 cm的柄，与叶对生，折叠状，展开后为心形，长1.2~2.5 cm，边缘常有硬毛；聚伞花序，下面一枝仅有花1朵，具长8 mm的梗，不孕；上面一枝具花3~4朵，具短梗。花梗长仅3 mm，果期弯曲，长不过6 mm；花瓣深蓝色；内面2枚具爪，长近1 cm。蒴果椭圆形，长5~7 mm，2室，有种子4颗。

龙眼洞荔枝园至太和章附近（王发国等5798），帽峰山帽峰工区焦头窝。除青海、新疆、西藏外，中国各地均有分布。东南亚、东亚、北美也有分布。药用能清热、解毒、利尿，为消肿利尿、清热解毒之良药。

3. 大苞鸭跖草
Commelina paludosa Blume

多年生粗壮大草本。茎常直立，有时基部节上生根，高达1 m，不分枝或有时上部分枝，无毛或疏生短毛。叶无柄；叶片披针形至卵状披针形，长7~20 cm，宽2~7 cm，顶端渐尖；叶鞘长1.8~3 cm，通常在口沿及一侧密生棕色长刚毛。总苞片漏斗状，长约2 cm，宽1.5~2 cm，无毛，无柄；蝎尾状聚伞花序有花数朵；花梗短，长约7 mm，折曲；花瓣蓝色，匙形或倒卵状圆形。蒴果卵球状三棱形，3室，3片裂，每室有1颗种子。花期8~10月，果期10月至翌年4月。

龙眼洞筲箕窝（王发国等5751），龙眼洞筲箕窝至火烧天（筲箕窝—6林班；王发国等5851）。分布于中国华南、西南、华东地区。东南亚也有分布。可供药用，利水消肿、清热解毒、凉血止血。

2. 聚花草属 Floscopa Lour.

多年生草本，聚伞花序多个，组成单圆锥花序或复圆锥花序，圆锥花序顶生，或兼腋生于茎顶端的叶中，常在茎顶端呈扫帚状。苞片常小；萼片3枚，分离，圆形或椭圆形，稍呈舟状，革质，宿存；花瓣3枚，分离，倒卵状椭圆形，无柄或有短爪，稍长于萼片。蒴果小，稍扁，每面有一条沟槽，2室，每室具1颗种子，果皮壳质，光滑而有光泽。种子半球状，或半椭圆状。

龙眼洞林场有1种。

聚花草
Floscopa scandens Lour.

草本。根状茎极长，根状茎节上密生须根。植株全体或仅叶鞘及花序各部分被多细胞腺毛，但有时叶鞘仅一侧被毛。茎高20～70 cm，不分枝。叶无柄或有带翅的短柄；叶片椭圆形至披针形，长4～12 cm，宽1～3 cm，叶面有鳞片状突起。圆锥花序多个，顶生并兼有腋生，组成长达8 cm，宽达4 cm的扫帚状复圆锥花序，下部总苞片叶状，与叶同型、同大，上部的比叶小得多。花梗极短；苞片鳞片状；萼片长2～3 mm；花瓣蓝色或紫色，少白色，倒卵形，略比萼片长。种子半椭圆状，灰蓝色。花果期7～11月。

龙眼洞后山至火炉山（王发国等5701），帽峰山—十八排（王发国等6204）。分布于中国南部至西南部。印度、缅甸至越南、澳大利亚也有分布。聚花草习性强健，易栽培，匍匐生长，花类穗状，一簇一簇，或蓝或紫，开花繁盛，具较高观赏价值。

3. 水竹叶属 Murdannia Royle

多年生（少一年生）草本，通常具狭长、带状的叶子，主茎常不育而叶密集呈莲座状，根常纺锤状加粗。茎花茎状或否。蝎尾状聚伞花序单生或复出而组成圆锥花序，有时缩短为头状，有时退化为单花；萼片3枚，浅舟状；花瓣3枚，分离，近于相等；子房3室，每室有胚珠1至数颗。蒴果3室，每室有种子2至数颗，极少一颗，排成1或2列。

龙眼洞林场有2种。

1. 大苞水竹叶
Murdannia bracteata (C. B. Clarke) J. K. Morton ex Hong

多年生草本。根须状而极多，直径0.5～1 mm，密被长茸毛。主茎不育，极短，可育茎通常2支，由主茎下部叶丛中发出，长而匍匐，顶端上升，节上生根，长20～60 cm，全面被细柔毛或仅一侧被毛，节间长达10 cm。叶在主茎上的密集成莲座状，剑形，下部边缘有细长睫毛，叶面无毛，叶背有短毛或无毛。蝎尾状聚伞花序通常2～3个，少单个；总苞片叶状，但较小；聚伞花序因花极为密集而呈头状，具2～3 cm长的总梗；萼片草质，卵状椭圆形；花瓣蓝色。蒴果宽椭圆状三棱形，长4 mm。种子黄棕色。花果期5～11月。

龙眼洞凤凰山（场部—3林班；王发国等5974）。分布于中国华南地区及云南。中南半岛也有分布。大苞水竹叶是中国壮族的药用植物，其根入药，具有逐水通便、消肿散结的功效，主治水肿，此外还有通经之效。

*凤梨

Ananas comosus (L.) Merr.

茎短。叶多数,莲座式排列,剑形,长40~90 cm,宽4~7 cm,顶端渐尖,全缘或有锐齿,叶面绿色,叶背粉绿色,边缘和顶端常带褐红色,生于花序顶部的叶变小,常呈红色。花序于叶丛中抽出,状如松球,长6~8 cm,结果时增大;苞片基部绿色,上半部淡红色,三角状卵形;萼片宽卵形,肉质,顶端带红色,长约1 cm;花瓣长椭圆形,端尖,长约2 cm,上部紫红色,下部白色。聚花果肉质。花期夏季至冬季。

帽峰山—十八排。栽培。中国华南地区、福建、云南等地有栽培。原产美洲热带地区。凤梨俗称菠萝,为著名热带水果之一;叶的纤维甚坚韧,可供织物、制绳、结网和造纸。

2. 裸花水竹叶

Murdannia nudiflora (L.) Brenan

柔弱草本。茎常丛生,少单生,近直立,节间较短,下部常匍匐生根,高5~30 cm,无毛。叶片线形或线状披针形,基生叶披散,长5~7 cm,茎生叶长2~4 cm,宽5~8 mm,顶端渐尖,无毛或被疏长毛;叶鞘短,被长柔毛。聚伞花序数朵,短而密集;苞片狭披针形,下部具长毛;小苞片早落;萼片长圆形,长约4 mm;花瓣小,天蓝色或紫色,长约3 mm。蒴果卵圆状三棱形,每室有种子2颗;种子褐色,有疏生而大窝孔。果期7~11月。

龙眼洞。分布于中国华南、华东、西南、华中地区。药用可清热解毒,止咳止血。

286. 凤梨科 Bromeliaceae

陆生或附生草本。茎短。叶互生,狭长,常基生,莲座式排列,具平行脉,单叶,全缘或有刺状锯齿,常有盾状具柄的吸收水分的鳞片,叶面凹陷,基部常呈鞘状,雨水沿叶面流入由叶鞘形成的贮水器中。花两性,少单性,辐射对称或稍两侧对称,花序为顶生的穗状、总状、头状或圆锥花序。果为浆果、蒴果或有时为聚花果;种子在蒴果中常有翅或多毛。

龙眼洞林场有1属,1种。

凤梨属 Ananas Tourn. ex L.

陆生草本,叶莲座式排列,全缘或有刺状锯齿。花茎短或略延长,有叶,直立;头状花序顶生;花无柄,紫红色,生于苞腋内;萼片短,覆瓦状排列;花瓣分离,直立,基部有舌状的小鳞片2枚。聚花果肉质,球果状,由肉质增厚的花序轴、肉质的苞片和螺旋状排列的不发育的子房连合而成,顶部冠以退化、旋叠状的叶。

龙眼洞林场有1种。

287. 芭蕉科 Musaceae

多年生草本,具匍匐茎或无;茎或假茎高大,不分枝,有时木质,或无地上茎。叶通常较大,螺旋排列或两行排列,由叶片、叶柄及叶鞘组成;叶脉羽状。花两性或单性,两侧对称,常排成顶生或腋生的聚伞花序,生于一大型而有鲜艳颜色的苞片中,或1~2朵至多数直接生于由根茎生出的花葶上;花被片3基数,花瓣状或有花萼、花瓣之分,形状种种,分离或连合呈管状,而仅内轮中央的1枚花被片离生。浆果或为室背或室间开裂的蒴果,或革质不开裂。

龙眼洞林场有1属,1种。

芭蕉属 Musa L.

多年生丛生草本,具根茎,多次结实。假茎全由叶鞘紧密层层重叠而组成,基部不膨大或稍膨大;真茎在开花前短小。叶大型,叶片长圆形,叶柄伸长,且在下部增大成一抱茎的叶鞘。花序直立,下垂或半下垂,但不直接生于假茎上密集如球穗状;苞片扁平或具槽,芽时旋转或多少覆瓦状排列,绿色、褐色、红色或暗紫色,通常脱落,每一苞片内有花1或2列,下部苞片内的花在功能上为雌花。浆果伸长,肉质,有多数种子。

龙眼洞林场有1种。

野蕉

Musa balbisiana Colla

多年生丛生草本,具根茎。假茎丛生,高约6 m,黄绿色,有大块黑斑,具匍匐茎。叶片卵状长圆形,长约2.9 m,宽约90 cm,基部耳形,两侧不对称,叶面绿色,微被蜡粉。花序长达2.5 m,雌花的苞片脱落,中性花及雄花的苞片宿存,苞片卵形至披针形,外面暗紫红色,被白粉,内面紫红色,开放后反卷。果丛共8段,每段有果2列,15~16个;浆果倒卵形,长约13 cm,直径约

4 cm，灰绿色，棱角明显；种子扁球形，褐色。花期夏、秋季。

帽峰山帽峰工区焦头窝，龙眼洞林场天河区—草塘站。分布于中国华南地区及福建、云南等地。东南亚也有分布。野蕉的假茎可作猪饲料；种子药用，主治跌打骨折、大便秘结。

290. 姜科 Zingiberaceae

多年生草本，通常具有芳香、匍匐或块状的根状茎，或有时根的末端膨大呈块状。地上茎高大或很矮或无，基部通常具鞘。叶基生或茎生，通常二行排列，少数螺旋状排列，叶片较大，通常为披针形或椭圆形，有多数致密、平行的羽状脉自中脉斜出，有叶柄或无，具有闭合或不闭合的叶鞘，叶鞘的顶端有明显的叶舌。花单生或组成穗状、总状或圆锥花序。果为室背开裂或不规则开裂的蒴果，或肉质不开裂，呈浆果状。

龙眼洞林场有6属，11种。

1. 山姜属 Alpinia Roxb.

多年生草本，具根状茎，通常具发达的地上茎。叶片长圆形或披针形。花序通常为顶生的圆锥花序、总状花序或穗状花序，蕾时常包藏于佛焰苞状的总苞片中；具苞片及小苞片或无；小苞片扁平、管状或有时包围着花蕾；唇瓣比花冠裂片大，显著，常有美丽的色彩，有时顶端2裂。果为蒴果，干燥或肉质，通常不开裂或不规则开裂，或3裂；种子多数，有假种皮。

龙眼洞林场有6种。

1. *红豆蔻

Alpinia galanga (L.) Willd.

株高达2 m，根茎块状，稍有香气。叶片长圆形或披针形，长25～35 cm，宽6～10 cm，顶端短尖或渐尖，基部渐狭，两面均无毛或于叶背被长柔毛，干时边缘褐色；叶柄短，长约6 mm。圆锥花序密生多花，长20～30 cm，花序轴被毛，分枝多而短；花绿白色，有异味；萼筒状，长6～10 mm，果时宿存；唇瓣倒卵状匙形，长达2 cm，白色而有红线条，深2裂。果长圆形，长1～1.5 cm，宽约7 mm，中部稍收缩，熟时棕色或枣红色。花期5～8月，果期9～11月。

帽峰山—十八排。栽培。分布于中国华南、西南地区。亚洲热带地区广泛分布。红豆蔻果实供药用，有去湿、散寒、醒脾、消食的功用；根茎亦供药用，用于胃脘冷痛、脾寒吐泻。

2. 草豆蔻

Alpinia hainanensis K. Schum

株高达3 m。叶片线状披针形，长50～65 cm，宽6～9 cm，顶端渐尖，并有一短尖头，基部渐狭，两边不对称，边缘被毛，两面均无毛或稀可于叶背被极疏的粗毛；叶柄长1.5～2 cm；叶舌长5～8 mm。总状花序顶生，直立，长达20 cm，花序轴淡绿色，被粗毛；小苞片乳白色，阔椭圆形，长约3.5 cm，基部被粗毛，向上逐渐减少至无毛。果球形，直径约3 cm，熟时金黄色。花期4～6月；果期5～8月。

龙眼洞筲箕窝（王发国等5716），龙眼洞林场天河区—草塘站。分布于中国华南地区。越南也有分布。药用可治寒湿内阻、脘腹胀满冷痛、嗳气呕逆等症。

3. 山姜

Alpinia japonica (Thunb.) Miq.

株高35～70 cm，具横生、分枝的根茎。叶片通常2～5片，叶片披针形，倒披针形或狭长椭圆形，长25～40 cm，宽4～7 cm，两端渐尖，顶端具小尖头，两面，特别是叶背被短柔毛，近无柄至具长达2 cm的叶柄；叶舌2裂，长约2 mm，被短柔毛。总状花序顶生，长15～30 cm，花序轴密生茸毛；总苞片披针形，长约9 cm，开花时脱落；花通常2朵聚生；小花梗长约2 mm。种子多角形，长约5 mm，径约3 mm，有樟脑味。花期4～8月，果期7～12月。

帽峰山帽峰工区焦头窝（王发国等6052）。分布于中国华南、华中、华东、西南地区。日本也有分布。果实供药用，为芳香性健胃药，治消化不良、腹痛、呕吐、噫气、慢性下痢。

4. 华山姜
Alpinia oblongifolia Hayata

多年生草本，具根状茎；株高约1 m。叶披针形或卵状披针形，长20～30 cm，宽3～10 cm，顶端渐尖或尾状渐尖，基部渐狭，两面均无毛；叶柄长约5 mm；叶舌膜质，长4～10 mm，2裂，具缘毛。花组成狭圆锥花序，长15～30 cm，分枝短，长3～10 mm，其上有花2～4朵；花冠管略超出，花冠裂片长圆形，长约6 mm，后方的1枚稍较大，兜状；唇瓣卵形，长6～7 mm，顶端微凹。果球形，直径5～8 mm。花期5～7月，果期6～12月。

帽峰山帽峰工区焦头窝（王发国等6052）。分布于中国华南、华中、华东、西南地区。老挝、越南也有分布。根状茎入药，有温中暖胃、散寒止痛的功能。

5. 高良姜
Alpinia officinarum Hance

多年生草本，具根状茎，株高40～110 cm，根茎延长，圆柱形。叶片线形，长20～30 cm，宽1.2～2.5 cm，顶端尾尖，基部渐狭，两面均无毛，无柄；叶舌薄膜质，披针形，长2～5 cm。总状花序顶生，直立，长6～10 cm，花序轴被茸毛；花冠管较萼管稍短，裂片长圆形，长约1.5 cm，后方的一枚兜状；唇瓣卵形，长约2 cm，白色而有红色条纹。果球形，直径约1 cm，熟时红色。花期4～9月，果期5～11月。

龙眼洞凤凰山（场部—3林班；王发国等6001）。分布于中国华南地区。可药用。

6. 艳山姜
Alpinia zerumbet (Pers.) Burtt et Smith

株高2～3 m。叶片披针形，长30～60 cm，宽5～10 cm，顶端渐尖而有一旋卷的小尖头，基部渐狭，边缘具短柔毛，两面均无毛；叶柄长1～1.5 cm；叶舌长5～10 mm，外被毛。圆锥花序呈总状花序式，下垂，长达30 cm，花序轴紫红色，被茸毛，分枝极短，在每一分枝上有花1～2(3)朵；花萼近钟形，长约2 cm，白色，顶粉红色。蒴果卵圆形，直径约2 cm，被稀疏的粗毛，具显露的条纹，顶端常冠以宿萼，熟时朱红色；种子有棱角。花期4～6月，果期7～10月。

龙眼洞。分布于中国华南地区，台湾、云南。南亚、东南亚也有分布。艳山姜叶片宽大，色彩绚丽，是一种极好的观叶植物。

2. 豆蔻属 Amomum Roxb.

多年生草本，根茎延长而匍匐状，茎基部略膨大成球形。具叶的茎和花莛通常各自长出。叶片长圆状披针形、长圆形或线形，叶舌不裂或顶端开裂，具长鞘。穗状花序，稀为总状花序由根茎抽出，生于常密生覆瓦状鳞片的花莛上；苞片覆瓦状排列，膜质、纸质或革质，内有少花或多花；花冠管圆筒形，常与花萼管等长或稍短，裂片长圆形或线状长圆形。蒴果不裂或不规则地开裂，果皮光滑，具翅或柔刺；种子有辛香味。

龙眼洞林场有1种。

*阳春砂仁
Amomum villosum Lour.

株高1.5～3 m，茎散生；根茎匍匐地面，节上被褐色膜质鳞片。中部叶片长披针形，长30～37 cm，宽5～7 cm，上部叶片线形，较小，顶端尾尖，基部近圆形，两面光滑无毛，无柄或近无柄；叶舌半圆形，长3～5 mm。穗状花序椭圆形，总花梗长4～8 cm，被褐色短茸毛。蒴果椭圆形，长1.5～2 cm，宽1.2～2 cm，成熟时紫红色，干后褐色；种子多角形，有浓郁的香气，味苦凉。花期5～6月，果期8～9月。

龙眼洞箪箕窝至火烧天（箪箕窝—6林班；王发国等5873），帽峰山帽峰工区山顶管理处，沿山谷周边。栽培。分布于中国广东、广西、云南、福建。果实供药用，主治脾胃气滞、宿食不消、腹痛痞胀、噎膈呕吐、寒泻冷痢。

3. 闭鞘姜属 Costus L.

多年生草本，根茎块状，平卧；地上茎通常很发达，且常旋扭，有时具分枝，稀无地上茎。叶螺旋状排列，叶片长圆形至披针形；叶鞘封闭。穗状花序密生多花，球果状，顶生或稀生于自根茎抽出的花葶上；唇瓣大，倒卵形，边缘常皱褶。蒴果木质，球形或卵形，室背开裂，顶端冠以宿存的花萼；种子多数，黑色，具白色撕裂状假种皮。

龙眼洞林场有1种。

闭鞘姜

Costus speciosus (Koen.) Smith

多年生草本，株高1~3 m，基部近木质，顶部常分枝，旋卷。叶片长圆形或披针形，长15~20 cm，宽6~10 cm，顶端渐尖或尾状渐尖，基部近圆形，叶背密被绢毛。穗状花序顶生，椭圆形或卵形，长5~15 cm；苞片卵形，革质，红色，长约2 cm，被短柔毛，具增厚及稍锐利的短尖头；花冠管短，裂片长圆状椭圆形，长约5 cm，白色或顶部红色；唇瓣宽喇叭形，纯白色，长6.5~9 cm，顶端具裂齿及皱波状。蒴果稍木质，红色；种子黑色，光亮。花期7~9月，果期9~11月。

龙眼洞凤凰山（场部—3林班；王发国等5993），帽峰山—十八排。分布于中国广东、广西、云南、台湾等地。南亚、东南亚及澳大利亚也有分布。可作鲜切花、干花和庭院绿化之用；根茎可药用。

4. 姜黄属 Curcuma L.

多年生草本，有肉质、芳香的根茎，有时根末端膨大呈块状；地上茎极短或缺。叶大型，通常基生，叶片阔披针形至长圆形。穗状花序具密集的苞片，呈球果状，生于由根茎或叶鞘抽出的花葶上，先叶或与叶同出；苞片大，宿存，内凹，基部彼此连生呈囊状，每一苞片内有花2至多朵，排成蝎尾状聚伞花序，花次第开放；花冠管漏斗状，裂片卵形或长圆形，近相等或后方的1枚较长且顶端具小尖头；唇瓣较大，圆形或倒卵形，全缘，微凹或顶端2裂，反折。蒴果球形，藏于苞片内，3瓣裂，果皮膜质；种子小，有假种皮。

龙眼洞林场有1种。

*姜黄

Curcuma longa L.

株高1~1.5 m，根茎发达，成丛，分枝很多，椭圆形或圆柱状，极香；根粗壮，末端膨大呈块根。叶每株5~7片，叶片长圆形或椭圆形，长30~45 (90) cm，宽15~18 cm，顶端短渐尖，基部渐狭，绿色，两面均无毛；叶柄长20~45 cm。花葶由叶鞘内抽出，总花梗长12~20 cm；穗状花序圆柱状，长12~18 cm，直径4~9 cm。唇瓣倒卵形，长1.2~2 cm，淡黄色，中部深黄。花期8月。

帽峰山—十八排。栽培。中国华南、西南地区，福建、台湾等地有栽培。热带亚洲地区有栽培。供药用，能行气破瘀、通经止痛；可提取黄色食用染料。

5. 姜花属 Hedychium Koen.

陆生或附生草本，具块状根茎；地上茎直立。叶片通常为长圆形或披针形。穗状花序顶生，密生多花；苞片覆瓦状排列或疏离，宿存，其内有花1至数朵；小苞片管状；花萼管状，顶端具3齿或截平，常一侧开裂；花冠管纤细，极长，通常突出于花萼管之上。蒴果球形，室背开裂为3瓣；种子多数。

龙眼洞林场有1种。

姜花（蝴蝶花、白草果）
Hedychium coronarium Koen.

茎高1~2 m。叶片长圆状披针形或披针形，长20~40 cm，顶端长渐尖，基部急尖，叶面光滑，叶背被短柔毛；叶舌薄膜质，长2~3 cm。穗状花序顶生，椭圆形，长10~20 cm；苞片呈覆瓦状排列，卵圆形，长4.5~5 cm，每一苞片内有花2~3朵；花芬芳，白色，花萼管长约4 cm，顶端一侧开裂；花冠管纤细，长8 cm，裂片披针形，长约5 cm，后方的1枚呈兜状，顶端具小尖头；唇瓣倒心形，白色，基部稍黄，顶端2裂。花期8~12月。

龙眼洞笻箕窝。产于中国广东、广西、四川、云南、湖南和台湾。生于林中或栽培。印度、越南、马来西亚至澳大利亚亦有分布。花美丽、芳香，常栽培供观赏；亦可浸提姜花浸膏；根茎能解表，散风寒，治头痛、风湿痛及跌打损伤等症。

6. 姜属 Zingiber Boehm.

多年生草本；根茎块状，平生，分枝，具芳香；地上茎直立。叶二列，叶片披针形至椭圆形。穗状花序球果状，通常生于由根茎发出的总花梗上，或无总花梗，花序贴近地面，罕花序顶生于具叶的茎上；总花梗被鳞片状鞘；苞片绿色或其它颜色，覆瓦状排列，宿存，每一苞片内通常有花1朵（极稀多朵）；小苞片佛焰苞状。蒴果3瓣裂或不整齐开裂，种皮薄；种子黑色，被假种皮。

龙眼洞林场有1种。

红球姜
Zingiber zerumbet (L.) Smith

多年生草本，根茎块状，内部淡黄色；株高0.6~2 m；具块状根茎，内部淡黄色。叶二列，叶鞘抱茎。叶片披针形至长圆状披针形，长15~40 cm，宽3~8 cm，无毛或叶背被疏长柔毛。穗状花序着生于花茎顶端，近长圆形，松果状；苞片密集，覆瓦状排列，幼时绿色，后转红色；小花具细长花冠筒，檐部3裂，白色。蒴果椭圆形，长8~12 mm；种子黑色。花期7~9月，果期10月。

龙眼洞笻箕窝至火烧天（笻箕窝—6林班；王发国等5915）。分布于中国广东、广西、云南及台湾。南亚、东南亚也有分布。红球姜花序形状奇特，花序转红后，可剪下来插花观赏。

291. 美人蕉科 Cannaceae

多年生、直立、粗壮草本，有块状的地下茎。叶大，互生，有明显的羽状平行脉，具叶鞘。花两性，不对称，排成顶生的穗状花序、总状花序或狭圆锥花序，有苞片；萼片3枚，绿色，宿存；花瓣3枚，萼状，通常披针形，绿色或其他颜色，下部合生成一管并常和退化雄蕊群连合；退化雄蕊花瓣状，基部连合，为花中最美丽、最显著的部分，红色或黄色。果为蒴果，3瓣裂，多少具3棱。

龙眼洞林场有1属，1种。

美人蕉属 Canna L.

多年生、直立、粗壮草本；有块状地下茎。叶大，互生，羽状平行脉，具叶鞘。花两性，大而美丽，不对称；顶生穗状、总状或圆锥花序，有苞片。萼片3枚，绿色，宿存；花瓣3枚，萼状，常披针形，绿色或其他颜色，下部合生成管并常和退化雄蕊群连合；退化雄蕊花瓣状，红色或黄色，3~4枚，外轮的3枚（有时2枚或无）较大，内轮的1枚较窄，外反，称唇瓣。蒴果3瓣裂，多少具3棱，有小瘤体或柔刺；种子球形。

龙眼洞林场有1种。

*蕉芋

Canna edulis Ker

根茎发高，多分枝，块状。茎粗壮，高3m。叶长圆形或卵状长圆形，长30~40cm，宽10~20cm，叶面绿色，边缘或叶背紫色。总状花序单生或分叉；花单生或2朵聚生；萼片披针形，淡绿色而染紫色；花冠管杏黄色，长约1.5cm，花冠裂片杏黄色而顶端染紫色，长约4cm，直立；外轮退化雄蕊2~3，倒披针形，长约5.5cm，宽约1cm，红色，基部杏黄色，直立，其中1枚微凹；唇瓣披针形，长约4.5cm，卷曲，顶端2裂，上部红色，基部杏黄色。花期9~10月。

龙眼洞凤凰山（场部—林班；王发国等5979）。栽培。中国华南、西南地区有栽培。原产西印度群岛和南美洲。块茎可煮食或提取淀粉，适于老弱和小儿食用或制粉条、酿酒及供工业用；茎叶纤维可造纸、制绳。

292. 竹芋科 Marantaceae

多年生草本，有根茎或块茎，地上茎有或无。叶通常大，具羽状平行脉，通常二列，具柄，柄的顶部增厚，称叶枕，有叶鞘。花两性，不对称，常成对生于苞片中，组成顶生的穗状、总状或疏散的圆锥花序，或花序单独由根茎抽出；萼片3枚，分离；花冠管短或长，裂片3，外方的1枚通常大而多少呈风帽状；退化雄蕊2~4枚，外轮的1~2枚花瓣状，较大，内轮的2枚中一为兜状，包围花柱，一为硬革质；发育雄蕊1枚，花瓣状，花药1室，生于一侧。果为蒴果或浆果状；种子1~3颗，坚硬，有胚乳和假种皮。

龙眼洞林场有1属，1种。

柊叶属 Phrynium Willd.

多年生草本；根茎匍匐。叶基生，长圆形，具长柄及鞘。穗状花序集成头状，由叶鞘内或直接由根茎生出；苞片内有2至多花；萼片3枚，狭；花冠管略较花萼为长，裂片3，长圆形，近相等；退化雄蕊管较花冠管为长；外轮退化雄蕊2枚，倒卵形；内轮的2枚较小；发育雄蕊花瓣状，边缘有1个1室的花药。果球形，果皮坚硬，不裂或迟裂；种子1~3颗，具薄膜质假种皮。

龙眼洞林场有1种。

尖苞柊叶

Phrynium placentarium (Lour.) Merr.

多年生草本；根茎匍匐。株高约1m。叶基生，叶片长圆状披针形或卵状披针形，长30~55cm，宽20cm，顶端渐尖，基部圆形而中央急尖，薄革质，两面均无毛；叶柄长达30cm；叶枕长2~3cm。头状花序无总花梗，自叶鞘生出，球形，直径3~5cm，稠密，由4~5或更多的小穗组成；苞片长圆形。果长圆形，长约1.2cm，外果皮薄；种子椭圆形，长约1cm，被红色假种皮。花期2~5月。

龙眼洞。分布于中国华南、西南地区。东南亚、印度也有分布。药用可清热解毒、凉血止血、利尿，主治感冒发热、痢疾、吐血、衄血、血崩、口腔溃烂。

293. 百合科 Liliaceae

多年生草本，稀亚灌木、灌木或乔木状。常具根状茎、块茎或鳞茎。叶基生或茎生，后者多互生，稀对生或轮生，常具弧形平行脉，极稀具网状脉。花两性，稀单性异株或杂性，常辐射对称，稀稍两侧对称；花被片6，稀4或多数，离生或多少合生成筒，呈花冠状。果为蒴果或浆果，稀坚果。种子具丰富胚乳，胚小。

龙眼洞林场有5属，5种。

1. 天门冬属 Asparagus L.

多年生草本或亚灌木，直立或攀缘。根状茎粗厚，根稍肉质，有时有纺锤状块根。小枝近叶状，称叶状枝，扁平、锐三棱形或近圆柱形，有棱槽，常多枚成簇；茎、分枝和叶状枝有时有透明乳突状细齿，为软骨质齿。叶鳞片状，基部多少延伸成距或刺。花小，每1~4朵腋生或多朵组成总状或伞形花序。花两性或单性，有时杂性。

龙眼洞林场有1种。

天门冬

Asparagus cochinchinensis (Lour.) Merr.

攀缘植物。根中部或近末端成纺锤状，膨大部分长3~5cm，径1~2cm。茎平滑，常弯曲或扭曲，长

1～2 m，分枝具棱或窄翅。叶状枝常3枚成簇，扁平或中脉龙骨状微呈锐三棱形，稍镰状，长0.5～8 cm，宽1～2 mm；茎鳞叶基部延伸为长2.5～3.5 mm的硬刺。花常2朵腋生，淡绿色。花梗长2～6 mm，关节生于中部；雄花花被长2.5～3 mm。浆果径6～7 mm，成熟时红色，具1种子。花期5～6月，果期8～10月。

帽峰山帽峰工区焦头窝（王发国等6050），帽峰山莲花顶森林公园—7林班，帽峰山—6林班。分布于中国大部分地区。东亚、老挝及越南也有分布。块根有养阴润燥、清肺生津功能；庭院观赏。

2. 吊兰属 Chlorophytum Ker-Gawl.

根状茎粗短或稍长；根常稍肥厚或块状。叶基生，通常长条形、条状披针形至披针形，较少更宽，无柄或有柄。花葶直立或弧曲；花常白色，单生或几朵簇生于一枚苞片内，排成总状花序或圆锥花序；花梗具关节；花被片6片，离生，宿存，具3～7脉。蒴果锐三棱形，室背开裂。种子扁平，具黑色种皮。

龙眼洞林场有1种。

小花吊兰（土麦冬）
Chlorophytum laxum R. Br.

叶近二列着生，禾叶状，常弧曲，长10～20 cm，宽3～5 mm。花葶生于叶腋，常2～3个，直立或弯曲，纤细，有时分叉，长短变化较大。花梗长2～5 mm，关节位于下部；花单生或成对着生，绿白色，很小；花被片长约2 mm。蒴果三棱状扁球形，长约3 mm，径约5 mm，每室通常具1颗种子。花果期10月至翌年4月。

帽峰山帽峰工区焦头窝（王发国等6055）。分布于中国华南地区。亚洲和非洲的热带、亚热带地区广布。全草有清热解毒、消肿止痛功能。

3. 山菅属 Dianella Lam.

多年生常绿草本；根状茎通常分枝。叶近基生或茎生，二列，狭长，坚挺，中脉在叶背隆起。花常排成顶生的圆锥花序，有苞片，花梗上端有关节；花被片离生，有3～7脉。浆果常蓝色，具几颗黑色种子。

龙眼洞林场有1种。

山菅兰
Dianella ensifolia (L.) DC.

植株高可达1～2 m；根状茎圆柱状，横走，粗5～8 mm。叶狭条状披针形，长30～80 cm，宽1～2.5 cm，基部稍收狭成鞘状，套迭或抱茎，边缘和叶背中脉具锯齿。顶端圆锥花序长10～40 cm，分枝疏散；花常多朵生于侧枝上端；花梗长7～20 mm，常稍弯曲，苞片小；花被片条状披针形，长6～7 mm，绿白色、淡黄色至青紫色，具5脉。浆果近球形，深蓝色，直径约6 mm，具5～6颗种子。花果期3～8月。

龙眼洞后山至火炉山防火线附近（王发国等5684），帽峰山莲花顶森林公园—7林班，帽峰山帽峰工区焦头窝。分布于中国华南、华东以及云南。马达加斯加、亚洲热带地区至澳大利亚也有分布。适应性强，花色优雅，浆果深蓝色，具较高的观赏价值。

4. 山麦冬属 Liriope Lour.

多年生草本。根状茎很短，有的具地下匍匐茎；根细长，有时近末端纺锤状。茎很短。叶基生，密集成丛，禾叶状，基部常为具膜质边缘的鞘所包。花葶生于叶丛中央，常较长，总状花序具多花，花常较小，几朵簇生苞片腋内，苞片小，干膜质。花梗直立，具关节；花被片6，分离，2轮排列，淡紫或白色。果在早期外果皮开裂，露出种子。种子浆果状。

龙眼洞林场有1种。

山麦冬
Liriope spicata (Thunb.) Lour.

植株有时丛生；根稍粗，直径1～2 mm，有时分枝多，近末端处常膨大成矩圆形、椭圆形或纺缍形的肉质小块根；根状茎短，木质，具地下走茎。叶长25～60 cm，宽4～7 mm，先端急尖或钝，基部常包以褐色的叶鞘，叶面深绿色，叶背粉绿色，具5条脉，中脉比较明显，边缘具细锯齿。种子近球形，直径约5 mm。花期5～7月，果期8～10月。

龙眼洞后山至火炉山防火线附近（王发国等5668），龙眼洞凤凰山（场部—3林班；王发国等5978）。分布于中国除东北地区、内蒙古、青海、新疆、西藏各地区外其他地区。越南、日本也有分布。园林观赏；小块根药用，可滋阴生津。

有分布。小块根是中药麦冬，有养阴、生津、润肺、止咳功能。

296. 雨久花科 Pontederiaceae

多年生或一年生水生或沼生草本，直立或飘浮；具根状茎或匍匐茎，常有分枝，富海绵质和通气组织。叶通常二列，多数有叶鞘和叶柄；叶宽线形、披针形、卵形或宽心形，具平行脉，浮水、沉水或露出水面。顶生总状、穗状或聚伞圆锥花序，生于佛焰苞状叶鞘的腋部。花两性，辐射对称或两侧对称；花被片6，排成2轮，花瓣状，蓝色、淡紫色或白色，稀黄色，分离或下部连合成筒，脱落或宿存。

龙眼洞林场有2属，2种。

1. 凤眼莲属 Eichhornia Kunth

一年生或多年生浮水草本，节上生根。叶基生，莲座状或互生，宽卵状菱形或线状披针形；常具长柄，叶柄常膨大，基部具鞘。花序顶生，由2至多花组成穗状。花两侧对称或近辐射对称；花被漏斗状，中、下部连合成或长或短的花被筒，裂片6，淡紫蓝色，有的裂片常具1黄色斑点，花后凋存。蒴果卵圆形、长圆形或线形，包藏于凋存的花被筒内，室背开裂；果皮膜质；种子多数，卵圆形，有棱。

龙眼洞林场有1种。

5. 沿阶草属 Ophiopogon Ker-Gawl.

多年生草本。根近末端有小块根；根状茎常很短，有的具细长地下匍匐茎。茎匍匐或直立，有的形如根状茎。叶基生或茎生。总状花序生于叶丛中；花单生或2～7簇生苞片腋内，小苞片很小，生于花梗基部，花梗常下弯，具关节；花被片6，分离，2轮。果早期外果皮开裂，露出种子；种子浆果状。

龙眼洞林场有1种。

麦冬

Ophiopogon japonicus (L. f.) Ker-Gawl.

根较粗，中间或近末端具椭圆形或纺锤形小块根。叶基生成丛，禾叶状，长10～50 cm，宽1.5～3.5 mm。总状花序长2～5 cm，具几朵至10余花，花单生或成对生于苞片腋内，苞片披针形，最下面的长7～8 mm。花梗长3～4 mm，关节生于中部以上或近中部；花被片常稍下垂不开展，披针形，长约5 mm，白或淡紫色。种子球形，径7～8 mm。花期5～8月，果期8～9月。

帽峰山帽峰工区焦头窝（王发国等6055）。分布于中国华南、华中、华东、华北地区。日本、越南及印度也

凤眼莲

Eichhornia crassipes (Mart.) Solms

浮水草本，高30～60 cm。须根发达，棕黑色，长达30 cm。茎极短，具长匍匐枝，匍匐枝淡绿色或带紫色，与母株分离后长成新植物。叶在基部丛生，莲座状排列，一般5～10片；叶片圆形、宽卵形或宽菱形，长4.5～14.5 cm，宽5～14 cm，顶端钝圆或微尖，基部宽楔形或在幼时为浅心形，全缘，具弧形脉。蒴果卵形。花期7～10月，果期8～11月。

龙眼洞林场—石屋站。分布于中国华南、华中等地区。凤眼莲是一种外来入侵植物，对氮、磷、钾、钙等多种元素有较强的富集作用；全草可供药用，或作饲料。

2. 雨久花属 Monochoria Presl

多年生沼泽或水生草本。茎直立或斜上，从根状茎发出。叶基生或单生于茎枝，具长柄，形状多变，具弧状脉。花序总状或近伞形，从最上部的叶鞘内抽出，基部托以鞘状总苞片；花近无梗或具短梗；花被片6片，深裂几达基部，白色、淡紫色或蓝色，中脉绿色，开花时展开，后螺旋状扭曲，内轮3枚较宽。蒴果室背开裂成3瓣。种子小，多数。

龙眼洞林场有1种。

鸭舌草

Monochoria vaginalis (Burm. f.) Presl ex Kunth

水生草本，全株无毛；根状茎极短，具柔软须根。茎直立或斜上，高12～50 cm。叶基生和茎生，心状宽卵形、长卵形或披针形，长2～7 cm，先端短突尖或渐尖，基部圆或浅心形；叶柄长10～20 cm。总状花序从叶柄中部抽出，叶柄扩大成鞘状；花序梗长1～1.5 cm，基部有1披针形苞片；花序花期直立，果期下弯。花通常3～5(稀10余朵)，蓝色；花被片卵状披针形或长圆形，长1～1.5 cm；花梗长不及1 cm。蒴果卵圆形或长圆形，长约1 cm。种子多数，椭圆形，灰褐色，具8～12纵条纹。花期8～9月，果期9～10月。

龙眼洞。分布于中国各地。日本、马来西亚、菲律宾、南亚也有分布。嫩茎和叶可作蔬食，也可做猪饲料。

297. 菝葜科 Smilacaceae

攀缘，稀直立灌木，极稀草本。茎枝有刺或无刺。叶互生，具3～7主脉和网状细脉；叶柄两侧常有翅状鞘，有卷须或无，柄上有脱落点。花常单性，雌雄异株，稀两性；伞形花序或伞形花序组成复花序。花被片6片，离生或多少合生成筒状；雄蕊常6枚。果为浆果；种子少数。

龙眼洞林场有2属，7种，1变种。

1. 肖菝葜属 Heterosmilax Kunth

无刺灌木，攀缘，稀直立。叶纸质，稀近革质，有3～5主脉和网状支脉；叶柄有或无卷须，上部有脱落点，叶落时常具短的叶柄。伞形花序生于叶腋或鳞片腋内；花序梗常稍扁，花序梗着生点和叶柄间常有腋生芽。花小，雌雄异株；花被片合生成花被筒，筒口有3(2～6)个小齿。浆果球形，种子1～3颗。

龙眼洞林场有1种。

合丝肖菝葜

Heterosmilax gaudichaudiana (Kunth) Maxim.

攀缘灌木。小枝有钝棱。叶纸质，有时革质，宽卵形，长约12 cm，宽4～11 cm；叶柄长13 cm；总花梗长2～3.5 cm，极少长达9 cm以上；花梗长约9 cm，较少1.5 cm，在果期多数略伸长而变粗；花丝几乎全部合生。浆果熟时紫黑色。

帽峰山—8林班（王发国等6155）。产于中国华南地区和福建。越南也有分布。

2. 菝葜属 Smilax L.

攀缘或直立小灌木，极稀草本。枝条常有刺。叶互生，具3～7条主脉和网状细脉；叶柄两侧常具翅状鞘，鞘上方有1对卷须或无卷须，至叶片基部有1个色泽较暗的脱落点。花小，单性异株；伞形花序；花序基部有时有1枚和叶柄相对的鳞片（先出叶）；花序托常膨大，有时稍伸长，而使伞形花序多少呈总状；花被片6片，离生，有时靠合。浆果常球形，具少数种子。

龙眼洞林场有6种，1变种。

1. 尖叶菝葜

Smilax arisanensis Hay.

攀缘灌木。茎无刺或具疏刺。叶纸质，长圆形或卵状披针形，长7～15 cm，宽1.5～5 cm，干后常带古铜色，外侧2条脉稍近叶缘；叶柄长0.7～2 cm，常扭曲，窄鞘长为叶柄1/2，常有卷须。伞形花序生于叶腋，花序梗基部常有1枚与叶柄相对的鳞片（先出叶），稀无，或生于披针形苞片腋部；花序梗纤细；花序托几不膨大；花绿白色。浆果径约8 mm，成熟时紫黑色。花期4～5月，果期10～11月。

龙眼洞林场—石屋站（王发国等6279）。分布于中国华南、华东、西南地区。越南也有分布。

2. 菝葜

Smilax china L.

攀缘灌木。根状茎不规则块状，径2～3 cm。茎长1～5 m，疏生刺。叶薄革质，干后常红褐色或近古铜色，圆形、卵形或宽卵形，长3～10 cm，叶背粉霜多少可脱落，常淡绿色；叶柄长0.5～1.5 cm，长为叶柄1/2～2/3，与叶柄近等宽，几全部具卷须，脱落点近卷须。伞形花序生于叶尚幼嫩的小枝上，有十几朵或更多的花，常球形；花序梗长1～2 cm；花序托稍膨大，常近球形，稀稍长，具小苞片；花绿黄色。浆果径0.6～1.5 cm，熟时红色，有粉霜。花期2～5月，果期9～11月。

龙眼洞荔枝园至太和章附近（王发国等5814），帽峰山帽峰工区焦头窝，帽峰山—2林班。分布于中国华南、华中、华北、西南地区。缅甸、越南、泰国及菲律宾也有分布。根状茎可提取淀粉和栲胶，也可酿酒；药用有祛风湿、利小便、消肿毒功能。

4. 土茯苓

Smilax glabra Roxb.

攀缘灌木。根状茎块状，常由匍匐茎相连，径2～5 cm。茎长达4 m，无刺。叶薄革质，窄椭圆状披针形，长6～15 cm，宽1～7 cm，叶背常绿色，有时带苍白色；叶柄有卷须，脱落点位于近顶端。伞形花序常有10余花；花序梗长1～5 mm，常短于叶柄。花绿白色，六棱状球形，径约3 mm。浆果径0.7～1 cm，成熟时紫黑色，具粉霜。花期7～11月，果期11月至翌年4月。

帽峰山帽峰工区焦头窝。分布于中国长江流域以南各地区。越南、泰国和印度也有分布。根状茎富含淀粉，可制糕点或酿酒；药用有解毒、除湿、利关节功能。

3. 筐条菝葜

Smilax corbularia Kunth

攀缘灌木。茎长达9 m，无刺。叶革质，卵状长圆形或窄椭圆形，长5～14 cm，边缘多少下弯，叶背苍白色，叶面网脉明显；叶柄长0.8～1.4 cm，脱落点位于近顶端，枝基部的叶柄常有卷须，鞘长为叶柄1/2。伞形花序腋生，有10～20花；花序梗长0.4～1.5 cm，长为叶柄2/3或近等长，稀长于叶柄，稍扁；花序托膨大，具多数宿存小苞片，花绿黄色，花被片直立，雄花外花被片舟状。浆果径6～7 mm，成熟时暗红色。花期5～7月，果期12月。

帽峰山帽峰工区焦头窝。分布于中国华南地区和云南。越南、缅甸也有分布。块茎可酿酒；药用治跌打、风湿。

5. 马甲菝葜
Smilax lanceifolia Roxb.

攀缘灌木。茎长1~2 m，枝条无刺或少有具疏刺。叶通常纸质，卵状矩圆形、狭椭圆形至披针形，长6~17 cm，宽2~8 cm，先端渐尖或骤凸，基部圆形或宽楔形，表面干后暗绿色，有时稍变淡黑色；叶柄长1~2(2.5) cm。伞形花序通常单个生于叶腋，具几十朵花，极少两个伞形花序生于一个共同的总花梗上；总花梗通常短于叶柄，近基部有一关节；花序托稍膨大，果期近球形；花黄绿色。浆果直径6~7 mm，有1~2颗种子。花期10月至翌年3月，果期10月。

龙眼洞林场—草塘站（王发国等6254）。产于中国广东、广西、云南、贵州、四川、湖北。也分布于不丹、印度、缅甸、老挝、越南和泰国。

6. 暗色菝葜
Smilax lanceifolia Roxb. var. **opaca** A. DC.

叶通常革质，表面有光泽。总花梗一般长于叶柄，较少稍短于叶柄；花药近矩圆形。浆果熟时黑色。花期9~11月，果期翌年11月。

龙眼洞筲箕窝（王发国等6072），帽峰山帽峰工区焦头窝（王发国等6056），帽峰山—6林班。分布于中国华南、华东、西南地区。也广泛分布于越南、老挝、柬埔寨至印度尼西亚的亚洲热带地区。

7. 牛尾菜
Smilax riparia A. DC.

多年生草质藤本，具根状茎。茎长1~2 m，中空，有少量髓，干后具槽。叶较厚，卵形、椭圆形或长圆状披针形，长7~15 cm，叶背绿色，无毛或具乳突状微柔毛(脉上毛更多)；叶柄长0.7~2 cm，常在中部以下有卷须，脱落点位于上部。花单性，雌雄异株，淡绿色；伞形花序花序，梗较纤细，长3~5(10) cm；花序托有多数小苞片，小苞片长1~2 mm，花期常不脱落。浆果径7~9 mm，成熟时黑色。花期6~7月，果期10月。

龙眼洞凤凰山（场部—3林班；王发国等SF8）。分布于中国华南、西南、华中、华北地区。朝鲜、日本及菲律宾也有分布。根状茎有补气活血、舒筋通络功能。

302. 天南星科 Araceae

草本，具块茎或根茎；稀攀缘灌木或附生藤本，富含苦液或乳汁。叶单一或少数，有时花后生出，通常基生，茎生叶互生，二列或螺旋状排列，叶柄基部或部分鞘状；叶全缘，或掌状、鸟足状、羽状或放射状分裂；多具网状脉。花小或微小，常极臭；肉穗花序，花序包有佛焰苞；花两性或单性，雌雄同株，同序或异株。种子1至多数，圆形、椭圆形、肾形或伸长。

龙眼洞林场有6属，6种。

1. 菖蒲属 Acorus L.

多年生常绿草本，植株含芳香油。根茎匍匐，肉质，分枝。叶二列，基出，嵌列状，箭形，无柄，具叶鞘。佛焰苞很长部分与花序柄合生，在肉穗花序着生点以上分离，叶状、箭形、直立、宿存；花序生于当年枝叶腋，梗长，全部贴生佛焰苞鞘，三棱形；肉穗花序圆锥形或鼠尾状，花密，自下而上开放。浆果长圆形，顶端近圆锥状，红色，藏于宿存花被之下，2～3室，有的室不育；种子长圆形，外种皮肉质，长于内种皮。

龙眼洞林场有1种。

石菖蒲

Acorus tatarinowii Schott

多年生草本植物。根茎芳香，粗2～5 mm，外部淡褐色，节间长3～5 mm，根肉质，具多数须根，根茎上部分枝甚密，植株因而成丛生状。叶无柄，叶片薄，基部两侧膜质叶鞘宽可达5 mm，上延几达叶片中部，渐狭，脱落；叶片暗绿色，线形，长20～40 cm，基部对折，中部以上平展，宽7～13 mm，先端渐狭，无中肋，平行脉多数，稍隆起。花白色。成熟果序长7～8 cm，直径可达1 cm；幼果绿色，成熟时黄绿色或黄白色。花果期2～6月。

龙眼洞筲箕窝至火烧天（筲箕窝—6林班；王发国等5850，5911），帽峰山—8林班（王发国等6161），帽峰山帽峰工区焦头窝。分布于中国黄河以南各地区。印度东北部至泰国北部也有分布。石菖蒲常绿色而具光泽，性强健，宜在较密的林下作地被植物；根茎可药用。

2. 海芋属 Alocasia (Schott) G. Don

多年生草本。幼叶常盾状，成年植株叶多箭状心形，全缘或浅波状，有的羽状分裂近中肋，后裂片卵形或三角形，常部分连合；下部I级侧脉下弯，稀辐射状，多与后裂片基脉成直角或锐角，稀成钝角，由中肋中部伸出I级侧脉多对，斜举，集合脉2～3，近叶缘；叶柄长，下部多少具长鞘。花序梗后叶抽出，常多数集成短的、具苞片的合轴；佛焰苞管部卵形、长圆形，席卷，宿存；肉穗花序短于佛焰苞，圆柱形，直立。

龙眼洞林场有1种。

海芋

Alocasia macrorrhiza (L.) Schott

大型常绿草本，具匍匐根茎，有直立地上茎，茎高有的不及10 cm，有的高3～5 m，基部生不定芽条。叶多数，亚革质，草绿色，箭状卵形，长50～90 cm，边缘波状；叶柄绿色或污紫色，螺旋状排列，粗厚，长达1.5 m。花序梗2～3丛生，圆柱形，长12～60 cm，绿色，有时污紫色；佛焰苞管部绿色，卵形或短椭圆形，长3～5 cm，檐部黄绿色舟状；肉穗花序芳香：雌花序白色，长2～4 cm。浆果红色，卵状，长0.8～1 cm；种子1～2颗。花期四季，密林下常不开花。

帽峰山帽峰工区焦头窝，龙眼洞，常见。分布于中国南部各地区。南亚及东南亚也有分布。根茎药用，全株有毒；园林观赏。

3. 芋属 Colocasia Schott

多年生草本，具块茎、根茎或直立茎。叶盾状着生，卵状心形或箭状心形，后裂片圆，连合部分短或达1/2，稀全合生；I级侧脉多数，由中肋伸出，于边缘连成2~3集合脉；叶柄长，下部鞘状。花序梗通常多数，生于叶腋；佛焰苞管部短，为檐部长1/5~1/2，卵圆形或长圆形，席卷，宿存，果期增大，不规则撕裂；肉穗花序短于佛焰苞。浆果绿色，倒圆锥形或长圆形，具残存柱头；种子多数。

龙眼洞林场有1种。

野芋
Colocasia antiquorum Schott

湿生草本；块茎球形，有多数须根；匍匐茎常从块茎基部外伸，长或短，具小球茎；叶柄肥厚，直立，长可达1.2 m；叶片薄革质，表面略发亮，盾状卵形，基部心形，长达50 cm以上；前裂片宽卵形，锐尖，长稍胜于宽，I级侧脉4~8对；后裂片卵形，钝，长约为前裂片的1/2；花序柄比叶柄短许多；佛焰苞苍黄色，长15~25 cm。肉穗花序短于佛焰苞。

龙眼洞筲箕窝至火烧天（筲箕窝—6林班；王发国等5897），帽峰山帽峰工区山顶管理处，沿山谷周边，帽峰山—十八排。分布于中国江南各地。观赏园艺常用植物。

4. 大薸属 Pistia L.

水生草本，飘浮。茎上节间十分短缩。叶螺旋状排列，淡绿色，二面密被细毛，倒卵状楔形、倒卵状长圆形或近线状长圆形；叶脉近平行；叶鞘托叶状，干膜质。花序具极短的柄。佛焰苞极小，叶状，白色，内面光滑，外面被毛，中部两侧狭缩，管部卵圆形；檐部卵形，锐尖。肉穗花序短于佛焰苞，但远远超出管部，背面与佛焰苞合生长达2/3，花单性同序。浆果小，卵圆形；种子多数或少数，不规则地断落。

龙眼洞林场有1种。

大薸
Pistia stratiotes L.

水生飘浮草本，有长而悬垂的根多数，须根羽状，密集。叶簇生成莲座状，叶片倒三角形、倒卵形、扇形，以至倒卵状长楔形，长1.3~10 cm，宽1.5~6 cm，先端截头状或浑圆，基部厚，二面被毛；叶脉扇状伸展，背面明显隆起成折皱状。佛焰苞白色，长约0.5~1.2 cm，外被茸毛。花期5~11月。

龙眼洞林场—石屋站。产于中国广东、广西、福建、台湾、云南各地区及热带地区。全球热带及亚热带地区广布。全株作猪饲料；药用，入药外敷无名肿毒；煮水可洗汗瘢、治血热作痒、消跌打肿痛。

5. 石柑属 Pothos L.

附生、攀缘灌木或亚灌木。枝下部具根，上部披散。芽腋生或穿叶鞘腋下生。叶线状披针形、披针形或卵状披针形、椭圆形、卵状长圆形，多少不等侧，侧脉基出，或1~2对生于中肋中部；叶柄叶状，平展，上端耳状。花序梗腋生或腋下生，劲直、反折或弯曲，佛焰苞卵形；肉穗花序具长梗，球形、卵圆形或倒卵圆形，稀圆柱形。浆果椭圆状、倒卵状，红色；种子1~3颗，扁椭圆形。

龙眼洞林场有1种。

百足藤
Pothos repens (Lour.) Druce

附生藤本，长1~20 m。分枝较细，营养枝具棱，常曲折，节间长0.5~1.5 cm；花枝圆柱形，节间长1~1.5 cm，亦常无气生根，多披散或下垂。叶披针形，长3~4 cm，与叶柄均具平行脉；叶柄长楔形，顶端微凹，长13~15 cm。总花序梗腋生和顶生，长2~3 cm；苞片3-5，披针形，长1~5 cm，覆瓦状排列或疏生，花序腋内生，序梗细，长11~13 cm；佛焰苞绿色，线状披针形，长4~6 cm。花密，径约2 mm；花被片6，黄绿色。浆果成熟时焰红色，卵圆形，长约1 cm。花期3~4月，果期5~7月。

帽峰山帽峰工区焦头窝。分布于中国华南、西南地区。越南北部也有分布。茎叶药用主治散瘀接骨，消肿止痛。

6. 犁头尖属 Typhonium Schott

多年生草本。块茎小。叶多数，和花序柄同时出现；叶柄稍长，稀于顶部生珠芽；叶片箭状戟形或3～5浅裂、3裂或鸟足状分裂，集合脉3条，2条接近边缘，第3条较远离。花序柄短，稀伸长，佛焰苞管部席卷，喉部多少收缩；檐部后期后仰，卵状披针形或披针形，多少渐尖，常紫红色、稀白色；肉穗花序两性；雌花序短。花单性，无花被。浆果卵圆形；种子1～2颗，球形，顶部锐尖，有皱纹。

龙眼洞林场有1种。

犁头尖

Typhonium blumei Nicols. et Sivadasan

块茎近球形、头状或椭圆形，径1～2 cm，褐色，具环节，颈部生纤维状须根。多年生植株有叶4～8；叶戟状三角形，前裂片卵形，长7～10 cm，后裂片长卵形，外展，长6 cm，基部弯缺，叶脉绿色，侧脉3～5对，集合脉2圈；叶柄长20～24 cm，基部约4 cm鞘状、鸢尾式排列，上部圆柱形。花序梗单一，生于叶腋，长9～11 cm，淡绿色，圆柱形，径2 mm，直立；佛焰苞管部绿色，卵形，长1.6～3 cm，檐部绿紫色。

龙眼洞筲箕窝至火烧天（筲箕窝—6林班；王发国等5890），帽峰山帽峰工区山顶管理处，沿山谷周边。分布于中国华南、华东、华中、西南地区。印度、东南亚、日本也有分布。块茎入药；有毒，外用解毒消肿、散结、止血。

305. 香蒲科 Typhaceae

多年生沼生、水生或湿生草本。根状茎横走，须根多；地上茎直立。叶二列，互生；鞘状叶很短，基生，先端尖；线形叶直立或斜上，全缘，边缘微向上隆起，中部以下叶面渐凹，叶背平突至龙骨状凸起，叶脉平行，中脉在叶背隆起或平；叶鞘长，边缘膜质，抱茎或松散。花单性，雌雄同株；花序穗状。果纺锤形或椭圆形，果皮膜质，透明，或具条形或圆形斑点；种子椭圆形，褐或黄褐色，光滑或具突起。

龙眼洞林场有1属，2种。

香蒲属 Typha L.

多年生沼生、水生或湿生草本。根状茎横走，须根多；地上茎直立。叶二列，互生；鞘状叶很短，基生，先端尖；线形叶直立或斜上，全缘，边缘微向上隆起，中部以下叶面渐凹，叶背平突至龙骨状凸起，叶脉平行，中脉在叶背隆起或平；叶鞘长，边缘膜质，抱茎或松散。花单性，雌雄同株；花序穗状。果纺锤形或椭圆形，果皮膜质，透明；种子椭圆形，褐或黄褐色，光滑或具突起。

龙眼洞林场有2种。

1. 水烛（狭叶香蒲）

Typha angustifolia L.

多年生，水生或沼生草本。根状茎乳黄色、灰黄色，先端白色。地上茎直立，粗壮，高1.5～2.5 (3) m。叶片长54～120 cm，宽0.4～0.9 cm，上部扁平，中部以下叶面微凹，叶背向下逐渐隆起呈凸形，下部横切面呈半圆形；叶鞘抱茎。雌花具小苞片；孕性雌花柱头窄条形或披针形，长约1.3～1.8 mm；不孕雌花子房倒圆锥形。小坚果长椭圆形，长约1.5 mm，具褐色斑点，纵裂。花果期6～9月。

帽峰山帽峰工区山顶管理处，沿山谷周边。分布于中国华南、华中、西南、华北以及台湾等地区。尼泊尔、印度、巴基斯坦、日本、俄罗斯、欧洲、美洲及大洋洲等亦有分布。本种分布较广，植株高大，叶片较长，雌花序粗大，经济价值较高。

2. 香蒲

Typha orientalis Presl.

多年生水生或沼生草本。根状茎乳白色。地上茎粗壮，向上渐细，高1.3～2 m。叶片条形，长40～70 cm，宽0.4～0.9 cm，光滑无毛，上部扁平，下部叶面微凹，叶背逐渐隆起呈凸形，横切面呈半圆形，细胞间隙大，海绵状；叶鞘抱茎。雌雄花序紧密连接；雄花序长2.7～9.2 cm，花序轴具白色弯曲柔毛，自基部向上具1～3枚叶状苞片，花后脱落。小坚果椭圆形至长椭圆形；果皮具长形褐色斑点；种子褐色，微弯。花果期5～8月。

帽峰山茶径水塘边。分布于中国华南、华中、华北等地区。菲律宾、日本、苏联及大洋洲等地均有分布。本种花粉即蒲黄入药；叶片用于编织、造纸等；可用于花卉观赏；雌花序可作枕芯和坐垫的填充物，是重要的水生经济植物之一。

311. 薯蓣科 Dioscoreaceae

缠绕草质或木质藤本，稀矮小草本，具根状茎或块茎。茎左旋或右旋，有毛或无毛，有刺或无刺。叶互生，有时中部以上对生，单叶或掌状复叶，复叶的小叶有基出脉3～9条，侧脉网状；叶柄扭转，有时基部有关节。花单性或两性，雌雄异株，稀同株。花单生、簇生或排列成穗状、总状或圆锥花序；雄花花被片6片，2轮，基部合生或离生。果为蒴果、浆果或翅果；蒴果三棱形，每棱翅状；种子有翅或无翅，有胚乳，胚细小。

龙眼洞林场有1属，5种。

薯蓣属 Dioscorea L.

缠绕藤本，具根状茎或块茎。单叶或掌状复叶，互生，有时中部以上对生，基出脉3～9，叶腋有珠芽（或称零余子）或无。花单性，雌雄异株，稀同株。蒴果三棱形，每棱翅状，成熟后顶端开裂；种子着生于果轴，有膜质翅。

龙眼洞林场有5种。

1. 黄独（零余薯）

Dioscorea bulbifera L.

缠绕草质藤本。块茎卵圆形或梨形，近于地面，棕褐色，密生细长须根。茎左旋，淡绿色或稍带红紫色。叶腋有紫棕色、球形或卵圆形，具圆形斑点的珠芽。单叶互生，宽卵状心形或卵状心形，长15～26 cm，先端尾尖，全缘或边缘微波状。雄花序穗状；雄花花被片披针形，鲜时紫色。蒴果反曲下垂，三棱状长圆形，长1.3～3 cm，径0.5～1 cm，两端圆，成熟时草黄色；种子深褐色，扁卵形，种翅栗褐色。花期7～10月，果期8～11月。

帽峰山—6林班，龙眼洞。分布于中国华南、华东、西南、华北地区。日本、朝鲜、印度、缅甸、大洋洲、非洲及美洲均有分布。块茎有解毒消肿、化痰散结、止血的功能。

2. 薯莨

Dioscorea cirrhosa Lour.

缠绕粗壮藤本。块茎圆锥形、长圆形或卵圆形，棕黑色，栓皮粗裂具凹纹，断面红色，干后铁锈色。茎右旋，有分枝，近基部有刺。叶革质或近革质，长椭圆状卵形、卵圆形、卵状披针形或窄披针形，长5～20 cm，宽2～14 cm，先端渐尖或骤尖，基部圆，有时具三角状缺刻，全缘，叶背粉绿色，基出脉3～5条；叶柄长2～6 cm。雄花序为穗状花序，常组成圆锥花序，有时单生叶腋。蒴果不反折，近三棱状扁圆形，长1.8～3.5 cm；种子四周有膜状翅。花期4～6月，果期7月至翌年1月。

龙眼洞筲箕窝至火烧天（筲箕窝—6林班；王发国等5966），帽峰山—6林班。分布于中国华南、华东和西南地区及湖南。越南也有分布。块茎有止血、活血、养血的功能。

3. 白薯莨

Dioscorea hispida Dennst.

缠绕草质藤本。块茎卵圆形，褐色，有多数细长须根，断面白色或微带蓝色。茎左旋，圆柱形，长达30 m，有三角状皮刺。掌状复叶有3小叶；顶生小叶倒卵圆形或卵状椭圆形，长6～13 cm，侧生小叶较小，斜状椭圆形，偏斜，先端骤尖，全缘，叶背疏生柔毛；叶柄长达30 cm，密被柔毛。雄花序穗状组成圆锥状，长达50 cm，密被柔毛。蒴果三棱状长椭圆形，硬革质，长3.5～7 cm，径2.5～3 cm，密被柔毛；种翅向蒴果基部伸长。花期4～5月，果期7～9月。

龙眼洞。分布于华南、华东、西南地区。印度至马来西亚有栽培。块茎有止血、消肿、解毒的功能。

4. 褐苞薯蓣
Dioscorea persimilis Prain et Burkill

缠绕草质藤本。块茎长圆柱形或卵形，干后棕褐色，断面白色。茎右旋，有4～8条纵棱，绿色或带紫红色。叶在茎下部互生，上部对生，纸质，绿色或叶背沿叶脉带紫红色，长椭圆状卵形或卵圆形，长6～16 cm，宽4～14 cm，先端渐尖或尾尖，基部心形、箭形或戟形，全缘，基出脉7～9条，常带红褐色；叶腋有珠芽。雄花序穗状2～4个簇生或组成圆锥花序，或单生叶腋；花序轴呈"之"字状曲折；苞片有紫褐色斑纹。种子四周有膜质翅。花期7月至翌年1月，果期9月至翌年1月。

帽峰山莲花顶森林公园—7林班（王发国等6038a）。分布于中国华南、西南地区及湖南，南方各地有栽培。越南也有分布。块茎有补脾肺、涩精气的功能。

5. 薯蓣
Dioscorea polystachya Turcz.

缠绕草质藤本。块茎长圆柱形，垂直生长，长可达1 m多，断面干时白色。茎通常带紫红色，右旋，无毛。单叶，在茎下部的互生，中部以上的对生，很少3叶轮生；叶片变异大，卵状三角形至宽卵形或戟形，长3～10 cm，宽2～10 cm，顶端渐尖，基部深心形、宽心形或近截形，边缘常3浅裂至3深裂。叶腋内常有珠芽。雌雄异株。蒴果不反折，三棱状扁圆形或三棱状圆形，长1.2～2 cm，宽1.5～3 cm，外面有白粉；种子四周有膜质翅。花期6～9月，果期7～11月。

龙眼洞筲箕窝（王发国等6078），帽峰山—管护站（王发国等6099），帽峰山帽峰工区焦头窝。分布于中国华南、华中、华北地区。朝鲜、日本也有分布。块茎为常用中药淮山药，有强壮、祛痰的功效；又能食用。

314. 棕榈科 Palmaceae

灌木、藤本或乔木，茎通常不分枝或近丛生，表面平滑或具叶痕。叶互生，羽状或掌状分裂；叶柄基部通常扩大成具纤维的鞘。花单性或两性，雌雄同株或异株，佛焰花序或肉穗花序，鞘状或管状；花萼和花瓣各3枚，离生或合生，覆瓦状或镊合状排列。果实为核果或硬浆果，果皮光滑或有毛、有刺、粗糙或被以覆瓦状鳞片；种子通常1颗，有时2～3颗，多者10颗，胚乳均匀或嚼烂状。

龙眼洞林场有1属，1种。

鱼尾葵属 Caryota L.

植株乔木状，茎裸露或被叶鞘，具环状叶痕。叶大，聚生于茎顶，二回羽状全裂；羽片菱形或楔形或披针形，先端极偏斜，有不规则齿缺，状如鱼尾；叶柄基部膨大，叶鞘纤维质。佛焰苞3～5枚，管状；花序腋生，分枝，长而下垂；花单性，雌雄同株，通常3朵聚生，中间1朵较小为雌花，花瓣3枚，镊合状排列；雄花萼片3枚，离生，覆瓦状排列。果实近球形，有种子1～2颗。

龙眼林场有1种。

鱼尾葵
Caryota ochlandra Hance

乔木状，高10～20 m，茎绿色，被白色茸毛，具叶痕。叶长3～4 m，羽片长15～60 cm，宽3～10 cm，互生或顶部的近对生，最上部的1羽片大，楔形，侧边的羽片小，菱形，外缘笔直，内缘上半部弧曲成不规则的齿缺，延伸成短尖或尾尖。花序长3～5 m，具多数穗状分枝；雄花萼片宽圆形，具疣状凸起，花瓣椭圆形，长约2 cm，黄色，花药线形，黄色，花丝近白色。果实球形，红色。

龙眼洞凤凰山（场部—3林班；王发国等5893，6030），帽峰山莲花顶森林公园—7林班，帽峰山帽峰工区焦头窝。产于中国华南等地区。亚洲热带地区有分布。本种树形美丽，可作庭园绿化植物；茎髓含淀粉，可作桄榔粉的代用品。

315. 露兜树科 Pandanaceae

常绿乔木、灌木或攀缘藤本，稀草本。茎多假二叉式分枝，偶扭曲状，常具气根。叶带状，3～4列或螺旋状排列，聚生枝顶。叶基具开放叶鞘，脱落后枝有密集环痕。花序腋生或顶生，分枝或否，穗状、头状或圆锥状，有时肉穗状，常为数枚叶状佛焰苞所包；花被无或合生鳞片状；雄花具1至多枚雄蕊，花丝常上部分离，下部合生成束；雌花无退化雄蕊或有不定数退化雄蕊包雌蕊基部；花柱极短或无，柱头形态多样。聚花果卵球形或圆柱状，由多数核果或核果束组成。

龙眼洞林场有1属，1种。

露兜树属 Pandanus L. f.

常绿乔木或灌木，直立，分枝或不分枝；茎常具气根。叶常聚生于枝顶；叶片革质，狭长呈带状，边缘及叶背沿中脉具锐刺，无柄，具鞘。花单性，雌雄异株，无花被；花序穗状、头状或圆锥状，具佛焰苞；雄花多数，每花雄蕊多枚；雌花无退化雄蕊，心皮1至多数，有时以不定数的连合而成束；子房上位，1至多室，每室胚珠1枚，着生于近基底胎座上。果实为聚花果，由多数木质、有棱角的核果或核果束组成；宿存柱头头状、齿状或马蹄状等。

龙眼林场有1种。

露兜草（长叶露兜草）
Pandanus austrosinensis T. L. Wu

多年生常绿草本。地下茎横卧，分枝，有不定根，地上茎短，不分枝。叶近革质，带状，长达2 m，宽约4～5 cm，先端渐尖具细齿，基部折叠，边缘具向上的钩状刺，叶背中脉隆起，沿中脉两侧各有1条明显的纵向凹陷。花单性，雌雄异株；雄花序为穗状花序，长约10 cm；雄花长约3.2 mm，花丝长约1 mm，伞状排列，花药线形，2室，有密集细刺，心皮多数，上端分离，下端合生。聚花果椭圆状圆柱形或近圆球形，核果倒圆锥状，5～6棱。

龙眼洞，帽峰山帽峰工区焦头窝，帽峰山—6林班。产于中国华南地区。生于林中、溪边或路旁。

326. 兰科 Orchidaceae

地生、附生，稀腐生草本，极稀攀缘藤本。叶基生或茎生，扁平、圆柱状或两侧扁，基部具或无关节。总状花序或圆锥花序，稀头状花序或单花。花两性；花被片6枚，2轮；外轮3枚为萼片，中萼片常直立而与花瓣靠合或黏合成兜状，侧萼片斜歪；内轮侧生2枚为花瓣，中央1枚常成种种奇特形状，不同于2枚侧生花瓣称唇瓣，唇瓣由于花（花梗和子房）作180°扭转或90°弯曲，位置常处于下方（远轴一方）；子房下位。果常为蒴果，较少荚果状，具极多种子。

龙眼洞林场有4属，4种。

1. 钳唇兰属 Erythrodes Blume

地生草本。根状茎伸长，匍匐，肉质，圆柱形，具节，节上生根。茎直立，具叶。叶稍肉质，互生，具柄。总状花序顶生，直立，穗状；花小，倒置；萼片离生，背面常有毛，中萼片与花瓣粘贴呈兜状；侧萼片张开；唇瓣基部常贴生于蕊柱，直立，全缘或3裂，基部具距；距圆筒状，末端钝，不裂或2浅裂，内面无胼胝体或毛；蕊柱短，前面无附属物；花药直立，2室；花粉团2个，具柄，共同具1个黏盘；蕊喙直立，2裂。

龙眼洞林场有1种。

钳唇兰（阔叶细笔兰、小唇兰）
Erythrodes blumei (Lindl.) Schltr.

植株高达60 cm。茎下部具3～6枚叶。叶片卵形、椭圆形或卵状披针形，有时稍歪斜，先端急尖，基部宽楔形或钝圆，具3条明显的主脉；叶柄下部扩大成抱茎的鞘。花茎具3～6枚鞘状苞片；总状花序顶生，长5～10 cm；花苞片披针形，带红褐色，长10～12 mm，宽约4 mm，先端渐尖，背面被短柔毛；花小，萼片带红褐色或褐绿色，背面被短柔毛；花瓣与萼片同色，中央具1枚透明的脉；距内面无毛和胼胝体，唇瓣的腹面（上面）和距均带红褐色；蕊柱前面无附属物。花期4～5月。

龙眼洞水库旁。分布于中国广东、广西、台湾、云南（金屏）。斯里兰卡、印度东北部、缅甸北部、越南、泰国也有分布。

龙眼洞筲箕窝至火烧天（筲箕窝—6林班；王发国等5948），帽峰山莲花顶森林公园—7林班（王发国等6008）。分布于中国华东和西南等地区。广泛分布于全世界热带与亚热带地区。

2. 羊耳蒜属 Liparis L. C. Rich.

地生或附生草本，常具假鳞茎或多节的肉质茎。叶1至数枚，草质、纸质至厚纸质，多脉，基部具柄。花葶顶生，直立、外弯或下垂，常稍呈扁圆柱形并在两侧具狭翅；花苞片小，宿存；萼片相似，离生或极少两枚侧萼片合生；花瓣线形至丝状；唇瓣不裂或偶见3裂，有时在中部或下部缢缩，上部常反折，基部或中部常有胼胝体，无距；蕊柱上部两侧常具翅，极少具4翅或无翅，无蕊柱足；花粉团4个，成2对，蜡质，无明显的花粉团柄和粘盘。蒴果常具3钝棱。

龙眼洞林场有1种。

见血青

Liparis nervosa (Thunb.) Lindl.

地生草本。茎圆柱状，肥厚，肉质，有数节，常具叶鞘。叶2～5枚，卵形至卵状椭圆形，膜质或草质，先端近渐尖，全缘，基部狭下延成鞘状柄，无关节。花苞片小，三角形；花紫色；中萼片线形或宽线形，先端钝，边缘外卷，具不明显的3脉；侧萼片狭卵状长圆形，稍斜歪，先端钝；花瓣丝状；唇瓣长圆状倒卵形，先端截形并微凹，基部收狭并具2个近长圆形的胼胝体；蕊柱较粗壮，上部两侧有狭翅。蒴果倒卵状长圆形或狭椭圆形。花期2～7月，果期8～10月。

3. 绶草属 Spiranthes L. C. Rich.

地生草本。根指状，肉质，簇生。叶基生，肉质，叶片线形、椭圆形或宽卵形，罕为半圆柱形，基部下延成柄状鞘。总状花序顶生，具密生小花，似穗状，常呈螺旋状扭转；花小，不完全展开，倒置；萼片离生，相似；中萼片直立，常与花瓣靠合呈兜状；侧萼片基部常下延而胀大，有时呈囊状；唇瓣基部凹陷，常有2枚胼胝体，不裂或3裂，边缘常呈皱波状；花药直立，2室，位于蕊柱的背侧；花粉团2个，粒粉质，具短的花粉团柄和狭的黏盘；蕊喙直立，2裂。

龙眼洞林场有1种。

绶草（一线香）

Spiranthes sinensis (Pers.) Ames

植株高达30 cm。根指状，肉质，簇生。茎近基部生2～5枚叶。叶片直立伸展，先端急尖或渐尖，基部狭具柄状鞘抱茎。花葶直立；花苞片卵状披针形，先端长渐尖，下部的长于子房；子房纺锤形，扭转，被腺状柔毛；花小，螺旋状排列；萼片的下部靠合，中萼片狭长圆形，舟状，与花瓣靠合呈兜状；侧萼片偏斜，披针形；花瓣先端钝，与中萼片等长，薄；唇瓣宽长圆形，凹陷，先端极钝，前半部具长硬毛，边缘具皱波状啮齿，基部呈浅囊状。花期7～8月。

龙眼洞。产于中国各地区。俄罗斯（西伯利亚）、蒙古国、朝鲜半岛、日本、阿富汗、克什米尔地区至不丹、印度、缅甸、越南、泰国、菲律宾、马来西亚、澳大利亚也有分布。本种全草民间作药用。

龙眼洞水库旁。产于中国广东、海南、台湾、云南。马来西亚、泰国、老挝、缅甸、孟加拉国、印度、不丹也有分布。

331. 莎草科 Cyperaceae

多年生草本，少一年生；常具根状茎，少兼具块茎。叶基生和秆生，常具闭合的叶鞘和狭叶，或仅具鞘无叶。花序有穗状花序，总状花序，圆锥花序，头状花序或长侧枝聚伞花序；小穗具2至多数花，或退化至仅具1花；花两性或单性，着生于鳞片（颖片）腋间，鳞片覆瓦状螺旋排列或二列，无花被或花被退化成下位鳞片或下位刚毛；雄蕊常3枚；子房1室。果实为小坚果，三棱形，双凸状，平凸状，或球形。

龙眼洞林场有11属，23种。

4. 线柱兰属 Zeuxine Lindl.

地生草本。根状茎常伸长，匍匐，肉质，具节，节上生根。茎圆柱形。叶互生，宽者具叶柄，狭窄者无柄，叶面绿色或沿中肋具1条白色的条纹。总状花序顶生；子房扭转；花几不张开，倒置（唇瓣位于下方）；萼片离生，中萼片凹陷，与花瓣黏合呈兜状；侧萼片包唇瓣基部；花瓣与中萼片近等长较窄，较萼片薄；囊内近基部两侧各具1枚胼胝体；蕊柱短；花药2室；蕊喙直立，叉状2裂。蒴果直立。

龙眼洞林场1种。

1. 薹草属 Carex L.

多年生草本，具地下根状茎。秆直立，三棱形，基部常具无叶的鞘。叶基生或兼具秆生叶，平张，少数边缘卷曲。苞片叶状，少数鳞片状或刚毛状。花单性，由1朵雌花或1朵雄花组成1个支小穗；小穗1至多数，单一顶生或多数时排列成穗状、总状或圆锥花序；雄花具3枚雄蕊，少数2枚，花丝分离；雌花具1个雌蕊，花柱稍细长，有时基部增粗，柱头2~3个；果囊三棱形、平凸状或双凸状，具或长或短的喙。小坚果较紧或较松地包于果囊内，三棱形或平凸状。

龙眼洞林场1种。

宽叶线柱兰

Zeuxine affinis (Lindl.) Benth. ex Hook. f.

植株高达30 cm。根状茎匍匐，肉质。茎暗红褐色，具4~6枚叶。叶片卵形、卵状披针形或椭圆形，花开放时常凋萎，常带红色，先端急尖或钝，基部具柄。花茎淡褐色，被柔毛，具1~2枚鞘状苞片；花苞片卵状披针形，与子房等长或稍较短；子房圆柱形，扭转，被柔毛；花小，黄白色；中萼片宽卵形，凹陷，先端钝或急尖；侧萼片先端钝，具1脉；花瓣白色不等侧，与中萼片黏合呈兜状；唇瓣边缘全缘且向内卷的爪，基部扩大并凹陷呈囊状。花期2~4月。

十字薹草

Carex cruciata Wahlenb.

根状茎木质，匍匐。秆丛生，坚挺，三棱形，平滑。叶基生和秆生。圆锥花序复出，支圆锥花序数个，通常单生，少有双生，卵状三角形，支花序柄坚挺，钝二棱形，平滑；小穗多数，横展，两性，雄雌顺序，雄花部分与雌花部分近等长。雄花鳞片披针形，顶端渐尖，具短尖，膜质，淡褐白色，密生棕褐色斑点和短线；雌花鳞片卵形，顶端钝，具短芒，具3条脉；果囊椭圆形，淡褐白色，具棕褐色斑点和短线。花果期5~11月。

帽峰山管护站—6林班（王发国等6093，6119）。分布于中国华南、华东、华中、西南地区。也分布于喜马拉雅山脉地区、印度、马达加斯加、印度尼西亚、中南半岛和日本南部。

2. 莎草属 Cyperus L.

一年生或多年生草本。秆直立，丛生或散生、粗壮或细弱，仅于基部生叶。叶具鞘。长侧枝聚伞花序简单或复出，或有时短缩成头状，基部具叶状苞片数枚；小穗几个至多数，成穗状、指状、头状排列于辐射枝上端，小穗轴宿存，通常具翅；鳞片二列，极少为螺旋状排列，最下面1~2枚鳞片为空的，其余均具一朵两性花，有时最上面1~3朵花不结实。小坚果三棱形。

龙眼洞林场有10种。

1. 扁穗莎草
Cyperus compressus L.

草本植物，丛生。秆稍纤细，锐三棱形，基部多叶。叶折合或平张，灰绿色；叶鞘紫褐色。苞片3~5枚，叶状，长于花序；穗状花序，花序轴短，具3~10个小穗；小穗排列紧密，斜展，线状披针形，近于四棱形，具8~20朵花；鳞片覆瓦状排列，稍厚，卵形，顶端具稍长的芒，长约3 mm，背面具龙骨状突起，中间较宽部分为绿色，两侧苍白色或麦秆色。小坚果倒卵形，三棱形，侧面凹陷，深棕色，表面具密的细点。花果期7~12月。

帽峰山—8林班（王发国等6176）。产于中国华南、华东、华中和西南等地区。也分布于喜马拉雅山脉地区、印度、越南、日本。

2. 异型莎草
Cyperus difformis L.

一年生草本，须根。秆丛生，高2~65 cm，扁三棱形，平滑。叶短于秆，宽2~6 mm，平张或折合。苞片叶状，长于花序；长侧枝聚伞花序单生，少数为复出，具3~9个辐射枝；头状花序球形，具极多数小穗；小穗密聚，披针形或线形，具8~28朵花；小穗轴无翅；鳞片排列稍松，膜质，中间淡黄色，两侧深红紫色或栗色，边缘具白色透明的边，具3条不很明显的脉。小坚果倒卵状椭圆形，三棱形，淡黄色。花果期7~10月。

龙眼洞。在中国分布很广，除少数省份，各地均常见到。也分布于俄罗斯、日本、朝鲜、印度，喜马拉雅山脉地区、非洲、中美洲。

3. 疏穗莎草
Cyperus distans L. f.

根状茎短。秆稍粗壮，高35~110 cm，扁三棱形，平滑，基部稍膨大。叶短于秆，边缘粗糙。叶状苞片4~6枚；长侧枝聚伞花序具6~10个第1次辐射枝，辐射枝最长达15 cm，每个辐射枝具3~5个第2次辐射枝，常由几个穗状花序组成一总状花序；穗状花序轮廓宽卵形，具8~18个小穗；小穗斜展或平展；小穗轴细，具白色透明的翅，翅早脱落；鳞片很稀疏排列，膜质，顶端圆，背面稍具龙骨状突起，绿色，两侧暗血红色，顶端具白色透明的边，有3~5条脉，小坚果长圆形，三棱形。花果期7~8月。

龙眼洞。产于中国华南地区。也分布于尼泊尔、印度、缅甸、越南、菲律宾、喜马拉雅山脉地区、非洲、澳洲热带地区以及美洲沿大西洋区域。

4. 风车草
Cyperus flabelliformis Rottb.

根状茎短，粗大。秆稍粗壮，近圆柱状，基部包裹以无叶的鞘，鞘棕色。苞片20枚，长相等，较花序长约2倍，平展；多次复出长侧枝聚伞花序具多数第1次辐射枝，辐射枝最长达7 cm，每个第1次辐射枝具4~10个第二次辐射枝；小穗密集于第2次辐射枝上端，椭圆形或长圆状披针形，压扁，具6~26朵花；小穗轴不具翅；鳞片紧密的覆瓦状排列，膜质，卵形，苍白色，具锈色斑点，或为黄褐色，具3~5条脉；花药顶端具刚毛状附属物。小坚果椭圆形，长为鳞片的1/3，褐色。花期7月。

龙眼洞林场—石屋站。中国南北各地广泛栽培，作为观赏植物。原产于非洲。

5. 畦畔莎草
Cyperus haspan L.

秆扁三棱形，平滑。叶短于秆，或有时仅剩叶鞘而无叶片。苞片2枚，叶状；长侧枝聚伞花序复出或简单，少数为多次复出，具多数细长松散的第1次辐射枝；小穗通常3~6个呈指状排列，线形或线状披针形，具6~24朵花；小穗轴无翅。鳞片密覆瓦状排列，膜质，长圆状卵形，长约1.5 mm，背面稍呈龙骨状突起，绿色，两侧紫红色或苍白色，具3条脉。小坚果宽倒卵形，三棱形，长约为鳞片的1/3，淡黄色。花果期全年。

帽峰山—8林班（王发国等6188）。分布于中国华南、华东、西南地区。也分布于朝鲜、日本、越南、印度、马来西亚、印度尼西亚、菲律宾以及非洲。

6. 叠穗莎草
Cyperus imbricatus Retz.

秆粗壮，高达150 cm，钝三棱形，平滑。叶基部折合，上部平张；叶鞘长，红褐色或深褐色。复出长侧枝聚伞花序具6~10个第1次辐射枝，辐射枝长短不等，每个辐射枝具3~10个第2次辐射枝呈辐射展开；穗状花序紧密排列，圆柱状；小穗轴具白色透明的狭翅，宿存；鳞片紧贴覆瓦状排列，宽卵形，长1.5 mm，两侧棕黄色或麦秆黄色，背面的龙骨状突起，具3~5条脉，顶端延伸出向外弯的小短尖。小坚果倒卵形或椭圆形，三棱形，长为鳞片的1/2，平滑。花果期9~10月。

龙眼洞筲箕窝至火烧天（筲箕窝—6林班；王发国等5872）。产于中国广东、台湾。也分布于日本、越南、印度、马来西亚、马达加斯加、非洲以及美洲。

7. 碎米莎草
Cyperus iria L.

一年生草本，具须根。秆丛生，扁三棱形，叶短于秆，叶鞘红棕色或棕紫色。叶状苞片3~5枚；长侧枝聚伞花序复出，有时简单，具4~9个辐射枝，辐射枝最长达12 cm，每个辐射枝具5~10个穗状花序；穗状花序卵形或长圆状卵形，具5~22个小穗；小穗排列松散，斜展开，压扁，具6~22花；鳞片排列疏松，膜质，宽倒卵形，顶端微缺，具短尖，背面具龙骨状突起，两侧呈黄色或麦秆黄色，上端具白色透明的边。小坚果倒卵形或椭圆形，二棱形，与鳞片等长，褐色，具密的微突起细点。花果期6~10月。

龙眼洞。分布于中国大部分地区。分布极广，为一种常见的杂草。俄罗斯远东地区、朝鲜、日本、越南、印度、伊朗、澳大利亚、非洲北部以及美洲也有分布。

8. 断节莎
Cyperus odoratus L.

秆粗壮，高30～120 cm，三棱形，具纵槽，平滑。叶短于秆，平张。叶鞘长，棕紫色。长侧枝聚伞花序大，疏展，复出，具7～12个第1次辐射枝，稍硬，扁三棱形，每个辐射枝具多个第2次辐射枝，第2次辐射枝短，稍展开；穗状花序长圆状圆筒形，具多数小穗；小穗稍稀疏排列；小穗轴具节，具宽翅，翅椭圆形，边缘内卷；鳞片稍松排列，卵状椭圆形，背面中间为绿色，其两侧为黄棕色或麦秆黄色，稍带红色，脉7～9条。小坚果长约为鳞片的2/3，黑色。花果期8～11月。

帽峰山—8林班（王发国等6174），龙眼洞荔枝园至太和章附近（王发国等5800，5818）。产于中国广东、台湾。也分布于全世界热带地区。

9. 香附子
Cyperus rotundus L.

秆稍细弱，高15～95 cm，锐三棱形，平滑，基部呈块茎状。叶较多，短于秆，平张；叶鞘棕色，常裂成纤维状。叶状苞片2～5枚；长侧枝聚伞花序简单或复出，具3～10个辐射枝；穗状花序轮廓为陀螺形，稍疏松，具3～10个小穗；小穗斜展开，线形，具8～28朵花；小穗轴具翅；鳞片稍密地覆瓦状排列，膜质，卵形或长圆状卵形，顶端急尖或钝，中间绿色，两侧紫红色或红棕色。小坚果长圆状倒卵形，三棱形，长为鳞片的1/3～2/5，具细点。花果期5～11月。

龙眼洞，帽峰山，较常见。分布于中国华南、西南、西北、华北、华东等地区。广布于世界各地。其块茎名为香附子，可供药用，除能作健胃药外，还可以治疗妇科各症。

10. 苏里南莎草
Cyperus surinamensis Rottboll

一年生草本或短命多年生草本，无地下茎。茎丛生，(10)35～80 cm高，3棱。叶较茎更短，扁平或"V"型，叶片5～8(12) mm宽。总苞片3～8枚，长3～30(50) cm，宽1.5～8(12) mm，扁平或有时"V"型。头状花序球形，宽1～2 cm，小穗多，线状至线状椭圆形，长4～12 mm，宽1.5～2.5 mm，两侧压扁。颖片淡黄色、浅棕色或红棕色，革质，1～1.5 mm，常3脉。小坚果棕色至红棕色，狭窄椭球形，0.7～0.9 mm，具3棱。

帽峰山—8林班（王发国等6185），龙眼洞后山至火炉山（王发国等5697），龙眼洞荔枝园至太和章附近（王发国等5794）。分布于中国华南等地。原产于加勒比海和中美洲、北美洲和南美洲。

3. 飘拂草属 Fimbristylis Vahl

一年生或多年生草本，很少有匍匐根状茎。秆较细。叶通常基生，有时仅有叶鞘而无叶片。花序顶生，为简单、复出或多次复出的长侧枝聚伞花序，少有集合成头状或仅具一个小穗。小穗单生或簇生，两性花；鳞片常为螺旋状排列或下部鳞片为二列或近于二列，最下面1～2(3)片鳞片内无花；无下位刚毛。小坚果倒卵形、三棱形或双凸状，表面有网纹或疣状突起，或两者兼有，具柄（子房柄）或柄不显著。

龙眼洞林场有1种。

夏飘拂草

Fimbristylis aestivalis (Retz.) Vahl.

秆密丛生，纤细，扁三棱形，平滑，基部具少数叶。叶短于秆，丝状，平张，边缘稍内卷，两面被疏柔毛；叶鞘短，棕色，外被长柔毛。苞片3～5枚，丝状，被疏硬毛，长侧枝聚伞花序复出，具3～7个辐射枝，纤细，最长达3 cm；小穗单生，卵形、长圆状卵形或披针形，具多数花；鳞片为稍密地螺旋状排列，膜质，卵形或长圆形。小坚果倒卵形，双凸状，长约0.6 mm，黄色。

龙眼洞。分布于中国华南、华东等地区。也分布于日本、尼泊尔、印度以及澳大利亚。

4. 黑莎草属 Gahnia J. R. Forst. et G. Forst.

多年生草本，匍匐根状茎坚硬。秆高而粗壮，少有较细，圆柱状，有节，具叶。圆锥花序大而松散或紧缩呈穗状；小穗具1～2朵花，上面一朵两性花，下面一朵为雄花或不育；鳞片螺旋状覆瓦式排列，黑色或暗褐色，下部鳞片多中空无花，最上部的2～3片鳞片通常异型，在花期较小，结实时增大。小坚果骨质，卵球形、倒卵状球形或近纺锤形，圆筒状或呈三棱形，成熟时具光泽，外果皮质薄，内果皮质厚而坚硬。

龙眼洞林场有1种。

黑莎草

Gahnia tristis Nees

丛生，须根粗，具根状茎。秆粗壮，高0.5～1.5 m，空心，有节。叶鞘红棕色，叶片狭长，极硬，硬纸质或近革质，顶端成钻形，边缘通常内卷，边缘及背面具刺状细齿。苞片叶状，具长鞘，边缘及背面亦具刺状细齿；圆锥花序紧缩成穗状，由7～15个卵形或矩形穗状枝花序所组成；小苞片鳞片状，纺锤形，具8～10枚鳞片；鳞片螺旋状排列，基部6片鳞片中空无花，最上面的2片鳞片最小。小坚果倒卵状长圆形，三棱形，平滑，具光泽。花果期3～12月。

龙眼洞后山至火炉山防火线附近（王发国等5672），帽峰山—6林班。分布于中国华南等地区。也分布于琉球群岛。

5. 割鸡芒属 Hypolytrum Rich.

多年生草本，具匍匐根状茎。叶近革质，平张，向基部对折，具3条脉。苞片叶状；小苞片鳞片状；穗状花序排列为伞房状圆锥花序、伞房花序或头状花序，具多数鳞片和小穗；鳞片螺旋状覆瓦式排列；小穗具2片小鳞片、2朵雄花和1朵雌花。小坚果双凸状，骨质，平滑或具皱纹，顶端具圆锥状或卵球形的喙。

龙眼洞林场有1种。

割鸡芒
Hypolytrum nemorum (Vahl.) Spreng

根状茎被红棕色鳞片。秆高30～90 cm，三棱状。基生叶3～5，秆生叶1枚，带形，近革质，平展，上部边缘和叶背中脉具细刺，基部叶鞘不闭合，淡褐色，边缘厚膜质；叶状苞片1～3枚，最下部1片长于花序，小苞片鳞片状。穗状花序单生或2～3簇生分枝顶，排成伞房状圆锥花序；穗状花序的鳞片状小苞片倒卵形，长约2 mm，具短尖，褐色，具中脉。小苞片内的小穗具2小鳞片和2雄花、1雌花。小坚果圆卵形，双凸状。花果期夏秋季。

帽峰山—2林班。分布于中国华南等地区。缅甸、越南、泰国、印度及斯里兰卡也有分布。

龙眼洞笞箕窝至火烧天（笞箕窝—6林班；王发国等5956），龙眼洞凤凰山（场部—3林班；王发国等6011）。产于中国广东、海南。也分布于非洲、喜马拉雅山脉地区、印度南部、缅甸、越南以及澳大利亚。

6. 水蜈蚣属 Kyllinga Rottb.

多年生草本，稀一年生，具匍匐根状茎或无。秆丛生或散生，扁三棱状，通常稍细。叶基生或秆生，具叶鞘，有的基部叶鞘无叶片。叶状苞片(2)3～4枚。小穗多数，密集成近头形穗状花序，穗状花序1～3个，生于秆顶端，无总花梗。小穗具1～2(5)两性花，小穗轴近基部具关节，果时从关节处脱落。鳞片二列，最下2鳞片无花，最上1鳞片无花，稀具1雄花，果时与小穗轴一起脱落。小坚果扁双凸状，棱向小穗轴。

龙眼洞林场有1种。

三头水蜈蚣
Kyllinga triceps Rottb.

秆丛生，高8～25 cm，扁三棱形，基部呈鳞茎状膨大，外面被复以棕色、疏散的叶鞘。叶短于秆，宽2～3 mm，柔弱，折合或平张，边缘具疏刺。苞片叶状，长于花序；穗状花序排列紧密成团聚状，具极多数小穗。小穗排列极密，辐射展开，长圆形，长2～2.5 mm，具1朵花；鳞片膜质，卵形或卵状椭圆形，凹形。小坚果长圆形，扁平凸状，长约为鳞片的2/3～3/4，淡棕黄色，具微突起细点。花果期夏秋季。

7. 湖瓜草属 Lipocarpha R. Br.

一年生或多年生草本。叶基生，叶片平张。苞片叶状；穗状花序2～5个簇生呈头状，少有1个单生；穗状花序具多数鳞片和小穗；小穗具2片小鳞片和1朵两性花；小鳞片沿小穗轴的腹背位置（即不为两侧）排列，互生，膜质，透明，具几条隆起的脉，下面1片小鳞片内无花，上面1片小鳞片紧包着1朵两性花。小坚果三棱形、双凸状或平凸状，顶端无喙，为小鳞片所包。

龙眼洞林场有1种。

华湖瓜草
Lipocarpha chinensis (Osbeck) J. Kern

丛生矮小，无根状茎。秆纤细，高10～20 cm，直径约0.7 mm，扁，具槽，被微柔毛。叶基生；叶片纸质，狭线形，上端呈尾状渐尖，两面无毛，中脉不明显，边缘内卷。苞片叶状，无鞘，上端呈尾状渐尖；小苞片鳞片状；穗状花序簇生，卵形，具极多数鳞片和小穗；鳞片倒披针形；小穗具2片小鳞片和1朵两性花。小坚果长圆状倒卵形，三棱形，微弯，顶端具微小短尖，麦秆黄色，具光泽，表面有皱纹。花果期6～10月。

帽峰山—6林班山脚茶径水塘边（王发国等6186）。本种从东北至西南地区及台湾等地均产。也分布于日本、越南、印度。

8. 砖子苗属 Mariscus Vahl

具根状茎或无。秆多丛生，少散生，粗壮或细弱。叶通常基生，少数秆生。苞片多枚，叶状；长侧枝聚伞花序简单或复出；小穗一般较小，多数，排列成穗状或头状；小存于小穗轴上（少数脱落），与小穗轴一齐脱落，最下面1～2枚鳞片内无花，其余均具1朵两性花。小坚果三棱形，面向小穗轴。

龙眼洞林场有1种。

砖子苗

Mariscus umbellatus Vahl

根状茎短。秆疏丛生，锐三棱形，平滑，基部膨大。叶与秆近等长，下部常折合，向上渐成平张，边缘不粗糙；叶鞘褐色或红棕色。苞片叶状，通常长于花序，斜展；长侧枝聚伞花序简单，具6～12个或更多些辐射枝；穗状花序圆筒形或长圆形，具多数密生的小穗；小穗线状披针形，具1～2个小坚果；小穗轴具宽翅，白色透明；鳞片膜质，长圆形，顶端钝，边缘常内卷，淡黄色或绿白色。小坚果狭长圆形，三棱形。花果期4～10月。

帽峰山帽峰工区焦头窝。产于中国华南、华中、华东、西南等地区。也分布于非洲、马达加斯加、印度、尼泊尔、马来西亚、印度尼西亚、缅甸、越南、菲律宾、美国夏威夷岛、朝鲜、日本及琉球群岛，澳大利亚和热带美洲以及喜马拉雅山区。

9. 扁莎属 Pycreus P. Beauv.

一年生或多年生草本。杆多丛生，基部具叶。苞片叶状；长侧枝聚伞花序简单或复出，疏展或密集成头状；辐射枝长短不等，有时极短缩；小穗排列成穗状或头状；小穗轴延续，基部亦无关节，宿存；鳞片二列，逐渐向顶端脱落，最下面1～2个鳞片内无花，其余均具1朵两性花。小坚果两侧压扁，棱向小穗轴，双凸状，稍扁或肿胀。

龙眼洞林场有1种。

球穗扁莎

Pycreus flavidus (Retz.) Koyama

根状茎短，具须根。杆丛生，钝三棱形，一面具沟。叶少，短于杆；叶鞘长，下部红棕色。苞片细长，较长于花序；简单长侧枝聚伞花序具1～6个辐射枝；每一辐射枝具2～20余个小穗；小穗密聚于辐射枝上端呈球形、线状长圆形或线形，极压扁，具12～66朵花；小穗轴近四棱形，两侧有具横隔的槽；鳞片膜质，长圆状卵形，顶端钝，背面龙骨状突起。小坚果倒卵形，顶端有短尖，双凸状，长约为鳞片的1/3。花果期6～11月。

帽峰山—8林班（王发国等6181）。产于东北、华东、华南、西南等地区。亦分布于地中海地区或非洲南部、中亚、印度、越南、日本、朝鲜以及澳大利亚。

10. 刺子莞属 Rhynchospora Vahl

多年生草本，丛生。杆三棱形或圆柱状。叶基生或杆生，扁平，鞘合生。苞片叶状，具鞘；圆锥花序由二至少数的长侧枝聚伞花序所组成，或有时为头状花序；鳞片紧包，下部的鳞片呈二列，质坚硬，上部的呈螺旋状覆瓦式排列，质薄，最下的3～4片鳞片内无花，上面的1～3片鳞片内各具1朵花；通常具下位刚毛，下位刚毛具刺或不具刺。小坚果扁，具各种花纹或刺状突起，顶部具宿存而膨大的花柱基部。

龙眼洞林场有1种。

刺子莞
Rhynchospora rubra (Lour.) Makino.

根状茎极短。秆丛生，直立，圆柱状，平滑，具细的条纹。叶基生，叶片狭长，钻状线形，纸质，顶端稍钝，三棱形，稍粗糙。苞片4～10枚，叶状，不等长，下部具密缘毛，上部或基部以上粗糙且反卷，背面中脉隆起，顶端渐尖；头状花序顶生，棕色，具多数小穗；小穗钻状披针形，光泽，具鳞片7～8枚，有2～3朵花；鳞片背面中脉隆起，上部龙骨状。小坚果倒卵形，双凸状。花果期5～11月。

龙眼洞荔枝园至太和章附近（王发国等5821）。本种分布甚广，广布于中国长江流域以南各地及台湾。分布于亚洲、非洲、澳大利亚的热带地区。

11. 珍珠茅属 Scleria Bergius

多年生或一年生草本。秆直立，三棱形，少数圆柱状。叶线形，常3脉，具鞘，大多具叶舌。圆锥花序顶生，复出；苞片叶状，具鞘，小苞片通常刚毛状；花单性；小穗最下面的2～4片鳞片内无花；雄小穗通常具数朵雄花；雌小穗仅具1朵雌花；两性小穗则在下面1朵为雌花，以上数朵为雄花。小坚果球形或卵形，常呈钝三棱形，骨质，多数有光泽。

龙眼洞林场有4种。

1. 二花珍珠茅
Scleria biflora Roxb.

秆丛生，纤细，三棱形，高40～60 cm，平滑。叶秆生，线形，顶端略钝或急尖，纸质，边缘粗糙，具叶鞘；叶舌半圆形，顶端钝圆。苞片叶状，具鞘，鞘口密被褐色微柔毛；小苞片刚毛状；圆锥花序由2～4个顶生和侧生枝花序所组成，具少数小穗；小穗披针形，长4～5 mm，多数为单性；雌小穗具4～5片鳞片和1朵雌花，雄小穗具7～9片或更多。小坚果近球形，顶端具白色短尖。花果期7～10月。

帽峰山—管护站（王发国等6102），帽峰山—2林班。产于中国广东、浙江、福建、湖南、贵州、云南。也分布于印度、斯里兰卡、尼泊尔、越南、老挝、马来西亚、日本、朝鲜及澳大利亚。

2. 珍珠茅
Scleria levis Retz.

多年生草本。根状茎木质，被紫色鳞片。秆散生或疏丛生，三棱柱形，高70～90 cm，被微柔毛。叶条形。圆锥花序具1～2个远离的支花序；支花序长3～8 cm；小穗单生或2个簇生，长约3 mm，单性；雄小穗窄卵形，鳞片长1.5～3 mm，顶端具短芒，在下部的具龙骨状突起；雌小穗披针形，生于分枝基部；鳞片矩圆卵形，具龙骨状突起，顶端具短芒。小坚果球形，有3钝棱；下位盘3深裂，裂片披针状三角形。花果期夏秋季。

龙眼洞后山至火炉山防火线附近（王发国等5658），帽峰山帽峰工区焦头窝。分布于中国华南、华东、西南地区及台湾等地。印度、日本、斯里兰卡、中南半岛、马来西亚、印度尼西亚、大洋洲也有。全草可造纸及编席；根药用治痢疾，咳嗽。

3. 石果珍珠茅
Scleria lithosperma (L.) Sw.

秆丛生，纤细，三棱形，无毛。基生叶只有鞘而无叶片，秆生叶具长叶片；叶片狭线形，顶端渐狭成长尾状，边缘具细锯齿；叶鞘三棱形，闭合，被微柔毛。苞片叶状，具鞘；圆锥花序上部常退化为穗状，下部具1～3个侧生枝花序或无枝花序；小穗单生或2～3个簇生，具4～5鳞片，中有1～2朵雄花和1朵雌花，雌花生于雄花的下面；鳞片卵状披针形。小坚果白色，有光泽，下位盘不发达。花果期6～10月。

龙眼洞水库旁。产于中国广东及海南岛。也分布于印度、马来西亚、斯里兰卡及非洲。

4. 小型珍珠茅
Scleria parvula Steud.

秆近丛生、纤细、三棱形、无毛。叶秆生、线形、纸质、平滑、无毛、边缘粗糙；叶鞘三棱形、管状；叶舌半圆形、被短柔毛。苞片叶状、具鞘、鞘口被棕色短柔毛；小苞片刚毛状、无鞘；圆锥花序由2～3个顶生和侧生枝花序所组成、具多数小穗；小穗单生或2个簇生、披针形、多数为单性；雌小穗具4～5片鳞片和1朵雌花、雄小穗具7～9片鳞片或更多；鳞片背面龙骨状突起。小坚果白色或淡黄色、顶端具紫色短尖。

龙眼洞荔枝园至太和章附近（王发国等5816）。产于中国广东、海南、台湾、云南。也分布于印度、越南、马来西亚、琉球群岛。

332A. 竹亚科 Bambusoideae

乔木或灌木状。地下茎发达，木质化。叶二型；茎生叶单生于节上（称为箨），具箨鞘和无明显中脉的箨片，无柄；营养叶二行排列，互生于枝的中末级节上，叶片中脉显著。花常无柄，组成小穗，再组合成各种复合花序。

龙眼洞林场有5属，12种。

1. 箣竹属 Bambusa Schreber

灌木或乔木状竹类，地下茎合轴型。竿丛生，通常直立，稀可顶梢为攀缘状；节间圆筒形，竿环较平坦；竿下部分枝上所生的小枝或可短缩为硬刺或软刺，但亦有无刺者。竿箨早落或迟落，稀有近宿存；箨鞘常具箨耳两枚，但亦稀可不甚明显或退化。叶片顶端渐尖，基部多为楔形，或可圆形乃至近心脏形，通常小横脉不显著。花序为次第发生。颖果通常圆柱状，顶部被毛；果皮稍厚，在顶端与种子分离。笋期夏秋两季。

龙眼洞林场有7种。

1. 吊丝球竹

Bambusa beecheyana Munro [*Dendrocalamopsis beecheyana* (Munro) Keng f.]

竿高达16 m，顶梢弯曲成弧形或下垂如钓丝状，节间长34～40.5 cm，幼时被白粉并具柔毛。竿箨大型，箨鞘近革质；箨耳在上部竿箨上的较大，下部竿箨者则较小；箨舌显著伸出，微截平，边缘具较深的裂齿；箨片卵状披针形，直立或外翻，背面无毛，腹面具纵行生长的短毛。通常在竿第十节以上始发枝，每节具1或3枝，主枝甚粗壮，各枝互相展开。叶片长圆状披针形，先端渐尖，叶缘具小锯齿，次脉5～10对，小横脉明显或为透明微点。

帽峰山帽峰工区山顶管理处，沿山谷周边。产于中国华南地区。

2. 箣竹

Bambusa blumeana J. H. Schult.

竿尾梢下弯，下部略呈"之"字形曲折；节间幼时于上半部疏被棕色贴生刺毛，老则光滑无毛；竿中下部各节均环生短气根或根点，在箨环上环生有一圈灰白色或棕色绢毛；分枝常自竿基部第一节开始，下部各节常仅具单枝，且其上的小枝常短缩为弯曲的硬刺，竿中部和上部各节则为3至数枚簇生，主枝显著较粗长。箨鞘背面密被暗棕色刺毛，干时纵肋隆起，先端作宽拱形而下凹。假小穗2至数枚簇生于花枝各节；小穗线形，带淡紫色。

龙眼洞水库旁。栽培或野生。中国广东、广西、福建、台湾、云南等地区均有栽培。原产印度尼西亚（爪哇岛）和马来西亚东部，在菲律宾、泰国、越南均有栽培。

3. 粉单竹

Bambusa chungii McClure

竿直立，顶端弯曲；竿壁厚3～5 mm；箨环稍隆起，最初在节下生棕色刺毛环，后无毛。箨耳呈窄带形，边缘生淡色繸毛；箨片淡黄绿色，卵状披针形，先端渐尖而边缘内卷，基部呈圆形向内收窄；竿的分枝习性高，无毛，被蜡粉；叶鞘无毛；叶片质地较厚，披针形乃至线状披针形，叶面沿中脉基部渐粗糙，叶背起初被微毛，后渐无毛，先端渐尖，基部的两侧不对称。花枝细长，无叶，通常每节仅1或2枚假小穗，含4或5朵小花。颖果呈卵形，深棕色，腹面有沟槽。

帽峰山帽峰工区山顶管理处，沿山谷周边。分布广东、广西、湖南南部、福建（厦门）。

4. 孝顺竹

Bambusa multiplex (Lour.) Raeuschel

竿尾梢近直或略弯，下部挺直，绿色；节间长30～50 cm；节处稍隆起，无毛；分枝自竿基部第2或第3节开始，数枝乃至多枝簇生，主枝稍较粗长。箨鞘呈梯形，背面无毛；箨耳极微小；箨舌高1～1.5 mm，边缘呈不规则的短齿裂；箨片直立，易脱落，狭三角形。末级小枝具5～12叶；叶鞘纵肋稍隆起，背部具脊；叶耳肾形，边缘具波曲状细长繸毛；叶舌圆拱形，边缘微齿裂；叶片线形。假小穗单生或数枝簇生，线形至线状披针形；小穗含小花(3)5～13朵，中间小花为两性。

龙眼洞水箕窝至火烧天（筒箕窝—6林班；王发国等5864）。分布于中国东南部至西南部，野生或栽培。越南也有分布。

5. 撑篙竹

Bambusa pervariabilis McClure

竿尾梢近直立，下部挺直；节间通直，竿壁厚，基部数节间具黄绿色纵条纹；节处稍有隆起；分枝常自竿基部第一节开始，坚挺，以数枝乃至多枝簇生，中央3枝较为粗长。箨鞘早落，薄革质；箨耳不相等，具波状皱褶；箨舌先端不规则齿裂，有时条裂并被短流苏状毛；箨片直立，易脱落；箨片基部宽度约为箨鞘先端宽的2/3。叶鞘边缘被短纤毛；叶片线状披针形。假小穗以数枚簇生于花枝各节，线形；小穗含小花5～10朵，基部托以具芽苞片2或3片。颖果幼时宽卵球状。

帽峰山帽峰工区山顶管理处，沿山谷周边。产于中国华南地区。印度也有分布。

6. 车筒竹

Bambusa sinospinosa McClure

竿尾梢略弯；节间常光滑无毛，基部1、2节常于节下环生一圈灰白色绢毛；节处稍突起；分枝常自竿基部第1、2节上开始，竿下部的为单枝，向下弯拱，其上的小枝多短缩为硬刺，竿中上部分枝为3至数枚簇生。箨鞘迟落，近底缘处密生暗棕色刺毛；箨耳常稍外翻，有波状皱褶；箨片直立或外展。叶鞘边缘一侧被短纤毛；叶舌全缘，被极短的纤毛；叶片线状披针形。假小穗线形至线状披针形，单生或以数枚簇生于花枝各节；先出叶先端钝；小穗含两性小花6～12朵。

龙眼洞林场—天鹿湖站（王发国等477）。产于中国华南和西南地区。

7. 青皮竹
Bambusa textilis McClure

竿尾梢弯垂，下部挺直；节间绿色，幼时被白蜡粉，并贴生或疏或密的淡棕色刺毛，后无毛，竿壁薄；节处平坦，无毛；分枝常自竿中下部第7节至第11节开始。箨鞘早落；箨耳较小，不相等；箨舌边缘齿裂，或有条裂，被短纤毛；箨片直立，易脱落。叶耳常呈镰刀形；叶片线状披针形至狭披针形，叶面无毛，叶背密生短柔毛。假小穗单生或数枚乃至多枚簇生于花枝各节稍弯，线状披针形；先出叶宽卵形；小穗含小花5～8朵，顶生小花不孕。

龙眼洞水库旁。产于中国广东和广西，现西南、华中、华东各地均有引种栽培。

2. 牡竹属 Dendrocalamus Nees

地下茎合轴型。竿单丛生长。叶片变异较大，通常为大型而甚宽，基部楔形或宽楔形，小横脉明显或否，或以透明微点代替之；叶柄短。花枝常可多分枝而呈大型圆锥状；假小穗有时密集成头状或球形；苞片1～4，最上方1片腋内常无芽；颖通常1～3片，卵圆形，具多脉；鳞被常缺，或有时具1～3片退化鳞被。果小型，亦可呈坚果状而较大。

龙眼洞林场有1种。

麻竹
Dendrocalamus latiflorus Munro

竿高，梢端长下垂或弧形弯曲；节间无毛，仅在节内具一圈棕色茸毛环；竿每节分多枝，主枝常单一。箨鞘易早落，厚革质，呈宽圆铲形，背面略被小刺毛；箨耳小；箨舌边缘微齿裂；箨片外翻，卵形至披针形，腹面被淡棕色小刺毛。末级小枝具7～13叶；叶片长椭圆状披针形，叶面无毛，叶背的中脉甚隆起并在其上被小锯齿；叶柄无毛。花枝大型，密被黄褐色细柔毛，各节着生1～7枚乃至更多的假小穗；小穗卵形，红紫色或暗紫色，顶端钝，含6～8朵小花。果实为囊果状，卵球形。

帽峰山帽峰工区山顶管理处，沿山谷周边。产于中国华南、西南等地区。在浙江南部和江西南部亦见栽培。越南、缅甸也有分布。

3. 箬竹属 Indocalamus Nakai

地下茎复轴型；竿的节间呈圆筒形。竿箨宿存性；箨舌一般低矮；竿每节仅生1枝，多分支至2～3枝。叶鞘宿存；叶片通常大型，具有多条次脉及小横脉。花序呈总状或圆锥状；小穗含数朵乃至多朵小花，疏松排列于小穗轴上；颖2(3)个，卵形或披针形；外稃革质，呈长圆形或披针形，基盘密生茸毛；内稃稍短于外稃，通常先端具2齿或为1凹头，背部具2脊，互相分离或基部稍连合，上部有呈羽毛状之柱头。果为颖果。笋期常为春夏季，稀为秋季。

龙眼洞林场有1种。

箬竹
Indocalamus tessellatus (Munro) Keng f.

节间圆筒形，在分枝一侧的基部微扁，一般为绿色；节较平坦；竿环较箨环略隆起，节下方有红棕色贴竿的毛环。箨鞘无毛，下部密被紫褐色伏贴疣基刺毛，具纵肋；箨耳无；箨舌厚膜质，截形，背部有棕色伏贴微毛；箨片易落。小枝具2～4叶，无叶耳；叶舌截形；叶片宽披针形或长圆状披针形，先端长尖，基部楔形，叶背灰绿色，密被贴伏的短柔毛或无毛。圆锥花序主轴和分枝均密被棕色短柔毛；小穗绿色带紫色呈圆柱形，含5或6朵小花。笋期4～5月。

龙眼洞筲箕窝至火烧天（筲箕窝—6林班；王发国等5905），帽峰山帽峰工区焦头窝，龙眼洞林场—天鹿湖站。产于中国广东、湖南、浙江等地。叶可作包装材料。

4. 刚竹属 Phyllostachys Sieb. et Zucc.

乔木或灌木状竹类。竿圆筒形；节间在分枝的一侧扁平或具浅纵沟。竿每节分2枝，一粗一细。竿箨早落；箨鞘纸质或革质。末级小枝具1~7叶，通常为2或3叶；叶片披针形至带状披针形，叶背基部常生有柔毛。花枝甚短，呈穗状至头状，基部的内侧具先出叶，叶上还有2~6片鳞片状苞片，苞片上方是佛焰苞2~7片，佛焰苞内具1~7枚假小穗；小穗含1~6朵小花，上部小花常不孕；外稃披针形至狭披针形；内稃背部具2脊；鳞被3枚。颖果长椭圆形。

龙眼洞林场有1种。

篌竹

Phyllostachys nidularia Munro

竿劲直，分枝斜上举而使植株狭窄，呈尖塔形；竿环同高或略高于箨环；箨环最初有棕色刺毛。箨鞘上部有白粉色及乳白色纵条纹，中、下部则常为紫色纵条纹；箨耳大三角形或末端延伸成镰形，绿紫色；箨舌宽，紫褐色，边缘密生白色微纤毛；箨片宽三角形至三角形，直立，舟形，绿紫色。末级小枝仅有1叶，稀可2叶。花枝头状，基部托以2~4片逐渐增大的鳞片状小型苞片；佛焰苞1~6片，边缘生纤毛，每片佛焰苞腋内具假小穗2~8枚；小穗有2~5朵小花，上部1或2朵小花不孕。

帽峰山—十八排。产于中国陕西、河南、湖北和长江流域及其以南各地，多为野生。

5. 矢竹属 Pseudosasa Makino ex Nakai

地下茎复轴型，竿直立，无刺；节间圆筒形，中空；竿环较平坦；竿的每节具1芽，生出1~3枝。竿箨宿存或迟落；箨鞘质常较厚；箨片直立或展开，早落。叶片长披针形，小横脉显著。花序呈总状或圆锥状，花序轴明显；小穗具柄，线形，含2~10朵小花，稀或更多花；颖片2个；外稃可作镰状弯曲，具多条纵脉和小横脉；内稃背部有2脊和沟槽；鳞被3枚。颖果无毛，具纵长腹沟。

龙眼洞林场有2种。

1. 托竹

Pseudosasa cantorii (Munro) Keng f. ex S. L. Chen et al.

竿每节通常分3枝，二级分枝则每节1枝；节间具细纵肋，下半部在有分枝的一侧扁平。枝环隆起；小枝基部有先出叶，具2脊，脊上密生纤毛。箨舌截形，顶端全缘无毛；箨耳发达，边缘有繸毛；箨片披针形。每小枝具2~4叶；叶鞘具纵脉；叶舌短，截形；鞘口繸毛粗，直立，平滑；叶片阔披针形，叶背具细柔毛。总状花序生于顶端，具2~4枚小穗；小穗具3颖及小花；小花被细柔毛及白粉；外稃7脉，背面具柔毛及白粉；内稃2脊的外侧各具1脉；鳞被先端具纤毛。

龙眼洞林场—天鹿湖站。产于中国广东、香港、海南、江西、福建。观赏、药用。

2. 篲竹

Pseudosasa hindsii (McClure) C. D. Chu et C. S. Chao

竿深绿色；节间无毛，幼时节下方具白粉；竿每节分3~5枝，枝直立，贴竿；二级分枝通常每节1或2枝。箨鞘宿存；箨耳镰形；箨舌拱形；箨片直立。每小枝具4~9叶；叶鞘质边缘具短纤毛；叶舌截形，坚硬；叶片线状披针形或狭长椭圆形，先端渐尖，基部楔形，次脉3~5对，小横脉显著。总状或圆锥花序细长，具2~5枚小穗；小穗柄直立，小穗含4~16朵小花，淡绿色；颖2；外稃卵状披针形，小横脉明显；内稃背部具2脊，脊上和截平的顶端均有纤毛。笋期5~6月。

龙眼洞水库旁。分布于中国华南地区，福建、台湾。观赏、材用。

332B. 禾亚科 Agrostidoideae

草本，稀灌木或乔木。根有较多须根。茎多直立，或匍匐状；一般具明显节或节间，节间中空。叶在节上单生，有时密集于秆的基部，互生，成两列，由叶鞘、叶舌及叶片组成。花序为由小穗组成的圆锥花序、穗状花序或总状花序，单生，指状着生，或沿一主轴排列，常顶生，有时为有叶的假圆锥花序；小穗由苞片组成。果实多为颖果。

龙眼洞林场有36属，52种，2变种。

1. 水蔗草属 Apluda L.

多年生草本，具根茎。秆直立或基部斜卧，多分枝。叶片线状披针形，基部渐狭成柄状，花序顶生，圆锥状，由多数总状花序组成；总状花序轴仅含1节，顶部着生3枚小穗，其中2枚具扁平的小穗柄，另1枚无柄。有柄小穗之一退化至仅存微小外颖，另1枚含2小花，通常雄性或有时两性，花后自小穗柄顶端与颖一齐脱落。无柄小穗两性，含2小花，通常第二小花结实，两小花的内外稃常透明膜质。颖果卵形，无腹沟。

龙眼洞林场有1种。

水蔗草
Apluda mutica L.

多年生草本；根茎坚硬，须根粗壮。秆质硬，基部常斜卧并生不定根；节间上段常有白粉，无毛。叶舌膜质；叶耳小，直立；叶片扁平，两面无毛或沿侧脉疏生白色糙毛。圆锥花序先端常弯垂，由许多总状花序组成；每1总状花序包裹在1舟形总苞内；2有柄小穗从两侧以扁平的小穗柄夹持无柄小穗，与总状花序轴直接连生而无关节；小穗常具3脉，坚韧而不脱落。退化有柄小穗仅存长约1 mm的外颖，宿存；正常有柄小穗含2小花。无柄小穗两性。颖果蜡黄色，卵形。花果期夏秋季。

龙眼洞水库旁（王发国等5785）。产于中国华南、西南地区及台湾等地。印度、日本、中南半岛、东南亚、澳大利亚及非洲热带地区也有分布。

2. 野古草属 **Arundinella** Raddi

秆单生至丛生，直立或基部倾斜。叶舌短小至近缺失，膜质，具纤毛；叶片线形至披针形。圆锥花序开展或紧缩成穗状，小穗具柄，含2小花；颖草质，近等长或第一颖稍短，3～7脉，宿存或脱落；第一小花常为雄性或中性，外稃膜质至坚纸质，3～7脉，等长或稍长于第一颖；第二小花两性，短于第一小花，外稃花时纸质，果时坚纸质且带棕色至褐色，边缘内卷；鳞被2枚，楔形。颖果长卵形至长椭圆形，背腹压扁；种脐点状，褐色。

龙眼洞林场有1种。

刺芒野古草
Arundinella setosa Trin.

秆单生或丛生，质较硬，无毛；节淡褐色。叶鞘边缘具短纤毛；叶舌上缘具极短纤毛，两侧有长柔毛；叶片基部圆形，先端长渐尖，常两面无毛，有时具疣毛。圆锥花序排列疏展，分枝细长而互生，主轴及分枝均有粗糙的纵棱，顶端着生数枚白色长刺毛；小穗2小花，第一颖长具3～5脉，脉上粗糙，有时具短柔毛；第二颖具5脉；第一小花中性或雄性，外稃具3～5脉，偶见7脉；第二小花披针形至卵状披针形，上部微粗糙；芒宿存，黄棕色；花药紫色。颖果褐色，长卵形。花果期8～12月。

帽峰山南山（王发国等6199）。产于中国华南、华东、华中及西南各地区。亚洲热带、亚热带地区均有分布。

3. 芦竹属 **Arundo** L.

多年生草本，具长匍匐根状茎。秆直立，高大，粗壮，具多数节。叶鞘平滑无毛；叶舌纸质，背面及边缘具毛；叶片宽大，线状披针形。圆锥花序大型，分枝密生，具多数小穗。小穗含2～7花，两侧压扁；两颖近相等，约与小穗等长或稍短，披针形，具3～5脉；外稃宽披针形，厚纸质，背部近圆形，无脊，通常具3条主脉，中部以下密生白色长柔毛，基盘短小，顶端具尖头或短芒；内稃短，长为其外稃之半，两脊上部有纤毛。颖果较小，纺锤形。

龙眼洞林场有1种。

芦竹
Arundo donax L.

多年生，具发达根状茎。秆粗大直立，坚韧，具多数节，常生分枝。叶鞘长于节间；叶舌截平，先端具短纤毛；叶片扁平，长30~50 cm，宽3~5 cm，叶面与边缘微粗糙，基部白色，抱茎。圆锥花序极大型，长30~60 (90) cm，宽3~6 cm，分枝稠密，斜升；小穗长10~12 mm；含2~4小花，小穗轴节长约1 mm；外稃中脉延伸成1~2 mm之短芒，背面中部以下密生长柔毛，毛长5~7 mm，基盘长约0.5 mm，两侧上部具短柔毛，第一外稃长约1 cm。颖果细小黑色。花果期9~12月。

龙眼洞筲箕窝（王发国等5719）。产于中国华南、西南、华东以及湖南、江西等地区。南方各地庭园引种栽培。亚洲、非洲、大洋洲热带地区广布。

4. 细柄草属 Capillipedium Stapf

多年生草本。秆实心，常丛生。叶鞘光滑或有毛；叶舌膜质，具纤毛；叶片狭窄，线形，干时边缘常内卷。圆锥花序由具1至数节的总状花序组成；小穗孪生，一无柄，另一有柄，或3枚同生于顶端，其一无柄，另2枚有柄，无柄者两性，有柄者雄性或中性。无柄小穗顶端常具一膝曲的芒；第一颖草质兼坚纸质，边缘内卷成两脊；第二颖舟形，背具钝圆的脊，脊的两侧凹陷；第一外稃透明膜质，无脉；第二外稃退化成线形；无内稃；鳞被2枚。

龙眼洞林场有1种。

硬秆子草

Capillipedium assimile (Steud.) A. Camus

多年生，亚灌木草本。秆坚硬似小竹，多分枝，分枝常向外开展。叶片线状披针形，顶端刺状渐尖，基部渐窄。圆锥花序分枝簇生，疏散而开展，枝腋内有柔毛，小枝顶端有2~5节总状花序，总状花序轴节间易断落，被纤毛。无柄小穗长圆形，背腹压扁，具芒，有被毛的基盘；第一颖顶端窄而截平，背部具2脊，脊上被硬纤毛，脊间有不明显的2~4脉；第二颖与第一颖等长，顶端钝或尖，具3脉；第一外稃长圆形，顶端钝；芒膝曲扭转。具柄小穗线状披针形。花果期8~12月。

龙眼洞林场—石屋站（王发国等6270）。产于中国华中地区及广东、广西等地区。也分布于印度东北部、中南半岛、马来西亚、印度尼西亚及日本。

5. 假淡竹叶属 Centotheca Desv.

多年生草本。秆直立，有时具短根状茎。叶鞘光滑；叶舌膜质；叶片宽披针形，具小横脉。顶端圆锥花序开展。小穗两侧压扁，含2至数小花，上部小花退化；小穗轴无毛，脱节于颖之上和各小花间；两颖不相等，较短于第一小花，有3~5脉，顶端尖或渐尖，背部有脊；外稃背部圆形，具5~7脉，两侧边缘贴生疣基硬毛，顶端无芒或有小尖头；内稃较狭小，边缘内折成2脊。颖果与内、外稃分离。

龙眼洞林场有1种。

假淡竹叶

Centotheca lappacea (L.) Desv.

多年生，具短根状茎。秆直立，具4~7节。叶鞘平滑，一侧边缘具纤毛；叶舌干膜质；叶片长椭圆状披针形，具横脉，叶面疏生硬毛，顶端渐尖，基部渐窄，成短柄状或抱茎。圆锥花序长分枝斜升或开展，微粗糙，基部主枝长达15 cm；小穗柄生微毛；小穗含2~3小花；颖披针形，具3~5脉，脊粗糙；第一外稃长约4 mm，具7脉，顶端具小尖头，第二与第三外稃两侧边缘贴生硬毛，成熟后其毛伸展、反折或形成倒刺；内稃狭窄，脊具纤毛。颖果椭圆形。花果期6~10月。

龙眼洞筲箕窝（王发国等5750）。产于中国华南地区及台湾、福建、云南、香港等地。也分布于印度、泰国、马来西亚和非洲、大洋洲。

禾亚科 Agrostidoideae

6. 金须茅属 Chrysopogon Trin.

多年生草本，须根坚韧。叶片狭窄。圆锥花序顶生，疏散；分枝细弱；小穗通常3枚生于分枝的顶端，1无柄而为两性，另2枚有柄而为雄性或中性，同时脱落，基盘略增厚而倾斜，具髯毛；颖坚纸质或亚革质，通常具疣基刺毛；第一颖背部圆形，上部具脊，边缘内卷；第二颖舟形，具脊，通常具短芒；第一小花的外稃透明膜质，具2脉，无内稃；第二小花的外稃线形，全缘或具2齿，通常自齿缝间伸出一膝曲的芒，鳞被2枚，楔形。颖果线形。

龙眼洞林场有1种。

竹节草

Chrysopogon aciculatus (Retz.) Trin.

多年生，具根茎和匍匐茎。秆的基部常膝曲。叶鞘无毛或仅鞘口疏生柔毛；叶舌小；叶片披针形，边缘具小刺毛而粗糙，秆生叶小。圆锥花序直立，长圆形，紫褐色；分枝细弱，直立或斜升，通常数枝轮生着生于主轴的各节上；无柄小穗圆筒状披针形，中部以上渐狭，先端钝，具一尖锐而下延的基盘；颖革质；第一颖披针形，具7脉，上部具2脊，其上具小刺毛；第二颖舟形，背面及脊的上部具小刺毛，先端渐尖至具一小刺芒，边缘膜质，具纤毛。花果期6～12月。

帽峰山—管护站（王发国等6110）。产于中国广东、广西、云南、台湾。也分布于亚洲和大洋洲的热带地区。

7. 薏苡属 Coix L.

一年生或多年生草本。秆直立，常实心。叶片扁平宽大。总状花序腋生成束，通常具较长的总梗。小穗单性，雌雄小穗位于同一花序的不同部位；雄小穗含2小花，2～3枚生于一节，1无柄，1或2枚有柄；雌小穗常生于总状花序的基部，被骨质或近骨质念珠状总苞（系变形的叶鞘）包在内，雌小穗2～3枚生于一节，常仅1枚发育，孕性小穗的第一颖宽，下部膜质，上部质厚渐尖；第二颖与第一外稃较窄；第二外稃及内稃膜质。颖果近圆球形。

龙眼洞林场有1种。

薏苡

Coix lacryma-jobi L.

一年生粗壮草本，须根黄白色，海绵质。秆直立丛生，具10多节，节多分枝。叶鞘短于其节间，无毛；叶舌干膜质；叶片扁平宽大，开展，基部圆形或近心形，中脉粗厚，边缘粗糙。总状花序腋生成束，直立或下垂，具长梗。雌小穗位于花序下部，外面包以骨质念珠状总苞；总苞卵圆形，珐琅质，坚硬，有光泽；第一颖卵圆形，顶端渐尖呈喙状，具10余脉，包围着第二颖及第一外稃；第二外稃具3脉，第二内稃较小。花果期6～12月。

龙眼洞荔枝园至太和章附近（王发国等5764），帽峰山—十八排。产于中国华南、华中、华东、西南地区以及辽宁、河北、山西等地区。分布于亚洲东南部与太平洋岛屿，世界的热带、亚热带地区，非洲、美洲的热湿地带均有种植或逸生。果实可制作工艺品。

8. 香茅属 Cymbopogon Spreng.

多年生草本。秆直立，多不分枝。叶舌干膜质；叶片宽线形至线形，基部圆心形至狭窄。伪圆锥花序大型复合至狭窄单纯；总状花序成对着生于总梗上，其下托以舟形佛焰苞；总状花序具3～6节。无柄小穗两性；第一颖背部扁平或具凹槽，有时中央下部具纵沟，边缘内折成2脊，脊间具2～5脉或无脉；第二颖舟形，具中脊；第一外稃膜质，常中空；第二外稃小；鳞被2枚。颖果长圆状披针形。有柄小穗雄性、中性或退化，与其无柄小穗等长或较短，背部圆形而不压扁，无芒。

龙眼洞林场有1种。

青香茅
Cymbopogon caesius (Nees ex Hook. et Arn.) Stapf.

多年生草本。秆直立，丛生，具多数节，常被白粉。叶鞘无毛，短于其节间；叶片线形，基部窄圆形，边缘粗糙，顶端长渐尖。伪圆锥花序狭窄，分枝简单；佛焰苞黄色或成熟时带红棕色；总状花序长约1.2 cm；下部总状花序基部与小穗柄稍肿大增厚。无柄小穗长约3.5 mm；第一颖卵状披针形，脊上部具稍宽的翼，顶端钝；第二外稃长约1 mm，中下部膝曲，芒针长约9 mm。有柄小穗第一颖具7脉。花果期7～9月。

龙眼洞。产于中国华南及中国沿海地区。分布于印度、阿富汗、巴基斯坦、斯里兰卡和中南半岛、东非和阿拉伯国家。

9. 狗牙根属 Cynodon Rich.

多年生草本，常具根茎及匍匐枝。秆常纤细；叶舌短或仅具一轮纤毛；叶片较短而平展。穗状花序2至数枚指状着生，覆瓦状排列于穗轴一侧，无芒，含1～2小花；颖狭窄，先端渐尖，近等长，均为1脉或第二颖具3脉，全部或仅第一颖宿存；第一小花外稃舟形，纸质兼膜质，具3脉，侧脉靠近边缘，内稃膜质，具2脉，与外稃等长；鳞被甚小；花药黄色或紫色。颖果长圆柱形或稍两侧压扁，种脐线形。

龙眼洞林场有1种。

狗牙根
Cynodon dactylon (L.) Pers.

低矮草本，具根茎。秆细而坚韧，下部匍匐生长，节上常生不定根，秆壁厚，光滑无毛，有时略两侧压扁。叶鞘微具脊，鞘口常具柔毛；叶舌仅为一轮纤毛；叶片线形，通常两面无毛。穗状花序2～6枚；小穗灰绿色或带紫色，仅含1小花；颖长1.5～2 mm，第二颖稍长，均具1脉，背部成脊而边缘膜质；外稃舟形，具3脉，背部明显成脊，脊上被柔毛；内稃与外稃近等长，具2脉。鳞被上缘近截平。颖果长圆柱形。花果期5～10月。

龙眼洞。广布于中国黄河以南各地。全世界温暖地区均有。其根茎蔓延力很强，广铺地面，为良好的固堤保土植物；根茎可喂猪、牛、马、兔、鸡等喜食其叶；全草可入药，有清血、解热、生肌之效。

10. 弓果黍属 Cyrtococcum Stapf

一年生或多年生草本。秆下部多平卧地面，节上生根，上部直立。叶片线状披针形至披针形。圆锥花序开展或紧缩；小穗两侧压扁，斜卵形或半卵形，有2小花，第一小花不孕，第二小花两性；颖不等长，膜质或较厚，顶端钝或尖，具3～5脉，第一颖较小，卵形，第二颖舟形；第一外稃与小穗等长，具5脉，顶端钝或尖；第一内稃短小或缺；第二外稃在花后变硬，背部隆起呈驼背状，顶端略呈喙状，边缘质硬；鳞被薄，具3脉。

龙眼洞林场有1种，1变种。

1. 弓果黍
Cyrtococcum patens (L.) A. Camus.

一年生。秆较纤细。叶鞘常短于节间，边缘及鞘口被疣基毛或仅见疣基，脉间亦散生疣基毛；叶舌膜质；叶片线状披针形或披针形，顶端长渐尖，基部稍收狭或近圆形，两面贴生短毛，边缘稍粗糙，近基部边缘具疣基纤毛。圆锥花序长5～15 cm；分枝纤细，腋内无毛；小穗被细毛或无毛，颖具3脉，第一颖卵形；第二颖舟形；第一外稃约与小穗等长，具5脉，顶端钝，边缘具纤毛；第二外稃背部弓状隆起，顶端具鸡冠状小瘤体；第二内稃长椭圆形，包于外稃中。花果期8至翌年2月。

龙眼洞筲箕窝（王发国等5727），龙眼洞荔枝园至太和章附近（王发国等5799），帽峰山—管护站（王发国等6125）。产于中国广东、广西、江西、福建、台湾和云南等地。

2. 散穗弓果黍

Cyrtococcum patens var. **latifolium** (Honda) Ohwi

叶舌长1~1.2 mm，顶端近圆形，无毛；叶片常宽大而薄，线状椭圆形或披针形，长7~15 cm，宽1~2 cm，两面近无毛，脉间具小横脉，近基部边缘被疣基长纤毛。圆锥花序大而开展，长可达30 cm，宽达15 cm，分枝纤细；小穗柄远长于小穗。花果期5~12月。

帽峰山帽峰工区焦头窝，帽峰山—6林班。产于中国广东、广西、湖南、台湾、云南、贵州和西藏（墨脱）等地。印度至马来西亚，日本南部也有分布。

11. 龙爪茅属 Dactyloctenium Willd.

秆直立或匍匐，压扁，无毛，节间长或有时1短1长交替。叶片扁平。穗状花序短而粗；小穗无柄，两侧压扁，着生于窄而扁平的穗轴一侧，成两行紧贴地覆瓦状排列；颖不等长，背具1脉呈脊状，第一颖小，顶端急尖，宿存，第二颖顶端尖锐或有小尖头，脱落；外稃具3脉，中脉成脊，顶端渐尖或具短芒；内稃较短，具2脊，脊上有翼。鳞被2枚，楔形。囊果椭圆形，果皮薄而易分离。种子近球形，表面具皱纹。

龙眼洞林场有1种。

龙爪茅

Dactyloctenium aegyptium (L.) Willd.

一年生草本。秆直立，或基部横卧地面，于节处生根且分枝。叶鞘松弛，边缘被柔毛；叶舌膜质，顶端具纤毛；叶片扁平，顶端尖或渐尖，两面被疣基毛。穗状花序2~7个指状排列于秆顶；小穗长3~4 mm，含3小花；第一颖沿脊龙骨状凸起上具短硬纤毛，第二颖顶端具短芒，芒长1~2 mm；外稃中脉成脊，脊上被短硬毛，第一外稃长约3 mm；有近等长的内稃，其顶端2裂，背部具2脊，背缘有翼，翼缘具细纤毛；鳞被2枚，楔形，折叠，具5脉。囊果球状，长约1 mm。花果期5~11月。

龙眼洞筲箕窝至火烧天（筲箕窝—6林班；王发国等5886）。产于中国华南、华东和中南等各地区。全世界热带及亚热带地区均有。

12. 马唐属 Digitaria Heist. ex Adans

秆直立或基部横卧地面，节上生根。叶片线状披针形至线形，扁平。总状花序纤细，2至多枚呈指状排列于茎顶或着生于短缩的主轴上。小穗含一两性花，背腹压扁，椭圆形至披针形，顶端尖；穗轴扁平具翼或呈三棱状线形；小穗柄长短不等，下方一枚近无柄，第一颖短小或缺失；第二颖披针形，常生柔毛；第一外稃有3~9脉，通常生柔毛或具多种毛被；第二外稃顶端尖，背部隆起，苍白色、紫色或黑褐色。颖果长圆状椭圆形，种脐点状。

龙眼洞林场有2种。

1. 升马唐

Digitaria ciliaris (Retz.) Koel.

一年生草本。秆基部横卧地面，节处生根和分枝。叶鞘常短于其节间，具柔毛；叶片线形或披针形，叶面散生柔毛，边缘稍厚，微粗糙。总状花序5~8枚，呈指状排列于茎顶；小穗披针形，孪生于穗轴的一侧；小穗柄微粗糙，顶端截平；第一颖小，三角形；第二颖披针形，具3脉，脉间及边缘生柔毛；第一外稃等长于小穗，具7脉，脉平滑，中脉两侧的脉间较宽而无毛，其他脉间贴生柔毛，边缘具长柔毛；第二外稃椭圆状披针形，革质，黄绿色或带铅色，顶端渐尖。花果期5～10月。

龙眼洞筲箕窝至火烧天（筲箕窝—6林班；王发国等5857）。产于中国南北各地区。广泛分布于世界的热带、亚热带地区。是一种优良牧草，也是果园旱田中危害庄稼的主要杂草。

2. 马唐
Digitaria sanguinalis (L.) Scop.

一年生草本。秆直立或下部倾斜，膝曲上升。叶鞘短于节间，无毛或散生疣基柔毛；叶片线状披针形，基部圆形，边缘较厚，微粗糙，具柔毛或无毛。总状花序4～12枚成指状着生于长1～2 cm的主轴上；穗轴直伸或开展，两侧具宽翼，边缘粗糙，小穗椭圆状披针形；第一颖小，短三角形，无脉；第二颖具3脉，披针形，脉间及边缘多具柔毛；第一外稃具7脉，中脉平滑，无毛，边脉上具小刺状粗糙，脉间及边缘生柔毛；第二外稃近革质，灰绿色，顶端渐尖，等长于第一外稃。花果期6～9月。

龙眼洞荔枝园至太和章附近（王发国等5823），龙眼洞林场—天鹿湖站。产于中国华南、西南、西北及华北地区。广布于两半球的温带和亚热带山地。是一种优良牧草，但又是危害农田、果园的杂草。

13. 稗属 Echinochloa Beauv.

一年生或多年生草本。叶片扁平，线形。圆锥花序由穗形总状花序组成；小穗含1～2小花，背腹压扁呈一面扁平，一面凸起，单生或2～3个不规则地聚集于穗轴的一侧，近无柄；颖草质；第一颖小，三角形；第二颖与小穗等长或稍短；第一小花中性或雄性，其外稃草质或近革质，内稃膜质，罕或缺；第二小花两性，其外稃成熟时变硬，顶端具极小尖头，平滑，光亮，边缘厚而内色同质的内稃，但内稃顶端外露；鳞被2枚，折叠，具5～7脉。花果期夏秋季。

龙眼洞林场有1种。

光头稗
Echinochloa colonum (L.) Link.

一年生草本。秆直立。叶鞘压扁而背具脊，无毛；叶舌缺；叶片扁平，线形，无毛，边缘稍粗糙。圆锥花序狭窄，主轴具棱，通常无疣基长毛；花序分枝排列稀疏，直立上升或贴向主轴，穗轴无疣基长毛或仅基部被1～2根疣基长毛；小穗卵圆形，具小硬毛，无芒，较规则的成4行排列于穗轴的一侧；第一颖三角形，具3脉；第二颖具5～7脉；第一小花常中性，其外稃具7脉，内稃膜质；第二外稃椭圆形，平滑，光亮，边缘内卷，包着同质的内稃；鳞被2枚，膜质。花果期夏秋季。

龙眼洞荔枝园至太和章附近（王发国等5760），帽峰山—8林班（王发国等6133），帽峰山帽峰工区山顶管理处，沿山谷周边。产于中国华南、西南、华东地区以及河北、河南、江西、湖北及西藏墨脱等地。分布于全世界的温暖地区。

14. 穇属 Eleusine Gaertn.

秆硬，簇生或具匍匐茎，通常1长节间与几个短节间交互排列；叶片平展或卷折。穗状花序粗壮，常数个成指状或近指状排列于秆顶，偶有单生；小穗无柄，两侧压扁，无芒，覆瓦状排列于穗轴的一侧；小花数朵覆瓦状排列于小穗轴上；颖不等长，颖和外稃背部都具强压扁的脊；外稃顶端尖，具3～5脉，2侧脉若存在则极靠近中脉，形成宽而凸起的脊；内稃较外稃短，具2脊。鳞被2枚，折叠，具3～5脉。囊果果皮膜质或透明膜质，种脐基生，点状。

龙眼洞林场有1种。

牛筋草
Eleusine indica (L.) Gaertn.

一年生草本。根系极发达。秆丛生，基部倾斜。叶鞘两侧压扁而具脊，松弛；叶舌长约1 mm；叶片平展，线形，无毛或叶面被疣基柔毛。穗状花序2～7个指状着生于秆顶，偶单生；小穗长4～7 mm，宽2～3 mm，含3～6小花；颖披针形，具脊，脊粗糙；第一颖长1.5～2 mm；第二颖长2～3 mm；第一外稃长3～4 mm，卵形，膜质，具脊，脊上有狭翼，内稃短于外稃，具2脊，脊上具狭翼。囊果卵形，长约1.5 mm，基部下凹，具明显的波状皱纹。花果期6～10月。

龙眼洞荔枝园至太和章附近（王发国等5793）。多生于荒芜之地及道路旁。产于中国南北各地区。分布于全世界温带和热带地区。全草煎水服，可防治乙型脑炎；全株可作饲料。

15. 画眉草属 Eragrostis Wolf

多年生或一年生草本。秆通常丛生。叶片线形。圆锥花序开展或紧缩；小穗两侧压扁，有数个至多数小花，小花常疏松地或紧密地覆瓦状排列；小穗轴常作"之"字形曲折，逐渐断落或延续而不折断；颖不等长，通常短于第一小花，具1脉，宿存，或个别脱落；外稃无芒，具3条明显的脉，或侧脉不明显；内稃具2脊，常作弓形弯曲，宿存，或与外稃同落。颖果与稃体分离，球形或压扁。

龙眼洞林场有4种。

1. 大画眉草
Eragrostis cilianensis (All.) Vignolo ex Janch.

一年生草本。秆粗壮，直立丛生，基部常膝曲，具3～5个节，节下有一圈明显的腺体。叶鞘疏松裹茎，脉上有腺体，鞘口具长柔毛；叶舌为一圈成束的短毛；叶片线形扁平，伸展，无毛，叶脉上与叶缘均有腺体。圆锥花序长圆形或尖塔形，分枝粗壮，单生，腋间具柔毛；小穗长圆形或卵状长圆形，扁压并弯曲，有10～40小花；颖近等长，颖具1脉或第二颖具3脉，脊上均有腺体；外稃呈广卵形，先端钝，第一外稃侧脉明显，主脉有腺体；内稃宿存，脊上具短纤毛。颖果近圆形。花果期7～10月。

帽峰山—6林班。产于中国各地。分布遍及世界热带和温带地区。

2. 画眉草
Eragrostis pilosa (L.) P. Beauv.

一年生草本。秆丛生，直立或基部膝曲，通常具4节，光滑。叶鞘松裹茎，扁压，鞘缘近膜质，鞘口有长柔毛；叶舌为一圈纤毛，长约0.5 mm；叶片线形扁平或卷缩，无毛。圆锥花序开展或紧缩，分枝多直立向上，腋间有长柔毛，小穗具柄，含4～14小花；颖为膜质，披针形，先端渐尖。第一颖无脉，第二颖具1脉；第一外稃广卵形，先端尖，具3脉；内稃稍作弓形弯曲，脊上有纤毛，迟落或宿存。颖果长圆形，长约0.8 mm。花果期8～11月。

龙眼洞荔枝园至太和章附近（王发国等5778），龙眼洞林场—石屋站。产于中国各地。分布全世界温暖地区。

3. 多毛知风草
Eragrostis pilosissima Link

多年生草本。秆丛生，直立，纤细而坚硬，径一般不超过2 mm。叶鞘密生长柔毛；叶舌为一圈短毛，长约0.3 mm；叶片多内卷，两面均密生长柔毛。圆锥花序稀疏，每节多为1个分枝，二回分枝很少，纤细，其上着生少数小穗，腋间无毛；小穗长圆形，黄色，有7～14小花；颖卵圆形，先端钝尖，近等长，长1～1.5 mm；外稃卵圆形，先端钝，第一外稃长约1.6 mm，具3脉，侧脉不明显；内稃稍短于外稃，稍弯曲，脊上有短纤毛。花果期7～8月。

龙眼洞。产于中国广东、福建、台湾、江西等地。分布于东南亚。

4. 牛虱草

Eragrostis unioloides (Retz.) Nees

一年生或多年生。秆直立或下部膝曲，具匍匐枝，通常3～5节。叶鞘松裹茎，光滑无毛，鞘口具长毛；叶舌短，膜质；叶片平展，近披针形，先端渐尖，叶面疏生长毛，叶背光滑。圆锥花序开展，长圆形，每节一个分枝，腋间无毛；小穗柄长0.2～1 cm；小穗长圆形或锥形，含小花10～20朵；小花密而覆瓦状排列；小穗轴宿存；颖披针形，先端尖，具1脉；第一外稃广卵圆形，侧脉明显隆起，并密生细点；内稃稍短于外稃，具2脊，脊上有纤毛。颖果椭圆形。花果期8～10月。

帽峰山—管护站（王发国等6122）。产于中国华南各地和云南、江西、福建、台湾等地。分布于亚洲和非洲的热带地区。

16. 鹧鸪草属 Eriachne R. Br.

多年生草本。叶片纵卷如针状。顶生圆锥花序开展；小穗含2两性小花，小穗轴极短，并不延伸于顶生小花之后，脱节于颖之上及2小花之间；颖纸质具数脉，几相等，等长或略短于小穗；外稃背部具短糙毛，成熟时变硬，有芒或无芒；内稃无明显的脊；鳞被2枚。

龙眼洞林场有1种。

鹧鸪草

Eriachne pallescens R. Br.

秆直立，丛生，较细而坚硬，光滑无毛，具5～8节。叶鞘圆筒形，鞘口或边缘具短毛；叶舌硬而短，具纤毛；叶片质地硬，多纵卷成针状，稀扁平，被疣毛。圆锥花序稀疏开展，分枝纤细，光滑无毛，单生，其上着生少数小穗；小穗含2小花，带紫色；颖硬纸质，背部圆形，无毛，具9～10脉；外稃质地较硬，长约3.5 mm，全部密生短糙毛，顶端具1直芒；内稃与外稃等长，质同，背部亦具短糙毛。颖果长圆形，长约2 mm。花果期5～10月。

龙眼洞荔枝园至太和章附近（王发国等5779）。产于中国广东、广西、江西、福建等地。也分布于东南亚和大洋洲。

17. 黄茅属 Heteropogon Pers.

一年生或多年生草本。秆粗壮，丛生。叶鞘常压扁而具脊；叶舌短，膜质，顶端具纤毛；叶片扁平，线形。穗形总状花序，单生于主秆或分枝顶端。无柄小穗近圆柱状，两性或雌性，有芒，基盘尖，每小穗含2小花；第一颖边缘内卷，包着第二颖，第二颖常具2脉，背部无明显的脊；第一小花退化至仅具1透明膜质的外稃；第二小花的外稃退化为芒的基部，透明膜质；芒常粗壮，膝曲扭转；内稃小或不存在；鳞被2枚。颖果近圆柱状。有柄小穗披针状长圆形，雄性或中性。

龙眼洞林场有1种。

黄茅
Heteropogon contortus (L.) Beauv.

丛生草本，秆高基部常膝曲，上部直立。叶鞘压扁而具脊，鞘口常具柔毛；叶舌短，膜质，顶端具纤毛；叶片线形，扁平或对折。总状花序单生，诸芒常于花序顶扭卷成1束；无柄小穗线形，两性，基盘尖锐，具棕褐色髯毛；第一颖狭长圆形，被短硬毛或无毛，边缘包卷第二颖；第二颖窄，具2脉，边缘膜质；第一小花外稃长圆形，远短于颖；第二小花外稃极窄，向上延伸成二回膝曲的芒，芒长6~10 cm，芒柱扭转被毛；有柄小穗长圆状披针形，雄性或中性，无芒。花果期4~12月。

帽峰山南山（王发国等6198）。产于中国华东、西南、华中及广东、广西、河南、陕西、甘肃等地区。全球温暖地区广泛分布。嫩叶作饲料；秆供造纸、编织。

18. 白茅属 Imperata Cyrillo

多年生草本，具发达多节的长根状茎。秆直立，常不分枝。叶片多数基生，线形；叶舌膜质。圆锥花序顶生，紧缩呈穗状。小穗含1两性小花，基部围以丝状柔毛，孪生于细长延续的总状花序轴上，两颖近相等，披针形，具数脉，背部被长柔毛；外稃透明膜质，无脉，具裂齿和纤毛，顶端无芒；第一内稃无；第二内稃较宽，透明膜质，包围着雌、雄蕊；鳞被无。颖果椭圆形，胚大型，种脐点状。

龙眼洞林场有1种。

白茅
Imperata cylindrica (L.) Raeusch.

秆直立，具1~3节，节无毛。叶鞘质地较厚；叶舌膜质，长约2 mm，分蘖叶片扁平，质地较薄；秆生叶片窄线形，通常内卷，顶端渐尖呈刺状，下部渐窄，或具柄，基部上面具柔毛。圆锥花序稠密，小穗长4.5~6 mm，基盘具长12~16 mm的丝状柔毛；两颖草质及边缘膜质，近相等，具5~9脉，顶端渐尖或稍钝，常具纤毛，脉间疏生长丝状毛；第一外稃卵状披针形，透明膜质，无脉；第二外稃卵圆形，顶端具齿裂及纤毛。颖果椭圆形。花果期4~8月。

各地常见。分布几遍全中国。也分布于中亚、欧洲、非洲。

19. 鸭嘴草属 Ischaemum L.

植株有时具根茎或匍匐茎。秆具槽或无槽。叶片披针形至线形。总状花序通常呈圆柱形，数枚指状排列于秆顶；花序轴增粗，节间呈三棱形或稍压扁，具关节；小穗孪生，一有柄，一无柄，背腹压扁，各含2小花；第一颖长圆形或披针形，坚纸质或下部革质，有时具各式横向皱纹或瘤，顶端常扁平呈鸭嘴状；第二颖舟形，质较薄；第一小花雄性或中性；第二小花两性；鳞被2枚，倒楔形，上缘有齿缺。颖果长圆形。

龙眼洞林场有2种。

1. 粗毛鸭嘴草
Ischaemum barbatum Retz.

秆直立，质硬，无毛，节上被髯毛。叶片线状披针形，先端渐尖，基部收缩成短柄状，边缘粗糙。总状花序孪生于秆顶，直立，相互紧贴成圆柱状；花序轴节间三棱柱形，其外棱和小穗柄外侧均有纤毛。无柄小穗基盘有髯毛；第一颖无毛，下部背面有2～4横皱纹，至少上面1～2条皱纹的中部不连续，上部具3～5脉，边缘内折成脊；第二颖等长于第一颖，硬纸质，顶端尖，背面具脊，边缘常有短纤毛；第一小花雄性；第二小花两性。有柄小穗较无柄小穗稍短。颖果卵形。花果期夏秋季。

帽峰山帽峰工区焦头窝（王发国等6070）。产于中国华北、华东、华中、华南及西南各地。南亚至东南亚各国也有分布。植株嫩时可作饲料。

2. 细毛鸭嘴草

Ischaemum indicum (Houtt.) Merr.

秆直立或基部平卧至斜升，节上密被白色髯毛。叶鞘疏生疣毛；叶舌膜质，上缘撕裂状；叶片线形，两面被疏毛。总状花序2（偶见3～4）枚孪生于秆顶，开花时常互相分离；总状花序轴节间和小穗柄的棱上均有长纤毛。无柄小穗倒卵状矩圆形，第一颖革质，先端具2齿，两侧上部有阔翅，边缘有短纤毛，背面上部具5～7脉；第二颖较薄，舟形，等长于第一颖；第一小花雄性；第二小花两性，裂齿间着生芒；芒在中部膝曲；子房无毛，柱头紫色。有柄小穗具膝曲芒。花果期夏秋季。

帽峰山—8林班（王发国等6136）。产于中国华东、华南等地区。印度、中南半岛和东南亚各国都有分布。

20. 李氏禾属 Leersia Sol. ex Sw.

水生或湿生沼泽草本，具长匍匐茎或根状茎。秆具多数节，节常生微毛，下部伏卧地面或漂浮水面，上部直立或倾斜。叶鞘多短于其节间；叶舌纸质；叶片扁平，线状披针形。顶生圆锥花序较疏松，具粗糙分枝；小穗含1小花，两侧极压扁，无芒，自小穗柄的顶端脱落；两颖完全退化；外稃硬纸质，舟状，具5脉，脊上生硬纤毛，边脉接近边缘而紧扣内稃之边脉；内稃与外稃同质，具3脉，脊上具纤毛；鳞被2枚。颖果长圆形，压扁。种脐线形。

龙眼洞林场有1种。

李氏禾

Leersia hexandra Sw.

多年生，具发达匍匐茎和细瘦根状茎。秆倾卧地面并于节处生根，直立部分高40～50 cm，节部膨大且密被倒生微毛。叶舌长1～2 mm，基部两侧下延与叶鞘边缘相愈合成鞘边；叶片披针形，粗糙，质硬有时卷折。圆锥花序开展，分枝较细，直升，不具小枝，具角棱；小穗长3.5～4 mm，宽约1.5 mm，具长约0.5 mm的短柄；颖不存在；外稃5脉，脊与边缘具刺状纤毛，两侧具微刺毛；内稃与外稃等长，较窄，具3脉；脊生刺状纤毛。颖果长约2.5 mm。花果期6～8月。

帽峰山—8林班（王发国等6180），帽峰山—十八排。产于中国华南地区及台湾、福建等地。分布于全球热带地区。

21. 千金子属 Leptochloa P. Beauv.

一年生或多年生草本。叶片线形。圆锥花序由多数细弱穗形的总状花序组成；小穗含2至数小花，两侧压扁，无柄或具短柄，在穗轴的一侧成两行覆瓦状排列，小穗轴脱节于颖之上和各小花之间；颖不等长，具1脉，无芒，或有短尖头，通常短于第一小花，偶有第二颖可长于第一小花；外稃具3脉，脉之下部具短毛，先端尖或钝，通常无芒；内稃与外稃等长或较之稍短，具2脊。

龙眼洞林场有2种。

1. 千金子
Leptochloa chinensis (L.) Nees

一年生。秆直立，基部膝曲或倾斜，高30~90 cm。叶鞘无毛，大多短于节间；叶舌膜质，长1~2 mm，常撕裂具小纤毛；叶片扁平或多少卷折，先端渐尖，两面微粗糙或叶面平滑，长5~25 cm，宽2~6 mm。圆锥花序长10~30 cm，分枝及主轴均微粗糙；小穗多带紫色，长2~4 mm，含3~7小花；颖具1脉，脊上粗糙，第一颖较短而狭窄，长1~1.5 mm，第二颖长1.2~1.8 mm；外稃顶端钝，无毛或下部被微毛，第一外稃长约1.5 mm。颖果长圆球形，长约1 mm。花果期8~11月。

龙眼洞林场—石屋站（王发国等6266）。产于中国华东、华中地区以及广西、广东、陕西、四川、云南等地。亚洲东南部也有分布。植株可作牧草。

2. 虮子草
Leptochloa panicea (Retz.) Ohwi

一年生草本。秆较细弱。叶鞘疏生有疣基的柔毛；叶舌膜质，多撕裂，或顶端作不规则齿裂；叶片质薄，扁平，长6~18 cm，宽3~6 mm，无毛或疏生疣毛。圆锥花序长10~30 cm，分枝细弱，微粗糙；小穗灰绿色或带紫色，长1~2 mm，含2~4小花；颖膜质，具1脉，脊上粗糙，第一颖较狭窄，顶端渐尖，长约1 mm，第二颖较宽，长约1.4 mm；外稃具3脉，脉上被细短毛，第一外稃长约1 mm，顶端钝；内稃稍短于外稃，脊上具纤毛。颖果圆球形，长约0.5 mm。花果期7~10月。

龙眼洞筲箕窝至火烧天（筲箕窝—6林班；王发国等5891），龙眼洞林场—石屋站。产于中国华南、华东、华中地区及陕西、四川、云南等地。分布于全球的热带和亚热带地区。

22. 淡竹叶属 Lophatherum Brongn

多年生草本。须根中下部膨大呈纺锤形。秆直立。叶鞘长于其节间，边缘生纤毛；叶舌短小，质硬；叶片披针形，宽大，具明显小横脉，基部收缩成柄状。圆锥花序由数枚穗状花序所组成；小穗圆柱形，含数小花，第一小花两性，其他均为中性小花；两颖不相等，均短于第一小花，具5~7脉，顶端钝；第一外稃硬纸质，具7~9脉，顶端钝或具短尖头；内稃较其外稃窄小，脊上部具狭翼；不育外稃数枚互相紧密包卷，顶端具短芒；内稃小或不存在。

龙眼洞林场有1种。

淡竹叶
Lophatherum gracile Brongn.

秆直立，疏丛生，高40~80 cm，具5~6节。叶鞘平滑或外侧边缘具纤毛；叶舌褐色，背有糙毛；叶片披针形，具横脉，有时被柔毛或疣基小刺毛，基部收窄成柄状。圆锥花序长12~25 cm，分枝斜升或开展；小穗线状披针形，具极短柄；颖顶端钝，具5脉，第一颖长3~4.5 mm，第二颖长4.5~5 mm；第一外稃长5~6.5 mm，宽约3 mm，具7脉，顶端具尖头，内稃较短，其后具长约3 mm的小穗轴；不育外稃向上渐狭小，互相密集包卷，顶端具长约1.5 mm的短芒。颖果长椭圆形。花果期6~10月。

帽峰山帽峰工区焦头窝，帽峰山—6林班。产于中国华南、华东地区以及江西、湖南、四川、云南等地。印度、斯里兰卡、缅甸、马来西亚、印度尼西亚、新几内亚岛及日本也有分布。

23. 莠竹属 Microstegium Nees

多年生或一年生蔓性草本。秆多节，具分枝。叶片披针形，柔软，基部圆形，有时具柄。总状花序数枚至多数呈指状排列，稀为单生；小穗两性，孪生，一有柄，一无柄，偶有两者均具柄，基盘具毛；两颖等长于小穗，纸质，第一颖具4~6脉，边缘内折具2脊，背部扁平或有纵长凹沟；第二颖舟形，具1~3脉，中脉成脊，顶端尖或具短芒；第一小花雄性，常无第一外稃；第二外稃微小，顶端2裂或全缘，芒扭转膝曲或细直。颖果长圆形，种脐点状。

龙眼洞林场有2种。

1. 刚莠竹

Microstegium ciliatum (Trin.) A. Camus.

多年生蔓生草本。秆高1 m以上，较粗壮，下部节上生根，具分枝，花序以下和节均被柔毛。叶舌膜质，长1~2 mm，具纤毛；叶片披针形或线状披针形，顶端渐尖或成尖头，中脉白色。总状花序成指状排列5~15枚着生于短缩主轴上；无柄小穗披针形，基盘毛长1.5 mm；第一颖背部具凹沟，边缘具纤毛，顶端钝或有2微齿，第二颖舟形，具3脉，中脉呈脊状，第一外稃不存在或微小；第二外稃狭长圆形；芒长8~10(14) mm，直伸或稍弯。颖果长圆形。花果期9~12月。

龙眼洞后山至火炉山（王发国等5695）。产于中国华南地区以及江西、湖南、福建、台湾、四川、云南等地。也分布于印度、缅甸、泰国、印度尼西亚、马来西亚。可作家畜饲料。

2. 蔓生莠竹

Microstegium vagans (Nees) A. Camus

秆高达1 m，多节。叶片长，顶端丝状渐尖，基部狭窄，不具柄，两面无毛，微粗糙。总状花序3~5枚，带紫色；总状花序轴节间呈棒状，较粗厚，边缘具短纤毛，背部隆起，无毛；无柄小穗长圆形，基盘具长约1 mm的柔毛；第一颖纸质，先端钝，微凹缺，脊中上部具硬纤毛，背部常刺状粗糙；第一颖膜质，稍尖或有小尖头；第一小花雄性；第二外稃卵形，2裂，芒从裂齿间伸出，长8~10 mm，中部膝曲，芒柱棕色，扭转；第二内稃卵形，顶端钝或具3齿，无脉。花果期8~10月。

帽峰山帽峰工区焦头窝，帽峰山帽峰工区山顶管理处，沿山谷周边。产于中国广东、海南、云南。也分布于印度、缅甸、泰国、印度尼西亚、马来西亚。

24. 芒属 Miscanthus Anderss.

多年生高大草本植物。秆粗壮，中空。叶片扁平宽大。顶生圆锥花序大型，由多数总状花序沿一延伸的主轴排列而成。小穗含一两性花，孪生于连续的总状花序轴各节，基盘具丝状柔毛；两颖近相等，厚纸质至膜质，第一颖背腹压扁，顶端尖，边缘内折成2脊，有2~4脉；第二颖舟形，具1~3脉；外稃膜质，第一外稃内空；第二外稃具1脉，顶端2裂，微齿间伸出一芒；内稃微小；鳞被2枚，楔形。颖果长圆形。

龙眼洞林场有2种。

1. 五节芒
Miscanthus floridulus (Labill.) Warb. ex K. Schum. et Lauterb.

秆高大似竹，高2～4 m，无毛，节下具白粉，叶鞘无毛，鞘节具微毛，长于或上部者稍短于其节间；叶舌长1～2 mm，顶端具纤毛；叶片披针状线形，扁平，基部渐窄或呈圆形，顶端长渐尖，中脉粗壮隆起，边缘粗糙。圆锥花序大型，稠密，主轴粗壮，无毛；分枝较细弱，具二至三回小枝，腋间生柔毛；小穗卵状披针形，黄色，基盘具较长于小穗的丝状柔毛；第一颖顶端渐尖或有2微齿，侧脉内折呈2脊；第二颖具3脉，边缘具短纤毛，芒长7～10 mm，微粗糙。花果期5～10月。

龙眼洞山塘背至石屋（筲箕窝—7林班；王发国等5971）。产于中国华南、华东等地区。也分布自亚洲东南部太平洋诸岛屿至波利尼西亚。

2. 芒
Miscanthus sinensis Anderss.

秆高1～2 m，无毛或在花序以下疏生柔毛。叶鞘无毛，长于其节间；叶舌膜质，长1～3 mm，顶端及其后面具纤毛；叶片线形，叶背疏生柔毛及被白粉，边缘粗糙。圆锥花序直立，主轴无毛，节与分枝腋间具柔毛；分枝较粗硬，直立；小枝节间三棱形，边缘微粗糙；小穗披针形，基盘具等长于小穗的白色或淡黄色的丝状毛；第一颖顶具3～4脉；第二颖常具1脉，粗糙；芒长9～10 mm，棕色，膝曲，芒柱稍扭曲，长约2 mm。颖果长圆形，暗紫色。花果期7～12月。

龙眼洞后山至火炉山防火线附近（王发国等5653），帽峰山管护站—6林班（王发国等6111），帽峰山帽峰工区焦头窝，常见。产于中国华南、华东、西南等地区。也分布于朝鲜、日本。秆可作造纸材料。

25. 类芦属 Neyraudia Hook. f.

多年生，具木质根状茎。秆具多数节并生有分枝，节间有髓部。叶鞘颈部常具柔毛，叶舌密生柔毛；叶片扁平或内卷，质地较硬。圆锥花序大型稠密；小穗含3～8花，第一小花两性或不孕，第二小花正常发育，上部花渐小或退化；小穗轴脱节于颖之上与诸小花之间，无毛；颖具1～3脉，短于其小花；外稃披针形，具3脉，背部圆形，边脉接近边缘并有开展的白柔毛，中脉自先端2裂齿间延伸成短芒；基盘短柄状，具短柔毛；内稃狭窄，稍短于外稃；鳞被2枚。

龙眼洞林场有1种。

类芦

Neyraudia reynaudiana (Kunth) Keng ex Hithc.

多年生，具木质根状茎，须根粗而坚硬。秆直立，高2～3 m，径5～10 mm，通常节具分枝，节间被白粉；叶鞘无毛，仅沿颈部具柔毛；叶舌密生柔毛；叶片长30～60 cm，宽5～10 mm，扁平或卷折，顶端长渐尖，无毛或叶面生柔毛。圆锥花序长30～60 cm，分枝细长，开展或下垂；小穗长6～8 mm，含5～8小花，第一外稃不孕，无毛；颖片短小，长2～3 mm；外稃长约4 mm，边脉生有长约2 mm的柔毛，顶端具长1～2 mm向外反曲的短芒；内稃短于外稃。花果期8～12月。

龙眼洞后山至火炉山防火线附近（王发国等5704），常见。产于中国华南、西南、华中、华东等地区。印度、缅甸至马来西亚、亚洲东南部均有分布。

26. 求米草属 Oplismenus P. Beauv.

一年生或多年生草本。秆基部通常平卧地面而分枝。叶片薄，扁平，卵形至披针形，稀线状披针形。圆锥花序狭窄，小穗数枚聚生于主轴的一侧；小穗卵圆形或卵状披针形，两侧压扁，近无柄，孪生、簇生，少单生，含2小花；颖近等长，第一颖具长芒，第二颖具短芒或无芒；第一小花中性，无芒或具小尖头，内稃存在或缺；第二小花两性，外稃纸质后变坚硬，平滑光亮，顶端具微尖头，边缘质薄，内卷，包着同质的内稃；鳞被2枚。

龙眼洞林场有1种。

竹叶草

Oplismenus compositus (L.) P. Beauv.

秆较纤细，基部平卧地面，节着地生根。叶鞘短于或上部者长于节间，近无毛或疏生毛；叶片披针形至卵状披针形，基部包茎而不对称，具横脉。圆锥花序长5～15 cm；分枝互生而疏离；小穗孪生（有时其中1个小穗退化）稀上部者单生；颖草质，近等长，边缘常被纤毛，第一颖和第二颖的顶端具芒；第一小花中性，外稃草质，具7～9脉，内稃膜质，狭小或缺；第二外稃革质，平滑，边缘内卷，包着同质的内稃；鳞片2枚，薄膜质，折叠。花果期9～11月。

帽峰山—6林班。产于中国西南地区以及江西、台湾、广东、云南等地。分布全世界东半球热带地区。

27. 露籽草属 Ottochloa Dandy

多年生草本。秆蔓生；叶片披针形，平展。圆锥花序顶生，开展；小穗有短柄，均匀着生或数枚簇生于细弱的分枝上，每小穗有2小花，背腹压扁，椭圆形，顶端尖或稍钝，成熟后整个脱落；颖长约为小穗的1/2，具3～5脉，第一小花不育，外稃膜质，与小穗等长，有7～9脉；第二小花发育；外稃质地变硬，平滑，顶端尖，极狭的膜质边缘包裹同质的内稃；鳞被薄，折叠，具5脉。

龙眼洞林场有1种，1变种。

1. 露籽草（奥图草）

Ottochloa nodosa (Kunth) Dandy

蔓生草本。秆下部横卧地面并于节上生根，上部倾斜直立。叶鞘短于节间，边缘仅一侧具纤毛；叶舌膜质；叶片披针形，质较薄，边缘稍粗糙。圆锥花序开展，分枝纤细，疏离，互生或下部近轮生，分枝粗糙具棱；小穗有短柄，椭圆形，长2.8～3.2 mm；颖草质，第一颖长约为小穗的1/2，具5脉，第二颖长约为小穗的1/2～2/3，具5～7脉；第一外稃草质，约与小穗等长，有7脉，第一内稃缺；第二外稃骨质，与小穗近等长，平滑，顶端两侧压扁，呈极小的鸡冠状。花果期7～10月。

龙眼洞后山至火炉山防火线附近（王发国等5681），龙眼洞荔枝园至太和章附近（王发国等5808），帽峰山—6林班。产于中国广东、广西、福建、台湾、云南等地。印度、斯里兰卡、缅甸、马来西亚和菲律宾等地亦有分布。

2. 小花露籽草

Ottochloa nodosa (Kunth) Dandy var. **micrantha** (Balansa) Keng. f.

叶片披针形，先端长渐尖。小穗长2～2.5 mm，顶端近短尖；第一颖卵形，长约为小穗的1/2，具3～5脉，最外一对脉靠近边缘或不显；第二颖卵形，长约为小穗之半，具7脉；第一外稃椭圆形，具5～7脉；第一内稃缺；第二外稃薄革质，与第一外稃同形、等长，边缘包裹着内稃。花果期7～11月。

龙眼洞水库旁。产于中国华南、云南等地区。印度、马来西亚也有分布。

28. 黍属 Panicum L.

一年生或多年生草本。秆直立或基部膝曲或葡匐。叶片线形至卵状披针形，通常扁平；叶舌膜质或顶端具毛。圆锥花序顶生，分枝常开展，小穗具柄，背腹压扁，含2小花；第一小花雄性或中性；第二小花两性；颖草质或纸质；第一颖通常较小穗短而小，有的种基部包着小穗；第二颖等长，且常常同型；第一内稃存在或退化甚至缺；第二外稃硬纸质或革质，有光泽，边缘包着同质内稃；鳞被2，其肉质程度、折叠、脉数等因种而异。

龙眼洞林场有4种。

1. 短叶黍

Panicum brevifolium L.

秆基部常伏卧地面，节上生根。叶鞘被柔毛或边缘被纤毛；叶舌膜质，顶端被纤毛；叶片卵形或卵状披针形，包秆，两面疏被粗毛。圆锥花序卵形，开展，主轴直立，常被柔毛，通常在分枝和小穗柄的着生处下具黄色腺点；小穗椭圆形，具蜿蜒的长柄；颖背部被疏刺毛；第一颖近膜质，长圆状披针形，具3脉；第二颖薄纸质，具5脉；第一外稃长圆形，具5脉，有近等长且薄膜质的内稃；第二小花具乳突。鳞被薄而透明，局部折叠，具3脉。花果期5～12月。

龙眼洞后山至火炉山防火线附近（王发国等5655），帽峰山帽峰工区焦头窝。产于中国广东、广西、福建、贵州、江西、云南等地。非洲和亚洲热带地区也有分布。

2. 大黍

Panicum maximum Jacq.

根茎肥壮。秆直立，高1~3 m，粗壮，光滑，节上密生柔毛。叶鞘疏生疣基毛；叶舌膜质，顶端被长睫毛；叶片宽线形，硬，叶面近基部被疣基硬毛，边缘粗糙。圆锥花序大而开展，分枝纤细，下部的轮生，腋内疏生柔毛；小穗长圆形；第一颖卵圆形，具3脉，第二颖椭圆形，具5脉；第一外稃与第二颖同型、等长，具5脉，其内稃薄膜质，与外稃等长，具2脉，有3雄蕊；第二外稃革质，与其内稃表面均具横皱纹。鳞被具3~5脉，肉质，折叠。花果期8~10月。

龙眼洞林场—天鹿湖站。原产非洲热带地区。中国广东、台湾等地有栽培作饲料，并有逸生。

3. 心叶稷

Panicum notatum Retz.

多年生草本。秆坚硬，直立或基部倾斜，具分枝。叶鞘质硬，短于节间，边缘具纤毛；叶舌短，为一圈毛；叶片披针形，顶端渐尖，基部心形，边缘粗糙，近基部常具疣基毛，脉间具横脉。圆锥花序开展，分枝纤细，下部裸露，上部疏生小穗；小穗椭圆形，绿色，后变淡紫色，具长柄；第一颖阔卵形至卵状椭圆形，具5脉；第一外稃与第二颖同型，具5脉，其内稃缺；第二外稃革质，具脊，灰绿色至褐色。鳞被具5脉，局部折叠，透明。花果期5~11月。

帽峰山—管护站（王发国等6123），帽峰山—8林班（王发国等6142），龙眼洞林场—天鹿湖站（王发国等6222）。产于中国广东、广西、福建、台湾、云南和西藏等地区。菲律宾、印度尼西亚等地也有分布。

4. 铺地黍

Panicum repens L.

多年生草本。根茎粗壮。秆直立，坚挺。叶鞘光滑，边缘被纤毛；叶舌顶端被睫毛；叶片质硬，线形，顶端渐尖，上表皮粗糙或被毛；叶舌极短，膜质，顶端具长纤毛。圆锥花序开展，分枝斜上，粗糙，具棱槽；小穗长圆形，无毛；第一颖薄膜质，基部包卷小穗；第二颖约与小穗近等长，具7脉，第一小花雄性，其外稃与第二颖等长；第二小花结实，长圆形，平滑。花果期6~11月。

帽峰山—8林班（王发国等6184），帽峰山帽峰工区山顶管理处，沿山谷周边，龙眼洞。产于中国东南各地。广布世界热带和亚热带地区。

29. 雀稗属 Paspalum L.

秆丛生，直立，或具匍匐茎和根状茎。叶舌短，膜质；叶片线形或狭披针形，扁平或卷折。穗形总状花序2至多枚呈指状或总状排列于茎顶或伸长主轴上；小穗含有一朵成熟小花，单生或孪生，2至4行互生于穗轴的一侧，背腹压扁，椭圆形或近圆形；第一颖通常缺失，稀存在；第二颖与第一外稃相似，膜质或厚纸质，具3~7脉，第一小花中性，内稃缺；第二外稃背部隆起，成熟后变硬，近革质，边缘狭窄内卷，内稃背部外露甚多。

龙眼洞林场有3种。

1. 两耳草

Paspalum conjugatum Berg.

多年生草本。植株具长达1m的匍匐茎，秆直立部分高30~60cm。叶鞘具脊；叶舌极短，与叶片交接处具长约1mm的一圈纤毛；叶片披针状线形，质薄，无毛或边缘具疣柔毛。总状花序2枚，纤细，长6~12cm，开展；穗轴边缘有锯齿；小穗柄长约0.5mm；小穗卵形，长1.5~1.8mm，宽约1.2mm，顶端稍尖，覆瓦状排列成两行；第二颖与第一外稃质地较薄，无脉，第二颖边缘具长丝状柔毛，毛长与小穗近等；第二外稃变硬，背面略隆起，卵形，包卷同质的内稃。花果期5~10月。

龙眼洞后山至火炉山防火线附近（王发国等5656），帽峰山—十八排。产于中国华南地区，云南、台湾。全世界热带及温暖地区有分布。

2. 圆果雀稗

Paspalum orbiculare G. Forst.

多年生草本。秆直立，丛生，高30~90cm。叶鞘长于其节间，无毛，鞘口有少数长柔毛，基部生有白色柔毛；叶舌长约1.5mm；叶片长披针形至线形。总状花序长3~8cm，2~10枚相互间距排列于长1~3cm的主轴上，分枝腋间有长柔毛；穗轴宽1.5~2mm，边缘微粗糙；小穗椭圆形或倒卵形，长2~2.3mm，单生于穗轴一侧，覆瓦状排列成二行；小穗柄微粗糙，长约0.5mm；第二颖与第一外稃等长，具3脉，顶端稍尖；第二外稃等长于小穗，成熟后褐色，革质，有光泽。花果期6~11月。

龙眼洞荔枝园至太和章附近（王发国等5812），帽峰山帽峰工区焦头窝，帽峰山—十八排（王发国等6205）。产于中国华东、西南地区以及江西、湖北、广西、广东等地。亚洲东南部至大洋洲均有分布。

3. 雀稗

Paspalum thunbergii Kunth ex Steud.

多年生草本。秆直立，丛生，高50~100cm，节被长柔毛。叶鞘具脊，长于节间，被柔毛；叶舌膜质，长0.5~1.5mm；叶片线形，长10~25cm，宽5~8mm，两面被柔毛。总状花序3~6枚，长5~10cm，互生于长

3～8cm的主轴上，形成总状圆锥花序，分枝腋间具长柔毛；穗轴宽约1 mm；小穗柄长0.5或1 mm；小穗椭圆状倒卵形，长2.6～2.8 mm，宽约2.2 mm，散生微柔毛，顶端圆或微凸；第二颖与第一外稃相等，膜质；第二外稃等长于小穗，革质，具光泽。花果期5～10月。

帽峰山一十八排。产于中国华东、华中、西南地区以及广西、广东等地。日本、朝鲜均有分布。

30. 狼尾草属 Pennisetum Rich.

秆质坚硬。叶片线形，扁平或内卷。圆锥花序紧缩呈穗状圆柱形；小穗单生或2～3聚生成簇，有1～2小花，其下围以总苞状的刚毛；刚毛长于或短于小穗，光滑、粗糙或生长柔毛而呈羽毛状；颖不等长，第一颖质薄而微小，第二颖较长于第一颖；第一小花雄性或中性，第一外稃与小穗等长或稍短，通常包1内稃；第二小花两性，第二外稃厚纸质或革质，包着同质的内稃；鳞被2枚，楔形，折叠，通常3脉。

龙眼洞林场有2种。

1. 狼尾草
Pennisetum alopecuroides (L.) Spreng

须根较粗壮。秆直立，丛生，高30～120 cm，在花序下密生柔毛。叶鞘光滑，两侧压扁，主脉呈脊；叶舌具长约2.5 mm纤毛；叶片线形，基部生疣毛。圆锥花序直立；主轴密生柔毛，刚毛粗糙，淡绿色或紫色，长1.5～3 cm；小穗通常单生，偶有双生，线状披针形；第一颖微小或缺，膜质，先端钝，脉不明显或具1脉；第二颖卵状披针形，具3～5脉；第一小花中性，第一外稃与小穗等长，具7～11脉；第二外稃与小穗等长，披针形，具5～7脉。花果期夏秋季。

帽峰山一十八排（王发国等6203）。中国自东北、华北经华东、中南及西南各地区均有分布。亚洲热带地区及东亚广泛分布。

2. 象草
Pennisetum purpureum Schumach.

多年生丛生大型草本，有时常具地下茎。秆直立，高2～4 m，在花序基部密生柔毛。叶舌短小，具长1.5～5 mm纤毛；叶片线形，扁平，较硬，叶面疏生刺毛，近基部有小疣毛，叶背无毛，边缘粗糙。主轴密生长柔毛，直立或稍弯曲；刚毛金黄色、淡褐色或紫色，生长柔毛而呈羽毛状；小穗通常单生或2～3簇生，披针形；第一颖长约0.5 mm或退化，先端钝或不等2裂；第二颖披针形，具1脉或无脉；第一小花中性或雄性，第一外稃具5～7脉；第二外稃与小穗等长，具5脉。

帽峰山帽峰工区焦头窝。原产非洲。引种栽培至印度、缅甸、大洋洲及美洲。中国广东、广西、江西、四川、云南等地有引种栽培并逸为野生。

31. 芦苇属 Phragmites Adans.

多年生，具发达根状茎的苇状沼生草本。茎直立，具多数节；叶鞘常无毛；叶舌厚膜质，边缘具毛；叶片宽大，披针形，大多无毛。圆锥花序大型密集，具多数粗糙分枝；小穗含3～7小花，小穗轴节间短而无毛，脱节于第一外稃与成熟花之间；颖不等长，具3～5脉，顶端尖或渐尖，均短于其小花；第一外稃通常不孕，小花外稃向上逐渐变小，狭披针形，具3脉，顶端渐尖或呈芒状，无毛，外稃基盘延长具丝状柔毛。

龙眼洞林场有1种。

水芦
Phragmites karka (Retz.) Trin. ex Steud.

多年生苇状草本。根状茎粗而短，节间较短，节具多数不定根。秆高大直立，粗壮，不分枝，茎高4～6 m。叶鞘通常平滑，具横脉；叶舌长约1 mm；叶片扁平宽大，叶背与边缘粗糙。圆锥花序大型，具稠密分枝与小穗；主轴直立；穗颈无毛；小穗柄长5 mm；小穗含4～6小花；颖窄椭圆形，具1～3脉，第一颖长约3 mm，第二颖长约5 mm，第一外稃长6～9 mm，不孕；第二外稃长约8 mm，向上渐小，上部渐尖呈芒状。花果期8～12月。

龙眼洞。产于中国华南地区及台湾、福建和云南南部。亚洲、非洲、大洋洲和澳大利亚北部均有分布。

32. 筒轴茅属 Rottboellia L. f.

一年生或多年生粗壮草本。秆直立，高可达2 m，基部常有支柱根。叶片扁平，较宽。总状花序圆柱形，较粗壮，易逐节断落；小穗孪生，有柄小穗之柄与总状花序轴节间愈合，通常雄性或甚退化；无柄小穗两性，嵌生于总状花序轴节间的凹穴中；第一颖革质，背面具脉纹或光滑；第二颖舟形，第一小花中性或雄性，有时仅存膜质内稃；第二小花两性，两稃膜质，近等长。颖果卵形或长圆形。

龙眼洞林场有1种。

筒轴茅
Rottboellia exaltata L. f.

一年生粗壮草本。须根粗壮，常具支柱根。秆直立，高可达2 m，亦可低矮丛生。叶鞘具硬刺毛或变无毛；叶舌长约2 mm，上缘具纤毛；叶片线形，中脉粗壮，边缘粗糙。总状花序粗壮直立；无柄小穗嵌生于凹穴中，第一颖质厚，卵形，先端钝或具2～3微齿，边缘具极窄的翅；第二颖质较薄，舟形；第一小花雄性；第二小花两性，花药黄色；雌蕊柱头紫色。颖果长圆状卵形。有柄小穗的小穗柄与总状花序轴节间愈合，绿色，卵状长圆形。花果期夏秋季。

龙眼洞荔枝园至太和章附近（王发国等5813）。产于中国华南、华东和西南地区。非洲热带地区、亚洲、大洋洲也有分布。

33. 狗尾草属 Setaria Beauv.
秆直立或基部膝曲。叶片线形、披针形或长披针形，基部钝圆或窄狭成柄状。圆锥花序通常呈穗状或总状圆柱形，少数疏散而开展至塔状；小穗含1～2小花，椭圆形或披针形；颖不等长，第一颖宽卵形、卵形或三角形，具3～5脉或无脉，第二颖具5～7脉；第一小花雄性或中性，第一外稃与第二颖同质，通常包着内稃；第二小花两性，第二外稃软骨质或革质，平滑或具点状、横条状皱纹，包着同质的内稃；鳞被2，楔形。颖果椭圆状球形或卵状球形，稍扁，种脐点状。

龙眼洞林场有3种。

1. 棕叶狗尾草
Setaria palmifolia (Koen.) Stapf

秆直立或基部稍膝曲，高0.5～2 m，具支柱根。叶鞘松弛，具密或疏疣毛，少数无毛；叶舌长约1 mm，具长约2～3 mm的纤毛；叶片宽披针形，先端渐尖，基部窄缩呈柄状，基部边缘有长约5 mm的疣基毛，具纵深皱折。圆锥花序主轴延伸长，呈开展或稍狭窄的塔形，主轴具棱角，分枝排列疏松；小穗卵状披针形，排列于小枝的一侧；第一颖三角状卵形，具3～5脉；第二颖具5～7脉；第一小花雄性或中性；第二小花两性。鳞被楔形微凹，基部沿脉色深。颖果具横皱纹。花果期8～12月。

龙眼洞后山至火炉山（王发国等5692），帽峰山帽峰工区焦头窝。产于中国华南、华东、华中、西南等地区。原产非洲，现广布于大洋洲、美洲和亚洲的热带和亚热带地区。颖果可供食用；根可药用。

2. 皱叶狗尾草
Setaria plicata (Lam.) T. Cooke

须根细而坚韧，少数具鳞芽。秆通常瘦弱；节和叶鞘与叶片结合处，常具白色短毛。叶舌边缘密生1~2 mm纤毛；叶片质薄，椭圆状披针形或线状披针形，基部渐狭呈柄状，具较浅的纵向皱折，边缘无毛。圆锥花序狭长圆形或线形，上部者排列紧密，下部者具分枝，排列疏松，开展；小穗着生小枝一侧，卵状披针状，绿色或微紫色；颖薄纸质；第一小花通常中性或具3雄蕊；第二小花两性；鳞被2枚。颖果长卵形。花果期6~10月。

龙眼洞林场—石屋站。产于中国华南、华东、华中、西南等地区。印度、尼泊尔、斯里兰卡、马来西亚、马来群岛、日本南部也有分布。

3. 狗尾草
Setaria viridis (L.) Beauv.

秆直立或基部膝曲，高10~100 cm。叶鞘松弛，边缘具较长的密绵毛状纤毛；叶舌极短，缘有长1~2 mm的纤毛；叶片扁平，长三角状狭披针形或线状披针形，边缘粗糙。圆锥花序紧密呈圆柱状或基部稍疏离，直立或稍弯垂，主轴被较长柔毛，刚毛长4~12 mm，通常绿色或褐黄色到紫红色或紫色；小穗2~5个簇生于主轴上或更多的小穗着生在短小枝上，铅绿色；第一颖具3脉；第二颖具5~7脉；第一外稃具5~7脉；第二外稃具细点状皱纹，边缘内卷；鳞被楔形，顶端微凹。花果期5~10月。

龙眼洞荔枝园至太和章附近（王发国等5822），帽峰山帽峰工区焦头窝。产于中国各地。广布于全世界的温带和亚热带地区。

34. 鼠尾粟属 Sporobolus R. Br.

一年生或多年生草本。叶舌常极短，纤毛状；叶片狭披针形或线形，通常内卷。圆锥花序紧缩或开展。小穗含1小花，两性，近圆柱形或两侧压扁，脱节于颖之上；颖透明膜质，不等，具1脉或第一颖无脉，常比外稃短，稀等长，先端钝、急尖或渐尖；外稃膜质，具1~3脉，无芒，与小穗等长；内稃透明膜质，与外稃等长，较宽，具2脉，成熟后易自脉间纵裂；鳞被2枚，宽楔形。颖果成熟后裸露，易从稃体间脱落。

龙眼洞林场有1种。

鼠尾粟
Sporobolus fertilis (Steud.) Clayton

秆直立，丛生，高25~120 cm，坚硬，无毛。叶鞘疏松裹茎；叶舌极短，长约0.2 mm，纤毛状；叶片质较硬，平滑无毛，或仅叶面基部疏生柔毛，通常内卷，少数扁平。圆锥花序较紧缩呈线形，常间断，或稠密近穗形，分枝稍坚硬，直立，与主轴贴生或倾斜；小穗灰绿色且略带紫色；颖膜质，第一颖小，具1脉。颖果成熟后红褐色，长1~1.2 mm。花果期3~12月。

帽峰山—8林班（王发国等6182）。产于中国华南、华中、华东、西南等地区以及陕西、甘肃、西藏等地。印度、缅甸、斯里兰卡、泰国、越南、马来西亚、印度尼西亚、菲律宾、日本、苏联等地也有分布。

35. 棕叶芦属 Thysanolaena Nees

多年生，高大草本。秆直立，丛生。叶鞘平滑；叶舌短；叶片宽广，披针形，具短柄。顶生圆锥花序大型，稠密；小穗微小，含2小花，第一花不孕，第二花两性，有小穗轴延伸；成熟后自小穗柄关节处脱落；颖微小，无脉，顶端钝；第一外稃膜质，具1脉，顶端渐尖，与小穗等长，内稃缺；第二外稃较第一外稃稍短而质地较硬，具3脉，顶端渐尖至具小尖头。颖果小，与内外稃分离。

龙眼洞林场有1种。

棕叶芦

Thysanolaena maxima (Roxb.) Kuntze.

多年生，丛生草本。秆高2～3 m，直立粗壮，具白色髓部，不分枝。叶鞘无毛；叶舌长1～2 mm，质硬，截平；叶片披针形，具横脉，顶端渐尖，基部心形，具柄。圆锥花序大型，柔软，长达50 cm，分枝多；小穗长1.5～1.8 mm，小穗柄长约2 mm，具关节；颖片无脉，长为小穗的1/4；第一花仅具外稃，约等长于小穗；第二外稃卵形，厚纸质，背部圆，具3脉，顶端具小尖头，边缘被柔毛；内稃膜质，较短小。颖果长圆形，长约0.5 mm。花果期夏秋季。

龙眼洞凤凰山（场部—3林班；王发国等SF9），帽峰山帽峰工区焦头窝，帽峰山—6林班，常见。产于中国华南地区，台湾、贵州。印度、中南半岛、印度尼西亚、新几内亚岛也有分布。

36. 结缕草属 Zoysia Willd.

多年生草本。具根状茎或匍匐枝。叶片质坚，常内卷而窄狭。总状花序穗形；小穗两侧压扁，以其一侧贴向穗轴，呈紧密的覆瓦状排列，或稍有距离，斜向脱节于小穗柄之上，小穗通常只含1两性花，极稀为单性者；第一颖完全退化或稍留痕迹，第二颖硬纸质，成熟后革质，无芒，或由中脉延伸成短芒，两侧边缘在基部连合，包裹膜质的外稃，内稃退化；无鳞被。颖果卵圆形，与稃体分离。

龙眼洞林场有1种。

细叶结缕草（台湾草）

Zoysia pacifica (Goudswaard) M. Hotta & Kuroki

具匍匐茎。秆纤细，高5～10 cm。叶鞘无毛，紧密裹茎；叶舌膜质，长约0.3 mm，顶端碎裂为纤毛状，鞘口具丝状长毛；小穗窄狭，黄绿色，或有时略带紫色，长约3 mm，宽约0.6 mm，披针形；第一颖退化，第二颖革质，顶端及边缘膜质，具不明显的5脉；外稃与第二颖近等长，具1脉，内稃退化；无鳞被。颖果与稃体分离。花果期8～12月。

帽峰山管护站—6林班（王发国等6106），龙眼洞。产于中国南部地区，其他地区亦有引种栽培。分布于亚洲热带地区。为铺建草坪的优良草本植物。

参考文献

郭天峰，2008. 广东省龙眼洞林场经营管理对策研究[D]. 广州：华南农业大学.

洪维，廖宇杰，陈富强，等，2020. 龙眼洞林场红锥人工林林下植物组成研究[J]. 林业与环境科学，36(6)：63-70.

练琚蘅，曹洪麟，王志高，等，2007. 金钟藤入侵危害的群落学特征初探[J]. 广西植物，27(3)：482-486.

刘新科，2016. 以广东省龙眼洞林场为例浅析生态公益林建设[J]. 林业科技情报，48(4)：22-24.

王锋，2015. 广东省龙眼洞林场林地土壤调查概况[J]. 农家科技，9：18-19.

王瑞江，陈炳辉，曹洪麟，等，2010. 广州陆生野生植物资源[M]. 广州：广东科技出版社.

邢福武，曾庆文，谢左章，等，2011. 广州野生植物[M]. 武汉：华中科技大学出版社.

叶华谷，彭少麟，陈海山，等，2006. 广东植物多样性编目[M]. 广州：广东世界图书出版公司.

中国科学院中国植物志编辑委员会，1959-2004. 中国植物志. 1-80卷[M]. 北京：科学出版社.

Brummitt RK, Powell CE, 1992. Authors of plant names[M]. Royal Botanic Gardens, Kew.

Wu ZY, Raven PH, Hong DY, et al., 1988-2013. Flora of China. Vols. 1-25[M]. Beijing: Science Press et St. Louis: Missouri Botanical Garden Press.

中文名索引

A

阿勒泰堇菜 49
艾胶树 98
艾胶算盘子 98
艾纳香属 200
安息香科 177
安息香属 177
暗色菝葜 249
凹头苋 58
奥图草 283

B

八角枫 169
八角枫科 168
八角枫属 168
巴豆 95
巴豆属 95
巴戟天 194
巴戟天属 193
巴西含羞草 113
巴西野牡丹 80
芭蕉科 239
芭蕉属 239
菝葜 247
菝葜科 247
菝葜属 247
白苞蒿 199
白背黄花稔 88
白背算盘子 98
白背叶 99
白草果 243
白车 77
白饭果 74
白饭木 74
白饭树 102
白饭树属 102
白钩藤 196
白合欢 112
白花菜科 48
白花丹 211
白花丹科 211
白花丹属 211
白花灯笼 228
白花地胆草 203
白花鬼针草 200
白花龙 177
白花木 178
白花蛇舌草 191
白花酸藤果 175
白花悬钩子 108

白花油麻藤 127
白灰毛豆 131
白酒草属 201
白榄 162
白勒花 170
白脉安息香 178
白茅 277
白茅属 277
白母鸡 55
白木 177
白楸 99
白山龙 177
白舌紫菀 199
白薯莨 253
白棠子树 227
白颜树 138
白颜树属 138
白叶藤 187
白叶藤属 187
白玉兰 34
百两金 174
百日红 59
百香果 67
百足藤 251
柏拉木 78
柏拉木属 77
稗属 274
斑鸠菊属 209
斑叶朱砂根 174
斑种草属 212
板蓝 225
半边莲 212
半边莲科 211
半边莲属 212
半边旗 14
半边铁角蕨 23
半月形铁线蕨 15
蚌壳草 90
蚌壳蕨科 7
薄荷 231
薄叶红厚壳 82
薄叶猴耳环 112
薄叶卷柏 2
薄叶南蛇藤 151
杯苋 59
杯苋属 59
逼迫子 94
笔管草 3
笔管榕 145
闭鞘姜 242
闭鞘姜属 241

碧江楼梯草 147
薜荔 144
边缘鳞盖蕨 9
鞭叶铁线蕨 15
扁果藤 155
扁莎属 263
扁穗莎草 258
变叶榕 143
变异鳞毛蕨 25
冰粉子 144
驳骨丹 180
布渣叶 84

C

菜豆属 127
菜豆树 223
菜豆树属 222
菜蕨 18
菜蕨属 18
蚕桑 146
苍白秤钩风 42
糙果茶 71
草龙 62
草豆蔻 240
草胡椒 45
草胡椒属 45
草珊瑚 47
草珊瑚属 47
箣柊属 65
叉蕨科 26
叉蕨属 26
叉脉寄生藤 154
茶 71
茶树 71
茶茱萸科 152
豺皮樟 38
潺槁木姜子 38
菖蒲属 250
常绿荚蒾 198
常山 105
常山属 105
长柄山蚂蝗属 123
长柄竹叶榕 144
长刺酸模 55
长萼堇菜 49
长箭叶蓼 53
长芒杜英 85
长蒴母草 219
长叶露兜草 255
车前 211
车前草科 211

车前草属 211
车筒竹 266
沉香 63
沉香属 63
柽柳 66
柽柳科 66
柽柳属 66
撑篙竹 266
橙桑属 145
秤钩风属 42
秤星树 149
齿牙毛蕨 19
赤爬属 68
赤车属 148
赤楠 76
翅子树属 87
臭草 56/198
川楝子 163
川莓 108
穿破石 155
槌果藤属 48
唇形科 231
刺齿半边旗 12
刺果藤 86
刺果藤属 86
刺犁头 54
刺芒野古草 269
刺蕊草属 235
刺蒴麻 85
刺蒴麻属 84
刺桐 123
刺桐属 122
刺头复叶耳蕨 25
刺苋 58
刺子莞 264
刺子莞属 263
楤木 169
楤木属 169
粗毛鳞盖蕨 10
粗毛鸭嘴草 277
粗叶耳草 192
粗叶木 193
粗叶木属 193
粗叶榕 142
粗叶悬钩子 107
酢浆草 61
酢浆草科 60
酢浆草属 60

D

大苞赤爬 68

大苞耳草	191	吊丝球竹	265	番石榴属	75	格木	116
大苞水竹叶	238	叠穗莎草	259	番薯属	215	格木属	115
大苞鸭跖草	237	蝶形花科	117	翻白叶树	87	葛麻姆	129
大茶药	180	丁香蓼	63	繁缕属	51	葛	129
大风子科	65	丁香蓼属	62	饭包草	237	葛属	129
大果佛掌榕	142	定心藤	152	梵天花属	89	弓果黍	272
大花山牵牛	226	定心藤属	152	梵天花	90	弓果黍属	272
大画眉草	275	东风菜属	202	方叶五月茶	92	钩藤属	196
大戟科	90	东风菜	202	芳槁润楠	39	钩吻	180
大戟属	96	东风草	201	防风草	231	狗肝菜	224
大金钱草	171	冬青科	149	防己科	41	狗肝菜属	224
大马蓼	54	冬青属	149	飞天雷公	44	狗骨柴	190
大马蹄草	171	豆腐柴	229	飞扬草	96	狗骨柴属	190
大藻	251	豆腐柴属	229	芬芳安息香	177	狗脊	24
大藻属	251	豆蔻属	241	粉单竹	265	狗脊属	24
大青	228	独脚金	221	粉叶蕨	16	狗颈树	64
大青属	228	独脚金属	221	粉叶蕨属	16	狗尾草	59/288
大沙叶属	195	杜虹花	227	粉叶轮环藤	42	狗尾草属	287
大沙叶	195	杜茎山	176	粪箕笃	44	狗牙根	272
大黍	284	杜茎山属	176	丰花草属	188	狗牙根属	272
大树茶	71	杜英科	85	风车草	258	构棘	145
大乌泡	108	杜英属	85	风轮菜	232	构属	140
大芽南蛇藤	151	短肠蕨属	17	风轮菜属	231	构树	141
大叶臭花椒	161	短萼灰叶	131	枫香树属	131	谷桑	141
大叶桂樱	106	短叶黍	283	枫香树	131	谷树	141
大叶千斤拔	123	断肠草	180	凤梨	239	瓜蒌	69
大叶伞	170	断节莎	260	凤梨科	239	观音柳	66
大叶山蚂蝗	121	椴树科	83	凤梨属	239	观音座莲科	4
大叶蛇葡萄	156	对叶榕	143	凤尾蕨科	11	观音座莲属	4
大叶算盘子	98	多瓣糙果茶	71	凤尾蕨	12	贯叶蓼	54
大叶相思	110	多萼茶	71	凤眼莲	246	冠盖藤属	105
大叶胭脂	140	多果猕猴桃	73	凤眼莲属	246	光荚含羞草	113
大翼豆属	124	多花蓼	52	福建观音座莲	4	光头稗	274
单色蝴蝶草	222	多花山竹子	82	复叶耳蕨属	25	光叶丰花草	188
单叶双盖蕨	18	多花野牡丹	78	傅氏凤尾蕨	13	光叶毛冬青	150
淡竹叶	279	多茎鼠麴草	206			光叶山矾	179
淡竹叶属	279	多脉酸藤子	176	**G**		光叶山黄麻	138
刀豆属	119	多毛知风草	275			广东蓟茂	65
倒吊笔	186			橄榄	162	广东蛇葡萄	156
倒吊笔属	186	**E**		橄榄科	162	广东王不留行	144
倒钩草	56			橄榄属	162	广防风	231
倒扣草	56	鹅不吃草	204	刚毛木蓝	124	广防风属	231
灯笼草	2	鹅脚草	56	刚莠竹	280	广防己	44
灯笼石松	2	鹅掌柴	170	刚竹属	268	广藤	43
地胆草	203	鹅掌柴属	170	岗柃	72	广州槌果藤	48
地胆草属	203	萼距花属	61	岗松	75	广州山柑	48
地锦属	157	耳草	191	岗松属	75	广州相思子	117
地稔	78	耳草属	190	杠板归	54	鬼馒头	144
地桃花	89	耳荚相思	110	高良姜	241	鬼针草	200
地五加	157	耳叶相思	110	高砂悬钩子	108	鬼针草属	200
第伦桃科	64	二花珍珠茅	264	高州油茶	71	桂木	140
蒂牡花属	80			割鸡芒	262	桂木属	140
电藤	42	**F**		割鸡芒属	261	桂樱属	106
吊兰属	245	番荔枝科	34	革命菜	202	果藤	86
		番石榴	75	革叶铁榄	173		

过山枫	151
过山龙	2

H

蛤蜊花	90
海蚌含珠	90
海刀豆	119
海红豆	111
海红豆属	111
海金沙	6
海金沙科	6
海金沙属	6
海南红豆	127
海南蒲桃	76
海南山竹子	82
海芋	250
海芋属	250
含笑属	34
含羞草	101
含羞草科	110
含羞草属	113
蕹菜	49
蕹菜属	48
旱田草	219
蒿属	199
禾亚科	268
合欢属	111
合萌属	118
合丝肖菝葜	247
何首乌	52
何首乌属	52
荷莲豆	50
荷莲豆草属	50
荷木	73
荷树	73
盒果藤	217
盒果藤属	217
褐苞薯蓣	254
黑榄	163
黑面神	93
黑面神属	93
黑面叶	93
黑莎草	261
黑莎草属	261
红背娘	91
红背山麻杆	91
红背叶	91
红车	76
红豆	117
红豆蔻	240
红豆属	127
红桂木	140
红果冬青	150
红厚壳属	82

红花荷	132
红花荷属	132
红花寄生	153
红花酢浆草	60
红榄	162
红鳞蒲桃	76
红马蹄草	171
红帽顶	91
红球姜	243
红树科	81
红香藤	121
红心刺	65
红叶藤属	167
红珠木	117
红锥	135
红紫珠	228
猴耳环	111
猴耳环属	111
篌竹	268
厚果崖豆藤	125
厚壳桂	37
厚壳桂属	37
厚叶素馨	182
厚叶算盘子	97
胡椒科	45
胡椒属	45
胡蔓藤	180
胡蔓藤属	180
胡桃科	168
胡颓子科	155
胡颓子属	155
胡枝子属	124
葫芦茶	130
葫芦茶属	130
葫芦科	67
湖瓜草属	262
湖南堇菜	49
蝴蝶草属	221
蝴蝶果	94
蝴蝶果属	94
蝴蝶花	243
虎葛	157
虎舌红	175
花椒属	161
花榈木	127
华湖瓜草	262
华南胡椒	45
华南鳞盖蕨	9
华南毛蕨	20
华南毛柃	72
华南忍冬	197
华南云实	114
华南皂荚	116
华南紫萁	5

华润楠	39
华山矾	178
华山姜	241
华泽兰	205
华紫珠	227
画眉草	275
画眉草属	275
黄鹌菜	210
黄鹌菜属	210
黄背叶柃	72
黄虫树	96
黄独	253
黄花风铃木	223
黄花蝴蝶草	222
黄花狸藻	222
黄花稔	88
黄花稔属	88
黄荆	230
黄葵	88
黄葵属	87
黄榄	162
黄麻	84
黄麻属	83
黄毛楤木	170
黄毛榕	141
黄毛五月茶	92
黄茅	277
黄茅属	276
黄牛木	81
黄牛木属	81
黄杞	168
黄杞属	168
黄球花	225
黄球花属	225
黄瑞木	70
黄桑木	145
黄檀属	120
黄桐	96
黄桐属	95
黄樟	37
黄钟木属	223
灰毛大青	228
灰毛豆属	131
喙果卫矛	152
篁竹	268
火力楠	34
火炭母	52
藿香蓟属	198

J

鸡蛋果	67
鸡冠花	59
鸡冠木	87
鸡矢藤	195

鸡矢藤属	195
鸡腿香	121
鸡眼藤	194
积雪草	171
积雪草属	171
蕺菜	47
蕺菜属	47
虮子草	279
寄生藤	154
寄生藤属	154
鲫鱼胆	176
嘉赐树	66
嘉赐树属	66
夹竹桃科	183
荚蒾属	197
假鞭叶铁线蕨	15
假臭草	204
假淡竹叶	270
假淡竹叶属	270
假地豆	121
假黄麻	83
假蒟	46
假蒌	46
假马鞭	230
假马鞭属	230
假马齿苋	219
假马齿苋属	218
假毛蕨属	22
假苹婆	87
假柿木姜子	38
假酸浆	213
假酸浆属	212
假蹄盖蕨	17
假蹄盖蕨属	17
假斜叶榕	145
假烟叶树	214
假鹰爪	34
假鹰爪属	34
假油甘	101
假油麻	139
假玉桂	137
假泽兰属	207
尖苞柊叶	244
尖齿臭茉莉	229
尖山橙	184
尖叶菝葜	247
坚荚蒾	198
见霜黄	200
见血青	256
剑叶凤尾蕨	13
剑叶鳞始蕨	10
江南短肠蕨	17
江南星蕨	28
姜花	243
姜花属	242

中文名索引

293

姜黄	242
姜黄属	242
姜科	240
姜属	243
降真香	159
交让木	104
交让木科	103
交让木属	103
蕉芋	244
角花胡颓子	155
角花乌蔹莓	157
绞股蓝	68
绞股蓝属	68
节节花	57
结缕草属	289
金不换	50/117
金瓜	68
金瓜属	67
金合欢属	110
金锦香属	79
金橘	159
金橘属	159
金缕梅科	131
金毛狗	7
金毛狗属	7
金钮扣	209
金钮扣属	208
金丝桃科	81
金粟兰	47
金粟兰科	47
金粟兰属	47
金线吊乌龟	43
金星蕨	21
金星蕨科	19
金星蕨属	21
金须茅属	271
金腰箭	209
金腰箭属	209
金银花	197
金钟藤	216
堇菜	49
堇菜科	49
堇菜属	49
锦葵科	87
井栏边草	14
九管血	173
九节	195
九节属	195
九里香	160
九里香属	160
桕子树	102
救必应	150
菊科	198
菊芋	204
菊芋属	204
菊苣	206
苣荬菜	208
聚花草	238
聚花草属	238
卷柏科	2
卷柏属	2
决明属	115
爵床科	223

K

栲	135
柯	136
柯属	136
空心莲子草	57
空心泡	108
孔雀豆	111
苦草	236
苦草属	236
苦茶	71
苦苣菜属	208
苦楝	163
苦楝树	163
苦荬菜	206
苦荬菜属	206
苦木科	162
苦蘵	213
宽筋藤	44
宽叶十万错	223
宽叶线柱兰	257
筐条菝葜	248
昆明鸡血藤	126
栝楼属	69
阔苞菊属	207
阔鳞鳞毛蕨	25
阔叶丰花草	188
阔叶猕猴桃	73
阔叶细笔兰	255

L

辣蓼	53
辣柳菜	53
兰科	255
蓝花草	225
蓝树	186
榄仁树属	80
狼尾草	286
狼尾草属	286
老枪谷	58
老鼠拉冬瓜	70
簕檔	161
簕檔花椒	161
簕竹	265
簕竹属	265
了哥王	64
类芦	282
类芦属	281
冷水花属	148
狸藻科	222
狸藻属	222
离瓣寄生	153
离瓣寄生属	153
梨果寄生属	153
梨叶悬钩子	109
犁壁藤	44
犁头尖	252
犁头尖属	252
蒿芭菜	60
篱栏网	216
藜科	56
藜属	56
黧豆属	127
黧蒴	135
李氏禾	278
李氏禾属	278
里白科	5
里白属	5
里白算盘子	97
鳢肠	203
鳢肠属	202
荔枝	164
荔枝属	164
栗蕨	12
栗蕨属	12
栗属	133
莲子草	57
莲子草属	57
链荚豆	118
链荚豆属	118
链珠藤	183
链珠藤属	183
楝科	163
楝属	163
楝叶吴茱萸	161
凉粉草	233
凉粉草属	233
凉粉果	144
两耳草	285
两面针	162
亮叶猴耳环	112
亮叶崖豆藤	125
蓼科	52
蓼属	52
鳞盖蕨属	9
鳞毛蕨科	24
鳞毛蕨属	25
鳞始蕨	10
鳞始蕨科	10
鳞始蕨属	10
柃木属	72
陵齿蕨	10
零余薯	253
岭南倒捻子	82
岭南山竹子	82
柳杉属	31
柳叶菜科	62
柳叶牛膝	57
柳叶榕	144
龙船花	192
龙船花属	192
龙须藤	114
龙芽草	106
龙芽草属	106
龙眼润楠	39
龙爪茅	273
龙爪茅属	273
楼梯草	147
楼梯草属	147
芦莉草属	225
芦苇属	286
芦竹	269
芦竹属	269
露兜草	255
露兜树科	254
露兜树属	255
露籽草属	283
露籽草	283
卵叶半边莲	212
轮环藤属	41
轮叶木姜子	39
罗浮栲	134
罗浮买麻藤	32
罗浮柿	172
罗汉松	30
罗汉松属	30
罗勒	234
罗勒属	234
罗伞树	175
萝摩科	187
裸花水竹叶	239
裸柱菊	208
裸柱菊属	208
裸子蕨科	16
络石	185
络石属	185
落葵	60
落葵科	60
落葵属	60
落羽杉	32
落羽杉属	32
绿苋	59

M

麻络木	139
麻桐树	139
麻竹	267

马鞍山双盖蕨	18	梅叶冬青	149	牛耳枫	103	千斤拔属	123
马鞭草科	226	美丽胡枝子	124	牛筋草	275	千金藤属	43
马㲸儿	70	美丽崖豆藤	126	牛磕膝	56	千金子	279
马㲸儿属	69	美人蕉科	243	牛虱草	276	千金子属	278
马齿苋	51	美人蕉属	244	牛矢果	183	千里光	208
马齿苋科	51	美洲合萌	118	牛栓藤科	167	千里光属	207
马齿苋属	51	猕猴桃科	73	牛尾菜	249	千年桐	103
马兜铃科	44	猕猴桃属	73	牛膝菊	205	千屈菜科	61
马兜铃属	44	米老排	132	牛膝菊属	205	牵牛	217
马甲菝葜	249	米碎花	72	牛膝	56	牵牛属	217
马交儿	70	米槠	134	牛膝属	56	钳唇兰	255
马兰	206	米锥	134	牛眼马钱	181	钳唇兰属	255
马兰属	206	蜜茱萸属	160	扭肚藤	181	茜草科	187
马蓝	225	棉豆	128	钮子瓜	69	蔷薇科	106
马蓝属	225	闽楠	40	糯米团	147	蔷薇莓	109
马钱科	179	茗	71	糯米团属	147	鞘花	153
马钱属	180	膜蕨科	7	女贞属	182	鞘花属	153
马唐	274	磨盘草	88			切边铁角蕨	23
马唐属	273	母草	219	**P**		茄科	212
马尾松	30	母草属	219	排钱树	128	茄属	213
马缨丹	229	牡荆	230	排钱树属	128	茄叶斑鸠菊	210
马缨丹属	229	牡荆属	230	胖娃娃菜	51	琴叶榕	143
马占相思	110	牡竹属	267	泡花树属	164	青桂香	63
买麻藤科	32	木豆	119	膨大短肠蕨	17	青果榕	141
买麻藤属	32	木豆属	119	蟛蜞菊	57	青江藤	151
麦冬	246	木防己	41	枇杷叶紫珠	227	青牛胆属	44
满天星	171	木防己属	41	飘拂草属	261	青皮竹	267
蔓赤车	148	木荷	73	苹婆属	87	青蛇子	50
蔓构	140	木荷属	73	瓶尔小草	4	青藤香	41
蔓九节	196	木姜子属	37	瓶尔小草科	4	青藤仔	181
蔓生莠竹	280	木兰	34	瓶尔小草属	4	青香茅	272
芒	281	木兰科	34	坡油麻	86	青楣	59
芒萁	5	木兰属	34	破布叶	84	青楣属	59
芒萁属	5	木蓝属	123	破布叶属	84	清香藤	181
芒属	280	木犀科	181	铺地黍	284	清风藤科	164
毛柄短肠蕨	17	木犀属	183	铺地蜈蚣	2	清风藤属	165
毛草龙	62	木油桐	103	葡萄科	156	苘麻属	88
毛冬青	150	木贼科	3	葡萄属	158	秋枫	93
毛茛科	40	木贼属	3	蒲桃	77	秋葵属	87
毛茛属	40	木竹子	82	蒲桃属	75	求米草属	282
毛果巴豆	95	木子树	102	朴属	137	球果赤飑	68
毛果算盘子	97			朴树	137	球菊	204
毛鸡骨草	117	**N**		普洱茶	71	球菊属	204
毛蕨	20	南方荚蒾	198	普通针毛蕨	21	球穗扁莎	263
毛蕨属	19	南岭黄檀	120	漆属	167	曲轴海金沙	6
毛蓼	52	南美山蚂蝗	122	漆树科	166	雀稗	285
毛牵牛	215	南美西番莲	67	漆树属	166	雀稗属	284
毛稔	79	南蛇藤属	151	畔畔莎草	259	雀儿麻	64
毛山矾	179	南酸枣	166			雀梅藤	154
毛麝香	218	南酸枣属	166	**Q**		雀梅藤属	154
毛麝香属	218	楠属	40	壳菜果	132	雀榕	145
毛水珍珠菜	235	拟凤尾蕨	10	壳菜果属	132	雀舌草	51
毛桃	141	柠檬清风藤	165	壳斗科	133		
毛相思子	117	牛白藤	192	荨麻科	146	**R**	
毛叶轮环藤	41	牛虫草	130	荨麻叶母草	220	荛花属	63
毛轴铁角蕨	22						

忍冬 197	山黄麻属 138	胜红蓟 198	水花生 57
忍冬科 197	山菅属 245	湿地松 30	水锦树 197
忍冬属 197	山菅兰 245	十万错属 223	水锦树属 196
日本柳杉 31	山姜 240	十字花科 48	水蕨 16
绒毛润楠 40	山姜属 240	十字薹草 257	水蕨科 16
榕属 141	山金橘 159	石斑木 107	水蕨属 16
榕树 143	山橘 159	石斑木属 107	水蓼 53
柔毛艾纳香 201	山蒟 46	石柑属 251	水龙 62
柔弱斑种草 212	山苦楝 161	石菖蒲 250	水龙骨科 27
如意草 49	山榄科 173	石桂树 160	水芦 286
锐尖山香圆 166	山蓣 54	石果珍珠茅 264	水牛膝 57
瑞香科 63	山菱 46	石龙芮 40	水枇杷 74
润楠属 39	山麻杆属 91	石棉麻 64	水茄 214
箬竹 267	山蚂蝗属 121	石荠宁属 233	水筛 236
箬竹属 267	山麦冬 245	石榕 145	水筛属 236
	山麦冬属 245	石松科 2	水蓑衣 224
S	山毛豆 131	石松属 2	水蓑衣属 224
赛苹婆 87	山牡荆 231	石韦属 28	水同木 142
赛山梅 177	山皮棉 64	石岩枫 99	水团花 187
三白草科 46	山蒲桃 77	石竹科 50	水团花属 187
三叉蕨 26	山漆 161	食虫树 127	水蕹 236
三叉苦 160	山漆树 167	矢竹属 268	水蕹科 236
三花冬青 150	山牵牛属 226	使君子 80	水蕹属 236
三加皮 170	山石榴 189	使君子科 80	水蜈蚣属 262
三角西番莲 67	山石榴属 189	使君子属 80	水蔗草 269
三裂叶薯 215	山柿 172	柿树科 172	水蔗草属 268
三裂叶野葛 129	山乌桕 101	柿树属 172	水珍珠菜 235
三色苋 58	山香圆属 166	绶草 256	水竹叶属 238
三头水蜈蚣 262	山血丹 174	绶草属 256	水烛 252
三桠苦 160	山油茶 71	瘦风轮菜 232	四数花属 161
三叶青 158	山油柑 159	疏花卫矛 152	四子马蓝 226
三叶五加 170	山油柑属 159	疏花长柄山蚂蝗 123	松科 30
三叶崖爬藤 158	山油麻 86/88/139	疏毛白绒草 233	松属 30
三羽新月蕨 22	山芝麻 86	疏穗莎草 258	苏里南莎草 260
三枝枪 160	山芝麻属 86	黍属 283	苏木科 114
伞房花耳草 191	山指甲 182	鼠刺 104	素馨属 181
伞形科 171	山猪菜 217	鼠刺科 104	酸果藤 175
散穗弓果黍 273	山竹子 82	鼠刺属 104	酸浆属 213
桑寄生科 153	杉科 31	鼠李科 154	酸模属 55
桑 146	杉木 31	鼠麹草属 205	酸模叶蓼 54
桑科 140	杉木属 31	鼠尾草 235	酸色子 154
桑属 146	穇属 274	鼠尾草属 235	酸藤子 175
桑树 146	扇叶铁线蕨 15	鼠尾粟 288	酸藤子属 175
杀虫芥 56	商陆 55	鼠尾粟属 288	酸铜子 154
沙皮蕨 26	商陆科 55	薯莨 253	酸叶胶藤 186
沙皮蕨属 26	商陆属 55	薯蓣 254	算盘子 98
莎草科 257	少花龙葵 214	薯蓣科 253	算盘子属 97
莎草属 258	蛇葡萄属 156	薯蓣属 253	碎米荠 48
山苍子 38	深裂锈毛莓 109	双盖蕨属 18	碎米荠属 48
山茶科 70	深绿卷柏 3	双唇蕨 10	碎米莎草 259
山茶属 70	肾蕨 27	双荚决明 115	桫椤 8
山橙属 184	肾蕨科 27	水鳖科 236	桫椤科 8
山杜英 86	肾蕨属 27	水东哥 74	桫椤属 8
山矾科 178	升马唐 273	水东哥科 74	
山矾属 178	省沽油科 166	水东哥属 74	**T**
山黄麻 139	圣罗勒 234	水壶藤属 186	台湾草 289

台湾榕	142	土沉香	63	舞草属	119	香蒲科	252
台湾相思	110	土茯苓	248	雾水葛	149	香蒲属	252
薹草属	257	土荆芥	56	雾水葛属	149	香丝草	201
檀香科	154	土麦冬	245			向日葵属	206
塘葛菜	49	土蜜树	94	**X**		象草	286
桃金娘	75	土蜜树属	94	西番莲科	67	肖菝葜属	247
桃金娘科	74	土木香	41	西番莲属	67	小扁蓄	55
桃金娘属	75	土牛膝	56	西南木荷	73	小唇兰	255
藤构	140	团扇蕨	7	锡金榕	145	小果葡萄	159
藤槐	118	团扇蕨属	7	锡叶藤	65	小果叶下珠	101
藤槐属	118	团叶陵齿蕨	11	锡叶藤属	64	小花吊兰	245
藤黄科	82	臀果木	109	溪边假毛蕨	22	小花露籽草	283
藤黄属	82	臀果木属	109	溪边九节	196	小花荠苎	234
藤黄檀	121	臀形果	109	豨莶	208	小蜡	182
藤榕	142	托竹	268	豨莶属	208	小罗伞	174
藤香	121			习见蓼	55	小蓬草	201
藤紫珠	227	**W**		喜旱莲子草	57	小型珍珠茅	265
蹄盖蕨科	16	瓦韦	27	细柄草属	270	小叶巴戟天	194
天胡荽	171	瓦韦属	27	细齿叶柃	72	小叶海金沙	7
天胡荽属	171	晚饭花	64	细毛鸭嘴草	278	小叶红叶藤	167
天料木科	66	碗蕨科	9	细叶结缕草	289	小叶堇菜	49
天门冬	244	万年青	127	细叶榕	143	小叶榄仁	81
天门冬属	244	蔓芝	145	细叶水丁香	62	小叶冷水花	148
天南星科	250	微甘菊	207	细圆藤	43	小叶买麻藤	32
天蓬草	51	尾穗苋	58	细圆藤属	43	小叶铜钱草	171
天香藤	111	卫矛科	151	细轴荛花	64	小银茶匙	142
田刀柄	130	卫矛属	152	虾蚶菜	57	小鱼仙草	234
田菁	130	乌桕	102	狭眼凤尾蕨	12	孝顺竹	266
田菁属	130	乌桕属	101	狭叶母草	219	斜方复叶耳蕨	25
田麻	83	乌蕨	11	狭叶山黄麻	138	斜叶榕	145
田麻属	83	乌蕨属	11	狭叶山芝麻	86	心叶稷	284
甜果藤	152	乌榄	163	狭叶香蒲	252	新月蕨	21
甜麻	83	乌蔹莓	157	狭叶阴香	36	新月蕨属	21
贴生石韦	28	乌蔹莓属	156	夏飘拂草	261	星蕨属	27
铁板膏药草	44	乌毛蕨	24	仙鹤草	106	星毛冠盖藤	105
铁刀木	115	乌毛蕨科	23	纤花耳草	192	星毛金锦香	80
铁冬青	150	乌毛蕨属	24	昂脉山绿豆	122	星毛蕨	19
铁角蕨科	22	无刺巴西含羞草	113	苋	58	星毛蕨属	19
铁角蕨属	22	无根藤	36	苋科	56	绣球防风属	233
铁榄属	173	无根藤属	36	苋属	58	绣球科	105
铁马齿苋	55	无患子科	164	线叶丁香蓼	62	锈毛莓	109
铁木	116	无忧花属	116	线羽凤尾蕨	13	玄参科	218
铁苋菜	90	梧桐科	86	线柱兰属	257	悬钩子属	107
铁苋菜属	90	蜈蚣草	14	相思豆	117	旋花科	214
铁线蕨科	14	五行菜	51	相思子	117	旋荚相思树	110
铁线蕨属	15	五加科	169	相思子属	117	雪下红	175
葶苈子	51	五加属	170	香茶菜	232	血风藤	155
通奶草	96	五加皮	108	香茶菜属	232		
通泉草	221	五节芒	281	香附子	260	**Y**	
通泉草属	220	五味子	91	香港算盘子	98	鸦胆子	162
桐皮子	64	五叶莓	157	香膏菜	61	鸦胆子属	162
铜钱草	171	五月艾	199	香膏萼距花	61	鸭脚木	170
筒轴茅	287	五月茶	91	香茅属	271	鸭舌草	247
筒轴茅属	286	五月茶属	91	香皮树	164	鸭跖草	237
头花银背藤	215	五爪金龙	215	香蒲	252	鸭跖草科	237
透明草	148	五指毛桃	142				

鸭跖草属 237	异果毛蕨 19	郁香野茉莉 177	皱桐 103
鸭嘴草属 277	异果山绿豆 121	芫香 63	皱叶狗尾草 288
崖豆藤属 125	异色山黄麻 139	圆果雀稗 285	朱砂根 174
崖爬藤 158	异型莎草 258	圆叶舞草 120	珠仔草 101
崖爬藤属 158	异叶地锦 158	圆叶野扁豆 122	猪肚木 189
崖香 63	异叶黄鹌菜 210	远志科 50	猪肥菜 51
胭脂菜 60	异叶鳞始蕨 11	远志属 50	猪母耳 55
胭脂木 140	异叶爬山虎 158	越南安息香 178	猪屎豆 120
沿阶草属 246	异叶双唇蕨 11	越南赤飚 68	猪屎豆属 120
盐肤木 166	益母草 233	越南裸瓣瓜 68	竹节草 271
兖州卷柏 3	益母草属 233	越南山矾 179	竹节树 81
艳山姜 241	薏苡 271	越南叶下珠 100	竹节树属 81
羊耳蒜属 256	薏苡属 271	越南油茶 71	竹亚科 265
羊角拗 184	翼核果 155	云实 115	竹叶草 282
羊角拗属 184	翼核果属 155	云实属 114	竹叶牛奶子 144
羊角藤 194	翼茎阔苞菊 207	芸香科 159	竹叶榕 144
羊蹄甲属 114	阴香 36		竹芋科 244
阳春砂仁 241	银背藤属 215	**Z**	苎麻 146
杨梅 133	银柴 92	杂色榕 141	苎麻属 146
杨梅科 133	银柴属 92	皂荚属 116	砖子苗 263
杨梅属 133	银合欢 112	泽兰属 204	砖子苗属 263
杨桐 70	银合欢属 112	柞木 65	锥 134
杨桐属 70	印度蔊菜 49	柞木属 65	锥栗 134
痒漆树 167	印度崖豆藤 126	窄叶中华卫矛 152	锥属 134
腰骨藤 184	硬秆子草 270	粘毛母草 220	籽粒苋 58
腰骨藤属 184	硬毛木蓝 124	展毛野牡丹 79	紫草科 212
野扁豆属 122	油茶 71	樟 37	紫花大翼豆 124
野丁香 64	油楠 117	樟科 35	紫金牛科 173
野甘草 221	油楠属 116	樟属 36	紫金牛属 173
野甘草属 221	油柿 172	樟叶朴 137	紫葵 60
野古草属 269	油桐 102	柘根 145	紫麻 147
野蕉 239	油桐属 102	浙江润楠 39	紫麻属 147
野棉花 88	有米菜 50	鸭鸪草 276	紫茉莉 64
野牡丹 78	莠竹属 280	鸭鸪草属 276	紫茉莉科 64
野牡丹科 77	余甘子 100	针毛蕨属 21	紫茉莉属 64
野牡丹属 78	鱼骨木 189	针筒草 83	紫萁科 4
野漆树 167	鱼骨木属 189	珍珠茅 264	紫萁属 5
野柿 172	鱼黄草 216	珍珠茅属 264	紫苏 235
野茼蒿 202	鱼黄草属 216	桢桐 229	紫苏属 235
野茼蒿属 202	鱼尾葵 254	榛叶黄花稔 89	紫菀属 199
野桐属 99	鱼尾葵属 254	栀子 190	紫葳科 222
野苋 58	鱼眼菊 202	栀子属 190	紫乌藤 52
野油茶 71	鱼眼菊属 202	趾叶栝楼 69	紫玉盘 35
野芋 251	禺毛茛 40	中国无忧花 116	紫玉盘属 35
叶下珠 101	愉悦蓼 54	中华杜英 85	紫珠 226
叶下珠属 100	榆科 137	中华里白 5	紫珠属 226
叶下红 174	羽裂双盖蕨 19	中华青牛胆 44	棕榈科 254
夜花藤 42	羽叶蛇葡萄 156	中华水锦树 197	棕叶狗尾草 287
夜交藤 52	雨久花科 246	中华锥 134	棕叶芦 289
夜花藤属 42	雨久花属 246	柊叶属 244	棕叶芦属 288
夜香牛 209	玉兰 34	钟花草 224	钻形紫菀 199
腋花蓼 55	玉堂春 34	钟花草属 223	醉香含笑 34
一点红 203	玉叶金花 194	钟馗草 93	醉鱼草 180
一点红属 203	玉叶金花属 194	重阳木属 93	醉鱼草属 179
一线香 256	芋属 251	皱果苋 59	

学名索引

A

Abelmoschus	87
Abelmoschus moschatus	88
Abrus	117
Abrus cantoniensis	117
Abrus mollis	117
Abrus precatorius	117
Abutilon	88
Abutilon indicum	88
Acacia	110
Acacia auriculiformis	110
Acacia confusa	110
Acacia mangium	110
Acalypha	90
Acalypha australis	90
Acanthaceae	223
Achyranthes	56
Achyranthes aspera	56
Achyranthes bidentata	56
Achyranthes longifolia	57
Acorus	250
Acorus tatarinowii	250
Acronychia	159
Actinidia latifolia	73
Actinidia	73
Acronychia pedunculata	159
Actinidiaceae	73
Adenanthera	111
Adenanthera microsperma	111
Adenanthera pavonina var. *microsperma*	111
Adenosma	218
Adenosma glutinosum	218
Adiantaceae	14
Adiantum	15
Adiantum caudatum	15
Adiantum flabellulatum	15
Adiantum malesianum	15
Adiantum philippense	15
Adina	187
Adina pilulifera	187
Adinandra	70
Adinandra millettii	70
Aeschynomene	118
Aeschynomene americana	118
Ageratum	198
Ageratum conyzoides	198
Agrimonia	106
Agrimonia pilosa	106
Agrostidoideae	268
Alangiaceae	168
Alangium	168
Alangium chinense	169
Albizia	111
Albizia corniculata	111
Alchornea	91
Alchornea trewioides	91
Allantodia	17
Allantodia dilatata	17
Allantodia metteniana	17
Alocasia	250
Alocasia macrorhiza	250
Alpinia	240
Alpinia galanga	240
Alpinia hainanensis	240
Alpinia japonica	240
Alpinia oblongifolia	241
Alpinia officinarum	241
Alpinia zerumbet	241
Alsophila	8
Alsophila spinulosa	8
Alternanthera	57
Alternanthera philoxeroides	57
Alternanthera sessilis	57
Alysicarpus	118
Alysicarpus vaginalis	118
Alysicarpus vaginalis var. *diversifolius*	118
Alyxia	183
Alyxia sinensis	183
Amaranthaceae	56
Amaranthus	58
Amaranthus caudatus	58
Amaranthus spinosus	58
Amaranthus tricolor	58
Amaranthus viridis	59
Amaranthus blitum	58
Amomum	241
Amomum villosum	241
Ampelopsis	156
Ampelopsis cantoniensis	156
Ampelopsis chaffanjonii	156
Ampelopteris	19
Ampelopteris prolifera	19
Anacardiaceae	166
Ananas	239
Ananas comosus	239
Angiopteridaceae	4
Angiopteris	4
Angiopteris fokiensis	4
Anisomeles	231
Anisomeles indica	231
Annonaceae	34
Antidesma	91
Antidesma bunius	91
Antidesma fordii	92
Antidesma ghaesembilla	92
Apluda	268
Apluda mutica	269
Apocynaceae	183
Aponogeton	236
Aponogeton lakhonensis	236
Aponogetonaceae	236
Aporosa	92
Aporosa dioica	92
Aquifoliaceae	149
Aquilaria	63
Aquilaria sinensis	63
Araceae	250
Arachniodes	25
Arachniodes exilis	25
Arachniodes rhomboidea	25
Aralia	169
Aralia chinensis	169
Aralia decaisneana	170
Araliaceae	169
Archidendron	111
Archidendron clypearia	111
Archidendron lucidum	112
Archidendron utile	112
Ardisia	173
Ardisia brevicaulis	173
Ardisia crenata	174
Ardisia crispa	174
Ardisia lindleyana	174
Ardisia mamillata	175
Ardisia quinquegona	175
Ardisia villosa	175
Argyreia	215
Argyreia capitiformis	215
Aristolochia	44
Aristolochia fangchi	44
Aristolochiaceae	44

Artemisia ……… 199	Bidens pilosa ……… 200	Cajanus cajan ……… 119
Artemisia indica ……… 199	Bignoniaceae ……… 222	Callicarpa ……… 226
Artemisia lactiflora ……… 199	Bischofia ……… 93	Callicarpa bodinieri ……… 226
Artocarpus ……… 140	Bischofia javanica ……… 93	Callicarpa cathayana ……… 227
Artocarpus nitidus subsp. ingnanensis ……… 140	Blastus ……… 77	Callicarpa dichotoma ……… 227
Arundinella ……… 269	Blastus cochinchinensis ……… 78	Callicarpa formosana ……… 227
Arundinella setosa ……… 269	Blechnaceae ……… 23	Callicarpa kochiana ……… 227
Arundo ……… 269	Blechnum ……… 24	Callicarpa peii ……… 227
Arundo donax ……… 269	Blechnum orientale ……… 24	Callicarpa rubella ……… 228
Asclepiadaceae ……… 187	Blumea ……… 200	Callipteris ……… 18
Asparagus ……… 244	Blumea lacera ……… 200	Callipteris esculenta ……… 18
Asparagus cochinchinensis ……… 244	Blumea megacephala ……… 201	Calophyllum ……… 82
Aspidiaceae ……… 26	Blumea mollis ……… 201	Calophyllum membranaceum ……… 82
Aspleniaceae ……… 22	*Blumea subcapitata* ……… 200	Camellia ……… 70
Asplenium ……… 22	Blyxa ……… 236	Camellia drupifera ……… 71
Asplenium crinicaule ……… 22	Blyxa japonica ……… 236	Camellia furfuracea ……… 71
Asplenium excisum ……… 23	Boehmeria ……… 146	Camellia oleifera ……… 71
Asplenium unilaterale ……… 23	Boehmeria nivea ……… 146	Camellia sinensis ……… 71
Aster ……… 199	Boraginaceae ……… 212	Camellia sinensis var. assamica ……… 71
Aster baccharoides ……… 199	Borreria ……… 188	*Camellia vietnamensis* ……… 71
Aster indicus ……… 206	Borreria latifolia ……… 188	Canarium ……… 162
Aster scaber ……… 202	Borreria remota ……… 188	Canarium album ……… 162
Aster subulatus ……… 199	Bothriospermum ……… 212	Canarium pimela ……… 163
Asystasia ……… 223	Bothriospermum tenellum ……… 212	Canavalia ……… 119
Asystasia gangetica ……… 223	Bowringia ……… 118	Canavalia maritima ……… 119
Athyriaceae ……… 16	Bowringia callicarpa ……… 118	Cannaceae ……… 243
Athyriopsis ……… 17	Brassicaceae ……… 48	Canna ……… 244
Athyriopsis japonica ……… 17	Breynia ……… 93	Canna edulis ……… 244
	Breynia fruticosa ……… 93	Canthium ……… 189
B	Bridelia ……… 94	Canthium dicoccum ……… 189
Bacopa ……… 218	Bridelia tomentosa ……… 94	Canthium horridum ……… 189
Bacopa monnieri ……… 219	Bromeliaceae ……… 239	Capillipedium ……… 270
Baeckea ……… 75	Broussonetia ……… 140	Capillipedium assimile ……… 270
Baeckea frutescens ……… 75	Broussonetia kaempferi var. australis ……… 140	Capparidaceae ……… 48
Bambusa ……… 265	Broussonetia papyrifera ……… 141	Capparis ……… 48
Bambusa beecheyana ……… 265	Brucea ……… 162	Capparis cantoniensis ……… 48
Bambusa blumeana ……… 265	Brucea javanica ……… 162	Caprifoliaceae ……… 197
Bambusa chungii ……… 265	Buddleja ……… 179	Carallia ……… 81
Bambusa multiplex ……… 266	Buddleja asiatica ……… 180	Carallia brachiata ……… 81
Bambusa pervariabilis ……… 266	Buddleja lindleyana ……… 180	Cardamine ……… 48
Bambusa sinospinosa ……… 266	Burseraceae ……… 162	Cardamine hirsuta ……… 48
Bambusa textilis ……… 267	Byttneria ……… 86	Carex ……… 257
Bambusoideae ……… 265	Byttneria aspera ……… 86	Carex cruciata ……… 257
Basella ……… 60		Caryophyllaceae ……… 50
Basella alba ……… 60	**C**	Caryota ……… 254
Basellaceae ……… 60	Caesalpinia ……… 114	Caryota ochlandra ……… 254
Bauhinia ……… 114	Caesalpinia crista ……… 114	Casearia ……… 66
Bauhinia championii ……… 114	Caesalpinia decapetala ……… 115	Casearia glomerata ……… 66
Bidens ……… 200	Caesalpiniaceae ……… 114	Cassia bicapsularis ……… 115
Bidens alba ……… 200	Cajanus ……… 119	Cassia ……… 115
		Cassia siamea ……… 115

Cassytha ············ 36	Cinnamomum camphora ········ 37	Cryptocarya ············ 37
Cassytha filiformis ············ 36	Cinnamomum parthenoxylon ··· 37	Cryptocarya chinensis ············ 37
Castanea ············ 133	Cleidiocarpon ············ 94	Cryptolepis ············ 187
Castanea henryi ············ 134	Cleidiocarpon cavaleriei ········ 94	Cryptolepis sinensis ············ 187
Castanopsis ············ 134	Clerodendrum ············ 228	Cryptomeria ············ 31
Castanopsis carlesii ············ 134	Clerodendrum canescens ············ 228	Cryptomeria japonica ············ 31
Castanopsis chinensis ············ 134	Clerodendrum cyrtophyllum ··· 228	Cucurbitaceae ············ 67
Castanopsis fabri ············ 134	Clerodendrum fortunatum ······ 228	Cunninghamia ············ 31
Castanopsis fargesii ············ 135	Clerodendrum japonicum ······ 229	Cunninghamia lanceolata ········ 31
Castanopsis fissa ············ 135	Clerodendrum lindleyi ············ 229	Cuphea ············ 61
Castanopsis hystrix ············ 135	Clinopodium ············ 231	Cuphea balsamona ············ 61
Catunaregam ············ 189	Clinopodium chinense ············ 232	Curcuma ············ 242
Catunaregam spinosa ············ 189	Clinopodium gracile ············ 232	Curcuma longa ············ 242
Cayratia ············ 156	Cocculus ············ 41	Cyatheaceae ············ 8
Cayratia corniculata ············ 157	Cocculus orbiculatus ············ 41	Cyathula ············ 59
Cayratia japonica ············ 157	Codariocalyx ············ 119	Cyathula prostrata ············ 59
Celastraceae ············ 151	Codariocalyx gyroides ············ 120	Cyclea ············ 41
Celastrus ············ 151	Codonacanthus ············ 223	Cyclea barbata ············ 41
Celastrus aculeatus ············ 151	Codonacanthus pauciflorus ······ 224	Cyclea hypoglauca ············ 42
Celastrus gemmatus ············ 151	Coix ············ 271	Cyclosorus dentatus ············ 19
Celastrus hindsii ············ 151	Coix lacryma-jobi ············ 271	Cyclosorus heterocarpus ············ 19
Celosia ············ 59	Colocasia ············ 251	Cyclosorus interruptus ··· 20
Celosia argentea ············ 59	Colocasia antiquorum ············ 251	Cyclosorus ············ 19
Celtis ············ 137	Combretaceae ············ 80	Cyclosorus parasiticus ············ 20
Celtis sinensis ············ 137	Commelina ············ 237	Cymbopogon ············ 271
Celtis timorensis ············ 137	Commelina bengalensis ············ 237	Cymbopogon caesius ············ 272
Centella ············ 171	Commelina communis ············ 237	Cynodon ············ 272
Centella asiatica ············ 171	Commelina paludosa ············ 237	Cynodon dactylon ············ 272
Centotheca ············ 270	Commelinaceae ············ 237	Cyperaceae ············ 257
Centotheca lappacea ············ 270	Compositae ············ 198	Cyperus ············ 258
Ceratopteris ············ 16	Connaraceae ············ 167	Cyperus compressus ············ 258
Ceratopteris thalictroides ········ 16	Convolvulaceae ············ 214	Cyperus difformis ············ 258
Chenopodiaceae ············ 56	Conyza ············ 201	Cyperus distans ············ 258
Chenopodium ············ 56	Conyza bonariensis ············ 201	Cyperus flabelliformis ············ 258
Chenopodium ambrosioides ······ 56	Conyza canadensis ············ 201	Cyperus haspan ············ 259
Chloranthaceae ············ 47	Corchoropsis ············ 83	Cyperus imbricatus ············ 259
Chloranthus spicatus ············ 47	Corchoropsis tomentosa ············ 83	Cyperus iria ············ 259
Chloranthus ············ 47	Corchorus ············ 83	Cyperus odoratus ············ 260
Chlorophytum ············ 245	Corchorus aestuans ············ 83	Cyperus rotundus ············ 260
Chlorophytum laxum ············ 245	Corchorus capsularis ············ 84	Cyperus surinamensis ············ 260
Choerospondias ············ 166	Costus ············ 241	Cyrtococcum ············ 272
Choerospondias axillaris ········ 166	Costus speciosus ············ 242	Cyrtococcum patens ············ 272
Chorisis repens ············ 206	Crassocephalum ············ 202	Cyrtococcum patens var. latifolium
Chrysopogon ············ 271	Crassocephalum crepidioides ··· 202	············ 273
Chrysopogon aciculatus ············ 271	Cratoxylum ············ 81	
Cibotium ············ 7	Cratoxylum cochinchinense ······ 81	**D**
Cibotium barometz ············ 7	Crotalaria ············ 120	Dactyloctenium ············ 273
Cinnamomum ············ 36	Crotalaria pallida ············ 120	Dactyloctenium aegyptium ··· 273
Cinnamomum burmannii ············ 36	Croton ············ 95	Dalbergia ············ 120
Cinnamomum burmannii f. heyneanum	Croton lachnocarpus ············ 95	Dalbergia balansae ············ 120
············ 36	Croton tiglium ············ 95	Dalbergia hancei ············ 121

Daphniphyllaceae 103	**Diplopterygium chinensis** 5	**Epaltes** 204
Daphniphyllum 103	**Diplospora** 190	**Epaltes australis** 204
Daphniphyllum calycinum 103	**Diplospora dubia** 190	**Equisetaceae** 3
Daphniphyllum macropodium 104	**Doellingeria** 202	**Equisetum** 3
Dendrocalamopsis beecheyana 265	**Doellingeria scaber** 202	**Equisetum ramosissimum** subsp. **debile** 3
Dendrocalamus 267	**Drymaria** 50	**Eragrostis** 275
Dendrocalamus latiflorus 267	*Drymaria diandra* 50	**Eragrostis cilianensis** 275
Dendrotrophe 154	**Drymaria cordata** 50	**Eragrostis pilosa** 275
Dendrotrophe frutescens 154	**Dryopteridaceae** 24	**Eragrostis pilosissima** 275
Dendrotrophe varians 154	**Dryopteris** 25	**Eragrostis unioloides** 276
Dennstaedtiaceae 9	**Dryopteris championii** 25	**Erechtites** 204
Desmodium 121	**Dryopteris varia** 25	**Erechtites valerianaefolia** 204
Desmodium gangeticum 121	**Dunbaria** 122	**Eriachne** 276
Desmodium heterocarpon 121	**Dunbaria punctata** 122	**Eriachne pallescens** 276
Desmodium reticulatum 122		*Erigeron canadensis* 201
Desmodium tortuosum 122	**E**	*Erigeron crispus* 201
Desmos 34	**Ebenaceae** 172	*Erigeron molle* 201
Desmos chinensis 34	**Echinochloa** 274	**Erythrina** 122
Dianella 245	**Echinochloa colonum** 274	**Erythrina variegata** 123
Dianella ensifolia 245	**Eclipta** 202	**Erythrodes** 255
Dichroa 105	*Eclipta alba* 203	**Erythrodes blumei** 255
Dichroa febrifuga 105	**Eclipta prostrata** 203	**Erythrophleum** 115
Dichrocephala 202	**Eichhornia** 246	**Erythrophleum fordii** 116
Dichrocephala integrifolia 202	**Eichhornia crassipes** 246	**Escalloniaceae** 104
Dicksoniaceae 7	**Elaeagnaceae** 155	**Euonymus** 152
Dicliptera 224	**Elaeagnus** 155	**Euonymus laxiflorus** 152
Dicliptera chinensis 224	**Elaeagnus gonyanthes** 155	**Euonymus nitidus** f. **tsoi** 152
Dicranopteris 5	**Elaeocarpaceae** 85	**Eupatorium catarium** 204
Dicranopteris dichotoma 5	**Elaeocarpus** 85	**Eupatorium chinense** 205
Dicranopteris pedata 5	**Elaeocarpus apiculatus** 85	**Eupatorium** 204
Digitaria ciliaris 273	**Elaeocarpus chinensis** 85	**Euphorbia** 96
Digitaria 273	**Elaeocarpus sylvestris** 86	**Euphorbia hirta** 96
Digitaria sanguinalis 274	**Elatostema** 147	**Euphorbia hypericifolia** 96
Dilleniaceae 64	**Elatostema involucratum** 147	**Euphorbiaceae** 90
Dioscorea 253	**Elephantopus** 203	**Eurya** 72
Dioscorea bulbifera 253	**Elephantopus scaber** 203	**Eurya chinensis** 72
Dioscorea cirrhosa 253	**Elephantopus tomentosus** 203	**Eurya ciliata** 72
Dioscorea hispida 253	**Eleusine** 274	**Eurya groffii** 72
Dioscorea persimilis 254	**Eleusine indica** 275	**Eurya nitida** 72
Dioscorea polystachya 254	**Eleutherococcus** 170	
Dioscoreaceae 253	**Eleutherococcus trifoliatus** 170	**F**
Diospyros kaki var. **silvestris** 172	**Embelia** 175	**Fagaceae** 133
Diospyros 172	**Embelia laeta** 175	**Fallopia** 52
Diospyros morrisiana 172	**Embelia ribes** 175	**Fallopia multiflora** 52
Diplazium 18	**Embelia vestita** 176	**Ficus** 141
Diplazium maonense 18	**Emilia** 203	**Ficus esquiroliana** 141
Diplazium subsinuatum 18	**Emilia sonchifolia** 203	**Ficus fistulosa** 142
Diplazium tomitaroanum 19	**Endospermum** 95	**Ficus formosana** 142
Diploclisia 42	**Endospermum chinense** 96	*Ficus fulva* 141
Diploclisia glaucescens 42	**Engelhardia** 168	**Ficus harlandii** 142
Diplopterygium 5	**Engelhardia roxburghiana** 168	

Ficus hederacea	142
Ficus hirta	142
Ficus hispida	143
Ficus microcarpa	143
Ficus pandurata	143
Ficus pumila	144
Ficus stenophylla	144
Ficus subulata	145
Ficus superba var. japonica	145
Ficus tinctoria subsp. gibbosa	145
Ficus variegata	145
Ficus variegata var. *chlorocarpa*	145
Ficus variolosa	145
Fimbristylis	261
Fimbristylis aestivalis	261
Flacourtiaceae	65
Flemingia	123
Flemingia macrophylla	123
Floscopa	238
Floscopa scandens	238
Fortunella	159
Fortunella hindsii	159

G

Gahnia	261
Gahnia tristis	261
Galinsoga	205
Galinsoga parviflora	205
Garcinia	82
Garcinia multiflora	82
Garcinia oblongifolia	82
Gardenia	190
Gardenia jasminoides	190
Gelsemium	180
Gelsemium elegans	180
Gironniera chinensis	138
Gironniera	138
Gironniera subaequalis	138
Gleditsia	116
Gleditsia fera	116
Gleicheniaceae	5
Glochidion eriocarpum	97
Glochidion hirsutum	97
Glochidion hongkongense	98
Glochidion	97
Glochidion lanceolarium	97
Glochidion macrophyllum	98
Glochidion puberum	98
Glochidion triandrum	97
Glochidion wrightii	98
Glochidion zeylanicum	98

Gnaphalium	205
Gnaphalium polycaulon	206
Gnetaceae	32
Gnetum	32
Gnetum luofuense	32
Gnetum parvifolium	32
Gonocormus	7
Gonocormus minutus	7
Gonostegia	147
Gonostegia hirta	147
Guttiferae	82
Gymnopetalum	67
Gymnopetalum chinense	68
Gynostemma	68
Gynostemma pentaphyllum	68

H

Hamamelidaceae	131
Hedychium	242
Hedychium coronarium	243
Hedyotis	190
Hedyotis auricularia	191
Hedyotis bracteosa	191
Hedyotis corymbosa	191
Hedyotis diffusa	191
Hedyotis hedyotidea	192
Hedyotis tenelliflora	192
Hedyotis verticillata	192
Helianthus	206
Helianthus tuberosus	206
Helicteres	86
Helicteres angustifolia	86
Helixanthera	153
Helixanthera parasitica	153
Henslowia fruescens	154
Hemigramma	26
Hemigramma decurrens	26
Hemionitidaceae	16
Heteropogon	276
Heteropogon contortus	277
Heterosmilax	247
Heterosmilax gaudichaudiana	247
Histiopteris	12
Histiopteris incisa	12
Houttuynia	47
Houttuynia cordata	47
Hydrangeaceae	105
Hydrocharitaceae	236
Hydrocotyle	171
Hydrocotyle nepalensis	171
Hydrocotyle sibthorpioides	171

Hygrophila	224
Hygrophila salicifolia	224
Hylodesmum	123
Hylodesmum laxum	123
Hymenophyllaceae	7
Hypericaceae	81
Hypolytrum	261
Hypolytrum nemorum	262
Hypserpa	42
Hypserpa nitida	42

I

Icacinaceae	152
Ichnocarpus	184
Ichnocarpus frutescens	184
Ichnocarpus jacquetii	184
Ilex	149
Ilex asprella	149
Ilex pubescens	150
Ilex pubescens var. glabra	150
Ilex rotunda	150
Ilex triflora	150
Imperata	277
Imperata cylindrica	277
Indigofera	123
Indigofera hirsuta	124
Indocalamus	267
Indocalamus tessellatus	267
Ipomoea	215
Ipomoea biflora	215
Ipomoea cairica	215
Ipomoea triloba	215
Ischaemum	277
Ischaemum barbatum	277
Ischaemum indicum	278
Isodon	232
Isodon amethystoides	232
Itea	104
Itea chinensis	104
Ixeris	206
Ixeris repens	206
Ixora	192
Ixora chinensis	192

J

Jasminum	181
Jasminum elongatum	181
Jasminum lanceolarium	181
Jasminum nervosum	181
Jasminum pentaneurum	182
Juglandaceae	168

K

Kalimeris	206
Kalimeris indica	206
Kyllinga	262
Kyllinga triceps	262

L

Labiatae	231
Lantana	229
Lantana camara	229
Lasianthus	193
Lasianthus chinensis	193
Lauraceae	35
Laurocerasus	106
Laurocerasus zippeliana	106
Leersia	278
Leersia hexandra	278
Lentibulariaceae	222
Leonurus	233
Leonurus japonicus	233
Lepisorus	27
Lepisorus thunbergianus	27
Leptochloa	278
Leptochloa chinensis	279
Leptochloa panicea	279
Lespedeza	124
Lespedeza formosa	124
Leucaena	112
Leucaena leucocephala	112
Leucas	233
Leucas mollissima var. chinensis	233
Ligustrum	182
Ligustrum sinense	182
Liliaceae	244
Lindernia	219
Lindernia anagallis	219
Lindernia angustifolia	219
Lindernia crustacea	219
Lindernia micrantha	219
Lindernia ruellioides	219
Lindernia urticifolia	220
Lindernia viscosa	220
Lindsaea	10
Lindsaea cultrata	10
Lindsaea ensifolia	10
Lindsaea heterophylla	11
Lindsaea orbiculata	11
Lindsaeaceae	10
Liparis	256
Liparis nervosa	256
Lipocarpha	262
Lipocarpha chinensis	262
Liquidambar	131
Liquidambar formosana	131
Liriope	245
Liriope spicata	245
Litchi	164
Litchi chinensis	164
Lithocarpus	136
Lithocarpus glabra	136
Litsea	37
Litsea cubeba	38
Litsea glutinosa	38
Litsea monopetala	38
Litsea rotundifolia var. oblongifolia	38
Litsea verticillata	39
Lobelia	212
Lobelia chinensis	212
Lobelia zeylanica	212
Lobeliaceae	211
Loganiaceae	179
Lonicera	197
Lonicera confusa	197
Lonicera japonica	197
Lophatherum	279
Lophatherum gracile	279
Loranthaceae	153
Ludwigia	62
Ludwigia hyssopifolia	62
Ludwigia octovalvis	62
Ludwigia prostrata	63
Lycopodiaceae	2
Lycopodium	2
Lycopodium cernum	2
Lygodiaceae	6
Lygodium	6
Lygodium flexuosum	6
Lygodium japonicum	6
Lygodium microphyllum	7
Lygodium scandens	7
Lythraceae	61

M

Machilus	39
Machilus chekiangensis	39
Machilus chinensis	39
Machilus gamblei	39
Machilus oculodracontis	39
Machilus suaveolens	39
Machilus velutina	40
Maclura	145
Maclura cochinchinensis	145
Macroptilium	124
Macroptilium atropurpureum	124
Macrosolen	153
Macrosolen cochinchinensis	153
Macrothelypteris	21
Macrothelypteris torresiana	21
Maesa	176
Maesa japonica	176
Maesa perlarius	176
Magnolia	34
Magnolia denudata	34
Magnoliaceae	34
Mallotus	99
Mallotus apelta	99
Mallotus paniculatus	99
Mallotus repandus	99
Malvaceae	87
Mappianthus	152
Mappianthus iodoides	152
Marantaceae	244
Mariscus	263
Mariscus umbellatus	263
Mazus	220
Mazus japonicus	221
Mazus pumilus	221
Melastoma	78
Melastoma affine	78
Melastoma candidum	78
Melastoma dodecandrum	78
Melastoma normale	79
Melastoma sanguineum	79
Melastomataceae	77
Melia	163
Melia azedarach	163
Meliaceae	163
Melicope	160
Melicope pteleifolia	160
Meliosma	164
Meliosma fordii	164
Melodinus	184
Melodinus fusiformis	184
Memorialia hirta	147
Menispermaceae	41
Merremia	216
Merremia boisiana	216
Merremia hederacea	216
Merremia umbellata subsp. orientalis	217
Mesona	233

Mesona chinensis … 233	Murraya exotica … 160	Osmundaceae … 4
Michelia … 34	Musa … 239	Ottochloa … 283
Michelia macclurei … 34	Musa balbisiana … 239	Ottochloa nodosa var. micrantha … 283
Microcos … 84	Musaceae … 239	Ottochloa nodosa … 283
Microcos nervosa … 84	Mussaenda … 194	Oxalidaceae … 60
Microlepia … 9	Mussaenda pubescens … 194	Oxalis … 60
Microlepia hancei … 9	Myrica … 133	Oxalis corniculata … 60
Microlepia marginata … 9	Myrica rubra … 133	Oxalis corymbosa … 61
Microlepia strigosa … 10	Myricaceae … 133	
Microsorium … 27	Myrsinaceae … 173	**P**
Microsorium fortunei … 28	Myrtaceae … 74	Paederia … 195
Microstegium … 280	Mytilaria … 132	Paederia scandens … 195
Microstegium ciliatum … 280	Mytilaria laosensis … 132	Palmaceae … 254
Microstegium vagans … 280		Pandanaceae … 254
Mikania … 207	**N**	Pandanus … 255
Mikania micrantha … 207	Nephrolepidaceae … 27	Pandanus austrosinensis … 255
Millettia … 125	Nephrolepis … 27	Panicum … 283
Millettia nitida … 125	Nephrolepis auriculata … 27	Panicum brevifolium … 283
Millettia pachycarpa … 125	Neyraudia … 281	Panicum maximum … 284
Millettia pulchra … 126	Neyraudia reynaudiana … 282	Panicum notatum … 284
Millettia reticulata … 126	Nicandra … 212	Panicum repens … 284
Millettia speciosa … 126	Nicandra physaloides … 213	Papilionaceae … 117
Mimosa … 113	Nyctaginaceae … 64	Parathelypteris … 21
Mimosa bimucronata … 113		Parathelypteris glanduligera … 21
Mimosa diplotricha … 113	**O**	Parkeriaceae … 16
Mimosa diplotricha var. inermis … 113	Ocimum … 234	Parthenocissus … 157
Mimosaceae … 110	Ocimum basilicum … 234	Parthenocissus dalzielil … 158
Mirabilis … 64	Ocimum sanctum … 234	Paspalum … 284
Mirabilis jalapa … 64	Oleaceae … 181	Paspalum conjugatum … 285
Miscanthus … 280	Onagraceae … 62	Paspalum orbiculare … 285
Miscanthus floridulus … 281	Operculina … 217	Paspalum thunbergii … 285
Miscanthus sinensis … 281	Operculina turpethum … 217	Passiflora … 67
Monochoria … 246	Ophioglossaceae … 4	Passiflora edulis … 67
Monochoria vaginalis … 247	Ophioglossum … 4	Passiflora suberosa … 67
Moraceae … 140	Ophloglossum vulgatum … 4	Passifloraceae … 67
Morinda … 193	Ophiopogon … 246	Pavetta … 195
Morinda officinalis … 194	Ophiopogon japonicus … 246	Pavetta arenosa … 195
Morinda parvifolia … 194	Oplismenus … 282	Pellionia … 148
Morinda umbellata subsp. obovata … 194	Oplismenus compositus … 282	Pellionia scabra … 148
	Orchidaceae … 255	Pennisetum … 286
Morus … 146	Oreocnide … 147	Pennisetum alopecuroides … 286
Morus alba … 146	Oreocnide frutescens … 147	Pennisetum purpureum … 286
Mosla … 233	Ormosia … 127	Peperomia … 45
Mosla cavaleriei … 234	Ormosia henryi … 127	Peperomia pellucida … 45
Mosla dianthera … 234	Ormosia pinnata … 127	Pericampylus … 43
Mucuna … 127	Osbeckia … 79	Pericampylus glaucus … 43
Mucuna birdwoodiana … 127	Osbeckia stellata … 80	Perilla … 235
Murdannia … 238	Osmanthus … 183	Perilla frutescens … 235
Murdannia bracteata … 238	Osmanthus matsumuranus … 183	Pharbitis … 217
Murdannia nudiflora … 239	Osmunda … 5	Pharbitis nil … 217
Murraya … 160	Osmunda vachellii … 5	Phaseolus … 127

Phaseolus lunatus	128	Polygala	50	Pterospermum	87
Phoebe	40	*Polygala chinensis*	50	Pterospermum heterophyllum	87
Phoebe bournei	40	Polygala glomerata	50	Pueraria	129
Phragmites	286	Polygalaceae	50	Pueraria lobata var. montana	129
Phragmites karka	286	Polygonaceae	52	Pueraria lobata	129
Phrynium	244	Polygonum	52	Pueraria phaseoloides	129
Phrynium placentarium	244	Polygonum barbatum	52	Pycreus	263
Phyllanthus cochinchinensis	100	Polygonum chinense	52	Pycreus flavidus	263
Phyllanthus emblica	100	Polygonum hastatosagittatum	53	Pygeum	109
Phyllanthus	100	Polygonum hydropiper	53	Pygeum topengii	109
Phyllanthus reticulatus	101	Polygonum jucundum	54	Pyrrosia	28
Phyllanthus urinaria	101	Polygonum lapathifolium	54	Pyrrosia adnascens	28
Phyllodium	128	Polygonum perfoliatum	54		
Phyllodium pulchellum	128	Polygonum plebeium	55	**Q**	
Phyllostachys	268	Polypodiaceae	27	Quisqualis	80
Phyllostachys nidularia	268	Pontederiaceae	246	Quisqualis indica	80
Physalis	213	Portulaca	51		
Physalis angulata	213	Portulaca oleracea	51	**R**	
Phytolacca	55	Portulacaceae	51	Radermachera	222
Phytolacca acinosa	55	Pothos	251	Radermachera sinica	223
Phytolaccaceae	55	Pothos repens	251	Ranunculaceae	40
Pilea	148	Pouzolzia	149	Ranunculus	40
Pilea microphylla	148	Pouzolzia zeylanica	149	Ranunculus cantoniensis	40
Pileostegia	105	*Praxelis clematidea*	204	Ranunculus sceleratus	40
Pileostegia tomentella	105	Premna	229	Rhamnaceae	154
Pinaceae	30	Premna microphylla	229	Rhaphiolepis	107
Pinus	30	Pronephrium	21	Rhaphiolepis indica	107
Pinus elliottii	30	Pronephrium gymnopteridifrons	21	Rhizophoraceae	81
Pinus massoniana	30	Pronephrium triphyllum	22	Rhodoleia	132
Piper austrosinense	45	Pseudocyclosorus	22	Rhodoleia championii	132
Piper hancei	46	Pseudocyclosorus ciliatus	22	Rhodomyrtus	75
Piper	45	Pseudosasa cantorii	268	Rhodomyrtus tomentosa	75
Piper sarmentosum	46	Pseudosasa hindsii	268	Rhus	166
Piperaceae	45	Pseudosasa	268	Rhus chinensis	166
Pistia	251	Psidium	75	Rhynchospora	263
Pistia stratiotes	251	Psidium guajava	75	Rhynchospora rubra	264
Pityrogramma	16	Psychotria asiatica	195	Rorippa	48
Pityrogramma calomelanos	16	Psychotria fluviatilis	196	Rorippa indica	49
Plantaginaceae	211	Psychotria	195	Rosaceae	106
Plantago	211	Psychotria serpens	196	Rottboellia	286
Plantago asiatica	211	Pteridaceae	11	Rottboellia exaltata	287
Pluchea	207	Pteris	12	Rourea	167
Pluchea sagittalis	207	Pteris biaurita	12	Rourea microphylla	167
Plumbaginaceae	211	Pteris dispar	12	Rubiaceae	187
Plumbago	211	Pteris ensiformis	13	Rubus	107
Plumbago zeylanica	211	Pteris fauriei	13	Rubus alceaefolius	107
Podocarpus	30	Pteris linearis	13	Rubus leucanthus	108
Podocarpus macrophyllus	30	Pteris multifida	14	Rubus nagasawanus	108
Pogostemon	235	Pteris semipinnata	14	Rubus playfairianus	108
Pogostemon auricularius	235	Pteris vittata	14	Rubus pluribracteatus	108

Rubus pyrifolius 108	Scurrula parasitica 153	Spilanthes paniculata 209
Rubus reflexus 109	Securinega 102	Spiranthes 256
Rubus reflexus var. lanceolobus 109	Securinega virosa 102	Spiranthes sinensis 256
Rubus rosaefolius 109	Selaginella 2	Sporobolus 288
Ruellia 225	Selaginella delicatula 2	Sporobolus fertilis 288
Ruellia tuberosa 225	Selaginella doederleinii 3	Stachytarpheta 230
Rumex 55	Selaginella involvens 3	Stachytarpheta jamaicensis 230
Rumex trisetifer 55	Selaginellaceae 2	Staphyleaceae 166
Rutaceae 159	Senecio 207	Stellaria 51
	Senecio scandens 208	Stellaria alsine 51
S	Sericocalyx 225	*Stellaria uliginosa* 51
Sabia 165	Sericocalyx chinensis 225	Stephania 43
Sabia limoniacea 165	Sesbania 130	Stephania cephalantha 43
Sabiaceae 164	Sesbania cannabina 130	Stephania longa 44
Sageretia 154	Setaria 287	Sterculia 87
Sageretia thea 154	Setaria palmifolia 287	Sterculia lanceolata 87
Salvia 235	Setaria plicata 288	Sterculiaceae 86
Salvia japonica 235	Setaria viridis 288	Striga 221
Samydaceae 66	Sida 88	Striga asiatica 221
Santalaceae 154	Sida acuta 88	Strobilanthes 225
Sapindaceae 164	Sida rhombifolia 88	Strobilanthes cusia 225
Sapium 101	Sida subcordata 89	Strobilanthes tetraspermus 226
Sapium discolor 101	Siegesbeckia 208	Strophanthus 184
Sapium sebiferum 102	Siegesbeckia orientalis 208	Strophanthus divaricatus 184
Sapotaceae 173	Simaroubaceae 162	Strychnos 180
Saraca 116	Sindora 116	Strychnos angustiflora 181
Saraca dives 116	Sindora glabra 117	Styracaceae 177
Sarcandra 47	Sinosideroxylon 173	Styrax 177
Sarcandra glabra 47	Sinosideroxylon wightianum 173	Styrax confusus 177
Saurauia 74	Smilacaceae 247	Styrax faberi 177
Saurauia tristyla 74	Smilax 247	Styrax odoratissimus 177
Saurauiaceae 74	Smilax arisanensis 247	Styrax tonkinensis 178
Saururaceae 46	Smilax china 247	Symplocaceae 178
Schefflera 170	Smilax corbularia 248	Symplocos 178
Schefflera heptaphylla 170	Smilax glabra 248	Symplocos chinensis 178
Schima 73	Smilax lanceifolia 249	Symplocos cochinchinensis 179
Schima superba 73	Smilax lanceifolia var. opaca 249	Symplocos groffii 179
Schima wallichii 73	Smilax riparia 249	Symplocos lancifolia 179
Scleria 264	Solanaceae 212	Synedrella 209
Scleria biflora 264	Solanum 213	Synedrella nodiflora 209
Scleria levis 264	Solanum americanum 214	Syzygium 75
Scleria lithosperma 264	Solanum erianthum 214	Syzygium buxifolium 76
Scleria parvula 265	Solanum torvum 214	Syzygium hainanense 76
Scolopia 65	Soliva 208	Syzygium hancei 76
Scolopia saeva 65	Soliva anthemifolia 208	Syzygium jambos 77
Scoparia 221	Sonchus 208	Syzygium levinei 77
Scoparia dulcis 221	Sonchus arvensis 208	
Scrophulariaceae 218	Sphenomeris 11	**T**
Scurrula 153	Sphenomeris chinensis 11	Tabebuia 223
	Spilanthes 208	Tabebuia chrysantha 223

Tadehagi	130	Trichosanthes	69	Violaceae	49
Tadehagi triquetrum	130	Trichosanthes kirilowii	69	Vitaceae	156
Tamaricaceae	66	Trichosanthes pedata	69	Vitex	230
Tamarix	66	Triumfetta	84	Vitex negundo	230
Tamarix chinensis	66	Triumfetta rhomboidea	85	Vitex negundo var. cannabifolia	230
Taxodiaceae	31	Turpinia	166	Vitex quinata	231
Taxodium	32	Turpinia arguta	166	Vitis	158
Taxodium distichum	32	Typha	252	Vitis balansana	159
Tectaria	26	Typha angustifolia	252		
Tectaria subtriphylla	26	Typha orientalis	252	**W**	
Tephrosia	131	Typhaceae	252	Wendlandia	196
Tephrosia candida	131	Typhonium	252	Wendlandia uvariifolia	197
Tephorsia tucherii	126	Typhonium blumei	252	Wendlandia uvariifolia subsp. chinensis	197
Terminalia	80			Wikstroemia	63
Terminalia mantaly	81	**U**		Wikstroemia indica	64
Tetracera	64	Ulmaceae	137	Wikstroemia nutans	64
Tetracera asiatica	65	Umbelliferae	171	Woodwardia	24
Tetracera sarmentosa	65	Uncaria	196	Woodwardia japonica	24
Tetradium	161	Uncaria sessilifructus	196	Wrightia	186
Tetradium glabrifolium	161	Urceola	186	Wrightia laevis	186
Tetrastigma	158	Urceola rosea	186	Wrightia pubescens	186
Tetrastigma hemsleyanum	158	Urena	89		
Tetrastigma obtectum	158	Urena lobata	89	**X**	
Theaceae	70	Urena procumbens	90	Xylosma	65
Thelypteridaceae	19	Urticaceae	146	Xylosma congesta	65
Thladiantha	68	Utricularia	222	*Xylosma racemosum*	65
Thladiantha cordifolia	68	Utricularia aurea	222		
Thunbergia	226	Uvaria	35	**Y**	
Thunbergia grandiflora	226	Uvaria macrophylla	35	Youngia	210
Thymelaeaceae	63			Youngia heterophylla	210
Thysanolaena	288	**V**		Youngia japonica	210
Thysanolaena maxima	289	Vallisneria	236		
Tibouchina	80	Vallisneria natans	236	**Z**	
Tibouchina semidecandra	80	Ventilago	155	Zanthoxylum	161
Tiliaceae	83	Ventilago leiocarpa	155	Zanthoxylum avicennae	161
Tinospora	44	Verbenaceae	226	Zanthoxylum myriacanthum	161
Tinospora sinensis	44	Vernicia	102	Zanthoxylum nitidum	162
Torenia	221	Vernicia fordii	102	Zehneria	69
Torenia concolor	222	Vernicia montana	103	Zehneria bodinieri	69
Torenia flava	222	Vernonia cinerea	209	*Zehneria indica*	70
Toxicodendron	167	Vernonia	209	Zehneria japonica	70
Toxicodendron succedaneum	167	Vernonia solanifolia	210	*Zehneria maysorensis*	69
Trachelospermum	185	Viburnum	197	Zeuxine	257
Trachelospermum jasminoides	185	Viburnum fordiae	198	Zeuxine affinis	257
Trema	138	Viburnum sempervirens	198	Zingiber	243
Trema angustifolia	138	Viola	49	Zingiber zerumbet	243
Trema cannabina	138	Viola arcuata	49	Zingiberaceae	240
Trema cannabina var. dielsiana	139	*Viola confusa*	49	Zoysia	289
Trema orientalis	139	Viola inconspicua	49	Zoysia pacifica	289
Trema tomentosa	139